储能科学与技术丛书

铅酸蓄电池科学与技术

（原书第2版）

［保］ 德切柯·巴普洛夫（Detchko Pavlov） 著

段喜春　苑松　译

机械工业出版社

本书基于详实的研究结论，系统介绍了铅酸蓄电池的基本原理，重点论述了铅酸蓄电池生产工艺流程，以及各工艺流程对电池性能参数的具体影响。全书分为铅酸蓄电池基本原理、原材料、生产制造、混合动力汽车用铅酸蓄电池、铅-碳电极以及设计计算等内容。本书的主干内容为生产制造部分，该部分理论结合实际，在介绍当代生产技术的基础上，提出了各个关键工序的控制要点，以确保生产期望的负极铅和正极二氧化铅活性物质结构。本书引用和提炼了大量原始技术资料和实验数据，论述了电化学反应机理、VRLAB 中封闭氧气循环相关反应，并介绍了铅-碳电极等业内最新研究进展。

　　本书可以指导铅酸蓄电池生产厂的工程师和技术人员控制工艺过程，也可以作为大学教师的工具书，用于在课堂上深入浅出地讲解铅酸蓄电池技术。

译 者 序

1859 年，法国物理学家加斯顿·普朗特（Gaston Planté）发明了铅酸蓄电池，提供了存储电能的解决方案。在过去的 160 余年中，铅酸蓄电池的理论研究和生产技术不断取得进展，产业成熟度不断提高，在电力、交通、通信、信息技术等领域得到广泛应用，数十年前就已经成为最主要的二次电源，占有半数以上的市场份额。

原书作者德切柯·巴普洛夫（Detchko Pavlov）（1930.9.9—2017.8.25）生前正处于铅酸蓄电池开始蓬勃发展的时代，他终身专注于研究铅酸蓄电池，识别和揭示了电池生产和运行期间所发生的反应和现象，研究并阐明了各阶段反应产物的结构，建立了当今铅酸蓄电池的主要基础理论。巴普洛夫教授也因此成为世界公认的铅酸蓄电池科学和技术的集大成者。

原书第 1 版于 2011 年由 Elsevier 出版社出版，我和苑松将其翻译成中文，2015年通过机械工业出版社在国内出版。正如巴普洛夫教授所说："铅酸蓄电池是一个精妙而有生命力的体系。""自第 1 版手稿提交以来已经有了 6 年之久。在这几年中，为了应对混合动力汽车、可再生能源（如光伏发电）和储备电源等领域的技术挑战，铅酸蓄电池又引入了铅-碳负极，取得了重大进展。"为此，巴普洛夫教授应 Elsevier 出版社邀请出版了第 2 版。

第 2 版既是修订版也是更新版。第 15 章是新增部分，专门论述碳作为负极活性物质添加剂和铅-碳超级电容电极的研究进展和实际应用情况。第 2 章、第 4 章、第 6 章和第 16 章更新了部分文字和插图，另外也对其他章节做了大量修改，期望本书能够更好地服务于电池研究人员、工程师和技术人员。

第 2 版仍由我和苑松共同翻译。苑松翻译第 1 章、第 7 章和第 16 章。我翻译第 2~6 章和第 8~15 章。

原书以理论研究结合生产实际的方式，系统详实地总结和分享了巴普洛夫教授毕生积累的知识和经验，是教授留给铅酸蓄电池行业的技术专著。

鉴于译者水平有限，错误之处在所难免，恳请读者批评指正。

段喜春

2020 年 3 月

原书第 2 版前言

第 1 版出版之后，本书受到全世界许多国家铅酸蓄电池科学家和技术人员的极大关注。2015 年，这本书被翻译成中文，并由中国的机械工业出版社出版。

铅酸蓄电池是"有生命的"并且不断进化的电化学电源。自第 1 版手稿提交以来已经有 6 年之久。在这几年中，为了应对混合动力汽车、可再生能源（如光伏发电）和储备电源等领域的技术挑战，铅酸蓄电池又引入了铅-碳负极，取得了重大进展。

Elsevier 出版社邀请我更新第 1 版，介绍铅酸蓄电池领域的最新研究成果和技术发展。我欣然接受了他们的邀请，修订和更新了这本书，将第 2 版献给我敬爱的读者。

Detchko Pavlov

原书第1版前言

铅酸蓄电池的发明是在电力问世的时代。电作为一种能量被发现是人类最伟大的成就，它极大地改变了人类生活。在过去的150多年中，随着认识的不断深入以及新材料的应用，铅酸蓄电池技术不断发展。铅酸蓄电池已经广泛应用于人类日常生活的各个方面（交通工具、电信、信息技术，等等），成为最主要的移动电源之一。它已在储能和负载平衡领域（后备电源和偏远地区的能源系统）赢得了主导地位。铅酸蓄电池便宜、易于生产并且易于回收利用，所以它们的生产资源实际上是取之不竭的。正因为如此，全世界的铅酸蓄电池工业年营业额已达到数百亿美元。

铅酸蓄电池是一个复杂的动态系统，或者我可以称其为"复杂而活跃的世界"，不管在充电、放电状态下，或者在开路状态下，在电池内部，各种反应均以不同的速率连续不断地进行着。之所以存在"生命"机制，是因为电池内部同时运行着两个电化学体系：铅体系（$Pb \mid PbSO_4$ 和 $PbO_2 \mid PbSO_4$），以及水体系（$H_2O \mid H_2$ 和 $H_2O \mid O_2$）。水体系是热力学可行的，但它受动力学抑制。这两个体系彼此不断竞争，而铅体系占主导地位，所以铅酸蓄电池能够运行，为人类所用。

该"活跃的世界"受化学、电化学、物理学及物理化学、冶金学和腐蚀学的规律控制，汇集了各种化学和电化学反应、伴随着扩散和迁移过程的晶体成核及生长反应、铅合金的机械变化及腐蚀反应，以及化学能与电能相互转化的各种现象。

目前，我和合作伙伴们已经对这个"活跃的世界"研究了很多年，试图识别出铅酸蓄电池生产和运行期间发生的反应和现象，揭示反应机理并阐明反应期间生成的中间产物和最终产物的结构。我们在每次取得点滴进步的同时，都克服了重重困难，获取这些知识确实非常值得。

总有一天，一个人会到达他研究事业的终点。在我到达这个阶段之际，我乐于借助本书，将44余年研究工作所积累的知识和经验分享出来，分享给我的同行科学家们、蓄电池设计人员以及工程技术人员。在本书中，有几章用来介绍铅酸蓄电池生产和运行的基本理论知识，其余篇幅更多的是论述技术问题，这样便于读者找到他们所感兴趣的课题。

在本书编写的过程中，书中描绘的这个"复杂而活跃的世界"让我感受了巨大的喜悦之情。亲爱的读者，如果本书也能激起您的类似情感，那么我可以确信本书实现了它的使命。

致　谢

Mariana Gerganska 女士协助翻译本书，并提出了中肯评论和有价值的意见，我向她致以谢意。

Dina Ivanova 女士协助绘制了插图，来自 IEES 铅酸蓄电池部门的合作伙伴和科学家们提供了有益探讨，感谢他们在本书第 2 版准备期间提供的协助和建议。

在此也向 Elsevier 出版社的策划编辑 Anita Koch 女士、项目经理 Amy Clark 女士和高级产品项目经理 Mohanapriyan Rajendran 先生表示致谢，感谢他们在手稿撰写到提交和印刷出版过程中提供的协助。

我也要衷心感谢以下机构允许我使用相关版权作品，这些机构包括：

- Elsevier B. V.
- The Electrochemical Society, Inc.
- Springer Science and Business Media B. V.
- John Wiley & Sons, Ltd.

尽管竭尽全力，但仍没有联系到一些版权内容的版权所有者或者版权代理人。欢迎未提及的版权所有者与我联系。书中如有错误之处，敬请读者告之，必将感激不尽，并在重印或再版时予以更正。

Detchko Pavlov

目　　录

第 1 部分　铅酸蓄电池基本原理

第2部分　铅酸蓄电池生产用原材料

第4部分　极　板　化　成

第6部分 铅酸蓄电池活性物质的计算

第1部分　铅酸蓄电池基本原理

第1章　铅酸蓄电池的发明与发展

1.1　前奏

一件科技产品从来不是自发形成于某个研究员的头脑里的。通常，它是众多科学家共同努力的结果，他们所做的工作与研究成果构成了背景，为这件新产品的发明铺平了道路。公认的产品发明者其实是对产品本质（基本原理）有最深的理解，生产出产品，并把产品有力地展示给公众的人。铅酸蓄电池的发明也是如此。

作为能量的一种形式，电的发现如果称不上是人类最伟大的成就，也绝对可以说是其中之一。电深远地改变了人类生活，给人们带来了便利，使生活更加现代与多彩。它打开了工业快速发展的大门，包括交通、通信与其他活动范围。电作为一种能量形式，在其被发现后的初期，电化学能源发挥了主要作用。它们用来产生电能或用作电能存储装置。在19世纪初期，许多化学家和物理学家倾其一生发明和改进各种形式的化学电源。下面来简述其中几种。

在1801年，法国物理学家Nicholas Gautherot将伏打电池的两个电极连接上两段铂丝并将其浸入食盐溶液，结果两段铂丝间有电流通过[1]。水分解为氢气和氧气。当电路断开，把铂丝接到一起时，电流短暂地流向相反的方向。

一年之后，德国的Johann Wilhelm Ritter（见图1.1）将伏打电池连到两层铜片与NaCl溶液浸过的纸板组成的装置[2]。充电电压为

图 1.1　Johann Wilhelm Ritter 肖像[2]

1.3V。电路断开之后，在两片铜片之间测量到 0.3V 的电压。Ritter 用铅片、锡片、锌片重复上述实验，得到了不同的电压。他将其命名为电压偏振。

当电流通过浸在硫酸溶液中的铅电极时，一个电极上形成了二氧化铅。Kästner、Nobili、Schönbein、Wheatstone 分别于 1810 年、1828 年、1838 年和 1843 年完成了这些实验[2]。

1854 年，德国卫生官员 Wilhelm Joseph Sinsteden（见图 1.2）在研究电气现象时，将铅电极浸入稀硫酸，观察到产生了电流，形成的电池以 0.1Wh/kg 的比能量放电 15min[2,3]。

图 1.2　Wilhelm Joseph Sinsteden 肖像[2]

1.2　普朗特——铅酸蓄电池的发明家

1859 年，法国物理学家普朗特（见图 1.3）研究了浸入硫酸水溶液的两个相同电极的极化。他研究过不同材质的电极，包括银、铅、锡、铜、金、铂和铝。他确定，取决于电极不同的材质，当电流流过电极时，电池被极化成不同程度，变成反向电流的发生装置。他总结了所有的实验结果，撰写成论文 "*Recherches sur la polarization voltaique*"，并在 1859 年发表于法国科学院周报[4]。

普朗特确定，用铅做极板，橡胶条料做隔板，电解液为 10% 硫酸溶液的电池，相比其他实验电池，这种电池的再生电流（当时的叫法）最高，持续时间最长。这种电池的电压也最高。

1860 年 3 月 26 日，普朗特在法国科学院展示了第一个铅酸蓄电池。电池由 9 个单格并联而成。普朗特做了题为 "Nouvelle pile secondaire d'une grande puissance"

的讲座[5]。这实际上是铅酸蓄电池的诞生证明。

图 1.3　a）普朗特肖像 b）第一个铅酸蓄电池（由 9 个单格并联而成）

1.2.1　科学家普朗特

Raymond-Louis Gaston Planté 于 1834 年 4 月 22 日出生在法国巴士比利牛斯地区的 Orthez 城。

Planté 一家似乎有幸运之神眷顾。其弟兄三人，Leopold（生于 1832 年）、Gaston（生于 1834 年）和 Francis（生于 1839 年）均取得了国家甚至国际荣誉。Leopold Planté 是当时巴黎律师界的一位领军人物；Francis Planté 是一名优秀的钢琴演奏家，他的天赋震惊了当时文化界。他被誉为"钢琴教父"，直到 91 岁还在开音乐会。Planté 家族在 Orthez 城当地是受人尊敬的老家族[6]。弟兄三人的父亲 Pierre（Pedro）和叔叔 Raymond 在 Orthez 城和比利牛斯地区行政部门高居要职。1841 年，Pierre Planté 为了让孩子们得到更好的教育，举家迁出 Orthez 城到了巴黎。

普朗特最初在私立学校上学，然后进入 Lycée Charlemagne 读书，并在 16 岁取

3

得文学学士学位，19 岁取得理学学士学位。接着他进入了巴黎最著名的大学 La Sorbonne，并在 1855 年取得了理学硕士学位。

在其大学生涯里，普朗特以其善于分析的头脑、实用的操作技能与实验中超乎寻常的敏捷，给教授留下了深刻印象。Edmond Becquerel 教授非常欣赏这位年轻学生的素质，选拔他在工艺学院的实验室做助理。

在 Edmond Becquerel 教授的指导下，普朗特掌握了研究自然变化规律的科学方法，对解释自然现象产生了浓厚的兴趣。出于发自内心的求知欲，普朗特在 1855 年在巴黎附近的采石场发现了一个不知名的鸟类化石。法国科学院与大英博物馆达成一致，把这个鸟类化石命名为 Gastornis parisiensis。

19 世纪中叶，世界各地实验室进行的实验越发显示出，电将对人类便利带来深远影响，彻底改变人们的生活。普朗特是最先认识到这一点的先驱之一。他开始研究各种电气现象。1858 年 3 月 28 日，他受命在拿破仑三世及皇后面前，在巴黎杜伊勒里宫展示当时有名的电气实验[7]。

普朗特在电化学领域非常活跃。他在复制电镀的圆雕人像时，把常用的铂电极换成铅电极。后来在制作巴黎歌剧院前部的装饰雕像时也采用了这个方法。1866 年，普朗特探究电解生成臭氧的方法，他发现生成臭氧应该用铅电极，而非铂电极。

不仅在电化学领域有着杰出的成就，普朗特还是一位物理学家。1873 年之后，他开始研究静电与动电的区别，以及高压现象。

1877 年，他制作了一台仪器（当时叫作变阻器），这台仪器由一个多单体的蓄电池和一组电容组成。借助一系列换向器和接触器的作用，电容并联充电，串联放电（见图 1.4）。这台大功率仪器由 80 个电容和 800 个蓄电池单体（1600V）组成。这台仪器可以释放高达 200000V 的电压。普朗特用这台仪器研究高压空气放电。根据实验结果，他提出了各种假设，包括漩涡星云的起源、大气闪电、太阳黑子甚至太阳起源。

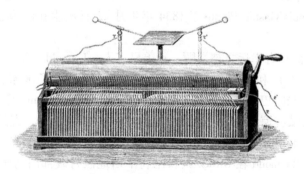

图 1.4　普朗特建造的"变阻器"，由多个铅酸蓄电池单体、
一组电容、一系列换向器及接触器组成

他对电气现象进行了系统的实验研究，并将研究结果汇编成书，名为 *Recherches sur l' électricité*（*Research on Electricity*），该书于 1879 年出版。该书所载的信息至今仍有借鉴意义[8]。在这本书中，普朗特把电看作一股快速流动的带电物质，在某些情况下，可以造成电火花、电弧，也可以对蓄电池进行充电、放电。在当时，科学家们还不知道原子结构的概念，但是，经过科学归纳，普朗特设想物质结构中可能有电子电荷的构成。这就是普朗特——永远走在时代前面。

1.2.2　普朗特其人

与普朗特同时代的人都称他是热心、谦逊、无私，全身心投入到工作的人——一个十足的工作狂（见图 1.5）。

除了对科学的浓厚兴趣，普朗特也喜欢音乐，是个钢琴演奏大师。他能用流利的英语、德语、西班牙语和意大利语谈话与写作。他品行端正，这让他赢得了赞赏、爱戴与尊敬。

普朗特从来不为他的发明申请专利保护，从未想过用发明谋取利益。他拒绝所有特权。作为一个著名科学家，当他受邀竞选法国科学院院士时，他拒绝此项邀请，认为竞选会浪费太多时间，他宁愿把时间用在实验室。

他从未接受享受政府津贴的任何任命，但从未拒绝行使荣誉职责。他是：

图 1.5　普朗特肖像

- 理工协会物理学教授；
- 1863 年伦敦国际博览会与 1867 年巴黎国际博览会皇家评审团成员。

他获得了很多荣誉与表彰，包括：

- 巴西玫瑰圣骑士勋章；
- 法国、意大利、奥地利荣誉军团骑士勋章；
- 法国科学院拉卡泽奖；
- 经济学科金奖；
- 国家工业促进会金安培奖。

当国家工业促进会主席，著名化学家 Dumas 为普朗特颁发金安培奖时，Dumas 致辞道："我很高兴颁给你这个带安培肖像的奖章，我相信我们的继任者将来颁发的奖章会带有您的肖像。"[6]

普朗特将拉卡泽奖的全部奖金 10000 法郎都捐给了法国科学院需要帮助的科学家，并将两枚金质奖章变卖，捐给穷人。

1889 年，普朗特的健康状况恶化。他逐渐失明，于 1889 年 5 月 22 日逝世，享年55岁。

遵照他的遗嘱，普朗特的三处不动产捐给了法国科学院的同仁。法国科学院接受了他所有的积蓄，负责每年举办两次颁奖，奖励在电的研究领域做出重要贡献的科学家与发明家。1893年到1933年期间，共颁发给21位科学家。皮埃尔·居里是该奖的第二位获得者。

普朗特就是这样一位高风亮节的人。

1989年，在铅酸蓄电池发明130周年前夜，先进铅酸蓄电池联合会第一届国际铅酸蓄电池会议与保加利亚科学院联合向法国科学院征得许可，设立了以法国科学家普朗特命名的奖项（见图1.6）[9]。

普朗特奖章每3年颁发一次，颁给为铅酸蓄电池科学与技术的发展做出突出贡献的科学家。获奖者由来自全世界的15位科学家组成的委员会选举。至今，普朗特奖章已经颁给来自7个国家的15位科学家，也颁给了先进铅酸蓄电池联合会，作为其推动铅酸蓄电池研究与发展的嘉奖。

图1.6　普朗特奖章

1.3　铅酸蓄电池艰苦的发展历程

1.3.1　初期的普朗特技术

铅酸蓄电池的诞生几乎早于机械发电机10年之久。作为二次电源装置，铅酸蓄电池需要一个便宜易用的充电装置。在当时，人们用Daniell或Bunsen电池充电，充电过程并不简单。

1869年，Zénobe Gramme组装了第一台直流发电机，简化了电池的充电过程。机械能转化为电能，并以化学能量的形式存储在电池里。

1873年，Bréquet公司成为第一家生产普朗特电池和Gramme发电机的公司，至此，实现简便的发电和电力存储才有了技术可行性。在当时，发电机与蓄电池系统还是奇妙的科研成果。人们还没有在日常生活中找到电能的应用领域。

1879年，美国的托马斯·爱迪生与英国的约瑟夫·斯旺发明了白炽灯，使电能转化为光成为可能。电灯的发明极大促进了电能在生活中的应用。随着电进入人类的生活，蓄电池的需求不断增加。然而，受限于当时的生产技术，铅酸蓄电池仍不能大规模生产。

铅酸蓄电池发明后，许多研究人员开始寻求普朗特电池的其他形式。

1861 年，美国人 Charles Kirchoff 提出了一种电池的构造，即用铂电极浸入 $Pb(NO_3)_2$ 和 $Pb(CH_3COO)_2$ 溶液[10]。同时，德国的威廉·西门子设计了一款蓄电池，由覆盖铅盐的碳电极浸入硫酸溶液组成[11]。这些都是发明新电池的探索与尝试。

1.3.2　铅酸蓄电池生产技术的发展

因为当时铅酸蓄电池极板的制作过程比较漫长，电池容量也较低，所以彼时铅酸蓄电池的应用非常有限。在 20 世纪 70 年代末期，亟待开发制造铅酸蓄电池的新技术。

1881 年，Camille Fauré 在铅板上涂上一层由红丹、硫酸和水混合而成的铅膏，然后对其充电，使铅膏形成铅与二氧化铅的活性物质。这种电池在 10 小时率下的比能量达到了 8Wh/kg[12]。

同年，Ernest Volckmar 将铅片换成铅板栅[13]，Scudamore Sellon[7]进一步将板栅材质从纯铅改成铅-锑合金。S. C. Curie 设计了铅酸蓄电池的管式正极板。

1882 年，Gladstone 和 Tribe 揭示了电池运行过程中在正极和负极上发生的反应，并提出了双硫酸盐化理论[14]。

1883 年，Hermann Aron 深入研究了铅酸蓄电池的充放电过程[15]。他确定了硫酸电解液密度与放电时间之间的关系，首次描述了电池硫酸盐化的过程。

1.3.3　铅酸蓄电池在人类生活中的首次应用

在 19 世纪 80 年代初期，高容量的蓄电池以及相对简单的制造技术被开发出来。这种产品马上得到广泛的实际应用。1881 年，Gustave Trouvé 首次用一只铅酸蓄电池来驱动他的电动三轮车，速度达到 12km/h。1886 年，第一艘铅酸蓄电池驱动的潜艇在法国下水服役。用铅酸蓄电池驱动的小型热气球前进速度达到 4m/s。1899 年，Camille Jenatzy 用铅酸蓄电池驱动他的雪茄形状的电动汽车，速度达到了创纪录的 109km/h。

铅酸蓄电池迅速被新兴的电信技术采用。首先是莫尔电报，然后是美国的电话公司。

1882 年，巴黎安装了一套由发电机与铅酸蓄电池组成的配电系统用来照明。第一条由电灯点亮的大街是巴黎（"光明之城"）卢浮宫百货公司。1883 年，普朗特为维也纳弗朗茨·约瑟夫皇宫提供了固定和便携的照明设备。

铅酸蓄电池逐渐被各个工业行业所应用，成为发电与电力存储的重要手段。至此，铅酸蓄电池系统及其生产技术的第一阶段宣告完成。

1.4　20 世纪的铅酸蓄电池——发展的第二阶段

1.4.1　铅粉的制备过程

1881 年，Camille Fauré 开发了在铅板上双面涂膏的工艺，后来是板栅的双面涂膏工艺。铅膏由氧化铅（铅黄）、红丹、硫酸与水制成，然后对极板充电，生成铅与二氧化铅的活性物质。这是电池技术的革命性突破，打开了电池工业化生产的大门。铅粉的生产过程是，在反射炉中熔铅，然后用空气和水蒸气的气流将熔铅氧化。这个过程慢（30h 一个批次）且繁重，制成的铅氧化物是粗粒度的，需要进一步研磨，才能用在电池生产工业。

人们寻求各种方法来加快氧化铅的生产进度，提出了各种技术工艺。从磷酸铅到乙酸铅，但这些工艺最终被证明过于复杂和昂贵。

1898 年，George Barton 提出了一种新的专利技术，将熔化的铅迅速搅动，雾化成小液滴，然后用潮湿的气流将其带走，同时将其氧化。得到的氧化铅通过一系列的旋风分离器，大的颗粒送回反应炉继续加工，细粉被收集到筒仓（料斗）。

1926 年，Genzo Shimadzu 发表了一个专利技术，将研磨矿石、颜料等制品的球磨机工艺改良。首先将铅块在球磨机中滚动，互相摩擦。摩擦产生的热足够氧化铅块的外表面，氧化层像粉尘一样不断脱落。然后用恒定速度和湿度的气流将粉尘带走，通过一个内置的滤网，滤网将大的颗粒重新送回球磨机。精细的铅粉被收集在料仓。

两种方法（Barton 铅锅和球磨机）生产出的都是部分氧化的铅粉，里边含有 20% ~ 40% 的游离铅。所以，这种制品叫作"铅的氧化物"。铅粉的制备时间大大缩短，为 1926 年以后的铅酸蓄电池工业提供了强劲的发展动力。现在的铅粉制备中，这两种工艺仍然处于支配地位。

1.4.2 铅酸蓄电池生产中的新材料与新工艺

20 世纪中期，许多新材料与新工艺如雨后春笋般诞生，并迅猛发展。这些成果在铅酸蓄电池的制造中迅速得到应用。我们来列举其中一些革新。

铅酸蓄电池的硬橡胶壳被换成了 Polypropylen（PP）、Polyethylene（PE）共聚物或 ABS 材质。

最初的木片隔板进化成烧结 PVC、PE、PP，以及某些种类蓄电池所用的吸附式玻璃纤维（AGM）材质。

最初的板栅合金为锑含量为 11% 的"硬铅"，这些合金被替换为低锑铅合金，添加锡、砷和银等成分。后来，铅酸蓄电池板栅制造商又改用铅-钙合金和铅-钙-锡合金。

20 世纪末期，并行于浇铸工艺，出现了新的板栅制造方法，包括拉网工艺和冲孔工艺。

1.4.3 失水与免维护难题的解决方案

电池研究人员与工程人员需要解决的首要关键问题是，如何在电池使用期间，有效地减少对电池的维护工作。

20 世纪前半叶，铅酸蓄电池板栅采用锑含量较高的铅-锑合金制造的这种电池在运行期间容易失水，所以需要维护。电池科学家与技术人员在 20 世纪做出巨大努力，研究如何解决失水问题。

正板栅腐蚀期间，锑分解到电解液并沉积在负极板。锑金属上的析氢以很低的过电位进行。这样，电极上的水分解加速，因此电池需要定期补水。

1935 年，贝尔实验室的 Haring 与 Thomas 在固定型电池上将铅-锑合金替换为铅-钙合金。电池的维护需求大大降低[16,17]。

1957 年，德国阳光公司的 Otto Jache 推出了凝胶电解液，并申请到了密封铅酸蓄电池的专利[18]。在这种电池的结构下，正极板上析出的氧气通过凝胶中的细小裂缝扩散到负极板，在这里实现再化合，抑制了析氢。德国阳光公司开始大规模生产固定型凝胶密封电池。

1967 年，美国盖茨公司的 Donald McClelland 与 John Devitt 引进了 AGM 隔板，隔板既可以提供氧通道，又可以吸附电解液[19]。这样，阀控密封免维护铅酸蓄电池（Valve-Regulated Lead-Acid Battery，VRLAB）成功发明。电池板栅采用铅-锡-钙合金。

1.4.4　早期容量损失与解决方案

随着铅-钙合金板栅的采用，电池的深放电循环寿命大幅下降到 20 ~ 25 个循环。这种现象最初被称为"无锑效应"，后来称为"早期容量损失"（Premature Capacity Loss，PCL 效应）[20]。已经确定 PCL 效应是正极板上进行的某些反应造成的，更确切地说，是在板栅/正极活性物质界面发生的反应（PCL-1 效应）[21]，以及在正极活性物质内部发生的反应（PCL-2 效应）[22]。

界面上的容量限制效应可归因于以下几点。在电池充电与过充期间，正极板表面析出的氧气穿透板栅的腐蚀层，将板栅表面氧化成 PbO。生成的 PbO 电阻非常高。PbO 被继续氧化成 PbO_n（$1 < n < 2$），接着被氧化成 PbO_2。如果 PbO 的生成速率高于 PbO 氧化成 PbO_2 的速率，板栅表面则形成一层厚的高电阻 PbO，导致放电时极板高度极化，最终导致容量损失[23]。板栅合金中的锡和锑被证明可以加快将 PbO 氧化成 PbO_2，能够抑制 PCL-1 效应[24]。PCL-2 效应归因于正极活性物质中 PbO_2 颗粒间连接部位（狭区）的电导受损（Kugelhaufen 理论）[22]。板栅合金中锡与锑可以加强颗粒间的连接。因此，为避免 PCL 效应，深循环电池正板栅的铅-钙合金中有必要加入 >1.2% 含量的锡。

1.4.5　硫酸铅铅膏

蓄电池研究人员面临的另一个挑战是揭示极板制造过程中的反应机制，并找到可以控制这些反应过程的技术手段。

在 20 世纪的后半叶，人们对铅酸蓄电池极板制造中的工艺过程进行了大量研究。J. J. Lander 确定在 60℃ 下制成的铅膏生成三碱式硫酸铅（3BS）（见图 1.7a）[25]。

在更高的温度下，H. Bode 和 E. Voss 观察到，铅膏微结构中含有大的四碱式硫酸铅（4BS）晶体（见图 1.7b）[26]。John Pierson 研究了正极板在高温（83℃）固化下 4BS 的生成[27]。4BS 铅膏制成的活性物质被证明其循环寿命长于 3BS 铅膏活性物质[28,29]。已经确定，4BS 铅膏只能从三种成分，即 3BS + 正交晶系 PbO + tet - PbO 的混合物制取，该混合物中不能含有膨胀剂（如木素磺酸盐）等有机活性物质[30,31]。制膏时 3BS 含量与硫酸/铅氧化物的比例[32]之间的关系，4BS 含量与铅氧化物/红丹比例[33]之间的关系已被确定。

图 1.7 3BS 颗粒（图 a）与 4BS 颗粒（图 b）SEM 图片（放电倍率 ×10000）

1.4.6 蓄电池活性物质的骨架与结构

电池的容量与循环寿命很大程度上取决于活性物质的结构。因此，需要探明两种活性物质的结构，并阐明极板制造工艺过程中如何形成上述结构。

已经确定在正极活性物质化成期间会生成 β - PbO$_2$ 和 α - PbO$_2$[34,35]。对化成工艺的研究证明这是分两个阶段进行的[36,37]。在化成的第一阶段，3BS（4BS）和 PbO 被氧化，主要生成 α - PbO$_2$，因为固化后的铅膏微孔里的溶液是中性甚至呈弱碱性。随后，在化成的第二阶段，在化成前浸酸过程及化成第一阶段生成的 PbSO$_4$ 被氧化，生成 β - PbO$_2$，因为铅膏微孔里的溶液是酸性[37]。α - PbO$_2$ 晶体形成活性物质骨架，这个骨架较少介入充放电过程，但在正极活性物质中传导电流，并连接板栅与活性物质，形成机械支撑。β - PbO$_2$ 具有电化学活性，形成"正极活性物质能量结构"，决定了正极板容量[37,38]。

负极活性物质（Negative Active Mass，NAM）的化成也分两个阶段进行[39]。在第一阶段，3BS 与 PbO 减少，生成"NAM 的铅骨架"与板栅连接。在化成第二阶段，$PbSO_4$ 减少，生成高比表面的小铅晶体[40,41]。这些晶体形成了"NAM 的能量结构"并决定了负极板的容量。

一种循环电解液的化成工艺被开发出来，将化成工序缩短至 8～10h。可以维持最优的化成温度和硫酸浓度，将空气污染降到了最低[42,43]。

1.4.7 二氧化铅活性物质的凝胶-晶体结构

当采用化学方法制备铅酸蓄电池正极板铅粉时，极板的容量较低。与之对应的是，当正极板采用电化学方法制备铅粉时，极板容量较高。电池正极板的电化学活性与铅粉的制备方法之间有什么关联？

当 VRLAB 开始规模化生产时，电池的硫酸电解液量受限于 AGM 隔板所能吸附的酸量。硫酸作为活性物质，为了保证其总量，电解液的密度被提高到 $1.31g/cm^3$，甚至 $1.34g/cm^3$。这造成正极板的容量大幅下降。

但是为什么电化学方法制取的二氧化铅，其电化学活性取决于酸的密度，极板的容量却在高硫酸浓度下急剧降低？研究人员在二氧化铅的电化学活性来源上存在争论。第一，这与在二氧化铅晶体晶格中存在氧空穴或氢离子有关[44-48]。然而，电化学活性与这些成分之间并无直接关联[49-52]。其他研究人员解释了电化学活性与形成的珊瑚状 PbO_2 结构有关[53,54]。并认为 PbO_2 晶体间减弱的接触决定了 PbO_2 的电化学活性[22,55]。

为了找到问题的答案，我们的研究团队也对此进行了研究。我们用扫描电镜（SEM）和透射电镜（TEM）检测靠化学方法和电化学方法制取的样品。图 1.8 为得到的 SEM 图片，TEM 照片示于本书第 2 章（图 2.33）和第 10 章（图 10.24～图 10.26）。

SEM 和 TEM 图片表明，电化学制取的二氧化铅颗粒中含有晶体（PbO_2）区和水合（无定形）区［$PbO(OH)_2$］。两种区域的比例是均衡的[56-58]。

$$PbO_2 + H_2O \leftrightharpoons PbO(OH)_2 \leftrightharpoons H_2PbO_3 \tag{1.1}$$
$$\text{晶体区} \qquad \text{凝胶区}$$

当这种二氧化铅受热脱水时，其容量迅速降低。这个结果表明 PbO_2 还原的电化学反应发生在颗粒的水合（凝胶）区，凝胶区决定了二氧化铅的电化学活性[59]。由于其二氧化铅结构的聚合物链，颗粒的凝胶区具备电导与质子传导性[59]。

放电时发生以下电化学反应：

$$PbO(OH)_2 + 2H^+ + 2e^- \rightarrow Pb(OH)_2 + H_2O \tag{1.2}$$

此时晶体区的电子和溶液中等量 H^+ 离子进入凝胶区，以阻止凝胶区的充电和

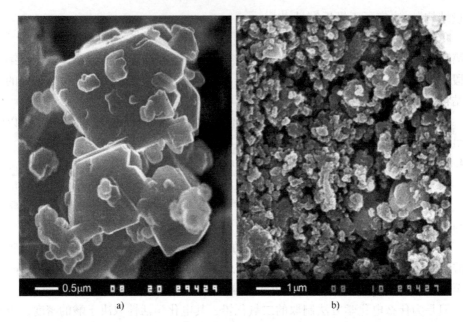

图 1.8　化学制取 （图 a） 和电化学制取 （图 b） 的二氧化铅的 SEM 图片

电化学反应。研究人员实验确定了凝胶区与溶液交换离子，凝胶区吸收的 SO_4^{2-} 离子影响了凝胶-晶体区的均衡[60]。酸浓度升高时，PbO_2 微粒的凝胶区对 SO_4^{2-} 的吸附也增强。当酸密度高于 $1.29g/cm^3$ 时，大量的 SO_4^{2-} 吸附于凝胶区，降低了该区域的电导与质子传导能力。极板放电时，凝胶区的硫酸离子立即生成 $PbSO_4$，导致电极迅速钝化。为了保持正极的容量，PbO_2 微粒凝胶区吸附的 SO_4^{2-} 数量应维持在较低水平。这样，PbO_2 的还原反应才能进行数个阶段，包括初期形成 $Pb(OH)_2$ 和水，之后 $Pb(OH)_2$ 与硫酸反应生成 $PbSO_4$[59]。在这种方式下，大量 PbO_2 参与反应，提高了电极的容量。已经确定酸的密度不能高于 $1.28g/cm^3$。在这种密度下，$20\% \sim 50\%$ 的正极活性物质 （取决于放电电流） 将参与放电反应。

对于化学方法制备的铅粉的电化学活性，由于其结构只包含晶体区，或者，如果有被水合的部分，其凝胶区也较小，所以这样的电极容量较低。

1.4.8　$Pb \mid PbO \mid PbSO_4 \mid H_2SO_4$ 电极

Lander[61] 和 Burbank[62] 用 XRD （X 射线衍射） 方法分析硫酸溶液中铅电极极化时生成的物质，得到了意外的结果。除了 $PbSO_4$ 和 PbO_2 的衍射峰，XRD 图谱还出现了其他衍射峰，这些峰与正方晶系 PbO 有关。这个结果有些出乎意料，并且产生了一个问题，是否 PbO 在硫酸溶液中以电化学的方式生成？对 XRD 数据进行比对，确定了这正是 α-PbO_2 的衍射峰[63]。这两种氧化物的很多衍射峰都是重合的。tet-PbO 的生成也与热动力学理论相悖[64]。

国际文献上的分歧激起了我们的兴趣。我们对硫酸溶液中铅电极的极化生成的产物进行了 XRD 和化学检测。实验证实，在 0.5mol/L 硫酸溶液中，极化电压在 $-0.400 \sim +0.950V$ 的区间内，会生成一个 Pb｜PbO｜PbSO$_4$｜H$_2$SO$_4$ 电极系统[65-67]。揭示 PbO 在硫酸溶液中的生成机制是非常有意义的。根据实验研究结果，我们设想了以下几个 PbO 的生成机制。首先，电极表面生成了硫酸铅层，这层物质由 PbSO$_4$ 晶体和其间的微孔构成。水和氢离子可以通过微孔渗透硫酸铅层，但是较大的 SO$_4^{2-}$ 离子则不能通过。研究人员测定了 PbSO$_4$ 膜的扩散电势[68]。当电流通过电极时，Pb^{2+} 离子在 Pb｜PbSO$_4$ 膜的界面生成。这些离子在界面上与水反应，生成 Pb(OH)$_2$ 和 H$^+$ 离子。为保持这层膜的电中性，氢离子从 PbSO$_4$ 膜的微孔中迁出。Pb(OH)$_2$ 发生水解反应，Pb 与 PbSO$_4$ 层之间形成了 tet-PbO 层。有文献提出了一种 Pb｜PbO｜PbSO$_4$ 膜极化而生成 tet-PbO 层的反应机理[69-71]。铅酸蓄电池深放电期间以及负极板硫酸盐化时可能会发生这种反应。

1.4.9　负极活性物质中膨胀剂的 3 种成分

负极活性物质（NAM）利用率经历了怎样的发展过程？

NAM 的比表面积为 $0.6 \sim 1.0 m^2/g$。放电过程中，铅氧化生成的 PbSO$_4$ 迅速覆盖了 NAM 表面，极大降低了 NAM 的容量。为了提高负极容量，放电反应不应该只在 NAM 表面发生，深层的 NAM 也应该参与反应。第二次世界大战之后，人们深刻认识到 PbSO$_4$ 层的钝化效应。当木质隔板替换为聚合物隔板，电池的冷起动能力和容量都大幅降低。人们发现这些现象可以归因于负极板。木素从木质隔板中渗出，扩散到硫酸溶液，吸附到铅表面，抑制 PbSO$_4$ 钝化层的生成。钝化的 PbSO$_4$ 层会最终降低电池容量，尤其在低温条件下。

为了解决这个问题，人们将各种添加剂（总称为膨胀剂）加到 NAM 中，阻止生成 PbSO$_4$ 钝化层，使 20% ~ 50% 的 NAM（取决于电流密度）参与氧化反应。有机膨胀剂成分（木素磺酸盐）作为一种表面活性聚合物，吸附到铅表面，阻止连续的 PbSO$_4$ 钝化层的生成[72,73]。另外一种膨胀剂成分硫酸钡提供晶核，以生成大量的微小 PbSO$_4$ 晶体，形成多孔的而非连续的 PbSO$_4$ 膜[74]。这样，不只表面的 NAM 可以参与放电反应。活性炭添加剂（第三种膨胀剂成分）提高了 NAM 表面的电化学活性，充电反应 Pb^{2+} + 2e$^-$ →Pb 在 NAM 表面进行，这样进一步提高了 NAM 参与充电反应的比例[75]。另外，当大部分铅氧化为 PbSO$_4$ 时，碳可以传导电流[76]。这就是为什么三种膨胀剂成分（木素、BaSO$_4$ 和碳）对 NAM 有不可或缺的作用。但是，依电池的负荷不同，膨胀剂在 NAM 中的比例也不同。

所以，提高活性物质利用率，需要在充放电过程中，使活性物质表面及内部均参与反应。正极和负极活性物质中的骨架与能量结构对电池的容量与循环寿命影响巨大。所以，为了保证生成良好的活性物质结构，提高活性物质利用率，非常有必要对蓄电池生产技术进行改进。

在蓄电池生产中，任何材料或工艺的更改都会在电池运行中产生问题。试图解决这些问题的研究中，都会发现新的结构、新的反应与新的电池特性。这表明铅酸蓄电池是个相当复杂的体系，其适当而有效运行不能单纯简化为电化学反应。

电池正极板和负极板生产过程涉及不同技术处理，通过研究这些制备正负极板期间所发生的反应，促进了蓄电池生产技术相关科学的进展。

1.5 铅酸蓄电池的应用

1.5.1 铅酸蓄电池的类型

第二次世界大战之后，受汽车、交通和通信工业发展的驱动，铅酸蓄电池的产量迅猛增加。另外，备用电源的需求也越来越大，最近信息技术的蓬勃发展也产生了大量的电池需求。

根据用途的不同，铅酸蓄电池可以分为以下几个主要种类：

- SLI（起动、照明、点火）电池，用于汽车领域。
- 固定用电池，广泛用于备用电源，即通信系统、电力系统、计算机系统等需求的不间断供电。
- 动力（牵引）电池，这种工业电池主要用于户内运输车辆：叉车、电动车、矿车等。
- 特殊用途电池，用于飞机、潜艇和特殊军用设备。
- 可再生能源储能电池，用于替代性发电系统（光伏、风力或水力发电系统），存储能量并在需要时输入电网。
- 混合动力用电池，目前大量科研与工程开发工作的热点。

根据维护需求的不同，电池可分为以下几类：

- 富液式电池（采用高锑板栅合金），需要定期维护。
- 免维护电池（正板栅为铅-钙-锡合金，或低锑、砷和锡合金，负板栅为铅-钙合金）。
- VRLAB（采用铅锡钙板栅和 AGM 隔板）。

1.5.2 铅酸蓄电池在电化学二次电池中的位置

只有与其他二次电池相比较时，才能充分评估铅酸蓄电池的价值。通过对比电气、能量、电量和经济性方面的参数，可以做出理论上的评价，但是各种化学电池在现实用途中的应用份额才是最客观的评价标准。表 1.1 汇总了广泛应用的 6 种二次电池的基本能量与电量特性[77]。可以看到与其他电池相比，铅酸蓄电池的比能量与电量参数都较低。

表 1.1 各类电池的主要参数

电池体系	电压/V	比能量 /(Wh/kg)	能量密度 /(Wh/L)	功率密度 /(W/kg)
密封铅酸（LA）	2.1	30~40	60~75	180
镍-镉（Ni-Cd）	1.2	40~60	50~150	150
镍-金属氢（Ni-MH）	1.2	30~80	140~300	250~1000
锂离子 LiCoO₂	3.6	160	270	1800
锂聚合物	3.7	130~200	300	3000
锂离子 LiFePO₄	3.25	80~120	170	1400

表 1.2 给出了生产电能的能量成本（欧元/kWh），以及各种电池的优势与劣势[77,78]。铅酸蓄电池的主要优势是二次电池中成本最低，几乎全部循环再生，并且具有本质安全性。其唯一的劣势是比能量（Wh/kg）较低，因为铅的原子质量较高。

表 1.2 各类电池的能量成本、优势和劣势

电池体系	电压/V	能量成本 /[欧元/(kWh)]	优 势	劣 势
密封铅酸（LA）	2.1	对 OEM 是 25~40 对售后市场是 100~180	便宜	重
镍-镉（Ni-Cd）	1.2	对 OEM 是 200~500	可靠，不昂贵，大电流放电，低温性能好	重，有毒，有记忆效应
镍-金属氢化物 （Ni-MH）	1.2	对 OEM 是 275~550 对 HEV 是 600	能量密度高，环境友好	内阻大，产生气体，自放电
锂离子 LiCoO₂	3.6	对 OEM 是 200~500 对 HEV 是 400~800	比能量高，自放电低	成本高，需要安全的电子元件
锂聚合物	3.7	对 OEM 是 200~500 对 HEV 是 400~800	比能量高，自放电低	成本高，需要安全的电子元件
锂离子 LiFePO₄	3.25	对 OEM 是 200~500 对 HEV 是 400~800	安全	相关技术还在开发中

但是为什么尽管铅酸蓄电池的比能量不具优势，其仍然能得到这样广泛的应用，占据市场的领导地位？

因为其性能与经济性参数、生产技术方面的优势。某种产品的广泛应用不仅取决于其性能参数，多数情况下，经济性是更加重要的考虑因素。

铅酸蓄电池可以进行超高能量输出；具有高可靠性并且容易生产。其生产资源实际上是取之不尽的。铅酸蓄电池几乎 98% 的材料都可以进行回收。每个工业化国家都有组织严密的铅回收闭环系统，包括生产电池，回收旧电池，循环再生，以

及用再生材料生产新电池。铅酸蓄电池的荷电保持能力也较长。

铅酸蓄电池的主要缺点是铅的原子质量非常大，造成电池比能量较低。

现在，全世界在生产数以亿计的铅酸蓄电池，使铅酸蓄电池成为有史以来最为成功的化学电源。

1.6 铅酸蓄电池发展新阶段所面临的挑战

1.6.1 混合动力汽车

20世纪末期，石油燃料消费在全球范围内激增，爆发了第一次石油危机。与此同时，一个更为严重的问题也显现出来。

由于道路上通行的庞大数量的内燃机车辆，城市大气中二氧化碳的浓度显著升高，造成严重的环境污染、气候变化以及人体危害。为了解决（或者至少是减轻）这些问题，国家层面以及全球范围内均实行了降低二氧化碳排放的法规和标准。例如欧洲，2015年的排放上限为130g CO_2/km，到2020年，标准将低至95g CO_2/km。这些限制为电动乘用车及电动货车的投放打开了大门。然而，由于动力电源本身的局限性，电动汽车并不能满足交通行业的要求。

因此，为了寻找折中方案，混合动力汽车（HEV）技术诞生了。混合动力汽车将以汽油、柴油或天然气为燃料的内燃机与提供电力的电池相结合。开发混合动力汽车的主要目标是最大化地提高电力驱动车辆的动力比重。因为电动机的能量密度更高，也降低了有害排放。

为了降低燃油消耗，主要开发出来四种混合动力技术类型（见图1.9）：

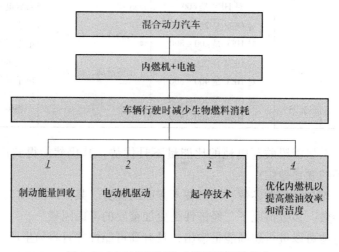

图1.9 减少车辆行驶时燃油消耗的技术

首先，电动机/发电机系统被开发出来。在这种技术中，当汽车减速或即将停车时，发电机将动能（或制动能量）转化为电力，通过电化学反应将能量存储在电池中。这种"动能回收"技术可节油7%～8%。

第二种HEV技术用内燃机起动发电机，再通过电动机驱动车辆。即，通过燃烧有机燃料产生化学能，再通过电能转化为机械能来驱动车辆。

第三种HEV技术为"起-停"系统。在此技术中，车辆怠速时，比如等红灯时，内燃机停止工作，汽车需要前进时，发动机重新起动。开发此系统是为了防止发动机油压降低，油压降低会导致增加机械摩擦。起-停技术由车载电子模块（电池管理系统）监控并操作。

第四种HEV技术降低了内燃机的动力输出，提高了电力驱动的比重（需要配置很大的电池）。这样，内燃机的运转被优化，在其燃油效率最高、最洁净的区间工作。

以上所有HEV技术都可以不同程度地提高燃油经济性，降低内燃机的动力输出比重。众多汽车制造商与研究机构均投入到HEV的开发中，涌现出大量的HEV设计。目前，根据混合深度的不同，HEV可大致划分为四类，如图1.10所示。

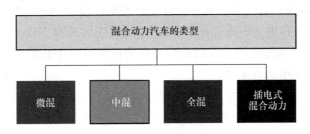

图1.10　混合动力汽车的类型

让我们简要了解一下HEV的类型。

1）微混汽车采用了混合动力程度最浅的技术。微混汽车并不采用电动机驱动车辆。电池为起-停系统及车载电气系统供电。车辆电气系统电压等级为12～14V，电池容量为0.5～1.0kWh。此类混合动力形式的燃料消耗可以降低约8%。

2）中混汽车靠内燃机辅以一组电池和电动机驱动车辆。当内燃机动力输出不足时，电池及增程电动机介入工作，但是车辆不能全部由电动机驱动。此种混合动力形式采用起-停系统以及制动回收系统。中混汽车电气系统的电压等级为100～200V，节油效率为15%～20%。

3）全混汽车。此种混合动力类型能量效率最高。电池电力系统主要用于内燃机效率低或者需要大功率输出的工况。电动机工作期间，电池放出部分电量，内燃机工作期间对电池充电。此种技术衍生出两种形式：串联式混合动力和并联式混合动力，如图1.11所示[79]。

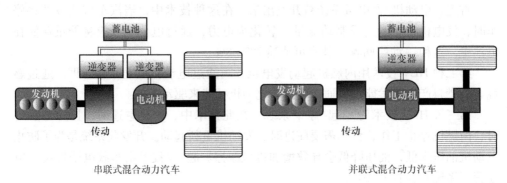

串联式混合动力汽车　　　　　　　　并联式混合动力汽车

图 1.11　全混电动汽车的类型[78]

在串联式混合动力系统中，电动机驱动车辆。内燃机驱动发电机，然后将能量转化输入电动机（电动机驱动车辆）。当内燃机输出能量不足时，电池介入提供能量。在并联式混合动力系统中，内燃机和电池并行驱动电动机，以驱动车辆。

上述全混汽车电池容量为 1.5～2.0kWh，工作电压为 200V，燃料消耗较传统汽车降低 40%。

4）插电式混合动力汽车。此种混合动力类型最接近洁净的纯电动汽车。车载大容量电池包，靠市电为电池充电。一辆 1t 重的插电式混合动力汽车每千米消耗 200Wh 电量。此种系统被用于投递车，在日常行驶路线中定时充电。当电池亏电时，内燃机作为备用动力来源。

纯电动汽车只靠电动机驱动，电池组给电动机供电，靠外部电源为电池充电。

图 1.12 汇总了微混、中混、全混及插电式混合动力汽车的能量需求[78]。随着电动机对车辆驱动的贡献比重增加，对电池能量需求大幅提高。全混与插电式混合动力汽车对电池的能量要求最高。

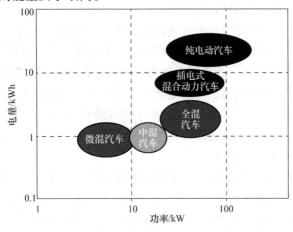

图 1.12　各类 HEV 对电池功率和电量的要求[79]

有 3 种电池可满足图 1.12 中提出的不同程度的要求。

1）锂离子电池：每个单体电压为 3.6V。

2）镍基电池：镍氢和镍镉电池，单体电压为 1.2V；镍锌电池，单体电压为 1.6V。

3）铅酸及铅碳电池，单体电压为 2.0V。

以上电池类型的衍生产品也已经问世。主要区别是电极的设计与材料不同。每种混合动力汽车的特定负荷有其对应的最佳电池类型。

图 1.13 给出了上述不同电池类型在混合动力汽车上的应用对比，坐标为比功率与比能量[80]。

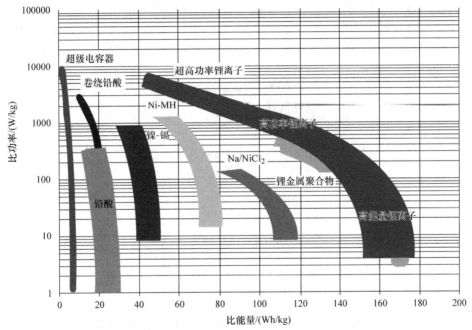

图 1.13 各类电化学系统的比能量和比功率关系图[80]

铅酸电池与另外两种化学电池比较参数最低。镍基电池居中，锂离子电池的比功率与比能量最高。通过判断基础电化学数据，混合动力汽车应用的电池遴选方案就再也明显不过了。

是什么原因造成了上述不同电池的电化学性能存在如此巨大的差异？

让我们看一下参与电化学反应的金属元素的原子质量。锂（Li）金属的原子质量为 7，镍金属是 59，铅达到了 207。3 种电池系统中，产生 1kWh 电力需要参与反应的电子数目是一样的。显然，在此排名中锂电池居于首位，铅酸电池排在末位。然而，其他重要参数也可以改变排名。

锂金属非常活跃，特定条件下可起火（爆炸）。在电气系统或混合动力汽车中应用锂电池需要配置安全保护系统。锂的回收则更加复杂。

镍金属比较昂贵，主要用于生产耐腐合金及电镀。如果出现新的大规模消费源，如混合动力汽车市场，造成镍金属的需求量大幅上扬，将会造成镍金属的价格继续上涨。

铅则不然，质量很重但价格低廉，主要用于生产铅酸电池，而且回收简单高效，可重复作为原材料。

铅酸电池一般用于后备电源系统的储能及机动车载内燃机的起动。

1.6.2 铅酸蓄电池在混合动力汽车应用的主要问题

在混合动力汽车上应用的铅酸蓄电池所面临的问题一般与负极板有关：

1）负极板不能接受回收制动能量产生的大电流充电。

2）电池在部分荷电状态（SOC）的情况下运行，导致负极板的快速硫酸盐化。

图 1.14 是 Furukawa 公司归纳的混合动力汽车运行时的荷电状态区间运行情况。

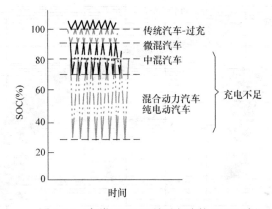

图 1.14　各类 HEV 工况下电池的 SOC 区间

传统汽车及微混汽车运行时，电池的荷电状态一般在 90% 以上，放电深度为 5% 。在这种饱和荷电状态的情况下，负极板不受硫酸盐化问题困扰。用于中混汽车的电池在 70% ~ 90% 荷电状态下运行。这种情况下，负极板被轻度硫酸盐化，需要采取特殊措施来逆转这种反应。负载最重的情况是全混汽车上的应用。电池在 30% ~ 80% 荷电状态下运行，导致负极板迅速被硫酸盐化。这些反应使铅酸蓄电池不适合后两种混合动力模式。

为解决这些问题，使铅酸蓄电池适应混合动力汽车的应用，采取了哪些方法和措施？

最合理的方案应该是寻找普通铅负极板的替代品，或者减少铅负极板在电池中的工作负荷。为达到此目的，人们选择了碳。

随着铅酸电池负极板中碳的引入，一种新型"铅-碳"电池出现了。该类型电池共出现了 3 种变体（见图 1.15）。

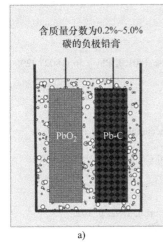
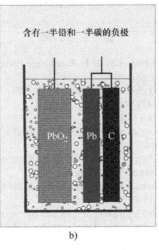
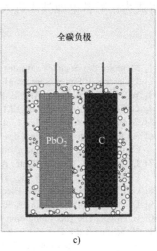

含质量分数为0.2%~5.0%
碳的负极铅膏

含有一半铅和一半碳的负极

全碳负极

a)　　　　　　　　　　　b)　　　　　　　　　　c)

图 1.15　新型铅-碳电池设计

a）负极铅膏加入质量分数为 0.2%～5% 的碳

b）一半泡沫铅极板和一半碳超级电容极板（Ultrabattery）

c）全碳超级电容负极

第一种类型中，负极铅膏中加入了质量分数为 0.2%～5% 的碳。碳用作负极活性物质的添加剂或组分。此类技术在铅酸蓄电池行业中被广泛使用。

在第二种铅碳电池的设计中，传统的铅负极板被取代，新型负极板的一半采用传统普通海绵状铅极板，另一半采用碳超级电容器。该技术是澳大利亚 CSIRO 公司和 Furukawa Battery 公司联合开发的，称作超级电池[81]。

在第三种铅碳电池设计中，传统的铅负极板被整体取代为碳超级电容器。该技术方案由美国 Axion Power 公司提出[82]。

将整个或部分铅负极板替换成碳板在实际操作中似乎并不可行。碳极在充电过程中，只有碳表面的双电层被充电，充电容量较小且取决于碳极的表面积。当电化学反应在金属电极上进行时，在放电过程中，金属表面的原子被氧化并溶解于电解液。新的金属表面继续被氧化，所以只有部分金属参与反应。这保证了电极的高容量。

负极中引入碳添加剂的铅碳电池目前应用于微混汽车的起-停和制动能量回收系统。此技术保留了铅氧化过程进行的电化学反应产生的容量，又增加了活性物质中添加的碳微粒表面的双电层的容量。

铅酸电池的比能量和比功率可以大幅提升，这需要将电池部件中（板栅和部分汇流排）不参与反应的铅替换成轻质替代材料，且替代材料可以耐酸并且保持电池工作时的高电动势。

这些电池设计与技术的革新仍处于开发验证阶段。可以预见，其中一部分革新将成为铅酸蓄电池技术进入第三个发展阶段的标志。

参 考 文 献

[1] Mémoire des Sociétés savantes et littéraires de la Republique Française 1801, J. Phys. 56 (1802) 429.
[2] J. Garche, J. Power Sources 31 (1990) 401.
[3] W.J. Sinsteden, Pogg. Ann. d. Physik u. Chem. 92 (1854) 1, 199.
[4] G. Planté, C.R. Acad. Sci. XLIX (1859) 402.
[5] G. Planté, C.R. Acad. Sci. L (1860) 640.
[6] An Conservatoire National des Arts & Métiers, Gaston Planté et les accumulateurs électriques, Conférence de M.L. Juman, June 13, 1934.
[7] J.M. Schmidt, Gaston Planté: A Portrait of the Man, Planté Centennial Commemorative Issues, The Electrochemical Society Inc., Houston, Texas, October 1960.
[8] G. Planté, Recherche sur l'Électricité, Gauthier-Villars, Paris, 1883.
[9] D. Pavlov, J. Power Sources 30 (1990) 3.
[10] E. Hoppe, Die Akkumulatoren für Elektricität, second ed., Springer, Berlin, 1892, p. 162.
[11] H. Samter (Ed.), Das Reich der Erfindungen, Urania, Berlin, 1896, p. 201.
[12] S.A. Fauré, French Patent 141057, 1881.
[13] E. Volckmar, German Patent 19928, 1881.
[14] J.H. Gladstone, A. Tribe, Nature 25 (1882) 221.
[15] H. Aron, Elekt.-tech. Z. (1883) 58.
[16] H.F. Haring, U.B. Thomas, Trans. Electrochem. Soc. 68 (1935) 293.
[17] E.E. Schumacher, G.M. Bouton, Metals Alloys 14 (1941) 865.
[18] O. Jache, German Patent 1194015, 1958.
[19] O.H. McClelland, J.L. Devitt, US Patent 3,862,861, 1975.
[20] A.F. Hollenkamp, J. Power Sources 36 (1991) 567.
[21] M.K. Dimitrov, D. Pavlov, J. Power Sources 46 (1993) 203.
[22] A. Winsel, E. Voss, U. Hullmeine, J. Power Sources 30 (1990) 209.
[23] D. Pavlov, J. Power Sources 48 (1994) 179.
[24] D. Pavlov, B. Monakhov, M. Maja, N. Penazzi, J. Electrochem. Soc. 136 (1989) 27.
[25] J.J. Lander, NRL Report No. C-3262, March 22, 1948.
[26] H. Bode, E. Voss, Electrochim. Acta 1 (1959) 318.
[27] J.R. Pierson, D.H. Collins, in: Power Sources, vol. 2, Pergamon Press Ltd., Oxford, UK, 1970, p. 103.
[28] J. Burbank, J. Electrochem. Soc. 113 (1966) 10.
[29] R.V. Biagetti, M.C. Weeks, Bell Syst. Tech. J. 49 (1970) 1305.
[30] V. Iliev, D. Pavlov, J. Appl. Electrochem. 9 (1979) 595.
[31] D. Pavlov, V. Iliev, Elektrokhimia (Russ.) 2 (1975) 1735 (in Russian).
[32] D. Pavlov, G. Papazov, J. Appl. Electrochem. 6 (1976) 339.
[33] D. Pavlov, N. Kapkov, J. Power Sources 31 (1990) 189.
[34] V.H. Dodson, J. Electrochem. Soc. 108 (1961) 401.
[35] A.C. Simon, E.L. Jones, J. Electrochem. Soc. 109 (1962) 760.
[36] D. Pavlov, G. Papazov, I. Iliev, J. Electrochem. Soc. 119 (1972) 8.
[37] D. Pavlov, G. Papazov, J. Electrochem. Soc. 127 (1980) 2104.
[38] V.H. Dodson, J. Electrochem. Soc. 108 (1961) 406.
[39] D. Pavlov, V. Iliev, G. Papazov, E. Bashtavelova, J. Electrochem. Soc. 121 (1974) 854.
[40] D. Pavlov, V. Iliev, J. Power Sources 7 (1981) 153.
[41] V. Iliev, D. Pavlov, J. Appl. Electrochem. 15 (1985) 39.
[42] OMI Acid Recirculation Process. www.OMI-NBE.com.
[43] Battery Formation with Acid Circulation. www.inbatec.de.
[44] N.J. Maskalick, J. Electrochem. Soc. 122 (1975) 19.
[45] H. Rickert, Z. Phys. Chem. (NF) 95 (1975) 49.
[46] J.P. Pohl, H. Rickert, J. Power Sources 6 (1976) 59.

[47] R.J. Hill, I.C. Madsen, J. Electrochem. Soc. 131 (1984) 1486.

[48] J.R. Gavarri, P. Garnier, P. Boehr, A.J. Dianoux, G. Chedeville, B. Jacq, J. Solid State Chem. 75 (1988) 251.

[49] A.C. Simon, S.M. Caulder, J.T. Stemmle, J. Electrochem. Soc. 122 (1975) 461.

[50] P.T. Moseley, J.L. Hutchinson, C.J. Wright, M.A.M. Bourke, R.J. Hill, V.S. Rainey, J. Electrochem. Soc. 130 (1983) 829.

[51] R.J. Hill, A.M. Jessel, J. Electrochem. Soc. 134 (1987) 1326.

[52] J. Yamashita, H. Yutu, Y. Matsumaru, Yuasa-jiho (Technical Review) 64, 1983, p. 4.

[53] S.M. Caulder, J.S. Murday, A.C. Simon, J. Electrochem. Soc. 120 (1973) 1515.

[54] S.M. Caulder, A.C. Simon, J. Electrochem. Soc. 121 (1974) 1546.

[55] U. Hullmeine, A. Winsel, E. Voss, J. Power Sources 25 (1989) 27.

[56] D. Pavlov, E. Bashtavelova, V. Manev, A. Nasalevska, J. Power Sources 19 (1987) 15.

[57] D. Pavlov, J. Power Sources 22 (1988) 179.

[58] D. Pavlov, I. Balkanov, T. Halachev, P. Rachev, J. Electrochem. Soc. 136 (1989) 3189.

[59] D. Pavlov, J. Electrochem. Soc. 139 (1992) 3075.

[60] D. Pavlov, I. Balkanov, J. Electrochem. Soc. 139 (1992) 1830.

[61] J.J. Lander, J. Electrochem. Soc. 98 (1951) 213, 103 (1956) 1.

[62] J. Burbank, J. Electrochem. Soc. 103 (1956) 87.

[63] P. Ruetschi, B.D. Cahan, J. Electrochem. Soc. 104 (1957) 406, 105 (1958) 369.

[64] W.H. Beck, R. Lind, W.F.K. Wynne-Jones, Trans. Faraday Soc. 50 (1954) 147.

[65] D. Pavlov, Ber. Bunsen. Phys. Chem. 71 (1967) 398.

[66] D. Pavlov, C.N. Poulieff, E. Klaja, N. Iordanov, J. Electrochem. Soc. 116 (1969) 316.

[67] D. Pavlov, N. Iordanov, J. Electrochem. Soc. 117 (1970) 1103.

[68] P. Ruetschi, J. Electrochem. Soc. 120 (1973) 331.

[69] D. Pavlov, Electrochim. Acta 13 (1968) 2051.

[70] D. Pavlov, R. Popova, Electrochim. Acta 15 (1970) 1483.

[71] D. Pavlov, Electrochim. Acta 23 (1978) 845.

[72] E. Willihganz, Trans. Electrochem. Soc. 92 (1947) 281.

[73] E.J. Ritchie, Trans. Electrochem. Soc. 100 (1953) 53.

[74] Y.B. Kasparov, E.G. Yampolskaya, B.N. Kabanov, Zh. Prikl. Khimii (J. Appl. Chem. 37 (1964) 1936 in Russian.

[75] D. Pavlov, T. Rogachev, P. Nikolov, G. Petkova, J. Power Sources 191 (2009) 58.

[76] K. Nakamura, M. Shiomi, K. Takahashi, M. Tsubota, J. Power Sources 59 (1996) 153.

[77] H.J. Bergveld, D. Danilov, P.H.L. Notten, V. Pop, P.P.L. Regtien, in: J. Garche (Ed.), Encyclopedia of Electrochemical Power Sources vol. 1, Elsevier, 2009, p. 459.

[78] H. Budde-Meiwes, J. Drillkens, B. Lunz, J. Muennix, S. Rothgang, J. Kowal, D.U. Sauer, Proc. IMechE Part D: J. Automobile Eng. 227 (5) (2013) 761−776.

[79] R.M. Dell, P.T. Moseley, D.A.J. Rand, Towards Sustainable Road Transport, Academic Press, Elsevier, 2014, p. p.159.

[80] U. Köhler, in: J. Garche (Ed.), Encyclopedia of Electrochemical Power Sources vol. 1, Elsevier, 2009, p. 284.

[81] L.T. Lam, R. Louey, J. Power Sources 158 (2006) 1140.

[82] Axion PbC® Technology. www.axionpower.com.

第 2 章　铅酸蓄电池原理

2.1　铅酸蓄电池热力学

2.1.1　概要

电化学电源是由不同材料的两个电极浸在电解液中，两电极产生不同电势而形成的电极体系。电化学反应发生在电极和电解液的界面上，电解液中的离子与电极表面活性材料发生电子交换。两个电极的电势差形成了电化学电源的电动势。如果这两个电极（阳极和阴极）通过导线连接负载，它们之间就会产生电流，就能够做功。也就是化学能可以转换为电能。两个电极材料的化学价发生变化，从而使得电流可以不断流动。迈克尔·法拉第证实：1 克当量的任何物质参与电化学反应，其产生的电量总是等于 96487 库仑（C）。该数值以迈克尔·法拉第命名，被称为法拉第常量，用符号 F 表示。通常，法拉第常量 F 取整为 96500C。

当两电极中有一摩尔电极材料参与电化学反应时，电化学电源所能够释放的电能 Q 为

$$Q = nF(E_1 - E_2) \qquad (2. E1)$$

式中，n 为参与电化学反应的价电子数量；E_1 和 E_2 分别为两电极的电势。F 和 n 的数值决定了电量，材料不同的两电极的电势之差决定了电能。因此，一个电化学电源的电能取决于所选择的两种电极材料，以及电极浸入的电解液。

普朗特将 $Pb \mid PbSO_4$ 电极和 $PbO_2 \mid PbSO_4$ 电极浸入硫酸溶液中，得到了一个高电动势的电化学电源。1860 年，在法国科学院的会议上，他宣布了这项以高能铅酸蓄电池作为电化学电源的发明。

铅酸蓄电池利用铅的氧化反应（$Pb \rightarrow Pb^{2+} + 2e^-$）和二氧化铅的还原反应（$Pb^{4+} + 2e^- \rightarrow Pb^{2+}$）。当铅电极和二氧化铅电极浸入到硫酸溶液中时，两电极上都会生成 $PbSO_4$。以氢电极平衡电势为参照，$Pb \mid PbSO_4$ 电极的平衡电势很负，而 $PbO_2 \mid PbSO_4$ 电极的平衡电势很正。铅酸蓄电池两电极的电势差使其成为基于水溶液而具有最高电动势的电化学电源之一。

铅酸蓄电池能够运行的第二个因素是 PbO_2 具有高的电子导电性，这确保了大部分 PbO_2 活性物质可以参与成流反应。第三个有利因素是铅酸蓄电池发生的电化学反应及其电极结构的可逆性。PbO_2 和 $PbSO_4$ 微溶于硫酸溶液（相对密度为 1.10 ~

1.28)，发生电化学反应时，它们可以附着在电极表面。这样，在放电和充电过程中，电极结构保持完好。作为可充电电源，这种电池具有较长的使用寿命。电极电势 E_1 和 E_2 取决于参与反应的各化合物的浓度以及电池温度。确定它们具体的数据关系，是一个电化学热力学的问题。本章将进一步采用热力学数据对电极电势进行计算。

2.1.2　硫酸铅电极（Pb｜PbSO₄）电势

该电极在充放电过程中发生如下电化学反应：

$$Pb + SO_4^{2-} \leftrightarrows PbSO_4 + 2e^- \tag{2.1}$$

使用能斯特（Nernst）方程计算该电极的平衡电势为

$$E_{Pb|PbSO_4} = E_{Pb|PbSO_4}^0 + (RT/nF)\ln k \tag{2.E2}$$

式中，k 是该电化学反应的平衡常数，根据质量作用定律，该平衡常数等于该反应中的氧化产物浓度和还原产物浓度（或者更精确地说是活度）的比值。

$$k = a_{PbSO_4}/(a_{Pb} \cdot a_{SO_4^{2-}}) \tag{2.E3}$$

固相物质的活度系数（a_{PbSO_4}，a_{Pb}）等于 1。

T 为热力学温度，单位为 K。25℃时，$T = 298K$。

R 为通用（理想）气体常数：$R = 8.314J/(K \cdot mol)$。

将 RT/nF 乘以 2.303，可以把自然对数转换为十进制对数。假设 $n = 1$，则有

$$2.303RT/nF = 2.303 \times 298 \times 8.314/96500 = 0.059 \tag{2.E4}$$

$E_{Pb|PbSO_4}^0$ 是 Pb｜PbSO₄ 电极的标准电势，它等于 $a_{SO_4^{2-}} = 1$ 时的电极电势。根据电化学热力学原则，该标准电势等于反应式（2.1）中的吉布斯自由能的增加值。

$$E_{Pb|PbSO_4}^0 = \Delta G^0/nF \tag{2.E5}$$

ΔG^0 的符号取决于反应过程。当电极发生还原反应时，其为负值。

将反应式（2.E5）中的反应物和反应产物的标准电势用吉布斯自由能替代，可得

$$E_{Pb|PbSO_4}^0 = [-\Delta G_{PbSO_4}^0 - (\Delta G_{SO_4^{2-}}^0 + \Delta G_{Pb}^0)]/nF \tag{2.E6}$$

表 2.1 汇总了 Pb-H₂O-H₂SO₄ 系统所涉及物质的热力学参数。将有关数值代入反应式（2.E6），可得

$$E_{Pb|PbSO_4}^0 = 4.185 \times (-193.89 + 177.34) \times 1000/(2 \times 96500) = -0.359V$$
$$\tag{2.E7}^{\ominus}$$

其中，4.185 为卡路里转化为焦耳的系数，转化为千焦需乘以 1000。

⊖　原书公式有误，已更正。——译者注

表 2.1　Pb- H_2O - H_2SO_4 系统中各化合物的热力学参数[1]

化合物	ΔG^0		ΔH^0		ΔS^0	
	kcal/mol	kJ/mol	kcal/mol	kJ/mol	kcal/mol	kJ/mol
Pb（结晶）	0.0	0.0	0.0	0.0	15.51	64.91
Pb^{2+}（aq.）	−5.73	−23.98	0.3	1.26	4.587	19.20
Pb^{4+}（aq.）	−72.3	−302.57	—	—	—	—
β-PbO（红）	−45.25	−189.37	−52.4	−219.29	16.2	67.80
α-PbO（黄）	−45.05	−188.53	−52.07	−217.91	16.6	69.47
$HPbO_2^-$（aq.）	−81.0	−338.98	—	—	—	—
$Pb(OH)_2$	−100.6	−421.01	−123	−514.76	21	87.89
α-PbO_2	−51.94	−217.37	−63.32	−264.99	—	—
β-PbO_2	−52.34	−219.04	−66.12	−276.71	18.3	76.58
Pb_3O_4	−147.6	−617.71	−175.6	−734.89	50.5	211.34
$PbSO_4$	−193.89	−811.43	−219.5	−918.61	35.2	147.31
$PbSO_4 \cdot PbO$	−243.20	−1017.79	—	—	—	—
$3PbO \cdot PbSO_4 \cdot H_2O$	−397.30	−1662.7	—	—	—	—
$5PbO \cdot 2H_2O$	−336.35	−1407.62	—	—	—	—
Pb_2O_3	−98.42	−411.89	—	—	—	—
SO_4^{2-}（aq.）	−177.34	−742.17	−216.9	−907.73	4.1	17.16
HSO_4^-（aq.）	−179.94	−753.05	−211.7	−885.96	30.32	126.89
H_2SO_4	−177.34	−742.17	−216.9	−907.73	4.1	17.16
H_2O	−56.69	−237.25	−68.317	−285.91	16.72	69.97
H^+（aq.）	0.0	0.0	0.0	0.0	0.0	0.0
H_2（gas）	0.0	0.0	0.0	0.0	31.21	130.61

两个电极各有两个电子参与反应，也就是，$n=2$。

将 k[见式（2.E3）]、RT/nF[见式（2.E4）] 和 E^0[见式（2.E7）]的数值代入反应式（2.E2）中，可以推导出 Pb｜$PbSO_4$ 电极的平衡电势为

$$E_{Pb|PbSO_4} = -0.358 - 0.029 \lg a_{SO_4^{2-}} \ \dot{V}$$ （2.E8）

增加硫酸溶液中 SO_4^{2-} 的活度（浓度）可使 Pb｜$PbSO_4$ 电极的平衡电势向负方向移动（也就是变得更负）。在 SO_4^{2-} 浓度不变的条件下，Pb｜$PbSO_4$ 电极的平衡电势取决于温度，并不取决于电解液的 pH 值。

2.1.3　二氧化铅电极（PbO_2｜$PbSO_4$）的电势

正极在放电充电过程中发生如下电化学反应：

$$PbSO_4 + 2H_2O \leftrightharpoons PbO_2 + SO_4^{2-} + 4H^+ + 2e^- \qquad (2.2)$$

该电极的平衡电势可通过下述方程进行计算：

$$E_{PbO_2 \mid PbSO_4} = E_{PbO_2 \mid PbSO_4}^0 + (RT/2F) \ln a_{PbO_2} \cdot a_{SO_4^{2-}} \cdot a_{H^+}^4 / a_{PbSO_4} \cdot a_{H_2O}^2 \qquad (2.E9)$$

固相物质的活度系数（a_{PbO2}，a_{PbSO_4}）等于 1。a_{H^+} 可以用 pH 值的单位表示。$E_{PbO_2 \mid PbSO_4}^0$ 的值可以采用类似确定 $E_{Pb \mid PbSO_4}^0$ 值的方法，为

$$E_{PbO_2 \mid PbSO_4}^0 = (-\Delta G_{PbO_2}^0 - \Delta G_{SO_4^{2-}}^0 - 4\Delta G_{H^+}^0 + \Delta G_{PbSO_4}^0 + 2\Delta G_{H_2O}^0)/(2 \times 96500)$$

$$(2.E10)$$

将表 2.1 中所列出的不同反应物和反应产物的 ΔG^0 代入式（2.E10），可得 $E_{PbO_2 \mid PbSO_4}^0 = 1.683V$。

式（2.E9）表示 $PbO_2 \mid PbSO_4$ 电极的平衡电势与电化学反应产物的浓度之间的关系，可转化为

$$E_{PbO_2 \mid PbSO_4} = 1.683 - 0.118pH - 0.059 \lg a_{H_2O} + 0.029 \lg a_{SO_4^{2-}} \qquad (2.E11)$$

如果我们回顾铅酸蓄电池的相关文献，会发现文献中报道的 $PbO_2 \mid PbSO_4$ 电极半衡电势数据与式（2.E11）中的值存在 $\pm 5 \sim \pm 6mV$ 的偏差。出现该偏差的原因是文献作者采用的电化学反应物和产物的 ΔG^0 数值不同，以及 F 值采用 96500C 或者采用更为精确的 96487C。

E^0 的数值取决于活性物质 PbO_2 的结晶形态。PbO_2 以两种晶形存在，斜方晶形（α-PbO_2）和正方晶形（β-PbO_2）。已测定出 β-PbO_2 的 $E^0 = 1.687V$[2]，而 α-PbO_2 的平衡电势 $E^0 = 1.697V$[3]。

式（2.E11）表明，$PbO_2 \mid PbSO_4$ 电极平衡电势非常依赖溶液的 pH 值。随着溶液 pH 值的增加，$PbO_2 \mid PbSO_4$ 电极的平衡电势相应增加 0.118V/pH。$PbO_2 \mid PbSO_4$ 电极的平衡电势受 SO_4^{2-} 离子的影响很小。

2.1.4　铅酸蓄电池的电动势 ΔE

电动势（EMF）由 $PbO_2 \mid PbSO_4$ 电极和 $Pb \mid PbSO_4$ 电极之间的电势差决定：

$$\Delta E = E_{PbO_2 \mid PbSO_4} - E_{Pb \mid PbSO_4} \qquad (2.E12)$$

将式（2.E8）和式（2.E11）中的两电极电势 $E_{PbO_2 \mid PbSO_4}$ 和 $E_{Pb \mid PbSO_4}$ 代入式（2.E12），可得到 ΔE 等于

$$\Delta E = 2.041 - 0.118pH - 0.059 \lg a_{SO_4^{2-}} - 0.059 \lg a_{H_2O} \qquad (2.E13)$$

从式（2.E13）可以看出，ΔE 取决于 SO_4^{2-} 离子的活度以及水的活度。在电池放电过程中，H_2SO_4 被消耗，其浓度下降。这引起电解液 pH 值升高，电池电压随之下降。ΔE vs 放电时间的曲线斜率取决于两种电极活性物质微孔内的硫酸溶液浓度的变化情况。铅酸蓄电池的这一特性是不利的，因为每个用户在使用电池时都需要电压不变。一般情况下，当电池放电到单格电压达到 1.70 ~ 1.80V 时，则认为该电池已完全放电，应该进行再充电。

两电极发生的反应可以用下面的总反应式表示，即

$$Pb + PbO_2 + 2H_2SO_4 \leftrightarrows 2PbSO_4 + 2H_2O \qquad (2.3)$$

所以，铅酸蓄电池的电动势可以表示为

$$\Delta E = 2.041 + 0.059 \lg(a_{H_2SO_4}/a_{H_2O}) \qquad (2.E14)$$

如果已知不同浓度中硫酸的活度和水的活度，我们就能够计算出铅酸蓄电池在不同 H_2SO_4 浓度下的电动势。

事实上，离子和分子的活度意味着什么呢？对于给定的离子或分子，其浓度与活度之间又有什么关联呢？

质量作用定律最初是以参与反应的离子和分子的浓度来表示的。假设离子和分子之间没有相互作用，即溶液为理想溶液。然而，在真实的溶液中，离子和分子是相互作用的。1908 年，T. Lewis 对这种相互作用做出解释，并引入了有效浓度或者活度的概念。活度是非理想状态的气体或者溶液中的不同分子相互作用的度量。通过以溶液活度代替浓度的方法，用于理想溶液的质量作用定律可以应用于真实溶液。对于给定溶液，其离子或者分子的活度与浓度之间的关系可以用式（2.E15）表示：

$$a_i = \gamma_i C_i \qquad (2.E15)$$

式中，γ_i 是给定离子（i）的活度系数；C_i 是该离子在电解液中的浓度。由于不能测量溶液中单个离子的活度系数，所以假设平均离子活度系数为 $\gamma_\pm$，它代表溶液中某类离子的活度。

表 2.2 列出了不同摩尔浓度（以 mol/L 表示）的溶液中硫酸离子的平均活度系数，水的活度 a_{H_2O} 和硫酸活度 $a_{H_2SO_4}$，这些数据是由 Robinson 和 Stokes[4] 以及 Bullock[5] 分别提出的。

据文献报道，表中关于活度和活度系数的几组数据有最大 3% ~ 4% 的偏差。

表 2.2　Robinson 和 Stokes 以及 Bullock 报道的 H_2SO_4
离子活度系数以及 H_2SO_4 和 H_2O 的活度

浓度		$\gamma_\pm$	a_{H_2O}	$a_{H_2SO_4}$	电动势
mol/kg	mol/L		（质量摩尔浓度）	（质量摩尔浓度）	$(\Delta E)/V$
0.5	0.49	0.144	0.9819	0.00148	1.881
0.7	0.68	0.131	0.9743	0.00307	1.900
1	0.96	0.121	0.9618	0.00716	1.922
1.5	1.42	0.117	0.9387	0.0214	1.951
2	1.86	0.118	0.9126	0.0522	1.975
2.5	2.28	0.123	0.8836	0.1158	1.996
3	2.69	0.131	0.8516	0.2440	2.016
3.5	3.08	0.143	0.8166	0.4989	2.035
4	3.46	0.157	0.7799	0.9883	2.054
4.5	3.82	0.173	0.7422	1.888	2.072

（续）

浓度		$\gamma_\pm$	a_{H_2O}	$a_{H_2SO_4}$	电动势
mol/kg	mol/L		（质量摩尔浓度）	（质量摩尔浓度）	$(\Delta E)/V$
5	4.17	0.192	0.7032	3.541	2.090
5.5	4.50	0.213	0.6643	6.463	2.106
6	4.83	0.237	0.6259	11.48	2.123
6.5	5.14	0.263	0.5879	20.02	2.139
7	5.44	0.292	0.5509	34.21	2.154

根据电化学反应式（2.1），在电池放电过程中，负极产生的电子通过导线流向正极。这样，电能从电池输出到外部负载。充电过程中，情况相反。在外部电源的作用下，电化学反应式（2.2）产生的电子从正极流出，通过导线流向负极，参与相反的电化学反应式（2.1），负极的硫酸铅被还原为铅。通过这种方式，铅酸蓄电池重新充电。单位电荷的电能下降为电池电压。通常假设电流流动方向与电子流动方向相反。电池电压乘以通过电路的电流等于电功率，$P_e = \Delta E \cdot I$，根据特定用户需求，电池可输出一定的电功率。

铅酸蓄电池采用浓度不大于 $1.28 g/cm^3$（25℃）的电解液。如果使用更高浓度的硫酸，则铅酸蓄电池的循环寿命会缩短。

从电化学反应式（2.3）可以清楚地看出，在放电期间，电池消耗了硫酸，产生水。因此，在深放电情况下，硫酸浓度从 $1.28 g/cm^3$ 降低到 $1.11 g/cm^3$。这使得电池开路电压由 2.15V 降低到 1.95V。电池开路电压与酸浓度的变化关系可由方程式（2.E14）确定。

根据电解液的数量和物理状态，铅酸蓄电池可分为 4 类：

1）含有流动电解液的电池（富液式电池）；

2）含有大量过量电解液的少维护蓄电池；

3）电解液固定在可吸附式玻璃毡隔板内，并安装了减压阀的电池（阀控式铅酸蓄电池，VRLAB）；

4）含有胶体电解液的电池。

为了提高电池输出功率和输出能量，电极由多孔材料制成。高孔率电极由多种铅化合物历经多种化学反应和电化学反应，采用复杂工艺而制成。在本书后续章节中将会对该技术进行更为详细的描述。

在了解了电池充电-放电循环中硫酸消耗的变化之后，现在介绍电池充电-放电循环过程中电极上的固态物质（铅膏）的体积是如何变化的。

放电时，部分正极二氧化铅被还原成硫酸铅。这种新生成的固态产物（硫酸铅）的摩尔体积比参与反应的二氧化铅大 92%。放电时，在负极发生铅被氧化成硫酸铅的反应，与反应物铅相比，新生成的固态产物（硫酸铅）的摩尔体积增大

29

了 164%。充电时，体积变化相反，也就是极板体积按照上述百分比缩小。

这样，在循环过程中铅酸蓄电池的铅膏体积发生"脉动"。放电过程中极板厚度增加（因为活性物质的固体体积增大，也会导致铅膏微孔变小）。然后在充电过程中，极板厚度减小，活性物质微孔相应增大。

2.1.5 铅酸蓄电池在生产和使用期间所涉及铅化合物的简介

在讨论 Pb｜H_2SO_4｜H_2O 体系的电化学反应和电极电势之前，先对该体系中有关的铅化合物做下简明介绍。

2.1.5.1 氧化铅（PbO）

该铅化合物存在两种晶体形态，正方晶系的 α-PbO 和斜方晶系的 β-PbO。25℃时，两种晶型的氧化铅在水中的溶解度分别为 0.0504g/L（α-PbO）和 0.1065g/L（β-PbO）[6]。氧化铅可以形成氢氧化铅、3PbO·H_2O 和 5PbO·H_2O[7,8]。氧化铅发生水化反应形成两性化合物 Pb(OH)$_2$。该化合物电离形成 $HPbO_2^-$ 和 Pb(OH)$^-$ 离子。在电池工业，氧化铅是由铅发生部分热氧化反应形成的，俗称"铅粉"，它含有 73%~85% 的氧化铅。剩余部分为未被氧化的游离铅。铅粉主要由 α-PbO 组成，也含有不超过 5%~6% 的 β-PbO。铅粉用于铅酸蓄电池极板制造过程中的合膏工序。

2.1.5.2 硫酸铅（$PbSO_4$）

室温下，该铅化合物为斜方晶体。但在高温下（≥800℃），它变成一种立方体的晶体结构。它与硫酸钡、硫酸锶为同晶体。硫酸铅在水中溶解度很低，在25℃时，其溶解度为 0.0425g/L，40℃时溶解度为 0.056g/L。硫酸铅在硫酸溶液中的溶解度取决于硫酸浓度。铅酸蓄电池正极板和负极板在放电和自放电期间，都会形成硫酸铅。硫酸铅与 PbO 反应形成碱式硫酸铅。

2.1.5.3 一碱式硫酸铅（PbO·$PbSO_4$，1BS）

1BS 是一种由细长晶体构成的单斜晶物质。合膏期间，在很小的 pH 区间内：8wt%~15wt% 的 H_2SO_4｜PbO，PbO 与硫酸溶液混合生成 1BS。在化成之前将固化好的极板浸入硫酸溶液中，也可生成 1BS。1BS 微溶于水，0℃时溶解度为 0.044g/L，但在稀硫酸溶液中其溶解度会更大些。

2.1.5.4 三碱式硫酸铅（3PbO·$PbSO_4$·H_2O，3BS）

该铅化合物形成长为 1~4μm、截面宽 0.2~0.8μm 的晶体。密度为 6.5g/cm³，微溶于水（溶解度为 0.0262g/L）。PbO 与硫酸溶液（H_2SO_4｜PbO 低于 0.8wt%）混合，可生成 3BS。在低于 70℃ 的温度下进行合膏时，铅膏中的主要成分即为3BS。3BS 对二氧化铅活性物质结构有影响，因此对电池性能也有一定影响。

2.1.5.5 四碱式硫酸铅（4PbO·$PbSO_4$，4BS）

4BS 为菱形的晶体结构，其晶体长为 10~100μm、直径为 3~15μm。PbO 与硫酸溶液以低于 0.6wt% 的 $H_2SO_4 \mid PbO$ 比例混合，在环境温度高于 75℃ 时，可生成 4BS。在水蒸气作用下，如果以高于 85℃ 的高温固化，则铅膏中也生成 4BS。由 4BS 形成的活性物质结构能够保证电池的长循环寿命。

2.1.5.6　二氧化铅（PbO_2）

PbO_2 有两种晶型结构，正方晶系的 $\alpha\text{-}PbO_2$ 和斜方晶系的 $\beta\text{-}PbO_2$。二氧化铅为非化学计量组成，PbO_{2-x}，含有氧空位。PbO_2 是一种 n 型简并半导体，其电导率为 $11000/(\Omega \cdot cm)$[9]。在 $22 \sim 84℃$ 的温度范围内，温度每升高 1℃，二氧化铅电导率下降 0.06%。二氧化铅几乎不溶于水，在 22℃ 时，它在硫酸溶液中的溶解度为 0.01mol/L。二氧化铅为强氧化铅，易于被还原为 Pb_3O_4 和 Pb_2O_3，也容易被还原为非化学计量的化合物，以通用分子式 PbO_n（$1 < n < 2$）表示。通过电化学反应生成的二氧化铅颗粒，其表层能与水化合形成 $PbO(OH)_2$。

2.1.5.7　红铅（美国）或铅丹（欧洲），Pb_3O_4

该铅化合物为针状结构，与 Fe_3O_4 的结构相似。其密度为 $9.1g/cm^3$。Pb_3O_4 由两个 PbO 和 1 个 PbO_2 组成，在硫酸溶液中易于分解。铅丹几乎不溶于冷水或热水（溶解度仅为 $10^{-7}mol/L$）。它与硫酸反应生成 $2PbSO_4$ 和 PbO_2。大部分铅丹（世界产量的 70% ~ 75%）用于蓄电池工业。

2.1.6　$Pb \mid H_2SO_4 \mid H_2O$ 体系

在酸性溶液中，形成 Pb^{2+} 和 Pb^{4+} 离子（尽管溶解度很低）；然而在中性或者弱碱性溶液中，则形成 $HPbO_2^-$ 或 PbO_3^{2-} 离子。表 2.3 列出了这些离子所参与的化学和电化学反应，以及各反应在平衡状态下的方程式[10]。

表 2.3　有关 Pb/H_2O 体系的化学和电化学反应[10]

$Pb^{2+} + H_2O = HPbO_2^- + 3H^+$　　$\lg \dfrac{a_{HPbO_2^-}}{a_{Pb^{2+}}} = 28.02 + 3\,pH$	(2.4)
$Pb^{4+} + 3H_2O = PbO_3^{2-} + 6H^+$　　$\lg \dfrac{a_{HPbO_2^{2-}}}{a_{Pb^{4+}}} = 23.06 + 6\,pH$	(2.5)
$Pb^{4+} + 2e^- = Pb^{2+}$　　$E_h = 1.694 + 0.029\lg \dfrac{a_{Pb^{4+}}}{a_{Pb^{2+}}}$	(2.6)
$PbO_3^{2-} + 6H^+ + 2e^- = Pb^{2+} + 3H_2O$　　$E_h = 2.375 - 0.177\,pH + 0.029\lg \dfrac{a_{PbO_3^{2-}}}{a_{Pb^{2+}}}$	(2.7)
$PbO_3^{2-} + 3H^+ + 2e^- = HPbO_2^- + H_2O$　　$E_h = 1.547 - 0.088\,pH + 0.029\lg \dfrac{a_{PbO_3^{2-}}}{a_{HPbO_2^-}}$	(2.8)

除了电化学反应式（2.6），其他所有反应均依赖于溶液的 pH 值。该体系中进行的这些反应，有赖于铅离子的化合价、溶液组成及其 pH 值，以及由电极电势的不同形成的不同电极系统。这些反应涵盖 2.0V 的电势区间。表 2.4 总结了包括铅、铅氧化物、硫酸铅和碱式硫酸铅的电化学反应，以及各个电极系统的平衡电势。表中也列出了有关氢和氧电极的反应和电极电势。碱式硫酸铅参与的几个化学反应也列于表 2.4。

表 2.4　Pb｜H₂SO₄｜H₂O 体系所发生的化学和电化学反应[10]

a）电化学反应

$PbSO_4 + H^+ + 2e^- = Pb + HSO_4^-$　$E_h = -0.300 - 0.029\,pH - 0.029 lga_{HSO_4^-}$	(2.9)
$PbSO_4 + 2e^- = Pb + SO_4^{2-}$　$E_h = -0.358 - 0.029 lga_{SO_4^{2-}}$	(2.1)
$PbO \cdot PbSO_4 + 4e^- + 2H^+ = 2Pb + SO_4^{2-} + H_2O$　$E_h = -0.113 - 0.029\,pH - 0.015 lga_{SO_4^{2-}}$	(2.10)
$3PbO \cdot PbSO_4 \cdot H_2O + 8e^- + 6H^+ = 4Pb + SO_4^{2-} + 4H_2O$　$E_h = 0.030 - 0.044\,pH - 0.007 lga_{SO_4^{2-}}$	(2.11)
$PbO + 2e^- + 2H^+ = Pb + H_2O$　$E_h = 0.248 - 0.059\,pH$	(2.12)
$PbO_2 + SO_4^{2-} + 4H^+ + 2e^- = PbSO_4 + 2H_2O$　$E_h = 1.685 - 0.118\,pH + 0.029\,lga_{SO_4^{2-}}$	(2.13)
$PbO_2 + HSO_4^- + 3H^+ + 2e^- = PbSO_4 + 2H_2O$　$E_h = 1.628 - 0.088\,pH + 0.029 lga_{HSO_4^{2-}}$	(2.14)
$2PbO_2 + SO_4^{2-} + 4e^- + 6H^+ = PbO \cdot PbSO_4 + 3H_2O$　$E_h = 1.468 - 0.089\,pH + 0.015 lga_{SO_4^{2-}}$	(2.15)
$4PbO_2 + SO_4^{2-} + 8e^- + 10H^+ = 3PbO \cdot PbSO_4 \cdot H_2O + 4H_2O$　$E_h = 1.325 - 0.074\,pH + 0.007 lga_{SO_4^{2-}}$	(2.16)
$PbO_2 + 2e^- + 2H^+ = PbO + H_2O$　$E_h = 1.107 - 0.059\,pH$	(2.17)
$3PbO_2 + 4e^- + 4H^+ = Pb_3O_4 + 2H_2O$　$E_h = 1.122 - 0.059\,pH$	(2.18)
$Pb_3O_4 + 2e^- + 2H^+ = 3PbO + H_2O$　$E_h = 1.076 - 0.059\,pH$	(2.19)
$4Pb_3O_4 + 3SO_4^{2-} + 8e^- + 14H^+ = 3(3PbO \cdot PbSO_4 \cdot H_2O) + 4H_2O$　$E_h = 1.730 - 0.103\,pH + 0.007 lga_{SO_4^{2-}}$	(2.20)

b）化学反应

$4PbO + SO_4^{2-} + 2H^+ = 3PbO \cdot PbSO_4 \cdot H_2O$　$pH = 14.6 + 0.5 lga_{SO_4^{2-}}$	(2.21)
$3PbO \cdot PbSO_4 \cdot H_2O + SO_4^{2-} + 2H^+ = 2(PbO \cdot PbSO_4) + 2H_2O$　$pH = 9.6 + 0.5 lga_{SO_4^{2-}}$	(2.22)
$PbO \cdot PbSO_4 + SO_4^{2-} + 2H^+ = 2PbSO_4 + H_2O$　$pH = 8.4 + 0.5 lga_{SO_4^{2-}}$	(2.23)

c）H₂O 电化学分解反应

$2H^+ + 2e^- = H_2$　$E_h = -0.059\,pH - 0.029 lgP_{H_2}$	(2.24)
$O_2 + 4H^+ + 4e^- = 2H_2O$　$E_h = 1.228 - 0.059\,pH + 0.015 lgP_{O_2}$	(2.25)

　　表 2.4 中的反应表明，随着被还原的初始混合物中硫酸铅含量的增加，电极标准电势变得更负。如果氧化后的物相是 PbO_2，随着被氧化的初始混合物中硫酸铅含量的增加，可使电极电势移向正值的方向。表 2.4 中的反应得出的另一个重要结论是，除了一些例外情况，电化学反应的平衡电势取决于溶液的 pH 值。根据上述依赖关系，我们可以绘制一张 E/pH 图，这有助于判定铅电极，以及氢电极和氧电极所运行的不同电势区间。

2.1.7　Pb｜H₂SO₄｜H₂O 体系的电势/pH 图

　　浦尔拜（Pourbaix）最先提出了 Pb｜H₂O 体系的 E/pH 图[11]，Ruetschi 和 Angstadt[12]，以及 Barnes 和 Mathieson[10]绘制了 Pb｜H₂SO₄｜H₂O 体系的 E/pH 图。图 2.1 展示了 Barnes 和 Mathieson 绘制的 E/pH 图。

　　因为各个电极体系均有水参与，所以该体系也必须包括氢电极和氧电极的平衡电势。该图忽略了 PbO 和 PbO_2 的两种变体之间的差异。尽管 $\alpha\text{-}PbO_n$ 和 $\beta\text{-}PbO_n$（$1 < n < 2$）区域实际位于 Pb_3O_4 区域内，但图中并未显示出来。实线界定的区域是固态物相的稳定区域。每条线代表它所分隔的两个相邻区域的物相之间发生电化

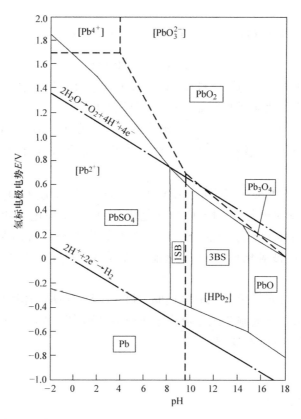

图 2.1　Pb｜H$_2$SO$_4$｜H$_2$O 体系的 $E/$pH 图（25℃，含有单位活度的硫酸根离子）[10]

学反应的平衡电势。

　　该 Pb｜H$_2$SO$_4$｜H$_2$O 体系的 $E/$pH 图是以 $a_{HSO_4^-} + a_{SO_4^{2-}} = 1$ 的总活度计算的。虚线界定了溶液中 Pb^{2+}、HPbO$_2^-$ 和 PbO$_3^{2-}$ 离子的稳定区域，点划线则标示出氢电极和氧电极的平衡电势对溶液 pH 值的依赖关系。

　　图中 $E/$pH 数值表明，在低 pH 值条件下，H$^+$｜H$_2$ 电极的平衡电势比 Pb/PbSO$_4$ 电极的平衡电势更正。因此理应认为，H$_2$ 会在电池充电期间首先析出。然而，由于氢气在铅上析出的超电势高，上述氢气析出反应并不会持续进行。相反地，硫酸铅首先被还原成铅，然后，随着电势升高，氢气开始析出。H$_2$O｜O$_2$ 电极和 PbO$_2$｜PbSO$_4$ 电极也发生类似的反应过程。由于氧气在 PbO$_2$ 上析出需要高的超电势，因此正极优先进行硫酸铅氧化生成二氧化铅的反应，然后在更高的正电势条件下，发生氧气析出的反应。

　　图 2.1 所示的 $E/$pH 图表明，铅酸蓄电池在开路状态下是热力学不稳定的。两个电极所发生的自放电反应导致水分解为 H$_2$ 和 O$_2$，与此同时，正极板和负极板发

生以下放电反应：

$$正极板：PbO_2 + H_2SO_4 \rightarrow PbSO_4 + H_2O + \frac{1}{2}O_2 \qquad (2.26)$$

$$负极板：Pb + H_2SO_4 \rightarrow PbSO_4 + H_2 \qquad (2.27)$$

如果电池采用高纯度的铅材料和硫酸，以上反应的速率很低。至今，人们尚未查明哪些基本反应如此强烈地阻碍了氢气和氧气的析出。

图 2.1 所示 E/pH 图也表明，在强酸溶液中，在 $\mathrm{Pb}\,|\,\mathrm{H_2O}\,|\,\mathrm{H_2SO_4}$ 体系中，只能形成 $\mathrm{Pb}\,|\,\mathrm{PbSO_4}$ 电极和 $\mathrm{PbO_2}\,|\,\mathrm{PbSO_4}$ 电极，反应过程涉及 $\mathrm{Pb^{2+}}$、$\mathrm{Pb^{4+}}$ 和 $\mathrm{PbO_3^{2-}}$ 离子。

$\mathrm{PbO \cdot PbSO_4}$、$3\mathrm{PbO \cdot PbSO_4 \cdot H_2O}$ 和 $\mathrm{Pb_3O_4}$ 被氧化成 $\mathrm{PbO_2}$，以及 PbO 被氧化成 $\mathrm{Pb_3O_4}$ 的反应电势比 $\mathrm{PbSO_4}$ 被氧化成 $\mathrm{PbO_2}$ 的反应电势更低。因此，在 PbO、碱式硫酸铅和 $\mathrm{PbSO_4}$ 的混合物中，随着氧化电势的升高和溶液 pH 值的降低，最后 $\mathrm{PbSO_4}$ 被氧化成 $\mathrm{PbO_2}$。电池正极板（$\mathrm{PbO_2}$）化成期间就是发生了这种反应。

图 2.2 展示了在正、负极充放电期间，$\mathrm{Pb}\,|\,\mathrm{H_2SO_4}\,|\,\mathrm{H_2O}$ 体系的 E/pH 图。该图也展示了在铅酸蓄电池制造工艺流程中正极活性物质（$\mathrm{PbO_2}$）和负极活性物质（Pb）在化成反应中的 E/pH 图。

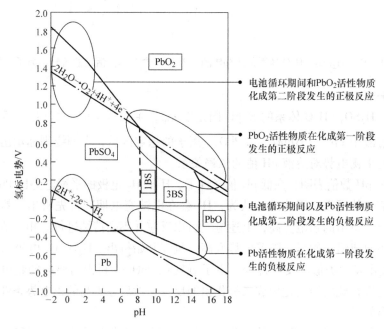

图 2.2　电池运行期间和极板化成期间的 E/pH 图

固化后的负极铅膏含有 3BS、PbO 和少量 Pb。化成期间，部分 3BS 被还原成 Pb 和形成 PbSO$_4$（化成第一阶段）。当 3BS 被全部消耗掉后，电极电势明显增加，PbSO$_4$ 被还原成 Pb（化成第二阶段）。

固化后的正极铅膏含有 3BS、PbO、Pb，以及少量 1BS，或者含有 4BS、PbO 和 Pb。极板化成期间，这些混合物被氧化成 PbO$_2$ 和硫酸盐化成 PbSO$_4$（第一阶段）。当这些混合物被消耗掉之后，正极板电势升高，PbSO$_4$ 被氧化成 PbO$_2$。该反应发生在正极板化成的第二阶段（见图 2.2）。

2.1.8　温度对铅酸蓄电池电动势的影响

温度是影响电动势的第二个参数。ΔE 和温度之间的相互关系可采用吉布斯·赫尔姆霍茨热力学方程表示为

$$\Delta E = \Delta H / nF + T(\partial \Delta E / \partial T)_P \qquad (2.E16)$$

式中，ΔH 是铅酸蓄电池总反应式（2.3）的焓变值，它表示该反应的热效应，其值可以通过表 2.1 中总结的热力学数据计算得出。计算 ΔH 时，应考虑有关酸稀释引起的焓变化。根据铅酸蓄电池总反应 [见反应式（2.3）]，ΔH 等于

$$\Delta H = \sum v_i \Delta H_e - \sum v_i \Delta H_i + 2\Delta H_w - 2\Delta H_a \qquad (2.E17)$$

式中，$\sum \Delta H_e$ 是反应式（2.3）最终产物的焓总和；$\sum \Delta H_i$ 是最初反应物的焓总和；v_i 是化学计量系数；ΔH_w 是 1mol H$_2$O 加入溶液引起的焓变；ΔH_a 是 1mol H$_2$SO$_4$ 加入溶液引起的焓变。由于焓以 cal$^{\ominus}$/mol（卡/摩尔）计算，ΔH 的值应该乘以 4.1868 以转化为焦耳（J）。

$$\partial \Delta E / \partial T = -\Delta S / nF = (\sum v_e \Delta S_e - \sum v_i \Delta S_i) / nF \qquad (2.E18)$$

式中，$\sum v_e \Delta S_e$ 是反应式（2.3）最终产物的焓总和；v_e 是各产物的化学计量系数；$\sum v_i \Delta S_i$ 是反应式（2.3）的反应物的焓总和；v_i 是各反应物的化学计量系数。使用表 2.1 的数据，可得：$\Delta S = 61.81$cal/(mol·℃)，$\partial \Delta E / \partial T = 1.31$mV/℃[1]。

Harned 和 Hamer[13] 通过实验确定了在 0~60℃ 的温度区间内，在 0.05~7.0M H$_2$SO$_4$ 的浓度区间内，铅酸蓄电池的电动势对温度的依赖关系，而且给出了以下经验公式：

$$\Delta E = \Delta E_0 + aT + bT^2 \qquad (2.E19)$$

式中，ΔE_0 是 0℃ 时电池的电动势；a 和 b 是经验常数；T 是温度。表 2.5 总结了不同硫酸浓度条件下的电动势和经验常数值[14,15]。

Bode[1] 汇总了由 Harned 和 Hamer[13]，以及 Craig 和 Vinal[14] 所得出的有关电动势温度系数的实验数据，然后将这些数据与热力学计算所得数据进行了对比。基于以上研究者所报道的实验数据，绘制了电动势的温度系数随硫酸浓度变化的关系

⊖　1cal = 4.1868J，后同。——译者注

曲线，如图2.3所示。

表2.5　$Pb|PbSO_4|H_2SO_4|PbSO_4|PbO_2$ 电池体系在0℃时的电动势，
以及在0~60℃温度范围内方程式（2.E19）中的常数[13]

浓度		E_0^1/V	$-a \times 10^{-6}$	$b \times 10^{-8}$
M（mol/kg）	M（mol/L）			
0.05	0.05	1.769	−310	134
0.1	0.1	1.802	−265	129
0.2	0.2	1.835	−181	128
0.5	0.49	1.879	−45	126
1	0.96	1.917	56.1	108
2	1.86	1.966	159	103
3	2.69	2.009	178	97
4	3.46	2.048	177	91
5	4.17	2.085	167	87
6	4.83	2.119	162	85
7	5.44	2.151	153	80

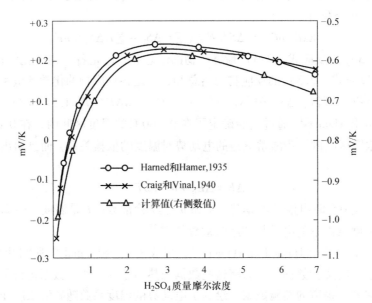

图2.3　不同硫酸浓度下铅酸蓄电池单格电压的温度系数

$$Pb + 2H_2SO_4 + PbO_2 = 2PbSO_4 + 2H_2O^{[15]}$$

电动势的温度系数随着硫酸浓度的增加而增加，直到浓度达到 2.5M H_2SO_4 时为止。然后，在浓度为 2.5 ~ 5M 的区间内，电动势的温度系数几乎保持不变，约为 + 0.2mV/K，这与实验测得的值相等。

2.2　铅在硫酸溶液中的阳极极化期间所形成的电极体系

对反应沉淀物进行 X-ray（X 射线）衍射（XRD）分析是识别不同电极体系最有效的方法。通过 X-ray 衍射分析和常规化学分析技术，我们已经确定了在 Pb│PbSO₄ 电极和 PbO₂│PbSO₄ 电极的电势区间内，不同电极电势下所形成的阳极层的物相组成[16-18]。在 1N 硫酸溶液中对铅进行恒电位氧化，图 2.4 展示了所形成的阳极层中各种物相的特征衍射线和电势之间的关系。从图中可以看出，α-PbO（d = 3.12Å 和 2.79Å）的特性衍射线与 α-PbO₂（d = 3.12Å）和 β-PbO₂（d = 2.79Å）的特征衍射线重合。因此，XRD 分析与化学分析相结合。化学分析证实，在高于 + 0.95V 的电势下（相对于 Hg│Hg₂SO₄ 电极电势）生成 PbO₂[16-18]。

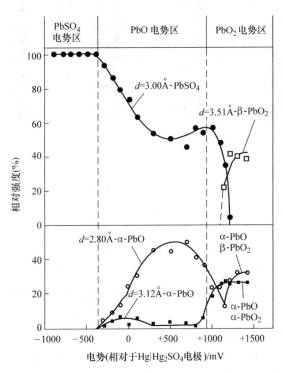

图 2.4　铅在 1N 浓度的 H_2SO_4 溶液中以不同电势氧化时（相对于 Hg│Hg₂SO₄）形成的
阳极氧化层不同物相诊断 X 射线的相对强度的变化情况[16-18]

根据表2.4中的XRD数据和化学分析结果，可推断出，对铅电极在硫酸溶液中进行阳极极化期间会形成3个电极体系，其示意图如图2.5所示[18]。

1）硫酸铅电极体系（Pb│PbSO₄）——在 -0.97 ~ -0.40V（相对于Hg│Hg₂SO₄电极）的电势区间内保持稳定，这一电势区间被称为"PbSO₄电势区"。

2）氧化铅│硫酸铅电极体系（Pb│PbO│PbSO₄）——在 -0.40 ~ +0.95V的电势区间内保持稳定，这一电势区间被称为"PbO电势区"。

3）二氧化铅电极体系（Pb│PbO₂）——在 +0.95V以上的电势区间内形成，含有 α-PbO₂ 和 β-PbO₂，这一电势区间被称为"PbO₂电势区"。

上述电极体系均有各自的具体特性，这些特性由其所包含的物相决定。Pb│PbO│PbSO₄ 体系在电极被恒压或恒流极化时形成，但是极化模式决定了 PbO 层和 PbSO₄ 层的比例。

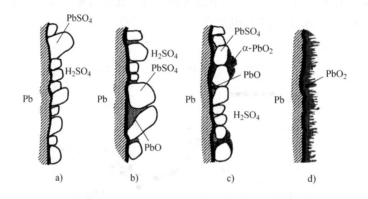

图 2.5　阳极体系示意图

a）PbSO₄ 电势区形成的 Pb│PbSO₄ 电极体系

b）PbO 电势区形成的 Pb│PbO│PbSO₄ 体系

c）在 +0.95V，如 PbO 和 PbO₂ 之间的电势区所形成的电极体系

d）PbO₂ 电势区所形成的 Pb│PbO₂ 体系[18]

通过研究铅电极在1N硫酸溶液中的稳态伏安特性，已经确认存在上述3个电势区[19]。图2.6展示了恒压极化72h之后得到的试验结果。在酸性溶液中，Pb│PbSO₄和PbSO₄│PbO₂电极体系是热力学稳定的，而在碱性介质中，则不能形成 Pb│PbSO₄ 体系。Pb│PbO│PbSO₄ 电极体系的形成与阳极沉淀的特定结构有关。研究人员针对阳极沉淀的结构开展了大量研究工作。本章将进一步讨论所提到的上述电极的形成机理以及电极的具体特性。

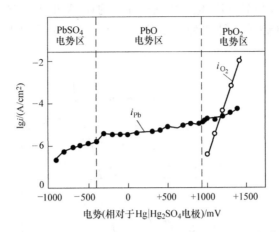

图 2.6　在 1N 浓度的 H_2SO_4 溶液中以不同电势进行恒电势极化 72h 之后铅电极的稳态电压/电流曲线[19]

2.3　$Pb \mid PbSO_4 \mid H_2SO_4$ 电极

2.3.1　铅表面的电极过程

铅电极在硫酸溶液中发生以下反应（见表 2.4）：

1）$PbSO_4 + 2e^- = Pb + SO_4^{2-}$　　$E_h = -0.358 - 0.029 \lg a_{SO_4^{2-}}$　　　　　(2.1)

2）硫酸电离分为两个阶段，可用下列方程式表示为

$$H_2SO_4 \leftrightharpoons HSO_4^- + H^+ \tag{2.28}$$

$$HSO_4^- \leftrightharpoons SO_4^{2-} + H^+ \tag{2.29}$$

且

$$\lg(a_{SO_4^{2-}}/a_{HSO_4^-}) = -1.92 + pH \tag{2.E20}$$

反应式（2.E20）表明，当 pH < 1 时，HSO_4^- 离子与 Pb^{2+} 发生反应，而当 pH > 1 时，主要是溶液中的 SO_4^{2-} 离子与 Pb^{2+} 发生反应。

3）考虑 HSO_4^- 离子，根据热力学数据确定的 $Pb \mid PbSO_4$ 电极的平衡电势为

$PbSO_4 + H^+ + 2e^- = Pb + HSO_4^-$　　$E_h = -0.300 - 0.029pH - 0.029 \lg a_{HSO_4^-}$

(2.9)

如图 2.1 中的 E/pH 图所示，该平衡电势取决于溶液的 pH 值。

4）图 2.1 的 Pourbaix 图显示，除了 $Pb \mid PbSO_4$ 电极反应，铅表面也发生氢气析出反应：

$$2H^+ + 2e^- = H_2 \qquad E_h = -0.059pH - 0.029 \lg P_{H_2} \tag{2.24}$$

式中，P_{H_2} 是氢气压。

Pb│PbSO$_4$ 电极与 H$_2$│H$^+$ 电极之间存在大约 0.3V 的电势差。这说明浸于硫酸溶液中的铅电极电势是一种 "稳态电势"。图 2.7 展示了以上电极的电流/电势关系[20]。

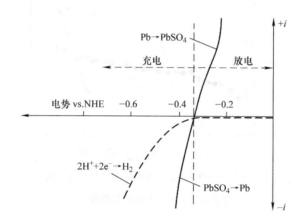

图 2.7　Pb│PbSO$_4$ 和 H$_2$│H$^+$ 电极在 H$_2$SO$_4$ 溶液中进行极化所形成的电流/电势曲线[20]

铅的电化学氧化反应和硫酸铅的还原反应均在轻微极化的条件下进行，即，该电极几乎是可逆的。因为氢电极极化严重，所以氢析出电势较 PbSO$_4$ 还原电势更负。Pb│PbSO$_4$│H$_2$SO$_4$（H$_2$│H$^+$）电极体系的这种特性适用于铅酸蓄电池的一个电极。在后续讨论中，只有当 H$_2$│H$^+$ 电极影响 Pb│PbSO$_4$ 电极行为时，才对其（标注在括号内）进行讨论。

Pb│PbSO$_4$ 电极体系能够释放或接收电流的时间取决于 Pb 和 PbSO$_4$ 物相彼此自由交换离子的能力。该时间决定了 Pb 电极的容量。为了获得高的电极容量，Pb 电极被转化为多孔活性物质，其表面积为 0.4 ~ 0.8m^2/g。

在开路的情况下，Pb│PbSO$_4$│H$_2$SO$_4$（H$_2$│H$^+$）电极体系处于稳定状态，Pb│PbSO$_4$ 电极和 H$_2$│H$^+$ 电极的局部电流相等。图 2.8 说明了 Pb│PbSO$_4$ 电极和 H$_2$│H$^+$ 电极表面发生的反应的机理。符号 "V_a" 代表铅氧化的阳极反应速率，"V_c" 代表氢析出的阳极反应速率。在稳态条件下，$V_c = V_a$。

该稳态条件下的电流很小，因此 Pb│PbSO$_4$ 电极的稳态电势与平衡电势之间的差值非常小，可以忽略不计。虽然稳态电流很小，但是如果电极长期保持开路状态，流过 H$_2$│H$^+$ 电极和 Pb│PbSO$_4$ 电极的电量也会很大。在此期间形成的硫酸铅晶体会降低电极体系自由铅表面积，因此降低电极容量，也就是负极板会自放电。为了避免发生这些反应，铅电极应该保持高的氢析出过电势。H$^+$│H$_2$ 电极的反应速率决定了电池自放电反应速率。如果氢过电势低的金属（如 Sb、Ni）沉积在铅电极上，则自放电反应速率相当高，在开路状态下极板会快速丧失容量。因此，所用材料的纯度对于铅酸蓄电池是至关重要的。

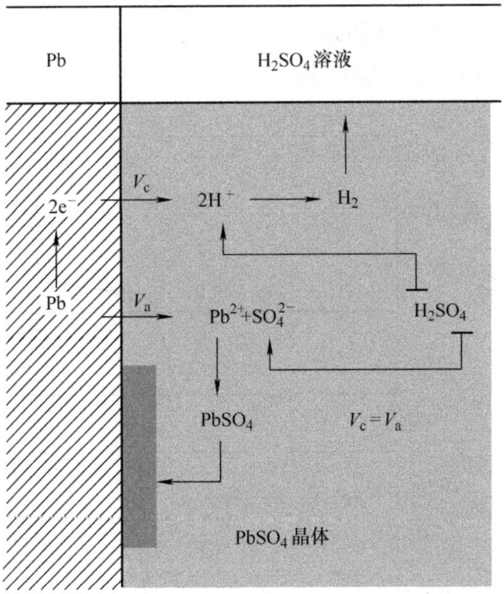

图 2.8　开路状态下负极板自放电反应机理

2.3.2　铅阳极氧化的基本过程和硫酸铅晶体层的形成

　　为了研究上述过程，采用 $Pb \mid PbSO_4$ 电极平衡电势两侧附近的电势区间，对电极进行线性扫描，使铅电极极化。图 2.9 展示了所记录的循环伏安图[21]。以正电势（阳极的）扫描时，由于电化学反应生成 Pb^{2+} 离子，Pb 氧化电流随之增大。当扫描电势更正时，电极表面形成一个硫酸铅层，电流曲线出现峰值。该硫酸铅层使电极表面钝化，电流随之快速下降。在随后的阴极扫描中，固体硫酸铅层被还原成铅，形成一个阴极电流峰值（见图 2.9a）。

　　在硫酸铅晶体层形成之前，发生了哪些基本反应？通过以较低的阳极电势对旋转的圆盘铅电极进行极化，对这些反应进行了研究。图 2.9b 展示了试验得到的曲线[21]。在阳极极化期间，如果电极旋转，则极化电流快速增加。如果停止阳极极化，随后以反向电势进行扫描，则没有阴极电流通过。因为 Pb^{2+} 离子被旋转电极抛入溶液中，所以它不会被还原。在与 SO_4^{2-} 离子反应生成 $PbSO_4$ 之前，Pb^{2+} 离子会在溶液中存在一段时间。这表明，铅在硫酸溶液中的电化学氧化反应通过溶解—沉淀机制进行，反应过程受到扩散过程控制。如果铅氧化后立即在铅金属表面形成硫酸铅，这样就会形成一个薄的无定形硫酸铅层，引起电极钝化，降低电极容量。Pb^{2+} 离子通过扩散迁移到溶液中，然后沉淀在硫酸铅晶体表面。因此，它们可以形成多孔的硫酸铅层，Pb^{2+} 离子扩散穿过硫酸铅层的微孔，铅氧化反应得以持续

41

进行，并最终增加电极容量。通过向负极活性物质中添加高分子表面活性材料（如木素作为膨胀剂之一），使 Pb^{2+} 离子必须穿过高分子结构，因此，扩散时间延长。这样，阻碍了硫酸铅钝化层的形成，利于增加负极板容量，在低温条件下，硫酸铅溶解度很低，这种影响尤为明显。

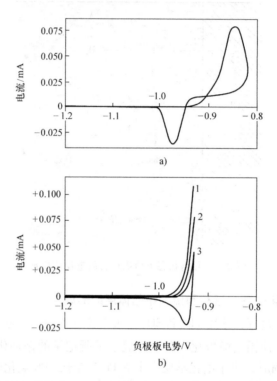

图 2.9 机械抛光的 Pb 旋转圆盘电极（表面积 = 0.2cm^2）在去氧的浓度为 1M 的 H_2SO_4 溶液中以 30mV/s 的扫描速率进行极化期间记录的循环伏安图

a）旋转速率为 24r/min b）旋转速率为 40r/min（曲线 1）、16r/min（曲线 2）、0r/min（曲线 3）

注：这些电势值均相对于 $Hg \mid Hg_2SO_4$ 电极[21]

图 2.10a 展示了 $PbSO_4$ 电势区生成的阳极沉淀被 PbO_2 电势区的电势极化之后的 SEM（扫描电子显微镜）照片。图中显示的晶体为 $PbSO_4$，黑色物质为 PbO_2。从这张照片可以看出，PbO_2 从 $PbSO_4$ 晶体之间生长。

图 2.10b 展示的 SEM 照片表明了这样的情形：$PbSO_4$ 电势区形成的阳极层在 PbO_2 电势区被部分氧化，之后又被还原成 $PbSO_4$。显微照片表明，PbO_2 还原反应在 $PbSO_4$ 层的晶间区进行，未被还原的 PbO_2 仍保留在 $PbSO_4$ 晶体外层。基于这些 SEM 照片清晰地表明，在铅电极极化期间，$PbSO_4$ 层形成之后，铅在 $PbSO_4$ 晶体之间继续发生氧化反应[22]。下述几个基本反应最终形成了多孔的 $PbSO_4$ 层。

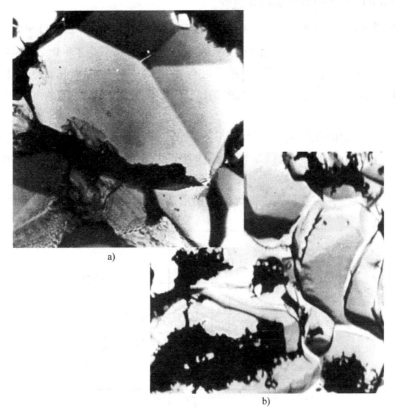

图 2.10　铅电极在硫酸溶液中极化形成的 $PbSO_4$ 的 SEM 照片

a）先在 $PbSO_4$ 电势区初始极化，然后以 PbO_2 电势区电势进行短时极化

b）先在 $PbSO_4$ 电势区初始极化，然后极化电势增加不超过 PbO_2

电势区电势，最后极化电势下降到 $PbSO_4$ 电势区

1）Pb 发生电化学反应被氧化成 Pb^{2+} 离子；

2）Pb^{2+} 离子扩散至溶液中；

3）Pb^{2+} 离子与 SO_4^{2-} 离子到临界过饱和状态之后，两者发生反应，在 Pb 表面生成 $PbSO_4$ 晶核；

4）Pb^{2+} 和 SO_4^{2-} 离子达到过饱状态并沉淀在之前形成的 $PbSO_4$ 晶体上，$PbSO_4$ 晶体因此生长；

5）相邻的 $PbSO_4$ 晶体长大，晶间区变小，形成微孔；

6）接触电解液的铅表面区域发生电化学氧化反应；氧化生成的 Pb^{2+} 离子经过 $PbSO_4$ 层的微孔迁移到溶液中，H_2SO_4 和 H_2O 则反向移动。结果，$PbSO_4$ 层孔隙内的溶液组成发生变化。2.3.3 节将对这些现象详细讨论。

2.3.3　PbSO₄ 层孔内溶液的碱化过程

观察 PbSO₄ 层孔隙内发生哪些反应是有趣的。为了研究 Pb｜PbSO₄ 电极的电化学行为，将 Pb｜PbSO₄ 电极浸于 1N 硫酸溶液中，以不高于 -0.2V 的相对电势（相对于 Hg｜Hg₂SO₄ 参比电极）对其进行小电流的恒电流极化，当电极极化到达一定电压后，断开电路[23,24]。图 2.11 展示了断开电路之后的一组电压瞬变记录。

图 2.11 所示曲线证明，以不大于 -0.50V（曲线 1~5）的电势进行极化时，断开电路引起 Pb｜PbSO₄ 电极平衡电势快速下降。当以大于 -0.50V 的电势进行极化时，断开电路，可观察到，在下降到 Pb｜PbSO₄ 电势峰值之前，电势变化受到阻碍。电极行为的这些差异与新的物相形成有关。新的物相是什么呢？

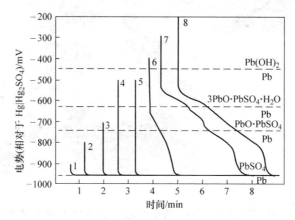

图 2.11　以 2.5μA/cm² 进行恒电流极化至连续增长的电势之后，开路状态下电极电势（相对于 Hg｜Hg₂SO₄）的变化情况[23]

在电极极化期间，PbSO₄ 晶体沉淀在铅金属表面。由于硫酸铅不导电，在 PbSO₄ 晶体沉淀所覆盖的区域不会发生电化学反应。因此，PbSO₄ 晶体之间的金属表面成为仅存的电化学活性区域。在电极阳极极化期间，Pb²⁺ 离子在这些活性区域形成，并流向溶液。而 SO₄²⁻ 离子流向相反。这样，电化学反应的组分，Pb²⁺ 和 SO₄²⁻ 离子被多孔且绝缘的 PbSO₄ 晶体分隔，两者之间的反应必定发生在相向运动的两种离子流相遇的区域。图 2.12 展示了发生在两个 PbSO₄ 晶体之间的孔中的反应[23]。

为了阐明被 PbSO₄ 晶体层分隔的孔内溶液所发生的这些反应过程，可以研究孔内的一个单位体积溶液中发生的现象。硫酸铅晶体形成的微孔中含有 H₂O 和 PbSO₄，它们离解成离子：

$$H_2SO_4 \rightleftharpoons H^+ + HSO_4^- \rightleftharpoons 2H^+ + SO_4^{2-}$$

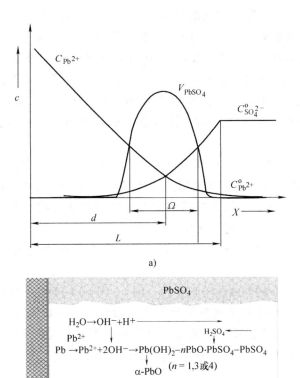

图　2.12

a）PbSO$_4$ 层孔内的 Pb^{2+} 和 SO$_4^{2-}$ 离子浓度随着它们距板栅的距离而变化的示意图，

L 为扩散层厚度，Ω 为 PbSO$_4$ 区，d 为 PbSO$_4$ 形成速率最高的距离[23]

b）发生在 PbSO$_4$ 晶体层孔内并且生成 α-PbO、nPbO · PBO$_n$ 和 PbSO$_4$ 的反应示意图

$$H_2O \rightleftharpoons H^+ + OH^-$$

这些离子维持了孔内溶液的电中性。

当 Pb｜PbSO$_4$ 电极受到正极化之后，发生如下电化学反应：

$$Pb \longrightarrow Pb^{2+} + 2e^-$$

Pb^{2+} 离子流给 PbSO$_4$ 层的孔引入了正电荷。孔内溶液的电中性可能通过下列过程得以保持：

来自孔外部的负离子（HSO$_4^-$ 和 SO$_4^{2-}$）可能进入到硫酸铅层的晶间部位（孔），并与孔溶液中的 Pb^{2+} 离子发生反应。然而，HSO$_4^-$ 离子和 SO$_4^{2-}$ 离子的体积都太大，可能无法进入 PbSO$_4$ 层的孔中。因此，带有负电荷的 HSO$_4^-$ 离子和 SO$_4^{2-}$ 离子并不能使孔溶液恢复电中性。

图 2.12b 显示了电中性和孔溶液的另一种方法。H^+ 离子尺寸小且流动性强（比 Pb^{2+} 离子流动速率高 5 倍）。因此，水电离形成的 H^+ 离子会从孔溶液迁移到外部溶液中，孔溶液内剩余的 OH^- 离子中和带正电的 Pb^{2+} 离子。因此，Pb 表面的电化学反应引起孔溶液中的水离解反应，引起 H^+ 离子从孔溶液内迁出到外部溶液，溶液中形成 $Pb(OH)_2$，成为电中性。$Pb(OH)_2$ 发生脱水反应，从而 tet-PbO 在晶间孔隙的溶液内和游离铅表面生成。这种反应机理是由 Pavlov 等人提出的[22-24]。

在一定的 $Pb|PbSO_4$ 电极极化条件下（相对于 $Hg|Hg_2SO_4$ 标准电极为 -0.5V），这一微孔内的溶液 pH 值上升，形成碱式硫酸铅和 $Pb(OH)_2$。如果氧化铅、碱式硫酸铅和 $PbSO_4$ 的生成速率接近，则这些化合物在 $PbSO_4$ 层的孔中根据各自的溶解产物依次排列，比如，$PbSO_4$ 位于溶液一侧，氧化铅则位于铅表面附近。氧化期间生成的化合物氧化层的排列次序将决定极化终止后发生的反应。

图 2.11 中的电势/时间曲线阐述了 $Pb(OH)_2$、$3PbO \cdot PbSO_4 \cdot H_2O$ 和 $PbO \cdot PbSO_4$ 的硫酸盐化过程。该过程伴随着短暂的氧化过程。如果以高于 -0.5V（相对于 $Hg|Hg_2SO_4$）的电势进行长时间极化，则 H_2SO_4 不能进入狭小的 $PbSO_4$ 孔中，孔溶液中的 PbO 和 $nPbO \cdot PbSO_4$ 仍然保持稳定，因而形成了 $Pb|PbO|PbSO_4$ 电极体系。

由于氧化铅和碱式硫酸铅发生硫酸盐化反应，断开电流时孔内溶液的实际 pH 值高得多的，并且电势/时间曲线在比图 2.11 所示的更负电势处即被阻碍[17,23]。

2.3.4 作为选择性渗透膜的 $PbSO_4$ 层——$Pb|PbO|PbSO_4$ 电极电势

现已证实，经过一系列的小电流恒流极化之后，$Pb|PbSO_4$ 电极永久钝化，其开路电势保持在 -0.40 ~ -0.60V 的区间内[24]。这表明，这一行为是由于 $PbSO_4$ 层转化成了一种选择性半渗透膜，图 2.12 展示了这一个转化过程[24]。

当铅表面被 $PbSO_4$ 晶体覆盖时，晶体间的空隙尺寸变得和溶液离子直径相当。在这种情况下，只有小半径的离子才能进入孔内。在孔内的溶液中建立了如下平衡：

$$H^+ + Pb^{2+} = SO_4^{2-} + OH^- \tag{2.30}$$

H^+ 离子和 OH^- 离子半径小，而 SO_4^{2-} 离子半径相对较大，它们难以扩散进入 $PbSO_4$ 层。由于 SO_4^{2-} 离子进入孔受阻或完全被阻止，孔内带正电荷的离子不得不被带负电荷的（比如 OH^-）离子中和。微孔内的水发生电离，H^+ 离子迁移到外部溶液中，而 OH^- 保持在孔内。这样，$PbSO_4$ 层孔内的溶液变成高 pH[22-24]和电中性，该层转化成为一个选择性的离子渗透膜，建立起一个 Donnan 平衡电势[24]。

根据图 2.1 中的 E/pH 图[⊖]，当 pH 值达到中性或弱碱性区域时，碱式硫酸铅和氧化铅开始沉淀。Ruetschi 手工模拟制作 $PbSO_4$ 薄膜，测量了在 $0.1M\ H_2SO_4$ 溶液中 $Pb\,|\,PbO$ 和 $Ba(OH)_2\,|\,Hg\,|\,Hg_2SO_4$ 电极的 Donnan 平衡电势[25]。两电极被固定在薄膜两侧，试验测得的电势与热力学计算的 Donnan 电势 E_D 一致，也就是

$$E_D = 0.059\lg\ (a_{H_1^+}/a_{H_2^+})_{PbSO_4} \tag{2.E21}$$

式中，$a_{H_1^+}$ 和 $a_{H_2^+}$ 分别是在孔底部和外界溶液中的 H^+ 离子活度。因此，这直接证实了 $PbSO_4$ 沉淀薄膜不允许 SO_4^{2-}、HSO_4^- 和 Pb^{2+} 离子渗透通过，但允许 H^+ 离子和 OH^- 离子通过。所以，$Pb\,|\,PbO\,|\,PbSO_4$ 电极体系的电势是在 $PbSO_4$ 薄膜孔内局部 pH 值下的 $Pb\,|\,PbO$ 电极电势 $(E_{Pb\,|\,PbO_H^+})$ 和 $PbSO_4$ 薄膜的 Donnan 电势之和，也就是

$$E_{Pb\,|\,PbO\,|\,PbSO_4} = E_{Pb\,|\,PbO_H^+} + 0.059\lg(a_{H_1^+}/a_{H_2^+})_{PbSO_4} \tag{2.E22}[⊖]$$

总结而言，当铅电极被 $PbSO_4$ 层覆盖，根据 $PbSO_4$ 层的孔直径不同，会形成两种热力学稳定的体系[26]：

1) 大孔：溶液中所有离子均可自由通过通道，并进入 $PbSO_4$ 层，到达铅金属表面。该电极运行就像一个典型的 $Pb\,|\,PbSO_4$ 电极，也就是说，具有高的电容，电势约为 $-0.97V$（相对于 $Hg\,|\,Hg_2SO_4$ 电极）。在极化时，该 $PbSO_4$ 层孔中的溶液暂时被碱化。

2) 薄膜尺寸的孔：只有 H_2O、H^+ 和 OH^- 离子能够进入这些孔，向内部移动。这形成了一个 pH 值渐变（取决于 Donnan 平衡电势），溶液变成碱性，PbO 和碱式硫酸铅沉淀析出。这种电极的电势是两部分电势之和，也就是，孔底部的金属/氧化物/溶液的平衡电势和由孔中 H^+ 离子浓度差值决定的 $PbSO_4$ 薄膜的 Donnan 平衡电势。该电势位于 $-0.60 \sim -0.40V$ 之间，取决于孔溶液的 pH 值，并且随着时间的推移变得稳定。

2.4　铅表面的 $H_2\,|\,H^+$ 电极

E/pH 图（见图 2.1）显示，铅表面在溶液中建立了一个 H_2/H^+ 平衡：

$$2H^+ + 2e^- = H_2 \tag{2.24}$$

氢电极的平衡电势是 E_h。该电极极化至电势 E_i 的过程中，有电流流过。电势变化值 η_{H_2}，等于

$$\eta_{H_2} = E_i - E_h \tag{2.E23}$$

⊖　原书为 E_h/pH，有误，应为 E/pH。——译者注

⊖　原书式中为 0.59，有误，应为 0.059。——译者注

它也被称为"氢过电压（过电势）"。它是电流密度 i_C 的函数，如 Tafel 方程所示：

$$\eta_{H_2} = a + b \lg i_C \qquad (2. E24)$$

其中，常数 a 体现了电极特性，常数 b 与氢析出过程机理有关，通常被称为 Tafel 斜率。

图 2.13 说明在 0.5M 的硫酸中，铅电极的氢过电势符合 Tafel 方程[27]。试验证实，$b = 0.13V/decade$，但是该值非常依赖溶液纯度。$10^{-6}mol/L$ 的杂质浓度引起 Tafel 斜率最多增加 0.24V/decade。

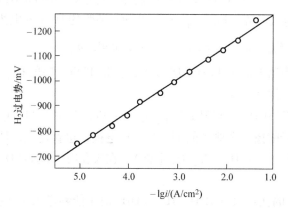

图 2.13　铅电极在浓度为 0.5M 的 H_2SO_4（相对于 $H_2 \mid H^+$ 电极）溶液中的析氢 Tafel 曲线[27]

当电流密度一定时，铅的氢过电势依赖于极化时间和溶液中阴离子的特性[28]。图 2.14 展示了在两个不同极化速率下 η_{H_2} 与 $\lg i_C$ 的关系。可以看到 Tafel 曲线出现滞后现象，这取决于极化过程的变化速度[28]。所观察到的滞后现象归因于：（a）阴离子的吸附改变了铅表面的电荷分布和氢离子浓度[28,29]，或者（b）一定数量的氢溶解在铅中[30,31]。

人们研究了不同有机膨胀剂成分对浸入 4.8M 硫酸溶液中的多孔铅电极氢过电势的影响[32]。图 2.15 中的所得结果表明，膨胀剂中的有机成分增加了氢过电势，不同化合物具有不同的影响。与铅电极在纯硫酸溶液中的常数 b 为 0.12V 相比，部分化合物对 Tafel 斜率仅有微小的影响，而其他化合物则引起氢过电势大幅增加或降低。在所有情况下，Tafel 常数 b 的值均被添加的有机膨胀剂组分影响。因此，可以推断，有机膨胀剂总会改变铅电极表面，但这不一定引起氢析出反应机理的变化。

铅酸蓄电池通常使用铅-锑合金作为板栅材料。人们深入研究了锑对氢过电势的影响[33]。图 2.16 给出了 Pb-Sb、Pb-Ag 和 Pb-Sb-Ag 合金的极化关系。从图中数据可以看出，板栅合金添加剂锑和银均降低了氢析出的过电势。在 3 个组分的合

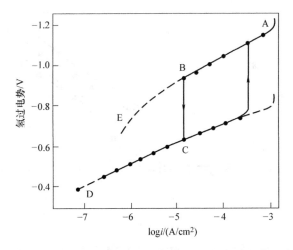

图 2.14　铅电极浸于 0.5M 浓度的 H_2SO_4 溶液中，进行慢速极化（实线）和快速
极化（虚线）期间，析氢速率对电势的依赖关系[28]

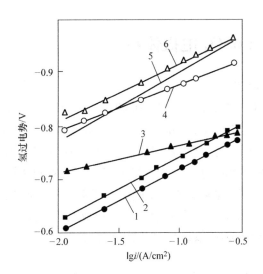

图 2.15　多孔铅电极在 4.8M 浓度的 H_2SO_4 溶液中发生析氢反应的极化曲线与电极成分
1—不含添加剂　2—BaSO_4　3—BaSO_4 + BNF + Al_2(SO_4)_3
4—BaSO_4 + BNF　5—BaSO_4 + Indulin　6—BaSO_4 + DSV[32]

金中，Pb-Sb-Ag，Sb 起到主要作用（曲线 3 和 4）。所观察到的 Tafel 斜率归因于
SO_4^{2-} 和 HSO_4^- 离子在电极表面的吸附。

　　有机膨胀剂成分和合金添加剂对氢极化特性的影响直接关系到负极板的充电反
应和自放电反应。也就是，氢过电势越高，充电效率越高，极板自放电越低。

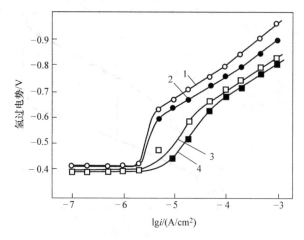

图 2.16 25℃时，光滑铅电极在 5.6M 浓度的 H_2SO_4 溶液中
发生析氢过电势和合金成分之间的关系
1—Pb 2—Pb-1% Ag 3—Pb-4.5% Sb 4—Pb-4.5% Sb-0.95% Ag[33]

2.5 Pb｜PbO｜PbSO$_4$ 电极体系

2.5.1 PbO 的形成机理

铅电极浸于 H_2SO_4 溶液中，并以 $-0.40 \sim +0.95V$（相对于 $Hg｜Hg_2SO_4$）的电势对其进行极化，可形成 Pb｜PbO｜PbSO$_4$ 电极体系。当 PbSO$_4$ 薄膜内的溶液碱化之后，会发生什么呢？在我们的实验室中，我们研究了 PbO 层和 PbSO$_4$ 层的厚度与该体系通过的电量之间的关系[18]。证实了最先形成 PbSO$_4$ 层，并且电势越正，在 α-PbO 和 PbO·PbSO$_4$ 越早形成。实验结果证实了 α-PbO 层位于 PbSO$_4$ 层下部，PbSO$_4$ 薄层将氧化铅和 H_2SO_4 溶液隔离。PbO 形成之后，其生长反应成为该阳极层中的主要反应。PbO·PbSO$_4$ 数量并没有显著变化，因此它对阳极沉淀反应的影响可忽略不计。

研究氧化层生长的基本问题是判断携带电荷穿越氧化层的是哪种离子，比如 Pb^{2+} 或 O^{2-}。应用 X-ray 衍射分析，例如，把测量阳极层中 PbO 与 PbSO$_4$ 的相对含量作为一种测量通过电量的方法，已经证实通常 α-PbO 层的厚度稳定增长。因此，可以认为离子的导电性由 O^{2-} 离子提供[18]。

O^{2-} 离子穿过致密的 PbO 层，具有相似离子半径的 Pb^{2+} 和 O^{2-} 离子（~ 1.32 Å）也可能穿越。然而，Pb^{2+} 离子较 O^{2-} 重 12 倍。由于 O^{2-} 离子质量更小，它们比 Pb^{2+} 离子在 PbO 晶格中具有更高的移动性。

O^{2-} 离子可能通过空位机制或填隙机制穿过 PbO 晶格。Pb 热氧化的活化能约

为 $1.0eV^{[34]}$。这一小数值表明 O^{2-} 离子通过空位机制[34]穿过 PbO。通过测量恒电势极化期间的温度对通过 $Pb|PbO|PbSO_4$ 体系电流的依赖关系，确定了其活化能大约为 $0.5eV^{[35]}$。该活化能数值是非常低的，这从而证明了这一假设，即 O^{2-} 离子通过空位机制在电化学氧化形成的 PbO 层中转移[17,35]。图 2.17 中给出了该机制的示意图。

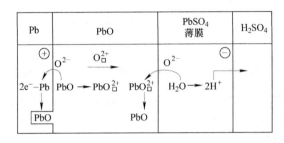

图 2.17　铅在 H_2SO_4 溶液中发生氧化反应，电流通过铅在 PbO_2 电势区电势极化形成的阳极层，所发生的基本反应的示意图[17,35]

Pb 被氧化为 Pb^{2+}，结果形成了氧空位（$O_\square^{2+}$）。受电场力的驱动，它们穿过 PbO 层，向薄膜移动。在 PbO|PbSO 薄膜界面处，氧空位与水反应形成 PbO 和 H^+ 离子。后者向溶液迁移，这样薄膜得以保持电中性状态。

PbO 的摩尔体积比 Pb 的摩尔体积大 23%，所以在 $PbSO_4$ 界面产生了机械应力。在这些应力作用下，一些 $PbSO_4$ 晶体被移开，它们之间的微孔变大，硫酸开始渗透 $PbSO_4$ 层。硫酸接触到 PbO 表面，就开始与其发生反应，形成硫酸铅沉淀。$PbSO_4$ 晶体不断生长，降低了微孔的横截面，溶液变成碱性。因此，$PbSO_4$ 晶体的生长是以部分 PbO 层溶解并与硫酸反应为代价的[18]。

2.5.2　铅的中间氧化物

2.5.2.1　化学计量

Anderson 和 Sterns 研究了在 310℃ 温度下，使用氧气对 α-PbO 氧化不同时间所形成的中间氧化物相，也研究了在 300～330℃ 温度下，在真空或氮气环境中 PbO_2 分解形成的中间产物[36]。这些反应温度相对较低，使研究平衡建立之前的缓慢的结构转化过程成为可能。图 2.18 展示了这些中间氧化物的示意图。

当 $O:PbO$ 比例 $x=1.08～1.42$ 时，形成一个双物相的体系，也就是 $α-PbO+PbO_n$。后者是一种组分可变的、非化学计量的、基本单元为准立方结构的铅氧化物。当 $x=1.57～1.98$ 时，PbO_2 热分解形成双物相体系 $PbO_2+α-PbO_x$。已推断出 $α-PbO_x$ 单元是具有理想的 $Pb_{12}O_{19}$（也就是 $PbO_{1.583}$）组分的单晶体，其中含有一定成分的氧空穴或三价铅离子。

$α-PbO$ 氧化生成准立方结构的铅氧化物 PbO_n 是一个有趣的局部化学反应。

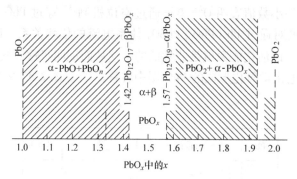

图2.18　在PbO-PbO₂之间的电势区电势形成的铅的中间氧化物示意图

图2.19指出了α-PbO和PbOₙ晶胞之间的相互关系。α-PbO具有多层结构（见图2.19a），其晶胞含有铅离子层和氧离子层，也含有空穴层。在PbOₙ（见图2.19b）的单元结构中，其空穴层则部分含有O^{2-}离子。在这种情况下，铅离子和氧离子排序发生了轻微变动。图2.19c阐明了α-PbO重新排序成为PbOₙ结构[36]。

准立方体的氧化铅是不稳定的。在这些条件下，热力学稳定的化合物应该是Pb_3O_4。图2.20展示了Roy获得的PbO—PbO₂的氧化区间内的铅氧化物的平衡图[37]。$Pb_{12}O_{19}$有其单独的热力学稳定区间。斜方晶系的（或正方晶系的）PbO和Pb_3O_4之间存在一个平衡态。然而为了达到该平衡状态，需要数十个小时，一些情况下甚至需要数百个小时。该反应的动力学取决于试验条件和氧化物的形成历史。

在$PbO_{1.40}$到$PbO_{1.55}$区间内，形成一些固态溶液以及氧化物。各种中间氧化物的O∶Pb比例差值如此之小，加之铅原子量比氧原子量大得多，以至于对它们进行精确分析有时是不可能的。学术界对铅中间氧化物的性质存在很大分歧[38]。

2.5.2.2　电导率

Lappe[39]在不同比例的氧氩混合气体中，采用电弧激发的方法，制备了不同氧含量的铅氧化物。图2.21表明了这些铅氧化物的电导率与混合气体中氧气含量的关系。

结果显示，PbO₂具有高电导率，为$10^2 S/cm$。当混合气体中的氧气含量将至25%以下时，铅氧化物的空穴较少，电导率下降，α-PbO达到$10^{-10} S/cm$。假设化学计量系数以线性变化，可推断当化学计量达到1.4～1.5时，PbOₙ电导率接近PbO₂。

由于铅氧化物是半导体，其电导率依赖于它们晶格中的缺陷。反过来这些晶格缺陷又取决于制备方法，如氧化过程。因为忽略了上述事实，不同文献中有关铅氧化物比电导率的数据存在很大差异。

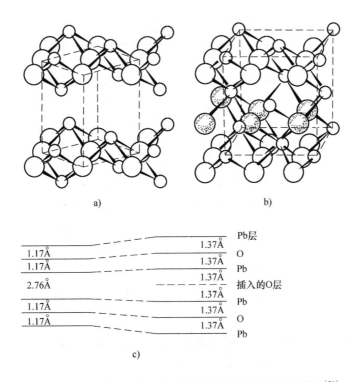

图 2.19　β-PbO 与准立方铅氧化物的结构与晶胞之间的关系[36]
a) β-PbO 结构　b) 准立方体铅氧化物的结构，其中含有氧夹层，
Pb 和 O 的比例也发生了变化　c) 堆积次序和基本尺寸变化

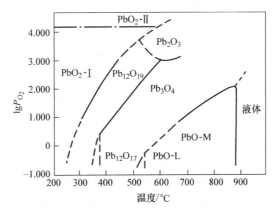

图 2.20　PbO—PbO₂ 范围内物相平衡的
$\lg P_{O_2}$ 与温度关系示意图[37]

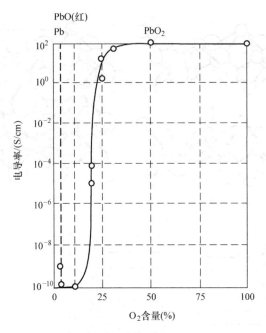

图 2.21　各类铅氧化物（在不同氧-氩混合气体
中溅射设备）的电导率与混合气体中
氧气含量的关系[39]

2.5.3　Pb｜PbO｜PbSO₄ 体系转化为 Pb｜PbOₙ｜PbSO₄ 体系的光电化学氧化反应

2.5.3.1　光活化

β-PbO 是一种能带隙 $E_g = 1.9 \sim 2.0\text{eV}$ 的 n 型半导体[40,41]。另外一些数据称其能带隙为 2.7eV[42,43]。这些数据与可见光能谱相符。因此，β-PbO 可能是光敏性的。硫酸铅晶体是光学透明的，所以 Pb｜PbO｜PbSO₄ 电极体系的结构允许光线到达 PbO 层，使电极变得光敏。

Pavlov 等人[44]研究了上述 Pb｜PbO｜PbSO₄ 体系在恒电势极化期间的光电化学特性。在 0.5 M H₂SO₄ 溶液中，以 +0.40V（相对于 Hg｜Hg₂SO₄ 电极）恒电势对该体系进行一定时间的极化，然后用白光对其照射 3min。图 2.22 展示了连续进行 5 次照明，电流随时间的变化情况。在第一次光照期间，可看出在暗处形成的 PbO 对光不敏感。但是，当一定量的光能照射到电极体系之后，PbO 变得对光敏感。该"光活化反应"一直持续到电极极化电势大于 0.0V（相对于 Hg｜Hg₂SO₄ 电极）。

PbO 的化学计量系数增加使其具有了光敏性。光化学反应可能改变氧化铅的化学组成，也就是

$$kPbO + 2khv + m/2H_2O = kPbO_n + mH^+ + me^- \qquad (2.31)$$

54

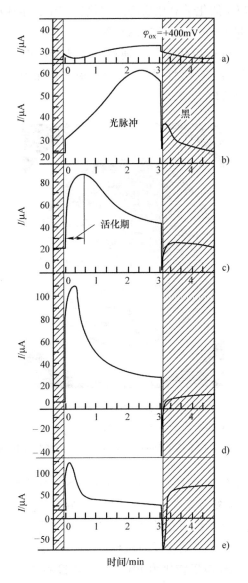

图 2.22　初期光活化期间，连续 5 次光脉冲
（每次 3min）时电流变化情况（氧化
电势为 0.4V，两个光脉冲间隔 30min，
此时处于黑暗中）[44]

式中，hv 是光子能量；k 和 m 是化学计量系数；PbO_n 是非化学计量的铅氧化物，$1 < n < 2$。

可以认为，在光电化学反应期间，PbO_n 的生成反应类似于 β-PbO 在较高温度下（300～350℃）与 O_2 的化学氧化反应。在热反应中，生成准立方晶格结构并且成分不同的非化学计量 PbO_n（见图2.18）[36]。

以 +0.40V 对电极进行极化期间，通过一个狭缝照射电极表面，也能够阐明 PbO_n 的形成过程。只有狭缝投射区的那部分电极才被照得到。该区域的颜色由灰色变为浅褐色（见图2.23）。

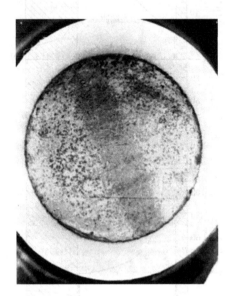

图2.23　光照后电极表面的图片[44]
（以 0.40V 对电极氧化 4h，然后通过狭缝对其照射 40min，
期间形成了浅褐色 PbO_n，在电极表面形成较暗区域）

综上所述，这些观察结果表明，$Pb \mid PbO \mid PbSO_4$ 体系经过光活化反应转化变成 $Pb \mid PbO_n \mid PbSO_4$。许多研究人员对 $Pb \mid PbO \mid PbSO_4$ 电极的光电化学行为进行了研究。由于促成非化学计量铅氧化物生成的 PbO 的半导体性质和化学性质有所不同，所以这些研究者提出的光活化反应机理也各有不同[45-49]。

2.5.4　$Pb \mid PbO \mid PbSO_4$ 电极转化为 $Pb \mid PbO_2$ 电极的电化学氧化反应

当电势大于 1.10V（相对于 $Hg \mid Hg_2SO_4$）时，$Pb \mid PbO \mid PbSO_4$ 电极体系氧化为 $Pb \mid PbO_2$ 电极体系。人们曾提出各个反应的机理，包括 PbO 直接氧化为 α-PbO_2 的反应和 $PbSO_4$ 直接氧化成 β-PbO_2 的反应[50,51]。但并没有清晰描绘 PbO_2 层形成初期的情况。如果对该电极体系进行热力学研究，从其 E/pH 图和物相图可以发现，在化学计量数处于 PbO 和 PbO_2 之间存在一个区间，在该区间内形成 Pb_3O_4 和非化学计量的铅氧化物 PbO_n 和 PbO_x。在研究 $Pb \mid PbO \mid PbSO_4$ 电极体系氧化成 $Pb \mid PbO_2$ 电极体系的反应机理时，也必须对这一热力学区域加以考虑。参考文献

[52] 对此提出了一种分析。

将铅电极浸入 0.5M H_2SO_4 溶液中，以 +0.60V （相对于 Hg｜Hg_2SO_4）的恒电势对其氧化，这样制备了一个 Pb｜PbO｜$PbSO_4$ 电极体系。然后，再以 10mV/s 的速率对该电极体系进行动电位极化。图 2.24 展示了 5 次电势上升到 1.450V 期间所记录的动电位扫描曲线[52]。

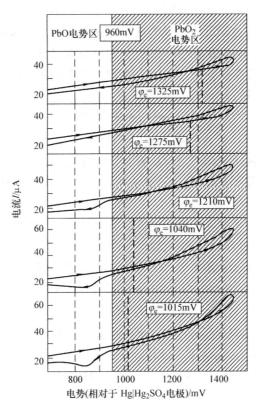

图 2.24　铅电极在 H_2SO_4 溶液中的循环伏安图[52]　[阳极电势限制为 1.45V （相对于 Hg｜Hg_2SO_4），电势扫描速率为 10mV/s]

在首次扫描循环期间，当极化电势上升到 1.325V 时，电极发生新的电化学反应，同时阳极极化电流缓慢增大。前 3 个扫描循环中，没有出现最小阴极极化电流值。这表明阳极反应产物位于 PbO 层深处，不能被还原。结果，这些氧化物的性质发生改变，在随后的电势扫描期间，阳极反应在更负的电势条件下进行。只有在 5 个扫描循环之后，才出现最小阴极极化电流值。该值与 PbO_2 的还原反应有关。假设生成非化学计量 PbO_n 的阳极反应 [见式 (2.31)] 符合热力学原理。这样，形成了 Pb｜PbO_n｜$PbSO_4$ 体系。

PbO_n 可能按照下述机理形成。在电势大于 1.30V （相对于 Hg｜Hg_2SO_4）时，

Pb｜PbO 界面处的 PbO 被氧化，结果形成了氧空穴。我们假定 PbO 层由 PbO 分子构成。则在 Pb｜PbO 界面处将发生下述变化过程：

$$PbO \rightarrow PbO \cdot O_\square^{2+} + 2e^- \tag{2.32}$$

电子进入金属中，而氧空穴在电场力驱动下移向 PbO｜$PbSO_4$ 界面，并与界面微孔内的 H_2O 和 OH^- 离子反应，生成"PbO_2 分子"。

$$PbO \cdot O_\square^{2+} + H_2O \rightarrow PbO_2 + 2H^+ \tag{2.33}$$

PbO_2 分子和 PbO 分子反应生成非化学计量的 PbO_n（$1 < n < 2$）。氢离子穿过 $PbSO_4$ 薄膜的微孔，移向溶液中。由于非化学计量 PbO_n 的电导率更高，所以，PbO_n 层的电势下降的数值变小，PbO_n｜$PbSO_4$ 薄膜界面处的电势升高，达到了发生氧析出反应的电势值：

$$H_2O \rightarrow O_{ad} + 2H^+ + 2e^- \tag{2.34}$$

$$OH_{ad}^- \rightarrow O_{ad}^- + H^+ + e^- \tag{2.35}$$

式中，O_{ad} 和 O_{ad}^- 分别是氧原子和 PbO_n 表面吸附的氧自由基。

电子穿越 PbO_n 层到达金属。氢离子通过迁移，通过 $PbSO_4$ 层的微孔进入溶液中。

PbO 表面的 O_{ad} 原子浓度不断增加，结果会形成一个浓度渐变。在该渐变效应下，氧晶种扩散至 PbO_n 晶格的空穴层（见图 2.19）。

我们来研究一下 O_{ad} 渗透进入 PbO_n 晶格的可能性。根据 Anderson 和 Sterns 的研究，β-PbO 空穴层的宽度为 2.76Å，而氧原子直径为 1.22Å[36]。因此氧原子可以自由进入 β-PbO_n 晶格空穴层。这些空穴层能有效接纳电子，因此可将 PbO_n 氧化为 PbO_2。这明显增加了该氧化层导电率。也就是这样，PbO_n 层被氧化为 PbO_2[49,52]。

为了揭示 PbO_2 的形成机理，使用电子显微镜对极化形成的阳极层进行了研究。该阳极层是以 1.0mV/s 速率、最大电势 1.05V 对 Pb｜PbO｜$PbSO_4$ 电极体系进行动电位扫描而形成的。图 2.25 展示了该电极表面被氧化之后的显微照片。从一些微孔中萌发而出的无定形物相是 PbO_2 物相（深色区）。这些 SEM 图像清晰地显示了 PbO_2 是一种新生成的物相，其晶种从 $PbSO_4$ 层的微孔中萌发，之后从 $PbSO_4$ 薄层生长延伸。X-ray 衍射分析已经给出了明确的证据，证明在这种条件下形成的 PbO_2 为 α-PbO_2 变体。研究者提出，新形成的 α-PbO_2 物相是一种非化学计量的化合物[52]。

图 2.26 展示了 PbO_n 和 $PbSO_4$ 氧化期间的循环伏安图。第一次循环期间，出现了一个阳极电流最大值（C），这与 $PbSO_4$ 薄膜微孔中 α-PbO_2 的形成相对应。当 α-PbO_2 物相与 H_2SO_4 溶液接触后，在 PbO_2 表面发生一个新的电化学反应，也就是 $PbSO_4$ 溶解形成 Pb^{2+} 离子，然后 Pb^{2+} 离子被氧化为 PbO_2：

$$PbSO_4 = Pb^{2+} + SO_4^{2-} \tag{2.36}$$

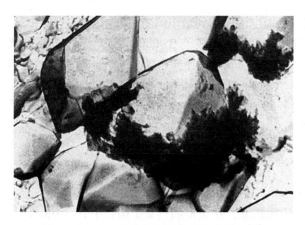

图 2.25　PbO_2 形成初期的电子显微照片[52]

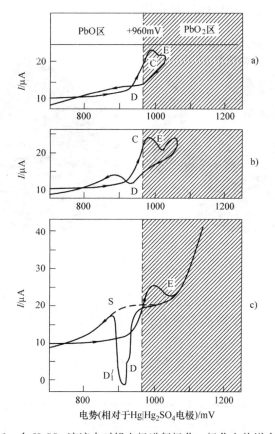

图 2.26　在 H_2SO_4 溶液中对铅电极进行极化，极化电势增大到 $PbSO_4$
薄膜发生分解期间形成的循环伏安图

$$Pb^{2+} + 2H_2O = PbO_2 + 4H^+ + 2e^-　\qquad (2.37)$$

上述反应使得阳极电流在达到最小值之后开始增大（见图 2.26b、c）。由于该反应发生在酸性介质中，因此形成了 β-PbO$_2$。当电势反向后，伏安图出现阴极第二个最小电流值。这与 β-PbO$_2$ 的还原有关。随后，伏安图的形状取决于 PbSO$_4$ 薄膜的分解过程。

图 2.27a 阐明了 PbSO$_4$ 薄膜的解体。PbSO$_4$ 层转变为无定形物相，其中一部分被 PbO$_2$ 沉淀所覆盖。图 2.27b 展示了被 PbO$_2$ 层覆盖的 PbSO$_4$ 晶体轮廓，这证明了 PbSO$_4$ 的氧化过程经由下述反应机理进行：

PbSO$_4$ 晶体溶解产生 Pb^{2+} 离子——Pb^{2+} 离子扩散（大多在 PbSO$_4$ 晶体表面）到 PbO$_2$ 物相——Pb^{2+} 离子在 PbO$_2$ 表面被氧化——PbO$_2$ 沉淀。

通过以 10mV/s 的速率，在 0.8～1.7V（相对于 Hg∣Hg$_2$SO$_4$）电势区间内对旋转圆盘铅电极（2500r/min）进行极化，证明了 PbO$_2$ 在 H$_2$SO$_4$ 溶液中的阳极形成期间，产生了不稳定的可溶性 Pb^{4+} 离子[53]。

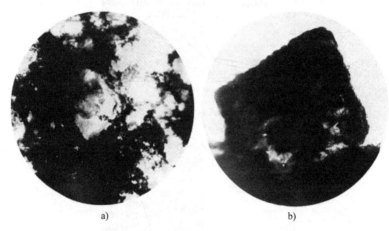

a)   b)

图 2.27　表示 PbSO$_4$ 薄膜解体的电子显微图[52]

在正极板制造过程中，上述反应又是在什么时候发生的呢？答案是在极板化成期间，由 PbO$_n$ 和 PbSO$_4$ 组成的板栅表面腐蚀层被氧化为 PbO$_2$ 时发生上述反应。在化成初期，电极极化快速增加。然后，经过一段时间，气体开始析出。其电势/时间曲线出现一个最大值，然后快速下降。该曲线的形状与腐蚀层转化为具有高电子导电性的二氧化铅层所发生的反应有关。前面讨论的反应决定了二氧化铅层的结构。如图 2.27 所示，如果该阳极层中含有 PbSO$_4$ 晶体，PbSO$_4$ 晶体可能只是表面发生氧化反应。这种阳极层结构可能会损害腐蚀层∣活性物质界面的导电性。因此，在化成之前的浸板阶段，应该避免在腐蚀层生成 PbSO$_4$。

综上所述，以上就是 Pb∣PbO∣PbSO$_4$ 电极体系转化为 Pb∣PbO$_2$ 电极期间所发生的各种反应。

2.6　Pb⎮PbO$_2$⎮PbSO$_4$ 电极体系

2.6.1　PbO$_2$ 的物理-化学性质

2.6.1.1　同质多晶型

Kameyama 和 Fukumoto 证实，除了 β-PbO$_2$，还存在第二种结晶变体，也就是 α-PbO$_2$[54]。参考文献［55］展示了在碱性溶液中通过阳极沉淀形成的 α-PbO$_2$ 的晶胞结构。Bode 和 Voss 已经证实铅酸蓄电池的正极活性物质含有 α-PbO$_2$[56]。人们已经研究出制备纯态的两种 PbO$_2$ 结晶变体的方法[57]。图 2.28 分别展示了 α-PbO$_2$ 和 β-PbO$_2$ 的晶胞模型[58]。

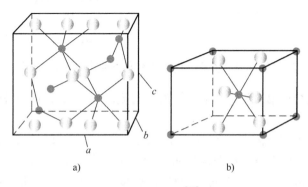

图 2.28　晶胞[58]

a）α-PbO$_2$ 晶体　b）β-PbO$_2$ 晶体

α-PbO$_2$ 结晶成为斜方晶体系，具有类似铌铁矿石的晶格轴：

$a = 4.938\text{Å}$；$b = 5.939\text{Å}$；$c = 5.486\text{Å}$。

铅离子居于八面体的中心，被 6 个与其相距 2.16Å 的氧原子包围（见图 2.29）。

β-PbO$_2$ 晶体具有类似红宝石结构的正方晶系基本单元，其晶格轴为

$a = 4.945\text{Å}$；$b = 3.378\text{Å}$。

在这种晶体结构中，铅离子也位于扭曲八面体的中心。

两种晶格之间存在紧密的关系[59,60]。两者的不同之处在于两种变体的八面体的相互连接方式。图 2.29 展示了它们各自的连接方式[60]。在 β-PbO$_2$ 的晶体结构中，相邻八面体通过对边相连，结果形成了八面体的直链。每条链以角共享方式与下一个链相连。α-PbO$_2$ 晶体中相邻的八面体通过非对边相连，以这种方式形成锯齿形链。像 β-PbO$_2$ 一样，每个链也以角共享方式与下一个链相连。两种变体中的Pb-O 原子间距大约相等。通过对比晶体结构，可以发现上述两种 PbO$_2$ 变体的主要区别在于八面体在链中的排列。在正方晶系的 β-PbO$_2$ 中，可观察到清晰的氧离

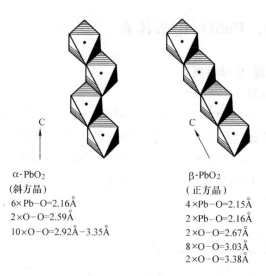

α-PbO$_2$
（斜方晶）
6×Pb—O=2.16Å
2×O—O=2.59Å
10×O—O=2.92Å−3.35Å

β-PbO$_2$
（正方晶）
4×Pb—O=2.15Å
2×Pb—O=2.16Å
2×O—O=2.67Å
8×O—O=3.03Å
2×O—O=3.38Å

图 2.29　α-PbO$_2$ 和 β-PbO$_2$ 晶体的八面体堆拓示意图[60]

子层，很显然这会使 β-PbO$_2$ 晶格中氧离子的流动性比 α-PbO$_2$ 晶格中氧离子的流动性更高。

表 2.6 给出了实验测得的 PbO$_2$ 密度数据[26]。从中可以看出，α-PbO$_2$ 密度较 β-PbO$_2$ 密度高一些。表中数据也证明了活性物质中的 PbO$_2$ 的密度比在含铅溶液中通过电化学反应形成的晶体沉淀 PbO$_2$ 的密度要低得多。Micka 等人提出在活性物质中存在多孔的 PbO$_2$[66]。许多研究者都证实了铅酸蓄电池正极活性物质含有无定形的第三种 PbO$_2$ 变体[67-70]。

表 2.6　α-PbO$_2$ 和 β-PbO$_2$ 的密度[26]

作者	参考文献号	α-PbO$_2$	β-PbO$_2$	PbO$_2$ 生成方式
Zaslavskii 和 Tolkachev	[61]	9.53	9.37	晶体沉淀
Bode 和 Voss	[56]	9.87	9.70	
Bone 和 Fleischmann	[62]	9.76	9.65	
Burbank	[63]		9.63	活性物质
Fleischmann	[64]		8.6	活性物质
Bode，Panesar 和 Voss	[65]	9.87		
Micka，Svata 和 Koudelka	[66]		8.76	活性物质

2.6.1.2　化学计量

虽然事实上二氧化铅通常由化学式 PbO$_2$ 表示，但是所有研究者却一致认为它是一种非化学计量的化合物。不同作者给出了不同的化学计量系数 $x = $ O:Pb，但是都认为其实际的氧与铅的比例小于 $2.00^{[71-73]}$。在没有新相（在同质区）生成的情况下，化学计量计算系数 x 可能不同，在 $1.875 \sim 1.99$ 的区间内变化[73]。当 x 低于上述区间下限时，开始生成准（赝）立方体结构的物相（组成为 $PbO_{1.57}$）。

Butler 和 Copp 证实了 PbO_2 含有水，并提出其化学组成为：$PbO_{1.98} \cdot 0.04H_2O$，该同质区的下限组成为 $PbO_{1.95}$[74]。其他研究者已经证明二氧化铅中的水具有很强的链接能力，该结论支持了 H_2O 包含在 PbO_2 晶格之中的论断[36]。后来的作者们提出，为了达到 $Pb:O = 1:2$，部分 Pb^{4+} 和 O^{2-} 离子被 Pb^{2+} 和 OH^- 离子取代，并给出其化学式 $PbO_{1.98}(OH)_{0.034}(H_2O)_{0.01}$。剩余的水吸附在纹理细密的沉淀的表面或其微孔之中[36]。

Bagshaw 等人明确了 PbO_2 的制备方法对其化学组成的影响[57]。表 2.7 总结了他们的研究结果。$\alpha\text{-}PbO_2$ 的化学计量系数低于 $\beta\text{-}PbO_2$ 变体的化学计量系数。

表 2.7　不同方法制备的 $\alpha\text{-}PbO_2$ 和 $\beta\text{-}PbO_2$ 的成分[57]

制 备 方 法	化 学 组 成
$\alpha\text{-}PbO_2$	
1. 氯酸钠/硝酸钠氧化反应	$PbO_{1.83}(OH)_{0.14}$
2. 二氧化氯氧化反应	$PbO_{1.81}(OH)_{0.26}$
3. 过硫酸氨氧化反应	$PbO_{1.83}(OH)_{0.23}$
4. 碱性电铸	$PbO_{1.80}(OH)_{0.16}$
5. 碱性/醋酸铅电极	$PbO_{1.82}(OH)_{0.19}$
$\beta\text{-}PbO_2$	
1. 四乙酸铅水解	$PbO_{1.86}(OH)_{0.20}$
2. 红铅硝酸氧化反应	$PbO_{1.91}(OH)_{0.11}$
3. 酸电铸	$PbO_{1.81}(OH)_{0.26}$
4. 酸/高氯酸铅电沉积	$PbO_{1.98}(OH)_{0.11}$
5. 酸/醋酸铅电沉积	$PbO_{1.92}(OH)_{0.18}$

2.6.1.3　半导体性质

二氧化铅是一种 n 型简并半导体。这种半导体的缺陷是浓度如此之高，以至于其费米能级处于导带。Mindt 研究确定了导带内大约 $0.4eV$ 的能级被自由电子占据，这使得 PbO_2 的导电性质和金属非常相似[60]；同时他也研究了 $\alpha\text{-}PbO_2$ 和 $\beta\text{-}PbO_2$ 的电学性质。图 2.30 展示了 PbO_2 层的厚度对电阻（如电阻率，ρ）、淌度（移动性）（μ）和载流子密度（n）影响情况。图中可见，$\alpha\text{-}PbO_2$ 的载流子密度高于 $\beta\text{-}PbO_2$ 结晶形式的载流子密度。$\beta\text{-}PbO_2$ 载流子的移动性更高，大约是 $\alpha\text{-}PbO_2$ 载流子移动性的 1.5 个数量级。这样，$\alpha\text{-}PbO_2$ 的比电阻比 $\beta\text{-}PbO_2$ 的比电阻大一个数量级。现已确定，α-PbO_2 和 β-PbO_2 混合物的电阻率略高于纯 β-PbO_2 的电阻率。

PbO_2 晶格中 Pb^{4+} 离子的浓度是 $2.4\times10^{22}/cm^3$。而 PbO_2 中的电子浓度仅为铅亚晶格中 Pb^{4+} 离子浓度的1/20。参考文献［75］和［76］报道了 β-PbO_2 也具有相似的载流子密度和移动性。

Mindt 确定了能带隙的宽度，α-PbO_2 为 $1.45eV$，β-PbO_2 为 $1.40eV$。这些数值与其他研究者得到的数值非常相近[39,77]。

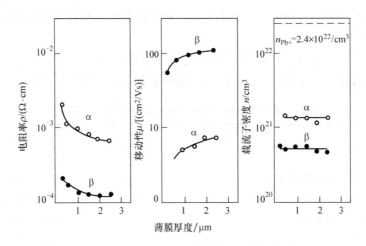

图 2.30　α-PbO_2 和 β-PbO_2 薄膜厚度与其电阻率（ρ）、淌度（μ）和载流子密度（n）之间的关系[60]

2.7　Me｜PbO_2 电极的电化学制备

以铂、金和钽作为基片，PbO_2 可以从含有 Pb(II) 的醋酸、硝酸、高氯酸或碱性铅酸盐溶液中沉淀出来。

2.7.1　α-PbO_2 层的制备

在以下几种条件下，可以通过电化学方式在外部基片上生成 α-PbO_2。

1）含有 6.5M CH_3COONH_4 + 1.5M NH_4OH 的饱和醋酸铅溶液，电流密度为 $5mA/cm^2$[55]；

2）含有 10g/L $Pb(NO_3)_2$ + 25g/L NaOH 的溶液，电流密度为 $0.1mA/cm^2$[56]；

3）含有 $Pb(NO_3)_2$ 的中性溶液，电流密度为 $0.36mA/cm^2$[78]；

4）含有饱和 PbO 的 2M NaOH 溶液，电流密度为 $0.8\sim1.6mA/cm^2$[79]；

5）含有饱和 PbO 的 0.2M $HClO_4$（pH=5.5）溶液，电流密度为 $0.1mA/cm^2$[60]。

2.7.2　β-PbO_2 的制备

在下列含 Pb^{2+} 离子的溶液中，β-PbO_2 可以在外部基片上沉淀：

1）0.03M $Pb(NO_3)$ + 2.5M HNO_3，电流密度为 3.0 ~ 5.0mA/cm^2 [80]；

2）0.5M $Pb(NO_3)$ + 1M HNO_3，电流密度为 3.0mA/cm^2 [81]；

3）含有 195g 正方晶 PbO 的 500mL 3M HClO 溶液，电流密度为 2.5mA/cm^2 [57]；

4）0.02M PbO 在 0.165M $HClO_4$（pH = 1），电流密度为 0.1mA/cm^2 [60]。

电池极板在适当的电解液中化成，也能够生成这两种二氧化铅变体。例如，在碱性 Na_2PbO_2 溶液[82]，或者在 3.5M H_2SO_4 溶液中化成电池极板[57]。在后面的情况下，含有 β-PbO_2 的活性物质在 3M HNO_3 溶液中煮沸 45min，使未被氧化的二价铅化合物溶解。

Bagshaw 等人认为 PbO_2 的变体类型取决于晶核成核能，PbO_2 晶体表面吸附的某些离子影响成核反应[57]。Pb^{4+} 离子与溶液中的离子发生反应，形成八面体。它最容易与 H_2O 和 OH^- 离子发生反应。该成核反应与晶格内八面体的排列有关。这些八面体连接成组之后，释放出多余的 H^+ 离子和 OH^- 离子，或者释放出水。从能量角度考虑，最适宜的八面体排列方式符合图 2.29 的示意图，即与 α-PbO_2 和 β-PbO_2 的八面体排列方式相同。在 H_2SO_4 溶液中，SO_4^{2-} 离子可能包含在八面体的配位层中。由于 SO_4^{2-} 离子尺寸大，它们位于八面体的对边。八面体沿着 SO_4^{2-} 离子参与配位的边形成键联。这样，就生成一个八面体的直链结构，也就是 β-PbO_2（见图 2.29）。这些直链相互平行排列之后，β-PbO_2 沿着垂直于链的方向生长。如果链在生长期间吸附了其他阳离子（外部阳离子，如 CO^{2+}），则直链中的八面体的排列会被打断，在这种情况下，会在酸性介质中生成 α-PbO_2。

2.8　Pb|PbO_2|H_2SO_4 电极的电化学行为

2.8.1　平衡电势

Pb|H_2O|H_2SO_4 体系（见图 2.1）的 Pourbaix 图表明，在一个宽的 pH 区间内，PbO_2 和 $PbSO_4$ 是热力学平衡状态。沿着其平衡线，会发生下述反应：

$$PbO_2 + SO_4^{2-} + 4H^+ + 2e^- = PbSO_4 + 2H_2O \quad E_h = 1.685 - 0.118pH + 0.029lg\, a_{SO_4^{2-}}$$

$$\tag{2.13}$$

$$PbO_2 + HSO_4^- + 3H^+ + 2e^- = PbSO_4 + 2H_2O \quad E_h = 1.628 - 0.088pH + 0.029lg\, a_{HSO_4^-}$$

$$\tag{2.14}$$

Beck 等人[83]确定了 α-PbO_2 和 β-PbO_2 相对于标准氢电极的平衡电势值如下：

$$\alpha\text{-}PbO_2: E_h = 1.687 - 0.118pH + 0.029lg\, a_{SO_4^{2-}} \tag{2.E25}$$

$$\beta - PbO_2 : E_h = 1.697 - 0.118pH + 0.029lg\, a_{SO_4^{2-}} \qquad (2.E26)$$

图 2.31 展示了 $\alpha - PbO_2$ 和 $\beta - PbO_2$ 的电极电势随溶液 pH 值的变化情况[84]。

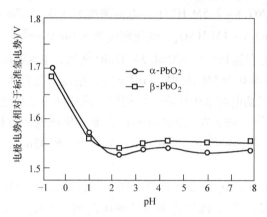

图 2.31　$\alpha - PbO_2$ 和 $\beta - PbO_2$ 电极电势随溶液 pH 值的变化情况[84]

2.8.2　温度相关性

图 2.32 展示了实验测得的 $\alpha - PbO_2$ 和 $\beta - PbO_2$ 在 H_2SO_4 溶液（3.90M）中的电极电势与温度的函数关系[85]。

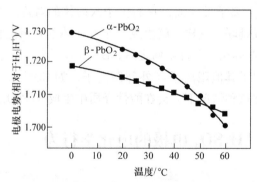

图 2.32　$\alpha - PbO_2$ 和 $\beta - PbO_2$ 电极电势随温度变化函数图[85]

实验结果表明，这两种变体的温度系数不同。在 25℃ 时，其各自的温度系数分别如下：

$$\alpha - PbO_2 : (dE_h / dT)_p = -0.36mV/℃$$

$$\beta - PbO_2 : (dE_h / dT)_p = -0.20mV/℃$$

基于这些数据，两种二氧化铅变体的热熔的差值为

$$\alpha - PbO_2 \rightleftharpoons \beta - PbO_2 \quad \Delta H = -2.6kcal \quad (25℃ 时)$$

2.8.3　硫酸的吸附

Kiselova 和 Kabanov[86]研究了 H_2SO_4 在 $\alpha - PbO_2$ 和 $\beta - PbO_2$ 层的表面吸附现象。

这些 α-PbO_2 和 β-PbO_2 层在不同溶液中制备，具有不同的厚度。H_2SO_4 在 α-PbO_2 表面几乎不被吸附，而在 β-PbO_2 表面的吸附量却相当可观。H_2SO_4 吸附数量与 PbO_2 层的厚度之间的关系表明，晶间表面也发生了吸附。在 H_2SO_4 溶液中 $PbSO_4$ 被电化学氧化生成了 β-PbO_2，在 β-PbO_2 晶体生长期间发生了不可逆的 H_2SO_4 吸附。在高 H_2SO_4 浓度（比如 8N）条件下，$PbSO_4$ 氧化形成的 PbO_2 颗粒大小为在 0.01N H_2SO_4 溶液中形成的 PbO_2 颗粒大小的 1/100。该发现表明 H_2SO_4 吸附大幅降低了 β-PbO_2 晶体的生长速度。

2.9　活性物质 PbO_2 颗粒的水化过程和无定形过程，及其对放电反应的影响

2.9.1　正极活性物质的凝胶-晶体结构

电池正极板的制造主要是 $3PbO \cdot PbSO_4 \cdot H_2O$ 或 $4PbO \cdot PbSO_4$ 和 PbO 氧化为 α-PbO_2 和 β-PbO_2 的反应过程。该工艺流程被称为化成。现在讨论化成生成的 PbO_2 活性物质的结构。

正极活性物质包含 α-PbO_2 和 β-PbO_2 晶体相，也包含无定形的 PbO_2。反过来二氧化铅颗粒含有大量的氢。Caulder 和 Simon 证实经电化学反应生成的 PbO_2 晶体中的氢含量高于化学方法获得的二氧化铅[68,87]。在电化学方法获得的 PbO_2 中至少发现了两种类型的氢。这些氢是什么物质？它们在电化学反应中起了什么作用？许多科学家对这些问题研究了许多年。科学家们发现，氢主要集中在二氧化铅晶体表面，其中一部分氢以可移动的或吸附的 OH^- 基团形式，或者以 H_2O 分子形式存在。剩余的氢牢牢地与二氧化铅晶格相连，移动性较弱[88,89]。

通常认为二氧化铅晶体具有理想结构，包括未质子化的 $Pb_{24}O_{48}$（八面体）和强质子化的 $Pb_{24}O_{40}(OH)_8$[90,91]。这些质子形成 O—H⋯O 键，具有 OH 键敏感性。人们发现二氧化铅的非化学计量系数与其晶体结构中的质子具有一种相互关系。这两类 PbO_2 变体中 Pb^{4+} 的最小含量对应 1.83 这一化学计量系数。而该系数对应的 PbO_2 晶格可以吸收最多的氢[90,91]。

我们在实验室里研究了活性物质二氧化铅颗粒的结构。它们由 $3PbO \cdot PbSO_4 \cdot H_2O$ 铅膏经过 5 个充电-放电循环生成[92,93]。图 2.33 展示了使用透射电子显微镜（TEM）对这种活性物质样品中的 PbO_2 颗粒进行高倍率放大获得的特写照片。

图 2.33a 中的图片展示了一些 PbO_2 颗粒中的大片区域不能被电子束穿过（深色区），而其他区域允许电子束穿过。后者是由完全透明和不太透明的区域构成的非均匀区域。如果将样品置于显微镜下加热，它会"沸腾"，同时水将挥发，结果造成这种 PbO_2 物相浓缩成致密物质。这反映了颗粒中电子束可穿越的区域由水化

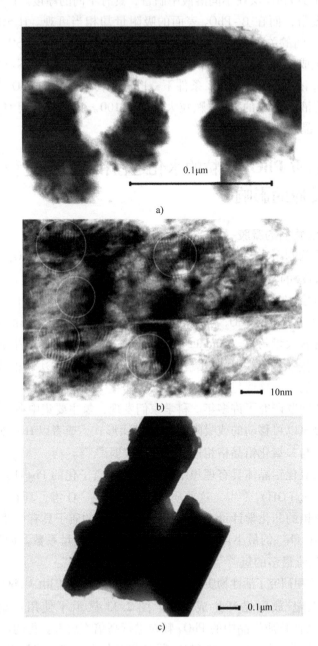

图 2.33 PAM 中二氧化铅颗粒的 TEM 图片

a）含有晶体区和凝胶区的 PbO_2 颗粒 b）PbO_2 颗粒
凝胶区的近照 c）晶体区占主导的 PbO_2 颗粒

二氧化铅［Pb(OH)₄ 和 PbO(OH)₂］组成。

图 2.33b 展示了 PAM 颗粒水化区的显微照片。在图中一些区域能够清晰地看到排列整齐的平面，平面间距为 7 ~ 10Å。这比 PbO₂ 晶胞中晶面的间距大得多（见图 2.29），这意味着水位于这些平面之间。Kassner 提出高化合价铅的氧化物生成线性聚合链。我们认为这些聚合链是水化的[93]。最有可能的是，图 2.33b 中所显示的排列整齐的平面就是所谓的这种聚合链。

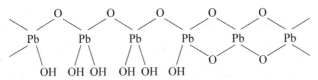

图 2.33 中的 TEM 图片证明，二氧化铅活性物质由含有晶体（α- PbO₂ 或 β- PbO₂）区或无定形区和水化（凝胶）区的颗粒组成。图 2.33c 展示了主要为晶体结构的 PbO₂ 颗粒。其中只含有一个水化区表面。

以电化学方式对二氧化铅活性物质进行化成所获得的 PbO₂ 颗粒具有高度不均匀的结构，这证明了 PbO₂ 的形成包括水合以及脱水阶段：

$$Pb^{4+} \rightarrow Pb(OH)_4 \rightarrow PbO(OH)_2 \rightarrow PbO_2$$

在 PbO₂ 颗粒中，脱水（晶体）区和水合（凝胶）区存在着某种平衡，使得这两种类型的区域都能在 TEM 图片中显示。由于这种平衡的存在，在一定条件下，脱水区和水合区都保持稳定。

二氧化铅颗粒的这种结构可能影响正极活性物质充放电时发生的电化学和化学反应，也可能影响正极板在硫酸溶液中发生的反应。

2.9.1.1　二氧化铅颗粒的表面水化

通过 X- ray 光电子能谱（XPS）测定了二氧化铅颗粒的表面水化。研究者记录了已充电活性物质中氧的 O1s 能谱，以及铅离子的 Pb 4f5/2 和 Pb 4f7/2 的能谱[92]。

研究者对 3BS 和 4BS 铅膏经过 1 个、20 个或 60 个充放电循环之后形成的活性物质试样进行了研究。表 2.8 汇总了光谱测得的 Pb 4f5/2 和 Pb 4f7/2 的键能，Pb—O 和 O—H 键的 O1s 值，O—H 键的峰区面积所占 Pb—O 键和 O—H 键的峰区总面积之间的百分比。

表 2.8　参照 284.4eV 的 C1s 峰标定的 Pb 4f 和 O1s 的键能[92]

活性物质	(Pb 4f5/2)/eV	(Pb 4f7/2)/eV	O1s/eV		$S_{OH}/(S_{OH}+S_{PbO})$ (%)
			Pb—O	O—H	
3BS PAM					
第 1 次循环	141.6	136.8	528.7	531.2	34
第 20 次循环	141.9	137.1	528.7	530.5	30.8
第 60 次循环	141.8	137.2	528.8	530.7	31.6

（续）

活性物质	（Pb 4f5/2）/eV	（Pb 4f7/2）/eV	O1s/eV		$S_{OH}/(S_{OH} +$
			Pb—O	O—H	S_{PbO}）（%）
4BS PAM					
第1次循环	142.2	137.2	529.0	531.0	30.7
第20次循环	141.9	137.1	528.8	530.6	28.8
第60次循环	142.1	137.1	528.8	530.9	39.4

表中数据反映出，铅和氧的波峰面积体现了键能大小，3BS和4BS生成的活性物质颗粒的键能几乎相等，并且在循环期间不发生变化。峰区面积之比 $S_{OH}/(S_{OH} + S_{PbO})$ 表明，PbO_2 颗粒表面有30%的氧与氢离子结合。水化（凝胶）部分仅略受活性物质起源的影响，并且在循环过程中没有大的改变[92]。

2.9.2 PbO_2 颗粒晶体区、凝胶区、PAM凝聚体以及外部溶液离子之间的平衡

文献报道，通过采用X-ray衍射分析技术测定PAM结晶度的改变情况，能够探究 PbO_2 晶体区、凝胶区和溶液之间的离子交换情况[94]。采用电池正极板的传统制造工艺制备了PAM。将活性物质从板栅上取下，磨成粉末，水洗并干燥。图2.34展示了 $β$-PbO_2 特有的，晶面间距为 3.50 ~ 2.80Å 的衍射射线的相对强度与PAM在下述溶液中浸泡时间的函数关系：（a）4.5M H_2SO_4，（b）4.5M H_2SO_4 + 0.02M HCl和（c）4.5M H_2SO_4 + 0.2M Li_2SO_4 溶液。

纵坐标上的数据点是干燥PAM的X-ray数据。图中曲线反映了PAM与溶液离子相互反应时其结晶度的变化。

采用X-ray对含有 H_2SO_4 的PAM试样进行扫描。首先将正极活性物质置于相应溶液中浸泡160min，然后进行水洗和干燥处理。图中右侧展示了所得PAM试样的X-ray衍射线强度。

当PAM接触到溶液时，可观察到 $β$-PbO_2 的特征衍射线强度出现衰落。这意味着溶液中的离子进入颗粒和凝聚体，改变了晶体区和凝胶区的比例，因此引起这些颗粒的无定形化。就溶液中的一些离子而言，PAM颗粒和溶液之间进行离子交换的动力学与相应曲线最大强度值的出现有关。图2.34证明PAM的结晶度取决于溶液组成，特别是 H_2SO_4 溶液中添加剂的成分。

PAM被水洗时发生逆向反应，几乎恢复了最初的结晶度。据此可推断，在晶体区、凝胶区和溶液之间存在一种平衡。如果 Li^+ 阳离子经溶液进入凝胶区（见图2.34c），则等量的 H^+ 离子从 PbO_2 颗粒脱离，以保持其电中性。来自溶液的 Cl^- 阴离子必须与凝胶区的 OH^- 离子交换（见图2.34b）。这意味着PAM表现出具有两性特征。水合二氧化铅具有两性特点已经被大家所熟知[95,96]。

这些研究结果表明，PAM凝聚体和颗粒之间存在以下平衡：

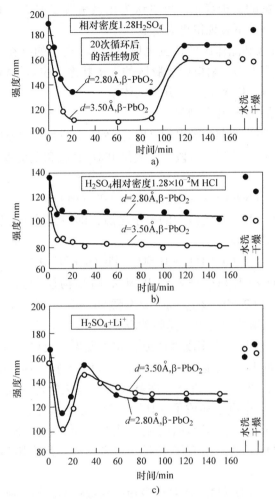

图 2.34　β-PbO$_2$ 特征衍射强度随其在以下溶液中的静置时间而变化的动力学曲线[94]

a）H$_2$SO$_4$　b）H$_2$SO$_4$ + 10^{-2} M 的 HCl　c）H$_2$SO$_4$ + 10^{-2} M 的 Li$_2$SO$_4$ 溶液

$$PbO_2 + H_2O = PbO(OH)_2 = H_2PbO_3$$
$$\text{晶体区} \qquad\qquad \text{无定形区} \qquad\qquad (2.38)$$

PbO(OH)$_2$ 和 H$_2$PbO$_3$，它们又与溶液中的离子处于平衡状态。溶液离子可以通过通路进入颗粒，并引起 PAM 结晶度相对快速的响应，这意味着，发生在颗粒 | 溶液和晶体区 | 凝胶区的界面处的离子间的各种反应几乎是可逆的，而且反应速度较快。正极板放电期间，上述情况使得 PAM 中的电化学反应能够在大量颗粒和凝聚体中进行，并且因此增加了正极板容量。因而，这降低了电流密度以及电化学反应极化。众所周知，铅酸蓄电池正极板放电在低极化下进行。

图 2.34 中的数据表明，H$_2$SO$_4$ 吸附于 PbO$_2$ 颗粒的凝胶区，改变了凝胶区/晶

体区的比例，这会影响极板容量。可以认为正极板容量取决于 H_2SO_4 电解液的浓度，在高浓度硫酸条件下表现得更为明显。

PbO_2 颗粒凝胶区和晶体区的比例也取决于 Li^+ 离子的存在。板栅合金氧化而形成的离子通过改变 PbO_2 晶体区/凝胶区的平衡状态，也对 PAM 的容量和电化学行为产生影响。所以，PAM 是一个开放的体系。

2.9.3 PAM 放电的质子-电子机理

在正极板放电期间，PbO_2 和 $PbO(OH)_2$ 转化成 $PbSO_4$ 的还原反应分为两个反应阶段进行[97]。在第一个反应阶段中，大量 PbO_2 颗粒和凝聚体中发生以下电化学反应：

$$PbO(OH)_2 + 2H^+ + 2e^- = Pb(OH)_2 + H_2O \qquad (2.39)$$

$Pb(OH)_2$ 接触到 H_2SO_4 溶液中的离子之后，即与其发生反应。也就是，在第二阶段中，生成了 $PbSO_4$：

$$Pb(OH)_2 + H_2SO_4 = PbSO_4 + 2H_2O \qquad (2.40)$$

因为 H^+、H_2O 和 H_2SO_4 进入到 PAM 不同结构层的路径受到阻碍，反应式（2.39）和反应式（2.40）在空间上是分隔的。由于 SO_4^{2-} 离子尺寸相对较大，H_2SO_4 不能进入到凝聚体微孔中（薄膜效应）。

通过"双注入过程"，许多凝聚体或颗粒中发生了反应式（2.39）。这意味着来自外部电解液中的 H^+ 离子以及来自板栅及 PbO_2 颗粒晶体区的等量电子进入到二氧化铅凝聚体中，以使反应进行。在凝胶区，电化学还原反应进行得非常快。在这种情况下，PAM 中电子和质子（H^+）的流动速率决定了反应速率。而在凝聚体则不同，电子和质子具有不同的流动速率。所以，一部分凝聚体被快速还原，另一部分还原慢一些，还有第三部分仍未反应。后者阻碍了放电期间 PAM 的分解反应。

2.9.4 $Pb \mid PbO_2 \mid PbSO_4(O_2 \mid H_2O)$ 电极阳极极化期间的反应

$Pb \mid PbO_2 \mid PbSO_4$ 电极在 H_2SO_4 溶液中的极化期间，根据其 E/pH 图（见图2.1），该电极会发生两个氧化还原反应：一个是氧析出反应或氧还原反应（$O_2 \mid H_2O$），另一个是 $PbSO_4$ 的氧化反应或是 PbO_2 的还原反应。当 pH = 0 时，氧电极体系的平衡电势为 ~1.25V，二氧化铅电极的平衡电势为 ~1.50V（相对于 NHE）。图2.35 中展示了两电极的伏安曲线[98]。其中虚线代表氧析出曲线，实线代表 PbO_2 的还原和生成速率。

图2.35 阐释了低极化条件下 $PbSO_4$ 的电化学氧化反应和 PbO_2 的电化学还原反应。相比之下，氧析出反应的电势比 $PbSO_4$ 氧化为 PbO_2 的电势正很多。因此，在 $Pb \mid PbO_2 \mid PbSO_4 \mid H_2SO_4(H_2O \mid O_2)$ 体系的阳极极化期间，首先发生 $PbSO_4$ 氧化反应，然后开始氧析出反应。在后续讨论中，如果 $H_2O \mid O_2$ 电极影响 $Pb \mid PbO_2 \mid PbSO_4$ 体系特性，我们将对其予以考虑。

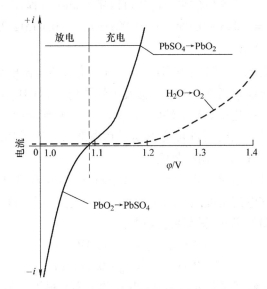

图 2.35　$Pb\,|\,PbO_2\,|\,PbSO_4$ 和 $H_2O\,|\,O_2$ 电极在 H_2SO_4 溶液中极化时的电流/电势（相对于 $Hg\,|\,Hg_2SO_4$）曲线[98]

PbO_2 物相的数量和表面积决定了上述体系能够产生电流的持续时间。随着覆盖在电极表面 $PbSO_4$ 物相数量增加，具有反应活性的 PbO_2 表面减少，电极极化程度增大。

开路状态下，$Pb\,|\,PbO_2\,|\,PbSO_4\,|\,H_2SO_4\,(H_2O\,|\,O_2)$ 体系处于稳定状态。此时 $Pb\,|\,PbO_2\,|\,PbSO_4$ 电极和 $O_2\,|\,H_2O$ 电极之间有电流流过。尽管该稳态电流很小，但是如果电极长期搁置，还是会有大量电能通过 $Pb\,|\,PbO_2\,|\,PbSO_4$ 电极和 $O_2\,|\,H_2O$ 电极。其结果是，PbO_2 物相数量减少，使得电极容量下降。这一过程就是人们所熟知的电极"自放电"。

当氧析出速率等于二氧化铅还原速率时的电极电势是 $Pb\,|\,PbO_2\,|\,PbSO_4\,|\,H_2SO_4$ $(H_2O\,|\,O_2)$ 体系的稳态电势。此时电极极化程度很高，所以其稳态电流也很小。该稳态电势与 $Pb\,|\,PbO_2\,|\,PbSO_4$ 电极的平衡电势之间的差值是可以忽略的。在已经发表的文献中，该差值经常被忽略。

2.10　$H_2O\,|\,O_2$ 电极体系

2.10.1　二氧化铅的氧过电压

氧电极在酸性介质中的反应可表示为

$$O_2 + 4H^+ + 4e^- = 2H_2O \qquad (2.25)$$

基于热力学数据，该反应的平衡电势可以用 Nernst 方程计算：

$$E_h = 1.228 - 0.059pH - 0.029lg\ a_{H_2O} + 0.015lg\ P_{O_2} \tag{2. E27}$$

式中，P_{O_2} 是氧气体分压。

许多研究人员尝试通过试验来测定 $H_2O|O_2$ 体系的平衡电势[99]，然而事实证明这非常困难。氧反应包括几个阶段，涉及中间产物，如 OH、O^-、HO_2^-、O 的生成。这些产物能与二氧化铅晶格的缺陷相互作用，因而其特性、浓度和电荷数可能发生改变。二氧化铅表面的特性可能不同于其内部简并半导体的特性。这影响了 PbO_2 表面 $H_2O|O_2$ 电极的平衡电势值。

在 30℃ 的温度下，在 4.4M H_2SO_4 溶液中对 $\alpha-PbO_2$ 和 $\beta-PbO_2$ 进行极化，人们研究了电极电势和电流密度之间的相互关系[84]。已经证实该极化行为符合 Tafel 方程，两种二氧化铅的 Tafel 斜率系数如下：

$$\alpha-PbO_2:\ \eta_\alpha = a_\alpha + 0.070lg\ i \tag{2. E28}$$

$$\beta-PbO_2:\ \eta_\beta = a_\beta + 0.140lg\ i \tag{2. E29}$$

$\alpha-PbO_2$ 的 Tafel 斜率系数 b 值为 $\beta-PbO_2$ 的一半。根据一般的电极反应机理理论原则，系数 b 取决于电极反应机理。上述方程式表明 PbO_2 晶体结构影响氧析出反应机理。几位作者确定了 b_β 值为 0.118（例如参考文献 [100-102]），该值正好等于当 $\alpha = 0.5$ 时，由 $b = 2.303RT/\alpha F$ 计算得出的数值。其他研究者已经确定，对于某些方法生成的 $\alpha-PbO_2$，其 η_{O_2} 的 Tafel 系数 $b_\alpha = 0.118V$，也就是与 $\beta-PbO_2$ 对应的 b 值相等[103]。

为了得到可再现的极化曲线，必须首先采用最高电流密度对电极进行一定时间的初步预极化[103]。图 2.36 说明了预极化过程对 Tafel 关系的影响。

根据一般电极动力学理论，Tafel 方程中的常数 a 取决于电极性质。图 2.36 表明电极的预极化对常数 a 有影响，但没有证据表明其影响了反应机理（常数 b）。这一发现意味着在电极预极化期间，PbO_2 物相的表面发生了变化，进而降低了氧的过电压。

研究者已经确定，在电势高于 2.0V（SHE）的极化期间，$Pb|PbO_2|H_2SO_4$ 电极生成 $H_2S_2O_8$ 和 O_3，并且，氧析出速率和腐蚀速率随着极化电势的增大而快速增加[104]。

2.10.2　氧在二氧化铅层的覆盖和扩散

在 $Pb|PbO_2|PbSO_4|H_2SO_4(O_2|H_2O)$ 电极的恒电流阳极极化期间，氧过电压增加，研究人员对此进行了深入的研究[105]。图 2.37 展示了有关研究成果。图中直线区的斜率反映了该电极的电容系数为 $127\mu F/cm^2$（真实表面）。这是一个非常高的数值，意味着参与反应的氧具有很强的吸附能力和结合能力。

如果极化一定时间之后断开电路，随后电极电势随时间推移而衰减。图 2.38

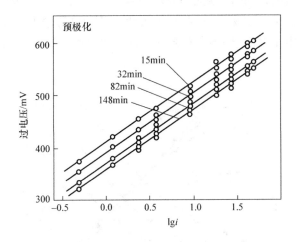

图 2.36　电极预极化不同时间后得到的氧析出过电压与 lg i 的关系曲线[103] ⊖

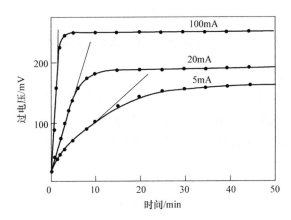

图 2.37　30℃时在 5M 浓度的 H_2SO_4 溶液中对 PbO_2 电极
进行恒流极化所形成的氧过电压[105]

展示了在电势衰减期间氧过电压和氧析出数量的变化。氧析出数量增加缓慢，表明
了氧气分子的生成反应和它在 PbO_2 表面的解吸附反应受到强烈抑制。结果，电极
电势长时间高于稳态电势[105]。

　　试验证实 PbO_2 晶格中存在原子氧，并且原子氧会发生扩散。该试验在一个被
PbO_2 薄膜分成两个隔间的单体电池中进行[106]。对第一个隔间内的 PbO_2 表面进行

⊖　原书图中左下角坐标刻度为 1.5，有误，应为 - 0.5。——译者注

阳极极化，氧气析出，同时，测量 PbO₂ 薄膜另一侧（面向未极化隔间）的电势。经过一定时间的极化，发现 PbO₂ 薄膜未极化一侧的电势增大，并达到了 $H_2O|O_2$ 电极的电势值。由于 PbO₂ 层不存在微孔，因此可推断，这应该归因于原子氧通过 PbO₂ 薄膜的扩散[106]。

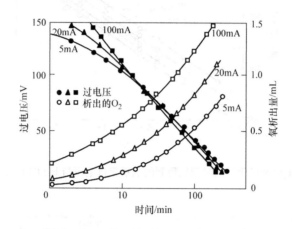

图 2.38　30℃时，氧过电压的下降与不同预极化电流和氧析出数量的变化情况[105]

2.10.3　氧析出机理

根据人们在特定时期对 PAM 中的 PbO₂ 颗粒结构的认识，文献中提出了几种机理，以解释 H_2SO_4 溶液中 PbO₂ 电极氧析出的基本反应。

第一个机理忽略了在氧析出反应动力学中 PbO₂ 层的参与。该机理假设发生下述基本反应：

$$H_2O = OH + H^+ + e^- \tag{2.41}$$
$$2OH = O + H_2O \tag{2.42}$$
$$2O = O_2 \tag{2.43}$$

该机理提出了上述反应的几个变量。假设限制反应速率的是电化学反应式（2.41）[107]或氧的再化合反应式（2.43）[106]。

氧气在金属氧化物上析出的第二个反应机理可以用下列通用方程式表示。首先，H_2O 分解生成不稳定的中间氧化物[108]：

$$H_2O + MO_z \rightarrow MO_{z+1} + 2H^+ + 2e^- \tag{2.44}$$

然后该氧化物转变为稳定的氧化物，并伴随着氧析出。

$$2MO_{z+1} \rightarrow 2MO_z + O_2 \tag{2.45}$$

该不稳定氧化物的组成取决于电极电势。

两种机理假设 PbO₂ 层是一种具有电子导电性的晶体相，它与金属的导电特点类似。后来，证实了电化学方法得到的 PbO₂ 除了含有 α-PbO₂ 和 β-PbO₂ 晶体区，

也含有 $PbO(OH)_2$ 水化（凝胶）区[92-94,109]。晶体相和凝胶相处于平衡状态。另外，$Pb|PbO|H_2SO_4(O_2|H_2O)$ 电极极化之后，在极化电路断开期间，随着氧气析出，电极电势下降，并且 $PbO_2|PbO(OH)_2$ 颗粒的结晶度增加，也就是 $PbO(OH)_2$ 发生了脱水反应[93]。当电路闭合之后，电流流经电极引起氧析出，当电极电势增加到一定值，$PbO_2|PbO(OH)_2$ 的结晶度下降，也就是 $PbO(OH)_2$ 又被水化。已经证实，当铅酸蓄电池正极板充电到 65%~70% 的荷电状态时，$PbSO_4$ 开始氧化为晶体 PbO_2。当进一步充电时，析氧反应与硫酸铅氧化反应同时进行，结果生成一种水化的无定形二氧化铅 $PbO(OH)_2$[94]。这种电化学行为（比如当氧析出时 PbO_2 水化程度增加）表明，$PbO_2|PbO(OH)_2$ 物相的水化区参与了析氧反应。

另一方面，人们熟知，高价铅的氧化物晶体形成了多聚物链形的氧化铅，如下所示[110]：

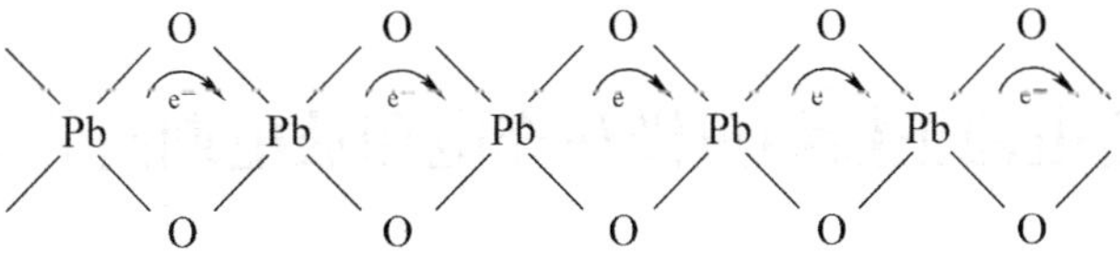

假设凝胶区由相似的水化多聚物链构成（见图 2.33）[93]：

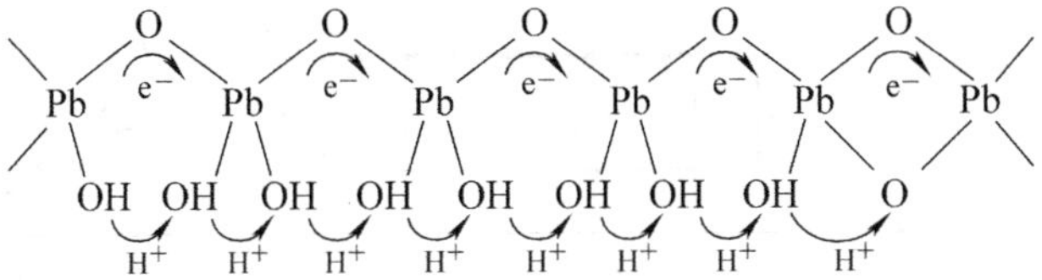

这些多聚物链保证了铅离子的间距足够小，使得电子可以沿着多聚物链从一个铅离子轻易地跳跃到另一个铅离子。这样，凝胶区也具有了电子导电性。

氧析出反应发生在水化（凝胶）区的一些活性中心。根据凝胶区的结构，文献提出，氧析出机理包括两个电化学反应和一个化学反应[111]。电子克服一定的电势能垒，从多聚物链（活性中心）的一个 OH^- 基团跳跃进入多聚物网络。这样凝胶区的整个多聚物网络会产生很多电子，它们沿着多聚物链移动，抵达晶体区。活性中心被正向充电：

$$PbO*(OH)_2 \rightarrow PbO*(OH)^+ \cdots (OH)^0 + e^- \qquad (2.46)$$

$PbO*(OH)_2$ 是活性中心。其产生的 $(OH)^0$ 基团仍然与活性中心相连接，该键联以“$\cdots$”表示。$PbO*(OH)^+\cdots(OH)^0$ 通过与水化层中的水分子相互作用而呈电中性。水分子释放的氢离子迁移到凝胶区外部，这样正电荷被带到外部溶液中。

这些反应代表第一个阳极电化学反应（FAER），可用下面的总方程式表示：

$$PbO*(OH)^+\cdots(OH)^0 + H_2O \rightarrow PbO*(OH)_2\cdots(OH)^0 + H^+ \tag{2.47}$$

随着反应进行，活性中心区被（OH）⁰基团堵塞，电极发生钝化。当电势增大到某数值（φ_S）时，第二个电化学反应（SAER）开始进行：

$$PbO*(OH)_2 + H_2O \rightarrow PbO*(OH)_2\cdots(OH)^0 + H^+ + e^-(\varphi_F) \tag{2.48}$$

电子进入多聚物网络。氢离子迁移进入到外部溶液中。氧原子脱离活性中心，并且活性中心不再发生堵塞。在未参加反应的活性中心，反应式（2.46）重新进行。氧原子聚集在凝胶区，并按照反应式（2.43）再化合。

$$2O \rightarrow O_2 \tag{2.43}$$

当氧气压等于大气压时，氧气脱离二氧化铅电极表面。

$$PbO*(OH)_2\cdots(OH)^0 \rightarrow PbO*(OH)_2 + O + H^+ + e^-(\varphi_S) \tag{2.49}$$

溶液中加入添加剂之后，影响了 PbO_2 的活性和析氧反应，这证实了上述机理[112,113]。

2.11　铅酸蓄电池正极和负极在充电和放电期间的电化学反应

2.11.1　电池放电期间的基本反应

正电极和负电极在放电期间发生的电化学反应如图 2.39 所示。

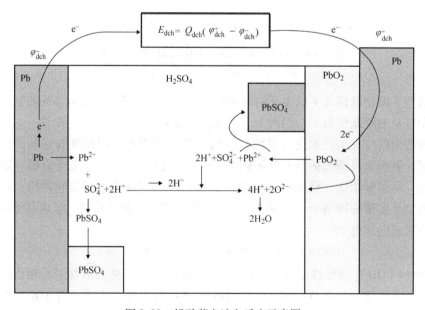

图 2.39　铅酸蓄电池电反应示意图

当铅酸蓄电池的两个电极连接外部负载之后，将发生下列反应。

1. 负电极反应

铅电极被阳极极化，电极表面的铅发生电化学氧化反应：

$$Pb \longrightarrow Pb^{2+} + 2e^- \qquad (2.50)$$

反应生成的 Pb^{2+} 离子扩散到电极表面的电解液中，与 HSO_4^- 离子发生反应，两者发生下列化学反应生成 $PbSO_4$ 分子：

$$Pb^{2+} + H_2SO_4 \longrightarrow PbSO_4 + 2H^+ \qquad (2.51)$$

反应式（2.50）生成的电子沿着外部电路传导，向用电器（负载）供应电能，并抵达正极；反应式（2.51）生成的 H^+ 离子穿过电解液，也迁移到正电极。

反应式（2.51）生成的硫酸铅分子在铅表面形成晶核，进而成长为 $PbSO_4$ 晶体。

上述基本反应可以采用如下化学式总结表示：

$$Pb + H_2SO_4 \longrightarrow PbSO_4 + 2H^+ + 2e^- \qquad (2.52)$$

该反应在负电极释放出的电子沿着外部电流移动到电池的正电极。

该反应生成的 H^+ 离子受到正电极和负电极之间的电压的驱动，向外部电解液移动，并最终也到达正电极。

2. 正电极反应

正电极表面与电解液接触的二氧化铅颗粒发生部分水化反应，反应式为

$$PbO_2 \cdot PbO_2 + H_2O \longrightarrow PbO \longrightarrow PbO_2 \cdot PbO(OH)_2 \qquad (2.53)$$

二氧化铅颗粒包括晶体区（PbO_2）和水化区 $[PbO \cdot (OH)_2]$。这两部分处于平衡状态。电化学反应发生在水化区[114]。

在来自负电极的电子的作用下，PbO_2 在二氧化铅颗粒的水化区发生还原反应，并且与同样来自负电极的 H^+ 离子发生反应生成 PbO[97]。

$$PbO_2 \cdot PbO(OH)_2 + e^- + H^+ \longrightarrow PbO_2 \cdot PbO(OH) + H_2O \qquad (2.54)$$

$$PbO_2 \cdot PbO(OH) + e^- + H^+ \longrightarrow PbO_2 \cdot PbO + H_2O \qquad (2.55)$$

PbO 与溶液中的 H_2SO_4 反应生成 $PbSO_4$，反应式为

$$PbO_2 \cdot PbO + H_2SO_4 \longrightarrow PbO_2 + PbSO_4 + H_2O \qquad (2.56)$$

负电极生成的 H^+ 离子 [见式（2.51）] 迁移并扩散到正电极，在正电极与 PbO_2 还原生成的 O^{2-} 离子和水中的 O^{2-} 离子发生反应。因此，正电极和负电极之间形成闭合电路。电池产生的电能通过外部电路被外部用电器（负载）消耗。

正电极和负电极上形成的硫酸铅晶体不断长大，因此减小了 Pb 和 PbO_2 电极的活性表面积。这样，电池电压降低，两电极上发生的电化学反应速率也减慢，最终引起电池终止放电。

铅电极和二氧化铅电极的活性物质都是多孔结构的，含有大孔和微孔，H_2SO_4

和 H_2O 沿着这些孔流动。上述反应生成的 $PbSO_4$ 晶体减小了孔径，因而阻碍了硫酸和水向活性物质的转移，甚至也阻碍了它们向某些部位的转移，导致这些区域不能发生放电反应。

另外一种情况也可能限制电池反应。正电极和负电极发生的反应都有 H_2SO_4 参与，因而导致硫酸浓度降低。溶液中的电荷载体（H^+ 离子）浓度下降，也引起溶液电阻增加。正电极和负电极之间的电压可能降低到放电截止电压以下。

2.11.2 电池充电期间的基本反应

图 2.40 展示了电池充电期间正电极和负电极发生的基本电化学反应。

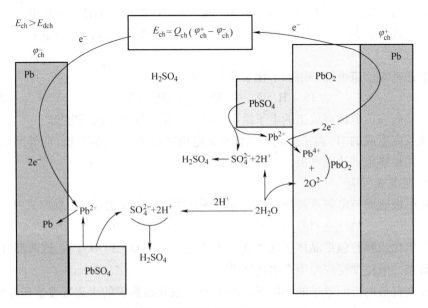

图 2.40　铅酸蓄电池充电反应示意图

使用外部电源对放电后的电池充电，外部电源电压要比电池电压高 $0.3 \sim 0.5V$。当对电池施加这种电压之后，电池发生放电反应的逆向电化学反应。

1. 正电极反应

正电极的充电反应可以采用下列化学式表示：

$$PbSO_4 + 2H_2O \longrightarrow PbO_2 + H_2SO_4 + 2H^+ + 2e^- \qquad (2.57)$$

$$PbSO_4 \longrightarrow Pb^{2+} + SO_4^{2-} \qquad (2.58)$$

硫酸铅的溶解维持着正电极附近电解液层中的 Pb^{2+} 离子浓度。电池充电期间，这些 Pb^{2+} 离子吸附在 PbO_2 电极表面。电子在界面处从 Pb^{2+} 离子转移到电极：

$$Pb^{2+} \longrightarrow Pb^{4+} + 2e^- \qquad (2.59)$$

随后生成的 Pb^{4+} 离子在碱性溶液中不稳定，并与水反应生成 $Pb(OH)_4$[92]：

$$Pb^{4+} + 4H_2O \longrightarrow Pb(OH)_4 + 4H^+ \tag{2.60}$$

$Pb(OH)_4$ 部分或完全水解，并生成 PbO_2：

$$Pb(OH)_4 \longrightarrow PbO(OH)_2 + H_2O \tag{2.61}$$

$$PbO(OH)_2 \longrightarrow PbO_2 + H_2O \tag{2.62}$$

经过上述反应，SO_4^{2-} 离子仍然在电解液中［见反应式（2.58）］。两个 H^+ 离子与电极附近的 SO_4^{2-} 离子发生反应而生成 H_2SO_4，这些 SO_4^{2-} 离子在 $PbSO_4$ 氧化反应中仍然存在。因此 SO_4^{2-} 离子的负电荷被中和：

$$SO_4^{2-} + 2H^+ \longrightarrow H_2SO_4 \tag{2.63}$$

2. 负电极反应

在电池充电过程中发生在负电极上的过程如下：

$$Pb^{2+} + 2e^- \longrightarrow Pb \tag{2.64}$$

在该电极上，$PbSO_4$ 使得电极表面附近的电解液中也维持一定浓度的 Pb^{2+} 离子。这些 Pb^{2+} 离子吸附在铅的表面。来自正电极的电子转移到负电极表面，由此形成 Pb 原子。

Pb 原子与电极表面的铅晶体结合。

硫酸铅产生的硫酸根离子［见反应式（2.58）］仍然处于负电极附近的电解液中。负电极被来自正电极的 H^+ 离子电中和，形成 H_2SO_4：

$$SO_4^{2-} + 2H^+ \longrightarrow H_2SO_4 \tag{2.63}$$

正电极和负电极之间形成闭合回路。

为了维持负极活性物质微孔内电解液中的 Pb^{2+} 离子浓度，更多的 $PbSO_4$ 晶体溶解，反应式（2.63）和式（2.64）持续发生，直到全部 $PbSO_4$ 溶解为止。

这些反应引起电解液中的 H_2SO_4 浓度增加。和另外两种活性物质（Pb 和 PbO_2）一样，硫酸本身也是一种活性物质，它们存储了电池的电荷。

2.11.3　充电和放电期间两个电极的反应示意图

2.11.3.1　放电反应

$$\ominus \quad Pb + H_2SO_4 \longrightarrow PbSO_4 + 2H^+ + 2e^- \tag{2.52}$$

$$\oplus \quad PbO_2 + H_2SO_4 + 2H^+ + 2e^- \longrightarrow PbSO_4 + 2H_2O \tag{2.65}$$

电池放电时，负电极发生电化学反应释放的电子和氢离子扩散并迁移到正极。两个电极发生电化学反应的产物和 H_2SO_4 电解液发生化学反应，形成硫酸铅。

两电极上的活性物质发生上述反应，产生电能。未反应的活性物质数量减少，两电极之间的电势差也变小。

2.11.3.2 充电反应

$$\oplus \quad PbSO_4 + 2H_2O \longrightarrow PbO_2 + H_2SO_4 + 2H^+ + 2e^- \tag{2.57}$$

$$\ominus \quad PbSO_4 + 2H^+ + 2e^- \longrightarrow Pb + H_2SO_4 \tag{2.66}$$

放电期间，正电极发生电化学反应形成的电子和氢离子逆向移动，返回到负电极。负电极的硫酸铅被还原成金属铅，正电极的铅被氧化成二氧化铅。通过这些反应，两电极的活性物质数量得以恢复，电能被存储起来。两电极之间的电压增大。两电极的上述充电反应提高了电解液中的硫酸浓度。

2.11.4 铅酸蓄电池中的电流转移

电池充电和放电期间，正负极板之间的电流大部分由 H^+ 离子携带穿过电解液。与反应涉及的其他离子相比，H^+ 离子尺寸最小，移动性最强。

表 2.9 展示了室温下水中的阳离子和阴离子的离子活度[115]。氢离子活度最高。在水性溶液中，一个 H^+ 离子与一个水分子结合成 H_3O^+ 离子。在电场力的作用下，H_3O^+ 离子释放质子（H^+）给最近的水分子使其带正电荷，如变成一个 H_3O^+ 离子。这个 H_3O^+ 离子又提供一个质子（H^+）给最近的水分子，将其变成一个 H_3O^+ 离子。依次类推。

$$\overset{H^+}{\overset{\frown}{H_3O^+|H_2O.H_2O}} \to H_2O. H_3O^+. H_2O \to H_2O.\overset{H^+}{\overset{\frown}{H_3O^+|H_2O}} \to H_2O.H_2O.H_3O^+ \to \tag{2.67}$$

通过这种"中继"机制，氢离子在电场力的作用下，在溶液中移动。氢离子的中继移动速率比单个 H^+ 离子单独在溶液中移动快得多。这就是为什么氢离子的移动性最强。

在锂离子电池中，充电和放电过程中，正电极和负电极之间的电荷转移是通过 Li^+ 离子的移动实现的。

在铅酸蓄电池中，在溶液中传输电流的 H^+ 离子来自硫酸。H_2SO_4 释放出 SO_4^{2-} 离子，它在正负活性物质（PbO_2 和 Pb）放电过程中与两电极的 Pb^{2+} 离子化合生成 $PbSO_4$。因此，活性物质数量保持不变。

表 2.9　298K 时水中的离子移动性[115]

阳离子	$\mu/[10^{-2}m^2/(sV)]$	阴离子	$\mu/[10^{-2}m^2/(sV)]$
H^+	36.23	OH^-	20.64
Li^+	4.01	SO_4^{2-}	8.29
Zn^{2+}	5.47	Cl^-	7.91

上述充电和放电反应是可逆的，因此，铅酸蓄电池具有较长的循环寿命。

不同反应和基本物理反应以不同的速率进行，但也足够快速。它们代表了正负电极之间总电路的一部分，最慢的基本反应决定了充放电的速率。通常传输过程或 $PbSO_4$ 晶体溶解过程是最慢的反应。例如，一个 300Ah 的富液式动力型铅酸蓄电池的内阻是 $1m\Omega$。由于充放电反应的工况条件不同，限制速率的反应也不同。

2.12　铅及铅合金在二氧化铅电势区的阳极腐蚀

2.12.1　腐蚀层的生长

以 PbO_2 电势区（$E_h > +0.95V$，相对于 $Hg \mid Hg_2SO_4$ 电极）的电势对铅进行极化时，其腐蚀反应具有重要的现实意义。当其作为铅酸蓄电池正极，或者作为不溶阳极用于金属提纯时，铅电极在该电势区下工作。

阳极动力学的首要关系是腐蚀速率对 PbO_2 腐蚀层厚度的依赖关系。研究者已经对铅电极腐蚀速率和极化时间之间的相互关系进行了研究。确定了在恒电流密度（$6.5mA/cm^2$）极化条件下，单位面积内被氧化的铅的质量与极化时间之间的函数关系[116-118]。所得研究结果如图 2.41 所示。图中曲线的形状表明该腐蚀反应分为两个阶段：

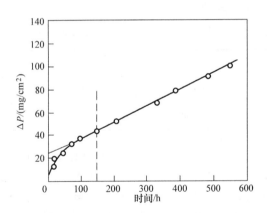

图 2.41　单位面积被氧化的铅的质量随极化时间的变化情况，电流密度为 $6mA/cm^2$[116]

1）不稳定状态阶段，在此阶段：
$$\Delta P = kt^x \quad (t < 100h) \tag{2.E30}$$

2）稳定状态阶段，在此阶段：
$$\Delta P = P_0 + vt \quad (t > 100h) \tag{2.E31}$$

式中，P_0、k 和 x 为常量（$Pb: x = 0.47$）；v 是铅氧化反应的稳态速率。以上常量的数值取决于电势、温度和铅合金的添加剂。各种不同铅合金具有类似的依赖关系，详见参考文献 [118-121]。

用显微镜得到的研究结果表明，铅的阳极沉淀包含两个次级层[116]。金属层存在一个黑褐色的致密层，该层牢牢地附着在金属上，只能通过化学处理将其去除。在这一层上面，可观察到一个茶褐色的松散层，使用物理方法可轻易地将该层去掉。它由松散的小晶体物质粘接而成，形成具有大微孔的多孔凝聚体。致密层决定腐蚀速率。在稳态阶段，松散层厚度增加并发生脱落。这一发现表明，表面松散的次级层并不影响铅腐蚀速率。在氧化反应中，首先生成致密层，然后致密层厚度随着通过电量的增加而增加。PbO_2 的摩尔体积比铅的摩尔体积大 21%。由于 PbO_2是铅经过固相反应而氧化生成的，因而在致密的腐蚀层中产生了机械内应力。PbO_2|溶液界面处的氧化层发生部分溶解、崩裂，于是形成微孔。当外部氧化层的成孔速率与金属铅的氧化速率变得相等时，致密腐蚀层的厚度不再依赖所通过电量的影响时，腐蚀速率达到一个稳定值。

鉴于正板栅腐蚀速率限定了电池寿命，因此通过测定正板栅的稳态腐蚀速率，可以对电池寿命进行预测。

2.12.2　Pb|PbO_2|$PbSO_4$|H_2SO_4 电极电势对铅氧化局部电流、氧析出局部电流以及其阳极层成分的依赖关系

研究者已经测出铅氧化反应（i_C）和氧析出反应（i_{O_2}）的 Tafel 方程。图 2.42所示为两者之间的相互关系[118]。

当 $E_k = 1.530V$ 时，两曲线斜率发生改变。两反应遵守 Tafel 方程关系：

$E < E_k$		$E > E_k$	
$E = a'_{O_2} + 0.056 \lg i_{O_2}$	(2. E32)	$E = a''_{O_2} + 0.114 \lg i_{O_2}$	(2. E33)
$E = a'_{Pb} + 0.094 \lg i_C$	(2. E34)	$E = a''_{Pb} + 0.160 \lg i_C$	(2. E35)

由于两个反应同时进行，因而可以计算不同电势下的两反应速率之比。

研究者以 $2.5mA/cm^2$ 的电流密度对 Pb 进行恒电流氧化，然后对氧化生成的阳极层物相组成进行了分析研究[122]。研究者证实了金属铅表面被一层致密的 α-PbO覆盖。随着阳极层与金属铅表面距离增大，阳极层中开始生成 PbO_x（$1 < x < 2$）和 α-PbO_2，并在最外层形成 β-PbO_2。研究者提出氧气扩散穿越阳极层的机理来解释这种氧化产物的排列顺序[122]。

研究人员对氧化物的排列关系开展了大量工作，并采用 X-ray 衍射方法确定了 Pb|PbO_2 和 PbO_2|H_2SO_4 界面阳极层的组成[118]。图 2.43 展示了阳极层各物相特征衍射线的相对强度。

图中数据表明，只有当电势小于 1.53V 时，PbO_2|H_2SO_4 界面才会生成β-PbO_2。特征线 $d = 3.12$Å 对于 α-PbO 和 β-PbO_2 是常见的。这是一个非常宽的线条，表明存在颗粒细小的晶体沉淀。当电势小于 1.53V 时，PbO_2|H_2SO_4 界面处发

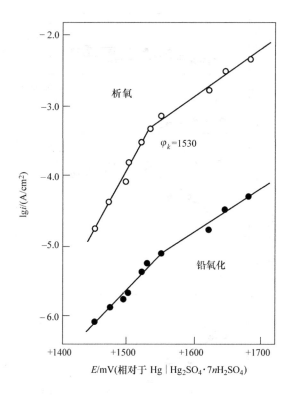

图 2.42　氧析出电流和腐蚀电流（i_C）对 H_2SO_4 溶液中的铅电极电势的依赖关系[118]

生的反应引起了该线条的强度降低。这些过程明显与 α - PbO 氧化成 β - PbO_2 的反应有关。α - PbO 电阻大（见图 2.21），当它处于在恒电流极化状态时，推测其应该出现强极化的现象。然而，试验结果并没有支持这一推测。这样，应该推断α - PbO 氧化为 PbO_x，并保持其原来的晶格结构不变。所以，在金属表面生成的氧化物被称为 α - PbO_x。当电势大于 1.53V 时，阳极沉淀由 α-PbO_2 组成，该阳极沉淀内部含有 α - PbO_x 和 α-PbO_2。

　　研究人员通过常规分析，测定了阳极腐蚀层中氧化物的化学计量系数，从而确定了高电势条件下是否生成了低化合价的氧化物[118]。图 2.44 表明，尽管正电势很高，铅氧化层的化学计量系数并不高于 1.75。这是各种氧化产物化学计量系数的积分值，包括了阳极层中从金属表面到腐蚀层│溶液界面之间的所有氧化物。铅的氧化反应维持在这一相对低的数值。当电势大于 1.53V 时，部分铅氧化物沉淀发生脱落，脱落物相的化学计量系数高于未脱落氧化物的化学计量系数。脱落的氧化物沉淀实际上是腐蚀层的多孔部分，它被氧化得最彻底。所以说，在铅腐蚀层的不同厚度处，铅氧化物的氧化程度不同。

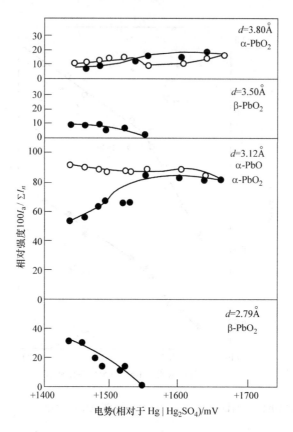

图 2.43　Pb│氧化物（○）与氧化物│溶液（●）界面处阳极层成分
随着氧化电势的变化情况（氧化时间 72h）[118]

2.12.3　铅在 PbO₂ 电势区的阳极腐蚀机理

图 2.1 中的 E/pH 关系图表明，铅在 PbO_2 电势区处于热力学不稳定状态。因此，在热力学驱动力作用下，$Pb│PbO_2│PbSO_4$ 体系受到连续腐蚀反应。该腐蚀反应通过铅氧化层进行，因此铅氧化层的性质和结构强烈影响腐蚀反应的机理。研究人员根据铅氧化层的不同成分和结构，在文献中提出了不同的反应机理。

1）第一种机理[119]假设 PbO_2 层的整个截面均为多孔结构，水通过这些微孔到达金属表面，发生了下列反应：

$$Pb + H_2O = PbO + 2H^+ + 2e^- \qquad (2.68)$$

$$H_2O = O + 2H^+ + 2e^- \qquad (2.69)$$

$$PbO + O = PbO_2 \qquad (2.70)$$

$$PbO + mPbO_2 = (m+1)PbO_x \qquad (2.71)$$

2）第二种机理假定 PbO_2 层由两部分组成：一部分为完全覆盖住金属表面、

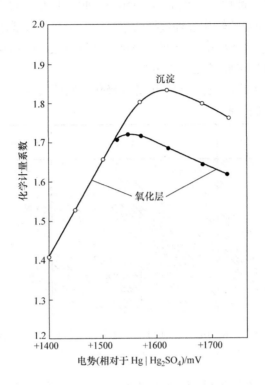

图 2.44　阳极氧化层化学计量系数对氧化电势的依赖
关系（H_2SO_4 溶液中的铅电极）[118]

将其与溶液隔离的致密次级层，另一部分为能够渗透溶液的多孔次级层。

　　腐蚀是扩散穿越致密氧化层晶格的氧与铅发生反应的结果[106,118]。研究人员已经证实，Pb、α-PbO 和 α-PbO$_2$ 的晶格具有相似性（见图 2.45）[56]。由于这种相似性，当从一种晶格转化为另一种晶格时，原子空间变动所需能量相对较小。

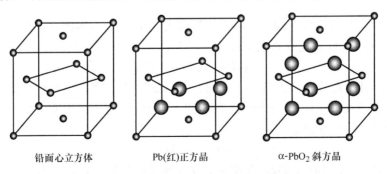

铅面心立方体　　　　Pb(红)正方晶　　　　α-PbO$_2$ 斜方晶

图 2.45　Pb、α-PbO 和 α-PbO$_2$ 的晶胞[56]

图 2.43 证明了腐蚀层主要由 α-PbO 和 α-PbO$_2$ 物相组成[118]。这意味着，铅氧化物在腐蚀反应期间的转化过程包括两个阶段。最初，Pb 晶格重排变成 α-PbO$_n$ 晶格，然后 α-PbO$_n$ 晶格转化为 α-PbO$_2$ 晶格。该转化过程与细小晶体的形成相关。α-PbO$_2$ 由亚化学计量组成（见图 2.44）。

图 2.46 中展示了铅电极在 PbO$_2$ 电势区极化期间所发生的各种反应的模型。这些反应引起了铅板栅腐蚀。

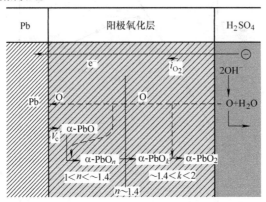

图 2.46　以二氧化铅电势区对 Pb│非化学计量 PbO$_2$│O$_2$│H$_2$O│H$_2$SO$_4$
体系进行极化发生反应的模型[123]

氧析出反应发生在阳极层│溶液的界面，生成中间产物氧原子。

$$2H_2O \rightarrow 2OH + 2H^+ + 2e^- \tag{2.72}$$

$$2OH \rightarrow O + H_2O \tag{2.73}$$

$$2O \rightarrow O_2 \tag{2.74}$$

一些氧原子扩散进入阳极层，接触金属并将其氧化成 α-PbO[17]。

$$Pb + O \rightarrow \alpha\text{-}PbO \tag{2.75}$$

Pb 转化为 α-PbO 的相位变换所需能量相对较低，所以自然生成了 β-PbO 结晶变体。

α-PbO 晶格存在空穴层，O 能够轻易嵌入其中[56]。在不改变晶格参数的情况下，α-PbO 相被 O 氧化成非化学计量的 α-PbO$_n$（$1 < n < 2$）[52]。

$$m\alpha\text{-}PbO + pO \rightarrow \alpha\text{-}PbO_n \tag{2.76}$$

当化学计量系数 n 增大到约 1.4 时，晶格缺陷集中度变得如此之高，以至于 α-PbO$_n$ 转化为 α-PbO$_2$[52]。因为 α-PbO 和 α-PbO$_2$ 的晶体结构非常相似，所以该相位变换需要的能量很低。

$$\alpha\text{-}PbO_n \rightarrow \alpha\text{-}PbO_{(2-x)} \tag{2.77}$$

α-PbO$_{(2-x)}$ 是具有 α-PbO$_2$ 晶格的非化学计量氧化物［$1.4 < (2-x) < 2$］。当电势高于一定值时，在氧化物│溶液界面生成 β-PbO$_2$（见图 2.43）。这种情况可能

发生在溶液参与 α-PbO 氧化反应的情况。

图 2.41 表明，腐蚀反应分成两个阶段进行：非稳定阶段和稳定阶段[116]。Bullock 和 Butler 证实，腐蚀速率由氧的迁移速率控制[124]。当 Pb | α-PbO 界面的氧流量等于 α-PbO | α-PbO$_2$ 界面的氧流量时，达到稳态腐蚀速率（见图 2.41）。此后 α-PbO 薄膜的厚度将保持不变。在这种条件下，腐蚀速率并不依赖于电势，并受温度影响不大。

2.12.4　α-PbO$_2$ 和 β-PbO$_2$ 的稳定性

Mindt 研究了 β-PbO$_2$ 在大气环境中、室温条件下长期存储期间，其电阻率、淌度和载流子密度的变化情况（见图 2.47）[60]。

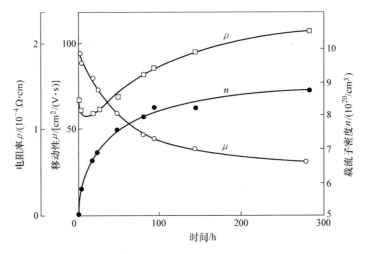

图 2.47　1μm 厚的 β-PbO$_2$ 层在室温下放置其电阻率（ρ）、
移动性（μ）和载流子密度（n）随时间的变化情况[60]

一些电池厂通常将已经化成的正极板存储在库房，以应对客户订单需求。在存储期间，β-PbO$_2$ 的载流子密度增加，淌度下降，电阻率增大。对试样进行 X-ray 衍射分析的结果证明，该二氧化物的晶体结构没有发生变化。载流子密度的增加表明其化学计量系数向着氧含量减少的趋势变化。所涉及的氧已经被压力测量技术检出。

研究人员也研究了 α-PbO$_2$ 和 β-PbO$_2$ 的氧缺失情况，试验分别在干燥空气和含有饱和水蒸气的空气中进行（见图 2.48）[60]。两种氧化物都发生了氧缺失，α-PbO$_2$ 缺失氧的数量比 β-PbO$_2$ 缺失氧的数量少得多。在潮湿环境下氧缺失反应得到加强（见图 2.48 中的曲线 1 和 2）。

（电铸）电解沉积 PbO$_2$ 在室温下的分解反应可以通过氧空穴的形成进行解释。氧被释放，电子浓度提高，该化学计量方程式为如下类型：

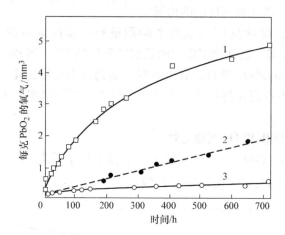

图 2.48 　PbO$_2$ 的氧缺失与其在室温下放置时间的关系

1—β-PbO$_2$ 在充满水汽的空气中

2—β-PbO$_2$ 在干燥空气中 　3—α-PbO$_2$ 在充满水汽的空气中[60]

$$2PbO_2 \rightarrow (2PbO \cdot O_\square^{2+} + 4e^-) + O_2 \qquad (2.78)$$

这与 PbO$_2$ 结构形成的缺陷相符，引起载流子密度增加（见图 2.47）。

据知，β-PbO$_2$ 比 α-PbO$_2$ 电化学活性更高，这意味着 β-PbO$_2$ 变体更容易改变化合价，并被部分还原。我们也知道二氧化铅的电化学还原反应在 PbO$_2$ 颗粒的水化区进行。因此，β-PbO$_2$ 在潮湿空气环境中更容易释放出氧，这在图 2.48 中可实际观察到。另一方面，α-PbO$_2$ 电化学活性低，将释放较少的氧，图 2.48 也对此予以阐明。所以，在二氧化铅水化反应期间，在保持其结晶变体不变的前提下，二氧化铅也被部分还原。

2.13　铅酸蓄电池简介

2.13.1　铅酸蓄电池的比能量

本章前面部分概述了铅酸蓄电池的电极类型和电极体系，包括它们的特性、电化学行为，以及它们在相对于 Hg｜Hg$_2$SO$_4$ 参比电极的电势为 -1.30 ~ +1.30V 的电势区间内所发生的各种反应的机理。现在我们简明地对铅酸蓄电池进行论述，其发生的反应可用下列总反应式表示：

$$Pb + PbO_2 + 2H_2SO_4 \leftrightarrows 2PbSO_4 + 2H_2O \qquad (2.3)$$

电池中的活性物质（材料）是 Pb、PbO、H$_2$O 和 H$_2$SO$_4$。这些反应物之间的质量计量关系为

$$P_{LAC} = (207.2)_{Pb} + (239.2)_{PbO_2} + (196)_{2H_2SO_4} + (32)_{H_2O} = 674.4g \qquad (2.E36)$$

虽然水参与反应，但是一些作者并不将其作为反应物。如果忽略水的质量，则 $P_{LAC} = 642.4g$。

根据法拉第定律，2 克当量的活性物质提供电量 Q 等于

$$Q = 2(96500/3600)C = 53.61Ah \qquad (2.E37)$$

电池比能量可以采用电池单位质量（kg）或单位体积（L）所能输出的能量（Wh）来表示。经常使用的参数是单位质量比能量（Wh/kg）。铅酸蓄电池的理论质量比能量可以按照以下方法计算得出。

假设铅酸蓄电池在酸浓度为 1mol/L、平衡电势（$\Delta E_e = 2.040V$）下进行，并且在放电期间活性物质被完全消耗，则理论比能量 E_S 等于

$$E_S = (53.61 \times 2.040)/0.6744 = 162.2Wh/kg \qquad (2.E38)$$

如果反应物中不包括水，则 $E_S = 170.2Wh/kg$。

有时假设电池放电电压为 2.0V，可得出其理论比能量为 167Wh/kg。比较一下，在转化效率为 100% 时，作为燃料的汽油输出的比能量为 12kWh/kg。

铅酸蓄电池理论比能量低是因为铅的原子量大，它是密度最大的天然产物之一。

2.13.2　有关铅酸蓄电池设计的一般注意事项

实际使用的电池不可能输出理论比能量。为了将铅酸电池转变为一种实用电源，必须遵守几个设计要求。图 2.49 展示了 SLI 电池的一般结构[125]。

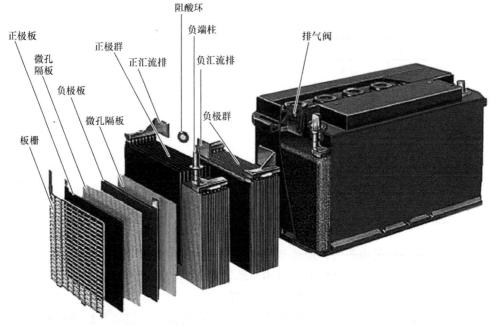

图 2.49　典型 SLI 铅酸蓄电池结构的剖视图[125]

铅酸蓄电池的极板（电极）由板栅（集流体）和活性物质组成。活性物质固定于耐 H_2SO_4 溶液化学腐蚀的铅基板栅中。

微孔隔板将正极板和负极板隔开，隔板允许离子通过，并能够抵抗 H_2SO_4、O_2 和 H_2 的侵蚀。

铅酸蓄电池使用浓度约为 36% 的 H_2SO_4 溶液作为电解液。它导电性高，冰点相对较低，并且对铅板栅的侵蚀性较弱。在放电结束时，必须仍有额外数量的 H_2SO_4 存在，从而保证电解液在放电末期和再充电初期仍具有离子导电性。

正极板、负极板、隔板及其中的电解液形成了电池的"极群"，产生并积累电能。因为极群含有的 H_2SO_4 数量有限，所以在极群上方和极板周围设置储酸区。在放电期间，H_2SO_4 从储酸区转移进入极群，生成 $PbSO_4$ 而引起极群质量增加。在充电期间，H_2SO_4 在极群内生成，并扩散返回储酸区，于是减轻了极群重量。

这些正极板或者负极板互相连接形成"半个极群"，并通过接线端子将电能引出电池。

在充电末尾，发生水分解反应，释放出 H_2 和 O_2 气体。电池安装了排气栓，产生的气体通过排气栓逸出电池。电解液或水也通过排气栓孔加入到电池中。电池安装在带盖的槽体中。各单体电池由铅连接体在盖上方或穿过电池隔板而串联在一起。

表 2.10 列出一个 40Ah SLI 电池各部分质量的分析结果[126]。表中数据为各个部分在 2007 年时的平均质量。

表 2.10　电池部件质量[126]

12V/40Ah 汽车电池	2007 年的平均数值
总重/kg	11
槽/盖（wt%）	7
隔板（wt%）	1
顶铅（wt%）	9
板栅用铅（wt%）	14
活性物质（wt%）	34
电解液（wt%）	32

注：数据来自 Batteries for Automotive Use, John Wiley, New York, 表 2.2, 第 47 页。

正如这些数据所表明的，铅酸蓄电池中的电化学活性成分和化学活性成分约占电池总质量的三分之二。批量生产的 SLI 蓄电池的典型比能量为 34~40Wh/kg，动力 EV 电池的比能量则介于 28~34Wh/kg 之间。

在过去的几十年里，为了降低非活性成分所占的比例，提高活性物质利用率，人们进行了大量研究工作，开展了大量工程方面的工作。所做的这些努力已经把铅酸蓄电池的能量参数几乎提高了两倍。当今许多研发工作重点是寻找极板中不参与反应的那部分铅成分的替代物，以及使用碳取代铅。近期已经发表了一些有前景的相关研究成果。

除了提高活性物质（铅和二氧化铅）利用率，另一个已被研究者和设计工程师关注多年的重要问题是电池电解液通过玻纤隔板吸附，使其不能流动，或将其转化为凝胶状态。这样，发明了阀控式铅酸（VRLA）蓄电池，这种电池需要的维护最少或无需维护，并且用途广泛。VRLAB 的极群比 SLI 电池的极群更高，占据了SLI 电池极群上部储液区的空间，因此在相同体积下增大了电池容量。

为了提高铅酸蓄电池的输出功率，将电池外形由立方体形改为了螺旋卷绕形。表 2.11 汇总了上述这些 SLI 型电池的比能量和功率特性[126]。

表 2.11　各类电池的欧标参数（以 1kWh 能量的电池为例，除非特别备注）[126]

	12V 正方体富液	12V 正方体 AGM	12V 卷绕形 AGM	12V 方形胶体
比能量/(Wh/kg) 20h，25℃，阈值 = 10.5V	46	39	35	34
能量密度/(Wh/L) 20h，25℃ 阈值 = 10.5V	95	95	70	71
比放电功率/(Wh/kg) 100%SoC，−18℃，10s > 7.5V	215（根据 EN）	235（根据 EN）	315（CCA 750a 根据 BCI）	155（根据 EN）
功率密度/(W/L) 100%SoC，−18℃，10s > 7.5V	445	570	630	325
在 20% DoD 工况下的输出总电量 （额定容量的倍数）	~100	>300	~50（深度循环） （BCI）	>640（<60% 初始容量）

注：循环寿命是指在 20% 放电深度（DoD）条件下的循环次数，当容量 <50% 初始容量时寿命结束。放
　　电功率是以 EN/CCA 电流乘以放电终止电压（如 7.5V 等）。

来源：E. Meissner and G. Richter（2001）. Vehicle electric power systems are under change! Implications on
　　design，monitoring and management of automotive botteries. Journal of Power Sources，95：11.

带有自由电解液的电池（富液式电池）都是立方体结构，单个的正极板和负极板堆叠在一起。使用 AGM 隔板的 VRLAB 具有立方体形和卷绕形两种结构。卷绕电池由一片正极板和一片负极板，以及将两者分隔的 AGM 隔板组成，它们卷绕形成一个圆柱状的极群。这种设计使电极受到压力。表 2.11 中的数据表明这种电池的特点是放电比功率和功率密度更高。如果比较这些电池的能量性能参数（比能量和能量密度），则立方体形的富液式和 AGM 电池比卷绕形电池的性能更好。表 2.11 也表明胶体立方体电池的能量和功率特性均低于富液式电池和 AGM 电池。

铅酸蓄电池必须满足一系列要求，包括下列方面：在较大温度范围内（-25~75℃）输出高功率和高能量，使用寿命长（5~15年），长期存储期间自放电可以忽略，使用期间无需维护并可完全循环利用、成本低等。然而令人遗憾的是，在技术上不可能完全满足上述要求，不过，尽管政府和财政机构对该领域研发工作提供的财政支持不足，铅酸蓄电池的上述多种性能仍在不断提高。

2.13.3 铅酸蓄电池生产工艺

2.13.3.1 平板式极板电池

图2.50中列出了制造平板极板铅酸蓄电池的典型技术方案。该技术流程主要用于生产SLI型、动力型和固定型电池。工艺流程主要涉及下列几个主要生产阶段：

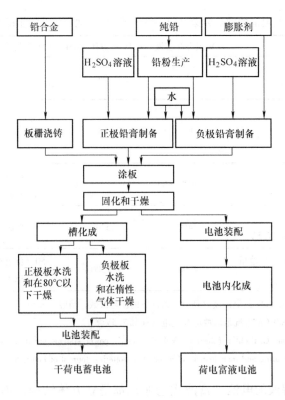

图2.50 涂膏极板电池生产工艺图

1）板栅浇铸：铅合金用于浇铸正板栅、负板栅，也用来浇铸小型结构部件（如汇流排、连接条、端子）。电池行业已经应用高度自动化的高效率铸板机。

2）铅粉生产：纯铅块同时经受碾磨和表面氧化反应（球磨方法）或者铅块熔融之后被潮湿空气氧化（巴顿锅方法）。最终生成颗粒尺寸分布一致、氧化度为

60% ~ 80% 的铅粉（铅氧化物）。

3）铅膏制备：将铅粉加入合膏机中，不停地搅拌，然后加入水和硫酸溶液。该阶段生成碱式硫酸铅。经过一定时间的混合之后，铅膏可用于生产正极板。负极板也以类似方法生产，但需向铅膏混合物中加入膨胀剂。为了保证顺利完成后面的工序，铅膏应具有一定的密度和稠度。

4）涂板：使用专用设备将铅膏填涂到板栅上。极板涂膏后在隧道式烘干设备中进行干燥处理，然后置于极板托架上。

5）极板固化：装有极板的托架置于高湿度的固化间内，使其在35℃下固化48 ~ 72h。在极板固化工序，铅膏中的铅被氧化，碱式硫酸铅再结晶，然后对极板进行干燥，直到极板的水分含量 <0.5%。

6）极板化成：将固化好的极板置于含有硫酸溶液的大型槽中，将这些极板（也就是槽化成工艺）进行充电。负极板生成泡沫状铅，正极板生成二氧化铅。化成之后，对正极板进行水洗，然后在低于 80℃ 的环境下干燥。负极板也采用相同方法进行处理，不过要在无氧环境下进行。

7）电池槽、盖、排气栓等的生产：电池塑料部件在相应的模具中通过注塑成型。

8）电池装配：干燥的极板堆叠排列组成极群组，正极板和负极板交替排列，隔板放置在正、负极板中间。通过焊接方法将同性极板的板耳熔接，从而形成半个极群组。然后将极群组装入电池槽中，连接各单格，盖上电池盖并测试气密性。将排气栓拧紧使电池密封，阻止周围空气进入电池内部，然后将电池包装，准备发货。

上述制造过程适用于干荷电蓄电池的生产。这种电池在添加硫酸溶液之后不必进行充电就可以使用。电池保质期可以超过 1 年。

计划在生产之后 2 或 3 个月内即使用的电池采用铅-钙-锡合金，这种电池添加了电解液，随时可以使用。这种情况下，需对图 2.50 中的技术方案进行调整。将槽化成和极板干燥工序取消，极板固化之后就是电池装配工序，电池自身内部完成化成过程。

最近几十年，电池制造的基本技术方案经历了许多变化和改进，虽然一直保持着上述主要生产阶段，但各个工序已经变得高效率、自动化和计算机化，电池生产效率最终提高了数倍。

2.13.3.2　管式极板电池

管式极板技术用来生产动力型和固定型电池。图 2.51 展示了典型的管式极板电池生产工艺。其他工艺过程与上述平板式极板电池相同，因此只对正极板的制备进行简明概述。

1）管子制造：管子（排管）由抗化学腐蚀的玻璃或有机纤维（聚酯、聚丙

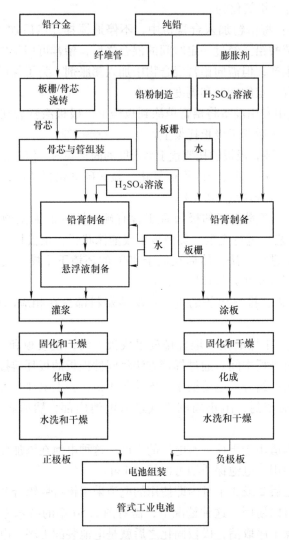

图 2.51　管式极板电池生产工艺图

烯、丙烯腈共聚物等）通过纺织、编织或填绒的方法制成。管子在相应的多聚物溶液中被制成所需形状，然后进行热处理。

2）骨芯和板栅浇铸：该工序使用自动浇铸机完成。骨芯采用高压铸造方式生产。

3）灌浆：将3BS或4BS正极铅膏用水稀释成浆状，或者将含有硫酸和水的铅氧化物和红丹的悬浊液在压力作用下灌入排管中。

4）固化：管式极板在一定条件下固化数日。

我们将在下一章详细讨论极板制造过程中发生的反应。

2.13.4　铅酸蓄电池的电极结构

将电能转化为化学能或反过来将化学能转化为电能的电化学反应发生在电导体|溶液之间的界面上。在这个界面处，电子从金属转移到吸附在金属表面上的离子上，或者金属被氧化形成离子，然后离子再转移到溶液中。这些电化学反应是电化学电源的基础。电化学电池包括两个电极。在电化学电池放电期间，一个电极发生氧化反应而另一个电极发生还原反应。两个电极都浸在含有携带电荷的离子的溶液之中。在电化学电池充电期间发生反向反应。

电化学电池的电极应该具有比较高的电容量，这样才有意义。铅酸蓄电池的电极具有较大的表面积，则可以实现高容量。它们通过多孔活性物质参与电化学反应实现这一点。

电化学电池的电极包括以下结构组成部分（见图 2.52）。

图 2.52　铅酸蓄电池极板（电极）结构组成

1）板栅——在电池充电过程中，板栅将外部电能传导至整个极板。在电池放电过程中，板栅收集整个电极产生的电流，并将其输送给外部用电设备。

2）多孔活性物质。它是具有电化学活性的材料，材料表面发生电化学反应。活性物质决定了电极（电池）容量。

3）板栅|活性物质的界面。正极在一定时间内发生析氧反应。部分氧气会氧化板栅表面，形成腐蚀层。该腐蚀层的厚度和成分对电化学电池的能量特性和功率特性产生影响。

铅酸蓄电池的电极活性物质必须具有特定的结构，以保证达到额定容量和充放电循环次数。正电极和负电极形成的活性物质结构组成如图 2.53 所示。该活性物质结构包括：

1）部分参与电化学反应的固体电化学活性物质；

2）H_2SO_4 形成的离子和 H_2O 分子移动的孔体系。

活性物质的固体物相包括两个不同功能的结构组成（见图 2.53）[127]。

1）骨架结构——与板栅连接，扮演集流体的角色，与各个部位的活性物质传导电流。骨架结构为能量结构提供机械支撑。骨架结构必须足够稳定，能够经受数百次充放电循环期间活性物质发生的变化。骨架结构由许多分支组成，分支直径大小取决于接受或输出电流的活性物质的体积。如果分支太细，则它的电阻大，这样

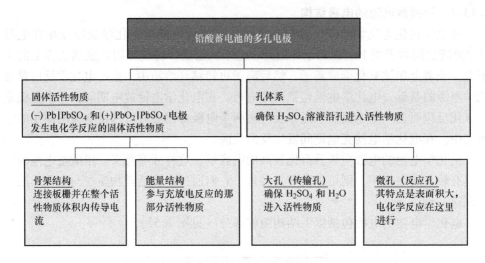

图2.53 正电极或负电极通过化成而生成的多孔活性物质结构

与之关联的活性物质对整个电池输出的能量和功率的贡献不大。反之亦然。

2）能量结构——参与化学能转化为电能并决定电极（电池）容量。能量结构必须是可逆的，再充电之后可以复原。这样才能保证电极在后续放电循环使用期间保持必要的容量。

活性物质的孔系统包括两类孔，具有不同的作用[127]。

1）大于$0.1\mu m$的传输孔（大孔）。H_2SO_4电解液和水分子沿着这些传输孔在活性物质内部和外部电解液之间双向移动。这样，电化学反应期间，活性物质孔内溶液保持电中性，极板保持低电阻。

2）小于$0.1\mu m$的反应孔（微孔）。这些微孔为电化学反应提供了非常大的表面积。

正负电极的活性物质形成的上述结构具有非常大的表面积，电化学反应能够在此发生，从而形成高容量的电化学电池。经过每次充放电循环之后活性物质结构的复原程度决定了电化学电池的循环寿命。骨架结构无法复原会导致电化学电池失效。两类反应可能导致骨架结构受损，它们是：

1）循环期间活性物质体积膨胀，引起骨架分支变细。结果，对应的活性物质部位电阻变大，该部位的成流反应减少，或者如果一个分支或者更多分支与整个骨架分离，则相对应的活性物质完全不能参与成流反应。电池容量显著下降，电池寿命终止。

2）循环期间活性物质体积收缩，引起传输孔也收缩。结果，放电形成的Pb^{2+}离子进入活性物质孔中，使孔内溶液带正电。传输孔收缩之后变得狭小，不允许带负电荷的硫酸离子进入其中，带正电荷的Pb^{2+}离子无法被电中和。这样，活性物质孔内的水发生离解。水离解形成的 H^+ 离子具有高移动能力，它从孔中迁出移到外部溶液。水离解形成的 OH^- 离子则保留在活性物质孔内生成 $Pb(OH)_2$。这些反应速率相对较慢，导致极板不能释放出全部能量，从而缩短电池的循环寿命。

电化学电极的上述结构成形于电池正极板（电极）的不同工艺过程期间。设计专门的工艺过程参数以形成具有特定结构组成和孔系统的活性物质是至关重要的。活性物质的每种结构都应该具备足够的电化学活性，能够在电池长期循环使用期间维持其功能。

下面来研究一下如何通过改变铅酸蓄电池极板（电极）制造工艺参数而生成不同活性物质。

2.13.5　二氧化铅活性物质制备正极板的主要技术要点

如本书 2.6.1.1 节所讨论过的，二氧化铅有两种多晶型结构：α-PbO_2（具有正方晶体结构）和 β-PbO_2（具有斜方晶体结构）。β-PbO_2 中的电荷迁移率比 α-PbO_2 的电荷迁移率高约 1.5 个数量级（见图 2.30）[60]。因此，α-PbO_2 的比电阻高于 β-PbO_2 的比电阻一个数量级。采用含有这两种不同晶型二氧化铅的活性物质制成电极，在放电期间，α-PbO_2 被还原的数量明显少于 β-PbO_2 被还原的数量。基于两种不同晶型结构 PbO_2 的这些电化学动力学的差异，可以得出结论，二氧化铅活性物质的能量结构应该由晶体构成，而骨架结构则应该主要由 α-PbO_2 颗粒组成。制造二氧化铅活性物质的工艺过程应该设计成在不同时间段（工序）在极板中形成这两种晶型结构。首先形成 α-PbO_2 物相，构建活性物质的骨架结构，然后在骨架表面形成 β-PbO_2 颗粒，成为能量结构。

二氧化铅生成时所处溶液的 pH 值决定了其 α-PbO_2 和 β-PbO_2 的构成。在溶液 pH 值高于 5.0 的环境中，生成 α-PbO_2。如果溶液 pH 值低于 5.0，则生成 β-PbO_2。

铅酸蓄电池技术经过 150 多年的发展，通过长期的试验摸索，现已经形成了很好工艺参数。生产正极板的原材料包括 $3PbO \cdot PbSO_4 \cdot H_2O$ 和 PbO 或 $4PbO \cdot PbSO_4$ 和 PbO。如果生产极板使用的原材料是 $PbSO_4$，则生产出的电池不能满足标准的循环寿命要求。

第二个重要的工艺要求是在比电池工作电解液密度低得多的电解液中进行化成，这样可以避免极板中形成大量 $PbSO_4$ 而改变所希望的 α-PbO_2 和 β-PbO_2 含量比例。

如果在极板化成期间，碱式硫酸铅（$3PbO \cdot PbSO_4 \cdot H_2O$ 或 $4PbO \cdot PbSO_4$）被氧化成 PbO_2，则固化铅膏孔中的溶液变成中性或弱碱性，活性物质中生成 α-PbO_2。当碱式硫酸铅中的 PbO 全部参加反应之后，$PbSO_4$ 才开始氧化成 PbO_2，活性物质微孔中的溶液逐渐变成酸性，活性物质中生成 β-PbO_2，正极活性物质的能量结构得以构建。

PbSO$_4$ 电化学氧化为 β-PbO$_2$ 的电势比 PbO 氧化为 α-PbO$_2$ 的电势更正（达到数百毫伏）（详见表2.4）。所以，在化成反应期间，当正极板被极化时，碱式硫酸铅中的 PbO 首先被氧化，然后电势上升到 PbSO$_4$ 开始转化为 β-PbO$_2$ 所需的电势值。因此，化成工艺的两个阶段是不同的，分别形成了 α-PbO$_2$ 和 β-PbO$_2$。

为了制造理想性能特点的二氧化铅极板，可以改变下列极板制造工艺参数：

1）固化铅膏成分中含有碱式硫酸铅（3PbO·PbSO$_4$·H$_2$O 或 4PbO·PbSO$_4$）和 PbO；

2）二氧化铅电极化成所使用的 H$_2$SO$_4$ 溶液浓度；

3）化成之前的浸板时间。

通过选用恰当的上述工艺参数，可以生产出具有良好初容量和长循环寿命的二氧化铅活性物质。不同类型的电池应当采用不同的工艺参数。因此，有必要根据电池应用工况或多或少地调整正极板制造工艺。

2.13.6 铅活性物质制备负极板的主要技术要点

铅酸蓄电池负极板的铅活性物质具有类似正极活性物质的结构，包括骨架结构和能量结构[128,129]。

负极活性物质的这两部分结构都由铅颗粒制成。负极板工作期间，这两部分承担不同的功能。因此，它们具有不同的结构，例如，晶体结构和非晶体结构。并且，骨架结构的形成应该早于能量结构。这可以通过使用不同初始原材料作为两类结构的前体来实现。

铅酸蓄电池负极板制造技术经过许多年的发展，现已建立了以 PbO 和 3PbO·PbSO$_4$·H$_2$O 的混合物作为负极活性物质初始材料的生产技术。根据最初使用的化合物及其衍生物在化成反应中还原成铅的电势不同，负极活性物质在 H$_2$SO$_4$ 溶液中的化成过程分为两个阶段。表2.12[10] 给出了各种二价铅化合物还原成铅的电化学反应以及这些反应所对应的平衡电势。

表2.12 负极板化成期间发生的电化学反应和化学反应[10]

电化学反应	
PbO + 2e$^-$ + 2H$^+$ = Pb + H$_2$O $\quad$ E_h = 0.248 − 0.059 pH	(2.12)
3PbO·PbSO$_4$·H$_2$O + 8e$^-$ + 6H$^+$ = 4Pb + SO$_4$$^{2-}$ + 4H$_2$O $\quad$ E_h = 0.030 − 0.044 pH − 0.007lg$a_{SO_4^{2-}}$	(2.11)
PbO·PbSO$_4$ + 4e$^-$ + 2H$^+$ = 2Pb + SO$_4$$^{2-}$ + H$_2$O $\quad$ E_h = −0.113 − 0.029 pH − 0.015lg$a_{SO_4^{2-}}$	(2.10)
PbSO$_4$ + 2e$^-$ = Pb + SO$_4$$^{2-}$ $\quad$ E_h = −0.356 − 0.029lg$a_{SO_4^{2-}}$	(2.1)
PbSO$_4$ + 2e$^-$ + H$^+$ = Pb + HSO$_4$$^-$ $\quad$ E_h = −0.300 − 0.029 pH − 0.029lg$a_{HSO_4^{2-}}$	(2.9)
2H$^+$ + 2e$^-$ = H$_2$ $\quad$ E_h = −0.059 pH − 0.029lgp_{H_2}	(2.24)
化学反应	
PbO + H$_2$SO$_4$ = PbSO$_4$ + H$_2$O	(2.58)
3PbO·PbSO$_4$·H$_2$O + 3H$_2$SO$_4$ = 4PbSO$_4$ + 4H$_2$O	(2.59)

二氧化铅和三碱式硫酸铅的还原电势比硫酸铅的还原电势更正。而且，在 H_2SO_4 溶液中化成时，也发生 PbO 和 $3PbO \cdot PbSO_4 \cdot H_2O$ 的硫酸盐化反应。由于各物相的还原电势不同，自由的 PbO 和三碱式硫酸铅中的 PbO 被还原，当它们反应耗尽时，电极电势变为更负值，$PbSO_4$ 才开始还原为 Pb。

因此，在固化铅膏中充满了不同 pH 值的硫酸溶液，负极活性物质的化成反应分为两个阶段。第一个化成阶段生成活性物质的铅骨架结构，随后在第二个化成阶段，发生硫酸铅还原成铅的反应，形成铅能量结构[128]。

因此，通过改变固化膏剂的初始组成并选择适当浓度的 H_2SO_4 形成溶液和合适的电极电势，创建条件以形成负极活性物质的两种类型的结构组分。

本书接下来的章节将详细讨论铅酸蓄电池正负极活性物质的工艺过程中涉及的机理。

参 考 文 献

[1] M.A. Dasoyan, I.A. Aguf, Current Theory of Lead-Acid Batteries, 1979, p. 22. Technology, Stonehouse, England.

[2] B.N. Kabanov, S.R. Khim, Istochnikam Toka, 2, NIAI, Leningrad, 1938, p. 41 (in Russian).

[3] A.K. Lorenz, S.R. Khim, Istochnikam Toka, 4, NIAI, Leningrad, 1939, p. 35 (in Russian).

[4] R.A. Robinson, R.H. Stokes, Electrolyte Solutions, second ed., Butterworths, London, 1959.

[5] K.R. Bullock, J. Power Sources 35 (1991) 197.

[6] A.B. Jarrett, S. Vellenga, C.M. Fontana, J. Am. Chem. Soc. 61 (1939) 367.

[7] G. Todd, E. Parry, Nature 202 (1964) 386.

[8] G.L. Clark, W.F. Tyler, J. Am. Chem. Soc. 61 (1939) 58.

[9] U.B. Thomas, Trans. Electrochem. Soc. 94 (1948) 42.

[10] S.C. Barnes, R.T. Mathieson, in: D.H. Collins (Ed.), Batteries 2, Pergamon Press, Oxford, GB, 1965, pp. 41–52.

[11] M. Pourbaix, Atlas D'Equilibres Electrochimiques, Gauthier-Villars, Paris, 1963, p. 485.

[12] P. Ruetschi, R.T. Angstadt, J. Electrochem. Soc. 111 (1964) 1323.

[13] H.S. Harned, W.J. Hamer, J. Am. Chem. Soc. 57 (1935) 27.

[14] D.N. Craig, G.W. Vinal, J. Re. Nat. Bur. Stand 24 (1940) 475.

[15] H. Bode, Electrochem. Soc., in: R.J. Brodd, K. Kordesch (Eds.), Lead-Acid Batteries, John Wiley, New York, USA, 1977, p. 96.

[16] D. Pavlov, C.N. Poulieff, E. Klaja, N. Iordanov, J. Electrochem. Soc. 116 (1969) 316.

[17] D. Pavlov, Electrochim. Acta 23 (1978) 845.

[18] D. Pavlov, N. Iordanov, J. Electrochem. Soc. 117 (1970) 1103.

[19] D. Pavlov, S. Ruevski, Electrochem. Power sources (1975) 69. Praha ZARI, CSSR.

[20] D. Berndt, in: H.A. Kiehne (Ed.), Batterien, Band 57, Elektrotechnik, Expert Verlag, Markt und Technik, 1980, p. 29.

[21] G. Archdale, J.A. Harrison, J. Electroanal. Chem. 34 (1972) 21.

[22] D. Pavlov, Ber. Bunsenges. Phys. Chem. 71 (1967) 398.

[23] D. Pavlov, Electrochim. Acta 13 (1968) 2051.

[24] D. Pavlov, R. Popova, Electrochim. Acta 15 (1970) 1483.

[25] P. Ruetschi, J. Electrochem. Soc. 120 (1973) 331.

[26] D. Pavlov, in: B.D. McNicol, D.A.J. Rand (Eds.), Power Sources for Electric Vehicles, Elsevier, Amsterdam, 1984, p. 162.

[27] J.O.'M. Bockris, S. Srinivasan, Electrochim. Acta 9 (1964) 31.

[28] Y.M. Kolotyrkin, Trans. Faraday Soc. 55 (1959) 455.

[29] J.P. Carr, N.A. Hampson, S.N. Holley, R. Taylor, J. Electroanal. Chem. 32 (1971) 345.
[30] B.R. Wells, M.W. Roberts, in: Proc. Chem. Soc., 1964, p. 173. London, UK.
[31] M.W. Roberts, N.J. Young, Trans. Faraday Soc. 66 (1970) 2636.
[32] E.G. Yampol'skaya, B. Edene, M.I. Martinova, U.A. Smirnova, Z. Prikl, Khimii (Sov. J. Appl. Chem.) 49 (1976) 2421 (in Russian).
[33] I.A. Aguf, M.A. Dasoyan, Z. Prikl, Khimii (J. Appl. Chem.) 32 (1959) 2022 (in Russian).
[34] B.A. Thompson, R.L. Strong, J. Phys. Chem. 67 (1963) 594.
[35] D. Pavlov, S. Ruevski, B.A.S. CLEPS −, Lead-Acid Annual Report 1977, Bulgaria, Sofia, 1977.
[36] J.S. Anderson, M. Sterns, J. Inorg. Nucl. Chem. 11 (1959) 272.
[37] R. Roy, Bull. Soc. Chim. Fr. 113 (1965) 1065.
[38] E.M. Otto, J. Electrochem. Soc. 113 (1965) 525.
[39] F. Lappe, J. Phys. Chem. Solids 23 (1962) 1563.
[40] V.A. Izvoztchikov, Sov. Phys. Solid State 3 (1961), 2060; 3229.
[41] V.A. Izvoztchikov, Sov. Phys. Solid State 4 (1962) 2014.
[42] V.A. Izvoztchikov, Sov. Phys. Solid State 4 (1962) 2747.
[43] J. van den Broek, Philips Res. Rep. 22 (1967) 36.
[44] D. Pavlov, S. Zanova, G. Papazov, J. Electrochem. Soc. 124 (1977) 1522.
[45] S. Fletcher, D.B. Matthews, J. Electroanal. Chem. 126 (1981) 131.
[46] K.L. Hardcl, A.J. Bard, J. Elcctrochcm. Soc. 124 (1977) 215.
[47] R.G. Barradas, D.S. Nadezhdin, J.B. Webb, A.P. Roth, D.F. Williams, J. Electroanal. Chem. 126 (1981) 273.
[48] D. Pavlov, B. Monahov, B.A.S. CLEPS −, Lead-Acid Annual Report 1981, Bulgaria, Sofia, 1981.
[49] D. Pavlov, J. Electroanal. Chem. 118 (1981) 167.
[50] E.M. Valeriote, L.D. Gallop, J. Electrochem. Soc. 124 (1977) 370−380.
[51] R.N. O'Brien, J. Electrochem. Soc. 124 (1977) 96.
[52] D. Pavlov, Z. Dinev, J. Electrochem. Soc. 127 (1980) 855.
[53] M. Skyllas-Kazakos, J. Electrochem. Soc. 128 (1981) 817.
[54] N. Kameyama, T. Fukumoto, J. Soc. Him. Ind. Jpn. 49 (1946) 1946.
[55] A.I. Zaslavskii, D. Yu, S.S. Kondrashov, Talkachev, Dokl. Akad. Nauk. SSSR 75 (1950) 559.
[56] H. Bode, E. Voss, Z. Elektrochem 60 (1956) 1053.
[57] N.E. Bagshaw, R.L. Clarke, B. Halliwell, J. Appl. Chem. 16 (1966) 180.
[58] M.A. Dasoyan, I.A. Aguf, Current Theory of Lead-Acid Batteries, 1979, p. 115. Technology, Stonehouse, England.
[59] L. Pauling, J.H. Sturdivant, Z. Kristallchem. 68 (1929) 239.
[60] W. Mindt, J. Electrochem. Soc. 116 (1969) 1076.
[61] A.I. Zaslavskii, S.S. Talkachev, Sov. J. Phys. Chem. 26 (1952) 743.
[62] S.J. Bone, M. Fleischmann, Direct Current 6 (1961) 53.
[63] J. Burbank, NRL Report 6345, 1964. Washington.
[64] C.W. Fleischmann, J. Electrochem. Soc. 127 (1980) 664.
[65] H. Bode, N. Panesar, E. Voss, Chem. Ing. Tech. 41 (1969) 878.
[66] K. Micka, M. Svata, V. Koudelka, J. Power Sources 4 (1979) 43.
[67] D. Kordes, Chem. Ing. Tech. 38 (1966) 638.
[68] S.M. Caulder, A.C. Simon, J. Electrochem. Soc. 121 (1974) 1546.
[69] P. Reinhardt, M. Vogt, K. Wiesener, J. Power Sources 1 (1976) 127.
[70] D. Handtmann, K. Reuter, Bosch Techn. Ber. 2 (1967) 3.
[71] J. Burbank, J. Electrochem. Soc. 106 (1959) 396.
[72] J. Bystrom, Ark. Kemi. Mineral. Geol. 20A (1945). No. 11.
[73] T. Katz, Ann. Chim. (Paris) 5 (1950) 5.
[74] G. Butler, J.L. Copp, J. Chem Soc. (1956) 725.
[75] A. Kittel, de Beitraege zum Mechanismus der Elektrischen Leitung in PbO_2 and Se (Ph.D. thesis), CSSR, Prague, 1944.
[76] U.B. Thomas, J. Electrochem. Soc. 94 (1948) 42.
[77] I.P. Shapiro, Opt. I Spektrosk. 4 (1958) 256.

[78] I.I. Astakhov, I.G. Kiselova, B.N. Kabanov, Dokl. Akad. Nauk. SSSR 126 (1959) 1041.

[79] V.H. Dodson, J. Electrochem. Soc. 108 (1961) 401−406.

[80] S. Ikari, S. Yoshizawa, S. Okada, J. Electrochem. Soc. Jpn. 27 (1959) E186−E189. E223, E247.

[81] P. Chartier, Ber. Bunsenges. Phys. Chem. 68 (1964) 404.

[82] E. Voss, J. Freundlich, Batteries, in: D.H. Collins (Ed.), Pergamon Press, Oxford, 1967, p. 73.

[83] W.H. Beck, R. Lind, W.F.K. Wynne Jones, Trans. Faraday Soc. 50 (1954) 136.

[84] P. Ruetschi, R.I. Angstadt, B.D. Cahan, J. Electrochem. Soc. 106 (1959) 547.

[85] R.T. Angstadt, C.J. Venuto, P. Ruetschi, J. Electrochem. Soc. 109 (1962) 177.

[86] I.G. Kiselova, B.N. Kabanov, Dokl. Akad. Nauk. SSSR 122 (1958) 1042.

[87] S.M. Caulder, J.S. Murday, A.C. Simon, J. Electrochem. Soc. 120 (1973) 1515.

[88] R.J. Hill, A.M. Jessel, I.C. Madsen, Advances in lead-acid batteries, Proc., vol. 84−14, in: K.R. Bullock, D. Pavlov (Eds.), The Electrochem. Soc., Pennigton, NJ, 1984, p. 44.

[89] R.J. Hill, I.C. Madsen, J. Electrochem. Soc. 131 (1984) 1486.

[90] P. Boher, P. Garnier, J.R. Gavarri, J. Solid State Chem. 52 (1984) 146.

[91] P. Boher, P. Garnier, J.R. Gavarri, D. Weigel, J. Solid State Chem. 55 (1984) 54.

[92] D. Pavlov, I. Balkanov, T. Halachev, P. Rachev, J. Electrochem. Soc. 136 (1989) 3189.

[93] D. Pavlov, J. Electrochem. Soc. 139 (1992) 3075.

[94] D. Pavlov, I. Balkanov, J. Electrochem. Soc. 139 (1992) 1830.

[95] J.W. Mellor, A Comprehensive Treatise on Inorganic and Theoretical Chemistry, vol. 7, Longmans, London, 1960, p. 685.

[96] G. Grube, Zeit. Elektrochem. 28 (1922) 278.

[97] D. Pavlov, I. Balkanov, P. Rachev, J. Electrochem. Soc. 134 (1987) 2390.

[98] D. Berndt, Maintenance-Free Batteries, Research Studies Press Ltd., Taunton, UK, 1993, p. p.95.

[99] K. Feter, Elektrokhimicheskaya Kinetica, 1967, p. 646. Khimia, Moscow.

[100] P. Jones, R. Lind, W.F.K. Wynne-Jones, Trans. Faraday Soc. 50 (1954) 972.

[101] G.A. Kokarev, H.G. Bakhchisaraits'yan, V.V. Panteleeva, Tr. Mosk. Khim. Inst. 54 (1967) 161.

[102] J.E. Puzey, R. Taylor, in: D.H. Collins (Ed.), Batteries 2, Pergamon Press, Oxford, 1965, p. 29.

[103] I.A. Aguf, M.A. Dasoyan, S.R. Khim, Istochnikam Toka, 4, 1969, p. 93.

[104] S.O. Izidinov, E.H. Rahmatulina, Elektrokhim 8 (1972) 864.

[105] P. Ruetschi, J. Ockerman, R. Amlie, J. Electrochem. Soc. 107 (1960) 325.

[106] B.N. Kabanov, E.S. Weisberg, I.L. Romanova, E.V. Krivolapova, Electrochim. Acta 9 (1964) 1197.

[107] W. Feitknecht, A. Gaumann, J. Chim. Phys. 49 (1952) 135.

[108] S. Trasatti, J. Electroanal. Chem. 182 (1985) 125.

[109] B. Monahov, D. Pavlov, J. Appl. Electrochem. 23 (1993) 1244.

[110] G. Kassner, Arch. Pharm. 228 (1890) 177.

[111] D. Pavlov, B. Monahov, J. Electrochem. Soc. 143 (1996) 3616.

[112] R. Amadelli, A. Maldotti, F.I. Danilov, A.B. Velichenko, J. Electroanal. Chem. 534 (2002) 1.

[113] J. Cao, H. Zhao, F. Cao, J. Zhang, Electrochim. Acta 52 (2007) 7870.

[114] D. Pavlov, Discharge processes in lead-acid battery positive plates, in: L.J. Pearce (Ed.), Power Sources − 11, 15th Intl. Symposium, Brighton 1986, Pergamon Press, London, 1987, p. 165.

[115] P. Atkins, J. de Paula, Atkins Physical Chemistry, eighth ed., Oxford University Press, 2006, p. 1064.

[116] D. Pavlov, M. Boton, M. Sotyanova, Bull. Inst. Chim. Phys. BAS 5 (1965) 55.

[117] D. Pavlov, T. Rogachev, Werkst. Korros 19 (1968) 677.

[118] D. Pavlov, T. Rogachev, Electrochim. Acta 23 (1978) 1237.

[119] N.J. Maskalick, J. Electrochem. Soc. 122 (1975) 20.

[120] J.L. Weininger, E.G. Siwek, J. Electrochem. Soc. 123 (1976) 602.

[121] E.M.L. Valeriote, J. Electrochem. Soc. 128 (1981) 1423.

[122] I.I. Astakhov, E.S. Vaisberg, B.N. Kabanov, Dokl. Akad. Nauk. SSSR 154 (1964) 1414.

[123] D. Pavlov, T. Rogachev, Electrochim. Acta 31 (1986) 241.

[124] K.R. Bullock, M.A. Butler, J. Electrochem. Soc. 133 (1986) 1086.

[125] A.C. Loyns, in: J. Garche (Ed.), Encyclopedia of Electrochemical Power Sources, vol. 4, Elsevier B.V., 2010, p. 750.

[126] E. Meissner, in: J. Garche (Ed.), Encyclopedia of Electrochemical Power Sources, vol. 4, Elsevier B.V., 2010, p. 829.
[127] D. Pavlov, E. Bashtavelova, J. Electrochem. Soc. 133 (1986) 241.
[128] D. Pavlov, V. Iliev, J. Power Sources 7 (1981) 153.
[129] V. Iliev, D. Pavlov, The effect of the expander upon the two types of negative active mass structure in lead-acid batteries, J. Appl. Electrochem. 15 (1985) 39.

第2部分　铅酸蓄电池生产用原材料

第3章　H_2SO_4 电解液——铅酸蓄电池的一种活性物质

3.1　电池行业中作为电解液使用的硫酸溶液

硫酸是铅酸蓄电池的三种活性物质之一，它参与电能的生成和积累过程。硫酸是化学工业的塔顶产品之一，是一种清澈、无色无味、具有黏性的油状液体，其密度为1.84kg/L。浓硫酸是一种共沸混合物，含有98.3%的 H_2SO_4 和1.7%的 H_2O，它是在383℃温度下通过稀硫酸蒸馏而制成的。硫酸与水完全混溶，并放出大量热量，也就是说，硫酸溶解是剧烈放热的。所以，稀释硫酸时只能将硫酸加入水中，并不断搅拌。

表3.1汇总了分别以质量分数（wt%）、密度（kg/L）、摩尔浓度（mol/L）表示的各种浓度的硫酸水溶液，以及硫酸密度的温度系数[1]。表中也标识了铅酸蓄电池所使用硫酸的浓度区间。使用高于或低于电池工作浓度范围（电池用酸范围）的硫酸溶液，会导致电池性能下降。

表 3.1　硫酸浓度之间的相互关系[1]

质量分数（wt%）	密度/（kg/L）			质量摩尔浓度/（mol/kg）	摩尔浓度/（mol/L）			密度的温度系数/[10^{-3}kg/(L℃)]
	0℃	25℃	50℃		0℃	25℃	50℃	
0	0.9998	0.9970₈	0.9980₇	0	0	0	0	0.236
2	1.0147	1.0104	1.0006	0.208	0.2069	0.2060	0.2040	0.282
4	1.0291	1.0234	1.0129	0.425	0.4197	0.4174	0.4131	0.324
6	1.0437	1.0367	1.0256	0.651	0.6385	0.6342	0.6274	0.362
8	1.0585	1.0502	1.0386	0.887	0.8634	0.8566	0.8472	0.398

电池使用硫酸的浓度范围

105

（续）

质量分数 （wt%）	密度/ （kg/L）			质量摩尔 浓度/ （mol/kg）	摩尔浓度/ （mol/L）			密度的温度 系数/ [10^{-3}kg/（L℃）]
	0℃	25℃	50℃		0℃	25℃	50℃	
10	1.0735	1.0640	1.0517	1.133	1.0945	1.0849	1.0723	0.436
12	1.0986	1.0780	1.0651	1.390	1.3319	1.3190	1.3032	0.470
14	1.1039	1.0922	1.0788	1.660	1.5758	1.5590	1.5399	0.502
16	1.1194	1.1067	1.0927	1.942	1.8261	1.8054	1.7825	0.534
18	1.1351	1.1215	1.1070	2.238	2.0832	2.0583	2.0317	0.562
20	1.1510	1.1365	1.1215	2.549	2.3471	2.3175	2.2870	0.590
22	1.1670	1.1517	1.1362	2.875	2.6177	2.5834	2.5485	0.615
24	1.1832	1.1672	1.1512	3.220	2.8953	2.8562	2.8170	0.640
26	1.1996	1.1829	1.1665	3.582	3.1801	3.1358	3.0929	0.662
28	1.2160	1.1989	1.1820	3.965	3.4715	3.4227	3.3745	0.680
30	1.2326	1.2150	1.1977	4.370	3.7703	3.7164	3.6635	0.698
32	1.2493	1.2314	1.2137	4.798	4.0761	4.0177	3.9600	0.712
34	1.2661	1.2479	1.2300	5.252	4.3891	4.3260	4.2640	0.722
36	1.2831	1.2647	1.2466	5.735	4.7097	4.6422	4.5757	0.730
38	1.3004	1.2818	1.2635	6.249	5.0384	4.9663	4.8954	0.738
40	1.3179	1.2991	1.2806	6.797	5.3749	5.2982	5.2228	0.746
42	1.3357	1.3167	1.2981	7.383	5.7199	5.6385	5.5589	0.752
44	1.3538	1.3346	1.3160	8.011	6.0735	5.9873	5.9039	0.756
46	1.3724	1.3530	1.3343	8.685	6.4368	6.3458	6.2581	0.762
48	1.3915	1.3719	1.3528	9.412	6.8101	6.7142	6.6207	0.774
50	1.4110	1.3911	1.3719	10.196	7.1933	7.0918	6.9939	0.782
55	1.4619	1.4412	1.4214	12.462	8.1980	8.0820	7.9709	0.810
60	1.5154	1.4940	1.4735	15.294	9.2706	9.1397	9.0143	0.839

注：其中"电池使用硫酸的浓度范围"标注位于质量分数 28~36 之间。

　　直到近期，电池专家们才使用比重（s. g.）这一术语表示硫酸浓度。该术语表示在给定温度下以 g/cm^3 为单位的硫酸溶液密度与该温度下水的密度之间的比值。最初，采用 4℃时水的密度最大值为水的参考密度。现在，出于简化的目的，采用 15℃或 25℃时水的密度为参考密度。几年前，在国际理论和应用化学联合会的化学术语汇编（IUPAC Compendium of Chemical Terminology）中，使用"相对密度"（r. d.）取代"比重"这一术语。

　　图 3.1 表明了 25℃下以 g/L 表示的硫酸数量与 H$_2$SO$_4$ 相对密度之间的相互关系[2]。相对密度表示两个密度之间的比值，是一个不可测量的单位。图中也给出了硫酸溶液相对密度的温度系数。某一给定硫酸溶液的相对密度乘以相应的温度系数，可得到该温度下 H$_2$SO$_4$ 溶液的相对密度。图 3.1 也展示了由 Barak 总结得出的三类铅酸蓄电池（起动型、动力型和固定型）正常工作时的硫酸溶液浓度范围，包括充电态和放电态[2]。

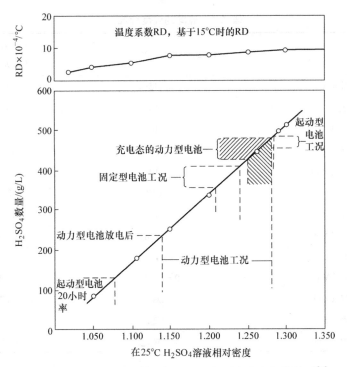

图 3.1　在 25℃ H₂SO₄ 数量与 H₂SO₄ 相对密度之间的关系[2]

注：RD 为相对密度的温度系数。

3.2　铅酸蓄电池所用 H₂SO₄ 的纯度

　　铅酸蓄电池是一种精妙的电化学体系。在该体系中，涉及铅的生成电流的电化学反应与水分解的电化学反应相互竞争。一些杂质通过加快水分解反应对上述竞争关系产生强烈影响，甚至，有可能对电池性能有决定性的影响。因此，用于制造电池的硫酸溶液应达到明确的纯度等级。硫酸溶液所允许的杂质最大含量汇总于表 3.2。该表提供了美国联邦标准 O-S801-b-4.14.65 和英国标准技术规范 BS 3031.1972 收录的最重要杂质的相关数据[2]。

　　下列杂质也对电池性能有严重的影响：

　　1）多价离子（Fe^{2+}/Fe^{3+}、Cu^+/Cu^{2+}、Cr^{3+}/Cr^{5+} 等），它们的化合价在两个电极处发生变化，从而加快电池自放电反应；

　　2）所有的贵金属，它们都会降低氢气和氧气析出的超电势，因而降低了充电效率，并加快了电池自放电；

　　3）氧化剂，如 ClO_3^-、ClO_4^- 和 NO_3^-，它们在低硫酸浓度下生成可溶盐，这会引起正极活性物质和负极活性物质的解体。

表 3.2　硫酸的纯度标况[2]

	BS 3031 Ref. 1. 215 SG/20℃	US O-S801-b（最大 . wt%）
固定残渣	0.015%	0.075
氯（Cl）	7×10^{-6}	0.004
二氧化硫（SO_2）	5×10^{-6}	0.0015
氮铵（NH_4）	50×10^{-6}	0.0004
氮氧化物	5×10^{-6}	0.0002
铁（Fe）	12×10^{-6}	0.003
砷（As）	2×10^{-6}	0.00004
锑（Sb）	未规定	0.00004
铜（Cu）	7×10^{-6}	0.0025
锰（Mn）	0.4×10^{-6}	0.000007
锌（Zn）	未规定	0.0015
硒（Se）	未规定	0.0007
镍（Ni）	未规定	0.00004

　　Bode 对上述因素进行了解释，并给出了一个更为详尽的杂质目录，其中包括各杂质的最大允许含量值[1]。这些数据列于表 3.3 中。

　　配制电解液应使用经过蒸馏或去矿物化的水，其电导率应小于 10^{-5} S/cm，并且 pH 值介于 5 和 7 之间。氯、氮和硫化物，以及随 H_2S 或（NH_4）$_2$S 沉淀的金属离子的含量均应低于任何分析技术所能探测到的数值。蒸发 1L 水的沉淀残余应少于 100mg（100×10^{-6}），并且，当用高锰酸钾处理时，所反应的杂质数量应低于 20mg/L[1]。

表 3.3　电池用酸的纯度要求[1]

杂质	最大值/（mg/L）		
	VDE 0510	Fed. Spec. SO-801	
硫酸密度	1. 17 ~ 1. 30kg/L	1. 40kg/L	1. 28kg/L
铂	0.05	(—)①	(—)
铜	0.5	30	50
H_2S 族的其他金属			
单一	1	0.5	0.5
总量	2	(—)	5
铬，锰，钛，单一	0.2	1	0.2

（续）

杂质	最大值/(mg/L)		
	VDE 0510	Fed. Spec. SO-801	
铁	30	30	120
硫化铵的其他金属			
硫化组			
单一	1	(—)	(—)
总量	2	(—)	(—)
卤素，总计	5	0.5	120
氮，如 NH₃	50	5	60
结合形式的氮	10	3	(—)
SO₂ 或 H₂S	20	(—)	(—)
发挥性有机酸：醋酸	20	(—)	(—)
高锰酸钾	30	(—)	(—)
700 ~ 800℃ 的灼烧残渣	250	150	(—)

① 未规定。

3.3　硫酸的离解

硫酸溶于水后，分两级进行离解。硫酸的第一级离解方程式为

$$H_2SO_4 \leftrightharpoons H^+ + HSO_4^- \tag{3.1}$$

第一级离解常数等于

$$k_1 = (a_{H^+} \cdot a_{HSO_4^-})/a_{H_2SO_4} \approx 10^3 \tag{3. E1}$$

Young 通过实验确定了 k_1 的值[3]。因此，硫酸的第一级离解表现为强酸，在该离解平衡状态下，溶液中含有非常少量的未离解 H_2SO_4。

硫酸的第二级离解方程式为

$$HSO_4^- \leftrightharpoons H^+ + SO_4^{2-} \tag{3.2}$$

第二级离解常数 $k_2 \approx 1.02 \times 10^{-2}$ [4,5]。该值表明硫酸的第二级离解不彻底，其表现类似弱酸。实验已经确定，k_2 在 25 ~ 175℃ 的温度区间内的温度系数，可用下列方程式表示[4]：

$$\lg k_2 = 5.162 - 509/T - 0.01826T \tag{3. E2}$$

图 3.2 展示了硫酸离解产生的 HSO_4^- 和 SO_4^{2-} 的浓度与 H_2SO_4 浓度的关系[3,5-8]。在电池用硫酸的浓度区间内，溶液中主要含有 HSO_4^- 离子和少量的 SO_4^{2-} 离子，以及未离解的 H_2SO_4。显然，电池充电和放电期间的电化学反应主要涉

HSO$_4^-$ 离子。

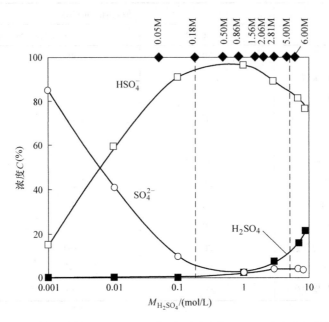

图 3.2　硫酸离解形成的 HSO$_4^-$ 和 SO$_4^{2-}$ 离子浓度与 H$_2$SO$_4$ 浓度之间的关系[8]

3.4　H$_2$SO$_4$ 溶液的电导率

硫酸的第一级离解度高，维持了溶液的高 H$^+$ 离子浓度。在硫酸溶液中，H$^+$ 离子的淌度（移动性）是其他离子的数倍。这保证了电池中硫酸电解液的高电导率，任何电源都要求电解液具有高电导率。

硫酸溶液的比电阻（电阻率）是决定铅酸蓄电池内阻和功率的基本参数之一。当内阻高时，电池自身消耗了大量能量，也就是能量以热的形式损失。当有电流通过时，电池内阻取决于电解液浓度和温度。比电阻（电阻率）是表征给定材料电阻的量。它是单位横截面积和单位长度的导体的电阻，计量单位是欧姆·厘米（Ω·cm）。电阻率是材料的一个固有特性，其大小受温度影响。

图 3.3 展示了不同温度下，硫酸溶液的比电阻（电阻率）随着硫酸浓度的变化而变化[2]。图中标识出了铅酸蓄电池工作用酸的浓度范围。从图中可以看出，在该浓度范围内，比电阻出现最小值。当 $C_{H_2SO_4}$ 降低至 1.10 以下或者 $C_{H_2SO_4}$ 升高到 1.30 以上时，硫酸比电阻都会增加。当温度降到 0℃ 以下时，硫酸溶液的比电阻快速增加，电池功率和能量都有损失。在 0 ~ 50℃ 的温度范围内，硫酸电阻足够低。不过，即使在更低的温度下，电池也能够释放足够电流来起动发动机。

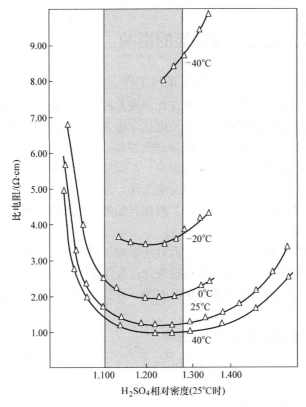

图 3.3　H₂SO₄ 溶液的比电阻（电阻率）随其浓度和温度的变化关系[2]

表 3.4 给出了不同浓度硫酸溶液的比电导率和等效电导率的数据，分别以不同单位表示[2]。

表 3.4　硫酸│水体系的比电导率和等效电导率与其质量分数和密度的变化关系（25℃时）[1]

质量分数（100wt%）	密度 d/(kg/L)	比电导率 $10^2 \nu$/(S/m)	等效电导率 $10^{-4} \Lambda_{aq}$/[m²/(Ω·mol)]
3.929	1.0229	0.1772	432.6
7.000	1.0434	0.3081	413.7
10.000	1.0640	0.4261	392.8
14.56	1.0962	0.5859	360.0
19.80	1.1351	0.7169	312.9
25.31	1.1774	0.7983	262.8
29.47	1.2107	0.8253	226.9
34.28	1.2503	0.8187	187.3
39.10	1.2913	0.7812	151.7
43.94	1.3340	0.7144	119.5
48.71	1.3787	0.6399	93.46
53.48	1.4258	0.5552	71.41
58.35	1.4762	0.4709	53.62

3.5 温度对铅酸蓄电池性能的影响

铅酸蓄电池可以在很宽的温度范围内工作，低至 H_2SO_4 水溶液的冰点，高至接近电解液沸腾的温度。铅酸蓄电池在此温度范围内工作时，不需要任何特殊的温度控制。这是铅酸蓄电池超过所有其他电化学电源的巨大优势。但是这并不意味着所有类型的铅酸蓄电池工作时都不需要温度控制。

温度对铅酸蓄电池失水有很强的影响，不同的电池类型会有所不同。富液式铅酸蓄电池可以在整个工作温度范围内安全工作，而无需温度控制。而阀控式铅酸蓄电池则不能应对高温引起的严重失水。阀控式铅酸蓄电池在高温运行时，必须严格控制电池内的温度，以避免热失控。

温度不仅影响电化学反应速率，而且还影响正极板腐蚀过程，影响正负极板上活性物质的软化和脱落，影响负极板硫酸化过程等。

铅酸蓄电池发生的一些现象与温度有关，并且可能会限制电池的使用寿命，这将在本章中进一步讨论。

3.5.1 温度对铅酸蓄电池水损耗的影响

图 3.4 展示了随着温度上升，H_2SO_4 溶液的蒸气压与 H_2SO_4 溶液浓度的变化关系[9]。

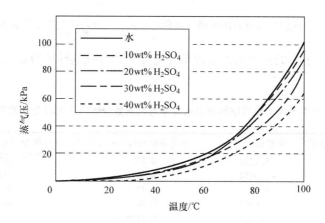

图 3.4 H_2SO_4 溶液蒸气压随温度的变化[9]

H_2SO_4 溶液的蒸气压取决于溶液浓度和温度。随着 H_2SO_4 溶液浓度的增加，H_2SO_4 溶液的蒸气压减小。相反，随着 H_2SO_4 溶液温度升高，其蒸气压增大。在高于50℃时的温度区间内，H_2SO_4 溶液的蒸气压呈指数增大。这种相关性是因为电池在高温下快速失水。

温度也影响水分解电化学反应的反应速率：

$$正极板：H_2O \longrightarrow O + 2H^+ + 2e^-$$

$$负极板：2H^+ + 2e^- \longrightarrow H_2$$

在高温和恒压条件下，水分解的电流增大，因此水损失增加。这是因为在高温条件下氢气和氧气析出的过电势更低。因此，通过改变蒸气压和水分解电化学反应的反应速率，温度可影响电池失水。

3.5.2 低温条件下 H₂SO₄ 溶液的特性

图 3.5 显示 H₂SO₄ 溶液的凝固温度随着 H₂SO₄ 浓度的变化情况[9]。

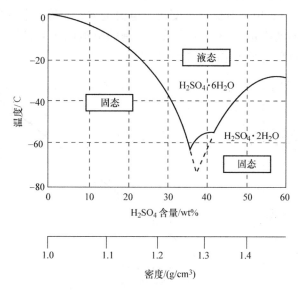

图 3.5 H₂SO₄│H₂O 体系的固化温度随 H₂SO₄ 浓度的变化情况⊖[9]

对于溶液浓度从 0℃（H₂O）增加到含有 36% 的 H₂SO₄，H₂SO₄ 溶液的固化温度从 0℃（H₂O 的冰点）降低到 –60℃，然后随着溶液浓度增加到 60%，固化温度又提高到 –28℃。在浓度为 35% 到 42% 的区间内，溶液中生成的固相物质是 H₂SO₄·6H₂O；当溶液浓度高于 42% 时，溶液中的固相物质是 H₂SO₄·2H₂O。

铅酸蓄电池放电期间，电池内电解液浓度降低。因此，H₂SO₄ 溶液的凝固点取决于电池的荷电状态（SOC）。对于使用相对密度为 1.28 的电解液且充满电的电池，其电解液的凝固点约为 –50℃。电池放电时，H₂SO₄ 溶液浓度降低到相对密度为 1.15，其凝固点约为 –15℃（见图 3.5）。因此，电解液浓度的变化引起电解液

⊖ 原书图中右下角 H₂SO₄·4H₂O，有误，应为 H₂SO₄·2H₂O。——译者注

凝固点上升，引起电解液和活性物质孔中出现结冰现象。这样，电解液的导电能力受损，电池无法输出功率和能量。

在确定电池的额定功率和额定容量时，设计过程中应考虑电池在零度以下和较低 SOC 条件下运行时电解液凝固点会发生上述变化。

3.6 电解液浓度对铅酸蓄电池电动势以及充电电压的影响

根据热力学第三定律，Duisman 和 Giauque 计算了在硫酸摩尔浓度为 0.1 ~ 14M 的区间内，电池电动势随着硫酸摩尔浓度变化的函数关系[11]。经过一段时间的静置（一般几个小时），电池开路电压变得与电池电动势相等，此时的开路电压由电池中的酸浓度和温度决定。图 3.6 展示了实测的电池电压和计算的电池电压随着 H_2SO_4 相对密度的变化而变化的函数关系[10-15]。

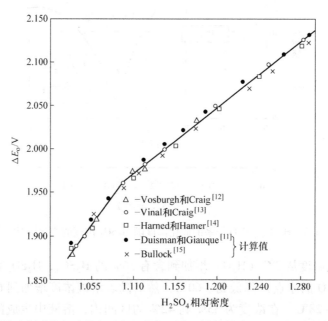

图 3.6 不同作者报道的铅酸蓄电池电压的实测值和计算值随 H_2SO_4 相对密度的变化情况

在硫酸相对密度为 1.10 ~ 1.28 的范围内，电池开路电压随着硫酸浓度的增加而线性升高。基于该变化关系可得到一个实用的公式，通过测量电池开路电压 ΔE，用来简单确定硫酸溶液密度 d：

$$d = \Delta E - 0.845 \text{（相对密度）} \tag{3.E3}$$

当电池达到稳定状态，并且电池中不存在硫酸溶液浓度或者温度梯度的情况下，电池开路电压等于电动势。此时，上述公式是正确的。完全充电的动力型和

SLI 型电池的电解液相对密度一般为 1.28。根据图 3.6 中的数据，该硫酸溶液相对密度所对应的电池电动势为 2.125V。

由于充电的电化学反应发生在两个电极，因此加载到电池的外部电压 U_{ch}，应该高于给定浓度下的电池电动势 ΔE。这两个电压之间的差值被称为电池极化 ΔU_p。

$$U_{ch} = \Delta E + \Delta U_p \tag{3. E4}$$

ΔE 是 H₂SO₄ 浓度的函数，其值随电池荷电状态的增加而增大。在为某一电池类型选择充电电压时，应该考虑这一相互关系。充电电压 U_{ch} 应比完全充电电池的电压高。即，电池完全充电时，ΔU_p 应有 40~80 mV 的电压用来抵消电池内阻，并且维持微弱电池充电以抵消电池自放电。然而，充电电压 U_{ch} 经常受到充电设备限制。如果充电设备最大输出电压低于完全充电电池的电动势，应该降低硫酸电解液浓度，以满足充电状态下的 $\Delta U_p > 40mV$。

以 IT 行业使用的铅酸蓄电池举例说明上述相互关系。使用相对密度在 1.15~1.33 之间的 6 种不同浓度的硫酸溶液组装成电池（富液式）[16]。在测定初期容量之后，以 4 小时率电流对电池进行放电循环。图 3.7 展示了在充电 30min 后的开路状态下（▲），随后放电 30min 后的开路状态下（◆），以及放电 5min 时（□）分别测得的电压的变化情况。图中也标示出通常用于 IT 行业的铅酸蓄电池的充电电压（13.62V）和放电终止电压（10.05V）[16]。

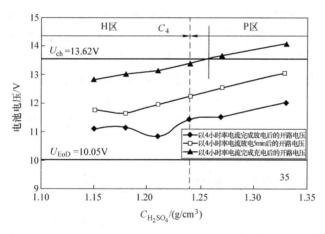

图 3.7　容量受限于正极板的电池经以图中条件后的实测电压随 H₂SO₄ 溶液浓度的变化情况[16]

图 3.7 中的数据表明，在 25℃下，以 13.62V（2.27V/cell）电压对硫酸相对密度高于 1.26 的电池充电，电池不会被完全充电。如果硫酸浓度为 1.28g/cm³，电池可以充电，不过是部分充电，大量 PbSO₄ 仍未反应，即，没有转化为活性物质。极板中这些未反应的 PbSO₄ 会再结晶，极板硫酸盐化。所以电解液相对密度

应保持在 1.26 以下，使电池能完全充电。因此，应根据电池操作规范所标明的充电电压为给定类型电池确定电解液浓度。同样地，电池制造商应根据电池所用电解液浓度标明电池充电电压。

图 3.7 也显示出，电池电压与硫酸浓度的三条关系曲线差不多是平行的。这意味着电池电压取决于放电期间和放电后的硫酸浓度。

3.7 硫酸在电池极群中的分布情况

富液式电池的 H_2SO_4 溶液分布在 "极群" 之间，包括正极板、负极板以及位于这两者中间的隔板，也分布在极群之上的 "电解液储蓄区" 内。VRLAB 的所有电解液都分布在极群中，极群的饱和度达到 96%。在极群内，电解液填充在极板孔和隔板孔之中，也填充在正极板和负极板之间的空间。电解液体积影响电池容量，这是由正极板和负极板发生的反应决定的：

$$PbO_2 + 3H^+ + 2e^- + HSO_4^- = PbSO_4 + 2H_2O \qquad (3.3)$$

$$Pb + HSO_4^- = PbSO_4 + 2e^- + H^+ \qquad (3.4)$$

上述化学式表明，参与正极板放电反应的电解液质量大于负极板放电反应消耗的电解液质量。由于正极板放电反应过程中生成的水稀释了周边的相邻的 H_2SO_4 溶液，所以正极电解液的体积必须比负极电解液体积更大（是负极电解液体积的 1.6 倍）。这可以通过将微孔隔板带棱边的一侧面向正极板的方法来实现。

实验室已经开发出一种特殊的三层隔板用于 VRLAB，这种隔板由一层与负极板接触的薄的 AGM 隔板、一层与正极板接触的厚的 AGM 隔板以及一层居于这两层隔板中间的改性 AGM 薄膜层（MAGM）组成，从而分隔正极和负极[17]。这种隔板设计确保了电池充放电反应均具有更高的可逆性，从而确保了 VRLAB 在循环使用期间的容量。

3.8 铅酸蓄电池活性物质利用率及电池性能

铅酸蓄电池中有 3 种活性物质：Pb、PbO_2 和 H_2SO_4 电解液。可能其中一种，或者其中两种活性物质限制电池放电容量。通常利用率最高的的活性物质限制电池容量。我们认为这一规律对铅酸蓄电池的 3 种活性物质都适用。

了解硫酸利用率 $\eta_{H_2SO_4}$，对电池性能参数的影响是有意义的。为了说明其影响，研究人员进行了下述研究试验[16,18]。分别组装两个系列电池，每个系列各包含 12 块电池。第一系列电池的负极板比正极板多一片，其正极活性物质利用率 $\eta_{PAM} = 50\%$，负极活性物质利用率 $\mu_{NAM} = 37\%$。我们称该系列电池为 P 系列[16]。第二系列的 12 块电池正极板比负极板多一片，其活性物质利用率分别为 $\eta_{PAM}=29\%$，$\eta_{NAM}=45\%$。我们称该系列电池为 N 系列[18]。这些电池均为富液式，分别含有相同体积的相对密度从 1.15 ~ 1.33 的硫酸溶液，共分为 6 种不同浓度。每个系列中各有两块电池添加同一种浓度的硫酸溶液。

　　图 3.8 展示了 P 系列电池和 N 系列电池的硫酸利用率 $\eta_{H_2SO_4}$ 与硫酸电解液浓度的变化关系。

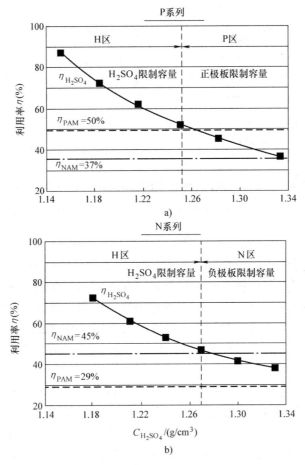

图 3.8　P 系列和 N 系列电池放电期间硫酸利用率随 H_2SO_4 电解液浓度的变化情况[16]

　　当硫酸相对密度低于 1.25（见图 3.8a）和 1.27（见图 3.8b）时，硫酸电解液利用率系数最高。在该酸浓度范围内，H_2SO_4 限制电池容量。我们称该硫酸浓度区间为 H 区。当相对密度 $C_{H_2SO_4}>1.25$（见图 3.8a）时，PAM 利用率系数最高。因此正极板限制电池容量。我们称该硫酸浓度区间为 P 区。当相对密度 $C_{H_2SO_4}>1.27$（见图 3.8b），负极活性物质是容量限制因素，该电解液浓度范围被称为 N 区。电池生产所用的硫酸浓度不同，电池性能有所不同。

电池放电期间消耗硫酸，然后在电池充电期间重新生成硫酸。因为硫酸不像正、负极活性物质那样改变结构，所以与硫酸有关的反应过程是可逆的。

图 3.9 展示了最大初容量（最初的 10 个循环）随（见图 3.9a）硫酸浓度和（见图 3.9b）硫酸利用率的变化而变化的函数关系。试样电池为 H 型和 P 型的 32Ah 电池，也就是电池分别添加 H 区和 P 区浓度的硫酸电解液。

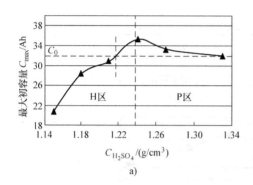 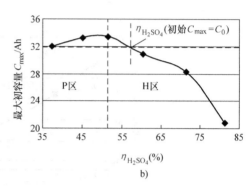

图 3.9　采用 H 区和 P 区浓度 H_2SO_4 溶液的 32Ah 电池最大初容量
（前 10 个循环）随 H_2SO_4 浓度的变化情况[16]

图 3.9 中的数据表明，在 H_2SO_4 浓度从相对密度 1.14 ~ 1.22 （即 $C_{H_2SO_4} <$ 1.22g/cm^3）的范围内，电池初始容量低于额定值并且随着电解液浓度的增加而增加，当电解液浓度达到相对密度为 1.22 时，电池初容量才达到额定容量值。这对应着 57% 的 H_2SO_4 溶液利用率。在 H_2SO_4 浓度区域内，限制电池容量的活性物质是硫酸本身。这就是电池容量随着电解液浓度的增加而增加的原因。我们称这个 H_2SO_4 浓度区为 H 区。即使在 PAM 利用率为 50% 的条件下，硫酸利用率高于 57% 的电池也不能达到其额定容量。

在相对密度高于 1.22 （即 $C_{H_2SO_4} > 1.22$ g/cm^3）的 H_2SO_4 浓度区，称之为 P 区，电解液不是限制电池容量的活性物质，并且电池初容量高于额定容量。电解液浓度达到相对密度为 1.24 时，电池容量达到最大值。然后电解液浓度上升到相对密度为 1.33 时，正极板的容量下降。这些试验结果表明，在相对密度大于 1.24 的电解液浓度条件下，正极板出现了某些现象，引起其容量下降。

图 3.10 展示了 32Ah 电池以 8A （C_4）或 3.2A （C_{10}）放电电流进行充放循环时，电池循环寿命与硫酸浓度之间的相互关系。

当电池实测容量低于其额定容量 C_0 的 70% 时，判定电池寿命终止。采用 H 区酸浓度电解液的电池（H 型电池）比电解液浓度处于 P 区的电池（P 型电池）具有更长的循环寿命[16]。随着 H 区酸浓度 $C_{H_2SO_4}$ 的下降，电池循环寿命增加。这意

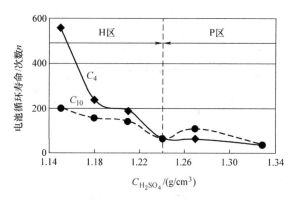

图 3.10　32Ah 电池以 8A（C_4）或 3.2A（C_{10}）放电循环工况下，
电池寿命与 H₂SO₄ 浓度之间的关系[16]

味着在 H 区的较低浓度下，电池充放电期间的反应可逆性和活性物质结构的可逆性得到了增强，电池循环寿命增加。然而，H 区 H₂SO₄ 浓度的稀释电解液中的硫酸数量似乎不足以使电池达到其额定容量（见图 3.9）。或者，在 $C_{H_2SO_4} > 1.22g/cm^3$ 时，在极板中出现的动力学困难（例如离子扩散障碍和晶体生长障碍）限制了电池容量，即，$\eta_{H_2SO_4} : \eta_{PAM} : \eta_{NAM}$ 三者比例是最重要的。

图 3.11 展示了（见图 3.11a）硫酸利用率，（见图 3.11b）实测初容量与额定容量，以及（见图 3.11c）电池循环寿命随硫酸浓度变化的相互关系[18]。$C_{H_2SO_4}$ 处于 H 区（H 型）的电池初容量较低（但高于额定值），但其循环寿命较长，并且硫酸利用率较高。硫酸浓度处于 N 区的电池（N 型电池），硫酸利用率大幅下降，电池初容量更高，但是电池的循环寿命变短。

图 3.11 中的数据证明，电解液浓度一定时，H₂SO₄ 利用率取决于放电电流和 $\eta_{H_2SO_4} : \eta_{PAM} : \eta_{NAM}$ 三者的比例。在 H 区的硫酸浓度下，硫酸溶液的浓度越低，放电电流对硫酸利用率的影响越大。

根据图 3.9 ~ 图 3.11 所展示的实验结果，可得出以下结论。含有 P 区、H 区或 N 区的不同浓度电解液的电池具有不同的循环特性，这表明电池的基元反应存在差异，进而限制了这 3 类电池的容量。为满足技术标准对电池初容量和循环寿命性能的要求，这些电池应具有一定的活性物质利用率，即，$\eta_{H_2SO_4} : \eta_{PAM} : \eta_{NAM}$ 应满足一定的比例关系。

图 3.11 表明，硫酸浓度处于 H 区的所有电池都具有较长的循环寿命，但是其初容量远低于额定容量，也就是说，这种电池的 PAM 和 NAM 过量。

所以，基于以上实验数据，可得出以下通用结论：

1）采用 H 区浓度的硫酸溶液（稀释的硫酸溶液）生产的电池，其充电反应和放电反应的可逆性更高。这是由于 PAM 和 NAM 结构具有良好的可逆性，以及硫酸

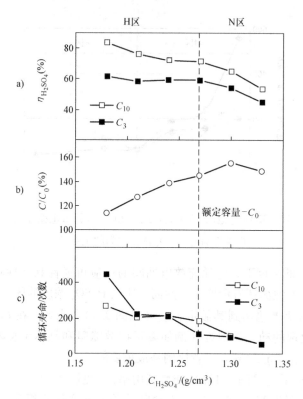

图 3.11　a）H_2SO_4 利用率 b）实测初容量 C/C_0 和

c）循环寿命随 H_2SO_4 浓度的依赖关系[18]

铅晶体的形成和分解过程也具有良好的可逆性，最终使得电池循环寿命更长。因此，在电池设计过程中，H 区浓度可作为设计基准，用来确定另外两种活性物质的用量。

2）选择正极活性物质和负极活性物质的利用率系数时，应保证电池实际容量能够高于其额定容量。这意味着，应保证 $\eta_{H_2SO_4}$：η_{PAM}：η_{NAM} 达到合适的比例，能够确保电池实际放出容量达到其额定容量之后，放电反应才开始受动力学阻碍。

如果按以上规则进行电池设计，则电池实际性能可以达到设计标准要求，3 种活性物质也具有最佳的利用率。

3.9　$PbO_2 \mid PbSO_4$ 电极的电化学活性和硫酸电解液的浓度之间的相互关系

研究了图 3.9 ~ 图 3.11 中的实验数据之后，就会产生一个问题："为什么在相对密度大于 1.24 时，硫酸浓度的增加会引起电池容量和循环寿命的下降？" 为了解

答这个问题，研究人员通过实验，研究了 $PbO_2 | PbSO_4$ 电极的电化学活性对 H_2SO_4 浓度的依赖关系[8,19]。为达到实验目的，使用普朗特的方法，在不同浓度的硫酸溶液中对光滑的 Pb 电极进行充放电循环，制成了 $PbO_2 | PbSO_4$ 电极。经过 1h 或 6h 的循环之后，采用电量测定法，以 1mV/s 的速率对电极进行阴极扫描，测定了被还原的 PbO_2 的数量，所得结果列于图 3.12。

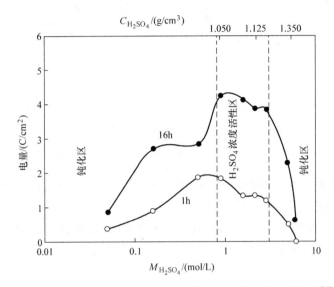

图 3.12　参与还原反应的 PbO_2 数量随 H_2SO_4 浓度的变化情况[8]

根据所得曲线的形状，可分辨出 3 个酸浓度区间：

1）高浓度钝化区：$C_{H_2SO_4} > 5M$ H_2SO_4。硫酸浓度大于 5M（相对密度为 1.28）时，PbO_2 的电化学活性随 H_2SO_4 浓度升高而下降。

2）中等浓度活性区：0.86M（相对密度为 1.05）$< C_{H_2SO_4} < 5M$（相对密度为 1.28）。在这一浓度区内生成的 PbO_2 具有电化学活性。该浓度区是铅酸蓄电池在正常工作时的电解液浓度范围。

3）低浓度钝化区：$C_{H_2SO_4} < 0.86M$（相对密度 1.05）。在该硫酸浓度区所生成 PbO_2 的电化学活性低。并且随着 $C_{H_2SO_4}$ 的下降，其电化学活性进一步降低。

图 3.2 中的数据表明，中等浓度活性区的硫酸经过第一级离解，形成了 H^+ 和 HSO_4^- 离子。图 3.12 表明，在该离解条件下生成的 PbO_2 的电化学活性最高。

那么，在以上硫酸浓度区间内，PbO_2 活性为什么增加呢？

研究人员通过 X-ray 衍射分析，测定了不同硫酸浓度下生成的 PbO_2 层的物相组成。图 3.13 展示了 X-ray 特征衍射峰的面积，表明在 6.0M 和 0.05M 之间的不同硫酸浓度下，经过 1~16h 充放电循环后所形成阳极层的不同晶相组成[8,19]。

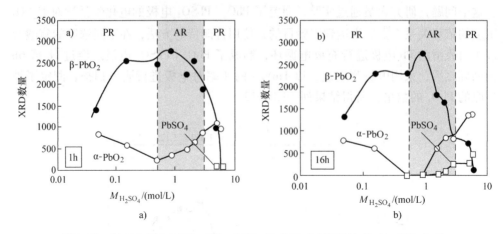

图 3.13　以 100mV/s 速率，700～1600mV 对 Pb 电极循环扫描 1h（图 a）和
16h（图 b）所形成的阳极层物相成分与 H_2SO_4 浓度之间的关系

图 3.13 表明，在硫酸的高浓度钝化区（$C_{H_2SO_4} > 5M\ H_2SO_4$），阳极层主要含有 $\alpha\text{-}PbO_2$ 和 $PbSO_4$，以及少量的 $\beta\text{-}PbO_2$。

在硫酸的中等浓度活性区，阳极层中 $\beta\text{-}PbO_2$ 的数量超过 $\alpha\text{-}PbO_2$ 数量的数倍之多。在 H_2SO_4 浓度低于 0.86M 时，$\beta\text{-}PbO_2$ 的含量随着溶液的进一步稀释而降低。

在硫酸的低浓度钝化区，阳极层中 $\alpha\text{-}PbO_2$ 的数量随硫酸溶液的稀释增加，而 $\beta\text{-}PbO_2$ 的数量随硫酸溶液的稀释减少。这样，$\alpha\text{-}PbO_2$ 还原成 $PbSO_4$ 的反应受到阻碍。

通过对比两个硫酸浓度钝化区的以上研究数据，值得注意的是，在这两个浓度区，阳极层中都生成了大量 $\alpha\text{-}PbO_2$。而在硫酸的中等浓度活性区，阳极层中主要生成了 $\beta\text{-}PbO_2$。对比图 3.12 和图 3.13 中的数据表明，PbO_2 晶体形态影响其电化学活性。$\beta\text{-}PbO_2$ 的电化学活性比 $\alpha\text{-}PbO_2$ 的电化学活性更高。图 3.2 表明，中等浓度活性区的硫酸溶液主要含有 H^+ 和 HSO_4^- 离子。所以这些离子促进了 $\beta\text{-}PbO_2$ 晶型的形成。这样，硫酸浓度通过影响 PbO_2 的晶型，进而影响铅酸蓄电池正极板的电化学活性。

在较高的硫酸浓度条件下，电极容量衰减可能是因为反应受动力学阻碍。在较高硫酸浓度下 $PbSO_4$ 溶解度大幅降低。在阴极极化（放电）期间，Pb^{2+} 离子立即与 SO_4^{2-} 反应，在电极表面生成钝化的 $PbSO_4$ 层。在低密度条件下，也可能出现扩散障碍，这也会导致电池容量衰减。然而，这些动力学阻碍可能也与 $\alpha\text{-}PbO_2$ 和 $\beta\text{-}PbO_2$ 的有关现象有关系。

VRLAB 出现之后，电池电解液体积减少。为了补偿电池中所减少的 H_2SO_4 数量，电解液浓度从相对密度为 1.28 增加到 1.31，甚至达到 1.34。结果，活性物质 PbO₂ 失去了大部分电化学活性，因此，电池容量下降。PbO₂/PbSO₄ 电极工作时存在一个明确的硫酸浓度范围。在设计电池时，应该在该范围内选择所使用硫酸的浓度，以避免电池容量和循环寿命衰减。

3.10 PbSO₄ 晶体溶解度与电解液浓度之间的关系

图 3.10 和图 3.11 中的实验数据提出一个问题，为什么使用 H 区，即稀释硫酸溶液的电池比使用 P 区和 N 区酸浓度的电池具有更长的循环寿命？

在铅酸蓄电池放电期间，正极板（PbO₂）和负极板（Pb）生成 PbSO₄。在充电期间，PbSO₄ 转化成活性物质（Pb 和 PbO₂）。在电池充电期间发生的一个基元反应是 PbSO₄ 颗粒（晶体）的溶解反应。Vinal 和 Craig[13]，以及 Danel 和 Plichon[20] 揭示了 PbSO₄ 的溶解度取决于 H₂SO₄ 浓度，如图 3.14 所示。

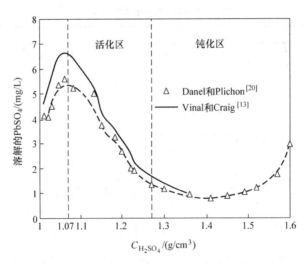

图 3.14 PbSO₄ 晶体的溶解度随 H₂SO₄ 浓度的变化情况

在相对密度为 1.28 的硫酸溶液中，溶解度是 1.5mg/L。在相对密度为 1.10 的硫酸溶液中，PbSO₄ 晶体的溶解度为 5.5mg/L。这正是铅蓄电池实际工作时的硫酸浓度区间。当硫酸相对密度为 1.30 以上时，随着硫酸浓度的进一步增加，PbSO₄ 的溶解度下降至 1.0mg/L 以下，并且充电反应受到抑制。在 1.07g/cm³⊖ 的硫酸溶液中，PbSO₄ 的溶解度达到最大值为 6.0 ~ 6.5mg/L，并且随着硫酸浓度的进一步

⊖ 原书为 0.5M，有误，应为 1.07g/cm³。——译者注

降低，硫酸铅的溶解度进一步下降。

对比图 3.13 和图 3.14 中的数据，可以看出，在活性区浓度的硫酸溶液中，$PbSO_4$ 最容易溶解。$PbSO_4$ 最大溶解度和 PbO_2 最大生成速率之间存在关联。在高浓度钝化区（$C_{H_2SO_4} > 1.28$ 相对密度）的硫酸溶液中，$PbSO_4$ 的溶解度最低。基于这些事实，可以得出以下结论：PbO_2 的电化学活性结构的形成过程受到硫酸溶液中 Pb^{2+} 离子浓度的影响，Pb^{2+} 离子浓度取决于 $PbSO_4$ 的溶解度，而 $PbSO_4$ 的溶解度由硫酸浓度决定。

3.11 H_2SO_4 电解液浓度对电池性能的影响

图 3.15 归纳总结了硫酸电解液浓度对铅酸蓄电池性能的影响。文献中没有关于 $C_{H_2SO_4}$ 影响负极活性物质中的反应的相关资料。

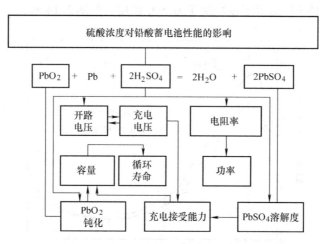

图 3.15 硫酸浓度对铅酸蓄电池性能影响的示意图

硫酸电解液浓度对电池性能产生的影响，包括 4 种基本性能参数：

1）开路电压。电池的开路电压与电解液浓度直接相关。为了让充电过程持续进行，充电电压至少比完全充电电池的开路电压高 40～80mV。如果达不到此要求，则电池充不满，充入电量及其容量也低，电池也可能由于发生极板硫酸盐化而引起循环寿命缩短。

2）电阻率。相对密度为 1.10～1.30 的硫酸电解液，其电导率高（也就是电阻率低），这保证了电池较高的输出功率。

3）PbO_2 钝化。$C_{H_2SO_4} > 1.28$ 相对密度时，PbO_2 的电化学活性下降（PbO_2 钝化），这导致正极板容量下降，并因此缩短了电池寿命。

4) PbSO₄ 的溶解度。在高 H_2SO_4 浓度下（$C_{H_2SO_4} > 1.28$ 相对密度），由于硫酸铅溶解度低，电池充电接受能力下降，可能导致电池充不满，极板硫酸盐化而缩短电池循环寿命。

电池中 3 种活性物质利用率之间的比例决定了电池性能特点。当硫酸电解液利用率高于活性物质 Pb 和 PbO₂ 的利用率时，电池的初容量较低，但循环时 NAM 和 PAM 的结构可逆性更强，因此，电池具有更长的循环寿命。当限制容量的活性物质为 PbO₂ 或 Pb 时，电池的初容量高，但其循环寿命变短。

在电池设计过程中，应当考虑以上讨论的各种情况及其相互关系，使电池能量全部释放出来。

3.12　电解液添加剂

铅酸蓄电池的比能量相对较低，提高该性能指标的一个可能途径是"提高活性物质利用率"。为了提高蓄电池 3 种活性物质的利用率，电池行业一直寻找有关的添加剂。

电池放电期间，正极活性物质和负极活性物质的结构出现部分解体，然后在充电期间复原。为了保证电池的循环寿命，这些反应过程应该是可逆的。然而，实际情况并不完全如此。有些不可逆的反应也缓慢进行，最终损害了 PAM 和 NAM 的结构。人们尝试向电解液中引入各种添加剂，以提高循环期间结晶反应的可逆性。

运输车辆用蓄电池应该具有高的充电接受能力。电池的充电接受能力与负极板的 PbSO₄ 转化为 Pb，以及正极板的 PbSO₄ 转化为 PbO₂ 的反应有关。为了维持这些反应以高速进行，PbSO₄ 的溶解度应该足够高。向硫酸溶液或/和 NAM 中加入添加剂，能够加快 PbSO₄ 的溶解速率，在充电期间促进负极板电子的转移，因此提高了它们的充电接受能力。

为了尽可能少的，或者甚至取消对电池的维护，电池工作期间的水损耗应该最小。如果氢气和氧气分别在 Pb 和 PbO₂ 上的析出过电压都非常高，则电池的水损耗最小。这对 VRLAB 和免维护电池是至关重要的。因此，为了减少电池水损耗，必须采取措施降低氢气在负极板上的析出速率，寻找适当方法将析出的氢气在电池内部氧化。氧很容易在负极发生重组。向电解液或 NAM 中引入一些添加剂，可以增加氢析出反应的过电压，从而降低氢气在铅表面的析出速率。

VRLAB 内部存在一种氧循环。正极板析出的氧气在负极板被还原。氧还原速率很大程度上取决于铅表面的硫酸盐化程度。众所周知，除了 PbSO₄ 晶体，吸附在铅表面的 SO_4^{2-} 离子也能在铅电极表面形成一个 PbSO₄ 薄膜（分子薄膜）。这些 PbSO₄ 薄膜阻碍电子转移到铅表面氧分子，因而降低了氧还原的速率。人们已经了解到，添加到电解液中的一些金属离子（如 Sn^{2+}、Bi^{3+}）能够吸附在铅表面，提高了硫酸铅层的氧传导能力，并最终提高了氧循环效率。本书第 3 章、第 5 章和第 14 章介绍了封闭氧循环的反应机制。

在硫酸溶液中，添加剂应该能够长时间保持化学稳定、热力学稳定和电化学稳定，并且要求其成本低廉。电解液添加剂可以分为 3 类：①无机化合物，②碳类，③高分子制剂。本章将进一步介绍使用最广泛的电解液添加剂及其对电池性能的具体影响。

3.12.1 无机化合物

这一类添加剂包括磷酸、硼酸、柠檬酸（醋酸）和一些可溶性金属盐。

3.12.1.1 磷酸（H_3PO_4）

早在 1920 年，磷酸就已经开始用作铅酸蓄电池的添加剂，现已颁发的许多专利称，磷酸能够提高不同设计和不同用途的蓄电池性能[21]。Voss[22] 和 Meissner[23] 发表了大量有关磷酸和磷酸盐对铅酸蓄电池性能影响的论述。通常，向电池电解液中添加磷酸能够起到多种作用，比如，通过减缓正极活性物质的脱落和不可逆硫酸盐化，磷酸延长了电池循环寿命，却降低了电池容量。文献对磷酸的影响多有争议。因此研究者努力揭示磷酸的反应机理。研究人员主要采用线性伏安法对光滑的铅电极和铅合金电极进行扫描，研究磷酸添加剂对 Pb∣PbSO₄ 电极反应和氧析出反应的电化学动力学的作用机理。已经证实，如果电解液中含有磷酸，则正极平衡电势变得更正[24,25]。在充电期间，磷酸根离子被吸附到 PbO_2 中，改变了 PbO_2 的结晶和生长过程，该吸附反应是可逆的。在放电期间，磷酸又被释放到电解液中。研究人员在板栅腐蚀层中也发现了磷酸[26,27]。实验数据证明，如果添加量不超过 0.8wt%，磷酸就能够提高电池正极板性能。如果添加量超过该浓度，则磷酸具有负面影响[27]。

Bullock 已经证实，在较低的磷酸浓度下，磷酸铅是 PbO_2 形成过程中的一种中间产物[24,28]。磷酸提高了氢气和氧气的析出过电势[29-32]。研究人员发现，在硫酸电解液中添加磷酸可以防止 Pb-Ca 合金正极板在深放电循环期间出现早期容量衰减（早期容量损失）[33-35]。已经证实，在硫酸电解液中添加磷酸可以防止无锑合金正极板在深循环期间出现钝化，可以促进 α-PbO_2 变体的形成，可以促进放电期间形成细小的 $PbSO_4$ 晶体[36,37]。最有可能的是，在电解液中添加磷酸带来的以上后两种影响引起了正极板容量下降[38]。

人们发现，磷酸能够防止电动车辆使用的胶体铅酸蓄电池在循环过程中出现正电极容量衰减[23]。各类太阳能电源系统使用的 VRLAB 电解液添加磷酸之后，电池容量更加稳定[39]。

如果磷酸与 H_3BO_4、$SnSO_4$ 和柠檬酸联合添加到电解液中，能够显著减缓正板栅的腐蚀[40]。对于标准的汽车电池，Torcheux 等人申请了一种电解液添加剂配方的专利，它含有 2.2% 的磷酸和 4% 的胶状二氧化硅[41]。联合应用磷酸和胶状二氧化硅可以防止正极活性物质软化，降低高倍率放电循环期间的酸分层程度，并且明显提高了铅酸蓄电池的循环寿命。

3.12.1.2　其他无机酸或盐

为了取代硫酸电解液中添加的磷酸，人们研究了硼酸的影响。发现添加 0.4% 以下的硼酸可以抑制坚硬致密 $PbSO_4$ 的生成，并且能够降低 PbO_2 电极的自放电[42]。另一种替代磷酸作为电解液添加剂的是柠檬酸。采用线性伏安扫描研究了柠檬酸对 $Pb \mid PbSO_4$ 电极电势区和 $PbO_2 \mid PbSO_4$ 电极电势区的氧化还原反应的影响[43]。柠檬酸有利于充电反应和放电反应的进行，但随着添加量的增加，氧气和氢气析出量也增加。柠檬酸在电解液中的最佳添加量为 $2g/L$[43]。

已经发现，在每升硫酸电解液中添加 0.1g $SnSO_4$ 可以提高 Plante 电池在深放电循环期间的再充电能力[44]。将 $SnSO_4$ 加入电解液中之后，Sn^{2+} 离子被氧化为 Sn^{4+} 离子，然后并入到 PbO_2 物相中，因此提高了 PbO_2 的导电能力[45]。这样，增加了正极板放电容量，提高了其充电效率，并且也减缓了正板栅的腐蚀[45]。

也有研究者证实，在电解液中添加 0.0225M $Al_2(SO)_4$，明显加快了 $PbSO_4$ 的还原速率，并因此可以防止铅酸蓄电池负极板钝化[46]。

AGM 型 VRLAB 常用的电解液添加剂是硫酸钠（Na_2SO_4）。这种化合物添加到深放电循环和在低温环境下工作的电池中。Na_2SO_4 作为缓冲剂，能够保持电解液的导电性。已经证实，该电解液添加剂尤其适用于安置在高山顶峰，用于远程光伏系统的电池。令人遗憾的是，添加硫酸钠促进了板栅腐蚀，特别是加速了负极板板耳和铅-锑合金汇流排的腐蚀[47]。向板栅合金中添加 Se 能够大幅减缓该影响[47]。此外，添加 Na_2SO_4 加速了电池的自放电反应，所以该化合物只能与能够抑制 Na_2SO_4 自放电效应的其他添加剂联合使用。

3.12.2　碳悬浮液

Kozawa 等人提出使用超细炭黑（UFC）和乙烯乙醇（PVA）混合成的胶体作为电解液添加剂[48]。他们证实，UFC-PVA 胶体将负极累积的非活性 $PbSO_4$ 转化为活性 $PbSO_4$ 并提高其溶解度。这种影响可归因于 UFC 胶体降低了放电期间生成的 $PbSO_4$ 晶体的尺寸。UFC-PVA 胶体溶液由尺寸为 0.15mm 的炭黑颗粒和 PVA 组成，这两者的质量之比为 10:4。建议电池电解液中 UFC-PVA 胶体的添加量为 5vol%，也就是胶体炭黑添加量大约为 0.25g/100mL 电解液。UFC-PVA 胶体降低了负极板的自放电，能够充当硫酸铅电极催化剂（解钝剂）的角色。

研究者测试了电化学氧化石墨的水溶液作为硫酸电解液添加剂的作用[49]。这种炭黑胶体提高了电池放电容量，并延长了电池循环寿命。这种添加剂增加了正极板 PbO_2 颗粒间的电接触，并因而提高了电池的放电容量和充电接受能力。

3.12.3 高分子制剂

人们研究了多种有机物，如苯甲醛衍生物、苯甲酸和苯，作为氢析出抑制剂而起到的作用。Dietz 等人提出将醛类和苯乙酮作为电解液添加剂[50]。这些用于富液式电池的抑制剂将循环过程的水损耗降低了 50%。

最近，为了提高电池性能，满足人们对铅酸蓄电池的比能量和循环寿命性能日益增长的要求，高分子材料作为可能的硫酸电解液添加剂备受关注。

FORAFAC 1033D（多氟烷基磺酸）是高分子材料作为电解液添加剂的代表。向 AGM 型 VRLAB 的电解液中添加浓度为 0.1wt% 的 FORAFAC 1033D，可大幅提高电池的循环寿命[51]。固定型电池添加 FORAFAC 1033D 之后，其水损耗更少，自放电速度更低，电池使用寿命提高了 50%。

人们研究了聚乙烯（乙烯己内脂）高分子（PVP 聚乙烯吡咯烷酮）作为电解液添加剂对铅酸蓄电池性能的影响，但是由于所用高分子的分子量和浓度不同，不同研究团队得出了不同的结论。PVP 添加到正、负极活性物质中比其添加到电解液中可能更有效果。

研究人员发现，聚天冬氨酸（PASP）作为电解液添加剂，通过改变 $PbSO_4$ 晶体形状和大小而控制其结晶反应[52]。电解液中添加 PASP 可以提高负极活性物质利用率，并降低负极板内阻。如果电解液中含有 0.1% 的 PASP，则电池在部分荷电状态下的快速充电（HRPSoC）能力将得到提高。如果电池在 HRPSoC 工况下使用，向电解液中添加 PASP 可以阻止负极板上"坚硬硫酸盐"的积累[52]。

在铅酸蓄电池工作期间，发生了许多本质不同的基元反应，电子通过物相界面转移，$PbSO_4$ 溶解，离子扩散，以及形成 PbO_2 和 $PbSO_4$ 的结晶过程和化学反应。几乎不可能找到对所有反应都有效的单一添加剂。因此有必要探索恰当的硫酸电解液复合添加剂，以促进那些限制电池容量和寿命的反应过程，从而提高电池综合性能。

3.13 电解液中的污染物（杂质）

为了确保电池性能，VRLAB 和免维护电池使用过程中保持低水损耗是至关重要的。除了水蒸发（温度越高越剧烈），电池的水损耗主要归因于充电、过充电和自放电期间的水电解反应。铅酸蓄电池之所以能够正常使用，是因为 PbO_2 电极上的氧析出和 Pb 电极上的氢析出都具有高过电势。然而，在电池生产过程中，一些杂质随着生产原料进入电池。这些杂质上的水分解反应可能在较低的电势下进行，其结果是加剧了电池中的气体析出，引起水损耗增加。Pierson 等人对硫酸电解液中含有各种杂质离子（含量为 5000×10^{-6} 或饱和态）的电池以 2.35V 充电 4h 期间的析气情况[53]。一些杂质以金属形式沉淀在铅电极表面，一些杂质吸附在二氧化铅电极表面，也有些杂质是这两种形式并存。水分解反应发生在电极表面。表 3.5 汇总了电解液中含有各种杂质的电池所产生气体的实测体积[53]。

表 3.5　电解液中各杂质含量为 5000×10^{-6} 或饱和态时，充电 4h 的析气量[53]

杂质	析气量/cm^3	杂质	析气量/cm^3
铝	306.4	铁	309.7
锑	2557.3	锂	258.4
砷	626.2	锰	936.2
钡	193.0	汞	194.2
铋	916.0	钼	911.6
镉	243.7	镍	1076.4
钙	172.5	磷	171.4
铈	286.4	银	285.8
氯	266.4	碲	1498.4
铬	571.8	锡	179.2
钴	5500.8	钒	635.6
铜	530.4	锌	218.4

注：标准电池的 4h 平均析气量为 $230.5cm^3$。

基于对电池析气的影响，这些杂质可以分为 3 类：

1）极大加速水电解（产生的气体大于 $1000cm^3$），如锑、钴、镍，碲；

2）中等加速水电解（产生的气体介于 $500 \sim 1000cm^3$ 之间），如锰、钼、铋、钒、砷、铬、铜；

3）对水电解的影响可忽略（产生的气体小于 $500cm^3$），表 3.5 中的其他杂质。

显然，应该特别关注电池生产原材料（铅、铅合金、硫酸、添加剂等）中前两类杂质的含量。这些杂质含量应该低于以下最大允许值，以防止它们加速电池的气体析出速率。根据参考文献 [53]，硫酸电解液中最大允许的杂质含量如下：

1）低于 1×10^{-6}，碲、锑、砷、钴和镍；

2）低于 3×10^{-6} 且大于 1×10^{-6}，锰；

3）低于 160×10^{-6} 且大于 3×10^{-6}，铁；

4）低于 500×10^{-6} 且大于 160×10^{-6}，铝、铋、铈、铬、铜、钼、银和钒；

5）低于 5000×10^{-6} 且大于 500×10^{-6}，钡、镉、钙、氯、锂、汞、磷、锡和锌。

应该基于以上杂质分类，对每个特定类型电池的电解液数量确定各种杂质准确的最大允许值。掌握制造电池所用原材料的杂质含量，以及计算出溶解到溶液中并沉淀在正、负极板上的杂质数量，这两个方面都是非常重要的。用于制造铅粉的铅应该具有非常高的纯度。活性物质（Pb 和 PbO₂）的大量表面与电解液接触，在电池循环中，有 25%～40% 的表面与硫酸反应。负板栅不受腐蚀影响，但是正板栅会被腐蚀 20%～25%。因此板栅合金中的添加剂和杂质也应予以考虑。应该掌握隔板所引入的杂质。因此，为使电池析气不明显以及水损耗最小，必须严格控制电解液中的杂质含量。这是免维护电池和 VRLAB 使用寿命长的根本保证。

3.14 引起电解液分层的原因以及电解液分层对电池性能的影响

在充电和放电期间，正、负电极（极板）上发生的反应可用下列总反应式表示：

$$PbO_2 + 3H^+ + 2e^- + HSO_4^- = PbSO_4 + 2H_2O \tag{3.3}$$

$$Pb + HSO_4^- = PbSO_4 + 2e^- + H^+ \tag{3.4}$$

富液式电池放电期间，在正极，硫酸被消耗并生成水。在负极，硫酸也被消耗。这样，正、负极板表面附近形成了低酸浓度的电解液层。这些较轻的电解液层上升至极群上部的电解液储蓄池中。储蓄池中电解液的浓度较高，促使更重（浓度更大）的硫酸电解液向下流动到极板之间。图 3.16a 说明了硫酸电解液的移动情况[54]。充电期间，正、负极板内部生成了硫酸，这些硫酸的流向与充电期间的流向相反（见图 3.16b）。这样，电池内部形成了两个不同浓度的电解液硫酸层：高浓度（相对密度更大）的底层，以及低浓度（相对密度较小）的上（顶）层。这种垂直分布的硫酸浓度梯度，被称为"电解液分层"[55]。

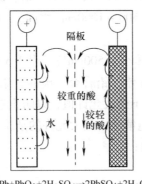
Pb+PbO₂+2H₂SO₄→2PbSO₄+2H₂O
a)

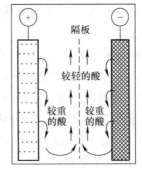
2PbSO₄+2H₂O→Pb+PbO₂+2H₂SO₄
b)

图 3.16 放电（图 a）和充电（图 b）过程中引起酸分层的反应和电解液流向的示意图[54]

图 3.17 展示了电池在没有析气过充阶段的循环过程中，顶部和底部硫酸电解液浓度的变化情况[56]。图中数据证明，电池经过 6 个循环之后，底部硫酸的浓度达到 1.35g/cm³，而顶部硫酸的浓度仅为 1.228g/cm³。

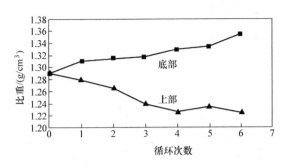

图 3.17　在没有发生析气的过充电和不存在电解液循环的条件下，
富液式电池在循环期间的酸分层[56]

Sunu 和 Burrows 研究了极群内部硫酸浓度梯度的形成过程，以及其对电池寿命的影响[55]。以 169mA/Ah 的电流密度、限压 2.55V/cell 对 400Ah 动力型电池进行充电，以同样的电流放电至终止电压 1.7V/cell（100% 放电深度，DOD）。在放电和充电循环期间，测量极群顶部、中部和底部的硫酸浓度。图 3.18 展示了以 100% DOD 放电深度和 $K_{ch/d}$ = 1.02 的充电系数连续进行 4 个循环期间，这三个部位酸液密度的变化情况。电解液分层的程度以极群顶部和极群底部硫酸浓度的差值进行度量，在以上研究试验中，两个部位硫酸的相对密度差值达到了 0.15。

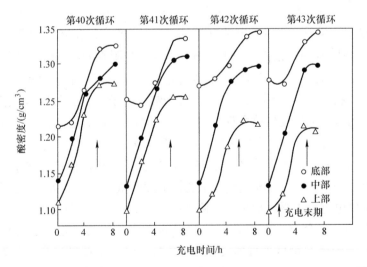

图 3.18　以 2% 的过充和 100% DOD 循环期间所测得的电解液分层情况[55]

因为硫酸是一种活性物质，它的分层必然影响电池容量。图 3.19 展示了这种影响关系。从图中可看出，分层每达到相对密度差 0.01，容量降低 1%。容量损失也取决于放电状态和充电/放电系数。

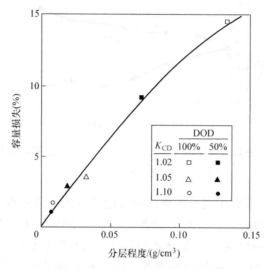

图 3.19　充/放电系数（K_{CD}）分别为 1.02、1.05 和 1.10 条件下的
容量损失与分层程度之间的关系[55]

　　电解液分层是如何影响活性物质的结构和组成呢？图 3.17 和 3.18 中的数据表明，电池底部电解液浓度达到了 1.35g/cm³。图 3.13 证明，当硫酸密度高于 1.28g/cm³ 时，正极板发生了严重钝化。另外，图 3.14 表明，当电极浸于钝化区浓度的硫酸中，尽管以 PbO_2 电势区的电势对其极化，在其表面仍有 $PbSO_4$ 生成[19]。在高浓度 H_2SO_4 条件下，大量 HSO_4^- 离子吸附在 PbO_2 颗粒的凝胶区，阻塞了 PbO_2 电化学还原反应的活性中心，因此电极容量衰减。似乎 HSO_4^- 离子也打断了 PbO_2 颗粒凝胶区的高分子链，这些高分子链是电子和质子在 PAM 内部移动的载体。凝胶区的这些部位发生放电反应时，生成 $PbSO_4$ 而不是生成 $Pb(OH)_2$，这些 $PbSO_4$ 阻碍了放电反应，并最终降低了正极板容量。

　　Sauer[57] 和 Mattera 等人[58]对电解液分层进行了研究。他们证实了电解液分层出现在放电过程中，并且在充电过程中变得更加严重。在放电初期分层程度轻微减轻，但后续放电过程中再次加重。实测数据证明，极板的不同高度具有不同的局部电流和电势，整个极板表面具有不规则的电化学行为，这会引起极板硫酸盐化。正极板中的硫酸铅呈垂直梯度分布：极板底部硫酸浓度最高，此处 $PbSO_4$ 含量较高，而极板上部的 $PbSO_4$ 含量下降。正极板较低部位硫酸盐化越来越严重，并且在充放电循环过程中这些硫酸盐化区向极板上部发展。研究人员使用硫的同位素做标记，发现电解液分层与硫酸盐化引起的正极活性物质退化之间存在着很强的关联。

参 考 文 献

[1] H. Bode, in: R.J. Brodd, K. Kordesch (Eds.), Lead-Acid Batteries, John Wiley, New York, USA, 1977, p. 42. Electrochem. Soc.
[2] M. Barak, Electrochemical Power Sources, Peter Peregrinus Ltd., England, 1980, p. 159.
[3] T.F. Young, Rec. Chem. Prog. 12 (1951) 81.
[4] L.A. Pavljuk, B.S. Smoljakov, P.A. Krjukov, hr Izv. Sib. Otd. Akad., Nauk SSSR 3, 1972, p. 3.
[5] A.K. Covington, J.V. Dobson, W.F.K. Wynne-Jones, Trans. Faraday Soc. 61 (1965) 2050−2057.
[6] H.M. Dawson, Proc. Leeds Soc. 2 (1929−1934) 359.
[7] A.J. de Bethune, T.S. Licht, N. Swendeman, J. Electrochem. Soc. 106 (1959) 616.
[8] D. Pavlov, A. Kirchev, M. Stoycheva, B. Monahov, J. Power Sources 137 (2004) 288.
[9] T. Ohmae, K. Sawai, M. Shiomi, S. Osumi, J. Power Sources 154 (2006) 523.
[10] D. Berndt, in: Maintenance-Free Batteries, second ed., Research Studies Press Ltd., John Wiley & Sons Inc., Taunton/New York, 1997.
[11] J.A. Duisman, W.F. Giauque, J. Phys. Chem. 72 (1968) 562.
[12] W.S. Vosburgh, D.N. Craig, J. Am. Chem. Soc. 51 (1929) 2009.
[13] G.W. Vinal, D.N. Craig, J. Res. Nat. Bur. Stand 22 (1939) 55.
[14] H.S. Harned, W.J. Hamer, J. Am. Chem. Soc. 33 (1991) 213.
[15] K.R. Bullock, J. Power Sources 35 (1991) 197.
[16] D. Pavlov, V. Naidenov, S. Ruevski, J. Power Sources 161 (2006) 658.
[17] V. Naidenov, D. Pavlov, S. Ruevski, M. Cherneva, Three-layered absorptive glass mat separator for lead-acid batteries, Bul. Pat. (2006), 109755.
[18] D. Pavlov, G. Petkova, T. Rogachev, J. Power Sources 175 (2008) 586.
[19] B. Monahov, D. Pavlov, A. Kirchev, S. Vasilev, J. Power Sources 113 (2003) 281.
[20] V. Danel, V. Plichon, Electrochim. Acta 27 (1982) 771.
[21] R. Haase, P.F. Sauerman, K.H. Ducker, Z. Phys. Chem. 48 (1966) 206.
[22] E. Voss, J. Power Sources 24 (1988) 171.
[23] E. Meissner, J. Power Sources 67 (1997) 135.
[24] K.R. Bullock, J. Electrochem. Soc. 126 (1979) 360.
[25] S. Tudor, A. Weisstuch, S.H. Davang, Electrochem. Technol. 4 (1966) 406.
[26] B.K. Mahato, J. Electrochem. Soc. 126 (1979) 365.
[27] K.R. Bullock, D.H. McClelland, J. Electrochem. Soc. 124 (1977) 1478.
[28] K.R. Bullock, J. Electrochem. Soc. 126 (1979) 1848.
[29] S. Venugopalan, J. Power Sources 46 (1993) 1.
[30] S. Venugopalan, J. Power Sources 48 (1994) 371.
[31] S. Sternberg, V. Branzoi, L. Apateanu, J. Power Sources 30 (1990) 177.
[32] O.Z. Rasina, I.A. Aguf, M.A. Dasoyan, Z. Prokl, Khimii 58 (1985) 1039.
[33] S. Tudor, A. Weisstuch, S.H. Davang, Electrochem. Technol. 5 (1967) 21.
[34] J. Burbank, J. Electrochem. Soc. 11 (1964) 112.
[35] S. Tudor, A. Weisstuch, S.H. Davang, Electrochem. Technol. 3 (1965) 90.
[36] J. Garche, H. Doering, K. Wiesener, J. Power Sources 33 (1991) 213.
[37] H. Doering, K. Wiesener, J. Garche, W. Fischer, J. Power Sources 38 (1992) 261.
[38] S. Sternberg, A. Mateescu, V. Branzoi, L. Apateanu, Electrochim. Acta 32 (1987) 349.
[39] R. Wagner, D.U. Sauer, J. Power Sources 95 (2001) 141.
[40] A. Bhattacharya, I. Basumallick, J. Power Sources 113 (2003) 382.
[41] L. Torcheux, P. Lailler, J. Power Sources 95 (2001) 248.
[42] W.A. Badawy, S.S. El-Agamy, J. Power Sources 55 (1995) 11.
[43] G.-L. Wei, J.R. Wang, J. Power Sources 52 (1994) 25.
[44] E. Voss, U. Hullmeine, A. Winsel, J. Power Sources 30 (1990) 33.
[45] G. Wei, J. Wang, J. Power Sources 52 (1994) 81.
[46] Y. Guo, M. Wu, S. Hua, J. Power Sources 64 (1997) 65.
[47] D. Pavlov, M. Dimitrov, G. Petkova, H. Giess, C. Gnehm, J. Electrochem. Soc. 142 (1995) 2919.

133

[48] A. Kozawa, H. Oho, M. Sano, D. Brodd, R. Brodd, J. Power Sources 80 (1990) 12.
[49] T. Kimura, A. Ishiguro, Y. Andou, K. Fujita, J. Power Sources 85 (2000) 149.
[50] H. Dietz, G. Hoogestraat, S. Laibach, D. von Borstel, K. Wiesener, J. Power Sources 53 (1995) 359.
[51] L. Torcheux, C. Rouvet, J.P. Vaurijoux, J. Power Sources 78 (1999) 145.
[52] G. Petkova, P. Nikolov, D. Pavlov, J. Power Sources 158 (2006) 841.
[53] J.R. Pierson, C.E. Weinlein, C.E. Wright, in: D.H. Collins (Ed.), Power Sources 5, Academic Press, London, UK, 1975, p. 97.
[54] D.A.J. Rand, P.T. Moseley, in: J. Garche (Ed.), Encyclopedia of Electrochemical Power Sources, vol. 4, Elsevier, 2009, p. 550.
[55] W.G. Sunu, B.W. Burrows, in: J. Thompson (Ed.), Power Sources 8, Academic Press, London, 1981, p. 601.
[56] R. Wagner, in: J. Garche (Ed.), Encyclopedia of electrochemical power sources, vol. 4, Elsevier, 2009, p. 677.
[57] D.U. Sauer, J. Power Sources 64 (1997) 181.
[58] F. Mattera, D. Desmettre, J.L. Martin, P.H. Malbranche, J. Power Sources 113 (2003) 400.
[59] A.J. Salkind, A.G. Cannone, F.A. Trumbure, Chapter 23: Lead Acid Batteries, in: D.Linden, T.B. Reddy (Eds.), Handbook of Batteries, third ed., McGraw-Hill Companies, Inc., New York, 2002, p. 23.14.

第4章 铅合金和板栅及板栅设计准则

4.1 电池行业对铅合金的要求

铅合金用来铸造铅酸蓄电池的板栅、汇流排、端子和连接条等。其中,电池板栅具有两个重要作用:

- 板栅作为正、负极板活性物质的"骨架",起到机械支撑作用。
- 板栅作为极板的"血液系统",起到向极板各部位输出/输入电流的作用。

板栅作为"骨架"和"血液系统",不参与电池中发生的电化学反应。

通常,板栅占极板总重的40%~50%,人们为了替代沉重的铅合金,尝试选用各种较轻的材质制造板栅,但均未成功。这是因为:①正极板在非常高的电势下工作,在高电势下很少有金属不被氧化;②电池中的电解液具有高腐蚀性,导致金属表面快速形成一个高电阻的钝化层;③这些材料表面的水分解反应电势低,这会使铅酸蓄电池中的反应无法进行。鉴于以上原因,电池制造商已对板栅合金的物理-化学特性制定了严格要求。下面对其中一些要求进行探讨。

1) 机械性能。板栅必须具有足够的硬度和强度,能够抵抗电池制造过程和后续使用期间所产生的机械应力和热应力,能够保持形状不变。在电池放电期间,极板厚度增大,后续充电过程中,极板厚度减小,这相当于极板在充放电循环过程中发生"脉动"[1,2]。这会引起板栅变形。另外,腐蚀反应发生之后,正极板会生成由铅氧化物组成的腐蚀层(CL),体积增大了22%~23%。这对金属本身施加了机械应力,可能引起板栅变形,并损害板栅与活性物质的电接触。

为了能够抵抗以上因素引起的应力,板栅应具有高屈服强度(YS)、高抗蠕变强度和低延伸率。基于实验测得的数据,表4.1汇总了一些板栅的具体机械性能[3]。

表4.1 铅酸蓄电池板栅要求的机械性能[3]

板栅类型	布氏硬度/(kg/mm^2)	拉伸强度/(kg/mm^2)	延伸率(%)
EV电池	12~15	4.5~6.5	4
SLI电池	15~17	5~7	4

2) 良好的铸造性能。如果采用工业铸板机生产板栅,板栅合金必须具有良好的铸造性能,以便能够在高生产效率下和相对较低的温度下完全充模。

3）良好的焊接性能。因为电池极板以正极群和负极群的方式组装在一起，板耳通过焊接形成汇流排，所以板栅合金必须具有良好的焊接性能。

4）耐腐蚀性。电池工作期间，正板栅处于高电势下，是热力学不稳定的。所以板栅被持续氧化，受到连续腐蚀。而 PbO_2 在该电势下是稳定的，生成的腐蚀层明显降低了板栅腐蚀速率。因此，正板栅是设计铅酸蓄电池的关键要素，它决定了电池的耐久性和性能特点。

5）正板栅腐蚀层的高电导率。铅板栅腐蚀反应首先是形成 PbO。PbO 具有很高的比电阻（约 $10^{12}\Omega \cdot cm$）。所生成的 PbO 进一步氧化成非化学计量的氧化物 PbO_n（$1 < n < 2$）。当该化学计量系数达到 1.5 时，$R \approx 5 \times 10^2 \Omega \cdot cm$[4]。腐蚀层进一步氧化生成 PbO_2（$1.2 \times 10^{-6} \sim 1 \times 10^{-5} \Omega \cdot cm$）[4]。板栅合金中的添加剂影响腐蚀层中氧化物的氧化速率。所以合金添加剂应该能够减缓铅合金的氧化反应（即板栅腐蚀过程）并加速（或促进）PbO 转化为 PbO_2 的氧化反应。

6）电特性。用于板栅制造的铅合金必须具有高的电导率，以降低电池充放电过程中的热能损失。

7）环境和健康。合金和板栅必须采用清洁工艺生产，不会对工人健康或环境产生有害影响。

8）经济因素。为了降低合金成本，使用低含量的非贵重的合金添加剂，并采用高效生产工艺，生产标准合金。

图 4.1 简单表示了铸造板栅所用铅合金的一些关键的基本特性。本章将对板栅合金特性及其对电池性能参数的影响做更加详细的讨论。

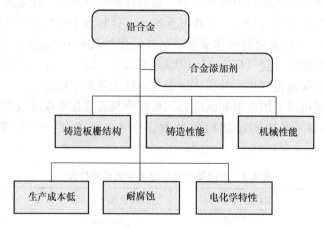

图 4.1　铸造板栅所用铅合金的关键的基本特性

铅酸蓄电池使用单一金属。电池的活性物质、板栅、汇流排和连接条主要由铅金属制成。因此，从铅酸蓄电池中回收铅是一个简单的过程。许多国家都建有全国性的铅冶炼厂（包括原生铅的生产和再生铅的回收）。铅冶炼厂的生产流程图如图 4.2 所示。

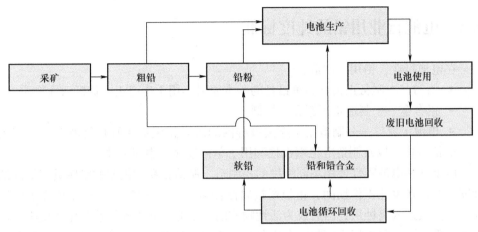

图 4.2　全国性铅冶炼厂运行示意图

超过 95% 的失效铅酸蓄电池被回收至铅冶炼厂用来生产再生铅，再生铅用来制造新的蓄电池。再生铅提纯到一定程度之后，可以用来生产铅粉和铅合金。经铅矿石提炼的原生铅也以一定数量添加到铅冶炼厂中，用来制造铅粉。由于再生铅的回收比例高，并且其回收工艺简单，所以铅酸蓄电池是目前最便宜的化学电源。

表 4.2 列出各类铅酸蓄电池使用最广泛的铅合金[5]。在电池工业中铅-锑板栅合金和铅-钙板栅合金占主导地位。本章将进一步讨论这两类合金的基本性质及其对电池性能的影响。

表 4.2　铅酸蓄电池板栅用合金[5]

合金添加剂	用途
锑合金 4wt%~11wt% Sb、As、Sn、Cu(Ag)	动力型电池，传统固定型电池所用的平板式极板，管式极板
低锑合金 0.5wt%~3.0wt% Sb、Se、Cu、S、As、Sn(Ag)	免维护、少维护型 SLI 电池，动力型、固定型 VRLAB
铅-钙合金 0.05wt%~0.07wt% Ca、0wt%~3wt% Sn(Al)、Ag、Bi	电池所用平板式极板、管式极板
纯铅	普朗特极板、Bell Syst·Batt、冲孔板栅(Gates)
锑-镉合金 1.5wt% Sb，1.5wt% Cd	GNB 吸附式电池

在讨论之前，我们先了解一下电池行业对蓄电池零件所用铅材料的纯度有哪些要求。

4.2 电池行业用铅的纯度标准

在电池行业，铅用于制造：
- 铅粉——制备正铅膏和负铅膏的基本原料，用于生产正、负极活性物质。
- 铅合金——制造正板栅和负板栅。
- 电池汇流排——制造用于连接极群内的所有正极板或所有负极板（半个极群）的汇流排，以及制造电池端极柱和用于单格连接的中间极柱。

以上各种电池零件使用不同纯度的铅制造。制造铅粉和板栅的铅应具有最高的纯度等级。在电池工作期间，正板栅被腐蚀侵袭（25%~35%），板栅合金中的添加剂和杂质进入腐蚀层，然后成为活性物质的一部分，并因此影响电化学反应。负板栅不受腐蚀，但板栅表面的合金成分和杂质接触到电解液，可能成为氢析出电化学反应的活性中心，并因而增加电池水损耗。为避免此问题，负板栅合金不应含有能促进气体析出的杂质。汇流排和连接条的腐蚀过程较为缓慢，因此用于制造汇流排和连接条的铅合金中含有的添加剂和杂质影响最小。

一般说来，国家电池标准只规定了 Pb 纯度等级为 99.99%，并没有说明所允许的杂质种类和数量。铅合金中的添加剂和杂质的具体影响已引起许多研究者的关注[6-12]。表 4.3 汇总了电池所用原生铅和再生铅的最大杂质等级标准。再生铅来源于经过提纯的回收电池。表 4.3 所列纯度等级的铅可以用来制造铅粉，以及制造正、负板栅的铅合金。

表 4.3　原生铅和再生铅的杂质含量（wt%）标准[10]

元素	原生铅	提纯再生铅	元素	原生铅	提纯再生铅
Al	<0.0001	<0.0001	Mn	<0.00005	<0.00005
Sb	0.0005	0.0003	Ni	0.0001	0.0001
As	<0.0001	0.0001	Se	<0.00005	<0.00005
Bi	0.006	0.018	Ag	0.0005	0.0017
Co	<0.00005	<0.00005	Sn	0.0001	0.0001
Cr	<0.00005	<0.00005	Te	<0.00005	<0.00005
Cu	0.0004	0.0003	S	<0.0001	<0.0001
Fe	<0.0001	<0.0001	Zn	0.0006	0.001

杂质 Se、Ni、Te 和 Mn 对降低氢析出过电势和促进负极板析气的影响最大。Sb、Cu、As、Fe、Cd 和其他杂质对氢气析出反应具有不太明显的促进效果。相

反，Bi、Ag 和 Zn 具有有益的效果，也就是，这些杂质抑制了氢气析出。Bi 也降低氧气析出的反应速率，然而 Ni、Se 和 Te 则加速了氧气析出速率。因此，适当控制板栅合金中上述杂质的含量对电池性能是最为重要的。

4.3　Pb-Sb 合金

4.3.1　一些历史背景

在发明铅酸蓄电池的时候，人们通过实践经验总结得出了电池板栅的铅合金成分。通过浇铸试验测试合金铸造性能，通过机械测试确定浇铸的板栅是否具有足够硬度以抵抗电池制造所涉及的工艺过程。最后对电池性能进行评估。早在 1880 年，人们就已经证实了 Pb-Sb 合金能够满足上述所有要求，该合金在电池工业占据主导地位达一个世纪之久。最初，使用锑含量为 10% ~ 12% 的铅-锑（Pb-Sb）合金浇铸电池板栅，也就是处于共晶区。高的锑含量使合金易于浇铸，生成坚硬的铸件，并在循环中保持 PAM 结构的可逆性，因而最终提高电池的循环寿命。另外，使用 Pb-(10% ~ 12%)Sb 合金板栅的电池具有较高的充电效率和相对稳定的放电电压。但是，高锑合金正板栅的腐蚀速率高。锑离子进入溶液中在负极板表面还原成锑。氢气在金属锑上的析出过电势大幅低于在铅上的析出过电势，这加速了电池析气，因此增加了电池充电和自放电期间的水损耗。因此，用户有必要给电池加水，即维护电池。

随着汽车作为个人交通方式的地位日益提高，电池工业被迫开发少维护和甚至免维护电池。此外，固定型电池使用者也需要此类电池。为了满足这些需求，电池生产商将板栅合金的锑含量降至 4.5% ~ 6%。恰如所料，这导致了严重的浇铸问题。采用这种合金浇铸的板栅的机械性能恶化。为了提高 Pb-Sb 合金的流动性，向合金中添加了 0.15% ~ 0.2% 的 Sn。为了提高浇铸板栅的硬度并加速其时效过程，向合金中添加了 0.15% ~ 0.2% 的 As。为了提高板栅的耐腐蚀性，向合金中添加了 0.02% ~ 0.03% 的 Ag。

采用以上多元合金浇铸的板栅确实降低了、但没有全部消除铅酸蓄电池的维护要求。所以电池工业选择了两类基本方式来实现汽车工业设定的目标，即，开发免维护电池。

1）开发新铅合金成分：铅-钙（Pb-Ca）和铅-锡-钙（Pb-Sn-Ca）合金被用来测试；甚至一些电池生产商使用纯铅板栅组装了电池。

2）开发低锑合金（锑含量≤2.5wt%）。这些合金也含有提高铸造性能和机械性能的添加剂。采用低锑板栅的电池水损耗可忽略不计，并显示了稳定的性能。然而，低锑合金浇铸的电池板栅容易热裂。通过向合金成分中添加晶核（成核剂），并在板栅浇铸期间对结晶反应进行控制，热裂问题可得到解决。

根据电池工业采用的铅-锑（Pb-Sb）合金特性，其一般分为四类：

1）锑含量为9wt%～12wt%的高锑合金。这些合金含有85%～100%的共晶体，凝固区狭窄。它们用于压力铸造的管式电池正板栅的长脊柱，以及用于动力型和固定型电池的长板栅。

2）锑含量为4wt%～7wt%的中锑合金。这些合金含有40%～60%的共晶体，凝固区宽得多。它们用于动力型电池的正板栅。

3）用于浇铸汇流排、端子和连接条的Pb-Sb合金（锑含量为2.9wt%～4.0wt%）。这些合金中的共晶体的含量为25%～40%，合金中含有大量的泥泞区，因而适于联结不同锑含量和不同熔点的铅零件。通常，这些合金添加了成核剂。

4）低锑合金。添加1.0wt%～2.7wt%的锑，以及各种添加剂，提高其机械性能（As、Sn）、铸造性能（Sn、Se、S、Cu）、耐腐蚀性（Ag）和电化学性能（Sn、Bi）。这些合金含有少量的共晶体（1%～15%），凝固区间大，适于连续浇铸板栅或铅带扩展后经冲孔形成板栅。

4.3.2 Pb-Sb合金体系的平衡相图和微观结构

液态（熔融态）锑完全溶于铅。该合金熔融体冷却初期，形成了α-Pb固溶体，其组成取决于熔融体温度和锑含量。图4.3展示了Pb-Sb体系的平衡相图[13]。它反映了物相平衡时该体系的热力学状态。

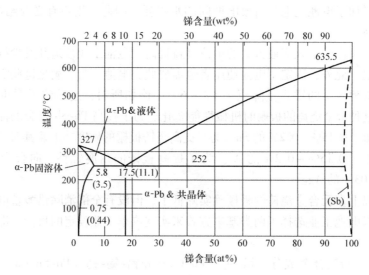

图4.3 Pb-Sb合金体系的平衡相图[13] （图中插入的数字是质量分数）

该图表明了锑含量为11.1wt%的铅共晶体的形成过程。电池行业使用预先共熔的合金（含锑量为0～11wt%），所以本章只讨论这类合金。Pb-Sb合金的共晶点为252℃，Pb-Sb共晶体冷却时，首先形成α-Pb晶种。此时共晶体变得富锑。

当达到 252℃ 的共熔温度时，α-Pb 晶体中的锑含量达到 $L_e = 3.45\%$。此时开始形成含锑量为 11.1wt% 的共晶体。随着合金进一步冷却，锑在 β-Pb 晶体中的溶解度下降，并形成粗大的第二级 β-Sb 晶粒，Pb 也溶解在 β-Sb 晶粒中[14]。当温度降至 25℃ 时，Sb 在 α-Pb 晶粒中的溶解度降至 0.03%，相当于共熔温度时溶解度的十分之一。粗实线（见图 4.4）AB 表示 Sb 在 α-Pb 中的溶解度随温度变化而变化。当合金以极其缓慢的速度进行冷却时，AB 线代表 α-Pb 晶粒的平衡组成。在 25℃ 时粗大的 β-Sb 晶粒的数量最多。这些晶粒提高了铸件硬度，并在 25℃ 时铸件硬度达到最大值。以上固相反应引起铸件硬度变化的现象就是所谓的"时效硬化"[15]。

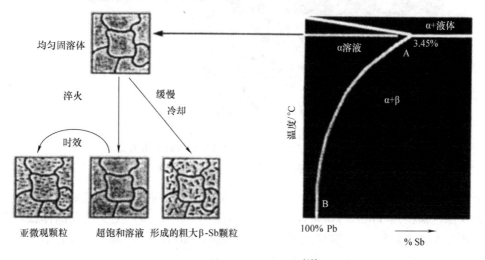

图 4.4　锑在铅中的溶解度[15]

当合金快速冷却时（如淬火），α-Pb 晶粒将处于不稳定状态，即形成一个过饱和溶液。由于 Sb 原子在 α-Pb 固溶体中扩散缓慢，Sb 原子浓度向其平衡浓度的变化也是一个缓慢过程。这些反应导致合金中形成亚微观 β-Sb 晶粒，引起时效硬化。然而，随着 β-Sb 晶粒继续生长，铸件硬度不断增加，并达到最大值。所形成的 β-Sb 晶粒也处于非平衡状态，并趋向达到平衡状态，这会导致铸件硬度略微降低，也就是发生了过时效。

以上各个反应受到铸造工艺及前后的温度处理的影响，固相反应的程度和速率取决于：①可驱动这些反应的能量，这取决于过饱和水平；②可供溶液原子扩散的能量，这取决于熔融温度[16]。这些结构反应改变了合金的机械性能，特别是硬度。本章将对时效硬化反应进行更详细的讨论。

图 4.5 展示了 Pb-3.5wt%Sb（图 a）和 Pb-11.7wt%Sb（图 b）合金的微观结构图片。

图中的白色枝晶是 α-Pb 颗粒。正如图 4.5 中所展示的一样，Pb-3.5wt%Sb 合

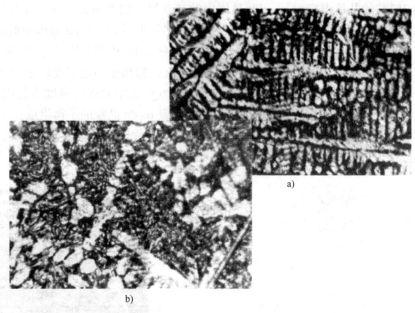

图 4.5　a）Pb- 3. 5wt% Sb 和 b）Pb- 11. 7wt% Sb 合金的

微观结构[17]（白色枝晶是 α- Pb 颗粒）

金中的 α- Pb 枝晶尺寸为几百微米，并沿着冷却方向排列。这些晶粒的周围是共晶相（深色颗粒）。Pb- 11. 7wt% 合金的晶相结构（见图 4.5b）主要由共晶体颗粒和冷却时生成的单个 α- Pb 颗粒组成。这两种晶相（α- Pb 和共晶体）具有不同的机械性能，因而合金的机械性能将取决于合金的晶相组成。

4.3.3　不同锑含量的 Pb- Sb 合金特性

4.3.3.1　Pb- Sb 合金的铸造性能和熔化温度

图 4.6a 展示了在预共晶温度区间内，Pb- Sb 合金的熔化温度随着 Sb 含量的变化关系。锑含量增加 0. 1wt%，合金熔点降低 7. 1℃。合金熔化温度对锑含量的敏感度相当高。

合金铸造性能和锑含量之间的关系如图 4.6b 所示。从图中可以看出，在 13wt% ~ 8wt% 的锑含量区间内，合金铸造性能随着锑含量的降低而大幅下降。在 8wt% 的锑含量以下，合金铸造性能发生了轻微变化，可以通过调整熔融合金温度和模具温度对铸造过程进行控制[3]。当锑含量低于 5wt% 时，铸造板栅容易发生热裂现象，同时板栅脆性增加。该合金凝固成粗大的枝晶结构，裂隙沿着枝晶边界分布。过去，电池工业没有大量应用低锑合金的一个主要原因就是裂隙引起板栅质量差。

4.3.3.2　Pb- Sb 合金的硬度

锑与铅熔合提高了合金的硬度。Pb- Sb 共晶体由相互交替的铅薄片和锑薄片构

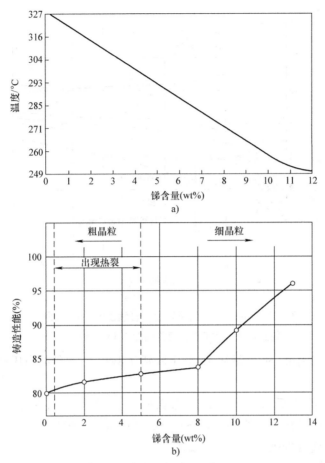

图 4.6 a）Pb-（0～12）wt% Sb 合金的熔点和锑含量的关系（Grid Metal Manual IBMA 1975，p.5）和 b）Pb-Sb 合金的铸造性能[3]

成，从而提高了合金的硬度。锑薄片比铅薄片硬得多，因此锑含量决定了合金硬度。

图 4.7 显示了自然气冷（又称风冷）和热处理的 Pb-Sb 合金的硬度与锑含量之间的变化关系[3]。合金硬度随着共晶体/铅固溶体的比例增大而增加。为了提高低锑板栅的硬度，对其采用了不同的热处理方法。

电池生产过程中，极板经填涂之后，进行快速干燥和固化。极板烘干箱和固化间内的温度相当高，并且固化过程持续时间长。在这些工序期间，板栅可能软化并引起工艺问题。因此板栅应该具有足够硬度，能够保证在上述工艺中顺利进行。出于一些电化学方面的考虑，电池工业使用低锑合金。然而这些合金的硬度低。人们研究了多种热处理方法，以提高低锑合金的硬度。

图 4.8 展示了降低锑含量并添加少量 Sn、As、Se、Cu 和 S 的铅合金的时效硬化曲线，其中铸造样件采用不同的方式冷却（气冷或淬火）。图中数据表明

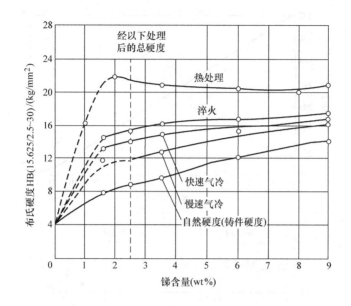

图 4.7　Pb-Sb 合金的总硬度（自然硬度 + 时效硬度）
（铸造温度为 500℃，模具温度为 150～175℃）[3]

1）随着合金中的 Sb 含量从 3wt% 下降到 0.8wt%，铸件的布氏硬度从 32 下降到 13。

2）铸件经淬火后快速干燥，其布氏硬度大幅高于风冷铸件的布氏硬度。图 4.8b 证明，如果合金中添加 As、Sn、Se、Cu 和 S，即使含锑量仅为 1.5wt%～1.7wt%，风冷铸件的硬度也可满足要求。

3）Pb-3.0wt% Sb 合金的铸造样件经过 15 天时效后，其动态时效硬化曲线出现最大值。然而，含有 1.5wt% Sb 或 1.8wt% Sb 的样件没有在 15 天内出现最大值，其硬化曲线趋于平缓。

以上结果清楚地表明，添加合金添加剂（Sn、As、Se、Cu 和 S）并进行简单的热处理之后，使用 Pb-1.5wt% Sb 合金也能够铸造出满足电池工业所需硬度的板栅。

4.3.3.3　Pb-Sb 合金的屈服强度、极限拉伸强度和延伸率

图 4.9 展示了铸造和轧制 Pb-Sb 合金的屈服强度（YS）、极限拉伸强度（UTS）和延伸率（EL）对锑含量的依赖关系。图中曲线根据文献中数据绘制[18]。根据 Sb 对 Pb-Sb 合金机械性能的影响，可分为两个锑含量区：①低锑区（合金中锑含量不大于 3wt%），YS 和 UTS 快速增加，而 EL 迅速下降；②高锑区（锑含量为 3wt%～11wt%），各曲线在该区内均变得平缓，即，随着合金中锑含量的增加，上述机械性能只是稍有提高。

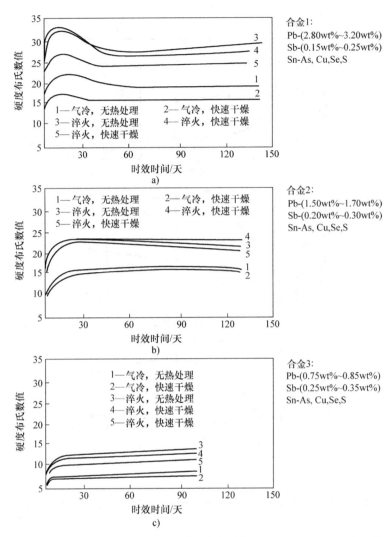

图 4.8　冷却速率以及后处理方法对 3 类添加不同含量 Sn、As、Se、Cu 和 S 的 Pb-Sb
合金的时效硬化行为的依赖关系[15]

　　对照图 4.9 中的数据与图 4.3 所示 Pb-Sb 体系平衡相图，可以发现，在合金温度为 252℃以及合金中锑含量不超过 3.5wt%时，Sb 在 α-Pb 枝晶中的溶解度最高。冷却过程中，α-Pb 枝晶中的 Sb 变得过饱和，固相结构开始发生重构。冷却至室温时，α-Pb 枝晶中的 Sb 含量降低到 0.1wt%。这提高了合金的机械性能。锑含量介于 3.0wt%和 11wt%之间时，合金中共晶相的数量只是发生轻微改变，小幅提高了合金的机械性能。

　　图 4.9 也表明，在高锑区，铸造样件的机械性能是轧制样件的数倍。这是由于轧制过程中合金的微观结构发生了改变。图 4.10 展示了铸造和轧制的 Pb-6.0wt%Sb

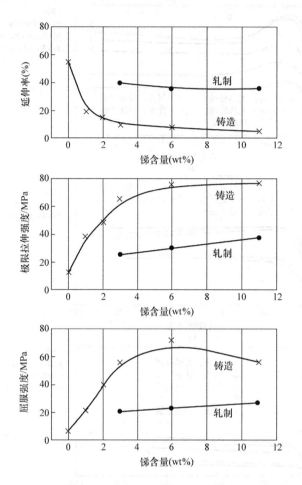

图 4.9 锑含量对 Pb-Sb 合金的屈服强度、极限拉伸强度、延伸率的影响

合金样件的晶粒结构。在轧制过程中样件厚度缩小为原来的十分之一。

图中铸造样件（见图 4.10a）的微观结构显示，α-Pb 颗粒被共晶相包围。共晶相使合金具有高的机械性能。图 4.10b 展示了成分相同的 Pb-6.0wt% Sb 合金经轧制后的微观结构。其共晶体颗粒（薄片）被破坏分离，并沿着轧制方向移动分布。如图 4.9 所示，尽管合金中 Sb 含量相对较高（6.0wt%），但共晶体的解体严重损害了合金的机械性能。因此，Pb-Sb 板栅对电池循环过程中因活性物质充放电反应所引起的应力形变的抵抗能力，不仅取决于板栅合金中锑的含量，而且取决于合金中共晶体的微观结构。

4.3.3.4 Pb-Sb 合金的抗蠕变性

图 4.11 列出了铸件抗蠕变性与合金锑含量之间的关系。以 27.6MPa 拉力作用

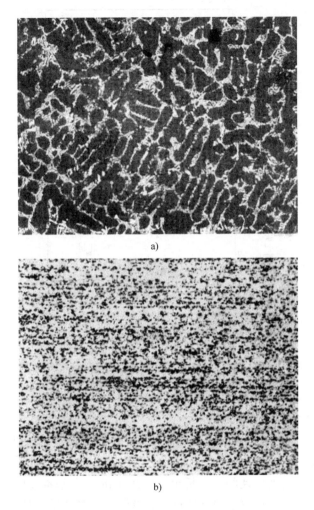

a)

b)

图 4.10 Pb-6.0wt% Sb 合金的晶粒结构[18]

a) 铸造, 放大 160 倍 b) 轧制, 放大 120 倍

下的时间表示铸件的抗蠕变性。图中曲线根据参考文献中的数据绘制[18]。Pb-Sb 合金的抗蠕变性也非常依赖 Sb 含量。随着 Sb 含量从 1.0wt% 增加到 11wt%，Pb-Sb 合金的抗蠕变性几乎增加了两个数量级。合金的微观结构也对抗蠕变性具有非常大的影响。Pb-11wt% Sb 合金的轧制样件在受拉 4.5h 后断裂，而铸造样件则受拉 12h 后才断裂。因此，对 Pb-Sb 铸造板栅进行任何机械处理，特别将其作为板栅制造工艺过程一部分之前，应该仔细研究这种机械处理可能对板栅机械性能，特别是抗蠕变性的影响。这是非常重要的工作。

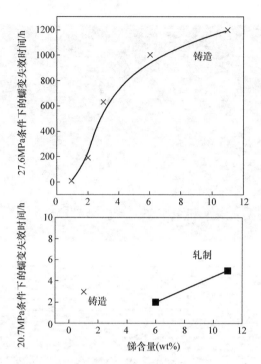

图 4.11 锑含量对 Pb-Sb 合金轧制和铸造样件抗蠕变性的影响

［数据来自 R. D. Prengaman，J. Power Sources 53（1995）207］

4.3.3.5 Pb-Sb 合金的耐腐蚀性

图 4.12 展示了在 6.3mA/cm² 电流密度下的一般腐蚀速率与铅-锑合金的 Sb 含量之间的相互关系。随着共晶体/铅固溶体比值的增加，合金的总腐蚀速率增加。

在以上的恒电流极化期间，氧析出是电极上的一个基本反应。这形成了一个 $Pb(Sb)|PbO_2(Sb^{5+})|H_2SO_4(O_2|H_2O)$ 电极体系。腐蚀反应是氧穿过 CL 渗透到金属表层的结果，因此可推断出，氧化腐蚀层中含有的 Sb 原子促进氧转移到金属表层。

已经证实，低锑合金容易发生晶间腐蚀。在高锑含量（大于 8.0wt%）条件下，主要是发生总（均匀）腐蚀，然而，Sb 含量介于 4.0wt% ~ 8.0wt% 时，晶间腐蚀和均匀腐蚀都会发生[19,20]。

腐蚀速率影响正板栅电阻。图 4.13 表明了这种影响[3]。图中展示了小片实验板栅在 40℃下，经受不同时间恒电流腐蚀后的电阻。腐蚀反应结束后，切掉板栅两对角的栅格，测量剩余两对角之间的电阻。

图 4.13 中的数据表明，随着电池使用时间的延长，正板栅腐蚀不断加重，板栅电阻增大，引起电池功率和容量下降。正板栅中的锑含量极大地影响该腐蚀反应过程。

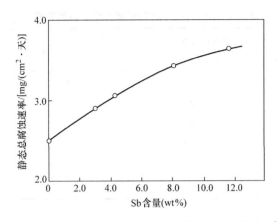

图 4.12　Pb-Sb 合金的静态总腐蚀速率与 Sb 含量的关系[17]

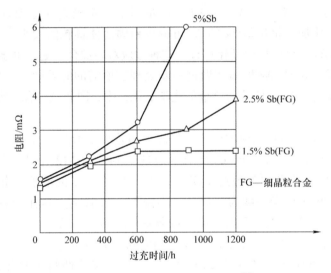

图 4.13　腐蚀引起的电阻增加[3]

4.3.4　Pb-Sb 合金的添加剂

4.3.4.1　砷

表 4.4 汇总了 As 对低锑合金机械性能的影响[21]。As 能提高合金硬度，但对 UTS 提高较少。如果与表 4.1 中列出的合金特性要求相对照，可看出添加 As 的合金满足了电池行业对硬度指标的要求，同时合金的拉伸强度也接近所要求的数值。

表 4.4 中的数据表明，腐蚀速率随着合金锑含量的降低而降低。因此应该寻找能够提高 Pb-Sb-As 合金拉伸强度及抗腐蚀能力的添加剂。表 4.4 也表明，添加少量 Ag（0.05wt%）和 Sn（0.02wt%）明显降低了腐蚀速率，同时提高了拉伸强度，恰好满足电池行业对合金硬度的最低要求。

表 4.4　As、Sn、Ag 对低锑合金参数的影响[21]

| 合金成分（wt%） | | | | 每日腐蚀速率/（mg/cm²） | 拉伸强度/（kg/mm²） | 铸件时效 3 天后的硬度/（kg/mm²） |
Sb	As	Ag	Sn			
3.5				1.78	3.4	10.8
3.5	0.15			1.96	3.5	13.1
3.5①	0.15			1.78	4.3	12.1
2.75①	0.15			1.63	3.5	12.9
1.8①	0.18			1.36 ~ 1.46	3.7	12.5
3.5	0.15	0.05	0.02	1.10	4.4	11.9

① 合金含有晶粒细化剂。

已经证实，电池使用一年后，Pb-Sb 板栅硬度下降，然而 Pb-Sb-As 板栅硬度不变。因此，添加 0.1wt% ~ 0.2wt% 的 As 足以阻止正极板在电池使用期间"长大"。已发现，添加不超 0.2wt% 的 As 可减少铅固溶体颗粒的大小[22]。As 也显著加速了 Pb-Sb-As 合金的快速硬化过程，这种效应对高锑合金更为明显。As 的这一效应有可能消除 Pb-Sb-As 板栅在做进一步处理前所需的时效硬化工序。当 As 含量高于 0.1wt% 时，As 降低熔融合金的化学氧化速率，因而减少合金废渣中所含的金属[23]。

已经证实，如果两种物质的原子半径尺寸相差小于 15%[24]，则一种物质在另一种物质中具有高溶解度。Pb 的原子半径是 1.746（CN12），As 的原子半径是 1.39（CN12）[25]。两者相差超过 15%。因此，As 在铅中的溶解度相当低。也就是，共熔温度 291℃ 时溶解度为 0.05%，室温下是 0.01%。As 主要存在于共晶体中。当 Pb-As 合金被阳极极化时，腐蚀侵袭主要限制在共晶区[23]。对于 Pb-Sb-As 合金，As 只是轻微影响均匀腐蚀的速率，但它强烈抑制晶间腐蚀反应[22]。

Pb-Sb 合金添加 0.1wt% ~ 0.2wt% 的 As 降低了浇铸期间熔融合金的流动性。合金中锑含量下降时，该影响会被加强。为提高铸造期间熔融合金的流动性，在铅-低锑-0.15wt% As 合金中添加量为 0.15wt% ~ 0.2wt% 的 Sn。

4.3.4.2　锡

添加锡（Sn）降低了 Pb-Sb 熔融体在静置状态下的氧化反应速度，其原因是在熔融体表面形成了一层保护性的 SnO_2 薄膜[26]。轻轻搅拌熔融合金时，Sn 的这种保护效果仍然可以保持，这减少了废渣的产生，因而减少了金属损失。在铸造过程中，由于发生了氧化反应，大部分锡以 SnO_2 的形式聚集在废渣中，仅有少量锡保留到板栅合金中。生成的 SnO_2 薄膜增大了表面张力，因而提高了合金的流动性[27]。这种熔融合金在低的温度下能够充模，因而提高了铸造速度。在 Pb-Sb-Sn 和 Pb-Sb-As-Sn 合金中，Sn 都发挥作用。在 Pb-Sb-As-Sn 合金中，Sn 的添加量为

0.15wt%~2.0wt%。当 Sn 添加量低于 0.4wt% 时，以上各种合金的机械性能和耐腐蚀性能只受到轻微影响。

已经证实，在硬化期间，Pb-Sb-Sn 三元合金体系中形成了薄片状的 Sb-Sn 颗粒和圆形 Sn 颗粒[28]。这些合金通过连续沉淀而硬化。Pb-Sb- < 1.0wt% Sn 合金的铸造样品具有 Sn 偏析到亚晶界的枝晶结构。这有赖于熔融合金凝固过程中的冷却速度。当 Sb 含量 < 1wt% 时，偏析会降低枝晶的过饱和度，因而降低了合金硬度。当 Sn 含量为 0.5wt%~1wt% 时，添加 Sn 降低了偏析速度，因而提高了合金硬度。当 Sn 含量介于 1.5wt%~2.5wt% 时，合金时效硬化速度加快。在含有 2.5wt% Sb 的 Pb-Sb 合金中，尽管枝晶中的一部分 Sb 原子会偏析到晶界，剩余的 Sb 还是能够维持足够高的过饱和度，以保证合金具有足够的硬度。在这种情况下，添加少量 Sn 产生的效果并不明显[28]。

为了提高 Pb-低 Sb-Sn 合金性能并提高铸造板栅的生产效率，研究人员测试了各种合金添加剂。证实 Se 是最有效果的添加剂之一。采用 Pb-3.0wt% Sb-1.3（或 1.5）wt% Sn-0.05wt% Se 合金的电池在英国海军和英国铁路服役超过了 20 年，并且使用效果非常好[29]。

4.3.4.3　银

已经证实，银元素是最能够有效降低 Pb-Sb 合金腐蚀速率的金属，因而研究人员对其进行了深入细致的研究[17,30-32]。研究人员测试了 Pb-Ag 和 Pb-Sb-Ag 合金中的不同银含量及其所对应的合金腐蚀速率（以失重计算）和电极电势[33]。所得曲线如图 4.14 所示。

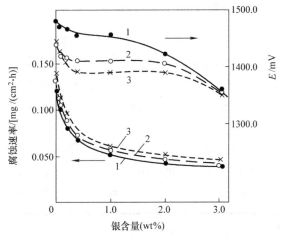

图 4.14　总腐蚀速率和电极电势随银含量的变化情况[33]
1—（以 ● 表示）Pb-Ag　2—（以 ○ 表示）Pb-5.7wt% Sb-Ag
3—（以 × 表示）Pb-10wt% Sb-Ag

对照图 4.12 和图 4.14 中的数据，可注意到 Sb 增加了腐蚀速率，然而 Ag 除了抵消 Sb 的不良影响之外，甚至还提高了 Pb-Sb-Ag 合金的耐腐蚀能力。Ag 抑制晶间腐蚀，因而均匀腐蚀是 Pb-Sb-Ag 合金主要的腐蚀反应。银对氧析出反应具有轻微影响，在 Pb-Sb-Ag 合金中，Sb 含量决定了氧析出过电势。

4.3.5 板栅合金中的锑对水分解速率的影响

4.3.5.1 氧析出反应

以 6.40mA/cm^2 的电流密度对不同锑含量的铸造极板进行极化[17]。当电势达到稳定值时，绘制出电极电势与合金中锑含量的对应关系图，如图 4.15 所示。

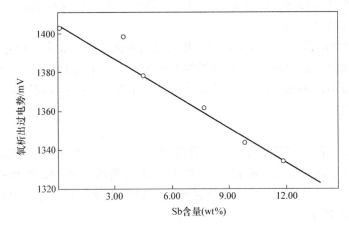

图 4.15　氧析出过电势（相对于 $Hg\mid Hg_2SO_4$）随 Sb 含量的变化情况[17]

随着合金中锑含量的增加，氧析出过电势下降。这表明，合并于二氧化铅腐蚀层中的 Sb^{5+} 离子参与，或者影响某些基本反应，这些基本反应与氧析出有关。图 4.14 和图 4.15 中的数据表明，一方面，Sb 增加了腐蚀速率；另一方面，Sb 降低了氧析出过电势，电池充电和自放电过程中，氧气析出促进了水分解。

4.3.5.2 氢析出

图 4.16 展示了氢析出速率对纯 Pb 电极电势和不同锑含量 Pb-Sb 电极电势的依赖关系[8]。以 2.0mA/cm^2 电流密度进行电极极化时，合金中添加的 Sb 大幅降低了氢析出电势。实验结果显示，根据合金中的锑含量，氢析出电势降低了 220mV（Pb-2.2wt% Sb）和 380mV（Pb-5.7wt% Sb）。这说明 Sb 强烈影响着氢析出过电势，该影响超过了它对氧析出过电势的影响。

在板栅腐蚀过程中，锑离子通过溶液扩散，并沉淀在负极板上。在 Sb 物相上，氢气以更高的速率析出，这导致电池水损耗增加。图 4.17 说明了采用 Pb-Sb 板栅的 80Ah 电池以 2.26V/cell 的电压极化期间，其浮充电流随浮充时间的变化情

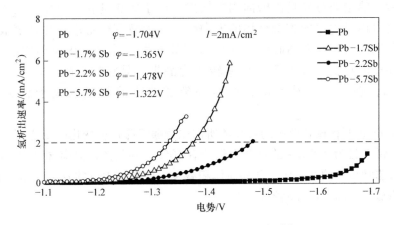

图 4.16　锑对氢析出过电势的影响[8]

况[3]。合金中 Sb 含量越高，水分解成氢气和氧气的浮充电流越大。显然，Sb 在水分解反应中发挥了重要作用。

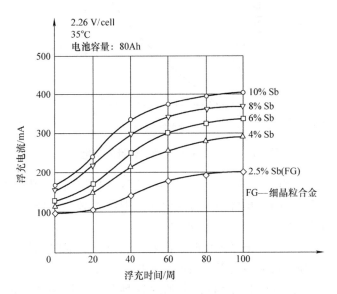

图 4.17　以 2.26V/cell 的电压对 80Ah 工业电池极化期间，
浮充电流随浮充时间的变化情况[3]

4.3.6　板栅热裂机理

采用热处理方法提高合金机械性能被证明在技术上是不可行的。这会引起板栅热裂，并增加了晶内腐蚀，因而被电池行业舍弃。

Heubner 等人[34,35]对裂隙的形成提出了以下机理：当液态 Pb-Sb 合金倒入模具之后，热量通过模具内壁向周围散发。由于散热具有方向性，铅固溶体枝晶优先沿着模具内壁向熔融金属的方向生长。溶液变得富锑，并且溶液体积减小。冷却期间，枝晶开始收缩，晶粒可能彼此发生分离，从而形成微小裂隙。如果枝晶朝向相似，收缩部位可能转化为晶界，晶粒被分隔。未凝固的合金变得富锑，趋向于填补裂隙，但填补裂隙的锑的数量取决于合金中的锑含量。

图4.18表明板栅合金中的共晶体所占比例随着锑含量变化而变化[36]。图中曲线表明，锑含量为2.5wt%的合金大约含有10%的共晶体，但锑含量为1wt%的合金中只有非常少量的共晶体。共晶体体积减少，使最早生成的α-Pb枝晶可以结晶成具有明显朝向的大尺寸晶粒。

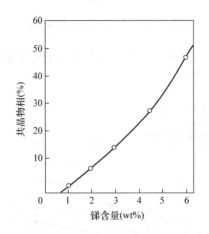

图4.18　板栅共晶物相随锑含量的变化[36]

如果板栅合金中Sb含量高于5wt%，则有充足的熔融液相填充所有裂隙，可保持铸件连续完整。如果Sb含量小于4wt%，则许多裂隙可能是空的（未被填充），造成所谓的板栅"热裂"（见图4.19）。

当这种结构的板栅受到阳极极化时，沿着枝晶间和晶界的腐蚀侵袭更快。这导致更深入的晶间腐蚀，可能最终引起板栅筋条损坏。

向熔融体中加入成核剂，能够完全消除这种危害。熔融体中的这些添加剂（晶粒细化剂）在高于铅枝晶形成的温度下结晶。这样，铅固溶体在这些晶核上生长得更快。如果熔融合金中含有大量成核剂，则可生成细小的晶粒结构。

4.3.7　成核剂（细化剂）

4.3.7.1　硒（Se）和硫（S）

这些添加剂与铅反应，生成一种金属铅-硒之间的化合物，而硫形成一种Pb-S物相，然后它们成为晶核。α-Pb晶粒容易在这些晶核上生长，其尺寸不超过50～

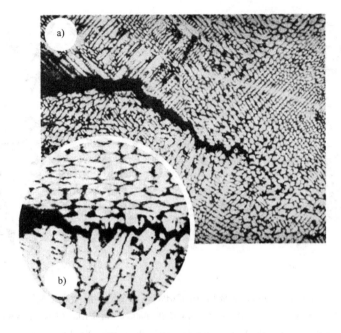

图 4.19　带有热裂的粗枝晶铸件结构（Pb-2.0wt% Sb 合金）[3]

a) 合金结构的概图　b) 热裂近照

70μm，因而避免生成大的枝晶（700～1000μm）。

采用 Pb-2.5wt% Sb-0.02wt% Se 合金浇铸板栅，图 4.20 显示了这种板栅筋条微观结构的显微照片[3,37]。这些照片展示了最初形成的 α-Pb 固溶体的细小鲕状结构和共晶体的晶界。这种合金组织结构能够防止铸造过程中发生热裂。

人们研究了 Se 和 S 作为低锑合金细化剂对晶粒大小的影响。所得结果列于图 4.21中[34]。

在减小晶粒尺寸的效果方面，Se 明显优于 S。这是因为与 S 相比，Se 在 Pb-Sb 合金中的溶解度更高。已经证明，铜可增加硫在熔融体中的溶解度，并因此增强了其晶核的作用。基于这一原因，硫与铜经常联合使用。

对于大区间浓度的锑含量（0.5wt%～9.0wt%）的合金，硫都表现出其细化晶粒的作用[38]。然而，电池行业使用低锑合金多亏了板栅合金中成核剂的添加。含有成核剂的合金不仅用于书形模重力浇铸板栅和压力铸造板栅，而且用于连续辊筒铸造工艺。低锑合金（比如 Sb 含量 <1.6wt%）非常快速地固化。其凝固区较小，共晶体数量较少，适于连续浇铸，并生成细小的晶粒结构，保证板栅的高机械性能和耐腐蚀性能。成核剂不仅在铸造期间的结晶过程

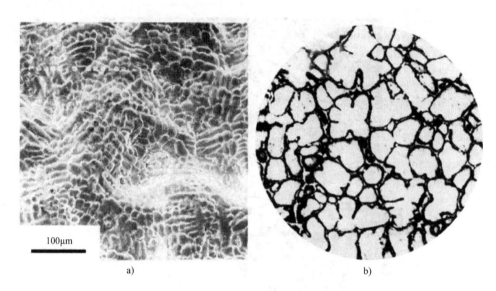

图 4. 20　Pb- 2. 5wt% Sb- 0. 02wt% Se 合金铸件的微观结构图

a）修改引用自 B. E. Kallup，D. Berndt，in：K. R. Bullock，D. Pavlov（Eds. ），Advances in Lead—acid Batteries，The Electrochem. Soc. Inc. ，Pennington，NJ，USA，1984，p. 214.

b）修改引用自 D. Berndt，S. C. Nijhavan，J. Power Sources 1 （1976/77）3.

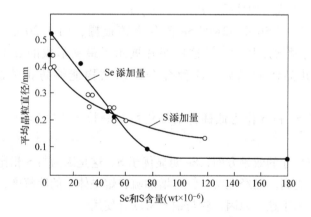

图 4. 21　Pb- 2. 5wt% Sb 合金添加 Se 和 S 后，铸造板栅的晶粒细化情况
（铸造温度为 500℃，模具温度为 135℃）[34]

中发挥重要作用，而且在提高 Pb- Sb 合金的抗腐蚀能力方面也发挥了作用[39,40]。

已证实，含锑量在 1. 5wt% 以下、含硒量为 0. 05wt% 的板栅合金，大幅降低了电池的水分解，但正极板出现钝化，这与 Pb-Ca 合金出现的钝化相似。这些钝化现象将在本章专门介绍 Pb-Ca 合金的部分进行更详细的讨论。为了克服钝化危害，在板栅合金中添加 0.3wt% ~ 0.4wt% 的 Sn[41]。

4.3.7.2　铜

铜与砷联合使用形成 Cu_3As，发挥成核作用[14]。铜以 0.05wt% ~ 0.06wt% 的含量，与 0.006wt% ~ 0.007wt% 的硫联合使用，也发挥有效成核剂的作用[14]。此外，对铅和 Pb-Sb 合金的总腐蚀速率具有有益效果[43]。铅铜共晶体含有 0.06wt% 的铜。在该铜含量下，可发现明显的腐蚀速率最小值。如果合金的锑含量降低，该最小值更为明显[42]。铜含量为 0.06wt% 时，Pb-Sb-Cu 合金的铸造性能和硬度都出现最大值。目前有许多含有成核剂的低锑合金，包括 Pb-(1.5 ~ 2.5)wt%-Sb-(0.1 ~ 0.2)wt% As-(0.2 ~ 0.3)wt% Sn-(0.02 ~ 0.03)wt% Se 合金和 Pb-2.0wt% Sb-(0.1 ~ 0.2)wt% As-(0.1 ~ 0.2)wt% Sn-(0.05 ~ 0.06)wt% Cu-(0.005 ~ 0.007)wt% S 合金体系。这些含成核剂的低锑合金需要精确控制添加剂数量和铸造期间的温度。板栅铸造过程中，熔铅锅和输铅系统应保持高温（490 ~ 510℃），以保持晶核溶解在熔融体中。书形模温度应为 150 ~ 170℃。在以上条件下，不会出现铸造问题。然而如果熔融体温度低，其成核剂溶解度低，成核剂可能浮出来形成废渣。这样，它们对合金微观结构没有任何影响，而板栅会出现严重热裂。在成核剂存在时，低锑合金结构取决于成核剂的数量和分布（以及铸造时的温度控制精度）。

4.3.8　Sb、As 和 Bi 对 PbO_2 活性物质结构可逆性的影响

锑和合金添加剂不仅影响板栅腐蚀和水分解速率，也有利于保持正极活性物质（PAM）结构的可逆性。在正极板充电期间，30% ~ 50% 的活性物质转化为 $PbSO_4$。这样，PbO_2 活性物质结构发生变化，在随后的再充电期间得以恢复。这些反应并不总是可逆的，因此活性物质的结构逐渐崩溃，导致容量衰减。

已证实，锑减缓 PbO_2 凝聚体的生长，并降低其结晶度[43]。Sb^{5+} 离子比 Sb^{3+} 离子更容易吸附在 PbO_2 表面[44]。锑存在于 PbO_2 晶格中，它作为掺杂剂，增加了电极的容量，然而，如果锑添加到电解液中则会具有负面效应[45]。铋和砷掺杂在 PbO_2 电极中加速了许多与氧转移有关的反应[46]。

为了研究锑、砷和铋对 PAM 结构可逆性的影响，研究人员将密度为 4.15g/cm³ 的 PAM 粉末填充成圆柱形管式电极，然后对该电极进行循环测试[47,48]。该电极的集流体（骨芯）采用 Pb 或 Pb-6.0wt% Sb 合金制造。图 4.22 表明，在前 20 次循环期间，电解液中的 Sb^{3+} 离子、As^{3+} 离子和 Bi^{3+} 离子对管式电极比容量的影响。

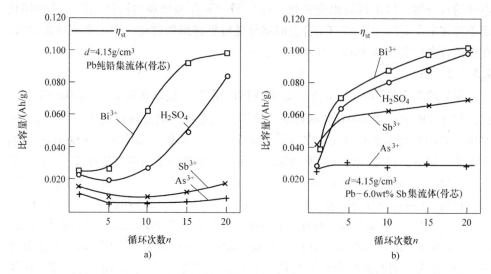

图 4.22 电解液中的 As^{3+}、Bi^{3+}、Sb^{3+} 离子对比容量/循环寿命的影响，试样为
铅（图 a）和 Pb-6.0wt% Sb 骨芯（图 b）的管式电极[47]

图中数据证明：

1）Bi^{3+} 离子加快了 PAM 结构的形成。Sb^{3+} 离子阻碍了其形成，而 As^{3+} 则完全阻止了该反应。这3种添加剂的影响与电极所用集流体的种类无关。

2）在前5次循环中，CL 形成，PAM 结构开始形成。集流体合金中的锑对该反应有很大影响，而且所有曲线移向更高的数值。在 Pb-Sb 集流体腐蚀过程中，Sb 离子有可能进入 CL 结构层中，提高了 CL 和 PAM 之间的接触。电解液中的离子影响两者接触，并且 As^{3+} 离子阻止 PAM 结构的建立。采用 Pb-Sb 集流体的电极容量更高，是纯铅集流体电极容量的 3.7 倍。Sb 作为合金添加剂产生的影响比电解液中 Sb 离子的影响更大。如果电解液中存在 Bi^{3+} 离子，则集流体合金中 Sb 的益处得到增强，这种电极 PAM 结构的形成速率最高。

图 4.23 证明，在不同次循环期间，电池比容量随着集流体合金中 As 含量和 Bi 含量的变化而变化[48]。图 4.22 和图 4.23 中的数据表明，集流体合金中的 As 非常有利于 PAM 的形成，而溶液中的 As^{3+} 离子则起到阻碍作用。As^{3+} 离子进入腐蚀层之后提高了 PbO_2、PAM 和 CL 之间接触面的电学特性，因而促进了 PAM 结构的形成。图 4.23b 证明，如果集流体中含有 0.2wt% ~ 0.8wt% 的 Bi，前 20 次循环就可以形成 PAM 的结构，保证 PAM 利用率超过 50%。

为了研究合金添加剂对 CL│PAM 界面的影响，采用 Sb 含量不同的合金和密度不同的铅粉制成管式电池，以进行测试[47,48]。测试结果如图 4.24 所示。

试验数据表明，电极比容量有赖于集流体合金中的锑含量和 PAM 密度。这恰

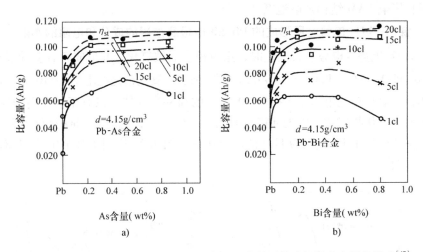

图 4.23　合金中的 As（图 a）和 Bi（图 b）含量对管式极板比容量的影响[47]
（PbO$_2$ 铅膏密度为 4.15g/cm^3，cl 是循环数）

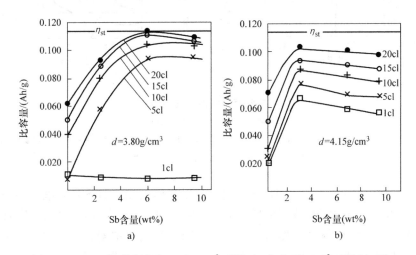

图 4.24　PbO$_2$ 铅膏密度为 3.80g/cm^3（图 a）和 4.15g/cm^3（图 b）时
合金中的锑含量对管式电极比容量的影响[47]

好表明，合金中的 Sb 不仅影响 CL｜PAM 界面结构，而且影响 PAM 本身。在集流体合金中含有较高锑含量的情况下，采用较低密度 PAM 的电极比容量最高。

正是由于 Sb 的这一效果，Sb 被制成 Pb-(5～10)wt% Sb 合金，用于深放电循环工况的动力型电池的正板栅和集流体。这种电池的性能参数更加稳定，但水损耗较高，并且需要更多维护。

所有试验数据表明，电池正板栅合金成分不仅影响板栅的机械性能和电化学特性，而且影响 PAM 结构及电池循环寿命。

4.3.9 锑对 PbO₂ 电势区所形成的 Pb-Sb 电极腐蚀层的成分和电阻的影响

以 PbO₂ 电势区电势进行极化时，正板栅表面被氧化，并形成含有多种氧化物，包括 Pb│PbO│PbO$_n$│PbO₂（$1 < n < 2$）的腐蚀层。氧化铅是电阻率 $r \approx 10^{12}\ \Omega \cdot cm$ 的绝缘体，二氧化铅是电阻率 $r \approx 10^{-2}\ \Omega \cdot cm$ 的简并半导体。只有正板栅腐蚀层由高化合价的铅氧化物组成，电池才能具有高功率的性能，也就是 PbO 氧化为 PbO₂ 的反应速率应该高于 Pb 氧化为 PbO 的反应速率。图 4.25 说明了合金中的 Sb 对反应速率的影响[49]。

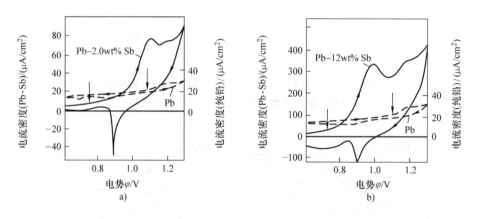

图 4.25　线性伏安扫描

a）Pb-2.0wt% Sb 电极　b）Pb-12wt% Sb 电极

注：0.5mol/L 浓度的 H₂SO₄ 溶液以 0.6V 恒电势极化 16h（图中虚线代表纯铅电极的伏安图），
左纵坐标轴为 Pb-Sb 电极的电流密度，右纵坐标为纯铅电流密度。

以 +0.06V（相对于 Hg│Hg₂SO₄ 电极）的电势对浸于 H₂SO₄ 溶液中的纯 Pb 电极、Pb-2.0wt% Sb 电极或 Pb-12wt% Sb 电极进行极化 16h，使之形成一个 Pb│PbO│PbSO₄ 电极体系。然后，以 +0.6 ~ 1.3V 的电势对该电极体系继续进行线性伏安扫描，使 PbO│PbSO₄ 层进一步氧化成 PbO₂。图中使用箭头标示出 PbO 开始氧化为 PbO₂ 的电势。对比 Pb-Sb 电极和纯 Pb 电极测得的 i/φ 曲线，可发现 Sb 大幅降低了 PbO 氧化的初始电势，并极大地加快了 PbO₂ 的形成速度，因此，Sb 使腐蚀层保持较低的欧姆阻抗。这样，消除了 CL│PAM 界面电阻对极板容量的影响。板栅合金中的锑含量越高，PbO 氧化成 PbO₂ 的反应速度越快。这些试验表明了 Sb³⁺ 离子和 Sb⁵⁺ 离子进入到 PbO、PbO$_n$ 和 PbO₂ 次级层的结构中，分别形成了 Pb$_{1-x}$Sb$_x$O、Pb$_{1-y}$Sb$_y$O$_n$ 和 Pb$_{1-z}$Sb$_z$O₂。这些锑离子会影响各个铅氧化物的特性[49]。

根据图 4.25 中列出的试验数据结果，可以推断出锑进入 CL 中后，提高了 CL

和 PAM 之间的电接触和机械接触，并最终提高了铅酸蓄电池的能量特性。

4.4　Pb-Ca 合金

4.4.1　Pb-Ca 合金如何广泛地应用于电池行业

为了降低电池水分解以及减少电池维护工作，1935 年，Haring 和 Thomas[50] 发明了铅-钙（Pb-Ca）合金，该合金用于生产通信中心所用固定型电池的铸造板栅。这种板栅合金中的钙含量是 0.03wt%。该两组分（二元）合金也用于潜艇电池。已经证实，当 Ca 添加量高于以上值时，板栅在电池使用期间长大[51]。当合金中的钙含量低于 0.03wt% 时，会导致板栅机械性能变差[52]。含有 0.03wt% Ca 的板栅耐腐蚀，并且适于铸造固定型电池的正、负板栅。除了合金成分，铸造工艺也影响 Pb-Ca 板栅的微观结构和机械性能[53]。在恒压浮充的固定型和备用型电池领域，Pb-Ca 合金占主导地位。

如果用于深放电循环工况的动力型电池使用铅-钙合金板栅，则在前 30~40 次循环时电池容量即开始迅速下降。似乎该意外情况缘于正板栅中锑的缺失[54-56]。这种猜测通过在 Pb-Ca 正板栅表面覆盖一层锑得到了证实。采用这种板栅的电池性能表现与 Pb-Sb 板栅电池类似，直到 Sb 被氧化并溶解到溶液中，这时电池容量才发生下降[57]。由于上述"无锑效应"，Pb-Ca 合金的应用仅限于恒电压浮充使用的固定型电池。

20 世纪末，人们发明了免维护型 VRLAB。最初的 VRLAB 采用 Pb-Ca 合金板栅。无锑效应显露无遗，冶金专家被迫将正板栅合金恢复为 Pb-Sb 合金，并将合金中的锑含量最少化。然而无锑效应并没有完全消除。这恰恰表明，所观察到的容量快速损失，原因不是锑的缺乏，而是正极板所发生的物理-化学反应的结果。这种现象被称为"早期容量损失"（PCL 效应）[58]。针对这种效应，人们提出了两种解释。

1）PCL-1 效应，与板栅 | CL | PAM 界面发生的反应有关[59-62]。在板栅腐蚀期间，形成腐蚀层，其成分为 PbO、PbO_n（$1 < n < 2$）和 PbO_2。在循环期间，在 Pb、Pb-Ca 或 Pb-低 Sb 板栅上有可能快速形成相当厚度的 PbO 次级层，这样形成了一个高阻抗的界面。如果板栅合金中含有大量 Sb 或 Sn 添加剂，Sb 或 Sn 离子加速了 PbO 氧化为更高化合价并具有更高电导率的氧化物的反应过程，这样可以减小 PbO 层的厚度，因而降低了腐蚀层界面电阻。

2）PCL-2 效应，与活性物质自身变化有关[63]。该效应缘于 PAM 颗粒间的电阻。PCL-2 比 PCL-1 对电池循环寿命的影响小。

人们认为这两种失效机理与某种使用条件和合金成分有关。向 Pb-Ca 合金中添加一定量的 Sn，可以消除 PCL 效应。Pb-Ca-Sn 合金用于铸造负板栅，在工业生产中占主导地位，几乎适用于所有类型的铅酸蓄电池。然而正极板采用低锑板栅，用于生产深循环电池，或者采用含有大量 Sn 的 Pb-Ca 板栅，用于生产其他循环使用的电池。

用于生产电池板栅的 Pb-Ca 合金中的 Ca 含量从 0.03wt% 到 0.15wt% 不等。Pb-Ca 合金凝固区狭窄，只有 1~3℃，因而适于高效稳定的模具铸造、连续轧带或网栅铸造。这些合金适于电池负板栅制造。

根据其特性，Pb-Ca 合金可分为

1）低钙合金（0.02wt%~0.04wt%），用于铸造浮充使用的固定型电池板栅。通常这些合金中添加很少量的 Al。

2）中钙合金（0.06wt%~0.10wt%），用于连续铸造汽车电池负板栅，制造拉网或卷绕板栅的合金铅带。这些合金中也添加铝，以保持铸造过程中 Ca 含量不变。这些合金的凝固区狭窄，可以高速铸造。

3）高钙合金（0.10wt%~0.15wt%）。它们也含有高含量的铝，用来铸造汽车电池负板栅。

现在我们更详细地讨论电池工业所用 Pb-Ca 合金的基本类型、结构和性质以及最常见的 Pb-Ca 合金添加剂。

4.4.2 Pb-Ca 合金体系的平衡相图

似乎只有具有某些性质的合金才适于铸造铅酸蓄电池板栅。Pb-Ca 合金与 Pb-Sb 合金类似，都属于时效硬化或沉淀硬化类型的合金。随着合金温度的降低，钙在 α-Pb 固溶体中的溶解度下降，形成 Pb₃Ca 小晶粒沉淀。这与之前图片描述的 Pb-Sb 合金相似。

图 4.26 展示了稳定态 Pb-Ca 合金体系的相图[13;64]。在 328℃ 的包晶温度下，合金中由多个物相（α-Pb 和液态）组成，其中 Ca 在 Pb 中的最大溶解度为 0.1wt%。在室温下，Ca 的溶解度为 0.01wt%。固相再结晶反应导致合金中的 Ca 含量相差 10 倍之多，并改变了合金的微观结构及其机械性能。

包晶体将 Pb-Ca（0.07wt% Ca）合金相图分为两个区：

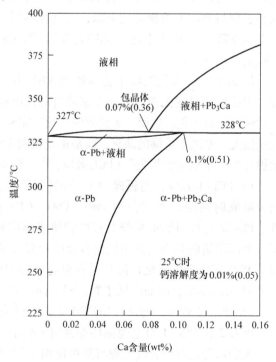

图 4.26　Pb-Ca 合金体系的平衡相图[13]

（括号内数值是原子百分数）

162

1）Ca 含量 <0.07wt%，形成足够数量的超饱和态 α-Pb 固溶体。随着合金硬化时间推移，通过非常细小的 Pb_3Ca 颗粒发生沉淀，该固溶体渐渐达到平衡状态。Pb_3Ca 使铅晶格变形，并因此提高了合金硬度。图 4.27a 展示了 Pb-0.05wt% Ca 合金样件的微观结构[65]。

2）Ca 含量 >0.07wt%。图 4.27b 展示了 Pb-0.09wt% Ca 合金的微观结构[65]。快速冷却合金可以生成固溶相，并因此阻止 Ca 偏析。在该合金体系中，发生了一些再结晶反应，引起铅晶粒的形成和 Pb_3Ca 颗粒的分散。Pb_3Ca 颗粒的数量取决于合金成分和所采用的铸造工艺，这与其他任何时效硬化类型的合金体系的情况相同。在室温下，Pb-Ca 合金比 Pb-Sb 合金硬化快许多。如果将铸造板栅置于高于室温的环境中，时效硬化速度可以进一步加快。

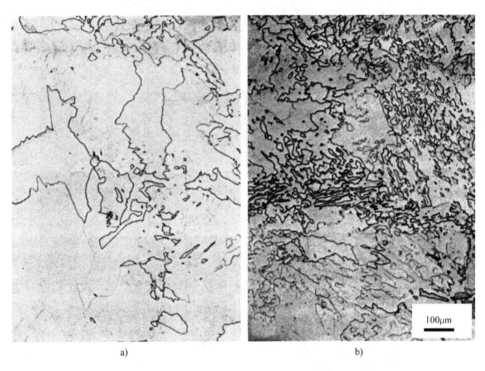

a)   b)

图 4.27 随着钙含量增加，Pb-Ca 合金的晶粒细化情况[65]（两图均放大了 90 倍）
a) Pb-0.05wt% Ca⊖   b) Pb-0.09wt% Ca

4.4.3 Pb-Ca 合金的机械性能

随着 Ca 含量的增加，Pb-Ca 合金的平均晶粒尺寸变小，引起其机械性能变化。

⊖ 原书为 Pb-0.06wt% Ca，文中为 Pb-0.05wt% Ca，图中有误，以文为准。——译者注

对于 Ca 含量不超过 0.14wt% 的 Pb-Ca 合金，Ca 含量对 YS、UTS 和蠕变失效（耐蠕变性）影响情况如图 4.28 所示。该图采用了参考文献 [66] 中的数据。随着 Ca 含量提高，最大到 0.07wt%（即包晶体 Pb-Ca 合金的成分），合金的各项机械性能随之提高，达到最大值后性能下降。Ca 含量大于 0.08wt% 的合金，其蠕变强度突然下降，这会导致循环期间电池正板栅明显长大。这将损害板栅丨PAM 的接触，最终缩短了电池的循环寿命。

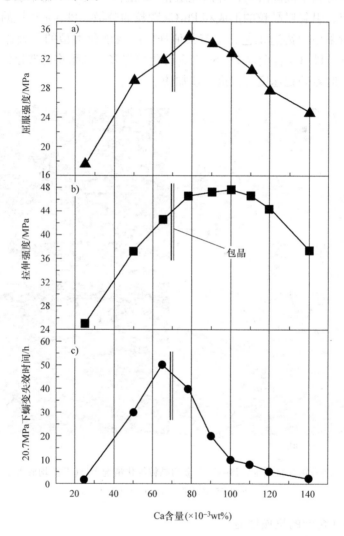

图 4.28   Pb-Ca 合金的 a）屈服强度、b）极限拉伸强度、c）20.7MPa 蠕变失效时间
随 Ca 含量的变化

注：图中数据来自参考文献 [66]。

图 4.29 表明 Pb-Ca 合金的腐蚀速率随着 Ca 含量的变化而变化。图中引用了参考文献 [66] 中的数据。Ca 含量的增加引起腐蚀速率快速增加。钙偏析到晶界处，所以明显增大了晶间腐蚀速率。因为钙与氧之间的亲和力高，所以晶间腐蚀增加是符合逻辑的。为了抑制这一不利影响，合金中的 Ca 含量应该降低到不超过 0.05wt% ~ 0.07wt% 的水平。

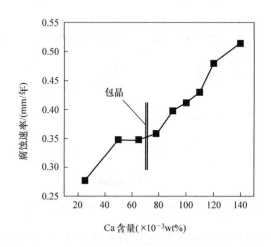

图 4.29　Pb-Ca 合金腐蚀速率和 Ca 含量的关系

注：图中数据来自参考文献 [66]。

电池生产实践中，已将 Pb-Ca 合金的 Ca 含量限制在 0.05wt% ~ 0.06wt% 之间。采用这种合金板栅之后，极板析气可以忽略，适用于免维护电池。不过，这些合金易于产生 PCL 效应。当 Pb-Ca 合金用于电池正板栅时，应寻找恰当的添加剂，以抑制其 PCL 效应的发生。本章将进一步研究这些添加剂。

4.4.4　Pb-Ca 合金添加剂铝

采用 Pb-Ca 合金浇铸铅酸蓄电池板栅，应准确控制合金的成分。如果 Ca 含量低于 0.045wt%，板栅会丧失应有的机械强度。如果 Ca 含量高于 0.07wt%，将产生严重的腐蚀问题。Ca 在铸造期间易于氧化，变成废渣浮在熔融合金表面，引起铸造问题。人们研究了多种方法以降低，或完全阻止 Pb-Ca 板栅铸造时 Ca 的氧化。

已证实，通过向 Pb-Ca 合金添加铝可以保护 Ca，防止其发生氧化[67,68]。铝易于氧化，其氧化物在熔融合金表面形成一个薄层，阻挡了氧气的通路，从而防止熔融合金中的 Ca 继续发生氧化。图 4.30 展示了使用 Pb-0.1wt% Ca 合金铸造板栅期间，在添加铝和不添加铝的情况下，熔融合金中的 Ca 含量随着铸造时间的变化情况[36]。在合金中不含铝的情况下，在合金熔化期间，Ca 损失了 15% ~ 20%，经过 8h 的铸造生产之后，钙损失超过了 60%。而含有铝的合金没有出现 Ca 的损失。

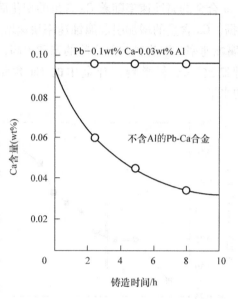

图 4.30　铝对板栅铸造过程中的钙损失的影响[36]

为了保护钙，发挥抗氧化剂的作用，合金中铝的含量应该高于 0.03wt%[36]。更低含量的铝不足以"修复"铸造期间熔融合金表面破裂的氧化铝薄膜。

铝在铅中的溶解度取决于温度。两者的相互关系如图 4.31 所示，图中数据基于参考文献［36］。为了保持 Pb-Ca 合金中 Ca 含量高于 0.03wt%，熔融合金的温度应保持在 500℃ 以上。如果合金温度较低，一部分铝会沉淀在熔融合金输送管道内壁上，钙因失去保护而被氧化。

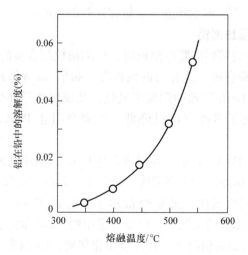

图 4.31　铝在铅中的溶解度随温度的变化情况[36]

Pb-Ca-Al 合金铸造板栅的特点是均衡的机械性能，均匀细小的晶粒结构以及滞后的晶间腐蚀。然而，Pb-Ca 合金中添加的 Al 并不会消除板栅 CL 中发生的钝化现象；它只能解决板栅浇铸问题。一些电池生产商使用 Pb-Ca-Al 合金铸造电池负板栅。

4.5 Pb-Ca-Sn 合金

4.5.1 Pb-Ca-Sn 合金的微观结构

Pb-Ca 合金添加锡之后，其组织结构发生了显著变化。这些合金所生产的板栅具有特殊的机械性能、耐腐蚀性和电化学性质，采用 Pb-Ca-Sn 板栅或 Pb-Sn 板栅的电池市场份额大幅增加，与 Pb-Sb 板栅电池份额相当。这三类电池与免维护 VRLAB 总量相当。

我们来了解一下合金元素 Sn 如何影响 Pb-Ca-Sn 合金体系的微观结构和特性。

图 4.32a ~ c 展示了随着 Sn 添加量不断增加，Pb-0.06wt% Ca 合金铸造的板栅筋条部分的微观结构的图片[69]。合金晶粒尺寸随着 Sn 含量的增加而增大。Sn 含量超过 0.8wt% 的合金含有粗大晶粒，这些晶粒可能长得很大，以至于仅仅几个晶粒就构成了 SLI 电池板栅细筋条的横截面。

图 4.32d ~ f 展示了随着 Ca 含量在 0.09wt% ~ 0.13wt% 之间变化，合金微观结构的变化情况[69]。随着 Ca 含量增加，晶粒尺寸变小。

晶粒尺寸随着 Pb-0.12wt% Ca-xwt% Sn 合金中 Sn 含量变化而变化，如图 4.33 所示[70]。随着 Sn 含量的增加，晶粒尺寸线性增大。因为晶粒直径取决于合金中 Ca 和 Sn 的含量，文献中提出了 $r = \%Sn/\%Ca$ 这一比例系数[70-72]。发现大约当临界值 $r = 9$ 时，合金微观结构发生变化。

- 当 $r < 9$ 时，晶粒尺寸小（$30 ~ 100\mu m$），晶界为锯齿状。相关文献将这种现象解释为合金凝固过程中，在流动的晶界后面，Pb_3Ca 呈蜂窝状析出 [73,74]。
- 当 $r > 9$ 时，晶粒完整清晰，尺寸较大（$100 ~ 150\mu m$），包含偏析的 Sn 的网状次级结构[69]。当 r 值更高时，Sn 在晶间区域偏析，Ca 从网状析出变为连续析出，形成更为稳定的 $(PbSn)_3Ca$[69,70,74]。颗粒的尺寸和类型（形态学）影响 Pb-Ca-Sn 合金的机械性能和耐腐蚀性。

4.5.2 Pb-Ca-Sn 合金的机械性能

金属铅熔点低（$t = 327℃$）。这使得合金元素可以在室温下扩散到铅金属中。随着时间的推移，扩散反应会形成金属间化合物，改变了铅合金的性质。人们曾经对铅合金机械性能在时效期间发生的改变进行了广泛研究。现将其中一些结论概述如下。

图 4.34 展示了 Ca 含量均为 0.06wt%、而 Sn 含量不同的两种 Pb-Ca-Sn 合金的

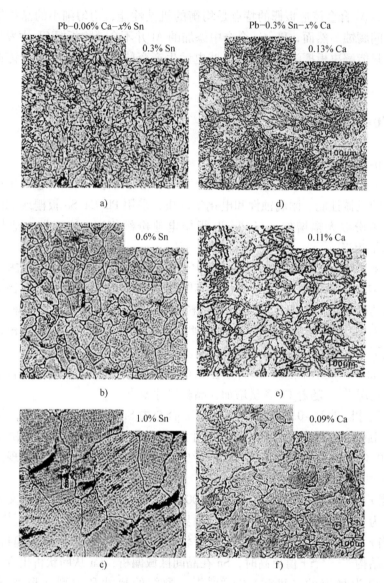

图 4.32 不同 Pb-Ca-Sn 合金在室温下放置一周后的微观图[69]

a）0.06wt% Ca + 0.3wt% Sn   b）0.06wt% Ca + 0.6wt% Sn   c）0.06wt% Ca + 1.0wt% Sn

d）0.3wt% Sn + 0.13wt% Ca   e）0.3wt% Sn + 0.11wt% Ca   f）0.3wt% Sn + 0.09wt% Ca

时效硬化曲线[69]。Sn 含量较高的合金硬化速度更快，并且铸件硬度更高。时效硬化机理与结构转化反应有关，反应式如下：

$$Pb_3Ca \rightarrow (PbSn)_3Ca \rightarrow Sn_3Ca$$

铸件完成铸造之后，随着时间的推移，Pb_3Ca 颗粒在金属铅基体中发生不连续沉

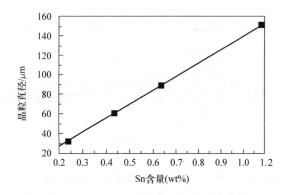

图 4.33　Sn 含量对 Pb-0.12wt% Ca-xwt% Sn 合金的晶粒直径的影响[70]

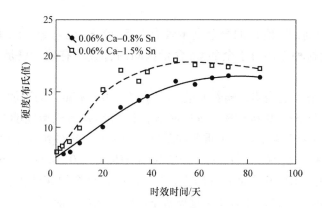

图 4.34　Pb-Ca-Sn 合金的时效硬化[69]

淀，然后通过连续沉淀转化为非常细小的金属间化合物 $(Pb_{1-x}Sn_x)_3Ca$ 颗粒，Pb-Ca-Sn 合金硬度快速增加，这样制品处于时效状态。随着层状而粗糙的 $(Pb_{1-x}Sn_x)_3Ca$ 颗粒的不连续沉淀，合金结构发生了进一步改变，引起沉淀产物过时效，并降低了铸件硬度。

图 4.35 展示了 Pb-0.11wt% Ca-0.57wt% Sn 合金在时效过程中的温度-时间关系。图中，A 区为不连续转化过程；B 区为 $(Pb_{1-x}Sn_x)_3Ca$ 连续沉淀区；C 区为层状 $(Pb_{1-x}Sn_x)_3Ca$ 非连续沉淀区[75]。

图 4.36 展示了两种不同 Sn 含量（0.5wt% Sn 或 1.5wt% Sn）的 Pb-Ca-Sn 合金铸件在完全时效状态下的机械性能，表明了铸件 YS、UTS 和 CR 随着 Ca 含量的变化而变化。图中引用了参考文献［66］中的数据。低钙合金（0.02wt% Ca 和 0.03wt% Ca）的机械性能差，并随着合金中 Ca 含量的提高而提高。当钙含量达到包晶体的钙含量时，合金机械性能达最好。随着 Ca 含量的继续提高，合金机械性能发生了下降。对比实测的 3 种性能参数（YS、UTS 和 CR），含有

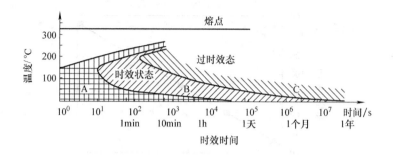

图4.35　Pb-0.11wt%Ca-0.57wt%Sn合金的典型温度-转化-时间关系图（TTT图）[75]

注：A区为非连续转化区；B区为（Pb$_{1-x}$Sn$_x$）$_3$Ca连续沉淀区；

C区为（Pb$_{1-x}$Sn$_x$）$_3$Ca的非连续沉淀区。

1.5wt%Sn（较高的 r 值）的合金高于含有0.5wt%Sn的合金。Sn加快了合金沉淀反应。Sn的这种作用对于全部Ca含量区间的合金均有效，只是影响程度有所不同。

图4.36中清晰地表明，随着大量Sn（高于1.0wt%Sn）的添加，共晶区的Pb-Ca合金［（0.07wt%～0.08wt%）Ca］最适合铸造具有高机械性能的板栅。不过，铸造板栅所用合金需满足第二个重要的条件，也就是，铸件快速硬化，以便能使生产过程高速运行。含有（0.08wt%～0.12wt%）Ca和（0.3wt%～0.6wt%）Sn的合金通常用于备用VRLAB和通信VRLAB[66]。这些合金会快速硬化，这样铸造的板栅才能够被拿取和放置，然后在经过短暂室温时效之后，能够进一步加工处理。有时，电池制造商倾向于平衡板栅参数和生产周期。Pb-Ca-Sn合金铸造板栅的机械性能受铸造工艺和后续处理的影响很大。Pb-Ca-Sn合金板栅铸造之后，对其进行辊轧处理是提高其机械性能的方法之一。

图4.37展示了3种Pb-Ca-Sn合金的YS、UTS和EL对钙含量的依赖关系，这些合金的钙含量均低于包晶体的钙含量值。合金试件采用10:1的压缩比进行了辊轧处理。图中使用了参考文献［18］中的数据。

图中数据表明，辊轧处理提高了Pb-Ca-Sn材料的机械性能。经辊轧后，含0.025wt%Ca的合金达到了含1.5wt%Sn合金的最高机械性能。随着Sn含量的增加，最大到2.5wt%Sn，含更高Ca的合金（0.05wt%Ca和0.07wt%Ca）机械性能也随之提高。高锡Pb-Ca-Sn合金经辊压之后，其机械性能参数接近铸造高锑铅合金。通过微观结构分析，可发现辊轧Pb-Ca-Sn样件合金颗粒分布与辊轧方向相同。

辊轧工艺用于Pb-Ca-Sn合金的拉网或模切（冲孔）板栅，能够高效生产机械性能好的板栅。

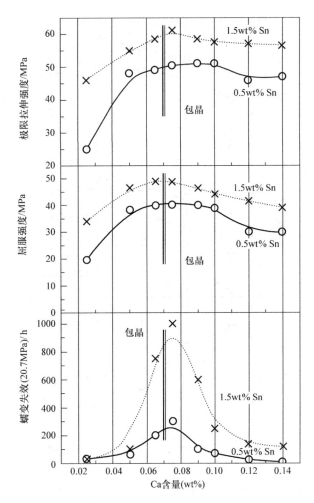

图 4.36　Sn 含量为 0.5wt% 和 1.5wt% 时铸造的 Pb-Ca-Sn 合金的机械性能[66]

4.5.3　Pb-Ca-Sn 合金的耐腐蚀性

低 r 值（也就是，钙含量高，锡含量低）的合金具有细小的晶粒结构。图 4.38展示了 Ca 含量与含 0.5wt% Sn 或 1.5wt% Sn 的合金腐蚀速率之间的相互关系[18]。随着合金中钙含量的增加，r 值降低，腐蚀速率增加。如果 Sn 含量从 0.5wt% 增加到 1.5wt%，则三元合金包晶体的 r 值从 7.1 增加到 21.4，腐蚀速率降低。

图 4.39 展示了采用 Pb-0.09wt% Ca-0.3wt% Sn 合金（$r = 3.33$）铸造的管式极板集流体腐蚀层的微观图片[18]。该电池发生了 PCL-1 效应，容量低。图片显示，厚腐蚀层中出现了平行于集流体表面的裂隙，破坏了 CL｜PAM 的接触。这些裂隙的形成可以归因于合金的抗蠕变性能差（20.7MPa，30h）。其数值比 Pb-Ca-Sn 合

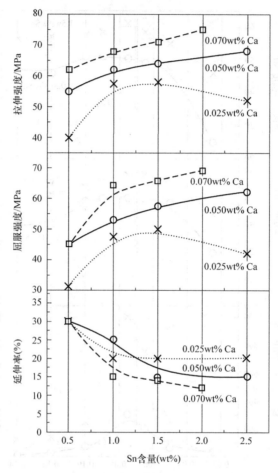

图 4.37　3 种 Ca 含量的 Pb-Ca-Sn 轧制合金的机械性能[18]

金最高抗蠕变性的十分之一还低。图 4.39 中的微观图片表明，合金的低抗蠕变性能不仅导致 CL 中出现裂隙，甚至导致合金本身出现裂隙，这开辟了穿透性腐蚀向金属深处发展的通道。因此，为了保证电池的长使用寿命，板栅合金除了具有高耐腐蚀性能之外，也应该具有强抗蠕变能力。为了实现这一目标，板栅合金应具有较高的 r 值。

　　从图 4.36 中数据可判断出，Ca 含量达到包晶区 Ca 含量时，合金的抗蠕变能力最高。图 4.37 表明，当 Sn 含量高于 1.0wt% 时，含有 0.07wt% Ca 的辊轧制品具有最低的延伸率。如果电池寿命仅受限于正板栅腐蚀，那么这种三元合金能够确保电池的长循环寿命。

　　图 4.40 展示了在时效期间，腐蚀速率和氧析出速率随 Pb-0.08wt% Ca 合金中

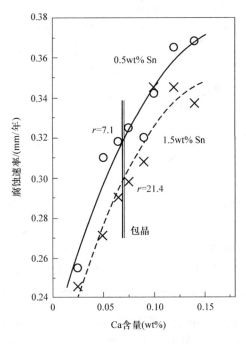

图 4.38　两种不同 Sn 含量的 Pb-Ca-Sn 合金腐蚀速率和 Ca 含量的关系[18]

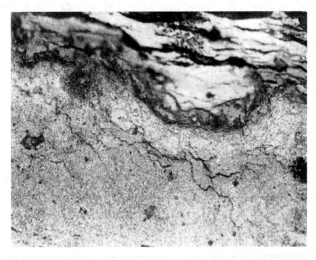

图 4.39　Pb-0.09wt%Ca-0.3wt%Sn 合金铸造骨芯形成的腐蚀层显微图片（放大 160 倍）[18]

Sn 含量变化而变化的情况[75]。随着 Sn 含量的增加，腐蚀速率和氧析出速率会降低。由于氧气扩散穿过 CL，到达金属表面后将金属氧化，因此腐蚀速率取决于氧析出速率。图 4.40 表明，合金中的 Sn 增加了氧析出过电势，因而降低了氧气析出速率，所以扩散到达金属的氧气流量减少。

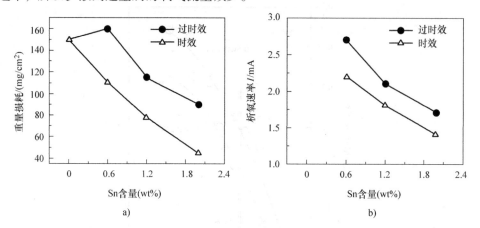

图 4.40   Pb-0.08wt% Ca-$x$wt% Sn 合金在 1.5V （相对于 Hg｜Hg$_2$SO$_4$）电势、

5M 浓度的 H$_2$SO$_4$ 溶液在 50℃ 条件下过充 5 天之后，

重量损耗（图 a）和析氧随 Sn 含量的变化情况（图 b）[75]

图 4.40 中的数据表明，时效过程对 Pb-Ca-Sn 合金腐蚀速率具有重要的影响。由于发生了腐蚀，过时效合金损失金属更多。过时效合金的氧析出反应速率也增加。在过充电期间，沉淀（Pb$_{1-x}$Sn$_x$)$_3$Ca 颗粒中的 Sn 含量增加，代价是铅颗粒的 Sn 含量减少。这引起铅颗粒在过时效期间耐腐蚀性能下降。随着铅颗粒中 Sn 含量的降低，氧析出过电势随之降低，从而促进了 O$_2$ 析出（见图 4.40b）。因此，进入 CL 的氧气流量增加，机械应力降低引起 CL 部分开裂或剥离。

以上实验结果表明，鉴于铅酸蓄电池是一种长期使用的产品，在对板栅合金耐腐蚀性进行评估时，也应该考虑电池老化对板栅腐蚀速率的影响。

4.5.4   Pb-Ca-Sn 合金的电化学特性和无锡效应

电池正板栅采用 Pb-Ca 合金之后，会出现一些不利的情况，包括：①恒压 [1.1～1.3V （相对于 Hg｜Hg$_2$SO$_4$)] 充电期间，电池的充电接受能力非常低；②正极板化成后干燥温度高于 80℃ 或者长时间存储（也就是热钝化或存储钝化），电池放电电压明显降低；③如果保持在浮充条件下，电池输出功率很低。人们发现，这些现象是因为板栅表面形成了 α-PbO 层，其电特性决定了正极板性能表现[76-78]。已经证实，添加 Sn 之后，纯铅或 Pb-Ca 合金正极板的充电接受能力大幅提高。因此，该现象被称为无 Sn 效应[77]。锡的加入明显抑制了 Pb-Ca 合金和 Pb-低 Sb 合金的热钝化和存储钝化[60,78,79]。人们发现，这是因为在高于 +1.0V （相对于 Hg｜Hg$_2$SO$_4$) 的电势下，Sn 实际上阻止了板栅表面形成 α-PbO 钝化层。板栅表面形成了具有导电能力的 PbO$_n$ 层。

在室温下，在 1mol/L H$_2$SO$_4$ 溶液中，以 +0.7V （相对于 Hg｜Hg$_2$SO$_4$ 电极）

的电势对时效和过时效的 Pb-0.08wt% Ca 合金氧化 7 天之后，合金表面生成了
α-PbO 腐蚀层。α-PbO 腐蚀层厚度随着合金中 Sn 含量的变化关系如图 4.41 所
示[75]。当合金中含有 0.6wt% Sn 时，α-PbO 层厚度达到最大值，并且随着 Sn 含量
的进一步增加，α-PbO 层形成速率快速降低，直到 Sn 含量为 1.8wt% 时，完全没
有形成 α-PbO 层。由于在极化之前的过时效期间已经生成了 PbO，所以过时效电
极生成的 PbO 层厚得多。

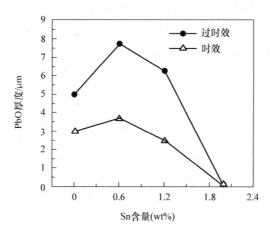

图 4.41　在 0.7V，0.5mol/L 浓度的 H₂SO₄ 溶液中，室温条件下氧化 7 天后，
Pb-Ca-Sn 合金形成的 PbO 厚度[75]

4.5.4.1　关于 Pb-Ca-Sn 合金中 Sn 效应的基本结论

Sn 可提高 Pb-Ca-Sn 合金的机械性能。它减少电池正极板钝化现象的发生，并
提高其耐腐蚀能力。Sn 也能提高 Pb-Ca-Sn 合金的抗蠕变能力，从而保持 CL 和
PAM 之间的良好接触。含 Sn 板栅同时具有高耐腐蚀能力和高抗蠕变能力，延长了
电池的使用寿命。

除了上述作用，Sn 也有益于板栅铸造，它减少了铸造过程的金属损失，并提
高了板栅铸造工艺性和稳定性。Sn 的唯一缺点是其价格相对较高，但是鉴于 Sn 对
电池性能具有重要的有利影响，合金中添加 Sn 也是值得的。

含有（0.06wt% ~ 0.08wt%）Ca 和（0.6wt% ~ 1.5wt%）Sn 的 Pb-Ca-Sn 合金用
于制造免维护电池、阀控电池、汽车电池和动力型电池的正板栅。使用含 Sn 合金
生产的铸造板栅具有粗大的晶粒结构，可以保证电池性能稳定。这些板栅高度耐腐
蚀，因而能够保证电池长的循环寿命。

以上 Pb-Ca-Sn 合金适于辊轧成薄铅带。然后经过扩展或模切成板栅。这类板
栅能够实现高效工业化生产，并且，由于这类板栅的优良性质，电池寿命与高锑板
栅电池寿命相当。

4.5.5　Pb-Ca-Sn 合金添加剂

4.5.5.1　Ba

Albert 等人将 Ba 掺杂到 Pb-0.07wt% Ca-1.2wt% Sn-0.009wt% Al 合金中，并研究了这种合金的机械性能、耐腐蚀性和电化学特性，以及合金结构随着时效时间的变化情况[80,81]。该合金被称为 Ba-Tech 合金[81]。采用 Ba-Tech 合金之后，连续铸造工艺生产的负板栅具有增强的机械性能（见图 4.42a），使制造更薄且可靠的板栅成为可能。辊轧或连铸工艺生产的正板栅甚至在高温下（60℃）具有低生长速率（高抗蠕变能力，见图 4.42b）、较好的机械性能、均匀腐蚀等特性，电池高温时寿命大幅高于其他类型电池（见图 4.43）[81]。

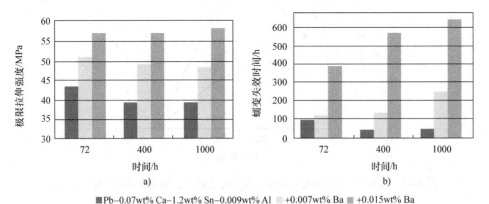

■Pb–0.07wt% Ca–1.2wt% Sn–0.009wt% Al　　+0.007wt% Ba　　■+0.015wt% Ba

图 4.42　60℃时掺杂 Ba 和未掺杂 Ba 的拉网板栅极限拉伸强度（UTS）（图 a）及掺杂合金和未掺杂合金的拉网板栅和失效时间的关系[80]

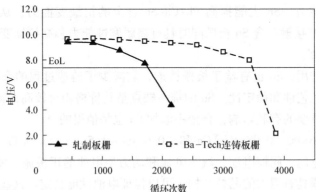

图 4.43　采用轧制板栅或 Ba-Tech 板栅制成的电池在 75℃的 Hot SAE J240 循环寿命测试

Furukawa Battery 公司也开发出了用于电池板栅的 Pb-Ca-Sn-Ba 合金。图 4.44 展示了在一个循环内板栅生长速率和腐蚀速率之间的相互关系。这些板栅采用的合金包括：①Pb-0.06wt% Ca-1.2wt% Sn、②Pb-0.04wt% Ca-0.60wt% Sn-0.03wt% Ag 和③成分优化的 Pb-Ca-Sn-Ba 合金（称为 C-21 合金）[82]。根据 Hot SAE J240 标准在 75℃下对电池进行了测试。与 Pb-Ca-Sn 板栅和 Pb-Ca-Sn-Ag 板栅相比，C-21 合金板栅显示出最高的抗腐蚀能力和最低的生长速率。

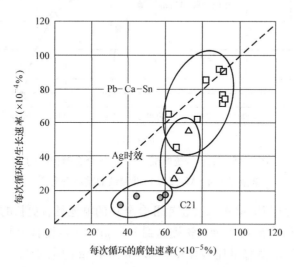

图 4.44　Hot SAE J240 标准下每次循环的循环期间的板栅腐蚀速率与生长速率的关系

试验板栅分别采用以下合金制备：Pb-Ca-Sn、Pb-Ca-Sn-Ag 或 Pb-Ca-Sn-Ba（C-21）合金[82]

分别采用 1.30mm 厚的 C-21 合金铸造板栅和 1.45mm 厚的传统 Pb-Ca-Sn 合金铸造板栅组装电池，对这些电池进行循环测试。测试结果列于图 4.45 中[82]。虽然 C-21 合金板栅更薄，但是使用这种板栅的电池具有更长的循环寿命。显然，添加 Ba 提高了板栅的机械性能、耐腐蚀性和电化学特性，延长了电池的高温循环寿命。Furukawa Battery 公司的"Gold Series"SLI 电池采用 C-21 合金，对电池提供 3 年和 60000km 行驶里程的质保。在电池行业，特别是对于高温工况下使用的电池，Pb-Ca-Sn-Ba合金赢得重要地位。

4.5.5.2　Ag

已证实，添加浓度为 0.05wt% 的 Ag 提高了 Pb-Ca-Sn 合金的机械性能，阻碍了"过时效反应"[83]。Ag 在晶界和次晶界发生分离，过量的 Ag 会引起板栅筋条变脆，因此 Ag 的添加量应该低于 0.1wt%[84]。据知，如果添加量高于 0.1wt%，Ag 会降低氢析出过电势，因而增加析气[85]。

人们早就认识到 Ag 可降低铅合金的腐蚀速率。人们也研究了 Ag 对 Pb-Ca-Sn-Ag 板栅的电池性能的影响。表 4.5 展示了这些测试电池所使用铸造板栅的合金成分。采用 100% 放电深度对测试电池进行 TC-96 循环测试。其实测容量曲线如图 4.46 所示[83]。采用 Pb-0.077wt% Ca-0.64wt% Sn-0.048wt% Ag 板栅（富银Ⅰ合金）的电

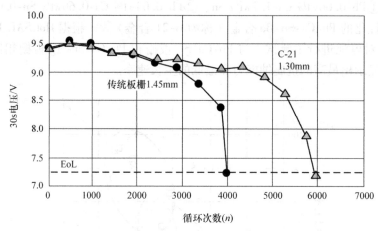

图 4.45　采用传统厚板栅和 C-21 合金薄板栅的
电池以 Hot SAE J240 标准测试的循环寿命[82]

池比板栅合金中含 0.107wt% Ag （富银 Ⅱ 合金）的电池具有更长的循环寿命，可保持更高的容量。Sn 含量从 0.64wt% 提高到 1.20wt% （富锡合金）最显著地提高了电池循环寿命，但电池容量比板栅中含 0.048wt% Ag 的电池低[83]。这些实验结果表明，只有当 Pb-Ca-Sn-Ag 合金中含有一定量的 Sn，才能评估 Ag 对电池性能参数的影响。Sn 添加量高于 1.0wt%，却抑制了合金中的 0.05wt% Ag 对电池循环寿命带来的益处。如果 Sn 含量低于 1.0wt%，则添加 0.05wt% 的 Ag 可以起到提高电池性能的积极效果。

表 4.5　合金试样成分[83]

合金	Ca （ $\times 10^{-6}$ ）	Sn （wt%）	Ag （ $\times 10^{-6}$ ）
参照	790	0.64	30
富锡	790	1.20	29
富银 Ⅰ	770	0.64	480
富银 Ⅱ	750	0.64	1070

4.5.5.3　Bi

Bi 具有与铅相似的性质，所以在生产 99.99% 纯度铅的过程中，特别是当 Bi 含量低于 250×10^{-6} 时，除掉 Bi 是非常困难的，并且成本很高。因此，无论是对于铅生产企业还是电池生产企业，确定电池工业用合金中所允许的 Bi 含量是非常重要的。人们对于 Bi 对铅酸蓄电池的性能影响做了大量研究。图 4.22 和图 4.23 证明，Bi 明显提高了 PAM 二氧化铅颗粒间的结合力，因此提高了正极板的充电效率[47,48]。据报道，含量为 0.05wt% 的 Bi 可提高 VRLAB 的容量和充电接受能力。

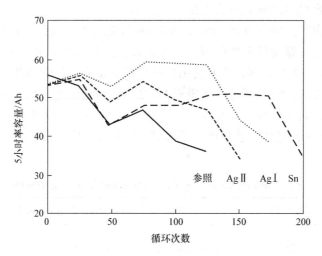

图 4.46　采用 Pb-Ca-Sn-Ag 板栅的电池以 100% 深度放电进行 TC-69 循环测试时，
5 小时率容量与循环次数的关系[83]

Bi 促进了富 Ca 和富 Bi 区的偏析，因此加速了铸件的晶界移动。在高 r 值的 Pb-Ca-Sn 合金中观察到这些效应，并认为该效应提高了电池深度放电后的再充电能力[86]。Bi 含量低于 0.08wt% 时，对电池析气速率没有影响[87]。其他试验证明了 Bi 抑制氢析出，并加快氧还原反应[88]。随着 Pb-0.07wt% Ca-0.7wt% Sn-Bi 板栅合金的 Bi 含量从 7×10^{-6} 增加到 480×10^{-6}，电池的 SAE J240 循环寿命得以延长[89]。如果合金中的 Bi 含量高于 0.05wt%，则 Bi 可能与 Ca 反应生成 Bi_3Ca_2 化合物，这具有决定性的影响[90]。Bi 合并到 Pb-Ca-Sn-Al 合金中提高了正板栅生成的钝化氧化铅的电导率，提高了电池充电效果，并抑制了正极板钝化现象[47]。

4.5.5.4　Al

Al 可以通过 Sn-Al 母合金的方式熔合到熔融铅中[89]。添加 Al 是保护 Pb-Ca-Sn 合金中的 Ca 在板栅铸造期间不被氧化的简单方法。图 4.30$^{\ominus}$ 说明了 Al 的影响。0.015wt% Al 的添加量足以阻止铸造期间 Ca 的损失[36]。本章之前已经讨论了 Al 对 Pb-Ca 合金的特性和生产过程的影响。Al 对 Pb-Ca-Sn 合金也具有类似影响。

4.6　Pb-Sn 合金

含有（0.7wt% ~ 1.2wt%）Sn 的 Pb-Sn 合金用于铸造卷绕形和矩形 VRLAB 的板栅，这些电池用于汽车、固定使用以及一些特殊应用。表 4.6 汇总了含 0.06wt%

$\ominus$　原书为图 4.29，有误，应为图 4.30。

Ca 和不含 Ca 的 Pb-1.0wt%Sn 合金的机械性能[91]。

表中数据表明，Pb-1.0wt%Sn 合金的机械性能极差。因为这种合金易于弯曲，所以它被用于铸造卷绕形电池的板栅。在极板生产过程中，必须特别小心地操作 Pb-Sn 板栅，以免发生损坏，因此使用自动化设备生产。尽管如此，Pb-Sn 板栅特点是耐腐蚀能力高，Sn 离子进入正极板 CL 之后，催化促进 PbO_n（$1 < n < 2$）的形成，因而明显提高了极板导电能力。Sn 影响 CL 的成分，防止产生 PCL-1 效应。Pb-Sn 合金板栅采用连铸工艺生产，或将 Pb-Sn 薄板辊轧成铅带之后，经冲孔或扩展形成板栅。

表 4.6   含有 0.06wt%Ca 和不含 Ca 的 Pb-1.0wt%Sn 合金的机械性能[93]

合金	屈服强度/MPa	拉伸强度/MPa	延伸率（%）	蠕变失效小时数（20.7MPa）/h
Pb-1.0wt%Sn	4.5	12.3	55	0
Pb-1.0wt%Sn-0.06wt%Ca	46.2	55.2	24	800

最广泛使用的 Pb-Sn 合金用于 COS 技术，用来生产免维护 VRLAB 的汇流排和端子。这些合金中 Sn 含量为 0.8wt% ~ 2.5wt%。如果 COS 工艺所用 Pb-Sn 合金的 Sn 含量低，可能造成汇流排与板耳之间的连接不可靠。为了避免出现这种情况，板耳预先镀一层 Pb-Sn 焊料合金（预鞣）。然后再将板耳置于模具中，铸成的汇流排与板耳熔接成一体。

现已发现，铸造期间板栅的热处理条件与板栅机械性能和抗腐蚀能力之间存在关联。热处理参数影响铸造板栅的合金颗粒（晶粒）尺寸[92]。Pb-(1 ~ 2.5)wt%Sn 合金的晶粒更加粗大，由于晶界减少，板栅耐腐蚀能力得以提高。合金微观结构取决于熔融合金的冷却速率。研究人员已经证实，Pb-1.0wt%Sn 合金的最佳冷却速度为 0.8 ~ 1.5℃/s，Pb-2.5wt%Sn 合金为 0.5 ~ 0.6℃/s[92]。这种冷却速度下形成的微观结构保证铸造板栅具有最小的腐蚀速率和最佳的机械性能[92]。

对于采用吸附性玻璃丝绵（AGM）的阀控式铅酸蓄电池，其汇流排和板耳的熔接处覆盖了一层 H_2SO_4 溶液薄膜[93]。硫酸被消耗，形成硫酸铅 CL。该液体薄膜具有高阻抗，因而汇流排和板耳未被阴极保护。这造成电池寿命经常被负（极群组）汇流排腐蚀限制。Pb-Sn 合金用来生产这种电池的汇流排。已证实，浸入 H_2SO_4 电解液中的电极部分的电势控制着电解液液面以上 1cm 内的电极部分的电势。电解液液面以上的电极表面形成的 CL（暴露在空气中）具有不同的物相组成。实践中，为了提高深度放电循环期间电解液的电导率，通常向设置在边远地区（如山区）的电池电解液中添加 Na_2SO_4。

研究人员将 Pb-2wt%Sn 电极（长 6cm、宽 0.8cm、厚 0.15cm 的条形电极）部

分浸入吸附了 H_2SO_4（或 $H_2SO_4 + Na_2SO_4$）溶液的 AGM 中，研究了电极的腐蚀情况。图 4.47 展示了在 50℃氧气环境中静置期间，实测电极重量损耗随着时间变化的相关数据[93]。

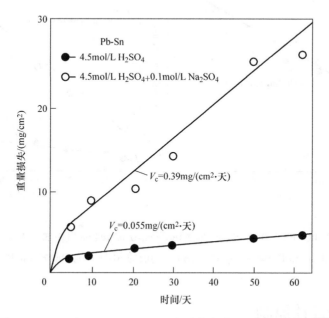

图 4.47　50℃时，Pb-2.0wt% Sn 电极在氧气中的重量损失情况[93]

添加到硫酸溶液中的 Na_2SO_4 引起腐蚀速率增加了 7 倍。这可能是由于溶液中 Na^+ 离子的存在，$PbSO_4$ 溶解度增加，因而改变了 CL 层的结构。

图 4.48a 展示了采用 Pb-2.0wt% Sn 合金或 Pb-2.0wt% Sn-0.03wt% Se 合金铸造的电极和部分插入吸附了 H_2SO_4 溶液的 AGM 中的电极腐蚀突变情况。图 4.48b 展示了浸在吸附了 $H_2SO_4 + Na_2SO_4$ 溶液的 AGM 中的电极腐蚀突变情况。

在浸入 H_2SO_4 的情况下，Pb-2.0wt% Sn 电极添加的 Se 并未明显影响腐蚀速率。然而，当电极浸入到吸附了 $H_2SO_4 + Na_2SO_4$ 溶液的 AGM 中，结果却不同。在这种情况下，Se 大幅降低了 Pb-2.0wt% Sn 合金的腐蚀速率。因此，向合金中添加 Se 抑制了 Na_2SO_4 对 Pb-2.0wt% Sn 合金腐蚀速率的不利影响。图 4.48 表明，在 $H_2SO_4 + Na_2SO_4$ 溶液中，Pb-Sn-Se 合金的腐蚀速率仅为 Pb-Sn 合金腐蚀速率的八分之一。

人们也证实，Sn 含量低于 1.0wt% 的 Pb-Sn 合金具有更高的腐蚀速率。对于含有 0.6wt% Sn 的合金，Se 也起到抑制其腐蚀速率加速的作用。Se 具有抗腐蚀作用，并且作为 Pb-Sn 合金的晶粒细化剂，Se 也减小了 $PbSO_4$ 晶体的尺寸，促进成核反应[93]。

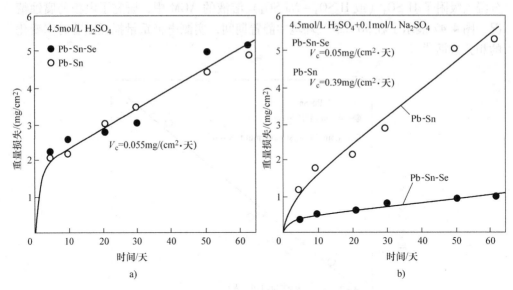

图 4.48 Pb-2.0wt% Sn 和 Pb-2.0wt% Sn-0.03wt% Se 电极部分插入浸有
H₂SO₄（图 a）和 H₂SO₄ + Na₂SO₄（图 b）溶液的 AGM 电池中时发生的腐蚀变化[93]

4.7 板栅设计原则

SLI 电池、动力型电池和固定型电池采用长方形板栅。传统电池板栅由厚框架和板耳组成，框架内的横筋和竖筋组成网格，板耳用来传导电流进出极板（见图 4.49）。板栅支撑正、负极板活性物质，在整个极板内传导电流，吸收因电池循环使用期间活性物质体积变化（放电期间活性物质体积膨胀，然后再充电期间活性物质体积收缩）引起的机械应力。正板栅应该高度耐腐蚀，以保持板栅筋条横截面尺寸，保证电池能量输出。此外，板栅设计应保证板栅表面和活性物质之间具有良好的电接触和机械接触。

板栅设计的基本要求是板栅筋条（集流体）位置设计应保证极板欧姆压降最小，保证电流在整个极板中均匀分布，从而保证电化学反应在整个极板内均匀进行。

电流汇集之后通过极板上边框的板耳流出。板栅设计影响极板在大电流放电情况下的欧姆压降。涂膏式极板（SLI、动力型和固定型）的板栅网格一般为长方形。动力型电池也采用菱形栅格的板栅。这种设计提高了电流向板耳传导的能力，也就是提高了板栅的电流汇集能力。通过将更多的竖筋朝向板耳，显著改进了板栅结构。这样缩短了电流从极板各个部分到板耳的路径，因而减小了压降。为了实现

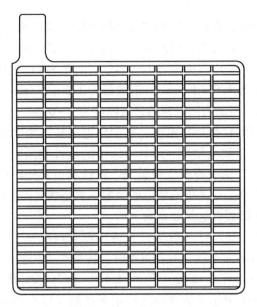

图 4.49 传统富液式电池的板栅设计

此目的，板耳应接近板栅上边框的中点。

图 4.50a、b 展示了这种板栅的两个变体。图 4.50c 展示的板栅含有一个从上到下横穿整个极板高度的竖直板耳，并从横筋汇集电流。图 4.50c 所示板栅适用于高功率电池，不过它比传统板栅更重。

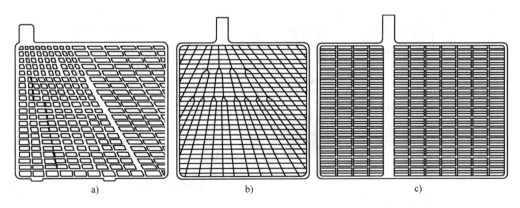

a)　　　　　　　　　　b)　　　　　　　　　　c)

图 4.50 斜筋连向板耳的方形板栅（图 a、b）；贯穿上下的竖直板耳，
横筋传导（汇集）电流的板栅（图 c）

除了具备足够的电学、机械和腐蚀方面的性质，板栅设计还应该保证板栅容易铸造，并且不产生铸造缺陷。双片板栅铸造工艺产量高，因而被电池工业广泛

采用。

为了抵消腐蚀影响，正极板比相应负极板更厚，因此延长了电池使用寿命。负极群组比正极群组多一片极板。只有在一些特殊情况下，两种极群组的极板片数才相等。根据正极群组计算电流密度和电池容量。对于SLI电池极板，电池工业采用的典型厚度是负极板为1.0~1.4mm，正极板为1.2~1.8mm。重负荷电池的极板厚度为1.6~2.5mm，而动力型电池的极板厚度为3~6mm。

活性物质Pb和PbO_2都是导电的，它们将电子从发生电化学反应的部位传导至最近的板栅筋条。在放电期间，30%~50%的活性物质发生反应，生成$PbSO_4$（一种绝缘体）。随后，活性物质（也就是，活性物质骨架）电阻增加，因此活性物质利用率降低，特别是在大电流放电的情况下更是如此。因此，板栅网格内活性物质团块的尺寸对于极板性能是非常重要的。

研究人员研究了板栅设计（形状）和活性物质利用率之间的相互关系，试验板栅分别为4种不同局部形状（见图4.51）：传统长方形极板（见图4.51a）、拉网极板（见图4.51）、管式极板（见图4.51）和含有细钛纤维毡的极板（见图4.51）[94]。图4.51b显示了活性物质利用率系数（以5小时率电流放电）和板栅筋条间距之间的关系。从图中可以发现，随着板栅筋条间距从6mm缩小到0.1~0.2mm，活性物质利用率系数从25%增加到80%。然而，正板栅腐蚀速率随板栅筋条截面积的减小而增加。显然，板栅设计人员应该致力于寻找活性物质利用率和正板栅腐蚀速率之间的平衡，因为腐蚀限制了电池使用寿命。负极板不存在这种问题，甚至具有导电性的非铅材料也可能用于负板栅。

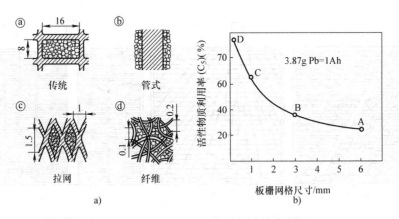

图4.51　a）不同局部形状的板栅：传统长方形极板（ⓐ），管式极板（ⓑ），拉网极板（ⓒ），以及细的钛纤维毡极板（ⓓ）[94]　b）活性物质利用率与板栅局部几何形状关系[94]

文献中的许多专利提出，在活性物质中添加各种不同的导电材料，可提高放电末期活性物质的导电能力，比如石墨、活性炭、钛氧化物、涂有二氧化锡的玻璃纤维。图 4.51 表明，最简单的方法是减小板栅网格孔（也就是，板栅筋条之间的活性物质团）的尺寸，然而，这样的电池更重，并且更贵。

含有 100g PAM 的 SLI 正极板有 $500 \sim 700 m^2$ 的活性表面，电化学反应在这些表面上进行，然而电流流经的长方形板栅表面只有 $40 \sim 50 cm^2$。也就是，PAM 表面区域所产生的电流不得不集中通过这个表面积仅为 PAM 表面积的 100 万分之一的集流体。这需要恰当的 PAM 结构，使 PAM 与板栅充分接触，保证充电期间的充电效率和电流密度，保证放电期间电子通过板栅传导分散至 PAM，不引起极板极化。在这种情况下，PAM 骨架，只有小部分参与电化学反应，但主要是充当 PAM 中的电流导体，发挥重要作用[95]。PAM 中形成了一个薄层，该薄层主要功能是，在充电期间汇集 PAM 各个部位的电流，并将其传至 CL 中。在放电期间，该薄层从 CL 收集电流，并将其传至 PAM 各个部位。该薄层被称为"活性物质连接（汇集）层"（AMCL）。因此，板栅|PAM 的界面结构包括两部分：CL 和 AMCL[95]。

板栅设计的关键参数是板栅质量（W_{grid}）和活性物质质量（W_{PAM}）之间的比值（α），也就是

$$\alpha = W_{grid} / (W_{PAM} + W_{grid})$$

α 值在 $0.35 \sim 0.60$ 之间变化，因为极板容量取决于活性物质数量，所以 α 值有尽可能减小的趋势。

电池设计者也应该使用第二个参数（γ），它决定深循环工况下板栅|PAM 界面的重要作用。系数 γ 表示每平方厘米板栅表面（S_{grid}）的活性物质数量（g PAM/cm² 板栅集流体表面积）[95]，也就是

$$\gamma = W_{PAM} / S_{grid}$$

γ 值取决于极板结构。这可以通过不同设计的两种极板横截面进行说明（见图 4.52）。

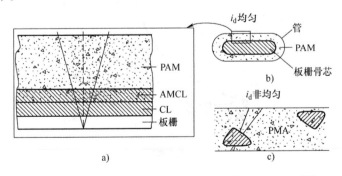

图 4.52 板栅和极板设计对板栅表面电流分布的影响[95]

a），b）覆盖均匀 PAM 层的平面——均匀电流密度

c）板栅|PAM 界面的电流密度不均匀

第一类极板设计中（见图4.52a、b），活性物质层均匀覆盖在平面上，整个集流体表面的γ值相同。这使得通过板栅|PAM界面的电流密度（i_d）相同。第二类极板设计中，构成集流体的板栅筋条在极板横截面内呈不对称分布（见图4.52c）。在这种情况下，筋条表面各处的γ值不同。这导致板栅筋条表面电流分布不均匀。因此，正极板的设计原则之一是保证活性物质在板栅表面均匀分布。

对于SLI正极板，$\gamma = 2 \sim 2.5g/cm^2$，对于管式极板，$\gamma = 1.6 \sim 1.8g/cm^2$。为了提高PAM利用率，作者的实验室已经将PAM与板栅表面积的比值设计为$\gamma = 0.8g/cm^{2[95]}$。

除了系数γ，板栅|PAM界面的比电阻也影响活性物质利用率，并且界面比电阻取决于板栅合金成分。Hollenkamp等人测试了在放电期间，PAM和板栅表面的接触电阻（R_c）的变化情况，这些极板的板栅采用不同合金铸造[96]。图4.53列出了4种极板的实测结果。在放电初期，4种合金板栅的R_c值大约为50mΩ。进一步放电期间，接触电阻的增加（到200mΩ）限制了极板容量，纯铅极板下降到53%，Pb-0.1wt%Ca极板下降到63%，对应的Pb-5.3wt%Sb极板下降到97%。而Pb-2.2wt%Sb-0.1wt%Sn极板容量没有受到板栅|PAM界面的影响。这些结果表明，板栅|PAM界面的电导率影响纯铅极板和Pb-Ca极板的容量，而Pb-Sb极板和Pb-Sb-Sn极板的容量却受PAM特性限制。

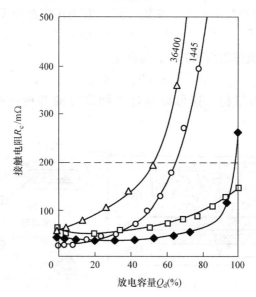

图4.53　表面接触电阻（R_c）与放电容量（Q_d）（%DOD）的关系，试样正极板采用不同合金铸造生产

（△）纯铅；（○）Pb-0.1wt%Ca；（◆）Pb-5.3wt%Sb；（◇）Pb-2.2wt%Sb-0.1wt%Sn[96]

不间断电源（UPS）系统使用的固定型电池以及一些汽车电池要求输出高功率。因为电化学反应在电极表面进行，所以提供大量的活性表面是非常重要的电池设计内容。这可以通过采用大量薄板栅的薄极板实现。这些薄板栅也应该高度耐腐蚀。然而这往往不现实，可能的折中方案是高功率输出以短使用寿命（2 年）为代价。

4.8　板栅/骨芯铸造

铸造板栅的质量取决于铸造温度规范，以及合金成分和结晶过程。铸造工艺应该根据合金组成和板栅设计进行调整。

电池板栅通过重力铸造或压力铸造生产。自动铸板机应该满足铸造工艺要求，比如保证熔融合金和板栅的连续移动，以及铅锅中熔融合金和模具不同部位的恒定温度。现代化的自动铸板机每分钟生产 10 ~ 16 个铸件。一模生产两片 SLI 或者一片动力型电池板栅。板栅模具包括两个半模，两个半模型腔共同形成板栅。模具闭合之后倒入熔融合金，模具一直保持闭合状态，直到合金硬化。然后开模，由一套特殊系统将板栅顶出。板栅模具包括一个用来将熔融合金注入型腔的浇口，一套温控系统，一套使空气从型腔逸出的排气系统，一个同步模具开合的机械系统，以及一个铸件顶出机构。

铸件硬化过程中散出的热量通过模具传导至特殊的冷却系统，该系统由含有流水的管道组成，可使熔融金属更快冷却。模具中也包括一个电加热系统。这样，可以通过冷却和加热系统精确控制熔融金属和模具的温度。根据所用合金的凝固区间确定模具温度。

为了保证高效生产高质量的铸件，模具内表面必须覆盖一个热绝缘涂层。该涂层的作用是减缓散热速率，降低熔融合金在浇铸模具的流动过程中受到的摩擦。该涂层为多孔结构，以便铸件出模。

模具涂层通常使用软木粉（50 ~ 100g/L）和硫酸钠（10 ~ 15g/L），有时也包括其他组分，如羧甲基纤维素（CMC）。这种软木粉悬浮液制成的涂模剂喷在模具内表面，并加热到 80 ~ 90℃。铸造过程中，软木粉逐渐烧损，通常每班重新喷涂一到两次。

重力铸造工艺用于铸造涂膏式极板的板栅，而压力铸造工艺用于生产管式电池的骨芯。压力铸造工艺可生产具有更强结构的铸件，尤其适用于长骨芯的生产。与重力铸造相比，压铸工艺产量更低，因而铸件更贵。

压力铸造工艺使用带有压缩空气缓冲区的密封模具。对于含（8wt% ~ 11wt%）Sb 的合金，其额定铸造压力为 $6 ~ 8kg/cm^2$，而对于含（5wt% ~ 8wt%）Sb 的合金，其额定铸造压力增加到 $10 ~ 12kg/cm^2$。

德国公司 HADI Maschinenbau 已经开发出高压铸造机，用来铸造 Pb-1.8wt% Sb 合金的骨芯板栅。这些板栅大幅减少了动力型电池和固定型电池的维护需求。

4.9 连续极板生产工艺

一个中等规模的电池厂每年生产 5000 万～8000 万片极板。巨大产能需要大量铸板机和工人。在 20 世纪 70 年代到 80 年代期间，为了提高板栅生产效率，人们做了很多努力，最终开发出连续板栅生产工艺，该工艺首先铸造连续的网栅带，然后涂膏，在极板两面覆纸。涂膏后的网栅带被切成单片极板，然后置于固化间内固化并干燥。这种生产技术使电池工业的生产效率提高了 10 倍。为了制造 SLI 电池极板，人们开发了几种连续生产工艺。图 4.54 展示了目前电池板栅和极板连续生产的工艺流程图。它们包括以下基本技术：

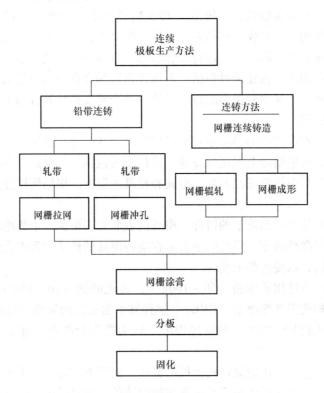

图 4.54 最常用的连续板栅和极板生产示意图

1）拉网板栅连续生产工艺：一种扩展方法，对 Pb-Ca-Sn 或低锑合金铸造的铅带经辊轧之后（0.8～1.2mm 厚）进行切口加工，然后对已切口的铅带进行拉伸（扩展），形成一种棱形的网栅结构（见图 4.55）[97]。

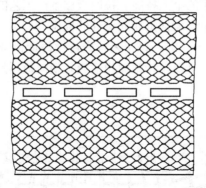

图 4.55　汽车电池极板连续生产使用的拉网板栅[97]

铅带两侧同时扩展呈菱形结构，菱形结构由节点和栅条（或筋条）两部分构成，经 3 个不同工序加工而成，包括切口、拉伸和扩展（见图 4.56）[98]。在该工艺流程中，切口加工通过两种方法实现：往复式切割和旋转式切割。栅条经拉伸之后成为筋条，未被加工的那部分铅带形成节点。下一个工序是在铅带中央的未扩展部位形成板耳。

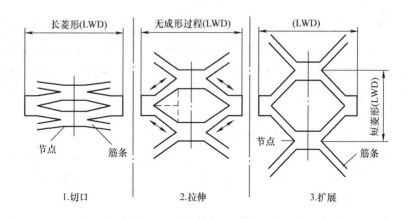

图 4.56　金属网栅拉网过程示意图[98]

由于拉网正板栅腐蚀严重，起初这项技术只用来制造负板栅。不过，随着辊轧工艺的改进和 Pb-Ca-Sn 合金成分的优化，拉网正板栅的腐蚀被抑制到可以接受的水平。这样，拉网成形网栅，然后涂膏，之后再分切成单片极板的工艺流程具有成本低、生产效率高、废损少等优点，这项技术迅速占有了 SLI 及后来的 AGM 免维护电池的多数市场份额。不过，这项技术也存在一些缺点。菱形网孔的几何结构取决于扩展过程。汇集电流的筋条没有朝向极板板耳，因此，拉网板栅电阻高于传统铸造板栅，而且不能进行优化调整。但是这种拉网技术不再像板栅批量铸造那样耗时，也不再依赖操作机手的个人技能。拉网板栅生产工艺的另一个限制是需要更多资本投入，并且只适于生产大批量相同设计的板栅。

2）连续冲孔板栅生产工艺。该工艺首先连续铸造铅带，然后将铅带冲孔形成板栅。冲孔板栅有边框，可以设计截面积适当并朝向板耳的筋条，因此降低了板栅电阻（见图4.57）。

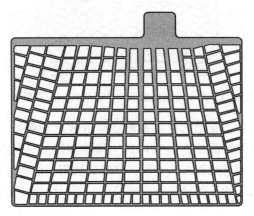

图4.57 采用铸造或辊轧铅带生产的冲孔板栅

冲孔板栅生产工艺使用低Ca含量的Pb-Ca-Sn合金。铅带铸造之后，经辊轧处理，然后进行冲孔加工。辊轧工序可以制造薄板栅，并提高了板栅合金的耐腐蚀能力和抗蠕变能力。冲孔工艺的主要不足是产生了大量合金废料，需要再次熔化使用。因此，在冲孔板栅生产期间，大量的熔融合金在熔铅锅和冲孔机之间循环，能源消耗和材料损失相当高。冲孔板栅用于重负荷电池。

Pb-Ca-Sn合金带经过压缩比为4:1的辊轧之后，在拉网或冲孔之前，其机械性能和抗蠕变性能达到最高。后续加工期间，铅带进一步变形，机械性能开始下降，但是其压缩比仍然保持10:1不变，所以Pb-Ca-Sn合金网栅仍比重力铸造板栅具有更高的机械性能。

3）连续滚筒铸造板栅生产工艺（连铸工艺）。铅合金注入一个在滚筒表面滑动的浇铸模块中。浇铸模块形状与滚筒表面轮廓一致，并紧贴着滚筒。正如书形模铸造那样，滚筒表面雕刻了复杂的板栅型腔。熔融合金通过浇铸模块的一个狭槽注入滚筒表面的板栅型腔中。浇铸模块有一套冷却装置，能够迅速将滚筒表面型腔中的金属冷却，使其硬化。滚筒转动，铸造成形的网栅从滚筒表面分离，继续进行后续加工。因为滚筒表面板栅型腔中的熔融铅/铅合金必须非常快速地冷却，并在脱离旋转滚筒之前硬化，所以这种生产工艺仅限于生产薄型板栅。

Wirtz Manufacturing公司提供连铸连轧工艺（Con-Cast-Con-Roll）。铅带铸造之后经过一系列辊轧（辊轧机）。经过这种处理，合金的晶粒尺寸和结构发生了变化，抗拉强度和耐腐蚀能力得以提高。另外也增大了板栅和活性物质的接触面积。

采用上面提到的任何一种方法生产出网栅之后，网栅便被填涂铅膏，然后切分成极板。图 4.58 说明了连续极板的生产过程[99]。美国公司 MAC Engineering and Equipment 是开发连续极板制造系统的先驱。铸造铅带，扩展形成网栅，进行涂膏并两面覆纸。然后切成极板，快速干燥并堆放在托盘上进行固化。这种极板连续制造技术非常高效而且节约劳动力。它降低了生产成本，减少了工作场所和对周围环境的污染。这项技术可以制造活性物质与板栅之比为 2:1 的极板，提高了电池的具体性能参数。这套生产系统用于生产免维护 SLI 电池，产量得到了空前增长。

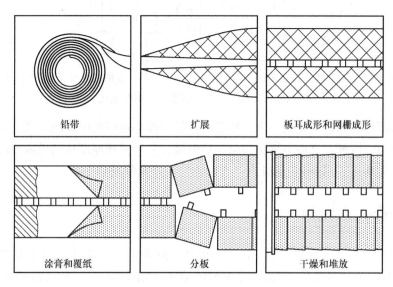

铅带　　　　扩展　　　　板耳成形和网栅成形

涂膏和覆纸　　　　分板　　　　干燥和堆放

图 4.58　拉网板栅和极板的连续生产示意图[99]

现代的连续板栅和极板生产技术已经得到了大幅改进，板栅经过优化设计，相关设备和生产线实现了完全自动化。

毫无疑问，连续板栅/极板生产技术最适于生产标准的 SLI 电池极板，这种生产方式必将与现有的铸造工艺竞争。然而，鉴于铸造工艺在板栅尺寸/几何形状方面具有充分的灵活性，相信铸造工艺仍会保持其在电池行业的地位。

DSL Dresden Material- Innovation 公司开发出一种新的连续电铸工艺，可用来生产汽车用和工业用铅酸蓄电池的板栅[100,101]。这种生产工艺采用一个滚筒作为原电池的阴极进行网栅电铸，然后采用一系列原电池进行网栅电镀，是一个连续的生产过程（见图 4.59）。

网栅的电铸成形在第一个电池的阴极上完成。该阴极是一个圆柱体，根据网栅的设计，圆柱体表面被制成导电区域和不导电区域。圆柱体以预定速度旋转，初始网栅会沉淀在圆柱体表面的导电区域。此时初始网栅厚度为 $50 \sim 150 \mu m$。初始沉

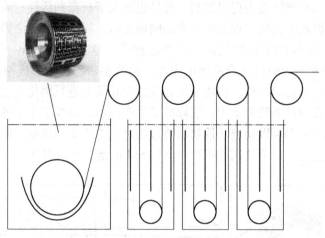

图 4.59 采用连续电铸和电镀工艺生产板栅的示意图，成形圆辊（见左上实物图）
穿过设备的网栅，形成阳极的上部系统，粗实线代表阴极[100]

淀网栅从圆柱表面连续剥离下来。然后网栅带立即穿过网栅电镀线。该电镀线包括
数个电镀池，网栅在这些电镀池中进一步电镀，直到网栅厚度达到设定要求，网栅
厚度一般为 0.4~2.0mm。这种生产方法仍处于开发阶段。

4.10 管式正极板

　　管式极板主要用于高容量、长寿命电池。这类电池适用于室内工业搬运机械
（叉车、电动车，等等），以及固定型储能应用（数千安时）。管式极板采用高 Sn
含量的低 Sb 合金或 Pb-Ca-Sn 合金的多骨芯板栅，用于生产富液式、VRLA 和胶体
电池。管式极板被设计成用来防止在电池使用期间活性物质的脱落。排管的作用是
保持活性物质，并保持活性物质与骨芯之间的接触。排管应该能够抵抗 H_2SO_4 和
强氧化物质的侵蚀，也应该具有高孔率，能够允许电解液和离子自由通过，但不允
许 $PbO_2 \mid PbSO_4$ 晶体穿过。图 4.60 展示了一个管式极板的标准设计。

　　一系列平行骨芯（集流体）的上端与公共连接条连接在一起，板耳位于公共
连接条一端。骨芯设置在排管中心，排管由耐酸的玻璃丝或合成有机纤维编织而
成。根据形状（横截面几何形状）的不同，排管可以为圆柱形（圆形）、椭圆形
（椭圆）或长方形（正方形）。最广泛使用的是骨芯位于中心的圆柱形排管。活性
物质保持在管内壁与骨芯之间。最常用的排管直径为 8.0~8.4mm，活性物质层的
厚度为 2.0~2.2mm。一个板栅包含 15~19 根骨芯。多骨芯（梳形）板栅采用书
形模压力铸造方式生产。

　　与平板式极板的板栅相比，管式极板有几个设计优点。其中最重要的是活性物

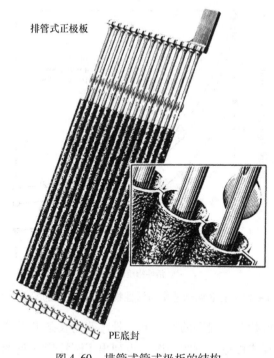

排管式正极板

PE底封

图 4.60　排管式管式极板的结构

质保持在排管中，能够防止电池使用期间的活性物质脱落。这样就可以使用低密度的活性物质。管式极板典型的活性物质密度是 $3.6 \sim 4.0 \mathrm{g/cm^3}$（平板涂膏式极板为 $4.0 \sim 4.3 \mathrm{g/cm^3}$）。另外，管式极板的孔率更高，提高了活性物质利用率。更大的优点是骨芯被一层活性物质覆盖，可以免受腐蚀。试验已经证明，采用直径为 4mm 骨芯的管式正极板可完成 1500 次充电/深放电循环，然而，采用相同厚度板栅的平板涂膏式极板只完成了 800 次循环，就因板栅腐蚀而失效。

图 4.61 展示了管式极板活性物质厚度与骨芯腐蚀速率之间的关系，这些管式极板的骨芯分别采用 Pb、Pb-4.9wt% Sb 或 Pb-10.6wt% Sb 合金[102]。覆盖 1mm 厚 PAM 层的骨芯腐蚀速率是未受 PAM 保护的相同骨芯腐蚀速率的二分之一。电极极化期间，氧主要在外部的 PAM 层析出，必须通过更厚的 PAM 和腐蚀层，之后才能到达骨芯表面，也就是，氧气扩散梯度不断下降。

不过，管式极板也有一些缺点。它的生产成本更高一些。此外，如果使用圆柱形骨芯，则骨芯与活性物质之间的接触面积减小。这样，在连续大电流放电的情况下，骨芯和活性物质接触面的电流密度增加，会引起极化升高和局部升温，甚至可能导致 CL 开裂。

圆柱形排管通常设计为 $\gamma = 1.60 \sim 2.00 \mathrm{g}$ PAM/cm^2 骨芯表面积。对于如此高的 γ 系数，骨芯|PAM 界面的电流密度高，因此极板极化也会很高。为了增大骨芯|PAM

193

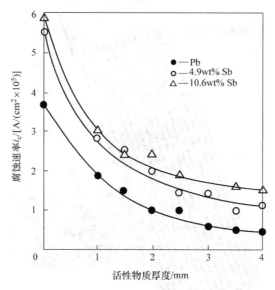

图 4.61　骨芯腐蚀速率与活性物质厚度之间的关系[102]

的接触面积，排管形状改为扁平的椭圆形，骨芯改为长条形[95,103]。图 4.62 展示了采用长条形骨芯的管式极板示意图。图中也列出了圆柱形（见图 4.62a）和扁平椭圆形（见图 4.62b）排管的横截面视图。骨芯（集流体）和管内壁之间的活性物质层厚度为 1.0 ~ 1.2mm，极板总厚从 4.0mm 到最厚 5.0mm。在这种设计中，$\gamma =$ 0.90 ~ 1.20g PAM/cm^2 骨芯表面积，与传统圆柱形管式极板的电池相比，采用长条形骨芯管式极板的电池具有更高的输出功率，并保持了较长的循环寿命。

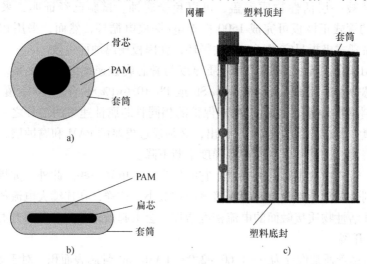

图 4.62　3 种管式极板的设计示意图

a）圆柱形管的横截面　b）椭圆形管的横截面　c）扁芯网栅管式极板结构

圆形（圆柱形）排管通常用于富液式电池，而 VRLAB 为了确保 AGM 隔板与整个极板表面接触良好，则首选长方形（正方形）排管。长方形排管的形状如图 4.63 所示。

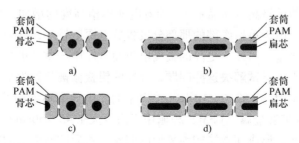

图 4.63 管式极板的 4 种横截面

a）圆柱形 b）椭圆形 c）正方形 d）长方形

（圆柱形和椭圆形管式极板用于富液式电池，而正方形和长方形设计的管式极板更适合于使用 AGM 隔板的 VRLAB）

图 4.64 展示了 PAM 比容量和电池输出电流密度之间的关系。测试电池采用 3 种极板：SGTP、SLI 极板和圆柱形管式极板[103]。SGTP 电池的 Peukert 关系几乎与 SLI 电池相同[103]。这使得 SGTP 电池适用于高能量和高容量的工况。此类电池的循环寿命达到 900～1000 次循环。

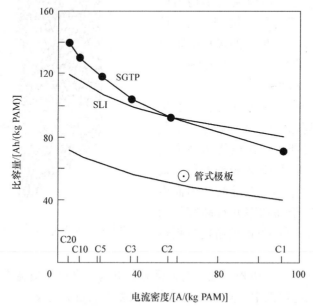

图 4.64 3 类电池（SGTP、SLI 和传统管式圆柱形极板）的 PAM 和放电电流密度之间的关系[103]

4.11　铜拉网金属负网栅

高容量电池的单格高（极板高）。随着电池单格高度的增加，板栅电阻也随之增大。其结果是，由于单格底部的那部分极板放电深度较小，导致极板顶部和底部出现了较大的电势差。另外，更高的板栅电阻使电池中产生了更多的热量，因而增加了能量损失。为了尝试解决这些问题，标准的铅板栅被替换为铜板栅，用于负极板。铜的比电导率为 $\sigma = 59.6 \times 10^6 \mathrm{S/m}$，而铅的比电导率不足铜的十分之一，$\sigma = 5.0 \times 10^6 \mathrm{S/m}$。铜扩展金属（CSM）板栅用于高度大于 $45 \sim 50 \mathrm{cm}$ 的极板。

铜带经过拉网，形成筋条结构为菱形的网栅。然后拉网成型的铜网栅被切割成单片网栅。带有板耳的铅制上框和铅制底框均为铸造成型，铜网栅表面被铅薄层覆盖。图 4.65 展示了这种设计的一个 CSM 网栅[97]。然后，这种方法制成的板栅经过涂膏、固化和化成等后续工艺处理。

采用 CSM 板栅之后，活性物质利用率得到提高，整个极板表面的充电反应和放电反应更加均匀地进行。如果负极板采用铅板栅，则在高倍率放电时，极板上部的局部电流密度比极板底部的局部电流密度高许多。电流密度不均匀可能引起负极板底部硫酸盐化。研究人员已经证实，采用 CSM 板栅的极板电阻比采用标准铅板栅的极板电阻大约低 17%，这提高了电池输出功率[104]。

充电期间，铜板栅使极板表面电流密度分配更加均匀，因而大幅提高了负极板的充电接受能力，这最终提高了电池性能。然而，采用 CSM 板栅的负极板制造过程包括大量的工艺流程，因而生产成本更高。对于高功率并且高容量的电池，采用高成本的 CSM 板栅负极板也是值得的。

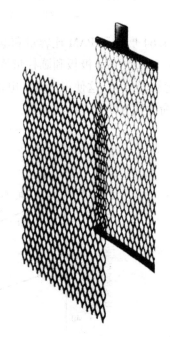

图 4.65　带有铅镀层的铜拉网板栅[97]

CSM 板栅不适于正极板，因为腐蚀反应会快速"吃掉"覆盖在板栅上的铅层，铜离子会溶解到电解液中，降低充电效率并大幅加快自放电反应。

以上是 CSM 板栅技术的简介，到此为止，已经将最常见的板栅合金和板栅设计原则概述完毕。下一章将进一步介绍极板生产过程。

参 考 文 献

[1] D. Pavlov, E. Bashtavelova, J. Electrochem. Soc. 133 (1986) 241.

[2] D. Pavlov, S. Ignatova, J. Appl. Electrochem. 17 (1987) 715.

[3] D. Berndt, S.C. Nijhavan, J. Power Sources 1 (1976/77) 3.

[4] H. Bode, in: R.J. Brodd, K.V. Kordesch (Eds.), Lead-Acid Batteries, John Wiley & Sons, New York, 1977, p. 13.

[5] D. Berndt, in: N.E. Bagshaw (Ed.), Maintenance-Free Batteries, Research Studies Press Ltd., John Wiley & Sons, New York, USA, 1993, p. 57.

[6] D.M. Rice, J.E. Manders, J. Power Sources 67 (1997) 251.

[7] J.R. Pierson, C.E. Weinlein, C.E. Wright, in: D.H. Collins (Ed.), Power Sources 5, Academic Press, London, UK, 1975, p. 97.

[8] L.T. Lam, J.D. Douglas, R. Pilling, D.A.J. Rand, J. Power Sources 48 (1994) 219.

[9] M. Maja, N. Penazzi, J. Power Sources 22 (1988) 9.

[10] K. Peters, in: D.A.J. Rand, P.T. Moseley, J. Garche, C.D. Parker (Eds.), Valve-Regulated Lead-Acid Batteries, Elsevier, 2004, p. 141.

[11] L.T. Lam, O.V. Lim, N.P. Haigh, D.A.J. Rand, E.J. Manders, D.M. Rice, J. Power Sources 73 (1998) 36.

[12] W. Brecht, Batteries Int. 30 (1997) 62.

[13] M. Hansen, Constitution of Binary Alloys, McGraw-Hill Co., New York, 1958.

[14] R.D. Prengaman, Madrid, in: Proceedings of the 7th International Lead Conference, "Pb-80", Lead Development Association, London, UK, 1980, p. 34.

[15] W.F. Gillian, D.M. Rice, J. Power Sources 38 (1992) 49.

[16] E.C. Rollason, Metallurgy for Engineers, fourth ed., Edward Arnold Ltd., London, 1980, p. 96.

[17] D. Pavlov, M. Boton, M. Stojanova, Bull. Inst. Chim. Phys. 5 (1965) 55.

[18] R.D. Prengaman, J. Power Sources 53 (1995) 207.

[19] H. Borchers, W. Scharfenberger, Metall 20 (1966) 811.

[20] A.C. Simon, J. Electrochem. Soc. 114 (1967) 1.

[21] Z. Jiang, Y. Lu, S. Zhao, W. Gu, Z. Zhang, J. Power Sources 31 (1990) 169.

[22] G.W. Mao, J.G. Larson, Metall (December 1968) 236.

[23] U. Heubner, A. Ueberschaer, Metall 33 (1977) 963.

[24] W. Hume-Rothery, G.V. Raynor, The Structure of Metals and Alloys, second ed., Institute of Metals, London, 1956.

[25] N.E. Bagshaw, J. Power Sources 33 (1991) 3.

[26] U. Heubner, Erzmetall 29 (1976) 41.

[27] S. Engler, Z.H. Lee, Giessereiforschung 28 (1976) 170.

[28] J.P. Hilger, J. Power Sources 53 (1995) 45.

[29] M. Torralba, J. Power Sources 1 (1976/77) 301.

[30] C.G. Fink, A.J. Dornblatt, Trans. Electrochem. Soc. 79 (1941) 269.

[31] V.P. Mashovets, A.Z. Lyandres, Sov. J. Appl. Chem. 21 (1948) 347.

[32] I.A. Aguf, M.A. Dasoyan, Vestn. Elektroprom 10 (1959) 62.

[33] D. Pavlov, T. Rogatchev, Werkst. Korros 19 (1968) 677.

[34] U. Heubner, A. Ueberschaer, Paris, in: Proceedings of the 5th International Lead Conference, 1974, p. 963.

[35] U. Heubner, I. Mueller, A. Ueberschaer, Z. Metallkd 66 (1976) 74, 79.

[36] R.D. Prengaman, Pennington, NJ, USA, in: K.R. Bullock, D. Pavlov (Eds.), Advances in Lead-Acid Batteries, the Electrochem. Soc. Inc., 1984, p. 201.

[37] B.E. Kallup, D. Berndt, Pennington, NJ, USA, in: K.R. Bullock, D. Pavlov (Eds.), Advances in Lead-acid Batteries, the Electrochem. Soc. Inc., 1984, p. 214.

[38] W.F. Gillian, J. Power Sources 19 (1987) 133.

[39] M.A. Dasoyan, Dokl. Akad. Nauk. SSSR 107 (1956) 863.

[40] M.A. Dasoyan, Sov. J. Appl. Chem. 29 (1956) 1827.

[41] W.F. Gillian, J. Power Sources 31 (1990) 177.

[42] A. Kirov, T. Rogatchev, D. Donev, Metalloberflaeche 26 (1972) 234.

[43] E.J. Ritchie, J. Burbank, J. Electrochem. Soc. 117 (1970) 357.

[44] J.L. Dawson, M.I. Gillibrand, J. Wilkinson, in: D.H. Collins (Ed.), Power Sources 3, Oriel Press, Newcastle upon Tyne, 1970, p. 1.

[45] A. Boggio, M. Maja, N. Penazzi, J. Power Sources 9 (1983) 221.

[46] I.H. Yeo, D.C. Johnson, J. Electrochem. Soc. 134 (1987) 1973.

[47] D. Pavlov, A. Dakhouche, T. Rogachev, J. Power Sources 30 (1990) 117.

[48] D. Pavlov, A. Dakhouche, T. Rogachev, J. Power Sources 42 (1993) 71.

[49] B. Monahov, D. Pavlov, J. Electrochem. Soc. 141 (1994) 2316.

[50] H.E. Haring, U.B. Thomas, Trans. Electrochem. Soc. 68 (1935) 293.

[51] U.B. Thomas, F.T. Forster, H.E. Haring, Trans. Electrochem. Soc. 92 (1947) 313.

[52] E.E. Schumacher, G.M. Bouton, Metals Alloys 14 (1941) 865.

[53] G.W. Mao, J.G. Larson, P. Rao, Metall 1 (1969) 399.

[54] E.E. Schumacher, G.S. Phipps, Trans. Electrochem. Soc. 68 (1935) 309.

[55] E. Hoehne, Z. Metallkd 30 (1938) 52.

[56] J. Burbank, A.C. Simon, E. Willihnganz, in: P. Delahay, C.W. Tobias (Eds.), Advances Electrochemical Engineering vol. 8, Wiley Interscience, New York, 1971, p. 157.

[57] K. Fuchida, K. Okada, S. Hattori, M. Kono, M. Yamane, T. Takayama, et al., Final Rep. ILZRO Project LE-276, ILZRO, Research Triangle Park, NC, USA, 1982.

[58] A.E. Hollenkamp, J. Power Sources 36 (1991) 567.

[59] A. Kita, Y. Matsumaru, M. Shinpo, H. Nakashima, International Power Sources Symposium, in: L.J. Pearce (Ed.), Power Sources 11, Research and Development in Non-mechanical Electrical Power Sources, Leatherhead, UK, 1986, p. 31.

[60] D. Pavlov, B. Monakhov, M. Maja, N. Penazzi, J. Electrochem. Soc. 136 (1989) 27.

[61] M.K. Dimitrov, D. Pavlov, J. Power Sources 46 (1993) 203.

[62] D. Pavlov, J. Power Sources 42 (1993) 345.

[63] A. Winsel, E. Voss, U. Hullmeine, J. Power Sources 30 (1990) 209.

[64] E.E. Schumacher, G.M. Bouton, Metals Alloys 1 (1930) 405.

[65] J. Perkins, G.R. Edwards, J. Mat. Sci. 10 (1975) 136.

[66] R.D. Prengaman, in: D.A.J. Rand, P.T. Moseley, J. Garche, C.D. Parker (Eds.), Valve-Regulated Lead-Acid Batteries, Elsevier, Amsterdam, 2004, p. 15.

[67] Sims R.J.. US Patent 3,920,473, 1975.

[68] N.E. Bagshaw, J. McWhinnie. US Patent 4,125,690, 1978.

[69] C.S. Lakshmi, J.E. Manders, D.M. Rice, J. Power Sources 73 (1998) 23.

[70] L. Bouirden, J.P. Hilger, J. Hertz, J. Power Sources 33 (1991) 27.

[71] H. Borchers, H. Assmann, Z. Metallkd 69 (1978) 43.

[72] H. Borchers, H. Assmann, Metallurgia 33 (1979) 936.

[73] H. Borchers, H. Scharfenberger, S. Henkel, Z. Metallkd 64 (1973) 478.

[74] R.D. Prengaman, J. Power Sources 33 (1991) 13.

[75] E. Rocca, G. Bourguignon, J. Steinmetz, J. Power Sources 161 (2006) 666.

[76] K.R. Bullock, M.A. Butler, J. Electrochem. Soc. 133 (1986) 1085.

[77] H.K. Giess, Pennington, NJ, USA, in: K.R. Bullock, D. Pavlov (Eds.), Advances in Lead-Acid Batteries, the Electrochem. Soc. Inc., 1984, p. 247.

[78] D. Pavlov, B. Monakhov, M. Maja, N. Penazzi, Rev. Roumaine Chem. 34 (1989) 551.

[79] K. Wiesener, J. Garche, N. Anastasijevich, J. Power Sources 9 (1983) 17.

[80] L. Albert, A. Goguelin, E. Jullian, J. Power Sources 78 (1999) 23.

[81] E. Jullian, L. Albert, J.L. Caillerie, J. Power Sources 116 (2003) 185.

[82] J. Furukawa, Y. Nehyo, M.O.S. Takeshima, S. Shiga, Asian Batteries, Summer 2009, p. 28.

[83] L. Albert, A. Chabrol, L. Torcheux, Ph. Steyer, J.P. Hilger, J. Power Sources 67 (1997) 257.

[84] Ph. Steyer, J. Steinmetz, J.P. Hilger, J. Electrochem. Soc. 145 (1998) 3183.

[85] R.D. Prengaman, Low Gassing Secondary Soft Lead, Eco-Bat Technol. Ltd., 2009 (Lecture).

[86] R.D. Prengaman, J. Power Sources 42 (1993) 25.

[87] T. Caldwell, V. Sokolov, L. Bocciarelli, J. Electrochem. Soc. 123 (1976) 1265.

[88] M. Maja, N. Penazzi, J. Power Sources 22 (1988) 1.

[89] J. Devitt, M. Myers, J. Electrochem. Soc. 123 (1976) 1769.

[90] S. Zhong, H.K. Liu, S.X. Dou, M. Skyllas-Kazakos, J. Power Sources 59 (1996) 123.

[91] R.D. Prengaman, in: J. Garche (Ed.), Encyclopedia of Electrochemical Power Sources vol. 4, Elsevier, 2009, p. 648.

[92] L.C. Peixoto, W.R. Osorio, A. Garcia, J. Power Sources 195 (2010) 621.

[93] D. Pavlov, M. Dimitrov, G. Petkova, H. Giess, C. Gnehm, J. Electrochem. Soc. 142 (1995) 2919.

[94] P. Faber, in: D.H. Collins (Ed.), Power Sources 4, Oriel Press, Newcastle upon Tyne, 1973, p. 525.

[95] D. Pavlov, J. Power Sources 53 (1995) 9.

[96] A.E. Hollenkamp, K.K. Constanti, M.J. Koop, L. Apateanu, M. Calabek, K. Micka, J. Power Sources 48 (1994) 195.

[97] R. Wagner, in: J. Garche (Ed.), Encyclopedia of Electrochemical Power Sources vol. 4, Elsevier, 2009, p. 599.

[98] G.H. Laurie, R.T. Sakauye, E.M. Valeriote, Los Angeles, in: Proceedings of the 156th ECS Meeting vols. 79−2, 1979. Ext. Abstr. No. 55, p.139.

[99] D.C. Melnik, Battery Man 22 (1980) 2.

[100] H. Warlimont, T. Hofmann, J. Power Sources 133 (2004) 14.

[101] H. Warlimont, T. Hofmann, K. Jobst, J. Power Sources 144 (2005) 486.

[102] T. Rogachev, G. Papazov, D. Pavlov, J. Power Sources 10 (1983) 291.

[103] G. Papazov, D. Pavlov, J. Power Sources 62 (1996) 193.

[104] R. Wagner, J. Power Sources 144 (2005) 494.

第 5 章 铅 氧 化 物

5.1 铅氧化物和红铅的物理特性

5.1.1 铅氧化物

氧化铅（PbO）存在两种变体（多晶体）：①红色的正方晶系氧化铅（tet-PbO，也称为 α-PbO 或密陀僧）和②黄色的斜方晶系氧化铅（ort-PbO，也称为 β-PbO 或黄丹）。α-PbO 在低温度和低压下是稳定的。α-PbO 转变为 β-PbO 的转化温度为 486~489℃，反应热效应为 1.35kJ/mol。当 β-PbO 被快速冷却时，它可能保持不变，继续以低温存在。最终，在外部物质作用下，它缓慢地转化成 α-PbO。也存在无定形的氧化铅，其含量由 PbO 的生成方式决定。

图 2.19 为 α-PbO 的晶胞，为界限清楚的层状结构。层与层之间以 Pb—Pb 键相连[1]。层状结构为水平的，其布局为 Pb-O-Pb 层状结构，Pb^{2+} 位于塔尖状的 PbO_4 的上部，而且 Pb-O 的距离相同为 2.32Å，可以近似将 Pb^{2+} 看作为立体堆积结构。氧离子利用 sp^3 轨道与铅原子形成电子对[2]。该键可认为是共价键。电子在 PbO 中的这种局部分布情况，决定了 PbO 电阻较高[3]。

α-PbO 为晶格结构，其参数为：$a = 3.976$Å，$b = 3.976$Å，$c = 5.023$Å；密度 = 9.35kg/L，比体积 = 0.107L/kg；摩尔体积 = 23.9cm³/mol；摩尔热熔 = 45.82J/(mol·K)。

如图 5.1 所示，β-PbO 同样也是层状结构，其层结构由无数 Pb-O 链构成[2]。各层表面由 Pb^{2+} 组成，每个氧离子周围有 4 个铅离子。层与层之间由范德华

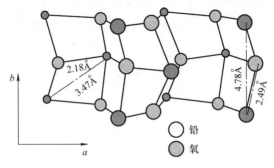

图 5.1 黄色 Pb-O 链层的示意图[2]

力连接[2]。因此 β-PbO 形成倾斜的片状结构。在共价模型中，电子对具有局限性，其离域需要被激发。这就是造成 β-PbO 低暗电导率的原因。晶格参数为：$a = 5.489\text{Å}$，$b = 4.755\text{Å}$，$c = 5.891\text{Å}$；β-PbO 的熔点为 885℃、沸点为 1480℃。

Soederquist 和 Dickens 已经提出了 β-PbO 转化为 α-PbO 的一种反应机理[4]。基于最小能耗原理，其反应机理为 β-PbO 就近转化为 α-PbO。然后该转化继续进行，并没有转化为离子键。因为较轻离子的热振动振幅更大，所以氧离子比 Pb^{2+} 离子移动得更远。这样，铅次晶格发生的变化最小，这类似于两个 PbO 变体。

在转变期间，新生成的 α-PbO 必须保持 Pb^{2+} 离子的朝向。Pb^{2+} 离子朝向符合下列条件：α-PbO 的（001）层与 β-PbO 的（100）层平行。这可通过（001）层扩展13%，并沿着 β-PbO 层的（010）层收缩18%来实现。这样，沿着（100）层的晶格结构保持不变。

沿着垂直于层链的方向，β-PbO 的比电阻为 $10^{12}\Omega \cdot cm$，而沿着层链的方向，其比电阻为 $10^{10} \sim 10^{11} \Omega \cdot cm$[3]。β-PbO 是一种 n 型半导体，其禁带能隙为 $2.66eV$[5]。

研究人员对 β-PbO 的离子导电部分和电子导电部分、氧气压力和掺杂浓度（比如 K 和 Bi）之间的相互关系进行了研究[7]。电子导电部分取决于氧气压力；添加 Bi 之后产生了 n 型电导率，而掺杂 K 产生了 p 型电导率。Pb^{2+} 转化数量仅为 0.01，离子电导率完全是氧产生的[6,7]。氧气在氧化铅表面及周围环境之间以缓慢速率进行交换。

5.1.2 红铅（Pb_3O_4）

红铅以四方晶系的方式结晶，其单位晶格参数为：$a = 8.80\text{Å}$，$b = 6.56\text{Å}$。图 5.2 展示了 Pb_3O_4 晶格中的离子坐标。Pb_3O_4 包含 PbO_6 八面体，Pb^{4+} 离子居于八面体中心，O^{2-} 离子位于八面体顶点，只与对边相结合。无限链沿 c 轴形成，类似于 β-PbO_2 的情形。二价 Pb^{2+} 离子通过与 3 个氧离子相连，彼此链接到链中。Pb^{2+} 与氧之间主要由共价键（只有22%~50%的离子键特性）。这种结构使 Pb_3O_4 成为具有 Pb（Ⅱ）价和 Pb（Ⅳ）价的铅化合物。该特征在其与酸反应时表现出来：红铅分解为 β-PbO_2（八面体链）和一种 Pb^{2+} 盐。

通常 Pb_3O_4 被报道为一种非化学计量的氧化物。然而，数据显示，在 $PbO_{1.31}$ 到 $PbO_{1.33}$ 之间存在一个同质区。当加热到550℃时，Pb_3O_4 转化为氧化铅。红铅具有以下特性：在 0~1000bar 压力下的比电阻率为 $9.6 \times 10^9 \Omega \cdot cm$，密度为 9.1kg/L，比体积为 0.110L/kg，摩尔体积为 75.3cm^3/mol，摩尔热容为 45.82J/（mol · K）。Pb_3O_4 是一种 p 型半导体，能隙为 $2.18eV$[8]。

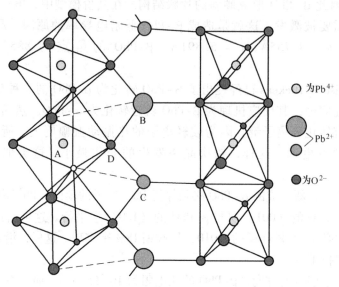

为Pb^{4+}

$\Big\rangle$Pb^{2+}

为O^{2-}

图 5.2　Pb$_3$O$_4$ 的晶体结构[9] ⊖

5.2　铅的热氧化机理

在潮湿环境中，甚至在室温下铅也会被空气中的氧气氧化。Pb 表面氧化生成一个 PbO 层，该层将反应物隔离。之后，氧化反应经由固态机理继续进行。研究热氧化反应的基本问题是确定哪种反应物穿过了 PbO 层。

Pb^{2+} 离子扩散穿过 PbO 层需要 66kcal/mol （2.86eV） 的活化能[10]。氧离子扩散活化能仅为 22.4kcal/mol （0.97eV）[7]。两种活化能之间的明显差异表明，穿过 PbO 层的是氧气。

在固体中扩散的活化能通常被认为是缺陷的形成和移动所需能量之和。根据晶型不同，缺陷形成能介于 0.5 ~ 0.75eV 之间。这些数值可能也包含 O$_2$ 缺陷的形成能。因此，缺陷的转化能为 0.25 ~ 0.50eV （6.9 ~ 11.5kcal/mol）。这些数值是相当低的，表明 O^{2-} 离子经空穴机制穿过 PbO 层。

Anderson 和 Tare 提出一个模型[11]，该模型简明地表明了图 5.3 中所示的氧化反应。

1）在 Pb/PbO 界面，发生下列反应

$$Pb \longrightarrow PbO^{2+} + 2e^- \tag{5.1}$$

⊖　原书图中为 O^{2+}，有误，应为 O^{2-}。——译者注

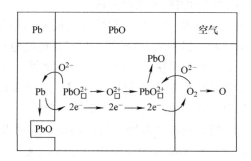

图 5.3 生成 PbO 层之后，铅在空气中的热氧化机理

形成氧空穴，产生电子。它们通过 PbO 层扩散至 PbO｜空气界面。这两类颗粒的流动性不同，在 PbO 可能形成电场。

2）在 PbO｜空气界面，氧气最初吸附在不同的吸附中心。这些中心可能是已经扩散到 PbO｜空气界面的氧空穴。氧分子进入氧空穴，填充 PbO 晶格的空穴，并接受电子，对吸附中心进行电中和。

因此，反应

$$PbO^{2+} + 2e^- + O_2 \longrightarrow PbO + O \tag{5.2}$$

发生在 PbO｜空气的界面。氧原子与其他氧空穴，或其他氧分子反应生成氧分子。

在不同的温度区间，任何基本反应（氧吸附，O_2 分子分解，Pb｜PbO 和 PbO｜空气界面上的表面反应，O^{2+} 缺陷和电子穿越 PbO 层）都可能限制反应速率，并决定不同的氧反应动力学方程。当铅中含有合金添加剂时，氧化反应可能更加复杂，这是因为掺杂不仅影响半导体特性（n 型或 p 型 PbO 导体），而且影响离子空穴的移动性。

5.3 铅氧化物的生产过程

早期生产铅酸蓄电池时，一氧化铅（PbO）和红铅（Pb_3O_4）是用来生产电池极板的初始材料。添加 25% ~ 75% 的 Pb_3O_4 以加速正极板化成。PbO（黄丹）是在一个反射熔炉由熔融铅生产。熔融铅被空气流氧化，水汽加速该氧化反应。该方法生成的氧化铅颗粒尺寸相当粗大，需要在滚压机和锤式粉碎机中进一步研磨。最终获得正方晶结构的氧化铅粉末。这种生产氧化铅的方法慢而繁琐，所以需要一种新颖又快速的生产方法。在 19 世纪末、20 世纪初开发出巴顿锅和球磨工艺生产铅粉。这两种工艺所生产的铅粉中含有 20wt% ~ 30wt% 的未氧化的铅，通常称为铅粉。下面来简明描述一下电池工业目前采用的以上两种铅粉生产工艺。

5.3.1 中等温度铅氧化的巴顿锅铅粉生产方法

1898年，George V. Barton 提出一种非常快速又简易的铅粉生产方法。该方法可制造部分氧化的含铅粉末（铅粉），这种铅粉可以保证电池具有高性能。

图5.4中展示了一个典型的铅粉生产流程[12]。熔融铅（450℃）经管道输入大型反应锅中，锅内的旋转桨对熔融铅进行快速搅拌。反应锅被加热到大约470℃，熔融铅被连续搅动、分散。潮湿的空气流将铅氧化并带至分离器中，在分离器内粗大颗粒与细小颗粒分离，粗大颗粒再返回至反应锅中。这些粗大颗粒被继续氧化，分散并再次进入分离器中。气体排放净化系统（铅尘收集器）确保了较低的排放水平。

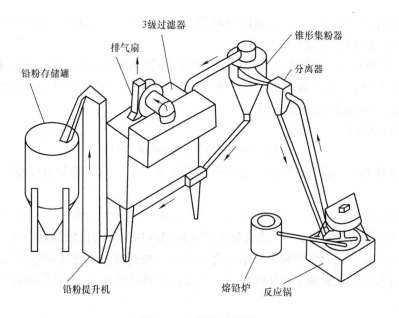

图5.4　巴顿锅示意图

由于铅氧化是放热反应，在反应锅内产生大量热。反应温度决定最终的铅粉类型，应认真控制。电池工业更希望生产出 α-PbO，为此，反应温度应保持在487℃以下。由于氧化反应必须在多晶转化温度487℃以下进行，所以反应锅应保持在460～470℃的温度区间内。在这些条件下，形成少量（少于15%）的 β-PbO，这几乎不会影响电池性能参数。

反应锅内的温度取决于反应锅通入潮湿空气的流量和流速。除了作为铅氧化反应的催化剂，水蒸气降低了锅内温度，向反应室内提供额外氧气。影响反应室内温度的其他参数是输入的铅液量和速率，以及通过反应锅的空气流速。这两种流体保证了铅氧化反应期间能够产生足够热量。

所生成的含有所需要的颗粒尺寸和物相组成的铅粉通过一系列锥形分离器，以及一个集尘器除去空气中的铅尘，然后转至筒仓中。整个工艺过程由传感器和计算机进行监控。

巴顿锅工艺生产的铅粉氧化度为 70% ~ 80%。在高的反应温度下，生成的氧化铅全部为斜方晶系。在低温下，生成 α-PbO，并伴有 β-PbO 形成。采用该方法也可生成小量的 PbO_n 和 Pb_3O_4。

巴顿锅的一些工艺参数影响铅粉的结构和性质，总结如下：

1）反应锅内温度的影响。如果反应锅内温度升高，则铅粉氧化度增加，并且吸酸量增加，生产效率提高。铅粉中的斜方晶系（黄色）氧化铅增加，甚至可能生成少量红铅。同时，铅粉真实密度降低，表观密度也降低。其颗粒尺寸和比表面积不变。通过增加熔融铅的输入数量和速度，可以提高反应锅内的温度。当反应锅内的温度降至一定数值时，填入反应器中的熔融铅可能固化成大块，阻止反应进行。

2）空气流速的影响。提高空气流速可提高巴顿锅生产效率，增大铅粉颗粒尺寸，并提高铅粉的真实密度和表观密度。不过与此同时，铅粉吸水量和吸酸量下降，铅粉比表面积下降。

3）空气湿度的影响。因为湿度对氧化反应有催化作用，如果增大空气湿度，则铅粉氧化度增加。随之铅粉真实密度和表观密度降低，吸酸量增加。而铅粉颗粒的比表面和颗粒尺寸分布，以及生产效率不变。为了增加空气湿度，通常向反应锅内喷洒少量水。

4）熔铅锅温度的影响。熔铅锅温度应该保持在铅的熔点以上，以阻止熔铅在进入反应锅之前冷却固化。为达到该目的，通常连接熔铅锅和反应锅的传输管道一直被加热。为避免熔锅内的温度突降，应禁止填入多个铅块。然而，另一方面，熔锅内温度不应超过 450℃，以避免形成铅渣而造成损失。

5）熔铅填充速率的影响。熔铅向反应锅的输送速率决定了填铅速率。这是控制反应锅内所需温度的基本方法，所以熔铅填充速率的任何提高都会引起反应锅内温度的相应增加，以及铅粉特性的变化。显然，熔铅填充速率直接决定生产速率。采用自动化系统控制填充速率，并根据实时情况进行调整。

在生产实践中，采用不同反应参数的相互变化来实现所需的铅粉质量。如果铅粉过于粗大而不能直接用于电池生产，则需要在粉碎机中进一步研磨。

大约 75% 的铅粉由巴顿锅方法生产。大约每天需要 30min 加热巴顿锅使之达到所需反应温度。这种方法生产铅粉所需能量大约为 65kW/t 铅粉。

图 5.5a 和 b 展示了巴顿锅生产的铅粉颗粒的扫描电镜（SEM）观察到的图片，图 5.5c 和 d 展示了安装在树脂上并被抛光截面的铅粉颗粒的显微照片。图中可辨别出两种尺寸的颗粒：细小的铅粉颗粒和粗大的圆形团聚体。这些颗粒被嵌在树脂

中并被抛光之后，未氧化的铅变得可见。这是铅液滴固化和铅颗粒表面氧化所生成的大尺寸颗粒。纯氧化铅颗粒尺寸小，并且尺寸相对均匀。

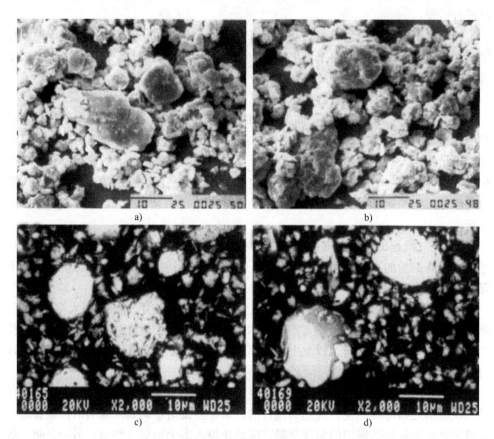

图 5.5　a），b）巴顿锅生产的铅粉的 SEM 图像　c），d）装在树脂上的铅粉与颗粒，以及横截面被抛光的铅粉颗粒的 SEM 图像[13]

5.3.2　铅在低温下发生氧化的球磨铅粉生产工艺

1924 年，日本的 Shimadzu 首先发明球磨方法。当今，人们使用很多种球磨机，但是其基本原理与 Shimadzu 所采用的原理相同。球磨工艺基于固相反应，在 70 ~ 180℃之间的低温区间内进行。图 5.6 列出了锥形球磨系统的示意图[15]。

在球磨工艺中，铅球（圆柱体）或铅块经受氧化。铅块填入一个大型钢制滚筒中，滚筒围绕其水平轴旋转。铅块在旋转的滚筒内相互摩擦、碰撞。铅块间的摩擦所产生的热量足以引起铅表面的氧化反应。由于该氧化反应是放热的，所释放的热量（983kJ/kg）维持氧化温度，产生的多余热量不得不通过向滚筒中通入冷空气或在滚筒外壁喷洒水的方法来驱散。滚筒保持一定温度（例如约 90 ~ 100℃），使铅表面稳定氧化。通入滚筒的气流有两个作用：提供氧化反应所需的氧气，并吹出

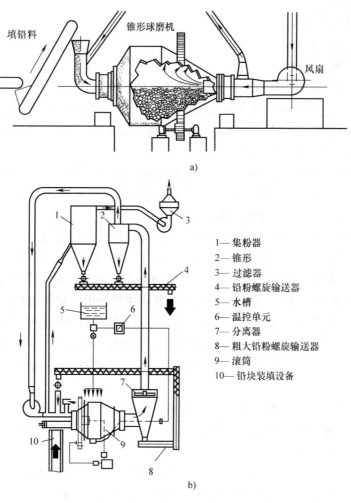

图 5.6　a）锥形球磨机[14] b）铅粉球磨机[15]

所生成的铅粉。空气通常有两个输入来源：铅块填入口和滚筒进风口。应通过调整水流和气流，密切监控该放热的氧化反应速率。铅粉经分离后，粗大的氧化铅颗粒返回至球磨机中进一步摩擦氧化。锥形分离器和铅尘收集器用来收集所需尺寸的铅粉。空气被循环使用，也有一部分通过过滤装置后排出滚筒，确保排出废气的铅浓度低于 $1 \sim 2mg/m^3$。

　　已发现球磨工艺生产效率与滚筒旋转速度成正比。当球磨机以 55% ~ 90% 的临界转速工作时，其生产 1t 铅粉所需能量是基本恒定的。临界转速是指铅块在向心力作用下贴在滚筒内壁，并且互不摩擦时的滚筒转速。

　　球磨生产效率和所产铅粉的特性取决于下列参数：

1）滚筒转速；

2）铅球装填速度；

3）滚筒温度；

4）气流速率和湿度。

假设其他参数不变时，其中一个参数的具体影响如下：

1）滚筒转速的影响。随着滚筒转速增加，铅粉氧化度、比表面积、吸水量和吸酸量都随之增加，而铅粉颗粒尺寸和真实密度以及其表观密度都降低。由于铅球装填速率相同，球磨生产效率不变。

2）铅球装填速率的影响。如果加快铅球装填速度，则铅粉生产效率提高，氧化度降低，因此其真实密度增加，从而引起铅粉表观密度增加。铅粉颗粒尺寸增加，而其表面积下降，吸水量和吸酸量下降。

3）滚筒温度的影响。随着滚筒温度的升高，铅粉氧化度增加，引起铅粉真实和表观密度相应增加。铅粉吸酸量增加。球磨机生产效率、铅粉颗粒尺寸和比表面积保持不变。为了保持所需滚筒温度，有时用水在滚筒外部对滚筒进行冷却。

4）空气流速的影响。通过该系统的空气流速增加引起铅粉氧化度的增加，因而所生产的铅粉真实密度和表观密度较低。然而，较高的空气流速，可能减小铅粉颗粒的尺寸，这是由于锥形分离器的圆周线速度增加，使更多的铅粉颗粒被返送到球磨机中进一步研磨。这略微降低了球磨系统的生产效率，并引起所产铅粉比表面积增加。

5）空气湿度的影响。由于空气湿度对氧化反应的催化效应，吹过球磨体系的空气的湿度增加引起更高的铅粉氧化度，并因此，铅粉密度（包括真实和表观）下降，而其吸酸能力提高。

采用传感器实时监测上述球磨工艺参数，采用计算机控制整个工艺过程。

整个球磨系统生产 1t 铅粉约耗能 200kW。这大约是巴顿锅工艺生产等量铅粉所需能量的 3 倍[16]。

采用球磨工艺生产的铅粉含有 20% ~ 35% 的游离（未被氧化的）铅颗粒。剩余的物相是 α-PbO。铅粉颗粒形成鳞片状的团聚体。图 5.7 展示了球磨工艺生产的铅粉颗粒的 SEM 图像。可看到相对大的团聚体由氧化物覆盖着的铅薄片构成（见图 5.7c、d）。这些铅颗粒形状各异，并被许多细小的氧化物颗粒包围。球磨工艺的研磨作用使铅粉颗粒成为这样的形状。

新生产的铅粉温度高，反应活性也高，必须降温使铅粉颗粒再结晶。通常，铅粉收集到存储罐中，保存 3 ~ 4 天之后再制造铅膏。有的巴顿锅工艺生产的铅粉会延长存储时间到 5 ~ 6 天。如果铅粉刚生产出来就用于制备铅膏，则铅膏的结构和一致性受损，比如铅膏变为团粒结构。

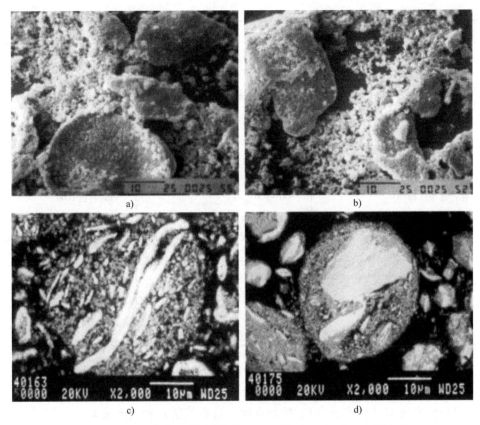

图 5.7 a)，b) 球磨铅粉颗粒的 SEM 图像 c)，d) 装在树脂上的
球磨铅粉抛光横截面的 SEM 图像[13]

5.3.3 巴顿锅与球磨铅粉的比较

简单描述了以上铅粉生产方法之后，那么哪种工艺更好呢？表 5.1 对比了巴顿锅和球磨工艺所生产的铅粉特性[17]。

表 5.1 巴顿锅铅粉和球磨铅粉的比较[17]

特性	巴顿锅	球磨
颗粒尺寸	3 ~ 4mm 中等直径	2 ~ 3mm 中等直径
稳定性和空气中的反应活性	通常更稳定	通常活性高，会引起存储和长途运输问题
晶体结构	5wt% ~ 30wt% β-PbO（typ.），余量为 α-PbO	基本上 100wt% α-PbO
吸酸值/（mg H_2SO_4/g 铅粉)	160 ~ 200（未研磨的，研磨后最大 240)	240

（续）

特性	巴顿锅	球磨
表面积/（m²/g）	0.4～1.8	2.0～3.0
游离铅含量（wt%）	18～28	25～35
合膏特性	制成的铅膏较软，易于涂板	铅膏稍硬，需严格控制
电池性能	电池寿命长，但初容量低	初容量高，但电池可能寿命短
过程控制	更难控制，计算机应用可改善控制难度	易于控制，可生产一致性更高的铅粉
生产速率/（kg/h）	300～900	可能高达1000
设备投资	初始投资和运行成本低，设备尺寸小，相对安静，维护成本较低，能耗较少	初期投入和运行成本高，占地大；有噪声；维护成本高
能耗/（kWh/t）	不超过100	100～300
环境方面	采用精心设计的环保系统（包括生产车间和存储区）之后，能够满足现有排放标准	

通常采用下面3个基本参数比较这两种铅粉生产方法的优劣，总结如下：

1）铅粉活性及其对电池性能的影响；

2）生产效率（生产速率），控制难度（过程控制）和生产成本；

3）所需投资。

图5.8表明了这两种工艺的铅粉反应活性和生产效率。

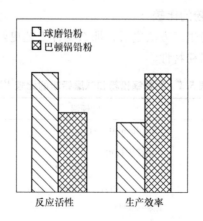

图5.8 巴顿锅铅粉和球磨铅粉对比

1）铅粉反应活性及其对电池性能的影响。这方面，球磨工艺具有毋庸置疑的优势。这种方式生产的铅粉反应活性更高，促进了后续工艺反应，从而确保了更好的放电性能和更长的寿命，特别是对于所组装电池的正极板。更高的铅粉反应活性可能是由于这种铅粉颗粒表面积更大，也可能是由于其中含有 β - PbO。正因为如此，一些电池厂家无论是在起动电池还是动力型电池应用中，单独使用球磨铅粉或混合使用球磨和巴顿锅铅粉生产正涂膏极板，而巴顿锅铅粉只用于负极板。

2）生产效率、操作难易和生产成本。巴顿锅工艺具有明显优势。巴顿锅体系的生产效率更高（达 1000kg 铅粉/h），且易于操作、控制和维修。巴顿锅工艺的生产成本更低。生产成本的差异主要在于生产 1t 铅粉的能量消耗，巴顿锅工艺为 100kWh/t，而球磨机生产 1t 铅粉可能会消耗 350kWh 的能量。即使现代最新的球磨系统生产效率有可能接近巴顿反应器的生产效率，其能耗是 150kWh/t，这比传统球磨低很多，但仍比巴顿锅铅粉耗能高许多。

3）投资成本。巴顿锅系统明显比球磨系统便宜，这也使其备受青睐。巴顿反应器价格更低，生产效率更高以及运行和维护成本更低，20 世纪 60 年代之后，许多世界电池厂家采用巴顿锅系统。

5.3.4 巴顿锅和球磨铅粉工艺的最新进展

巴顿锅和球磨系统设计者所面临的主要挑战是保证足够控制以确保生产一致且稳定的酸性铅粉。近来的主要进展是提高了各个工艺参数（变量）的控制能力，包括通过整合增强计算机控制系统，复杂的软件设计，更快更强大的界面、数据收集和网络系统，等等。现代化的铅粉生产系统是完全自动化和程序化的，可以生产具有一定特性的铅粉。连续监控工艺过程参数并根据生产波动进行调整，确保获得稳定一致的铅粉。

巴顿锅和球磨铅粉系统的运行强烈依赖于周围环境条件，比如温度和空气湿度。这些环境条件每天都不相同，并发生季节性变化。因此，为了保持特定的铅粉特性，应相应调整两类系统的操作设置。为达到这一目标，应首先对通过巴顿锅和球磨机的空气进行处理，然后再充入反应箱中。这非常有利于提高操作稳定性和铅粉一致性，使铅粉对周围环境变化不敏感。

5.3.5 红铅（铅丹）的生产

红铅（Pb_3O_4）是由 PbO（通常为 β - 巴顿铅粉）在机械熔炉中以 470 ~ 520℃ 温度区间内氧化生成。氧化速率取决于氧气压力、铅氧化的表面积以及熔炉温度。在整个红铅生产过程中，采用温控单元进行连续监控炉温。初始的 PbO（一氧化铅）在氧化前被磨碎。图 5.9 表明氧化程度与反应时间之间的关系。Pb_3O_4 在其中的百分比随反应时间增加而增加。氧化速度仍然保持稳定，直到含有 70% ~ 80% 的红铅时，氧化速率才缓慢下降。达到所需 Pb_3O_4 含量时，停止反应，清空熔炉，并填充新的 PbO。在用于电池工业之前红铅要经过研磨。电池生产使用两种类型的

Pb_3O_4/PbO 混合物：①Pb_3O_4 和 α - PbO 的机械混合物（混合）和②当达到所需 Pb_3O_4 含量（如25%）时，停止 PbO 的氧化反应。

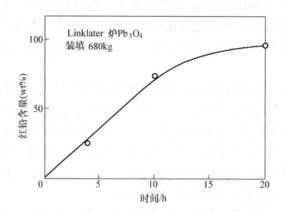

图 5.9　Linklater 炉中的红铅含量 vs 氧化时间

铅粉中添加红铅来生产电池正极板有两个有益效果：①缩短正极板化成时间，一般正极板比负极板化成时间更长；②提高电池初容量。

大多数情况下，动力型和固定型电池的管式正极板采用高含量（65wt%）的红铅和铅粉混合物填充。

5.4　铅粉特性

5.4.1　铅粉生产用的铅的纯度

铅粉生产用铅所含杂质对电池的正常运行影响很大。电池工业用铅来自于不同地区的矿石（原铅），或来自于已达寿命期限的报废电池（再生铅）。电池制造厂家经常使用循环工艺。铅粉生产用铅应具备一定的纯度等级标准。这些标准规定了富液式和 VRLAB 用铅的所允许的最大杂质含量。表5.2列出了富液式电池所用铅粉的标准。

表5.2　富液式电池用铅粉的典型纯度标准[18]

元素	富液式电池（最大含量 wt%）
铅	99.97 ~ 99.99
微量元素	0.03 ~ 0.01
锑	0.001
砷	0.001
铋	0.03
镉	0.001

（续）

元素	富液式电池（最大含量 wt%）
铜	0.0015
铁	0.001
锰	0.0005
镍	0.0005[①]
硒	0.0005
银	0.005
碲	0.0005[①]
锡	0.001
铊	0.01
锌	0.001

① 某些设计，含量是尤为重要的。

在铅生产期间，铅中的 Bi 难以去除，因此引起了特别注意。现已经发现，Bi 能够作为 PbO_2 颗粒的连接元素，有利于保持 PbO_2 活性物质的结构[19]。铅粉生产用铅中的 Bi 含量最大不超过 0.03wt%。

富液式电池板栅采用 Pb-Sb 合金生产。Sb 明显降低了氢析出过电势，H_2 是电池中析出的主要气体。因此，其他元素（杂质）的影响并不重要。对于 VRLAB，使用无锑板栅，杂质对析气反应的影响程度明显增加，因此，有必要根据各种杂质对氢气和氧气析出速率的影响，确定它们在铅粉生产用铅所允许的最大含量。Lam 和实验室人员提出 17 种元素的最大含量标准[20]。他们采用了失效电池的实际数据，对测试的因素进行审查。测记了氢气和氧气析出速率以及浮充电流。表 5.3 汇总了铅粉生产用铅中的杂质成分的最大可接受水平（MAL）。

表 5.3　VRLAB 所用铅粉中残留元素的最大可接受水平[20]

元素	含量（$\times 10^{-6}$）			MAL（wt%）
	I_{float}	$I_{hydrogen}$	I_{oxygen}	
Ni	4	16	4	0.0004
Sb	6	15	6	0.0005
Co	4	7	4	0.0004
Cr	7	16	7	0.0007
Fe	—	—	—	0.0010
Mn	5	5	5	0.0005
Cu	33	13	34	0.0034
Ag	76	142	66	0.0066
Se	2	1	2	0.0001
Te	1.5	0.5	1.4	0.00005

（续）

元素	含量（×10⁻⁶）			MAL（wt%）
	I_{float}	$I_{hydrogen}$	I_{oxygen}	
Tl	25	25	25	0.0025
As	5	—	5	0.0005
Sn	41	—	40	0.0040
Bi	543	—	522	0.0500
Ge	673	250	658	0.0010
Zn	915	—	905	0.0500
Cd	756	—	722	0.0500

在确定单个元素的 MAL 期间，发现了协同效应。主要是 Bi、Ca、Cr、Ag 和 Zn 联合使用会使 H_2 析出的遮罩效应（有益的协同效应）增强。Bi、Ag 和 Zn 的联合使用对析气抑制最强，而 Ni 和 Se 联合使用明显加速了析气。这证明 Ni 和 Se 具有 "有害的" 协同效应。对于氧析出，Sb 和 Fe 联合使用形成遮罩效应。并且，发现 Ni 和 Se 可加速析氧速率，但其影响不如所观察到的析氢反应那么强烈[20]。

5.4.2　铅粉的晶型

氧化铅晶型取决于生产条件。如果氧化温度低于470℃（如球磨 PbO 的情况），则生成四角形多晶体。如果巴顿工艺过程中氧化反应温度为460~470℃，则所生成的氧化铅中含有 60wt%~70wt% 的斜方晶型氧化铅（α-PbO），含有 15wt%~20wt% 的正方晶型氧化铅（β-PbO），以及剩余无定形氧化铅。

实践已经证明，对于 3BS 铅膏生产的电池，所允许的 β-PbO 最大含量是 10wt%。然而，如果使用 4BS 铅膏，则其上限提高到 20wt%。以上限制仅限于电池正极板。实际上，负极铅膏的物相组成并不那么重要，因为在膨胀剂存在的情况下，不会产生 4BS 晶体。这里，β-PbO 含量不应该超过 15wt%。

铅膏中的碱式硫酸铅的类型影响所生成的活性物质，特别是 PbO_2 活性物质的结构。因此，对电池质量而言，控制 α-PbO 与 β-PbO 的比值是最重要的因素。

5.4.3　铅粉的化学组成

铅粉中含有氧化铅和游离态金属铅。如果采用球磨工艺，可生产出氧化度为 65%~75% 的铅粉，而巴顿工艺生产的铅粉含有 70wt%~80wt% 的 PbO。当铅粉中的游离铅高于 30wt% 时，它变得很有活性。在潮湿空气中，铅很容易发生氧化，该反应是放热的，反应热有可能引起铅粉燃烧，损坏设备。因此，在铅粉生产期间和随后的存储期间，对铅粉中未氧化铅的百分比含量进行有效控制是非常重要的。

5.4.4　吸水率和吸酸率

该特性给出了铅粉性能，以及更准确的活度信息。吸水率测定方法是向 100g

铅粉试样中添加水，并不断搅拌，直到生成给定黏稠度的铅膏为止。铅粉所吸收的液体数量就是铅粉吸水量。铅粉典型的吸水率介于 7 ~ 13.7mL/100g 铅粉。然而，应该指出，测量小批量制备的铅膏黏稠度相对准确客观。因此，推荐由同一位试验人员进行测量。吸水率特性大概度量了与水接触并被湿润的铅粉表面积。吸水率有赖于试样所含铅粉颗粒的数量以及水合能力。

　　铅粉的吸酸量采用类似吸水率的测定方法，不过这里使用相对密度为 1.10 的硫酸代替水。取决于铅粉生产方式和设备，吸酸量是不同的。图 5.10 表明，巴顿锅和球磨工艺生产的铅粉吸酸量随着其 BET 表面积变化而变化[21]。

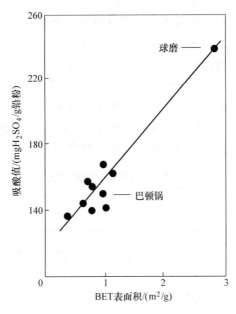

图 5.10　球磨铅粉和巴顿锅铅粉的反应活性[21]

　　球磨铅粉比巴顿锅铅粉具有更高的吸酸值，即球磨铅粉活性更高。这是因为球磨铅粉由小颗粒组成，比表面积更高。

5.4.5　表面积（比表面积）

　　铅粉颗粒的大小和形状决定了铅粉的比表面。巴顿锅铅粉由球形颗粒组成。所以，为了得到高比表面，这种铅粉应研磨成更加细小的颗粒。球磨铅粉由细小的、多为鱼鳞状的颗粒组成。

　　确定以上两类铅粉比表面的最恰当的方法是吸附法，或 BET 方法。BET 方法测得的巴顿铅粉平均比表面为 $0.7 ~ 1.4m^2/g$，球磨铅粉为 $2.4 ~ 2.8m^2/g$。已证实，铅粉 BET 表面积取决于铅粉中 β - PbO 的含量[21]。当 β - PbO 含量为 15wt% 时，铅粉的比表面最大。可设想这种铅粉也具有最高的活性。改变巴顿锅的温度可以控制β - PbO

晶型的百分比含量。工艺温度约为 450℃时，生成的铅粉含有 15wt% 的 β-PbO。

与"球形"颗粒相比，"平板"颗粒的铅粉由于具有更高的表面积而更受欢迎。因此，许多铅粉生产者将巴顿铅粉在锤式粉碎机中进一步研磨。

5.4.6 真实密度、灌注（表观）密度和填充密度

铅粉真实密度仅由粉末颗粒中的固相或颗粒本身的比重决定。铅粉真实密度是根据所含氧化铅和游离铅的分析数据，以及它们的密度计算得出的。细小的铅粉颗粒比更大尺寸的铅粉颗粒含有更多的氧化铅。大颗粒铅粉的主要成分是金属铅。

表观密度是铅粉的重要技术参数。因此，应该定时测量该参数以保证铅粉特性稳定。表观密度定义为单位体积铅粉的质量，不但包括固体颗粒，也包括颗粒之间的孔的体积。采用标准方法和设备测量表观密度。通常采用所谓的 Scott 体积计测量铅粉密度。铅粉自上部漏斗落下，经过纱罩过滤之后，轻轻落到一个方形竖直的竖立盒子中，盒子每个面都设置有斜向布置的挡板。挡板下方放置一个特定体积的收集杯（密度杯）。当铅粉填满密度杯（铅粉与密度杯上沿平齐）时，测定其质量。这样测出铅粉表观密度。铅粉表观密度是监测和控制铅粉机运行条件的重要参数，其值受铅粉中的细小颗粒与粗大颗粒的比例，以及铅粉中未氧化的铅的数量决定。表 5.4 给出了不同铅粉表观密度的一些典型数据。

表 5.4　不同铅粉的表观密度　　　　　　　　　（单位：g/cm³）

圆柱形球磨（15mm 直径）	锥形球磨（50mm 直径）	锥形球磨 + 后续研磨	巴顿锅
1.9/2.0	1.1/1.7	1.6/1.8	1.4/2.3

填充密度也采用标准的测试方法测定。作为规律，每个电池生产商使用各自的方法测定铅粉的填充密度。其不同之处在于将铅粉填充到给定体积及质量的罐中所用的技术不同。巴顿锅铅粉典型的填充密度约为 $3.6g/cm^3$，球磨铅粉约为 $2.9g/cm^3$。该特性对于干式填充管式极板非常重要。

5.4.7 颗粒尺寸分布

使用一系列不同网孔尺寸的筛将定量铅粉分成不同颗粒尺寸的组分。这些铅粉通常以悬浮体的形式进入筛中。筛动一段时间之后，称量不同铅粉组的质量，可绘制一个颗粒分布曲线。

除了筛析之外，常用的还有其他几个测定铅粉颗粒尺寸的方法，它们是：

沉降分析法。铅粉颗粒在重力作用下，落入一定黏稠度（设定黏稠度）的液体中，根据其终端速度计算铅粉颗粒尺寸分布情况。

浊度分析法（光散射方法）。该方法的原理是当光束穿过液体时，液体中的固体颗粒引起光的减弱（散射）程度有所不同（光散射比浊法）。使用激光束来代替光束（激光比浊法），测量准确度更高。

显微方法。尺寸大于 $5\mu m$ 的颗粒的分布可以借助光学显微镜测定，尺寸小于

5μm 的颗粒使用透射或扫描电子显微镜。这是可以同时测定颗粒形状的唯一方法。其他方法都假设颗粒为均匀的圆球。显微方法测定尺寸和形状，但该过程很慢，为获得该特性数据需要测量很多面积。该方法不适于铅粉生产过程的监控。

图 5.11 展示了球磨铅粉的颗粒尺寸分布曲线。该数值是在 36℃，0.1% 的 $NaPO_3$ 溶液中采用沉降法分析得到。所得数据表明所有铅粉颗粒均小于 20μm，其中 67% 的颗粒直径小于 1μm。该铅粉具有非常高的活性。

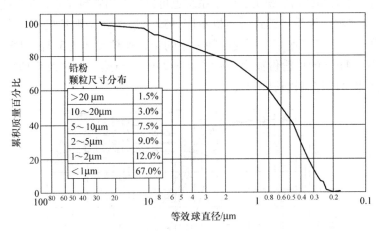

图 5.11　球磨铅粉的颗粒尺寸分布曲线

图 5.12 展示了球磨铅粉和巴顿锅铅粉的颗粒尺寸分布的对数曲线[22]。两曲线差别明显，表明相对于巴顿锅铅粉，球磨铅粉中含有更多的直径小于 1μm 的颗粒。这种颗粒尺寸分布情况使得球磨铅粉具有更高的活性和吸酸率，以及较低的表观密度。

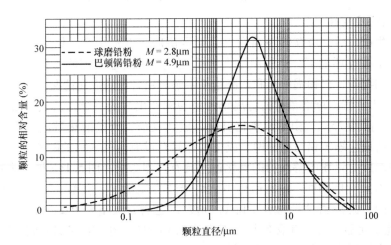

图 5.12　球磨铅粉和巴顿锅铅粉的颗粒尺寸分布曲线（对数曲线）[22]

正如 5.3.1 节和 5.3.2 节中讨论的那样，通过变换工艺参数可以控制两种工艺生产的铅粉颗粒尺寸分布情况。然而，这样生产出的铅粉并不能保证电池具有高性能。因此，为了提高对颗粒尺寸的控制能力，巴顿锅系统增加了锤式粉碎机。在锤式粉碎机中，许多锤安装在不同速度的转轴上，气流以受控速率吹过研磨机。取决于锤数量及其转速，并通过调整气流速度和铅粉填充速率，可以生产所需颗粒尺寸分布的铅粉。通过设计灵活的工艺参数，并严格控制中等大小的铅粉颗粒数量和最终的细小颗粒的数量，带有锤式研磨机的巴顿锅系统也可以生产出颗粒尺寸分布广泛的铅粉。

图 5.13 展示了铅粉经锤式研磨机不同处理之后的典型颗粒尺寸分布情况。通过降低研磨机中的气流速率，可使中间大小的铅粉颗粒尺寸从 5.3μm 降至 2.1μm，并且直径小于 1μm 的铅粉份额由 1％ 增加到 24％。当然，通过改变研磨机中锤的数量和转速也可以控制铅粉颗粒尺寸。

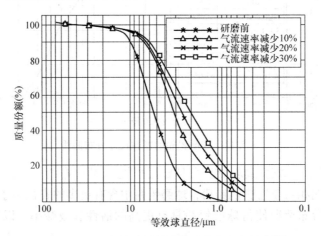

图 5.13　研磨条件对铅粉颗粒尺寸分布的影响[23]

5.4.8　铅粉稳定性

铅粉生产出后，应存储在筒仓中，并尽快用于电池生产。如果长期置于空气中，特别是潮湿环境下，铅粉组成会发生变化，一些性质可能恶化。图 5.14a 表明，在存储期间，巴顿锅铅粉和球磨铅粉中游离铅含量的变化情况。

经 10 天静置，球磨铅粉的游离铅含量为刚产出时的一半，巴顿锅铅粉中游离铅的含量下降约 25％。由于铅氧化反应是放热反应，产生的热量进一步加速了氧化反应，所以应缩短铅粉存储期，或将其存储在没有空气入口的隔离筒（干燥处）中。存储温度对铅粉中游离铅的氧化速率具有强烈影响。图 5.14b 展示了在 2℃ 和室温（23℃）存储期间，球磨铅粉中游离铅的变化情况。室温（23℃）下，前三周存储期间，游离铅含量每天下降 0.5wt％，之后每天下降 0.2wt％。存储期间，Pb 氧化速率明显下降，其含量每天下降约 0.15wt％。在 2℃ 存储期间，巴顿锅铅粉中的游离铅氧化速率比球磨铅粉低。因此，巴顿锅铅粉存储期较长。

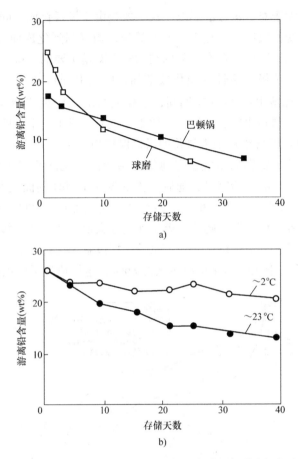

图 5.14　a）巴顿锅铅粉和球磨铅粉在空气中存放时，游离铅的变化情况

　　　　b）球磨铅粉在 2℃和室温（23℃）条件下，游离铅随存放时间的变化情况[24]

5.4.9　铅粉生产相关的环境危害和人身健康问题

　　铅粉生产可能是危害严重的。因此必须采取足够措施以最小化，或者甚至完全避免铅排到工作区内，或可能引起健康问题的人身暴露。通过采用封闭（隔离）的铅粉生产设备和存储罐，并采用管道向合膏单元传输铅粉，可以实现这一目标。应该特别注意管式电池极板的生产过程。不久之前，管式极板仍采用铅粉和红丹干混的方式进行生产。

5.5　铅粉特性对电池性能参数的影响

5.5.1　铅粉生产的电池

　　本章之前提到，铅粉特性最终会影响电池性能。生产经验证明，铅粉参数对正极板性能的影响大于对负极板的影响。这主要是由于极板化成期间的反应，化成期间，正极板发生交代反应，固化极板的大部分结构复制到化成而成的 PbO_2 活性物质中。因此，初期铅膏中所含有颗粒的结构和形态是重要的。这取决于初始铅膏的颗粒尺寸分布。在负极铅活性物质化成期间，碱式 $PbSO_4$ 和 $PbSO_4$ 溶解，所得到的 Pb^{2+} 离子被还原成 Pb。该反应期间，固化铅膏的结构被"遗忘"，也就是固化铅膏结构并没有复制到化成后的活性物质中，反而生成了一个新的结构，只是负极活性物质（NAM）所含铅粉中未氧化的铅仍保持初始状态。

铅粉颗粒尺寸主要影响铅酸蓄电池的初始特性（见图 5.15）[25]。颗粒结构非常细小的铅粉产生高的初始容量，随后很快下降（β-PbO 的曲线 Ⅱ 和 α-PbO 的曲线 Ⅳ）。相对地，如果铅粉颗粒粗大（β-PbO 的曲线 Ⅲ 和 α-PbO 的曲线 Ⅴ），则初期循环期间电池容量低，但是随后逐渐增加到最大值，然后开始缓慢下降。粗大铅粉生产的极板化成不完全，会引起初容量低，可以解释这种现象。经过一定数量的充/放电循环之后，未化成的氧化物转化为 PbO_2，这样达到了极板额定容量。

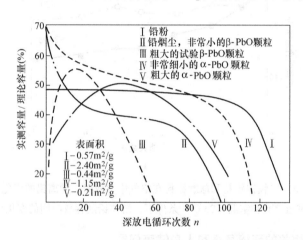

图 5.15　采用不同铅粉制成的正极板在充/放电循环时的容量变化情况[25]

主要含有 α-PbO 晶型的中等尺寸颗粒铅粉（5 ~ 50μm）保证了电池额定容量达到理论容量的 50%，以及深放电循环寿命更长。

基于以上内容，可推断出决定正极板性能特点的一个技术"基因密码"是所用铅粉的特性，如物相组成、颗粒尺寸分布，等等。该基因密码在随后的铅膏制备、固化和化成的生产阶段改变。但是，如果不是全部 PbO 转化成碱式硫酸铅，那么即使经过这些工序，铅粉特性仍对正极板容量和循环寿命具有显著影响。制备铅膏时，颗粒尺寸分布、比表面和物相组成不同的铅粉需要对应不同数量的硫酸和不同的制备条件，只有这样才能生产出高性能和高容量的活性物质，满足不同的应用需求。

5.5.2　纳米结构铅粉生产的电池

过去十年，纳米技术已应用在许多产品的生产中。在实验室条件下，人们尝试生产纳米尺寸的铅粉。通过两个化学反应生产纳米晶体结构的人造 α-PbO[26,27]。第一个反应是 $Pb(NO_3)_2$ 溶液和 Na_2CO_3 溶液之间发生：

$$Pb(NO_3)_2 + Na_2CO_3 \longrightarrow PbCO_3 + 2NaNO_3 \tag{5.3}$$

所用溶液浓度分别为 $0.1M^{[27]}$ 和 $0.5M^{[26]}$。所生产的 $PbCO_3$ 经水洗和干燥后，在320℃温度下烘焙 3~4h，此时，$PbCO_3$ 经下列反应分解为 α-PbO。

$$PbCO_3 \longrightarrow \alpha\text{-}PbO + CO_2 \tag{5.4}$$

所生产的 α-PbO 颗粒为中等直径 $0.530\mu m^{[26]}$。Karami 和实验人员在超声波条件下进行该化学反应[27]。目的是减小产物颗粒的尺寸。在该条件下，生产出大小为 20~40nm 的 α-PbO 颗粒。将该人造 PbO 粉末制成实验室测试用小电池的正极板。对应的负极采用商业负极板。试验电池设置为与球磨铅粉制备的商业极板所制成的电池进行循环测试对比。图 5.16 展示了两种电池的循环测试结果。

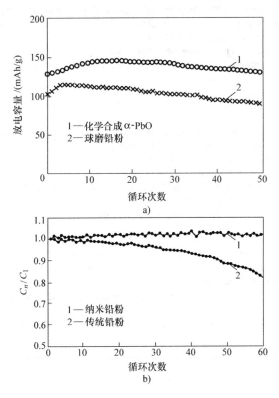

图 5.16　a）采用化学合成铅粉和球磨铅粉的电池的放电容量和循环次数[26]
　　　　　b）采用纳米铅粉和传统铅粉的电池循环性能对比[27]

参考文献 ［26］ 和参考文献 ［27］ 中的两个研究结果表明，化学方式生产的 PbO 电池容量较高，在循环过程中略有变化。氧化铅中似乎存在一些"基因密码"，影响最终产物。

以上研究表明，作为生产电池极板的最初材料，尽管 PbO 只是许多化学反应的最初化合物（铅膏制备和极板化成，这形成 PbO_2 和 Pb），所用氧化铅的物理性质和化学性质影响铅酸蓄电池的能量和容量。因此，为了确保电池具有较高性能，采用理化性能好并且稳定的铅粉是非常重要的。

参 考 文 献

[1] B. Dickens, J. Inorg, Nucl. Chem. 27 (1965) 1503.

[2] B. Dickens, J. Inorg, Nucl. Chem. 27 (1965) 1495.

[3] L. Heyne, Phillips Res. Rept. (Suppl. 4) (1961) 1.

[4] R. Soederquist, B. Dickens, J. Phys, Chem. Solids 28 (1967) 823.

[5] J. van den Broek, Phillips Res. Rept. 22 (1967) 36.

[6] L. Heyne, N.M. Beekmans, A. de Beer, J. Electrochem. Soc. 119 (1972) 77.

[7] B.A. Thompson, R.L. Strong, J. Phys. Chem. 67 (1963) 594.

[8] A.V. Panfilov, E.G. Evancheva, P.V. Drogomiretski, Sov. J. Phys. Chem. 41 (1967) 1072.

[9] B. Dickens, J. Inorg. Nucl. Chem. 27 (1965) 1509.

[10] R. Lindner, H.N. Terem, Ark. Kemi 4 (1952) 385.

[11] J.R. Anderson, V.B. Tare, J. Phys. Chem. 68 (1964) 1482.

[12] Globe Union, Balox leady oxide manufacturing equipment (1980).

[13] D. Hardy, R. Marx, J. Power Sources 38 (1992) 75.

[14] T.L. Blair, J. Power Sources 73 (1998) 47.

[15] G.G. Drachev, Y.P. Galuzin, Mechanization of Battery Production, Energy, 1969, p. 46. Petersburg, Russia.

[16] The ABC's of Oxide Production, MAC Engineering and Equipment Company, Inc., USA, 2001.

[17] M.G. Mayer, D.A.J. Rand, J. Power Sources 59 (1996) 17.

[18] R.D. Prengaman, J. Power Sources 42 (1993) 25.

[19] D. Pavlov, A. Dakhouche, T. Rogachev, J. Power Sources 30 (1990) 117.

[20] L.T. Lam, H. Ceylan, N.P. Haigh, T. Lwin, D.A.J. Rand, J. Power Sources 195 (2010) 4494.

[21] D.A.J. Rand, L.T. Lam, The Battery Man, November 1992, p. 18.

[22] H. Bode, in: R.J. Brodd, K. Kordesch (Eds.), Lead-Acid Batteries, John Wiley & Sons, New York, USA, 1977, p. 170.

[23] D.P. Boden, J. Power Sources 73 (1998) 56.

[24] G.L. Corino, R.J. Hill, A.M. Jessel, D.A.J. Rand, J.A. Wanderlich, J. Power Sources 16 (1985) 141.

[25] T.G. Chang, J.A. Brown, Evaluation of Battery Oxides, ILZRO Project No. LE 272, International Lead Zinc Research Organization, July 1979.

[26] J. Wang, S. Zhong, G.X. Wang, D.H. Bradhurst, M. Ionescu, H.K. Liu, et al., J. Alloys Compounds 327 (2001) 141.

[27] H. Karami, M.A. Karimi, S. Haghdar, A. Sadeghi, Mater. Res. Bull. 43 (2008) 3054.

第3部分　铅膏制备和极板固化期间的反应

第6章　铅膏和涂板

6.1　概述

制备电池正极铅膏（PbO_2）和负极铅膏（Pb）的根本目的是生产具有一定形状和组成的铅膏颗粒。这些颗粒是铅膏的基本构成要素，经过填涂板栅（集流体）、极板固化（在此期间这些铅膏颗粒相互交联形成多孔物质）以及化成（多孔物质通过电化学方法转化为活性物质），形成了铅酸蓄电池的电极（极板）。极板具有一定的孔率、活性表面积、活性物质强度，以及活性物质与板栅的连接强度。活性物质孔率取决于铅膏颗粒尺寸。蓄电池生产实践已经证明，最佳的铅膏颗粒应为长度为 $3 \sim 30 \mu m$、直径为 $0.4 \sim 5 \mu m$ 的针形晶体颗粒（斜方晶系）。这种尺寸的铅膏颗粒形成的正极活性物质具有适当的孔率，确保活性物质具有高度发达的比表面积、足够的强度，以及最优的微孔分布，从而使 H_2SO_4 和 H_2O 分子易于进出极板各个部位。三碱式硫酸铅（$3PbO \cdot PbSO_4 \cdot H_2O$，3BS）和四碱式硫酸铅（$4PbO \cdot PbSO_4$，4BS）正是上面提到的那种尺寸的晶体颗粒。为了提高由这类颗粒构成的多孔物质的强度，铅膏也要含有一定量的 PbO 及其水合物。在铅膏制备期间，水作为一种微孔融合剂。铅粉（LO）（含有 70%~85% 的 PbO）和 H_2SO_4 溶液发生反应，形成 3BS 和 4BS 颗粒。3BS 和/或 4BS 颗粒结晶并生长，最后制成具有一定密度和水含量的铅膏。

本章将阐述在 3BS 铅膏和 4BS 铅膏制备期间所发生的各种反应，以及它们各自的特性。

6.2　基本原理

6.2.1　$PbO \mid H_2SO_4 \mid H_2O$ 体系的热力学：铅膏物相组成随溶液 pH 值的变化情况

Lander[1] 证实了铅膏由碱式硫酸铅、未反应的氧化铅、水合铅氧化物、游离铅颗粒以及碱式碳酸铅组成。附录 A[2] 中列出了碱式硫酸铅、铅氧化物和氢氧化铅（hydroxides）的热力学数据。

Bode 和 Voss[3] 研究了 PbO∣H₂SO₄∣NaOH 体系，他们将 H₂SO₄ 加入含有 1mol/L NaOH 的 PbO 悬浮液中，并测量该悬浮液的 pH 值。采用 XRD 分析技术检测析出物的成分。在碱性溶液中，铅以 $HPbO_2^-$ 离子的形式存在，而在酸性溶液中，铅以 Pb^{2+} 离子的形式存在。根据表 6.1 中给出的方程式，铅离子的活度取决于溶液的 pH 值[3]。

表 6.1　PbO∣H₂SO₄∣NaOH 体系中的反应[3]

$5HPbO_2^- + 5H^+ = 5PbO \cdot 2H_2O + 3H_2O$	$\lg a_{HPbO_2^-} = -15.5 + 1.0\ pH$	A
$5PbO \cdot 2H_2O + 10H^+ = 5Pb^{2+} + 7H_2O$	$\lg a_{Pb^{2+}} = 12.6 - 2.0\ pH$	B
$HPbO_2^- + 3H^+ + SO_4^{2-} = PbSO_4 + 2H_2O$	$\lg a_{HPbO_2^-} = -36.0 + 3.0pH - \lg a_{SO_4^{2-}}$	C
$PbSO_4 = Pb^{2+} + SO_4^{2-}$	$\lg a_{Pb^{2+}} = -7.8 - \lg a_{SO_4^{2-}}$	D
$2HPbO_2^- + SO_4^{2-} + 4H^+ = PbO \cdot PbSO_4 + 3H_2O$	$\lg a_{HPbO_2^-} = -27.6 + 2.0\ pH - \frac{1}{2}\lg a_{SO_4^{2-}}$	E
$PbO \cdot PbSO_4 + 2H^+ = 2Pb^{2+} + SO_4^{2-} + H_2O$	$\lg a_{Pb^{2+}} = 0.5 - 1.0\ pH - \frac{1}{2}\lg a_{SO_4^{2-}}$	F
$4HPbO_2^- + 6H^+ + SO_4^{2-} = 3PbO \cdot PbSO_4 \cdot H_2O + 4H_2O$	$\lg a_{HPbO_2^-} = -22.8 + 1.5\ pH - \frac{1}{4}\lg a_{SO_4^{2-}}$	G
$3PbO \cdot PbSO_4 \cdot H_2O + 6H^+ = 4Pb^{2+} + SO_4^{2-} + 4H_2O$	$\lg_{Pb_4^{2+}} = 5.3 - 1.3\ pH - \frac{1}{4}\lg a_{SO_4^{2-}}$	H

25℃时，这两种含铅离子（Pb^{2+} 和 $HPbO_2^-$）在 PbO∣H₂SO₄∣NaOH 体系中的溶解度随该体系 pH 值的变化情况如图 6.1 中曲线所示[3]。热力学最稳定的化合物最不容易溶解。该图表明当 $a_{SO_4^{2-}} = 1$ 时，各种铅化合物稳定存在的 pH 区间。

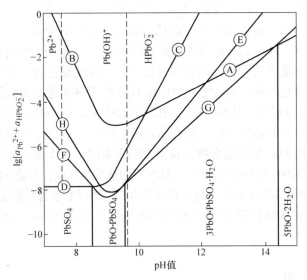

图 6.1　25℃时铅化合物的溶解度和 pH 值之间的关系[3]

根据图 6.1 中的数据，在 25℃、$a_{SO_4^{2-}} = 1$ 的条件下，各物相稳定存在时所对应的 pH 区间可分别确定如下：$PbSO_4$ 对应 pH < 8.4，$PbO \cdot PbSO_4$ 对应 pH = 8.4 ~

9.6，3BS 对应 pH = 9.6 ~ 14.4，5PbO · 2H$_2$O 对应 pH > 14.4。

表 6.2 汇总了在 SO$_4^{2-}$ 离子的两种不同活度下，PbSO$_4$、PbO · PbSO$_4$、3PbO · PbSO$_4$ · H$_2$O 稳定存在的 pH 区间，表中数据根据 Bode 和 Voss 提供的数据计算得出[3]。如果 SO$_4^{2-}$ 离子活度变低，则 PbSO$_4$、1BS 和 3BS 的稳定 pH 区间将移向更低的 pH 区间，反之亦然。

表 6.2　在 SO$_4^{2-}$ 离子两种活度条件下，PbSO$_4$、1BS 和 3BS 处于稳态时的 pH 范围[3]

$a_{SO_4^{2-}}$/(mol/L)	稳态 pH 范围		
	PbSO$_4$	PbO · PbSO$_4$	3PbO · PbSO$_4$ · H$_2$O
10^{-1}	最高 7.8	7.8 ~ 9.0	9.0 ~ 14.2
10^{-3}	最高 6.8	6.8 ~ 8.1	8.1 ~ 13.2

PbO · PbSO$_4$ 和 3PbO · PbSO$_4$ · H$_2$O 形成细小的白色棱柱状晶体，而 4PbO · PbSO$_4$ 则结晶成为粗大、淡黄色的棱柱状晶体。碱式硫酸铅、PbO 和 PbSO$_4$ 的一些物理性质见表 6.3[2]。

表 6.3　碱式硫酸铅、PbO 和 PbSO$_4$ 的物理性质[2]

化合物	密度 /(g/cm^3)	摩尔体积	熔点 /℃	晶格常数				参考文献
				a/Å	b/Å	c/Å	β/(°)	
PbO·PbSO$_4$	6.92	75.0	975	13.75	5.68	7.05	116.2	[3]
2PbO·PbSO$_4$	7.6	—	961	8.06	5.79	7.17	103	[5]
3PbO·PbSO$_4$·H$_2$O	6.5	152.0		10.30	6.37	7.45	75	[4] & [2, p. 372]
4PbO·PbSO$_4$	8.15	146.76	890	11.44	11.66	7.31	90.82	[5]
α-PbO	9.35	23.9		3.97		5.02		[2, p. 372]
β-PbO	9.64			5.49	4.76	5.89		[2, p. 372]
β-PbSO$_4$	6.29	48.2		8.52	5.39	6.99		[2, p. 372]

6.2.2　铅膏物相组成随着合膏温度的变化情况

图 6.2a 展示了 3BS 铅膏的 X-ray 衍射图。铅膏中含有的每一种晶相均有其特有的特征衍射峰。采用 X-ray 定量分析方法，可以根据这些特征峰的面积（或高度）测定铅膏中特定物相的数量。如果铅膏制备过程中的一些参数，如 H$_2$SO$_4$ 数量、温度等发生了变化，则铅膏物相组成也会随之发生变化，跟踪这些变化是有意义的。

通过 X-ray 衍射分析法测定铅膏不同物质特征衍射线的相对强度，可以很容易

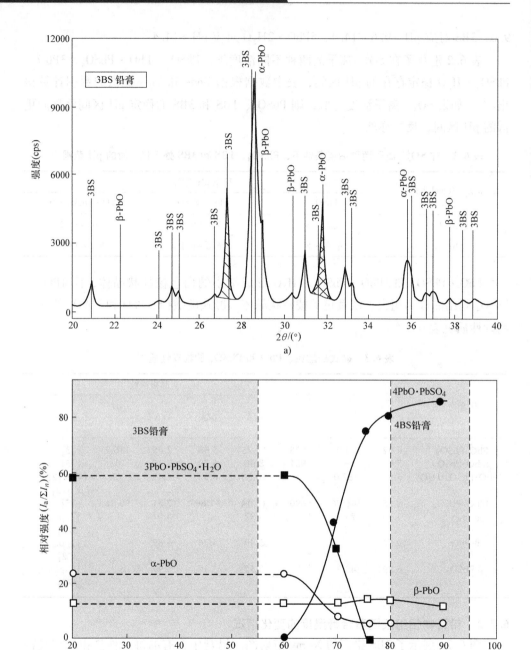

图 6.2　a）3BS 铅膏 X- ray 的衍射图谱，填充峰代表给定物相的特征

b）铅膏物相组成随温度的变化情况[6]

地检测出铅膏和活性物质的晶相组成。C_a 表示晶相 a 在晶相混合物中所占的百分比含量（%），它等于

$$C_a = I_a / \Sigma I_n$$

式中，I_a 是晶相 a 的 X-ray 特征衍射线的峰面积或强度；ΣI_n 是铅膏中所有晶相特征衍射线的峰面积或强度。

附录 B 给出了一些含铅化合物的 X-ray 功率衍射数据。

PbO｜H₂SO₄｜H₂O 体系的物相组成受温度影响很大。为了确定这种依赖关系，研究人员分析了在不同温度下制备的铅膏的成分[6]。在不同温度下，采用 6% 的 H_2SO_4/LO 质量比、搅拌 40min 制成试样铅膏。图 6.2b 列出了研究结果。在 20～60℃ 的温度范围内，铅膏含有的晶体物相为 3PbO·PbSO₄·H₂O、α-PbO 和 β-PbO。在 65～80℃ 的温度范围内，发生反应生成 4PbO·PbSO₄。因此，铅膏含有 4 种物相：3PbO·PbSO₄·H₂O、α-PbO、β-PbO 和 4PbO·PbSO₄。如果制备温度高于 75℃，则铅膏中不含 3BS，铅膏主要含有 4BS，以及少量的 β-PbO 和 α-PbO。以上研究试验使用了化学活性相对较高的球磨铅粉。如果铅粉的化学活性低，则上述各温度范围会提高。α-PbO 含量越高，则 4BS 成核速度越快，有助于促进 4BS 的形成。

铅膏是一个不平衡的体系，图 6.2b 仅体现了铅膏的晶体物相成分，而没有体现铅膏的无定形成分。已经证实，某些含铅氧化物制成的铅膏在室温下存储一个月之后，铅膏中 4BS 晶相的衍射线强度最大[7]。这表明 4BS 结晶反应是一个非常缓慢的过程，它强烈取决于合膏工艺中的反应温度、初始材料（化合物）以及合膏时间。

合膏期间，发生一些放热反应，引起合膏机内的温度升高。铅膏制备过程中，应该连续监控合膏机中的温度，这样才能生成具有特定物相组成和晶体形态的铅膏，保证电池性能较高而且性能稳定。

温度对 3BS 生成动力学具有强烈影响。XRD 分析结果证明，如果含有化学计量的 H₂SO₄ 和 PbO 的反应混合物的温度低于 10℃，则 PbO 与 H₂SO₄ 反应生成 3BS 的速度非常低[8]。如果反应温度在 20～60℃ 之间，则 3BS 生成速度相当高，但是取决于所用初始 PbO 颗粒的尺寸，铅膏中还会存在一些未反应的 PbO。

6.2.3 合膏过程中的热效应

合膏过程中，化学反应放出的热量，以及搅拌引起铅膏颗粒之间摩擦所产生的热量，使合膏机内的温度上升。

合膏过程中发生 3 种反应：①铅的氧化；②碱式硫酸铅的形成；③氢氧化合物的形成。基于热力学数据，可计算出不同反应的热效应。表 6.4 列出了生成碱式硫酸铅和水合物的各个反应的热效应。

表6.4　生成碱式硫酸铅和水合物的反应的热效应[9]

反应	kcal/mL	kJ/mL
$PbO + H_2O = Pb(OH)_2$	+2.64	11.05
$Pb(OH)_2 + PbSO_4 = PbO \cdot PbSO_4 + H_2O$	+5.15	21.55
$Pb(OH)_2 + H_2SO_4 = PbSO_4 + 2H_2O$	+38.66	161.75
$PbO + H_2SO_4 = PbSO_4 + H_2O$	+41.30	172.80
$5PbO + H_2SO_4 = 4PbO \cdot PbSO_4 + H_2O$	+46.19	193.26
$2PbO + H_2SO_4 = PbO \cdot PbSO_4 + H_2O$	+49.09	205.39
$4PbO + H_2SO_4 = 3PbO \cdot PbSO_4 \cdot H_2O$	+53.21	222.63

精确计算搅拌产生的热量较为复杂。已证实，在容量为600kg的铅粉合膏期间，为了克服铅膏搅拌之间的摩擦，大约消耗了2.5kWh。这些能量转化为热量。摩擦产生的热量加上化学反应释放的热量，组成了合膏过程中生成热量的总和。

6.2.4　三碱式硫酸铅 $3PbO \cdot PbSO_4 \cdot H_2O$（3BS）

6.2.4.1　3BS铅膏制备的动力学

电池行业广泛采用3BS铅膏生产正极板和负极板。3BS颗粒和团粒具有适当的尺寸与结构，3BS极板化成速度快而且容易（成核和生长），所以电池行业优先使用3BS铅膏。

通过测量H_2SO_4溶液与PbO悬浮液的pH值，以及采用XRD技术分析其物相组成，研究人员测定了3BS形成过程的动力学[8]。图6.3展示了溶液pH值随着铅膏制备时间的变化情况。

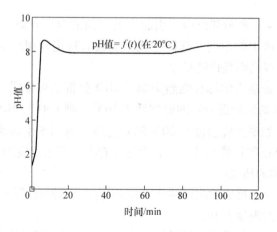

图6.3　PbO和H_2SO_4溶液在20℃条件下混合反应期间的pH值变化情况[8]

图中曲线清晰地分成两部分（阶段）。第一阶段，溶液pH值由1.0增加到8.0。这是因为H_2SO_4消耗生成了$PbSO_4$、1BS和少量3BS。$PbSO_4$和1BS是生成

3BS 的中间产物。在形成 3BS 的第二个阶段，溶液 pH 值升高，PbO 溶解度降低。所以，仅在 PbO 颗粒表面生成了 3BS，它将剩余的 PbO 与溶液隔离。SO_4^{2-} 离子穿过覆盖在 PbO 颗粒表面的 3BS 层的扩散过程成为 3BS 形成动力学的限制阶段[9]。这是一个非常缓慢的过程，尽管铅膏制备期间 H_2SO_4 与 PbO 按化学计量比例混合，但仍有一些 PbO 未发生反应。

图 6.4 阐明了铅膏物相组成和铅膏温度随合膏时间的变化情况[10]。试验铅膏的制备条件为巴顿铅粉，相对密度为 1.40 的 H_2SO_4 溶液，H_2SO_4/LO 的质量比为 4.5%，初始温度为 22℃，合膏时间为 30min。

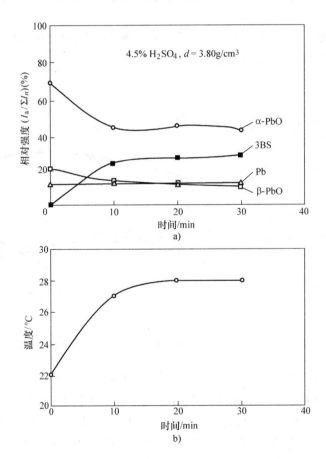

图 6.4 合膏 30min 期间铅膏物相组成（图 a）和温度（图 b）的变化情况[10]

3BS 晶体的生成速度非常快。混合 10min 就完成了 3BS 晶体的生成。因为 H_2SO_4 和 PbO 之间的反应是放热的，此时铅膏温度比初始温度大约上升 5℃。通过 α-PbO 和 β-PbO 的 X-ray 特征衍射线强度的变化情况分析，可判断主要是 α-PbO

参与了生成 3BS 的反应。β-PbO 发生硫酸盐化的速率大幅低于 α-PbO 的硫酸盐化速率。因此，只有小部分 β-PbO 参与生成 3BS。

6.2.4.2　H₂SO₄/PbO 比例对铅膏物相组成和晶型的影响

6.2.4.2.1　铅膏物相组成

在这项研究中，铅膏在 35℃ 的温度下制备[11]。铅膏各组分的加入次序为球磨铅粉、水、相对密度为 1.40 的 H_2SO_4 溶液。H_2SO_4 与铅粉的质量比从 0 到 12%。调整 H_2SO_4 溶液与水的数量，使铅膏密度相同（$4.00g/cm^3$）。合膏时间为 40min。合膏完成之后，采用 X-ray 衍射分析法测定铅膏的物组成。同时也测量铅膏黏稠度和密度。

图 6.5 展示了铅膏晶相组成随着 H_2SO_4 含量的变化而变化的情况，图中特征衍射线相对强度代表不同晶相的含量[11]。

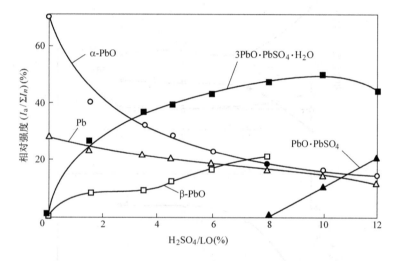

图 6.5　铅膏中不同晶相的特征衍射线相对强度随 H_2SO_4/LO 比值的变化情况[11]

当 H_2SO_4 含量达 10%［与 LO（铅粉）之比］时，铅膏中主要生成 3BS。铅膏也含有 β-PbO。当 H_2SO_4 与铅粉的质量比高于 8% 时，铅膏中也生成了 PbO·PbSO₄。由于 $d = 0.295nm$ 的 X-ray 衍射线表征铅膏中形成了 PbO·PbSO₄ 和 β-PbO，当 H_2SO_4 与铅粉的质量比高于 8% 时，铅膏中难以探测到 β-PbO 晶相。当铅粉与 H_2O 混合时，铅膏中没有生成 β-PbO。只有当溶液中含有一定量的 H_2SO_4 时，铅膏中才会形成 β-PbO。这表明，只有在一定 pH 值或存在 SO_4^{2-} 离子的条件下，才会形成 β-PbO[11]。

H_2SO_4 溶液与铅粉混合物发生多种反应，生成 $Pb(OH)_2$、碱式硫酸铅和β-PbO。这些反应可以使用下列化学反应式表示：

$$\alpha - PbO \longleftrightarrow \beta - PbO \tag{6.1}$$

$$4PbO + H_2SO_4 \longrightarrow 3PbO \cdot PbSO_4 \cdot H_2O \tag{6.2}$$

$$2PbO + H_2SO_4 \longrightarrow PbO \cdot PbSO_4 + H_2O \tag{6.3}$$

根据以上反应式，可以计算出铅粉中的 PbO 全部转化为 3BS 或 1BS 所需要的 H_2SO_4 数量。

已证实，3BS 晶体大小取决于 H_2SO_4 与 LO 的比值[12]。如果该比值大，则 3BS 颗粒尺寸较小。

图 6.5 展示了铅膏中各种晶体物相的相对含量（以百分数表示）。如果假设所有 H_2SO_4 都反应生成了 3BS，可以据此计算出铅膏中的 3BS 以及剩余未反应 PbO 的数量。研究人员已经计算得出了 H_2SO_4/LO 比例不超过 8% 时的情况。图 6.6 对理论计算结果和 XRD 数据结果进行了对比。

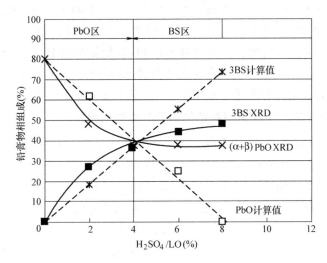

图 6.6　由 XRD 测得的铅膏物相组成以及由 H_2SO_4/LO
比值计算得出的铅膏物相组成的变化情况

根据图 6.6 中的数据，可以得出以下结论：

1）当 H_2SO_4/LO = 4% 时，计算得出的 3BS 和 PbO 数量与各自的 XRD 相对强度相符。

2）当 H_2SO_4/LO < 4% 时，X-ray 衍射线所测得的 3BS 含量高于根据合膏所用 H_2SO_4 数据计算得出的 3BS 含量。而对于 PbO 含量，则相反。这些偏差是什么原因造成的呢？在以上 H_2SO_4/LO 比例范围内，部分 PbO 发生了水化反应：

$$PbO + H_2O \longrightarrow Pb(OH)_2 \tag{6.4}$$

$Pb(OH)_2$ 是一种无定形物相，不能采用 XRD 方法测出。这些 $Pb(OH)_2$ 减少了铅膏中的晶体 PbO 物相的数量。因此，铅膏中晶体物相的相对含量发生了变化：

3BS 数量增加，而（α + β）PbO 的含量减少。以上试验结果表明，当 H_2SO_4/LO 为 0 ~ 4% 时，PbO 水化反应起到了重要作用，这类似于 3BS 的生成过程。

当 H_2SO_4/LO < 4% 时，铅膏中 PbO 的数量超过 H_2SO_4 数量的 10 倍，这意味着铅膏中的溶液 pH 值处于强碱性的范围内。这为 PbO 水化反应及随后的 β - PbO 形成反应［见反应式（6.5）］创造了条件。

$$Pb(OH)_2 \longrightarrow \beta - PbO + H_2O \qquad (6.5)$$

3）当 4% < H_2SO_4/LO < 8% 时，根据图 6.5 和图 6.6，尽管增加了 H_2SO_4 含量，铅膏中 3BS 的数量略有增加，而（α + β）PbO 数量几乎不变。这表明 H_2SO_4 与 $Pb(OH)_2$ 发生反应，更可能的是，生成了无定形的 $Pb(OH)_2 \cdot PbSO_4$［见反应式（6.6）］。

$$2Pb(OH)_2 + H_2SO_4 \longrightarrow Pb(OH)_2 \cdot PbSO_4 + H_2O \qquad (6.6)$$

只有当 H_2SO_4/LO 比值达到 8% 时，才开始形成 $PbO \cdot PbSO_4$ 晶体，开始出现该物相的 XRD 特征衍射线（见图 6.5）。随着 H_2SO_4/LO 比值不断上升，铅膏中 3BS 的相对百分含量缓慢增加，直到 H_2SO_4/LO 比例增加到 10% 为止。

电池生产实践已经证实，铅膏中的 1BS 含量不能超过 5% ~ 8%。否则，电池性能会下降。所以电池行业通常采用小于 6% 的 H_2SO_4/LO 质量比。

6.2.4.3 不同 H_2SO_4/LO 比例制备的铅膏晶体物相组成

图 6.7 展示了以 0%、6%、12% 3 种不同 H_2SO_4/LO 比例制备的铅膏的 SEM 图片。

1）如果不使用 H_2SO_4，而是只使用水与 LO 混合（即 H_2SO_4/LO = 0），则铅膏主要含有尺寸为 1 ~ 2μm 的圆形 PbO 和 $Pb(OH)_2$，这些颗粒之间的结合力很弱。

2）如果 H_2SO_4/LO = 6%，则铅膏主要含有 3BS 晶体。这些 3BS 晶体为形状完好的针形，或圆形，尺寸为 1 ~ 2μm。在 22 ~ 28℃ 的温度范围内，3BS 晶体生长速率可能很慢，因而可能混合 30min 都不足以形成明显的 3BS 晶体。为了生成形状完好的 3BS 晶体，铅膏应混合更长时间，或者采用更高的混合温度。

3）如果 H_2SO_4/LO = 10%，则铅膏中生成了大量的 1BS 和 3BS。1BS 尺寸小（1 ~ 3μm，很细）。在极板固化期间，由于晶体中含有大量 $PbSO_4$，1BS 氧化为 β - PbO_2。这样，PAM 可能成为具有大表面积的团粒。在循环期间，铅膏骨架易于解体。因为这个原因，电池生产过程中，应保证合膏所用 H_2SO_4/LO 比例不超过 6%，以防止合膏期间生成 1BS。在 H_2SO_4/LO 比例不超过 6% 的情况下，铅膏中只含有很少的 1BS（少于 5%），并不会影响 PAM 的结构。

6.2.4.4 负极铅膏膨胀剂的作用

图 6.8 阐明了 $BaSO_4$ 和膨胀剂［1% 的木素磺酸盐（SL）］对铅膏物相组成的影响。这些铅膏采用球磨铅粉，在 35℃ 下以不同的 H_2SO_4/LO 比例混合了 30min[13]。

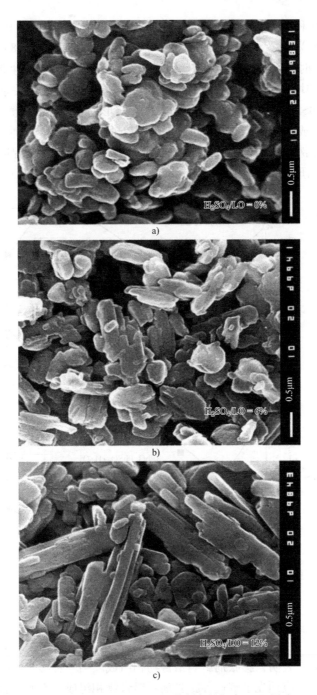

图 6.7 以不同 H_2SO_4/LO 比值制备的铅膏 SEM 图片

a) 0% [PbO, Pb(OH)$_2$]

b) 6% (3BS) c) 12% (3BS, 1BS)

233

对比图 6.6 和图 6.8a，可发现只有 $BaSO_4$ 不会影响铅膏的物相组成。如果 SL 膨胀剂的添加量为 1%，则 PbO 的形成反应受到抑制。对比图 6.8a 和图 6.8b，可看出当添加 SL 时，采用 2% 的 H_2SO_4/LO 比例生产的铅膏易于生产出 3BS 晶体。而随着 H_2SO_4 的增加，铅膏中 3BS 晶体的含量并没有遵循线性关系而增加。这表明 SL 影响了 3BS 晶相和 $3Pb(OH)_2 \cdot PbSO_4$ 无定形物相之间的平衡。第二，以 8% 的 H_2SO_4/LO 制成的铅膏也含有少量的 $PbO \cdot PbSO_4$。如果不含膨胀剂，即使在 8% 的 H_2SO_4/LO 比例下，铅膏中也不会生成 1BS。可推断，在一定程度上，木素磺酸盐促进了 1BS 的形成反应。

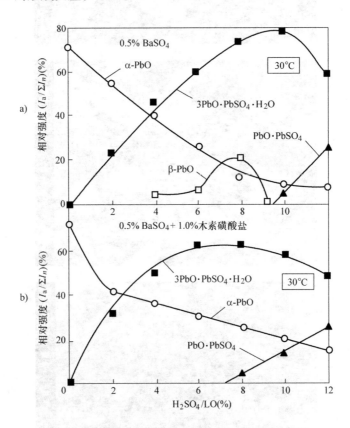

图 6.8　铅膏物相组成随 H_2SO_4/LO 比值的变化情况

a）添加 0.5% $BaSO_4$　b）添加 0.5% $BaSO_4$ 和 1% 膨胀剂（木素磺酸盐）

以上研究结果表明，膨胀剂影响铅膏物相组成。当一种膨胀剂取代另一种膨胀剂时，电池制造商应预先了解这种膨胀剂对铅膏物相组成具有哪些影响。

6.2.4.5　PbO 晶相对 3BS 生成速率的影响[13]

在 80℃ 下，以 $H_2SO_4/LO = 6\%$ 的比例，使用 α-PbO 或 β-PbO 与 H_2SO_4 反应

制备了铅膏。为了防止生成 4BS，合膏时添加了 1% 的 SL。SL 不会影响 3BS 的生成。图 6.9 展示了 α-PbO 和 H_2SO_4 制备的铅膏物相组成随合膏时间的变化情况。

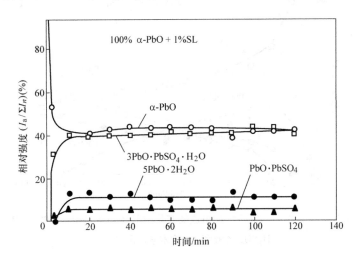

图 6.9　搅拌期间铅膏物相组成的变化情况 [初始铅粉 100% α-PbO；H_2SO_4 溶液和 1wt% 的木素磺酸盐（SL）][13]

在最初的几分钟之内，α-PbO 与 H_2SO_4 已经发生反应（图 6.3 支持这种假设），结果生成了大量 3BS（$d = 0.325nm$）、少量 1BS（$d = 0.333nm$），以及稍多一点的 $5PbO \cdot 2H_2O$（$d = 0.305nm$）。在 80℃ 的高温下，反应速率也高，所以反应很快完成，因此，即使继续搅拌 120min，铅膏的物相组成也不再发生变化。

然而，β-PbO 和 H_2SO_4 之间的反应并不是这样。图 6.10 展示了采用 β-PbO、H_2SO_4/LO 比值为 4.5%，并添加 1% 的 SL 混合搅拌 130min 之后得到的铅膏物相组成（XRD 分析法测定）[13]。

最初的几分钟内形成 1BS。显然，β-PbO 加快了 1BS 晶相的成核反应。搅拌 10min 之后，铅膏中开始生成 3BS，而 1BS 和 β-PbO 数量减少。

$$PbO \cdot PbSO_4 + 2Pb(OH)_2 \longrightarrow 3PbO \cdot PbSO_4 \cdot H_2O + H_2O \qquad (6.7)$$

搅拌 20min 之后，即开始生成 α-PbO：

$$Pb(OH)_2 \longrightarrow \alpha\text{-}PbO + H_2O \qquad (6.8)$$

由于反应式（6.7）进行得很缓慢，铅膏搅拌 2h 之后 1BS 才完全转化为 3BS。由于该反应速率较慢，铅膏中的 3BS 数量逐渐增加，同时 β-PbO 数量缓慢下降。

根据图 6.1，一种或另一种碱式硫酸铅的形成取决于溶液 pH 值。表 6.2 列出了在两种 SO_4^{2-} 离子活度条件下，$PbSO_4$、1BS 和 3BS 的稳态 pH 区间。铅膏的 pH 值取决于 PbO 和 H_2SO_4 之间的反应速率。有可能，PbO 和 H_2SO_4 之间的反应经过一个水化阶段，涉及下列基本反应：

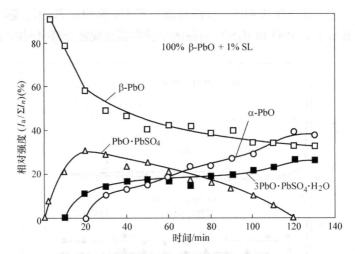

图 6.10　搅拌期间，铅膏物相组成的变化情况（初始铅粉：100% β-PbO；
H_2SO_4 溶液和 1wt% 木素磺酸盐）[13]

$$PbO + H_2O \longrightarrow Pb(OH)_2 \qquad (6.4)$$

$$nPb(OH)_2 + H_2SO_4 \longrightarrow PbSO_4 \text{ 或 } 1BS \text{ 或 } 3BS \qquad (6.9)$$

该反应速率取决于所用 PbO 的晶型。图 6.9 表明 α-PbO 经历了快速水化反应，然后与 H_2SO_4 反应。铅膏中预先形成了 3BS 和少量的 1BS。图 6.10 表明，β-PbO 的水化反应速率缓慢，溶液 pH 值长时间保持在 7.0~9.0 的范围内。这样，首先形成 1BS。只有当大部分 β-PbO 已经与 H_2SO_4 反应之后，溶液 pH 值才上升至 9.0 以上，开始形成 3BS。

PbO 晶格结构可能通过影响不同晶相的成核速率进而影响一种或另一种碱式硫酸铅的生成。碱式硫酸铅的成核反应涉及 Pb^{2+}、OH^-、SO_4^{2-} 和 HSO_4^- 离子。只有相应的离子达到过饱和状态时，相应碱式硫酸铅的成核反应才可能发生。水化 $Pb(OH)_2$ 颗粒表面形成了这种过饱和状态的最佳条件。那里，Pb^{2+} 和 OH^- 离子浓度最高。因此，这些离子与 H^+、SO_4^{2-} 离子之间的反应决定了水合碱式硫酸铅的类型，以及脱水之后的晶体成核速率。

6.2.5　四碱式硫酸铅 4PbO·$PbSO_4$(4BS)

6.2.5.1　四碱式硫酸铅 4PbO·$PbSO_4$(4BS) 的制备方法

目前，电池行业采用 3 种不同方法制备 4BS 铅膏。

1）向铅粉与水的悬浮液中添加 H_2SO_4 溶液，根据铅粉中 PbO 的数量，按化学计量比例确定 H_2SO_4 溶液的添加数量，以生成 4BS。该方法使用 β-PbO，在铅膏制备过程中，悬浮液温度为 80℃[4,14]。

2）在高于 80℃ 的条件下，铅粉与 H_2SO_4 溶液混合 30min 以上[11,13]。

3）3BS 铅膏在 80℃以上固化 3～5h，同时除去固化间内的水蒸气。固化总时间为 48～72h。这种方法能够生成 4BS 铅膏，但是生成速率很慢[15]。

电池行业应用最为广泛的是第三种制备方法，其次是第二种制备方法。

6. 2. 5. 2　4BS 晶体形成的动力学[10]

当合膏初始温度为 85℃时，两种铅膏制备期间的物相组成和温度的变化情况如图 6.11 所示。根据不同物相所对应 X-ray 特征衍射线的相对强度，测定了铅膏的物相组成。

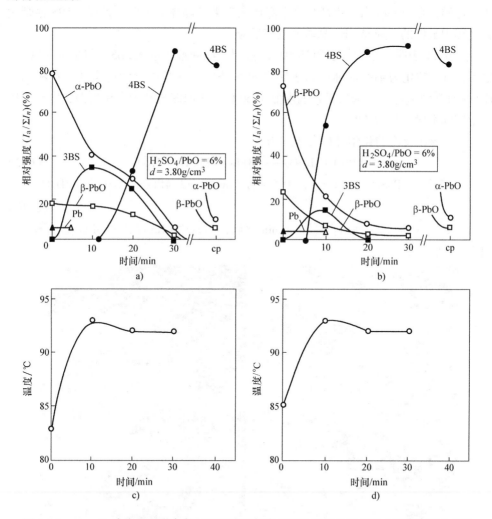

图 6.11　a），c）合膏材料和条件相同的两份铅膏在制备期间的物相组成和温度变化情况
b），d）铅膏 2 开始制备时加入了 3% 的铅膏 1[10]

两种铅膏按照 6% 的 H_2SO_4/LO 质量比依次制备而成，铅膏所用初始材料和制

备条件相同。唯一不同的是，制备第二种铅膏时，向其中加入了一定量的第一种铅膏（3%），这样就向第二种铅膏中添加了 4BS 晶核。

初始铅粉主要含有 α-PbO。另一方面，部分 α-PbO 转化为 β-PbO。铅膏中生成 α-PbO、β-PbO 和 3BS 晶体之后，即开始形成 4BS 物相。4BS 开始形成的反应发生在合膏第 10min 和第 20min 之间，并且在随后的 15min 内，铅膏中的各物相全部转化为 4BS 晶体（见图 6.11a）。

图 6.11b 表明，如果向铅膏中添加 4BS 晶种，则 4BS 成核速率可能会明显加快。这样，在 20min 内，铅膏几乎全部转化为 4BS 晶体。据此可推断，4BS 铅膏制备过程中最慢的反应是 4BS 晶体的成核反应。

图 6.11 表明，铅粉与水和 H_2SO_4 溶液混合期间最先形成 3BS，但是 10 ~ 20min 之后，3BS 转化为 4BS 晶体。这表明在 80℃ 下，3BS 是热力学稳定的。在相同的 H_2SO_4/LO 质量比下，如果铅膏温度低于 60℃，则 4BS 成核速率相当慢，以至于铅膏中实际上没有形成 4BS。

4BS 形成反应的化学计量方程式为

$$4PbO + H_2SO_4 \longrightarrow 3PbO \cdot PbSO_4 \cdot H_2O \qquad (6.2)$$

$$2(3PbO \cdot PbSO_4 \cdot H_2O) + \alpha\text{-}PbO + \beta\text{-}PbO \longrightarrow 2(4PbO \cdot PbSO_4) + 2H_2O$$

$$(6.10)$$

图 6.11 中的第二种铅膏搅拌 30min 之后，铅膏中 4BS 晶体的 SEM 微观图片如图 6.12 所示。

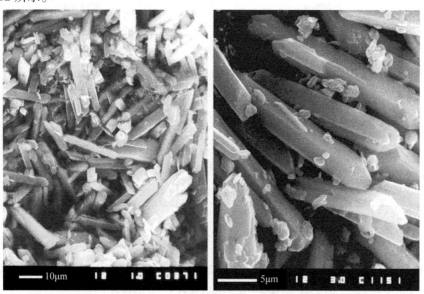

图 6.12　4BS 铅膏晶体在两种放大倍率下的 SEM 图片

铅膏主要由形状清晰的 4BS 晶体组成。由于这些 4BS 晶体的成核时间及生长周期不同，所以它们的尺寸有所不同。

6.2.5.3 温度对 4BS 铅膏制备过程的影响[10]

在不同温度下，采用巴顿铅粉，H_2SO_4/LO 比值为 6%，制备了不同铅膏。图 6.13 展示了不同温度下 4BS 铅膏生成过程的动力学曲线。

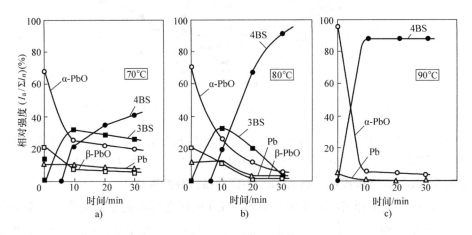

图 6.13 3 种 4BS 铅膏物相组成与合膏时间的关系[10]，物相组成由 XRD 分析法测定
a）70℃ b）80℃ c）90℃

如果铅膏制备温度为 70℃，那么混合 30min 之后，铅膏中仍有大量 3BS 晶体没有转化为 4BS 晶体。如果铅膏制备温度为 90℃，则结果完全不同。这种情况下，在最初的 10min 内，铅膏中的各种物相就已经全部转化为 4BS 晶体。80℃时，3BS 在 30min 内完全转化为 4BS。这表明铅膏中 4BS 晶体的成核和生长过程对合膏温度非常敏感。为了能够在 30min 内生产出 4BS 铅膏，铅膏温度应高于 90℃。

6.2.5.4 H_2SO_4/LO 比例对铅膏物相组成的影响[11]

80℃下，使用球磨铅粉，搅拌 40min 制备成铅膏。采用 XRD 分析法对该铅膏的物相组成进行了测定，测定结果如图 6.14 所示[11]。

如果 H_2SO_4/LO 质量比为 8%，则铅膏主要产物是 4BS。如果 H_2SO_4/LO 质量比为 5%~6%，则生成的铅膏中 4BS 含量最高。如果 H_2SO_4/LO 质量比高于 8%，则铅膏主要含有 3BS。如果 H_2SO_4/LO 质量比达到 10% 时，则铅膏中的 3BS 含量达到最高。另外，在 H_2SO_4/LO 质量比为 8% 的条件下，铅膏中不仅含有 3BS，也含有 1BS。

随着 H_2SO_4 浓度不断增大，溶液 pH 值不断降低，铅膏中依次生成了上述碱式硫酸铅。根据以上反应，如果 H_2SO_4/LO 质量比为 6.5%，则所有 PbO 都应该转化为 4BS 晶体。实际在该硫酸含量范围内，铅膏中的 4BS 含量最大（见图 6.14）。如

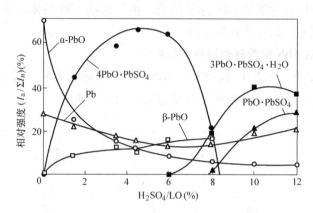

图 6.14   80℃制备的铅膏物相组成与 H_2SO_4/LO 比值的关系[11]

果 H_2SO_4/LO 比值超过 8%，则形成的反应条件与 6.2.4.2 节中描述的有关 3BS 铅膏的反应条件类似，在 80℃下，生成的物相足够稳定，比如 1BS 和 3BS。

6.2.5.5   膨胀剂或表面活性剂对 4BS 铅膏制备过程的影响[16]

图 6.15 阐明了铅膏物相组成与 H_2SO_4/LO 比例之间的相互关系[16]。各铅膏均在 80℃下混合 30min。第一系列铅膏（见图 6.15a）添加了 0.5% 的 $BaSO_4$，而第二系列铅膏（见图 6.15b）含有 0.5% 的 $BaSO_4$ 和 1% 的膨胀剂（木素磺酸盐）。$BaSO_4$ 对铅膏物相组成几乎没有影响。膨胀剂阻止铅膏 β-PbO 和 4BS 的生成。在 30℃下，也出现了类似情况，铅膏中只生成了 3BS 和 1BS，而没有生成 β-PbO。

为了解释膨胀剂的阻碍效应，在 80℃下使用巴顿铅粉制备铅膏，当铅膏中形成了 4BS 晶体之后，再加入膨胀剂（比如，搅拌 20min 之后加入）。铅膏中各物相的含量如图 6.16 中的曲线所示。

添加膨胀剂之后，4BS 生成反应停止。β-PbO 可能转化为 α-PbO，同时也生成了一些 3BS。结果铅膏中不含 β-PbO。而且，由于 β-PbO 是 4BS 成核所需的主要初始化合物之一，因此铅膏中不会再生成 4BS 物相。铅膏中缺少 β-PbO，阻碍了 4BS 成核反应。因此，含有膨胀剂的负极铅膏不会生成 4BS 晶体。

6.2.5.6   PbO 晶型对 4BS 生成动力学的影响[13]

人们研究了在 80℃下，4BS 生成反应的动力学[13]。铅膏使用 α-PbO 或 β-PbO 制备。图 6.17 阐明了 H_2SO_4/α-PbO 比例为 6% 的铅膏在搅拌期间物相组成的变化情况。α-PbO 是一种化学产物。合膏过程中最先形成 $3PbO \cdot PbSO_4 \cdot H_2O$ 和 β-PbO。30min 之后，铅膏主要含有 $4PbO \cdot PbSO_4$。

图 6.17b 给出了铅膏制备期间所生成的各物质 XRD 相对强度的变化情况，铅膏制备温度为 80℃，H_2SO_4/LO 质量比为 6%，采用 100% 的 β-PbO。图中数据表明最初形成了 $PbSO_4$。搅拌 10min 之后，铅膏中出现 1BS、3BS、β-PbO 和 α-PbO。

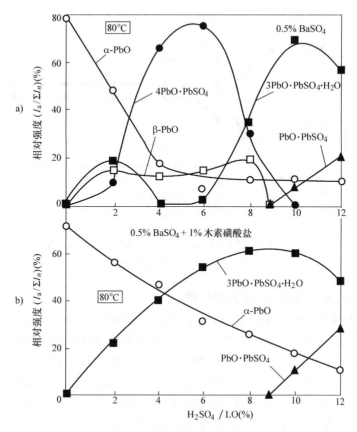

图 6.15 80℃制备的铅膏物相组成随 H_2SO_4/LO 比值的变化情况[16]

a) 0.5% $BaSO_4$ b) 0.5% $BaSO_4$ + 1% 木素磺酸盐

搅拌 20min 之后，1BS 完全转化为 3BS。搅拌 30min 之后，开始形成 4BS，在随后的 30min 内 4BS 含量不断增加。图 6.17 与图 6.10 相似。其主要不同是，制备 3BS 时，为了防止生成 4BS，采用了 β-PbO，并添加了 1% SL。图 6.17b 表明，在没有添加 SL 的情况下，合膏初期除了形成 4BS，也形成了 $PbSO_4$。更可能的是，β-PbO 和 H_2SO_4 之间的反应速率非常高，并且 H_2SO_4 溶液与 β-PbO 发生接触即形成 $PbSO_4$。随着 H_2SO_4 逐渐被消耗，溶液 pH 值不断增加，由于 $PbSO_4$ 在 pH > 7.8 时不稳定（见表 6.2），所以其转化为 1BS 和 3BS。

图 6.17c 表明，如果使用 50% 的 α-PbO 和 50% 的 β-PbO 混合，搅拌 5min 之后即开始形成 4BS 铅膏。搅拌 20min 之后，4BS 含量达到了 65%，而在只使用 α-PbO 的铅膏中，4BS 含量仅为 20%。我们的研究表明，当铅粉含有 75%~80% 的 β-PbO 时，生成的 4BS 最多。制备 4BS 铅膏所用初始铅粉所含两种 PbO 变体的推荐比例为 20% 的 β-PbO 和 80% 的 α-PbO。

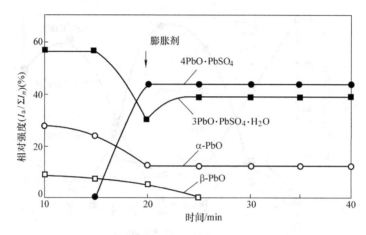

图 6.16   膨胀剂（搅拌 20min 时添加）对铅膏物相组成的影响
（膨胀剂阻止了 4BS 的形成）[27]

6.2.6   铅膏的必要成分——无定形物相

研究人员采用 X-ray 衍射分析方法，测定了极板的铅膏成分为晶体相的 3BS 或 4BS、少量的 β-PbO、α-PbO 和 Pb。如果按照铅粉与 H_2SO_4 制备而成的铅膏中所含 3BS 和 α-PbO 的比例，直接采用晶体相的 3BS 和 α-PbO 制成铅膏，然后涂板、固化、化成，这样形成的 PAM 机械性能不稳定，难以化成，因此极板容量低。Valeriote 已经发现，这种正极板能量特性低的原因之一是铅膏中缺少无定形物相[17]。铅膏中无定形物相的含量应为 10%~15%。这些无定形物相通常是氢氧化物。在合膏和极板化成期间，铅粉中的铅氧化形成一些无定形氢氧化物。铅粉中含有 15%~25% 的游离铅。合膏期间，部分铅发生氧化反应，铅含量下降至 10%~15%，铅的氧化产物是氢氧化铅和碱式硫酸铅[17]。这些无定形物相作为 3BS 或 4BS 的晶相颗粒之间的连接体（黏合剂）。因此，它们提高了固化铅膏的机械强度，加快化成反应并延长了极板寿命。

关于铅膏中的无定形成分所发挥的作用，以及它对电池性能的影响的相关研究较少。

6.2.6.1   水合反应、铅膏碳化反应和铅氧化反应

铅膏中生成 3BS（4BS）的同时，也发生其他反应。第一，发生了 Pb 氧化为 PbO 的反应：

$$2Pb + O_2 \longrightarrow 2PbO \tag{6.11}$$

合膏过程中的温度相对较高，加快了上述反应。

第二个反应是 PbO 的水合反应，生成氢氧化铅。3BS 也发生一定程度的水化反应。

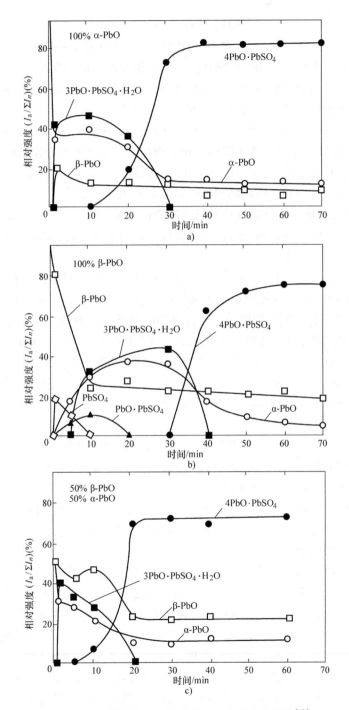

图 6.17 80℃搅拌期间，铅膏物相组成的变化情况[13]

a) 100% α-PbO　b) 100% β-PbO　c) 50% α-PbO + 50% β-PbO

$$PbO + H_2O \longrightarrow Pb(OH)_2 \tag{6.4}$$

$$3PbO \cdot PbSO_4 \cdot H_2O + 2H_2O \longrightarrow 3Pb(OH)_2 \cdot PbSO_4 \tag{6.12}$$

发生的第三个反应是铅膏的碳化反应。如果生产环境中存在大量 CO_2，铅膏中会生成碳酸铅。如果合膏时间短，而且合膏机与其他生产设备隔离，则碳化反应变慢，只生成了少量或者甚至可以忽略的碳氢化合物。

$$10Pb(OH)_2 + 6CO_2 \longrightarrow PbO \cdot 6PbCO_3 \cdot 3Pb(OH)_2 + 7H_2O \tag{6.13}$$

采用 XRD 技术不能探测无定形物相，根据计算得出的铅膏物相组成与 XRD 探测出的晶体物相含量之间的差值，可以确定铅膏中无定形物相的含量。文献中提出，铅膏中的水合物相与碳化物相可以通过 DSC 技术测定[18]。

6.2.7 正极板循环寿命随铅膏物相组成的变化情况

试验已经证实，铅膏物相组成对正极板容量和循环寿命的影响比对负极板的容量和循环寿命影响更大。

图 6.18 展示了不同正极板的循环寿命测试结果，所用铅膏是在 30℃ 和 80℃ 下，以不同的 H_2SO_4/LO 比例制备而成。正如前面提到的，在 30℃ 下、H_2SO_4 含量不高于 10% 的条件下制备的铅膏主要含有 3BS 晶体，而 H_2SO_4 含量为 8%~12% 的条件下制备的铅膏也含有 1BS（见图 6.5）。在 80℃ 下，以 4%~6% 的 H_2SO_4 制备的铅膏主要含有 4BS（见图 6.14）。在 80℃ 下，以 8% 的 H_2SO_4/LO 比例制备的铅膏主要含有 3BS、4BS 和 1BS，而在 80℃ 下，以 12% 的 H_2SO_4/LO 制备的铅膏中含有 3BS 和 1BS。电池循环期间正极板体积增大。在以上研究中，隔板没有限制极板体积的增大。

不论合膏温度如何，不使用 H_2SO_4 的铅膏生成的活性物质容量非常低。因此，电池生产厂家使用碱式硫酸铅铅膏生产极板，而不使用氧化铅铅膏生产极板。

含有 3BS 和 1BS 的铅膏（12% 的 H_2SO_4/LO）所生成的活性物质初容量很高，而循环寿命较短。4BS 铅膏循环寿命最长，而初容量却低于额定值。然而，应指出铅膏中的 4BS 尺寸为 30~40μm。3BS 铅膏初容量等于或接近额定值，但其循环寿命比 4BS 铅膏极板短。

以上研究结果清楚地证明，铅膏物相组成对于正极板性能参数非常重要。铅膏制备期间，就已经确定了电池的容量和能量参数，以及电池的使用寿命。

许多研究者针对铅膏物相组成对铅酸蓄电池性能的影响进行了相关研究。

Biagetti 和 Weeks[14] 证实，与 3BS 铅膏生产的极板相比，采用 4BS 铅膏的极板循环寿命高出 1 倍。Culpin[20] 研究发现，4BS 正极板制成的 SLI 电池以 20 小时率电流放电进行的循环寿命和 CCA 性能类似于 3BS 铅膏正极板制成的 SLI 电池。如果以 1 小时率或 5 小时率放电，则 4BS 制成的电池比 3BS 制成的电池的循环寿命高出 50% 以上。

Burbank[4] 解释了上述测试结果。由于 PAM 化成期间发生交代反应，由 4BS 晶

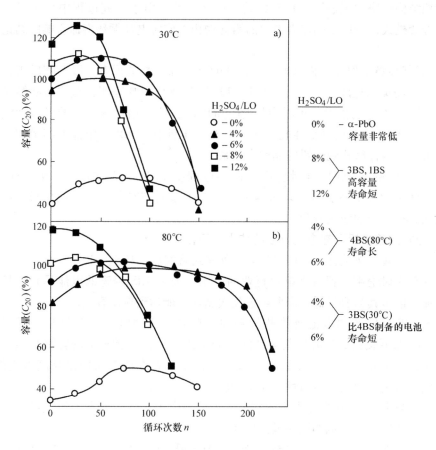

图 6.18　采用不同物相组成铅膏的电池在 30℃（图 a）和
80℃（图 b）时的容量与循环次数的关系[19]

体构成的 PbO_2 团粒具有更为稳定的机械性能，能够抵抗活性物质膨胀和脱落。因此，4BS 铅膏生产的电池寿命更长。Burbank 等人[21]认为，化成期间，部分 4BS 固化铅膏转化为 $\alpha\text{-}PbO_2$。放电过程中，该变体的利用率较低，放电后仍未发生反应。它构建了一个立体的网状结构，为 PAM 提供机械支撑，防止其脱落，并向极板活性物质的各个部位传导电流。

　　以上分析将铅膏物相组成对电池性能的影响简化为活性物质的结构问题。正极活性物质包括：①能量结构，这部分活性物质在放电过程中发生还原反应，随后在充电期间得以恢复；②骨架结构，这部分结构向极板正极活性物质的各个部位传导电流，并为能量结构提供机械支撑。只有小部分骨架结构参与充放电反应。骨架结构参与充放电反应的比例取决于以下几个因素。

　　1）特定的循环模式。如果采用深循环，则更多的 PAM 骨架结构参与放电反应，骨架结构很快"遗忘"其原有结构，反之亦然。由于研究过程中采用了不同的循环寿命模式，所以不同作者得出的铅膏物相组成对电池循环寿命影响的结论有差异。

2）骨架枝条的厚度，而这取决于铅膏的晶相和团粒的形态，以及随后工艺流程的条件（浸板和化成）。图6.7和图6.12中的SEM图片表明，碱式硫酸铅晶体与PbO颗粒形态差别很大。正因为如此，所以碱式硫酸铅铅膏生产的极板性能比采用PbO和H_2O生产的极板性能更好。"3BS"电池和"4BS"电池的容量和寿命差异也可能与两种碱式硫酸铅的晶型有关系。

3）骨架中的$\alpha\text{-}PbO_2$含量也影响循环过程中PAM骨架的恢复。$\alpha\text{-}PbO_2$比$\beta\text{-}PbO_2$的利用率低，因此在循环过程中，$\alpha\text{-}PbO_2$支撑骨架结构的时间更长，这样保证电池具有更长的使用寿命。

6.2.8 碱式硫酸铅铅膏在电池行业的技术可行性

PbO和硫酸溶液混合后，可以生成3种碱式硫酸盐：4BS、3BS和1BS。

现在首先讨论4BS铅膏在电池行业的应用。采用4BS铅膏的电池具有更长的循环寿命，但是其初容量低，需要经过几次循环才能达到额定容量。

4BS正极板生产的电池有哪些优势呢？首先，这种电池寿命最长。板栅与PAM之间的接触良好，这降低甚至消除了PCL-1效应。这类电池的容量与循环次数的关系曲线的水平部分（平稳期）最长，这意味着充放电反应是高度可逆的。循环期间，这类电池的正极活性物质不会软化。

那么4BS铅膏在电池行业的份额是多少呢？由于4BS铅膏具有以上特性，所以这种铅膏在固定型电池的应用最为广泛。

那么为什么电池生产厂家限制大量使用4BS铅膏生产电池呢？首先，因为4BS极板比3BS极板化成时间长30%～50%，因而需要更复杂的化成制度，包括充电和放电阶段。其次，化成过程能耗高出30%～35%。第三，这类极板需要更高的固化温度，比如80～90℃下固化3～5h，而这需要更复杂的固化间，以及更多的能耗。最后，电池循环5～10次之后，其初容量才达到其额定容量。

4BS极板的这些技术问题能够解决吗？上面提到的所有技术问题都与铅膏中4BS晶体的尺寸有关。这些晶体长20～80μm，转化为PbO的过程缓慢，而且需要复杂的化成制度。另一方面，4BS晶体尺寸大，形成的PAM具有大孔，结构稳定，保证了电池的长寿命。然而，如果4BS晶体减小为长度为15～25μm、直径为3～5μm，则可能加速极板化成速度，并且不影响循环寿命。

怎样才能生成长度为15～25μm、直径为3～5μm的4BS晶体呢？已经研究出几种方法。

第一种方法是将4BS晶体（粉末）作为4BS晶核，添加到铅膏混合物中，添加量不超过5%。这些4BS晶核在合膏期间逐渐长大，晶体尺寸分布均匀。因为铅膏中含有大量晶核，它们形成小晶体。为了防止这些小晶体发生再结晶反应，避免导致小晶体消失而形成大晶体，应避免高温合膏，合膏时间不超过 15 ~ 20min，然后对铅膏采取降温措施。据文献介绍，专门研发的添加剂可以规范 4BS 晶体的生长过程，可使其长到所需尺寸。

在实验室，我们研究出一种通过添加红丹提高 4BS 电池初容量的方法。添加该含量的红丹，非常有益于提高电池初始性能参数，并且不会缩短电池的循环寿命。

现在看一下 1BS 铅膏对电池性能有哪些影响。图 6.18 表明，不论合膏温度的高低，1BS 铅膏生产的电池初容量高。其原因是什么呢？

为了生成主要成分为 1BS 的铅膏，合膏 H_2SO_4/LO 的质量比应该高于 10%。如果 H_2SO_4/LO 比值为 11% ~ 15%，则铅膏主要成分是 1BS。1BS 晶体尺寸小（1 ~ 2μm 长，且非常细）。极板化成期间，1BS 氧化为 β - PbO_2，而不会氧化为 α - PbO_2。PAM 骨架由具有大表面积的细小团粒组成。这种骨架结构在循环期间容易发生解体。

电池行业最普遍使用 3BS 正极板。正如图 6.18 所示，以 3BS 铅膏生产的电池循环寿命较长，并且在最初的 3 次循环过程中，电池就已经达到了额定容量。

3BS 铅膏生产工艺简单，易于生产，过程控制简单。3BS 极板易于化成，化成所需电能较少。这些优点使 3BS 极板优先用于各种电池，特别是 SLI 电池。

总之，电池性能参数（容量和循环寿命）很大程度上受到极板制造所使用的铅膏类型影响，也就是铅膏中碱式硫酸铅的类型影响。铅膏中碱式硫酸铅的类型和数量影响电池初容量和循环寿命。因此，了解合膏过程中发生的反应是非常重要的。应该严格控制合膏工艺过程的具体参数。

6.2.9 铅粉和 Pb_3O_4 制备的铅膏

在以下两种情况下，向正极板中添加红丹（Pb_3O_4，RL）是有效果的：

1）电池初容量受正极板限制。如果不能改变其他生产工艺，则添加红丹可提高电池容量。红丹添加量为 LO 质量的 20% ~ 30%。

2）必须缩短化成时间。大家都知道，汽车电池负极板化成需要 10 ~ 12h，而正极板化成时间要超过 18h。铅膏中添加红丹可以大幅缩短正极板化成时间。

Pb_3O_4 在 H_2SO_4 中分解生成 PbO_2，只有这些 PbO_2 没有被还原的前提下，才能显现出红丹的有益效果。Pb_3O_4 在 H_2SO_4 中的分解反应为

$$Pb_3O_4 + 2H_2SO_4 \longrightarrow PbO_2 + 2PbSO_4 + 2H_2O \qquad (6.14)$$

生成的 PbO_2 可能与铅粉中的 Pb 反应，PbO_2 数量减少，反应式为

$$PbO_2 + Pb \longrightarrow 2PbO \qquad (6.15)$$

该反应大幅减弱了红丹对化成过程和初容量的作用。因此应当抑制以上反应的发生。

反应式 （6.15） 生成的 PbO 与 H_2SO_4 反应生成 $PbSO_4$：

$$PbO + H_2SO_4 \longrightarrow PbSO_4 + H_2O \qquad (6.16)$$

为了提高 Pb_3O_4 的益处，应该通过减少 Pb 的数量的方法，降低反应式 （6.15） 的影响。比如减少合膏所有氧化铅的比例和提高铅粉氧化度。这样铅膏中仍有较多的 PbO_2，从而加快了化成过程。

反应式 （6.14） 非常依赖合膏所用 H_2SO_4 的数量。根据介质 pH 值，当 $T <$ 60℃时，生成 $3PbO \cdot PbSO_4 \cdot H_2O$、$PbO \cdot PbSO_4$ 和 $PbSO_4$。而当 $T > 70$℃时，生成 $4PbO \cdot PbSO_4$、$PbO \cdot PbSO_4$ 和 $PbSO_4$。所以这项技术的关键参数是 $H_2SO_4 / (LO + RL)$ 的比值。应牢记铅膏中含有的 1BS 晶体会缩短 PAM 结构的循环寿命。为了避免出现这种情况，铅膏中的 1BS 含量应少于 5%。因此，$H_2SO_4 / (LO + RL)$ 的比值对铅膏物相组成和铅膏晶型最为重要。

Pb_3O_4 含有两个 PbO 分子和一个 PbO_2 分子。通过化学计量计算表明，LO-40% 和 RL-60% 的混合物含有 72% 的 PbO、20% 的 PbO_2 和 8% 的 Pb。LO 和 Pb_3O_4 中的 PbO 会与 H_2SO_4 发生反应，PbO_2 会与 Pb 发生反应。图 6.19 展示了铅膏物相组成随着 $H_2SO_4 / (LO + RL)$ 比值的变化而变化的情况[22]。

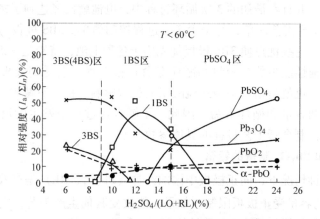

图 6.19　铅膏物相组成随 $H_2SO_4 / (LO + RL)$ 比值的变化关系[22]

基于图 6.19 中的数据，可推断出，根据铅膏物相组成的不同，铅膏或悬浮液所用 $H_2SO_4 / (LO + RL)$ 的比值可以分为 3 个区。

1. $H_2SO_4 / (LO + RL)$ 比值为 4% ~ 8%：生成 3BS （4BS） 铅膏

在该 $H_2SO_4 / (LO + RL)$ 比值内，如果合膏温度低于 60℃，则硫酸盐化反应的基本产物是 3BS；如果合膏温度介于 60 ~ 80℃，则硫酸盐化反应的基本产物是 3BS 和 4BS。所得铅膏中含有未反应的 Pb_3O_4 （含量大约为 53%）、3BS （23% ~ 15%）、PbO_2 （2% ~ 3%） 和 α-PbO （23% ~ 15%）。3BS 形成于 pH 值高于 9.5 的溶液中。在该 pH 区内，Pb_3O_4 并不发生分解。所以长期以来，Pb_3O_4 被认为是铅膏的惰性添加剂[23]。有可能，加入 H_2SO_4 之后，只有直接接触到 H_2SO_4 的 Pb_3O_4 颗粒才会发生分解。这就是铅膏或悬浮液制备期间形成了少量 PbO_2 的原因。在该 $H_2SO_4/(LO+RL)$ 比值范围内，合膏期间的主要反应是铅粉中的 PbO 与 H_2SO_4 之间的反应。

2. $H_2SO_4/(LO+RL)$ 比值为 8%~15%：生成 1BS 铅膏或悬浮液

1BS 形成于 pH 值介于 8.2 和 9.5 的环境中。如果在 $H_2SO_4/(LO+RL)$ 比值为 8%~15% 的条件下制成铅膏或悬浮液，则其 pH 值处于该范围内。这种铅膏或悬浮液的主要产物是 1BS。当向（LO+RL）混合物中添加以上比例的 H_2SO_4，则有更多 Pb_3O_4 颗粒可以接触到硫酸，因此更多的 Pb_3O_4 会发生分解。随后，铅膏中未反应的红丹从 53% 下降到 20%（见图 6.19），而生成的 PbO_2 从 4% 增加到 10%。未反应的 α-PbO 含量从 15% 减少到 8%。1BS 晶体为针状。因为生成的 PbO_2 为自由物相形，是褐色的，所以铅膏为褐色。在 $H_2SO_4/(LO+RL)$ 比值为 9%~15% 的条件下生产的铅膏或悬浮液中含有大量 1BS，所以这种铅膏不能用来制造正极板。

3. $H_2SO_4/(LO+RL)$ 比值为 15%~24%：生成 $PbSO_4$ 铅膏

在 $H_2SO_4/(LO+RL)$ 的这一比值范围内，（LO+RL）混合物被硫酸盐化之后的主要产物是 $PbSO_4$。当 $H_2SO_4/(LO+RL)$ 比值为 24% 时，铅膏中的 $PbSO_4$ 含量可能达到 53%。铅膏中也含有一些未反应的 Pb_3O_4（见图 6.19）。如此高含量的 $PbSO_4$ 会形成主要成分为 β-PbO_2 晶型的 PAM。然而，为了保证电池具有长循环寿命，化成之后的 PAM 应含有大量 α-PbO_2（含量为 30%~50%）。因此，有必要限制正极铅膏的 Pb_3O_4 含量。

图 6.20 展示了在以上 3 种 $H_2SO_4/(LO+RL)$ 比例的条件下，所生成的铅膏颗粒图片[22]。这些铅膏的晶相和结构有很大差别。通常，第一种铅膏（3BS，4BS）和第三种铅膏（$PbSO_4$）中添加了 Pb_3O_4。

H_2SO_4 与 Pb_3O_4 在 Pb_3O_4 颗粒表面发生反应，根据溶液的 pH 值不同，生成了 3BS、1BS、$PbSO_4$ 或 PbO_2，这些物相将 H_2SO_4 与未反应的 Pb_3O_4 隔离。因此，Pb_3O_4 的分解反应受 H_2SO_4 溶液浓度的影响。为了研究 Pb_3O_4 的分解反应，研究人员向 100mL 浓度不同的 H_2SO_4 溶液中添加 10g Pb_3O_4 之后，再搅拌 40min，然后分析所形成的悬浮液的化学成分[24-26]。图 6.21 表明 $PbSO_4$、PbO_2 和未反应的 Pb_3O_4 的含量随着 H_2SO_4 浓度的变化情况。

如果使用相对密度为 1.20 的 H_2SO_4 溶液，则 Pb_3O_4 的分解速率最快。如果硫酸浓度更高，则 Pb_3O_4 的分解速率大幅降低，铅膏中残余大量未反应的红丹。

4BS 铅膏生成的活性物质初容量低，经过 10 次充放电循环才能达到其额定容量。为了克服 4BS 铅膏的这种缺点，研究人员提出了在合膏期间加入 Pb_3O_4 的方法[24-26]。添加 Pb_3O_4 之后，铅膏混合物中发生了新的反应，形成了新的物相，建立了一个新的体系，铅膏颗粒形成了新的结构，这最终影响了电池性能。

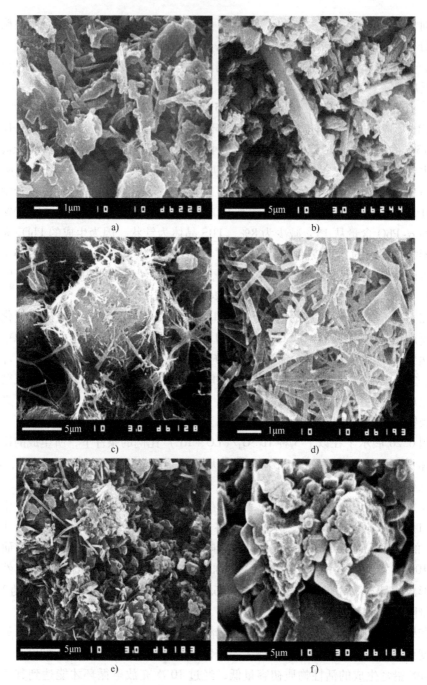

图 6.20　采用 3 种 $H_2SO_4/(LO + RL)$ 比值制备的铅膏颗粒的 SEM 图片[22]

a)，b) 4%～8% $H_2SO_4/(LO + RL)$　c)，d) 5%～15% $H_2SO_4/(LO + RL)$

e)，f) 15%～24% $H_2SO_4/(LO + RL)$

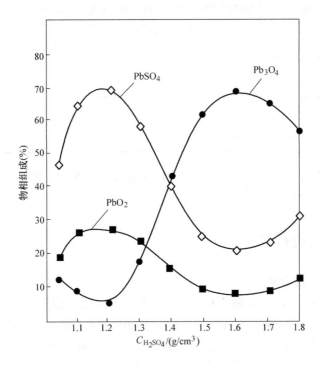

图 6.21 Pb_3O_4 与 H_2SO_4 的反应——合膏 40min 后铅膏的物相组成[26]

Pb_3O_4 的分散方法是决定铅膏颗粒形态的另一个重要原因[26]。可以使用多种方法，包括：

● Pb_3O_4 分解到全部数量的 H_2SO_4 和 H_2O 中，搅拌 20min，然后添加铅粉，再继续搅拌 10min。

● 另一个添加方法是将 Pb_3O_4 与 LO 干混之后，再加入 H_2O 和 H_2SO_4。采用这种工艺，铅膏中形成 $PbSO_4$ 以及一些未反应的 Pb_3O_4。

为了提高 4BS 铅膏电池的初容量，研究人员尝试了以下几种添加 Pb_3O_4 制备 4BS 铅膏的方法：

1）在 $T > 80℃$ 条件下，使用铅粉和 H_2SO_4 制备 4BS 铅膏，然后向铅膏中加入 Pb_3O_4，连续搅拌一段时间。

2）首先将铅粉和 Pb_3O_4 干混，然后加入热水和 H_2SO_4，同时连续搅拌。合膏温度达到 90～95℃。

3）Pb_3O_4 与部分 H_2SO_4 混合，然后加入铅粉和剩余的 H_2SO_4。在温度 $T > 80℃$ 的条件下搅拌铅膏。采用这种方法，4BS 形成最快。

4）为了对比测试，也组装了传统的 3BS 电池。

表 6.5 汇总了以上 4 种方法制成的电池循环测试结果[26]。

表 6.5 使用不同工艺添加 Pb_3O_4 的电池循环测试结果[26]

电池使用的活性物质	初容量 $C_{measured}/C_{rated}$（%）	循环寿命（循环次数）
$4PbO \cdot PbSO_4$ 与 Pb_3O_4 混合	100 ~ 106	170
添加 Pb_3O_4 制成 $4PbO \cdot PbSO_4$	100 ~ 107	180
使用 H_2SO_4 与 Pb_3O_4 预反应然后制备铅膏	104 ~ 109	160
含有 $3PbO \cdot PbSO_4 \cdot H_2O$ 的典型铅膏	110 ~ 113	120

从表中数据可以看出，不论采用什么添加方法，Pb_3O_4 都提高了电池的初容量，并延长了电池循环寿命。

6.3 铅膏制备技术

6.3.1 铅膏的一般要求

根据技术特点不同，正极铅膏和负极铅膏应满足以下要求。

1）适当的化学组成和物相组成，具有适当的尺寸和结构，化成后形成的活性物质具有稳定的骨架和最佳的能量结构。铅膏制备所生成的 3BS（或 4BS）和 α-PbO 的混合物（含有少量的 β-PbO）可实现这一目标。有些电池生产厂家也向正极铅膏中添加 Pb_3O_4。

2）一定的铅膏密度。铅膏密度决定化成后活性物质的孔率，而孔率保证活性物质表面积的大小，并影响电池容量。涂膏式正极铅膏密度应处于 $3.90 ~ 4.40g/cm^3$ 的范围内。如果管式极板对容量的要求高于对寿命的要求，则应使用较低的铅膏密度（比如 $3.70 ~ 3.80g/cm^3$）。然而，如果电池寿命是主要考虑因素，则铅膏密度应为 $4.20 ~ 4.60g/cm^3$。

3）适当的铅膏含水量：11% ~ 12%。这是极板高效固化的要求。通过称量铅膏在 110℃下干燥 1h 之后的重量损失可得到该含水量。

4）良好的塑性（塑性流动特性）。根据针入度计插入铅膏的深度测量铅膏塑性，取决于针入度计角度，针入度计读数应介于 20 ~ 35。铅膏塑性对于均匀填板，以及防止极板连续生产期间铅膏从板栅上脱落（即保证铅膏与板栅之间的黏合性）都是非常重要的。

5）铅膏均匀性。这取决于合膏工艺、合膏机设计及其技术参数，也就是合膏机将整个容积内的铅膏均匀混合的能力。合膏初始材料的分散度也对铅膏均匀性影响较大。铅膏均匀性的评估方法为：将涂膏后的极板放在一定网孔的筛网上，用水冲洗极板。然后将板栅上的铅膏刷到筛网上，然后用水冲洗。筛网上不应有残存的铅膏。

6.3.2　铅膏密度

6.3.2.1　液体/颗粒体系

如果忽略颗粒间形成的薄液膜的热力学特性，不考虑随后的化学反应，则水加入铅粉时出现的现象可解释如下：①首先，PbO 颗粒发生水化反应，表面吸附了一层水；②颗粒间接触的部位形成一个楔形液体；③颗粒之间的接触部位形成楔形液体之后，部分浸湿的颗粒表面形成水环；④水环产生了黏合力，使各个颗粒松散地连接在一起（见图 6.22）[27]。

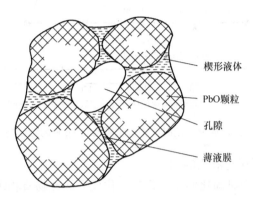

图 6.22　铅膏中的液体/颗粒体系，其中含有未被液体填充的空隙[27]

楔形液体将铅膏颗粒连接在一起，形成了带有孔隙的团粒。铅膏颗粒之间的作用力使液体填满孔隙。这样，铅膏达到了一种塑形状态，具有一定密度和稠度，不但可以均匀填涂到板栅上，而且可以附着在板栅上。如果加水量超过临界量，则颗粒间的液体变厚，颗粒间的联结减弱，整个体系转换为一种悬浮液。

密度和稠度是铅膏的特征参数：密度表征静态下铅膏颗粒之间的联结，而稠度决定了动态下铅膏颗粒之间的联结。这两个参数都随铅膏中的 H_2O 和 H_2SO_4 含量变化而变化。

6.3.2.2　铅膏密度及其决定参数

密度是单位体积铅膏的质量。圆柱形密度杯所含铅膏质量除以密度杯容积便可得到铅膏密度。通常，正极铅膏密度介于 $3.90 \sim 4.40 \mathrm{g/cm^3}$ 之间，而负极铅膏密度介于 $4.10 \sim 4.50 \mathrm{g/cm^3}$ 之间。采用红丹之后，铅膏密度高出 $0.20 \sim 0.30 \mathrm{g/cm^3}$。

以上内容提到，铅膏物相组成取决于合膏用硫酸和铅粉的质量比。为了确定不同物相对铅膏密度的影响，在所用液体数量一定的前提下，使用不同含量的 H_2SO_4 制备了铅膏。在这些试验中，液体总体积（$H_2SO_4 + H_2O$）保持不变，每 kg LO 所用 H_2SO_4 溶液（$d = 1.20 \mathrm{g/cm^3}$）和 H_2O 不同。所得结果如图 6.23[11] 所示。横坐标表明了合膏所用 H_2SO_4 溶液的体积。

图中数据表明，铅膏视密度并不取决于铅膏物相（α-PbO、3BS、β-PbO）的

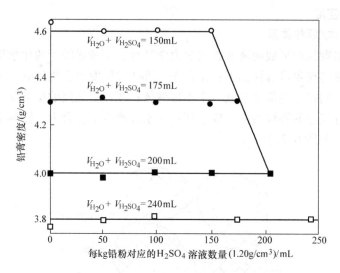

图 6.23　液体成分一定时，铅膏密度与每 kg 铅粉数量的关系[11]

比例，而是取决于固相与液相的比例。

铅膏视密度的改变对固化铅膏相组成、化成后活性物质相组成，以及容量的影响很小，但对电池循环寿命影响严重。随着铅膏密度的增加，尤其是对于H_2SO_4/LO比例较低的铅膏，电池寿命得以延长。

除了 LO 种类和 H_2SO_4/LO 比例之外，合膏工艺（搅拌或挤压）也是铅膏制备的重要因素[28]。如果铅膏密度高于期望值，则可以通过添加水的方法调整。如果铅膏密度低于期望值，则可以通过延长搅拌时间或者抽出铅膏中的空气等方法，或者也可以用真空处理（或者减少部分添加水）的方法调整。应该通过制定铅膏配方规范、严格监控合膏机的各个步骤，以及合膏过程中的连续温度控制，以避免额外的调整措施。当达到预期的铅膏密度和含水量时，意味着铅膏制备完成。

6.3.2.3　铅膏密度临界值

铅膏密度决定化成之后的活性物质密度。铅膏密度有一个下限临界值，低于该值之后，活性物质将发生解体，也存在一个上限临界值，高于该值之后，活性物质的孔系统将不能向活性物质各个部位传导离子。

研究人员采用一种间接方法测定了铅膏密度的临界值[29]。使用 PbO_2 粉末制成密度为 3.40 ~ 4.50 g/cm³ 的管式电极。电极经受循环将 PbO_2 粉末转化为多孔 PAM。循环条件为：以 15mA/cm² 的电流放电，充入电量为放出电量的两倍。图 6.24 展示了带有铅骨芯的电池的容量/循环次数之间的关系曲线。以按活性物质利用率为 50% 计算的容量值（C_0）作为对比。

PbO_2 粉末密度存在一个下限临界值，高于此值时，活性物质可以复原。对于

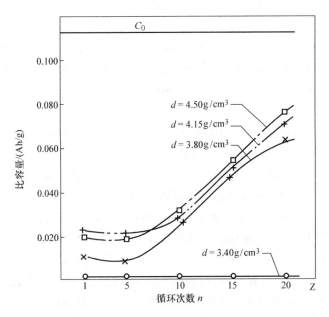

图 6.24　不同密度的 PbO_2 粉末制成的管式电极的比容量和循环寿命关系[29]

纯铅电极，该临界密度略低于 $3.80g/cm^3$。图 6.24 证明，$d = 4.15g/cm^3$ 和 $d = 4.50g/cm^3$ 的容量曲线存在非常小的差别。这意味着，当 $d = 4.15g/cm^3$ 时，PbO_2 颗粒已经达到其与活性物质骨芯相连的最大能力。

循环结束后，将纤维管切开。发现采用密度为 $3.40g/cm^3$ 的 PbO_2 铅膏制备的电极活性物质已经分解成为粉末。铅膏密度为 $3.80g/cm^3$ 的电极在轻轻的压力下也易于分解。另一方面，对于采用 $4.15g/cm^3$ 和 $4.50g/cm^3$ 的 PbO_2 颗粒密度的电极，其活性物质仍保持其圆柱形，也就是在循环过程中，PbO_2 颗粒相互交联，形成多孔的活性物质骨架。

所以，铅膏密度的下限临界值是 $3.80g/cm^3$。如果铅膏密度高于该数值，则循环期间活性物质骨架结构可保持完整性。PbO_2 颗粒和团粒的相互交联也受到 Bi^{3+}、Sb^{5+} 和 As^{3+} 离子的影响，这些离子吸附在颗粒表面，起到黏结剂的作用[29,30]。这些离子主要以合金添加剂的形式加入。它们在板栅腐蚀期间，被活性物质吸附。

文献报道，为了将这些添加剂加入铅膏，在电池生产实践中，使用含有一定量的添加剂的铅粉[31,32]。因此，例如，铅粉生产用铅所允许的最大 Bi 含量是 0.05%。

6.3.2.4　半悬浮液工艺生产的 4BS 铅膏

德国 Maschinenfabrik Gustav Eirich 公司采用了一种新的铅膏制备方法，对铅膏生产过程的温度进行连续控制，使铅膏中的水连续蒸发（真空条件下）[33]。该技术称为 Evactherm 技术。与控制铅膏温度的简单工艺相比，这种真空合膏方法的技术潜力巨大。

真空合膏的一个主要优势是铅粉与 H_2SO_4 在半悬浮状态下发生反应（也就是密度介于 $3.20 \sim 3.50 g/cm^3$ 之间）。在实验室中，已经开发出了该工艺方法[34,35]。完成碱式硫酸铅结晶之后，通过除去多余的水分（水在真空条件下蒸发），该半悬浮液被浓缩成所需密度的铅膏。

该半悬浮液的稠度比铅膏的稠度低得多。在整个合膏机容积内，H_2SO_4 与 PbO 反应均匀。因而可制成均匀一致的铅膏。另外，在半悬浮液中，铅粉 PbO 与不断生长的碱式硫酸铅晶体之间的铅转移速度比铅膏中的铅转移速度更快，因此，加快了化学反应，可以在更短时间内制备出高质量的铅膏。

电池生产经验表明，为了制备密度为 $3.90 \sim 4.40 g/cm^3$ 的铅膏，H_2SO_4 溶液和水的总体积应为 $180 \sim 216 mL/kg$。我们假设该上限值（216mL/kg LO）为合膏所用液体（$H_2SO_4 + H_2O$）的基准体积（以 V_0 表示）。我们开发出了半悬浮液技术制备 4BS 铅膏的方法[34,35]。首先，向合膏机内加入铅粉。然后，加入预先加热到 70℃ 以上的全部 H_2SO_4 溶液和水，并搅拌几分钟。PbO 与 H_2SO_4 发生化学反应所释放的热量使温度进一步升高至 $80 \sim 90℃$，在该温度下继续搅拌约 15min。然后，抽真空使铅膏密度增加，温度下降至 30℃。采用真空方法从半悬浮液中蒸发一定量的水，制成密度符合要求的铅膏。

表 6.6 列出了关于超出基准体积 $V_0 = 216 mL$（$H_2SO_4 + H_2O$）的过量水的试样数据，以 mL/kg LO 和占 V_0 的百分比[34]表示。半悬浮液的水含量介于 11% ~ 44% 之间。表中也列出了蒸发水的体积。各铅膏密度均为 $4.10 kg/cm^3$。也测量了铅膏针入度，所得数值列于最后一栏表头为 "Pen/mm" 列中。在真空处理过程中，含水量更高的铅膏必须进行额外加热，以加速水蒸发，并除去多余的水。因此，对于真空合膏方法，为了避免额外加热合膏机，每 kg LO 使用 260mL（$H_2SO_4 + H_2O$）是铅膏含水量的工艺要求上限。

表 6.6　铅膏制备期间，半悬浮液加入或失去的水分[34]

铅膏号	加入 V_{H_2O}（mL/kg LO）	加入（% V_0）	去除（mL/kg LO）	$d/(g/cm^3)$	Pen/mm
0	0	0	0	4.1	32
11	24	11	18	4.1	29
22	48	22	40	4.1	27
33	72	33	62	4.1	31
44	96	44	94	4.1	28

注：$V_0 = 216mL +$ 每 kg LO 的体积（mL）。

采用不同密度的半悬浮铅膏制备的正极板组装成电池，进行 3 次初容量和两次

CCA 测试，测试结果如图 6.25 所示。数字 0、11、22、33 和 44 表示铅膏中额外加入水的百分比含量[34]。

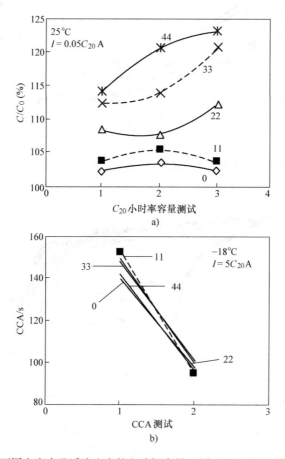

图 6.25　采用不同密度半悬浮液生产的电池初容量（图 a）和 CCA 测试（$I = 5C_{20}$A，放电温度为 -18℃）的放电时间（图 b）[34]

可发现，随着半悬浮液含水量的增加，极板容量也随之增加。由于负极板限制，所有电池均具有相同的 CCA 特性。

图 6.26 表明了以上各电池的 Peukert 关系。随着半悬浮液含水量的增加，各电池的 Peukert 关系曲线移向更高的比容量值。

研究人员对以上各电池进行了循环测试。以 2 小时率放电电流进行放电。测记放电 1h 的电池电压。图 6.27 表示了在测电池的终止电压与循环次数。参照电池循环 28 次之后寿命结束。而采用半悬浮铅膏制成的极板生产的电池循环寿命比参照电池高出一倍还多。

研究不同密度的半悬浮液铅膏生产的电池放电电流密度与比容量之间的关系

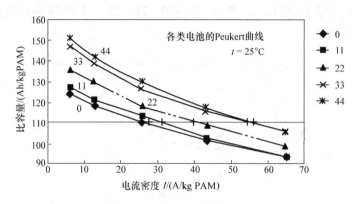

图 6.26　使用半悬浮液制备 4BS 铅膏生产的正极板制成的电池的 Peukert 曲线[34]

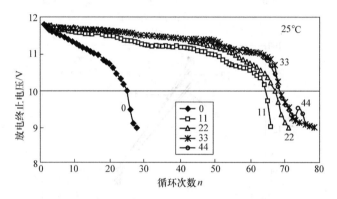

图 6.27　以 2 小时率电流放电 1h 的放电终止电压随循环次数的变化情况[34]

是有意义的。为此，我们在 110Ah/kg（见图 6.26）处划一条直线，读出该直线与各电池 Peukert 曲线的交点。这些交点表示在该比容量下，各电池的放电电流密度。这些数据可以用来评估正极活性物质比容量为 110Ah/kg 时的电池输出功率。

这些“功率参数”和电池循环寿命之间存在哪些相互关系吗？在 110Ah/kg 的 PAM 比容量时，电池的循环寿命和放电电流密度之间的关系如图 6.28 所示。

图中数据表明，与铅膏极板生产的电池相比，半悬浮方法制备的正极板生产的电池具有更长的循环寿命和更高的功率，另一个有趣的发现是，如果稀释半悬浮液，则电池“功率”增大，而其寿命未受影响。这些结果表明，4BS（3BS）晶体形成和生长条件影响晶体结构。而晶体结构影响 PAM 的导电性和稳定性，并影响电池功率。

这些研究结果表明，真空悬浮合膏工艺对正极板性能具有有益影响，提高了电池的使用性能。

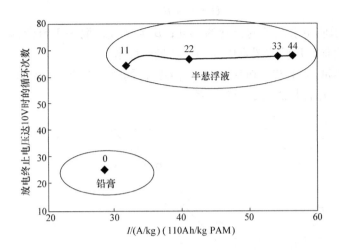

图 6.28　比容量为 110Ah/kg PAM（数据来自图 6.26）时的电流密度与循环
寿命之间的关系。图中也给出了补加水的数量，以补加量与初始液体
数量 $\left[\,$以 $V_0 = 216\text{mL}\;(H_2SO_4 + H_2O)/\text{kg}\ 铅粉\,\right]$ 表示

6.3.3　铅膏稠度

使用针入度计测量铅膏稠度，即，测量一定角度和质量的锥形体深入铅膏的深度来确定铅膏稠度。

铅膏稠度与针入深度成反比。图 6.29 中的测量结果展示了铅膏稠度与 H_2SO_4 含量之间的关系。这些铅膏均在 35℃ 下制备，具有 4 种密度和多种 H_2SO_4 含量（0% ~ 6%）[11]。

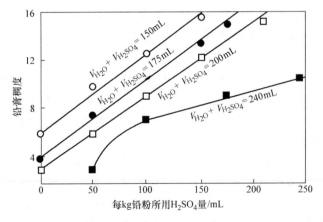

图 6.29　当每 kg 铅粉对应相同数量液体时，铅膏稠度与 H_2SO_4 量的相互关系[11]

随着 H_2SO_4 含量增加，铅膏稠度呈线性增加。

$$Q = A_0 + B \cdot C_{H_2SO_4}$$

式中，A_0 表示使用水制备的铅膏的稠度；B 为常数，取决于铅膏物相组成。铅膏稠度呈线性增加，反映出铅膏中的 3BS 含量线性增加。

图 6.30 阐明了在 30℃ 和 80℃ 下制备的铅膏稠度与铅膏中的 $3PbO \cdot PbSO_4 \cdot H_2O$ 或 $4PbO \cdot PbSO_4$ 含量之间的相互关系。

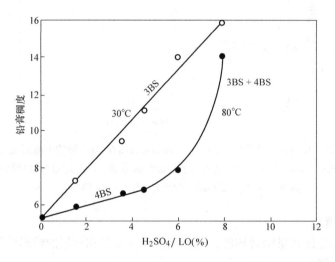

图 6.30　铅膏稠度与 H_2SO_4/LO 比值[11]

对比图 6.14 和图 6.30 可以发现，随着 $4PbO \cdot PbSO_4$ 含量的增加（80℃ 的曲线），铅膏稠度线性增加，直到 H_2SO_4/LO 比值达到 6% 为止。然而，该曲线斜率略小于含有 3BS 铅膏的情况。图 6.29 和图 6.30 证明铅膏稠度取决于碱式硫酸铅的性质和数量，也就是铅膏颗粒之间的摩擦力。如果含酸量一定，则 $3PbO \cdot PbSO_4 \cdot H_2O$ 小晶体比 $4PbO \cdot PbSO_4$ 大晶体的摩擦力更大（因为 4BS 晶体的表面摩擦力小得多）。

负铅膏稠度不仅取决于物相组成，而且取决于添加剂类型，特别是铅膏配方中的有机活性剂。研究人员研究了两类木素，木质素和水合木素（见图 6.31）[36]。采用相同 LO 铅粉和 H_2SO_4/LO 比例，不同膨胀剂制备铅膏，并加入一定量的水，搅拌完成之后测量铅膏稠度。

正如图 6.31 中的数据所示，木质素降低了铅膏稠度，而水合木素增加了铅膏稠度。为了制成涂板机所需稠度的铅膏，也有必要选择适当的铅膏密度和物相组成。如果某种膨胀剂增大了铅膏稠度（也就是针入度计插入深度减小），则必须加入更多的水，保持所需的铅膏稠度，不过铅膏密度自然变得更低。

总之，针入度取决于铅膏的含水量、晶型、合膏时间。铅膏含水量是影响铅膏密度和稠度的重要参数。

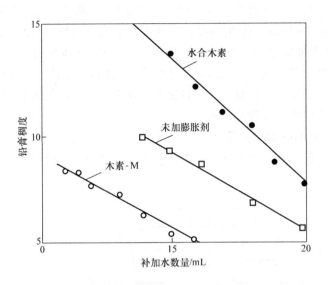

图 6.31　膨胀剂对铅膏稠度的影响[36]

6.3.4　铅膏制备的工艺流程和设备

6.3.4.1　正极板 3BS 铅膏的制备工艺

图 6.32 展示了 3BS 铅膏制备过程的工艺流程图。3BS 铅膏配方举例：LO（78% PbO）为 500kg、H_2O 为 65L、H_2SO_4（1.4g/cm^3）为 39L、纤维为 0.35kg。为了使 3BS 在固化工序转化为 4BS，也应在初始铅膏混合物中加入 6 ~ 7kg 的 4BS 晶核。

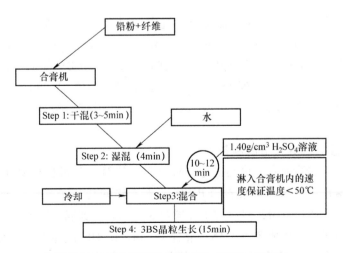

图 6.32　正极板三碱式硫酸铅（3BS）的制备

首先向合膏机中加入纤维或（纤维 + 4BS 晶核）。然后加入水搅拌 1min。接着加入铅粉，搅拌 3 ~ 4min，直到搅拌均匀。然后缓慢加入硫酸溶液，加酸时间为 10 ~ 12min。硫酸溶液加完之后，继续搅拌 15min，使 3BS 晶体生长。最后，取样测量铅膏密度和稠度。如果这些参数满足工艺要求，则铅膏可以用于涂板。如果这些参数不满足要求，则应予以调整。当铅膏密度高于要求时，应加入水调整，或者当水量过多时，则需要继续搅拌使水蒸发。

6.3.4.2 正极板 4BS 铅膏制备

在实验室，已经开发出 4BS 铅膏制备技术[10]。图 6.33 展示了该工艺过程的相关工序。

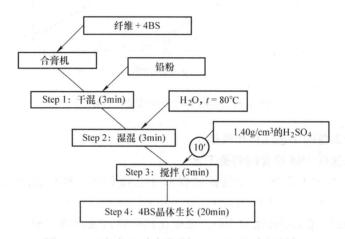

图 6.33 正极板四碱式硫酸铅（4BS）铅膏的制备

首先，将纤维和 4BS 晶核加入合膏机中，混合 1min，然后加入铅粉。干混 3min，再加入 80℃ 的水，混合 3min。再向该热的混合铅膏中缓慢加入 H_2SO_4 溶液（加入时间为 10min）。铅膏温度上升到 80℃ 以上，4BS 晶体开始生长。继续搅拌 20min，使 4BS 晶体长到 15 ~ 20μm。测量铅膏最终密度和稠度。如果测量值符合工艺要求，则该铅膏可以用于涂板。如果不符合要求，则要进行相应调整。

6.3.4.3 负极板 3BS 铅膏的制备

负极板 3BS 铅膏制备工序与上述正极板 3BS 铅膏制备过程相似（见图 6.34）。不过，负极铅膏中加入了膨胀剂（$BaSO_4$、木素磺酸盐和炭黑添加剂）。同样地，混合纤维、膨胀剂和铅粉，然后加水并搅拌 3 ~ 5min 直到混合均匀。然后，缓慢加入 H_2SO_4（10min），生成 3BS 晶体。混合 15min，使 3BS 晶体生长。如果干荷电电池存储数月（存储期），铅极板会发生氧化，电池容量下降。为了减缓铅氧化反应的速率，铅膏配方加入一些抑制剂。为了防止膨胀剂分解，也应对铅膏温度进行监控，使其保持在 50℃以下。有各种商业膨胀剂。所选用的膨胀剂成分取决于电池类型和用途。当今，蓄电池膨胀剂产品的主要供应商是美国的 Hammond Expander。

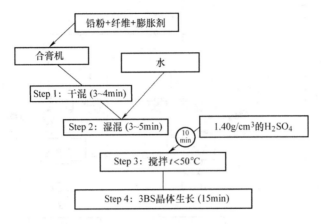

图 6.34　负极板三碱式硫酸铅（3BS）的制备

图 6.34 对铅膏配方和各种工序进行了图示说明，包括合膏机种类和设计、铅膏体积、铅粉氧化度以及合膏用初始材料质量、合膏温度等。

6.3.4.4　铅膏制备和涂板工艺

图 6.35 中列出了合膏期间的工艺流程、原材料、设备条件以及铅膏参数。图中也包括了涂板和极板干燥的生产步骤，列出了极板填涂和干燥之后应监控的基本技术要求。

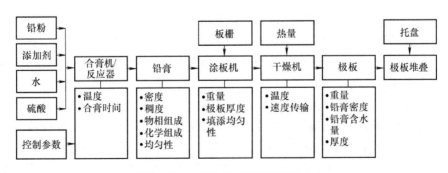

图 6.35　合膏和涂板的工艺流程图

6.3.4.5　铅膏制备设备

负铅膏中的 $BaSO_4$ 和膨胀剂会污染正铅膏，引起正极板性能恶化。为了避免这些"杂质"污染正铅膏，正、负铅膏分别在单独的合膏机中制备。

图 6.36 展示了一种带有真空冷却系统的铅膏制备设备。该系统由德国的 Maschinenfabrik Gustav Eirich 公司制造[33]。该系统的主要组成如下：

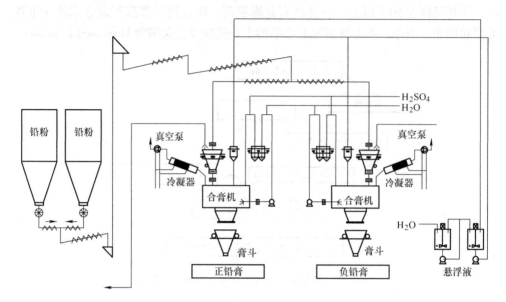

图 6.36　铅膏制备设备框图[33]

- 铅粉存储单元；
- 输送系统；
- 全自动称重和输送单元，适于所有铅膏成分，包括添加剂（干膏或悬浮液）、纤维以及从废水中提取的铅渣等；
- 反应器（合膏机）；
- 铅膏斗（膏斗），向涂板机输送铅膏。

该铅膏制备平台采用实时的硬件和软件控制系统。可对各个合膏步骤进行自动控制，包括对铅膏各组分进行称量、投料，以及控制混合时间等。铅膏温度和稠度变化也需要连续控制。

另一种广泛使用的是美国 Oxmaster 公司生产的合膏机。

所有铅膏制备设备的最基本的组成部分均是反应器（合膏机）。反应器（合膏机）应保证整个合膏机容积内，干混和湿混均匀进行，保证制成的铅膏中没有不均匀的"死膏"。为了制备良好的铅膏，整个合膏机容积内的铅膏应重复搅拌数分钟。这对铅膏连续温控是非常重要的。当今的合膏机使用 3 类冷却系统：①抽风冷却，②抽真空冷却，③水冷夹层冷却。当铅膏锅和搅拌翅（搅拌桨）以 9 ~ 11r/min 的速度相向旋转时，可制成最好的铅膏。

通常，电池制造商将铅膏制备设备称为"合膏机"。然而，该术语并不十分准确，因为合膏机中发生了不同的反应，生成了新的产物。因此，将铅膏制备设备称为反应器更为准确。

铅膏制成之后，放入一个中转膏斗中，定期将铅膏释放到置于铅膏斗下方的涂板机中。膏斗内的铅膏连续搅拌，这样可以保持铅膏均匀性，使碱式硫酸铅发生再结晶反应，并达到更高的阶段。

下一步是采用高速涂板机将铅膏填涂到板栅上。电池生产中使用最广的涂板机由美国的 MAC Engineering and Equipment 公司提供。涂板机有多种设计，但几乎都包括以下几个基本部件：①板栅输送缓冲区（堆放在一起）以及板栅吸嘴装置；②板栅传送系统，以及后续极板传送系统；③铅膏存储斗（膏斗）；④板栅涂膏单元（通过挤压方式或填涂方式）以及⑤压膏和提升设备。图 6.37 展示了一种带式涂板机示意图。

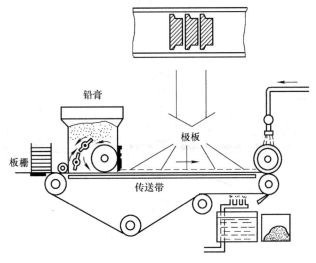

图 6.37　带式涂板机示意图

SLI 电池板栅的填涂速度为每分钟超过 100 片。动力型电池板栅填涂速度更低。涂板期间，应控制下列参数：极板厚度、涂膏质量、涂膏均匀性。

涂膏之后的极板通过一个隧道式干燥机。铅膏颗粒表面覆盖了一个水化层和一层薄液膜（见图 6.22），这损害了颗粒间以及铅膏与板栅之间的接触。干燥工序完成之后，薄液层中的部分水蒸发，增强了颗粒之间的接触。在干燥过程中，铅膏的孔直径和铅膏体积下降，引起铅膏收缩。快速收缩可能引起铅膏开裂，甚至与板栅分离。如果铅膏内部出现开裂，可能破坏铅膏与板栅之间的接触，并妨碍极板化成。在电池使用过程中，这些开裂逐渐消失。通常采用两种方法避免铅膏出现裂纹：使用适当的干燥制度或采用相对密度为 1.10 的 H_2SO_4 溶液对极板进行化学处理。有两种对铅膏采用 H_2SO_4 溶液处理的工艺方法。应用最广泛的是将相对密度为 1.10 的 H_2SO_4 溶液均匀喷洒在极板两表面（见图 6.38，方法 1）[37]。第二种工艺是通过两个压辊将 H_2SO_4 溶液浸入极板，压辊表面覆盖了高分子材料或纤维

（织物）带（见图6.38，方法2）[37]。首先，压辊预先浸满 H_2SO_4 溶液（通过喷洒或浸没方式），然后两个压辊将 H_2SO_4 溶液浸入涂膏极板表面（在传送带上）。这样，铅膏表面层，厚度为 $30 \sim 40\mu m$，成为 $PbSO_4$ 或碱式硫酸铅晶体的富集区。$PbSO_4$ 和 nBS 的摩尔体积大于 PbO 的摩尔体积，所以铅膏表面层的微孔直径会减小。这样，减慢了极板内部的干燥过程。

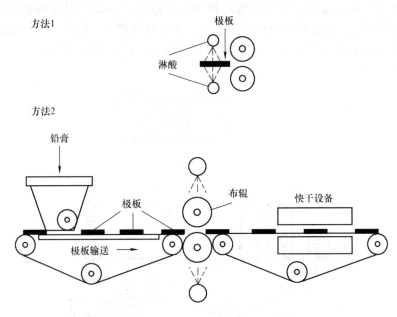

图6.38　涂膏式极板的淋酸工序[37]

对涂膏式极板进行压酸处理，改善了极板生产过程，这表现在以下几个方面：

1）减少或完全避免了极板快速干燥之后的铅膏开裂或铅膏从板栅脱离的情况；

2）减少了后续极板处理过程中的铅尘排放；

3）提高了极板的固化均匀性。

图6.39列出了采用淋酸极板与不淋酸极板生产的电池的容量曲线[37]。淋酸极板生产的电池储备容量稳定，而使用未经淋酸处理的极板生产的电池储备容量出现了衰减。

涂膏式极板经过隧道式干燥机时，不仅蒸发了铅膏中的多余水分，而且也对极板表面进行干燥。这可以避免极板在堆叠期间出现粘连。经过隧道式干燥机之后，极板温度为 $40 \sim 45℃$，含水量为9.5%。然后将极板堆放在托盘上，转运装入固化间中。极板快速干燥后需要控制的参数是极板质量、铅膏含水量和铅膏密度。

根据操作方式的不同，连续运行的干燥炉分为3种：

1）带有横向和纵向循环气流的隧道式干燥窑（干燥机）。这种干燥窑分为多

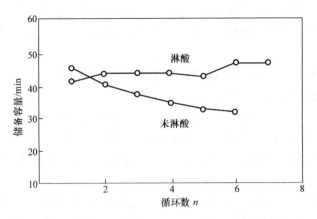

图 6.39　淋酸处理对汽车电池储备容量的影响[37]

个干燥区，各干燥区均带有独立的空气循环功能。温度最高的干燥区为 160 ~ 180℃，干燥时间约为 5min。通常，极板垂直放置在传送系统上。

2）采用火焰直接干燥的隧道式干燥窑（干燥机）。作为规律，这种比上述中的那种干燥窑更短。这种干燥炉中的最高温度约为 360℃，极板在该干燥区不能超过 1min。有的干燥机设计成极板在干燥过程中水平放置。

3）接触炉（干燥机），极板从几对配合的热辊中间穿过，热辊温度为 550 ~ 600℃。这种干燥方法使极板表面干燥良好。

极板中的板栅热容很小，板栅比铅膏导热快得多。当极板通过快速干燥窑时，板栅被加热至比铅膏更高的温度。板栅/铅膏界面的水蒸气形成气泡，可能形成空洞或裂缝，特别是如果设置了更高的干燥窑温度，或者极板传送速度过低时更为严重。这样形成的铅膏裂隙破坏了极板的连续性，增大了极板的电阻和不均衡性。

干燥后的极板叠放之后，码放在托盘上，然后送入固化间。

6.3.5　管式正极板的制造

6.3.5.1　管式极板的灌粉

4.10 节概述了管式极板的一般设计和特性。这里，将探讨使用铅粉或悬浮液填充管式极板的工艺。

首先，简述用于管式极板制造的管子类型。多管装配体（排管）采用惰性玻纤或有机纤维（聚酯、聚丙烯、丙烯腈共聚物等）制成。其生产工艺采用了目前纺织工业使用的纺织、编织以及毡缩工艺。

排管（手套）采用编织方法生产。两种织物同时编织，并在一个给定的距离彼此相连（半管的圆周）。将铝芯插入套筒（与织物长度方向垂直），然后将含有芯的套筒沉浸在浸渍溶液。树脂加热后发生固化，从而获得所需形状的管子，然后将其切成所需长度。这里采用了连续浸渍的自动机器。毛毡也可以用来制造排管。

267

要制备所需厚度和孔隙率的浸渍的毛毡。两层毛毡重叠缝合在一起，间距等于管子圆周的一半（使用多头缝纫机）。缝纫完成后，采用以上方法对双层织物进行浸渍和固化处理。

排管的检测项目包括：爆破压力、抗拉强度、阻水和空气的流动、位移量和孔隙率、电阻、热酸试验、杂质含量。

根据排管外形尺寸（横截面几何形状），管子可能是圆柱形（圆形）、椭圆形（椭圆形）或长方形（正方形）（见图4.63）。富液式电池一般使用圆形（圆柱形）管子，而VRLAB优先选用长方形（正方形）设计，因为这种设计可以保证AGM隔板与整个极板表面具有良好的接触。

填充极板的第一种技术是使用干粉。一些电池工厂仍使用这种灌粉技术。这种技术成本高，效率低（尽管同时灌5~8片极板），而且危害健康。整个生产过程需要大量通风设备和大量空气净化设备。有时灌粉不满，也会引起极板容量变化。

根据下列原则，已经开发出新的管式极板生产工艺。

1）自动化管式极板填膏（Hadi Offermann Maschinenbau公司）。将多骨芯的板栅插入排管中，水平放置在填膏机中，使用含有多个金属填充管的装置在一定压力下将铅膏挤入排管中。将填充管插入排管中，挤出铅膏，同时向后移动。填膏后，使用底框封闭排管、水洗、称重。如果极板质量偏差超出工艺偏差极限，应调整填膏设备。采用该技术要求排管应具有较高机械强度。

2）膏浆填充法。这种填膏工艺如图6.40所示。在合膏机中制备3BS或4BS铅膏①。铅膏移送至连续搅拌的膏斗②中。使用泵③将批量铅膏送入混合槽④内。混合槽不断搅拌，加入水稀释铅膏，直到密度为2.00~2.10g/cm³。保持这样制成的悬浮液（悬浮液）体积为混合槽总容积的65%。使用密度计不断测量铅膏密度，并通过添加铅膏或加水和过滤液的方式自动调整铅膏密度。混合槽是膏浆（悬浮液）所有成分的基本储蓄池。每个过滤液填充模块均设置了一个膏浆槽⑤。混合槽内的悬浮液注入悬浮液槽中，然后在压力作用下，通过管子输送到悬浮液填充模块⑥。填充模块由两个填充头⑦和一个过滤槽⑧组成。过滤液定期返送到混合槽④。如果填充模块不止一个，则过滤液单独收集到不同的槽内，然后返送到混合槽中。每班生产结束时，用水清洗整个系统，并且废水收集在专门的回收池中，以做进一步处理。填充好的管式极板使用底框封闭。然后用水清洗，称重，保证符合质量控制要求。以上描述的悬浮液填充模块由Chloride Motive Power（UK）公司设计和制造，而采用3BS或4BS铅膏悬浮液填充管式极板的工艺是由电化学和能源系统委员会铅酸蓄电池分会（前CLEPS）开发的。悬浮液在压力下填入管式极板中，最终的填膏密度是4.0~4.4g/cm³。铅膏制备期间，为了保证生成更大的3BS或4BS晶体，悬浮液应搅拌20~40min。为了将3BS或4BS颗粒保持在管子内部，并提高填膏效率，管式纤维的孔隙应该较小。然后，将填充好的管式极板送入固化间

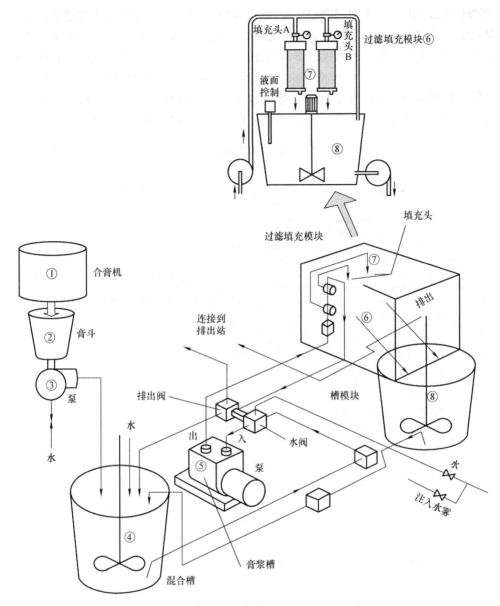

图 6.40　使用膏浆的管式极板灌浆工艺框图

内以进一步处理。

3) 使用（Pb_3O_4 + LO）膏浆的灌浆法。实际上，这是最先开发出的管式极板填膏工艺。该工艺包括以下工序：首先，制备 Pb_3O_4 + LO（60%∶40%）混合物，然后汇集到粉末混合器中。将该混合物加入到主膏浆合膏机中。并添加一定量的水和 H_2SO_4 溶液。应确定 H_2SO_4 溶液的比例（例如 H_2SO_4/LO ≈ 2wt%），以使 LO 中

269

的 PbO 生成 3BS，而不引起 Pb_3O_4 的分解。填充模块产生的过滤液也返送到膏浆合膏机中。这样制成的膏浆被传送到填充模块（见图 6.40），然后填入排管中。填膏的排管使用底框封闭，然后进行干燥和称重。下一道工序是极板浸酸。填充好的极板浸入含有相对密度为 1.28 或 1.40 的 H_2SO_4 溶液槽中，Pb_3O_4 和未反应的 PbO 发生硫酸盐化反应。浸酸需要 6h。浸酸完成之后，将极板从浸酸槽中取出，水洗以去除残余的 H_2SO_4 之后，装入高温干燥间中。然后，进行极板化成工序。

参 考 文 献

[1] J.J. Lander, J. Electrochem. Soc. 95 (1949) 174.
[2] H. Bode, Lead acid batteries, in: Electrochem. Soc., John Wiley, 1977, p. 13, 367 & 372.
[3] H. Bode, E. Voss, Electrochim. Acta 1 (1959) 318.
[4] J. Burbank, J. Electrochem. Soc. 113 (1966) 10.
[5] H.W. Billhardt, J. Electrochem. Soc. 117 (1970) 690.
[6] D. Pavlov, V. Iliev, G. Papazov, Annual Report, CLEPS, Bulg. Acad. Scis., Bulgaria, Sofia, 1977.
[7] T.G. Chang, M.M. Wright, J. Electrochem. Soc. 128 (1981) 719.
[8] F. Vallat-Joliveau, A. Delahaye-Vidal, M. Figlarz, A. de Guibert, J. Electrochem. Soc. 142 (1995) 2710.
[9] ILZRO Project LE82-84, Final Report, December 31, 1971, p. 2/27.
[10] S. Ruevski, D. Pavlov, T. Rogachev, Annual Report, CLEPS, Bulg. Acad. Scis., Bulgaria, Sofia, 1992.
[11] D. Pavlov, G. Papazov, J. Appl. Electrochem. 6 (1976) 339.
[12] H. Ozgun, L.T. Lam, D.A.J. Rand, S.K. Bhargava, J. Power Sources 52 (1994) 159.
[13] V. Iliev, D. Pavlov, J. Appl. Electrochem. 9 (1979) 555.
[14] R.V. Biagetti, M.C. Weeks, Bell Syst. Tech. J. 49 (1970) 1305.
[15] J.R. Pierson, in: D.H. Collins (Ed.), Power Sources 2, Pergamon Press, Oxford, 1969, p. 103.
[16] D. Pavlov, V. Iliev, Elektrokhim. (Russ.) 2 (1975) 1735 (in Russian).
[17] E.M. Valeriote, J. Power Sources 59 (1996) 199.
[18] M. Matrakova, D. Pavlov, J. Power Sources 158 (2006) 1004.
[19] G. Papazov, D. Pavlov, Annual report, CLEPS, Bulg. Acad. Scis., Bulgaria, Sofia, 1975.
[20] B. Culpin, J. Power Sources 25 (1989) 305.
[21] J. Burbank, A.C. Simon, E. Willihnganz, in: P. Delahay, C.W. Tobias (Eds.), Advances in Electrochemistry and Electrochemical Engineering 8, Wiley Interscience, London and New York, 1971, p. 157.
[22] G. Papazov, D. Pavlov, Annual report, IEES, Bulg. Acad. Scis., Bulgaria, Sofia, 2005.
[23] H.B. Stephenson, C.L. Hixson, H.S. Long, J.S. Bryson, J.D. Purdum, E.J. Richie, Pastes and grids for lead-acid battery, ILZRO, Project LE-83/LE84, Final Report, December 1971.
[24] D. Pavlov, N. Kapkov, J. Electrochem. Soc. 137 (1990) 16.
[25] D. Pavlov, N. Kapkov, J. Electrochem. Soc. 137 (1990) 21.
[26] D. Pavlov, N. Kapkov, J. Power Sources 31 (1990) 189.
[27] D. Pavlov, in: B.D. McNicol, D.A.J. Rand (Eds.), Power Sources for Electric Vehicles, Chapter 5, Elsevier, Amsterdam, 1984.
[28] W.R. Kitchens, R.C. Osten, D.W.H. Lambert, J. Power Sources 53 (1995) 263.
[29] D. Pavlov, A. Dakhouche, T. Rogachev, J. Power Sources 30 (1990) 117.
[30] D. Pavlov, J. Power Sources 33 (1991) 221.
[31] L.T. Lam, N.P. Haigh, D.A.J. Rand, J. Power Sources 88 (2000) 11.
[32] L.T. Lam, N.P. Haigh, D.A.J. Rand, J.E. Manders, J. Power Sources 88 (2000) 2.
[33] H.J. Vogel, J. Power Sources 48 (1996) 71.
[34] D. Pavlov, S. Ruevski, J. Power Sources 95 (2001) 191.
[35] D. Pavlov, S. Ruevski, P. Eirich, A.C. Burschka, The Battery Man, April 1998, p. 16.
[36] D. Pavlov, V. Iliev, G. Papazov, Annual Report, CLEPS, Bulg. Acad. Scis., Bulgaria, Sofia, 1976.
[37] D.A.J. Rand, J. Power Sources 88 (2000) 130.

第7章 正、负极铅膏的添加剂

首先来定义一下"添加剂"。随着某种产品生产技术的发展，某些对最终产品的性能有正面效果的物质以不同的量添加到了基本成分中。

1）组分：生产产品的基础成分。使用量占所有基础反应物的比重高于2%。最终产品的大部分质量由组分构成，其基本性能也是由组分决定的。

2）添加剂：用于提高最终产品的某方面性能，促进或加速生产过程中的工艺过程。添加剂占所有产品配方材料的比重为0.02%~2%。

3）杂质：比重小于0.01%，由于会造成副反应或不良反应，对最终产品的性能、产品的制造过程没有用处，甚至有副作用。

本章将论述正、负极铅膏的添加剂对极板生产和对铅酸蓄电池性能的影响。

7.1 负极铅膏的添加剂

7.1.1 膨胀剂

铅酸蓄电池的容量、能量和电量的输出取决于什么？电能与化学能之间的相互转化是通过电化学反应进行的，电化学反应发生在固态反应物和电解液的界面。因此，上个问题的答案是：铅酸蓄电池的性能取决于正负极活性物质的表面积。

铅酸蓄电池正负极上发生的反应生成 Pb^{2+} 离子，Pb^{2+} 离子与硫酸反应，在活性物质表面生成 $PbSO_4$ 层，继而钝化了正负极。因此，铅酸蓄电池的性能特性取决于参与反应的活性物质的表面积。然而，活性物质表面积相对较小，造成电池的容量和放电性能也较低。

为了提高电池的性能参数，需要避免出现连续的 $PbSO_4$ 钝化层。活性物质表面生成的硫酸铅层应当是高度多孔的，能够维持电化学反应继续向正负极的深层部位推进。这样电化学反应不只发生在活性物质表面，而是发生在整层较厚的活性物质中。这最终将提高电池的性能。

怎样避免在负极活性物质（NAM）有限的表面生成硫酸铅钝化层？实践证明可以通过在铅膏中添加所谓的"膨胀剂"来实现。"膨胀剂"是表面活性剂（比如木素磺酸盐）+ $BaSO_4$ + 炭黑的混合物。这些物质吸附在铅表面，在蓄电池放电期间，可以抑制连续 $PbSO_4$ 钝化层的沉积，辅助生成多孔的硫酸铅层。

最近"膨胀剂"这个词被用来当作上述3种成分的混合物的标签，原因在于最近问世的一种叫作膨胀剂的商品，就包含了这3种物质（木素磺酸盐 + $BaSO_4$ +

炭黑）。起先膨胀剂这个词只用于有机成分（木素磺酸盐），蓄电池生产实践中引进后两种成分是由于客观需要。第二次世界大战后，木质隔板被替换为合成材料，造成一个公认的事实，即低温循环中的负极板容量急剧下降。研究表明，这个现象是由于电解液中缺少木质隔板渗出的木素磺酸盐造成的。所以，在负极活性物质中添加木素磺酸盐非常必要。蓄电池行业内试验了市面上存在的各种木素磺酸盐、腐殖酸和鞣剂，但被广泛采用的添加剂只有几种。

鉴于木素磺酸盐在电池的运行中缓慢衰减，继而可降低电池负板的容量，膨胀剂配方中也要添加少量的木粉。在电池的运行中，木粉缓慢分解出木素磺酸盐，一定程度上补偿了最初添加的木素磺酸盐分解所损失的部分。

硫酸钡（$BaSO_4$）在反应中作为硫酸铅晶体形成并长大的成核剂，并且保证硫酸铅晶体均匀地分布在多孔的负极活性物质中。硫酸钡的这种作用源自硫酸钡晶体与硫酸铅晶体的同构性。

炭添加到铅膏中主要用于提高放电末期活性物质的导电性。在此阶段硫酸铅晶体在负极活性物质的含量已经充分增长。当市面上出现混合动力汽车，而铅酸蓄电池想在这个应用领域占有一席之地时，发现电池负极板不能承受大电流充电。这些极板的表面积相当有限（$0.5 \sim 0.7 m^2/g$）。后来碳被添加到负极活性物质中，用于增大负极活性物质的电化学活性表面积。炭黑或活性炭的添加增强了高倍率充放电循环中负极的充电接受能力。

包含上述 3 种成分的配比均衡的膨胀剂配方，保证了负极活性物质良好的性能，尤其是在低温条件下。电池行业中一个典型的膨胀剂配方为：$0.2\% \sim 0.3\%$ 木素磺酸盐，$0.8\% \sim 1.0\% BaSO_4$，$0.1\% \sim 0.3\%$ 炭黑。均为 3 种成分占制膏铅粉的质量的百分比。

聚合纤维提高铅膏的一致性并降低了制膏过程中的生产废料。

铅氧化抑制剂用于降低自放电反应的速度并延长电池存放时间。

析氢抑制剂降低自放电反应过程并提高负极充电接受能力。

7.1.1.1 木素的结构

为了方便起见，本节中出现的"膨胀剂"只用于特指有机膨胀剂。

木材主要由纤维素、半纤维素和木素构成。通常木素主要来源于木浆。他们从造纸的纸浆中提取并通过去除糖和金属离子制纯。木素分子由 3 种前驱体构成。前驱体的比例取决于提取木素的木浆的种类，这个比例也对电池的性能构成影响。木素分子可以用亚硫酸不同程度地磺化。

木素是一种聚合物，由其包含的丙苯烷群构成了一个三维网状结构。历史上曾经提出多个结构模型，但是最被支持的是 1964 年的 Freudenberg 模型。Freudenberg 的木素分子式如图 7.1 所示。

木素并不是一种物质，而是化学成分相似但结构不同的几种物质的混合物，木

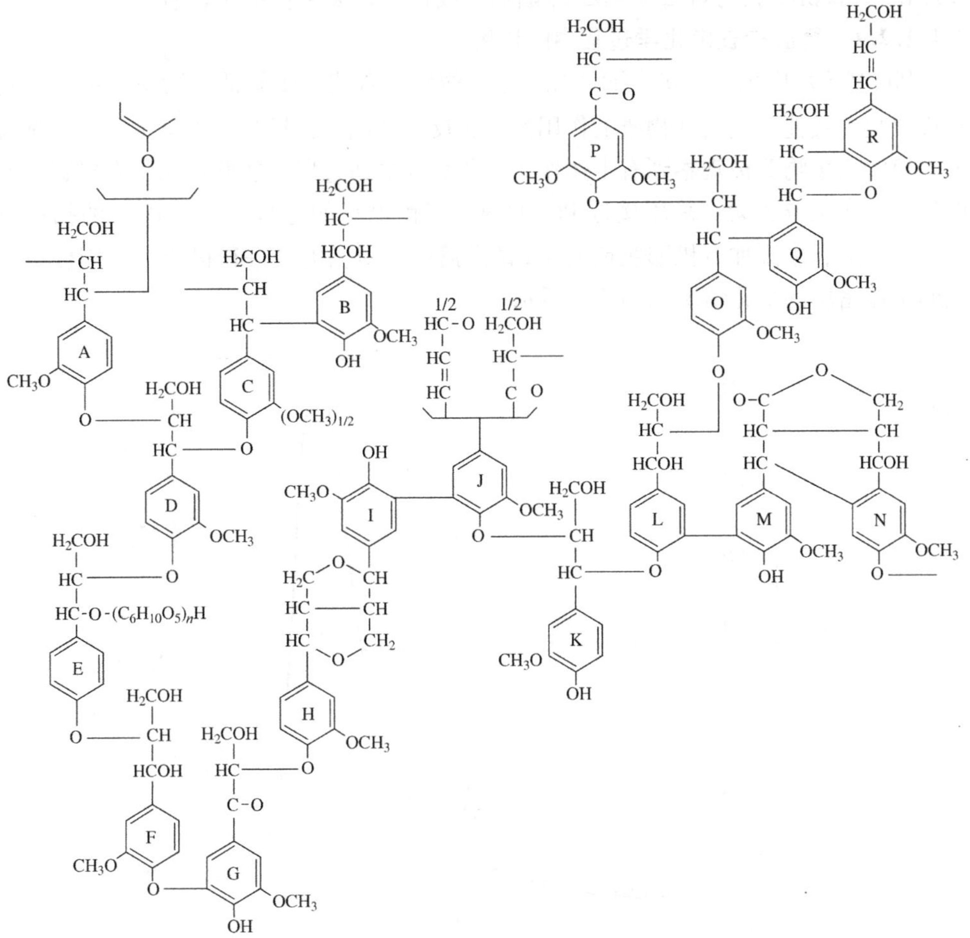

图 7.1　Freudenberg 的木素分子式

素的结构由各种结构体组成，相互之间有微孔。木素的层结构吸附在金属表面，离子可以从微孔中穿越。

高分子量（HMW）木素的作用机制就像柔性的聚合高分子电解质。低分子量（LMW）木素就像胶体，分离或聚合成微团。木素作为膨胀剂成分，其分子量对电池性能有一定影响。木素在铅表面形成一层聚合电解质。防止在负极上生成 $PbSO_4$ 钝化层。通过其结构特性，木素保护负极板不被钝化。

木素的活性在电池的整个使用寿命中会发生变化。具有稳定结构的木素活性较低，适用于要求长寿命的牵引电池用途，但却不适用于起动电池（SLI）。用 14.5V 充电时，采用不同种类木素的电池会达到不同的充电状态。膨胀剂中含有的木素类型决定了电池的充电接受能力。

7.1.1.2 有机膨胀剂对铅和 PbSO₄ 晶体在成核及长大过程中的影响

7.1.1.2.1 膨胀剂在电化学过程中的作用

Pb｜PbSO₄ 电极对有机表面活性剂十分敏感。有些毛细管活动物质能彻底抑制负极氧化。其他一些活性物质的作用恰恰相反，抑制负极钝化。木素磺酸盐、腐殖酸、单宁衍生物等被观察到有上述作用。研究人员通过以下实验证明了有机膨胀剂的影响。实验方法为：采用接近 Pb｜PbSO₄ 平衡电势的电势，以 3mV/s 的扫描速率，在添加和未添加有机膨胀剂的 5M 硫酸溶液中对铅电极进行极化[1]。阳极极化期间电流密度的变化情况如图 7.2 所示。

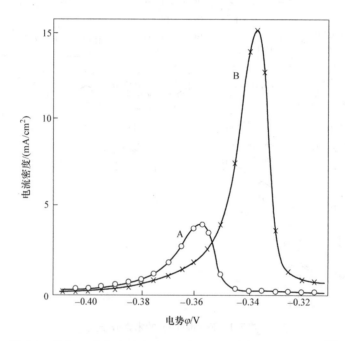

图 7.2　稳态 Pb 电极在浓度为 5M 的 H₂SO₄ 溶液中的极化曲线[1]

A—无膨胀剂　B—含有 0.3g/L 的木素 C16

当电流达到最大值 i_{max} 时，由于硫酸铅层的形成（见图 7.2 曲线 A），电极开始钝化。电解液中有机膨胀剂的存在使电极钝化（见曲线 B）所需的电量成倍增加，并将到达 i_{max} 时的钝化电势移向正值。Pb²⁺ 溶解过程中出现额外的过电压说明铅的溶解电势变得更正。这些现象与铅表面有机物的吸附有关。许多文献作者观察到金属表面对膨胀剂的显著吸附现象[2-9]。

已经发现膨胀剂的活性与铅电极中硫酸铅还原为铅的速度有关[5]。例如，图 7.3 中的曲线证明，随着膨胀剂活性的提高，硫酸铅还原电流和析氢电流下降。所观察到的阴极电流的降低归因于添加剂在电极表面和硫酸铅晶体表面的吸附。

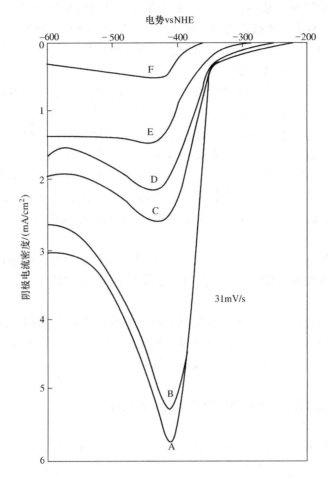

图 7.3　PbSO₄ 在相对密度为 1.25 的硫酸溶液中还原生成铅的伏安图[5]

A—无添加剂　B—若丹明　C—磺肽　D—酚酞　E—木素磺酸铵

F—媒染培酸蓝 （所有添加量均为 1×10^{-5}）

　　有机膨胀剂提高了铅酸蓄电池的负极容量，但其对极板的充电接受能力有负面影响，原因是它能够减缓硫酸铅还原到铅的过程。所以，选择负极活性物质添加剂的种类和剂量永远是这两项非常重要的蓄电池性能之间的理性折中。膨胀剂的影响取决于其分子量、化学结构、成分纯度及化学稳定性。

7.1.1.2.2　有机膨胀剂对 Pb｜PbSO₄ 晶体形态及尺寸的影响

　　Yampol′skaya 等人证实，相对于纯的硫酸溶液，在含有 D-4 或 BNF 膨胀剂的硫酸溶液中通过电化学反应生成的硫酸铅晶体尺寸要大得多[3,10]。实验发现，在硫酸溶液中缓慢添加饱和 Pb（NO₃）₂ 溶液时，化学沉淀析出的硫酸铅晶体尺寸同样较大。

同样有实验发现，某些膨胀剂对硫酸铅尺寸有相反的影响[11]。例如，REAX 80C 膨胀剂极大减小了硫酸铅与铅晶体的尺寸。MARACELLE 膨胀剂被发现对铅晶长大有抑制作用[12,13]。在后边的实例中，含有这种膨胀剂的负极活性物质中铅晶直径较小，也没有铅枝晶形成。

图 7.4 为硫酸铅晶体生成时的铅/溶液界面示意图。当负极活性物质中不含膨胀剂时，铅表面覆盖着一个部分溶解的硫酸铅晶体薄层。Pb^{2+} 离子（或 $PbSO_4$ 分子）沉淀在 $PbSO_4$ 晶核或晶体上，促进了 $PbSO_4$ 晶体的生长（见图 7.4a）。

已证实，有机膨胀剂在金属表面形成了一个三维网状（格）层，而且这层物质是胶状的[16]。铅离子能穿越网状层，尽管穿越会受到阻碍（见图 7.4b，c）[14]。$PbSO_4$ 晶体在这层膨胀剂上生成，而不是直接在铅金属上生成。所以没有致密的 $PbSO_4$ 层在负极表面生成，从而造成极板钝化。继而，铅氧化物数量增加，极板容量增大。

在低温情况下（$T < 0℃$），$PbSO_4$ 的溶解性大幅降低，导致铅表面加快生成钝化层，从而使极板容量骤降。膨胀剂阻止了低温下钝化层的生成，保证了更高的极板容量。

这些现象表明，不同的有机膨胀剂对铅与 $PbSO_4$ 成核结晶的作用机制有着内在的分别。然而，所有上述有机膨胀剂均增加了 $PbSO_4$ 层导致电极钝化所需的电量。膨胀剂的抗钝化作用与其对 $PbSO_4$ 晶体的大小与形态的影响之间没有明确关联。

7.1.1.3 充放电过程中有机膨胀剂成分的作用机制[14]

7.1.1.3.1 放电过程

铅电极在硫酸溶液中的阳极极化期间，生成了 $PbSO_4$ 层并导致电极钝化（见图 7.4a）。当上述电极体系中加入膨胀剂时，阳极界面的结构发生改变（见图 7.4b）。膨胀剂也吸附在 $PbSO_4$ 层表面，并且，当两个 $PbSO_4$ 晶体接近时，上面吸附的膨胀剂层之间，尤其膨胀剂分子的带电基团会发生相互作用。一般有机膨胀剂含有数种活性（结构）团，如—COOH、—Ar—OH、—O·CH_3、—SO_3H 等。其中有些活性团吸附在 Pb 或 $PbSO_4$ 表面。其他则与溶液直接接触并在分解后与溶剂的水分子互相作用。在极限状态中，当两个微粒（如铅表面与 $PbSO_4$ 晶体，或两个 $PbSO_4$ 晶体）上吸附的膨胀剂层发生接触时，微粒中间生成一种"双吸附层"（见图 7.4b）[14]。这种双吸附层包含的活性团与水分子形成一层薄液膜（见图 7.4c）。后者包含可以在液膜中移动的离子。这种现象与含有表面活性剂的薄液膜上观察到的现象类似[16]。归根结底，膨胀剂物质具有表面活性剂的特性。

膨胀剂活性团与铅粒子之间没有很强的化学键[15]。它们之间是分子间作用，弱于化学键，这是非常重要的事实。

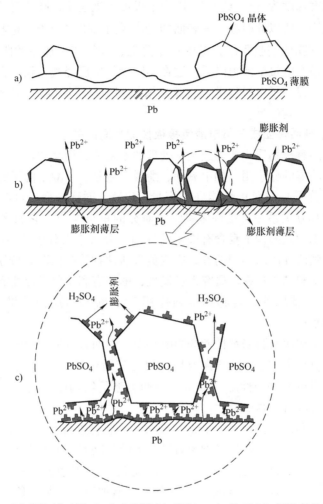

图 7.4　不含膨胀剂（图 a）和含膨胀剂（图 b、c）的 $PbSO_4$ 层的结构示意图

　　总之，上述钝化模型表明膨胀剂吸附层的成分与结构，它与铅及 $PbSO_4$ 表面的吸引力，以及其所带电荷均对延迟因 $PbSO_4$ 层引起的钝化现象具有强烈影响。

7.1.1.3.2　充电过程

　　基于上述有机膨胀剂在 $Pb \mid PbSO_4$ 电极放电过程中的反应机制，可以得出以下结论，即这些反应的速率取决于 Pb^{2+} 离子在多孔 $PbSO_4$ 层中的扩散与迁移（见图 7.4c）。而扩散速率反过来又取决于 $PbSO_4$ 层微孔中 Pb^{2+} 离子的浓度梯度。在 Pb 的氧化（放电）中，浓度梯度为 $(C_0 - C_s)/l$，C_0 为 Me/$PbSO_4$ 界面上 Pb^{2+} 的浓度（非常高）；C_s 为 $PbSO_4$/溶液界面上的 Pb^{2+} 的浓度，它由最小的 $PbSO_4$ 晶体的溶解度所决定；l 为包括膨胀剂吸附层在内的 $PbSO_4$ 层的厚度。在充电过程中，

Pb^{2+} 离子的浓度梯度为 $(C_s-C_0)/l$。因为电极被阴极极化，Pb^{2+} 离子流到达金属表面并反应生成铅，所以此时在金属表面的 Pb^{2+} 离子浓度 $C_0 \approx 0$。充电中，Pb^{2+} 离子通过 $PbSO_4$ 层和膨胀剂吸附层扩散的速率降低，Pb^{2+} 离子还原的阴极反应受到抑制，继而，电极充电接受能力降低。这在实际操作中已经观察到。膨胀剂在放电中效率越高，从而提高了电极容量（也就是增加 $PbSO_4$ 层厚度），那么 Pb丨$PbSO_4$ 电极的充电接受能力就越低。

7.1.1.4 膨胀剂活性团成分与电池负极板性能之间的关系

膨胀剂中的有机物质主要为经化学处理的木素或其衍生物。它们是复杂的聚合物，包含不同功能的分子团，如甲氧基、酚醛、羧基、甲醇结构团等。不同膨胀剂的结构基团（分子）与负板性能（如容量、CCA、循环寿命、自放电、充电接受能力）之间的相互关系一直是许多科学家研究的重点[17-24]。它们之间的关系非常复杂，一方面木素磺酸盐本身含有许多活性团，分布于大分子结构中的不同位置，另一方面，这些活性团以不同的方式影响负极活性物质结构形成与分解所涉及的物理化学、电化学和结晶过程。研究人员发现，酚基有利于负极板性能，在邻位、间位、对位上被羟基取代，会起到增强作用[17]。酚基的这种效果也在参考文献［21］中得到确认。

羧基和酮结构团对膨胀剂性能的影响甚微。然而含有醛结构团的添加剂性能得到了增强。SO_3H 团也能施以增强效果。醌及其衍生物（如苯醌、氢醌、环己醇等）等均有显著的膨胀剂性质[19]。邻苯二酚类型的结构团，也是木素结构的组成成分，对电池性能有增强效果[22]。

我们实验室和挪威公司 Borregaard LignoTech 联合进行的一项研究发现，8 种木素磺酸盐产品中，不同含量的功能团对试验中的起动型电池产生了不同的影响。试验是按德标 DIN 43539/2 进行的[20-22]。试验证明，当羧基（—COOH）和酚基（Ar—OH）团含量增加，木素纯度（用 K_{solid}）增加时，受制于负极板的蓄电池寿命延长，但充电接受能力降低，自放电升高。当甲氧基团（—O·CH_3）和有机硫（—S）含量升高时，蓄电池循环寿命降低。所以，木素磺酸盐大分子中结构团的种类与含量对电池性能有强烈影响。

7.1.1.5 板栅合金成分对膨胀剂效率的影响[22]

试验用相同容量的电池，其负极铅膏采用相同的膨胀剂，但是用了不同的板栅：正负板栅均采用 Pb-Sn-Ca 或 Pb-Sb 合金，按照德标 DIN 43539/2 对电池进行寿命试验。在第 10 次充放电循环（循环 1 周）的放电终止电压与循环周数表示于图 7.5。通过测量负极板中部电势的变化，确定电池的循环寿命受限于负极板。Pb-Sn-Ca 板栅电池寿命优于 Pb-Sb 合金。

为衡量板栅合金成分对膨胀剂效率的影响，两组电池分别采用 Pb-Sb 或 Pb-Sn-Ca 合金，但是用了不同酚团含量的膨胀剂。这些电池按德标 DIN 43539/2 对电池进行寿命试验，得出的试验结果示于图7.6。

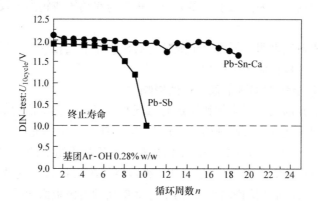

图7.5 DIN标准循环测试结果：采用Pb-Sb和Pb-Sn-Ca板栅的电池
$U_{10cycle}$随循环周数的变化情况[22]

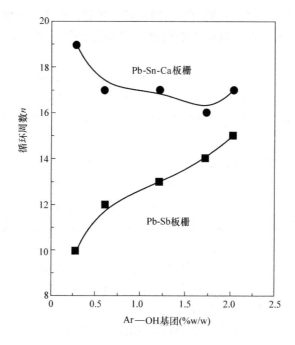

图7.6 循环周数与木素中Ar—OH基团含量之间的关系[22]

电池循环寿命取决于膨胀剂中酚团含量和板栅成分。膨胀剂中酚团含量升高时，Pb-Sb合金板栅的电池循环寿命延长。可能部分酚团与锑离子反应，效应降低。当酚团含量升高时，正面效果增强，因为大多数酚团不再与锑离子反应，而是对电池性能充分施加了正面影响。对于 Pb-Ca-Sn 板栅电池，酚团含量对电池循环寿命的影响大为减弱，因为几乎大多数酚团很少与锡离子或钙离子反应，或者根本不反应。

上述结果清晰地表明，板栅合金成分与有机膨胀剂互相反应，形成的金属有机化合物对电池负极板性能产生影响。

7.1.1.6 氢气和氧气对膨胀剂稳定性的影响[25]

能与有机膨胀剂发生反应的物质还有氢气和氧气。在尝试证明氢气和氧气影响力的实验中，用氢气或氧气侵蚀两个 Pb｜PbO$_2$ 单体电池中间充电后的负极板（见图 7.7a）。将两个由已经充电的一片正极板和一片负极板组成的单体电池置于含有密度为 1.28g/cm^3 硫酸溶液的电池壳中，然后将待测极板置于这两个单体电池之间。当测定氢气对膨胀剂的影响时，两个电池单元的负极板面向受测极板。然后对单体电池进行极化，结果氢气析出，充满两个电池单元中间的电解液，并侵蚀受测极板。经过一段时间（2~3 天）的极化之后，对受测负极板充电，然后在另一个电池中使用 $I = C_4A$ 电流放电，测量该负极板容量。当测定氧气对膨胀剂的影响时，将两个电池单元转向，用正极板面向受测极板。接着，用氧气充满电池单元中间的电解液，这样，受测极板受到氧气的侵蚀。实验在 50℃ 下进行，用来加速膨胀剂的分解反应。

实验极板用的膨胀剂为 Quebraco 和 EZE-Skitan。实验得出的容量曲线，作为氧化或还原时间的函数，示于图 7.7b 和 c。除了氧化或还原实验的极板，采用相同膨胀剂的参照负极板被放到实验电池组中，不再进行氢气和氧气侵蚀实验。

根据图 7.7 的数据可以推出以下结论（奠定了基础）。

Quebraco 在氢气侵蚀下分解，在氧气侵蚀下分解得更快。EZE-Skitan 与氢气、氧气反应，但是被改变的膨胀剂结构增强了活性，因此负极板的容量得到增加。

图 7.8 给出了采用不同膨胀剂的负极板所装配电池的容量曲线。数据提供了证据，Mimosa 和 Velex 膨胀剂对电池循环寿命影响甚微。SNK 尤其 EZE-Skitan 和 Quebraco 膨胀剂极大增加了电池寿命。有一个有趣的发现，在 50 次循环之后，EZE-Skitan 部分分解，结果在木素磺酸盐分子中形成了更多的活性基团，因此电池的容量和循环寿命双双得到了提升。

图 7.9 给出了 Quebraco 和 EZE-Skitan 膨胀剂中的基本结构单元[25]。

通过比较图 7.7~图 7.9 给出的实验数据，可以看到含有邻苯二酚类基团的膨胀剂对电池负极板的电气性能和寿命有提升效果。在 EZE-Skitan 膨胀剂中的邻苯二酚结构团连接成了更加复杂的空间结构，并且，采用该膨胀剂的极板初期容量低于含有 Quebraco 的极板。经过 50~60 次循环之后，EZE-Skitan 膨胀剂分子部分分解之后，邻苯二酚基团的正面效果逐渐显现。

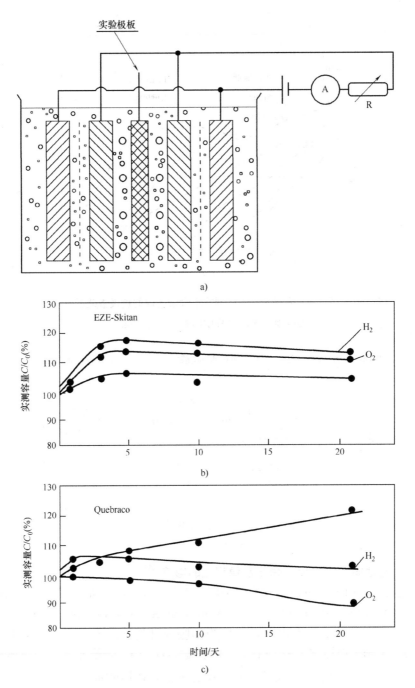

图 7.7　a) 实验电池的示意图　b)，c) 容量曲线与采用 Quebraco 和 EZE-Skitan 的极板容量受氧气和氢气侵蚀时间的函数，图中也给出了未经氢气和氧气侵蚀的相同极板的容量变化[25]

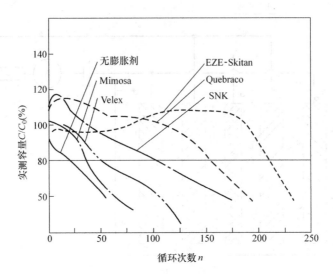

图 7.8　采用 5 种膨胀剂或不含膨胀剂的负极板装配
的电池在循环过程中的容量变化情况[25]

图 7.9　膨胀剂分子的结构单元[25]

a）EZE-Skitan　b）Quebraco

7.1.1.7　电池循环中温度对膨胀剂稳定性的影响[26]

　　为进行这些研究，负极铅膏广泛采用了当今世界上电池界应用的最有效的各种有机膨胀剂，包括 Indulin AT（In）和 Vanisperse A（VS-A），Indulin 和 Vanisperse 的混合物。Indulin AT 与牛皮纸木素作为膨胀剂材料被广泛应用于工业电池。而 Vanisperse A 则主要应用于 SLI 电池。挪威 Borregaard LignoTech 的实验膨胀剂制品 UP-393 与 UP-414 也被用于实验项目。所有电池均按照欧洲电动汽车电池循环测试规程 ECE-15 进行了测试[26]。

　　温度对含有上述膨胀剂的负极板循环寿命的影响如图 7.10 所示[26]。因为所有上述检测均是用 VRLAB 来进行的，除了温度、氧气（氧循环运行期间）对膨胀剂的影响也应该考虑进去。

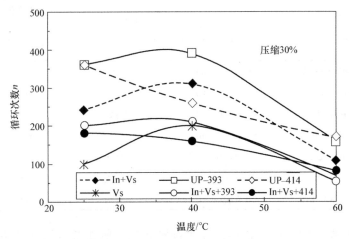

图7.10　采用不同膨胀剂的电池在不同温度下循环期间的容量变化[26]

根据图7.10的数据可以推出以下结论：UP-393和In + VS膨胀剂保证了在40℃下最长的循环寿命。UP-414产品也应该归到此类。

当VRLAB在60℃下循环时，膨胀剂含有的木素及其衍生物分解，造成电池循环寿命几乎降低了一半。为提高负极板的循环寿命，电池温度应该维持在40℃水平。

7.1.2　碳添加剂

7.1.2.1　负极板中碳添加剂的种类及其NAM结构的影响

蓄电池行业中用作添加剂的有两种碳材料：碳和石墨。碳材料一般是炭黑、活性炭等。石墨也有几种形式：提纯天然片状石墨、膨胀石墨、合成球形石墨等。表7.1总结了市面上可见的碳与石墨的基本特性（粒子大小、BET表面积、商品名）。

表7.1　市面上几种NAM的品炭黑和石墨添加剂

产品		生产商	材料类型	BET 表面积/ （m^2/g）	颗粒尺寸
石墨					
FG1	Formula BT 2939 APH	Superior Graphite	提纯后的天然片状石墨	9	10μm（d50）
EG1	Formula BT ABG1010	Superior Graphite	膨胀石墨	24.0	10μm（d50）
EG2	Formula BT ABG1025	Superior Graphite	膨胀石墨	18.0	28μm（d50）
炭黑					
AC4	PRINTEX XE2	Degussa	炭黑	910	30nm
AC3	Black Pearls 2000	Cabot Corporation	炭黑	1475	12nm
AC2	VULCAN XC72R	Cabot Corporation	炭黑	257	30nm

（续）

产品		生产商	材料类型	BET 表面积/ (m^2/g)	颗粒尺寸
炭黑					
CB2	PUREBLACK—205	Columbian Chemicals	炭黑	50	42nm
CB3	Denka black	Denki Kagaku	炭黑	68	35nm
PRU	Printex U	Evonik Industrie	炭黑	100	25nm
PR90	Printex 90	Evonik Industrie	炭黑	300	14nm
AC1	NORIT AZO	NORIT	活性炭	635	100μm
TDA	SO-15A	TDA Research Inc.	活性炭	1615	<44μm
MWV	Purified WV-E105	Mead Westvaco Corp	活性炭	2415	8.7μm

表中的数据，如厂商所描述，表明石墨微粒一般在微米级（从 $10 \sim 28\mu m$），并且表面积在 $9 \sim 24m^2/g$。炭黑的粒子为纳米级（从 $12 \sim 100nm$），表面积从 45 至几百甚至上千平方米每克不等。因为这些碳和石墨材料粒子的大小与表面积的不同，它们对铅酸蓄电池负极活性物质电化学性能的影响也不同。

Nakamura 等人[27,28]证实，在模拟混合动力汽车用途的蓄电池高功率部分荷电状态（高功率 PSoC）实验中，负极活性物质中炭黑的采用极大抑制了负极板硫酸盐化。这种运行模式预示了电池循环过程中负极板发生可逆性反应。这就是为什么我们采用高功率 PSoC 循环测试来衡量碳对负极板性能的影响。本章下面引用的大多数实验结果及结论都是基于这种循环模式。

下面先看一下碳添加剂如何影响负极活性物质的结构。

图 7.11 给出了含有碳和 $BaSO_4$ 的负极活性物质的 SEM 图片。这些图片都有铅骨架或铅网。左边图片的铅骨架（见图 7.11a）包含许多互相连接的各种厚度与长度的枝晶。右边的显微图片（见图 7.11b）展示了球状的铅颗粒也互相连接成一个网状结构[29]。

在放电期间，部分铅骨架被氧化成 $PbSO_4$，它们决定了负极板的容量。这个铅骨架在充电过程中会重新组成。这些部分组成了负极活性物质的能量结构。剩余的未被氧化的铅骨架充当了导电结构。它把电流从板栅传导到活性物质的任意位置，即使是极板放电过程中也是如此。

碳颗粒被包含在 NAM 结构中的什么位置？以何种形式？图 7.12 给出了 Printex U（PRU）炭黑颗粒的 SEM 显微图片[29]。两张 SEM 图片证明了 PRU 炭黑是纳米级的精细颗粒，互相连接成多孔构造（集合体）。在合膏过程中，由于颗粒之间的摩擦，这些集合体分解成单独的颗粒或者小的颗粒团（见图 7.12a、b）。

让我们看一下同时含有 $BaSO_4$ 和炭黑添加剂时负极活性物质的结构。图 7.12c

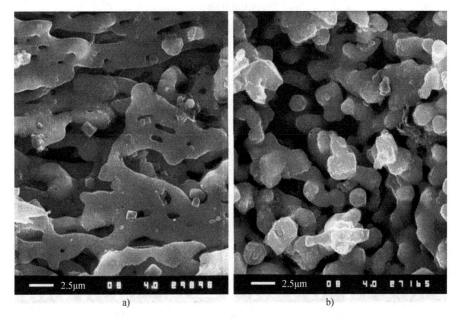

图7.11　NAM结构的SEM图片[29]

和 d 给出了含有 0.8wt% BaSO$_4$ 和两种不同浓度 PRU 炭黑的 NAM SEM 图片。炭黑颗粒吸附在铅表面，有很多褶皱，因此增加了活性物质的表面积。

由此自然而然会引发一个疑问：这些碳微粒只是吸附在负极活性物质表面还是嵌入了铅骨架的枝晶里？为了寻找问题的答案，把含有 0.2wt%、1.0wt% 和 2.0wt% PRU 炭黑的负极板装配的电池放电到 100% DOD，然后用 SEM 检查活性物质样品。得到的 SEM 图片示于图 7.13[29]。当 PRU 炭黑含量增加时，它们会参与 PbSO$_4$ 晶体长大。当 PRU 炭黑含量在 0.2wt% 时，PbSO$_4$ 晶体可以形成很好的晶体面及晶体边缘，当 PRU 炭黑含量在 2.0wt% 以上时，PbSO$_4$ 晶体因为碳颗粒的嵌入变成圆形。碳颗粒使 PbSO$_4$ 晶格形成缺陷，提高了硫酸铅的溶解度，提升了大电流充电效率。

为了检查放电后铅骨架枝晶的内部结构，用醋酸铵溶解 PbSO$_4$ 晶体。图 7.14 给出了铅骨架的显微图，PbSO$_4$ 相溶解后铅骨架仍然存在[29]。铅骨架的性质严重取决于碳颗粒的浓度。PRU 炭黑含量在 0.2wt% 时，几乎在铅骨架上看不到明显的碳颗粒。当 PRU 炭黑浓度升高时（1.0wt% 特别是 2.0wt%），铅骨架出现明显褶皱。这清楚地说明，这种碳颗粒嵌入到了铅骨架的枝晶中。它们在铅相中的含量取决于 NAM 中炭黑的含量。显然，这将影响到 HRPSoC 循环中反应的可逆性[29]。

铅骨架枝晶中含有 PRU 碳颗粒表示这种炭黑具有高亲和性。在负极活性物质化成期间，碳颗粒被吸附在生长的铅枝的铅表面。因为这些颗粒具有导电性，铅离

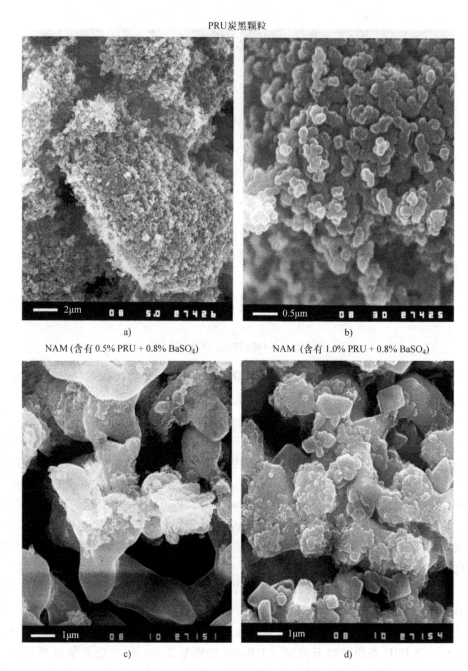

图 7.12　a）、b）Printex U 炭黑颗粒和团粒的微观结构

c）、d）含有 0.8wt% BaSO$_4$ 和 0.5wt% Printex U 或

1.0wt% Printex U 的 NAM 的微观结构[29]

图 7.13   包含有不同含量 Printex U 炭黑的 NAM 经过 100% DOD 深放电后的微观结构[29]

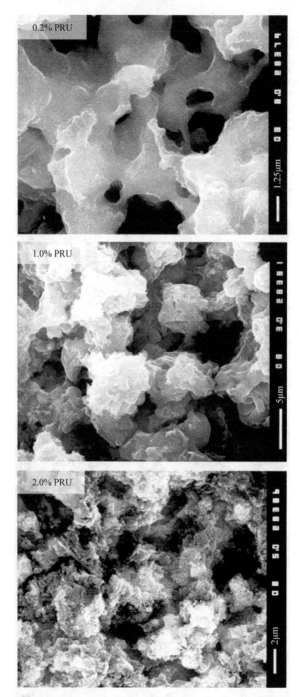

图 7.14　将含有 0.2wt%、1.0wt%、2.0wt% 的 Printer U 炭黑的 NAM 中的 PbSO$_4$
物相溶解之后，得到的 NAM 导电性铅骨架—铅枝晶的微观图像[29]

子减少的电化学反应在表面进行。这些新生成的铅包围了碳颗粒，所以碳颗粒被嵌入了 NAM 骨架中的铅枝中。

因此，嵌入铅骨架的碳颗粒需要满足以下两个要求。

1）碳颗粒应对铅具有高亲和性，具备导电性和电化学活性。

2）碳颗粒应远远小于 NAM 骨架铅枝晶横截面。

如果碳颗粒嵌入了铅骨架内部，它们将必然改变负极活性物质的宏观结构。这个结构的特性取决于平均孔半径和负极活性物质比表面，这两个参数均被碳及石墨改变了。图 7.15 表示出 NAM 平均孔半径和碳（石墨）含量的关系[30]。实验用的 NAM 样品包含 0.2wt% 的木素磺酸盐和 0.8wt% 的硫酸钡。图中的数字证明，当增加炭黑（AC4，AC3，AC2，CB2）含量到 0.5wt% 以上时，NAM 平均孔半径减小到 1.0μm。石墨（EG2 和 FG1）几乎对 NAM 平均孔半径没有影响或影响甚微[31]。

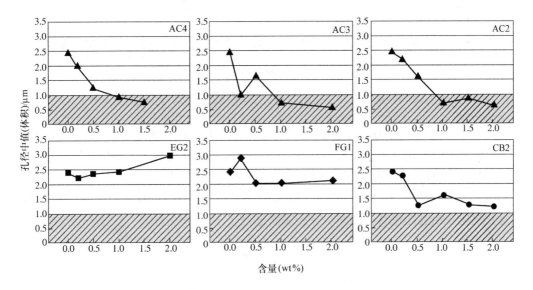

图 7.15　NAM 平均孔半径和炭黑或石墨含量的关系[30]

图 7.16 表示出当在负极活性物质中添加炭黑（AC2，AC3，AC4，CB2）和石墨（EG2 和 FG1）添加剂时，NAM 比表面积的变化[30]。含有硫酸钡和木素磺酸盐但不含碳的 NAM 比表面积为 0.5m²/g，当添加碳之后，NAM 比表面积随碳含量增加而增加，特别是 AC3 和 AC4 炭黑效果显著。石墨（FG1 和 EG2）虽有一定效果但不明显。

这些改变是因为上文提到的，碳颗粒与铅活性物质发生反应，吸附在活性物质表面或嵌入铅骨架枝晶内部。这导致宏观结构的变化（平均孔半径减小，NAM 比

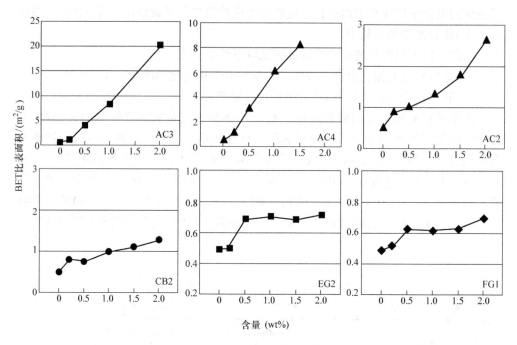

图 7.16　NAM 的比 BET 表面积大小与炭黑或石墨添加剂含量的关系[30]

表面积增加）。所以，碳添加剂改变了负极板的基本属性，使之变成了铅-碳电极，无疑将影响其电化学性质。铅-碳电极的主要性质将在本书第 15 章进行讨论。

7.1.2.2　负极板中含有碳或石墨时充电反应的平行机制[30]

图 7.17 给出了充电时电化学反应机制的示意图。$PbSO_4$ 转化为铅及后续的铅氧化反应在铅表面进行，同时也在碳表面进行[30,32]。

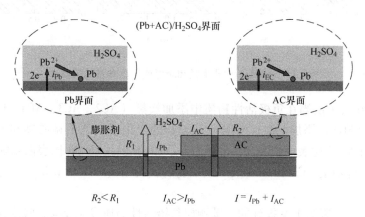

图 7.17　根据负极板充电平行机制，Pb/溶液界面和活性炭/溶液界面之间的电荷转移示意图
AC—活性炭

　　碳物相参与电化学反应极大改变了 $PbSO_4$ 转化为铅期间发生的基元反应和物理化学反应。首先，Pb^{2+} 离子到达活性炭表面，极大促进了在此发生的充电电化学反应的进程。其次，铅表面被一层膨胀剂聚合物覆盖，增加了电子从金属相到 Pb^{2+} 离子相转移的障碍，维持了较低的充电电流。可以假设，膨胀剂聚合物也吸附在碳表面但不稳定。因此，电子从碳相转移到吸附的 Pb^{2+} 离子上障碍较小，降低了充电中电极的极化。这样，通过平行机制进行的充电反应，增加了循环期间负板反应的可逆性，也增加了电池的循环寿命。循环试验结果证实，不含碳添加剂的极板在 HRPSoC 循环一个循环单元中持续了 1300 次循环，而 NAM 中含有炭黑的电池则循环了 5000 次。

　　一个循环单元里的循环寿命主要取决于所采用的碳或石墨的种类与特性。这些材料的颗粒大小、结构，与铅和膨胀剂的亲和性各不相同。其中最重要的是碳与铅微粒的界面，以及其表面积。这决定了电子从这两种物相中迁移时所需要克服的阻力，也影响了碳/电解液界面上电化学反应的电势与速率。只有很少种类的碳与石墨材料具有最佳结构特性并能加强电池循环性能。寻找最佳效果的碳与石墨添加剂非常关键，它们对充电过程中负极板发生的平行机制有最佳促进作用。

7.1.2.3　HRPSoC 循环中碳与石墨添加剂的种类和浓度对 NAM 的影响[29,30]

　　铅酸蓄电池负极活性物质中的碳含量对高功率 PSoC 循环寿命（在第一个循环单元之内）的影响如图 7.18 所示。

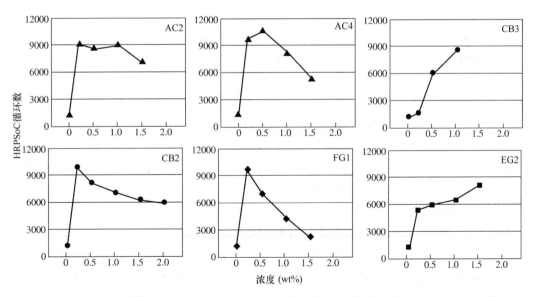

图 7.18　在第一个循环单元中的 HRPSoC 循环寿命随 NAM 中炭黑和石墨含量的变化情况[30]

负极活性物质中含有炭黑（AC2、AC4、CB2）或石墨添加剂（FG1）的电池的循环寿命可达 9200～11300 次，条件为碳添加剂含量在 0.2wt%～0.5wt%。当继续提高碳含量时，第一个循环单元内的循环寿命降低。因此，要想使电池性能取得最佳效果，负极铅膏中的碳添加剂含量需在 0.2wt%～0.5wt%。片状石墨（FG1）在负极活性物质中含量为 0.2wt% 时，能使电池取得最长的循环寿命。膨胀石墨（EG2）要达到同样效果，需提高 NAM 中的含量到 1.5wt%。

图 7.18 的数据清楚地说明，电池在 HRPSoC 负荷下的循环寿命取决于 NAM 中添加的碳或石墨的种类与剂量。所以，通过使铅和碳（石墨）颗粒表面积达到最佳比例，可以取得最佳的电池性能。

图 7.18 所示实验数据表明，碳添加剂参与负极板在大电流循环中电化学反应的程度取决于碳颗粒与铅的亲和性及其尺寸。如果碳颗粒与铅的亲和性高，碳/铅的接触在力学上稳定性会很高并且电阻较低（如果添加的碳具有高电导性）。第二个对负极活性物质电化学性能有强烈影响的是碳颗粒的尺寸。如果碳颗粒是纳米级别，即它们比铅骨架枝晶截面小得多的话，它们可能嵌入到铅相中。在 NAM 中含量大于 0.5wt% 时会发生这种情况。这种铅骨架枝晶的结构在力学上不够稳定并且电阻较高，具有此种微结构的 NAM 可完成 4000～5000 次 HRPSoC 循环。如果，NAM 中碳含量在 0.5wt% 以下，在化成或循环过程中碳颗粒会被推到 NAM 铅骨架枝晶的表面，可提高 NAM 电化学活性表面积，最终每个循环单元的循环次数可能会超过 10000 次。

当碳颗粒尺寸在 $10\mu m$ 级别（即大于 NAM 铅枝晶截面积的尺寸）并且对铅的亲和性较高，碳颗粒会嵌入铅骨架并且成为这个骨架的一部分。在化成期间，铅核会在碳颗粒表面生成并生长成新的枝晶，形成铅-碳活性物质骨架。碳颗粒有高表面积和微结构。当碳颗粒的微孔充满水时，就具备了超级电容器的性质。SO_4^{2-} 离子尺寸较大，不易穿越碳颗粒的微孔。所以，只有水和 H^+ 离子能深入到微孔。在充电时，这些碳颗粒相当于超级电容器。电荷集中在碳颗粒中，然后通过电阻最低的铅骨架的枝晶分布到其他地方。这使铅骨架变成更高活性的电系统，使充放电更容易，从而提高了负极板的充电接受能力[29]。

7.1.3　硫酸钡

7.1.3.1　$BaSO_4$ 的性质、结构及其对 $PbSO_4$ 结晶的影响

硫酸钡（$BaSO_4$）在硫酸中具有高分解性，在水中具有电化学惰性与水解性。它不参与电池运行期间负极板的化学与电化学反应，但其通过一些结晶过程影响负极板的性能。硫酸钡与硫酸铅（$PbSO_4$）和硫酸锶（$SrSO_4$）是同晶型的。3 种化合物均属于斜方晶系晶体结构。3 种硫酸盐的结构特性示于表 7.2[33]。

表 7.2　PbSO4、BaSO4、SrSO4 的结构特性

	PbSO4	BaSO4	SrSO4
斜晶系晶格尺寸/Å			
（a）	8.45	8.85	8.36
（b）	5.38	5.44	5.36
（c）	6.93	7.13	6.84
阳离子—O 键长/Å	2.87	2.95	2.83
S—O 键长/Å	1.49	1.48	1.47

　　因为与 PbSO4 是同晶型的，BaSO4 影响了在电池放电中 PbSO4 的结晶过程。通过晶核的形成，进而生长成新固相晶体，这样形成了一个新的物相。结晶发生的条件为，溶液中充满了参与形成新物相的离子或新物相的分子。过饱和展现在电极电势的增加（结晶的过电势）。晶核存在的情况下，没有过电势现象。图 7.19 展示了完全充电的负极板（不含 BaSO4）在放电初期电势的改变，此时形成了 PbSO4（见图 7.19a）[33]。初期电势增加是因为含有分解的 PbSO4 分子溶液达到过饱和。

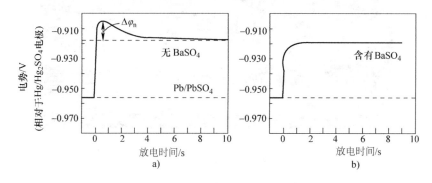

图 7.19　NAM 中不含有 BaSO4（图 a）和含 BaSO4（图 b）的负极板在高速阳极极化期间的电势变化（$\Delta\varphi_n$ 是成核过电势）[33]

　　随着 PbSO4 相的成核，溶液过饱和及极板电势降低。图 7.19b 展示了含有 BaSO4 的负极板在完全充电后放电初期电势的变化情况。负极铅膏中添加硫酸钡降低了 NAM 微孔中溶液的过饱和度，因为 BaSO4 晶体充当了成核中心，PbSO4 晶体在其基础上长大。没有成核过电势出现。这是 BaSO4 与 PbSO4 同晶型的作用。有假设推断形成了混合晶体（$Pb_{(1-x)}Ba_x)SO_4$）。从而，通过促进结晶过程，BaSO4 晶核促进了在铅表面形成多孔的小 PbSO4 晶体层，抑制了连续的 PbSO4 钝化层的沉积。多孔的 PbSO4 层促进了 Pb^{2+} 离子内外迁移，维持了放电（$Pb \rightarrow Pb^{2+} + 2e^-$）的电化学反应，提高了极板容量。

图 7.20 的 SEM 显微图片展示了 BaSO₄ 颗粒（见图 7.20a）及其在只添加硫酸钡的 NAM 结构（见图 7.20b）中的位置[29]。硫酸钡颗粒大部分吸附在与铅颗粒接触的部位。这里是 NAM 中缺陷浓度最高的部位，可以产生更高的结合能来吸附 BaSO₄ 颗粒。

制备负极铅膏一般采用两种形式的硫酸钡：Blanc Fix 和 Barytes[34]。Blanc Fix 通过钡盐溶液与 H_2SO_4 沉淀 $BaSO_4$ 制成，平均颗粒尺寸在 1μm。Barytes 是研磨并制纯的天然矿石，颗粒尺寸为 3～5μm。稍大的 Barytes 颗粒使之成为较低效的负极添加剂。但是，可以推测在电池运行过程中，大的 Barytes 颗粒分解成小颗粒，效果得到提升。

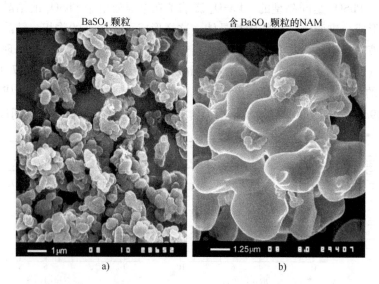

图 7.20 a）$BaSO_4$ 颗粒的微观结构 SEM 图像 b）吸附在 NAM 表面的 $BaSO_4$ 颗粒，$BaSO_4$ 颗粒主要嵌入在 NAM 上的 Pb 颗粒之间[29]

7.1.3.2 $BaSO_4$ 对负极板性能的影响

研究人员探究了 $BaSO_4$ 及有机膨胀剂对蓄电池在 +30℃ 和 -18℃ 下的高倍率（$3C$ A）循环性能的影响[33]。研究证明，$BaSO_4$ 与有机膨胀剂相互作用，这种作用影响了负极板在循环中的容量。图 7.21 给出了 NAM 中含有添加剂和未采用添加剂的电池的容量曲线[33]。

从图中数据可以看出，NAM 中不含添加剂的电池（曲线 1）容量最低，且在循环中容量迅速下降。采用 $BaSO_4$ 添加剂的电池（曲线 2）相比未添加的电池容量较高，但含有有机膨胀剂且不含 $BaSO_4$ 的电池（曲线 3）容量最高。但是，这 3 种电池的容量在循环中迅速下降。同时含有有机膨胀剂和 $BaSO_4$ 的电池（曲线 4）却是另外一种情况。这些电池以高容量维持了 150 次循环以上。这些结果表明，NAM

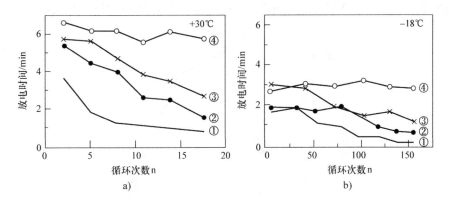

图 7.21　+30℃（图 a）和 -18℃（图 b）条件下的放电时间的变化情况

负极板中含有：①无添加剂、②0.3% BaSO₄、③1.0% 腐殖酸（有机膨胀剂）、④0.3% BeSO₄ +

1.0% 腐殖酸，图 7.21a 代表单体电池测试，图 7.21b 代表电池测试数据[33]

中两种添加剂存在某种相互作用。有假设推断 BaSO₄ 颗粒吸附了有机膨胀剂分子。在放电中，BaSO₄ 颗粒束缚着有机分子，阻止它们向电解液扩散并在正极板上被氧化。

NAM 中 BaSO₄ 浓度对负极板性能的影响方面也做出了研究[35]。图 7.22 给出了负极板中 4 种 BaSO₄ 含量（0.1wt%、0.4wt%、0.8wt% 或 1.2wt%）的电池在 25℃ 下 3 个 20 小时放电的初容量。一个未采用 BaSO₄ 的参考电池也进行了对比[35]。所有负极板中均含有 0.15wt% Vanisperse A 和 0.2wt% 炭黑。

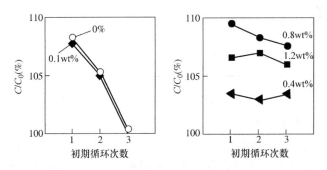

图 7.22　NAM 中 BaSO₄ 含量对 20 小时率放电容量的影响[35]

图中数据证明，不含 BaSO₄ 或有 0.1wt% 含量的电池容量迅速下降。BaSO₄ 含量高于 0.4wt% 的电池在 3 个初容量测试中容量基本稳定。NAM 中 BaSO₄ 的含量为 0.8wt% 的电池容量最高、最稳定。

对电池循环性能有最佳效果的 BaSO₄ 添加剂量是通过模拟 HRPSoC 试验来确定的，试验由大电流短（60s）充放电脉冲组成[36]。得出的结果总结示于图 7.23。

在这种循环模式下，NAM 中 1.0wt% BaSO$_4$ 含量的电池能得到最优的循环性能。

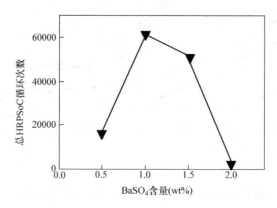

图 7.23　HRPSoC 总循环次数与 NAM 中 BaSO$_4$ 含量之间的关系[36]

7.1.3.3　各种类型蓄电池膨胀剂的配方

铅酸蓄电池主要用于 3 种用途：汽车型（起动、照明、点火、SLI）、动力型和备用（储能）型电源。第四种铅酸蓄电池也在试图夺得一部分市场，即微混电动汽车电池。鉴于以上 4 种用途电池的功能和使用模式的特性，3 种膨胀剂的剂量应各有不同，这取决于它们对电池所发生反应的作用。Boden[34] 提出了不同用途电池的典型膨胀剂配方，示于表 7.3。

表 7.3　不同用途电池的典型膨胀剂配方[34]

	汽车型	动力型	备用型
BaSO$_4$ （%）	40 ~ 60	70 ~ 90	90 ~ 95
木素磺酸盐（%）	25 ~ 40	3 ~ 10	0
碳（%）	10 ~ 20	5 ~ 15	5 ~ 10

除了这 3 个基本配方，动力型电池的膨胀剂中也含有少量木粉和苏打粉。电池运行过程中，木粉缓慢分解出木素，补偿了木素磺酸盐降解造成的木素流失。对汽车蓄电池来说，负极板添加膨胀剂的量为 1.0wt% ~ 1.5wt%，工业电池约为 2.0wt%。在汽车型电池膨胀剂中添加更高含量的木素磺酸盐是为了保证蓄电池在低温下的高能量输出（冷起动能力）。在动力型（工业电池）中添加高比例的 BaSO$_4$ 是为了阻止深放电时的负极板钝化。

在备用电源用途，大量的电池串联使用。在电池多年的使用过程中，所有电池电阻的一致性非常重要。正如在 7.1.1 节中探讨的那样，膨胀剂受 O$_2$ 和 H$_2$ 的侵蚀，在高温中降解。这些过程在不同的电池中进度不同，造成析氢过电势降低，浮充电流升高。继而，串联的电池不再均衡。为避免这种现象，备用电池的设计者大幅降低膨胀剂配方中有机成分（木素磺酸盐）的用量，甚至避免使用有机膨胀剂，取而代之增加 $BaSO_4$ 的含量。

总而言之，需要根据电池的用途及电池的运行条件，谨慎选择这 3 种膨胀剂的配比。

7.1.4　负极铅膏中的其他添加剂

7.1.4.1　负极铅膏的结构稳定剂：纤维，Dynel Flock，羧甲基纤维素

上述 3 种纤维（长度 3mm）及聚丙烯纤维添加到铅膏中是为了给 NAM 提供结构稳定性。鉴于铅与纤维的粘合力不强，NAM 的结构加固剂的作用不是非常显著。不过，纤维添加剂确实大幅降低了涂膏的废品率，及负极板生产过程中的浪费，因此有非常重要的经济价值。

此副标题下提到的其他添加剂有相似的作用。此外，它们能促进 NAM 微孔的形成。所有这些添加剂均能够稳定 NAM 的力学结构，因此成为负极铅膏中不可或缺的成分。通常，3mm 长的聚丙烯纤维添加的剂量占制膏铅粉的比重为 0.075wt% ~ 0.08wt%。

7.1.4.2　在 NAM 中构成疏水管道，促进 VRLAB 负极板氧气还原的添加剂

一般假设电化学氧气还原反应（OEchR）受限于隔板与 NAM 中氧气的扩散。如果能够增加氧气深入极板内部通道的深度，那么氧气电化学还原反应的表面积增加，反应得到加快。通过 Teflon 乳剂在 NAM 制造部分疏水管道能够取得这种效果[37]。添加 1.0wt% 的 Teflon 乳剂被证明能够在充电末期和过充电中极大地加快氧气还原电化学反应，从而提高了氧循环效率。然而 Teflon 在 NAM 中的含量不能高于上述水平，因为这样会降低极板容量。

7.1.4.3　负极板析氢抑制剂

电化学反应发生的动力是电极的极化，即反应均衡电势及电极电势的电势差。电化学反应的速率取决于参与反应的反应微粒需要逾越的障碍。铅表面的氢析出反应存在巨大障碍，及过电势很高。因此，与其竞争的硫酸铅还原为铅的反应效率较高且可以稳定进行。反过来，这保证了铅酸蓄电池的性能稳定。

铅酸蓄电池的板栅合金包含 Sb、Sn、As、Ca、Cu、Ag、Se 等。在电池运行期间，板栅腐蚀，合金添加剂释放，并以游离金属粒子的形式沉积在铅表面。在以上所有金属基底上，析氢反应在非常低的过电势条件下进行。因此，在负极板上形成了具有催化效果的析氢反应中心，水解反应大幅加快。为了避免此现象发生，人们寻找负极或电解液的添加剂，吸附在催化中心，阻止或抑制析氢反应，并最终减少水损耗。这些添加剂在充放电过程中不应对基础铅反应物产生有害效果，也不能影响 NAM 结构的稳定性，或减小 NAM 的表面积。下面提到几种研究过的析氢抑制剂，它们对电池各项性能指标的影响尚未完全清楚。

- 3-5 二胺苯甲酸，n-月桂胺，巯基苯丙咪唑和烟酸在析氢反应中有抑制作

用，在氧吸收反应中有催化作用[38]。

● 茴香醛，与 Indulin-C 和 Na-1-萘酚-1-磺酸酯以 700×10^{-6} 的含量混合，可以形成高效的析氢反应抑制剂，并能增加负极板容量。当蓄电池运行过程中水损耗上升时可以采用此配方[39]。

● 苯甲醛、苯甲酸和苯也对析氢反应有较好的抑制作用[40-42]。这些析氢反应抑制剂主要吸附在极板表面的锑位点（催化中心）。Bohnsted 等人[40]提出了芳香醛在这些位点上的吸附机制。

● 香兰素已经被证实在 47℃时的铅-锑合金上可以作为析氢反应抑制剂。电池循环中的水损耗减少了 50%[43]。

● α- 和 β-萘酚及 α-亚硝基-β-萘酚也可以充当析氢反应的抑制剂[44,45]。

在这个方向进行全面的研究至关重要，尤其是对免维护电池。抑制析氢的研究应与膨胀剂的研究相结合，因为两种物质均被吸附在铅表面，并可能互相作用，促进或抑制各自的效果。

7.2　正极铅膏添加剂

相对于负极活性物质而言，正极二氧化铅活性物质的结构相对较为复杂，对其他物质非常敏感，可能在非常少量的添加剂的作用下被降解或钝化。正因为如此，正极铅膏的添加剂种类非常少，而且不是所有这些添加剂的效果都那么明显。

McGregor[46]、Moseley[47]、Bullock 和 Dayton[48]对最常见的正极铅膏添加剂进行了全面探究，包括它们对铅酸蓄电池性能的影响。正极铅膏添加剂可以分为以下几大类。

7.2.1　加速正极板化成的添加剂

正极板比负极板需要更长的时间来化成。原因是固化后正极板的导电能力。铅膏中二价铅化合物的氧化反应，以及正极活性物质 PbO_2 的生成反应，都经历了许多化学反应，其中有些反应的速率很低，延长了正极板化成的工艺周期。为了加速化成反应，人们寻找了各种正极铅膏的添加剂，这些添加剂必须具有导电特性并且在硫酸中有稳定性。这些添加剂在铅膏中形成了一个导电网络，并且使大部分铅膏的氧化进程一致，从而加速了极板的化成。

当今蓄电池制造实践中采用了 3 种减少正板化成时间的基础添加剂。这些添加剂的效果可以归纳为以下几点：

1）具备导电性的添加剂。一般为纤维和粉末微粒，在铅膏中互相连接或与 PbO_2 导电区相连，这样可以把电流传导到铅膏内部，增大了化成反应的反应表面积。

2）可以将 PbO 氧化成 PbO_2 的添加剂，可以在铅膏内生成导电区，增加化成反应的反应表面积。

3）红丹（Pb_3O_4）作为铅膏成分。在浸板与极板化成中，Pb_3O_4 与硫酸反应生成 PbO_2 与 $PbSO_4$。生成的 PbO_2 增加了铅膏的电导率并加快了化成进度。

7.2.2　导电的添加剂

7.2.2.1　铅酸钡（$BaPbO_3$）[49-51]

这是具有钙钛矿结构的陶瓷。添加 10wt% 的铅酸钡能够在铅膏中生成导电网络，促进 PbO 和三碱式硫酸铅氧化成 PbO_2，极大加快了化成进度。在电池工作过程中充电接受能力得到提高。然而，$BaPbO_3$ 在稀硫酸中分解为 $BaSO_4$ 和 PbO_2。PAM 中大于 0.3wt% 的 $BaPbO_3$ 含量会缩减蓄电池循环寿命。因此，正极铅膏中铅酸钡的含量不能超过 1wt%。在这种剂量下，铅酸钡在固化后的正、负极铅膏中导电性的有益作用将会降低。

7.2.2.2　氧化钛 Magneli 相（Ti_4O_7）[52-54]

该氧化物的导电性与石墨类似。在氧化钛上析氢析氧的过电势较高。这种物质在 PbO_2｜$PbSO_4$ 电极反应区性质稳定。它在硫酸溶液中的化学性质比较稳定，与 PAM 中的 PbO_2 微粒具有较强的亲和力。在以纤维形式添加到铅膏中时，提高了正极板化成的效率。

研究发现，其他金属氧化物也具有类似性质，如 $WO_{(3-x)}$、$MoO_{(3-x)}$ 及 $V_2O_{(5-x)}$（$0 \leq x \leq 1$）[55,56]。氮化钛涂层的多孔二氧化硅粉末也被试验用作正极铅膏添加剂，增强了导电性[57]，但在其对电池性能指标的效果上没有数据支撑。

7.2.2.3　二氧化锡（SnO_2）覆膜的玻璃片及纤维[58,59]

二氧化锡覆膜厚度为 $0.3\mu m$。该氧化物在 PbO_2｜$PbSO_4$ 电极反应区性质稳定。电池在高温下长期工作过程中，玻璃片上覆盖的微量二氧化锡渗入电解液。这种添加剂提高了化成效率，提高了正极活性物质利用率。正极铅膏中覆 SnO_2 玻璃片的用量为 2wt%。玻璃片分不同长度与质量。

7.2.2.4　碳、碳纤维、各向同性石墨、石墨纤维[60-62]

在铅膏中添加 1.5wt% 的碳纤维或石墨纤维能够极大加快极板化成进度，但在此过程中半数的碳或石墨纤维被氧化。继而，正极活性物质的孔率上升，最终提高了 PAM 的利用率[61]。当铅膏中含有从丙烯腈制取的 0.1wt% ~ 0.5wt% 的石墨纤维（3mm 长，直径为 0.05mm）时，化成进度在低能量输入时大幅提升[60]。碳促进 α-PbO_2 的生成，更多的 PbO 和 3BS 在化成第一阶段氧化成 PbO_2，PbO 与 3BS 与硫酸反应生成 $PbSO_4$[61]。在化成第二阶段，极板中的电解液变成酸性并且生成了 β-PbO_2。这样，碳影响了 PAM 中 α-PbO_2 与 β-PbO_2 的比例[62]。在电池循环过程中，剩余的碳（化成后约40%）被继续氧化成 CO_2 并消失。这个过程改变了 PAM 的孔率，所以铅膏中的碳含量不应过高（推荐剂量约 1wt%），这样就不会影响到 PAM 结构的力学强度。

7.2.2.5 导电聚合物[63-65]

聚苯胺、聚吡咯、聚对亚苯基和聚乙炔（掺杂 SO_4^{2-} 和 HSO_4^-）以粉末或纤维的形式添加到正极铅膏，可提升化成进度和电池容量。这些添加到铅膏中的有机物的剂量应为 0.8wt% ~ 2.0wt%。更高的剂量会影响 PAM 的力学稳定性，从而大幅降低电池寿命。有机物在过充电时会分解，聚苯胺被证实在蓄电池过充电时性质最稳定。

7.2.2.6 红丹（RL）、Pb_3O_4（铅膏中25wt% ~ 100wt%含量）

这种铅化合物与 H_2SO_4 反应生成 $PbSO_4$、$\beta\text{-}PbO_2$ 和 H_2O：

$$Pb_3O_4 + 2H_2SO_4 \rightarrow 2PbSO_4 + \beta\text{-}PbO_2 + 2H_2O \qquad (7.1)$$

这个反应的深度取决于铅膏中硫酸与氧化铅 + 红丹的比例。这个比例的影响在第 6 章已经做过论述。在此，只考虑红丹含量对 PAM 成分的影响。

• 当红丹在铅膏中的含量小于30wt%时，上述反应生成的二氧化铅与铅粉中的铅发生如下反应：

$$PbO_2 + Pb \rightarrow 2PbO \qquad (7.2)$$

取决于酸量，上述反应可能会继续进行生成 $PbSO_4$。上述含量的 Pb_3O_4 不会影响化成进度。

• 当制膏时 Pb_3O_4 剂量超过铅膏总量的80wt%时，化成后的 PAM 一般为 $\beta\text{-}PbO_2$。这种结构的正极活性物质非常易碎、易分解，大幅减少了电池寿命。所以，高剂量 Pb_3O_4 的铅膏配方只适合把 PAM 固定在套管里的管式正极板。

• 红丹的最佳含量为铅膏总量的2/3。这种情况下，部分 $\beta\text{-}PbO_2$ 在铅膏中保持未反应状态，加快了化成进度。化成的 PAM 也包含一定的 $\alpha\text{-}PbO_2$，这样电池循环期间仍能保持 PAM 结构稳定。

7.2.2.7 极板的臭氧（O_3）处理[66,67]

固化后的正极板在固化间中用臭氧处理，PbO 被氧化成 PbO_2，在未化成的极板表面形成一层薄膜。在化成期间，极板两个表面的二氧化铅层同时向内生长。继而，化成时间和能量输入大幅减少。但是，这种处理方法太过昂贵，并要求特殊的防腐固化间。

7.2.3 能够提高电池容量、能量、电量输出与循环寿命的正极板添加剂

当正极板限制了铅酸蓄电池的性能时，上述性能取决于以下部位发生的反应：

1）在板栅/腐蚀层/活性物质（即电子从板栅迁移到 PAM）界面；

2）在 PAM 内部（即 PAM 内部电子的扩散，PAM 的导电性，电子迁移动力学等）；

3）在板栅内部（即板栅的导电性，尤其在电池生命末期取决于其未被腐蚀的部分）。

为理解正极板添加剂的反应机制及其对性能参数的影响，有必要明确受这些添加剂影响的基元反应。

这些基元反应限制了极板特定部位的放电率，这取决于极板和电池设计和放电电流密度。在厚极板截面深处的位置，电子流沿微孔向极板内部扩散是限制极板性能的基元反应。相反地，如果给定位置在极板表面，电子从电流汇集网（板栅）迁移到这个位置变成了限制极板放电率和容量的基元反应。在大电流放电条件下，这种基元反应对放电率的限制更加取决于离电流汇集网的距离。这影响了正极活性物质的整体利用率。这种依存关系越强，PAM 利用率越低，电池能量输出也越低。在试图弱化这种依存关系的过程中，人们找到了可以提高电子电导率和促进电子流通过极板微孔的 PAM 添加剂。第三种限制电池性能的基元反应与 PAM 表面的电荷迁移有关。这些进程的活动障碍可能降低电池容量和能量输出。

Moseley 对提高 PAM 电导率的添加剂研究结果总结示于表 7.4[47]。

表7.4 提高正极活性物质电导率的材料[47]

材 料	添加量（wt%）	电导率（300K 时）/(S/m)①	密度/(g/cm³)	参 考 文 献
BaPbO₃	~1	2×10^5	8.5	[49, 68]
Ti₄O₇	1~2	10^5	4.2	[69]
Ti₅O₉	1~2	~10^2	4.2	[70]
SnO₂（F）	2		6.9	[46]
SnO₂（Sb）	1~2	$10^2 \sim 10^4$	6.9	[71]
石墨	0.5	10^5	2.2	[72]

注：研究材料包括已经申请专利的其他过渡金属氧化物及二氧化锌的各种形式[46]。
① 为方便对比，α-PbO₂ 和 β-PbO₂ 的比电阻分别为 $1 \times 10^{-5} \Omega \cdot m$ 和 $4 \times 10^{-5} \Omega \cdot m$[73]。

大部分材料为提高化成进度的铅膏添加剂。这些化合物以纤维形式添加到 PAM 中效果最强。它们在 PAM 中形成一个传导网络，提供 PAM 中任意位置与板栅的导电连接[74]。

研究人员按照2wt%的比例将 Ti₄O₇ 和两种覆有 SnO₂ 的鳞片分别添加到密度为3.9g/cm³ 的正极铅膏中，系统地研究了这些添加剂对 PAM 的比容量、比能量和利用率的影响[58]。表 7.5 总结了电池试验结果和计算出的比容量、比能量和 PAM 利用率的值[58]。表中的数据证明，添加 Ti₄O₇ 或覆有 SnO₂ 鳞片（1/64in⊖）的极板比未采用添加剂的极板具有更高的比容量、比能量和 PAM 利用率。在放电期间，含有 Ti₄O₇ 的正极板比不含上述材料的正极板有更高的放电电压。

⊖ 1in = 0.0254m。——译者注

301

表7.5　添加和不添加2wt%导电的添加剂的电池比容量、
比能量与PAM利用率的对比[46,58]

添加剂	比容量/（Ah/kg）(2V 电池)		比能量/（Wh/kg）(12V 电池)		正极活性物质利用率（%）	
	储备容量	$C_5/5$	储备容量	$C_5/5$	储备容量	$C_5/5$
未添加	89.8	110.0	24.9	32.4	38	48
覆 SnO_2 的薄片，1/64in	90.8	124.9	25.6	35.5	39	55
覆 SnO_2 的薄片，1/8in	83.8	119.2	24.3	34.9	36	52
Ti_4O_7 粉末	105.1	125.8	33.3	38.6	46	55

Appel 和 Edward[75]提出了不同放电倍率下正极板容量与 PAM 中导电/不导电颗粒比例之间的关系模型。这个模型结合了 Fick 定律与"临界体积分数"，定义了PAM 变成不导电时其包含的导电与不导电材料的比例。在所有放电倍率下，含有导电颗粒的极板其 PAM 利用率高于不含导电颗粒的极板。然而，当放电电流升高时，两种极板活性物质利用率的差别缩小。这表明在大电流放电下，另一基元反应进程限制了极板容量。在大电流放电下，PAM 利用率受限于 PAM 微孔中离子流的扩散，而非 PAM 的电导率。所以，选择正极铅膏添加剂的类型和剂量应考虑放电率。小电流放电的电池正极板添加剂应提高 PAM 的电导率，高倍率放电的电池正极板添加剂应促进 PAM 微孔中的离子流扩散。

下面简单综述一下提高铅酸蓄电池容量、能量与功率性能的添加剂。

1）聚烯烃（ES-100）[76-78]。其平均颗粒尺寸为 $150\mu m$，长形，具有多孔结构。聚烯烃以 1.5wt%~2wt% 铅粉的剂量添加到铅膏中，提高了 PAM 孔率及电池的放电率。ES-100 的添加在小电流放电下使初容量提高了 15%，在大电流放电下容量提高显著。富液式电池在整个使用寿命中保持了较高的容量，且寿命比不含添加剂的电池要长。VRLA（AGM）电池中添加铅粉质量2wt%的 ES-100 时，性能得到提高。在小电流放电时记录下提高了 17% 的容量，大电流放电时提高了 47% 的容量。在 VRLAB（胶体）上也有类似效果[78]。

2）提高孔率的添加剂：羧甲基纤维素（CMC）、硅胶、炭黑、Dynel 纤维束[79,80]。实验考查了这些添加剂在铅粉质量 0.2wt%~2.0wt% 的添加剂量下起到的效果。在固化中，添加剂促进了从铅到氧化铅的氧化进程。在化成中，将近半数的炭黑被氧化，形成较大的微孔，CMC 在 PAM 中生成较小的微孔。在小电流放电下，初容量提高了 5%，在高倍率放电下，容量提高了 10%。在 $PbO_2 | PbSO_4$ 电极的电势区域，CMC 与炭黑均不稳定。它们易被氧化，降低了正极活性物质的机械强度，最终缩短了电池的寿命。PAM 含有 CMC 或炭黑的电池循环寿命较短。

硅胶（0.2wt%）是一种多孔材料，可以存储局部的硫酸溶液；在不影响循环寿命的前提下，可提高极板容量。合成"Dynel 纤维束"提高了固化极板 PAM 的机械强度。有书面材料数据证明它们可以在高低放电倍率下提高电池循环寿命，但电池制造商怀疑这个效果。各向异性石墨对富液式电池及阀控电池性能的影响也做了研究[81,82]。在 0.2C A 和 1C A 放电中 PAM 利用率提高。一个有趣的发现是，添加上述各种添加剂的极板，$PbSO_4$ 在整个极板体积内均匀分布，而对于不含添加剂的极板，$PbSO_4$ 一般沉积在极板表层。添加石墨使平均微孔直径增大到 2μm。PAM 孔率的增加与活性物质利用率的提高是成比例的。在 $PbO_2 | PbSO_4$ 电极工作电势下，硫酸根离子（HSO_4^-）嵌入到石墨颗粒中，使其层间距离加大 1.5~2 倍，加速了石墨晶格的分解。添加 0.5wt% 的石墨不能对电池循环寿命构成影响，但其容量比不添加石墨的电池容量提高了 10%。采用 PbCaSn 合金板栅的 VRLAB，添加石墨后，在 0.2C A 放电条件下，其容量比不含石墨的电池提高了 5%~10%[81]。在高倍率放电条件下（$I = 5C$ A），添加 1wt% 的石墨能够使容量提高 10% 以上。在电池寿命中，石墨被氧化成 CO_2 气体，作用逐步丧失，PAM 颗粒之间的连接减弱，变得易碎。Baker 等人[83]假设含有石墨的多孔 PbO_2 增强的离子迁移可归因于电渗析抽取效应。电渗析是离子流或液体在毛细管电势作用下沿毛细管的迁移。HSO_4^- 离子嵌入石墨晶体层，并使颗粒表面带电。在该电势作用下，硫酸在 PAM 微孔中流动。流动的速率与硫酸溶液浓度成反比。在放电中，硫酸缓慢被消耗，PAM 微孔中的硫酸浓度降低，因而提高了流动速率。在微孔内壁电势的驱动下，微孔中电渗析与浓差共同作用，引起硫酸扩散。这些驱动力帮助硫酸深入到正极板内部，提高了极板容量。但是，随着石墨的分解，这种电渗析抽取效应减弱。

人们寻求聚合物添加剂如磺化苯材料，其在硫酸环境中稳定并且具有电渗析效应。在专利文献中提出了相当广泛的有电渗析效应的聚合物材料[46]。

1）黏接剂[84,85]。这些添加剂能够提高正极板的循环寿命。放电过程中，PAM 中的一部分二氧化铅被还原，导致该部分的其他二氧化铅颗粒之间的结合力减弱。在表面张力作用下，一些颗粒间开始发生重组。已经确认 Sb、Bi 和 As 离子对这些反应有影响。在管式极板 PbO_2 中添加含有上述 3 种元素的盐进行循环试验，极板的容量随循环次数增加而上升。含有 Sb_2O_5 或 Bi^{3+} 离子的极板容量增长最快。PAM 中含有 0.05wt% 的 Bi^{3+} 的电池循环寿命提高了 18%[86,87]。

2）硫酸钙（$CaSO_4$）[88,89]。添加剂量为 0.25wt%~2wt%。$CaSO_4$ 提高 SLI 电池的冷起动性能。另外，管式电池循环试验确定了 0.8wt% 的硫酸钙可以充当黏接剂，在循环中提高正极板寿命。

3）钎料与纳米管[90]。这些添加剂具备高比表面、化学稳定性和吸附力。它们吸附在正在生长的 PAM 晶体上，从而改变 PAM 的晶体形态。添加到铅膏中时，它们的自身形态也发生改变。正极铅膏中添加这些材料能提高容量与循环寿命。

7.2.4 可以抑制活性物质硫酸盐化的正极铅膏添加剂

根据具体工况的不同，铅酸蓄电池可能在完全充电或不完全充电状态下运行。在部分充电循环条件下，PAM 中的一小部分硫酸铅晶体残留下来。这些晶体一部分发生重结晶，形成更大的硫酸盐晶体（致密的 $PbSO_4$）。这部分晶体表面积较小，溶解性较低。继而，整个极板慢慢被硫酸盐化。人们寻找各种添加剂来抑制或降低正、负极铅膏中的 $PbSO_4$ 再结晶反应，减缓电池的硫酸盐化程度。以下将探讨两种添加剂。

7.2.4.1 磷酸（H_3PO_4）和磷酸铅盐[91-98]

铅膏中 H_3PO_4 的用量一般为每 kg 铅粉加入 $10 \sim 40g$[91]。形成的磷酸铅比硫酸铅更稳定[95]。正极铅膏中的这些磷酸盐改变了二氧化铅活性物质以及板栅腐蚀层的结构与活性。继而，极板的初容量下降了 $13\% \sim 18\%$。但是，含有磷酸盐添加剂的铅酸蓄电池放电电压升高了 $15 \sim 25mV$。PAM 与板栅的连接强度也得到显著增强。PAM 中颗粒与团块的接触增强，减少了 PAM 脱落。所有这些效果都延长了受限于正极板的电池循环寿命。

磷酸（H_3PO_4）生成了与铅酸系统平行的另外一个化学系统[48,91]。磷酸根离子与二氧化铅反应，当电池完全充电时，其在电解液中的浓度较低。在放电时，吸附磷酸盐离子的二氧化铅数量降低，电解液中磷酸浓度升高。在充电中发生逆向反应。合并的磷酸根离子抑制了 PbO_2 转化为 $PbSO_4$ 的反应[95]。电解液中磷酸根离子的类型取决于硫酸浓度，更准确地说是取决于电解液中 H^+ 离子浓度。H_3PO_4 可以分三级离解：$H_2PO_4^-$、HPO_4^{2-} 以及 PO_4^{3-}。电池充电后，H_2SO_4 浓度较高，磷酸轻度分解。在放电过程中，硫酸浓度降低，磷酸加快分解。这种电解液组分的变化影响了 PbO_2 及生成的 $PbSO_4$ 晶体的形态与性质。反过来，这显著抑制了部分充电状态下以及放电后开路状态下极板的硫酸盐化。磷酸的存在促进了小型 $PbSO_4$ 晶体的生成并减缓了重结晶过程。电池的自放电也得到了抑制。正板栅腐蚀程度也得到降低。但是，可能会发生汇流排腐蚀。正极板耳和连接板耳的汇流排被腐蚀，磷酸根离子与 PbO_2 颗粒结合，改变了其形态。电池这部分结构基本不与电解液接触，富含磷酸铅的铅氧化物聚集，形成一层苔状腐蚀层。腐蚀层薄片可能脱落并坠入极群，引发短路。电池循环寿命被缩减。在电池设计阶段，应采取措施，如用隔板覆盖极板（或整个极群）防止发生上述现象。

7.2.4.2 硫酸钠（Na_2SO_4）[99,100]

当电池部分充电或完全放电时，硫酸浓度较低。如图 3.13 所表明的，此时硫酸铅是高度可溶的，这使再结晶进程快速进行。小晶体溶解，生成大的 $PbSO_4$ 晶体，继而积累成一层致密的硫酸铅，导致极板硫酸盐化。通过在正极板或电解液中添加硫酸钠（2wt%），在各种酸浓度下 $PbSO_4$ 的溶解度都大幅降低。因为两种硫

酸盐中均含有 SO_4^{2-} 和 HSO_4^- 离子。这样，再结晶过程和极板硫酸盐化被抑制。Na_2SO_4 的作用在 VRLAB 中更为明显，该类型的电池酸量比富液式电池少，在放电末期，硫酸浓度降到一定水平，$PbSO_4$ 溶解性较高。

当添加量不超过 0.05wt% 的氧化铅时，硫酸钠在化成期间溶解，使较大的微孔畅通，使硫酸流通加快，最终提高了 PAM 利用率。PAM 孔率增加使得极板容量增加 4%～8%。这部分容量在循环中得到保持。然而，已经证实，电解液中添加 Na_2SO_4 更加有效。

参 考 文 献

[1] M.P.J. Brennan, N.A. Hampson, J. Electroanal. Chem. 48 (1973) 465.

[2] E.G. Yampol'skaya, B.N. Kabanov, Sov. J. Appl. Chem. 37 (1964) 2530.

[3] E.G. Yampol'skaya, M.I. Ershova, V.V. Surikov, I.I. Astahov, B.N. Kabanov, Elektrokhim 8 (1972) 1209.

[4] E.G. Yampol'skaya, A.I. Smirnova, M.I. Ershova, S.A. Sapoonitskii, L.I. Kryukova, Elektrokhim 8 (1972) 1289.

[5] T.F. Sharpe, J. Electrochem. Soc. 116 (1969) 1639.

[6] T.F. Sharpe, Electrochim. Acta 14 (1969) 635.

[7] G. Archdale, J.A. Harrison, J. Electroanal. Chem. 47 (1973) 93.

[8] A. Le Mehaute, J. Appl. Electrochem. 6 (1976) 543.

[9] E.M. Strochkova, K.V. Rybalka, Elektrokhim 13 (1977) 62.

[10] E.G. Yampol'skaya, M.I. Ershova, I.I. Astahov, B.N. Kabanov, Elektrokhim 2 (1966) 1327.

[11] B.K. Mahato, J. Electrochem. Soc. 127 (1980) 1679.

[12] J.R. Pierson, P. Gurlusky, A.C. Simon, S.M. Caulder, J. Electrochem. Soc. 117 (1970) 1463.

[13] A.C. Simon, S.M. Caulder, P.J. Gurlusky, J.R. Pierson, J. Electrochem. Soc. 121 (1974) 463.

[14] D. Pavlov, in: B.D. McNicol, D.A.J. Rand (Eds.), Power Sources for Electric Vehicles, Elsevier, Amsterdam, 1984, p. 135.

[15] D. von Borstel, G. Hoogenstraat, W. Ziechmann, J. Power Sources 50 (1994) 131.

[16] D. Platicanov, N. Rangelova, Comp. R. Acad. Bulg. Sci. 21 (1969) 91.

[17] E.J. Ritchie, J. Electrochem. Soc. 100 (1953) 53.

[18] A. Hayeshi, Y. Namura, Tappi 21 (1967) 393.

[19] A.C. Zachlin, J. Electrochem. Soc. 98 (1951) 325.

[20] B.O. Myrvold, D. Pavlov, J. Power Sources 85 (2000) 92.

[21] D. Pavlov, B.O. Myrvold, T. Rogachev, M. Matrakova, J. Power Sources 85 (2000) 79.

[22] M. Matrakova, T. Rogachev, D. Pavlov, B.O. Myrvold, J. Power Sources 113 (2003) 345.

[23] J. Burbank, A.C. Simon, E. Willihnganz, in: P. Delahay, C.W. Tobias (Eds.), Advances Electrochem Engineering vol. 8, Wiley Interscience, New York, 1971, p. 229.

[24] Specification of Test Procedures for Electric Vehicle Traction Batteries, EUCAR, December 1996.

[25] D. Pavlov, S. Gancheva, P. Andreev, J. Power Sources 46 (1993) 349.

[26] G. Papazov, D. Pavlov, B. Monahov, J. Power Sources 113 (2003) 335.

[27] K. Nakamura, M. Shiomi, K. Takahashi, M. Tsubota, J. Power Sources 59 (1996) 153.

[28] M. Shiomi, T. Funato, K. Nakamura, K. Takahashi, M. Tsubota, J. Power Sources 64 (1997) 147.

[29] D. Pavlov, P. Nikolov, T. Rogachev, J. Power Sources 196 (2011) 5155.

[30] D. Pavlov, T. Rogachev, P. Nikolov, G. Petkova, J. Power Sources 191 (2009) 58.

[31] D.P. Boden, D.V. Loosemore, M.A. Spense, T.D. Wojcinski, J. Power Sources 195 (2010) 4470.

[32] D. Pavlov, P. Nikolov, T. Rogachev, J. Power Sources 195 (2010) 4444.

[33] Y.B. Kasparov, E.G. Yampol'skaya, B.N. Kabanov, Zh. Prikl. Khimii (J. Appl. Chem.) 37 (1964) 1936 (in Russian).

[34] D.P. Boden, J. Power Sources 73 (1998) 89.

[35] S. Ruevski, D. Pavlov, in: Ext. Abstr. LABAT'96 International Conference, Varna, Bulgaria, 1996, p. 46.

[36] D. Pavlov, P. Nikolov, T. Rogachev, J. Power Sources 195 (2010) 4435.
[37] Y. Kamenev, N. Chunts, N. Yakovleva, V. Nikitin, A. Kiselevich, E. Ostapenko, J. Power Sources 114 (2003) 303.
[38] M. Maja, N. Penazzi, G. Clerici, in: Proc. 16th Intl. Power Sources Symp., Bournemouth, UK, 1988, p. 8.
[39] M. Saakes, P.J. van Duin, A.C.P. Ligtvoet, D. Schmall, J. Power Sources 47 (1994) 149.
[40] W. Bohnstedt, M. Radwan, H. Dietz, J. Garche, K. Wiesener, J. Power Sources 19 (1987) 301.
[41] H. Doring, M. Radwan, H. Dietz, J. Garche, K. Wiesener, J. Power Sources 28 (1989) 381.
[42] S. Gust, E. Hameenoja, J. Ahl, T. Laitinen, A. Savonen, G. Sundholm, J. Power Sources 30 (1990) 185.
[43] H. Dietz, G. Hoogestraat, S. Laiback, D. von Borstel, K. Wiesener, J. Power Sources 53 (1995) 359.
[44] E.V. Parshikova, I.A. Aguf, M.A. Dasoyan, M.L. Ratner, Sov. Elektrotechnika 11 (1964).
[45] E.V. Parshikova, I.A. Aguf, M.A. Dasoyan, Sov. Elektrotechnika 10 (1964).
[46] K. McGregor, J. Power Sources 59 (1996) 31.
[47] P.T. Moseley, J. Power Sources 64 (1997) 47.
[48] K.R. Bullock, T.C. Dayton, in: D.A.J. Rand, P.T. Moseley, J. Garche, C.D. Parker (Eds.), Valve-Regulated Lead-Acid Batteries, Elsevier, 2004, p. 109.
[49] W.H. Kao, K.R. Bullock, J. Electrochem. Soc. 139 (1992) L41.
[50] N.K. Bullock, W.H. Kao, US Patent No. 5 045 170, 1991.
[51] W.H. Kao, N.K. Bullock, R.A. Peterson, US Patent No. 5 302 476, 1994.
[52] K.R. Bullock, J. Power Sources 51 (1994) 1.
[53] N.E. Bagshaw, R.L. Clarke, K. Kendall, in: Ext. Abstr. Fall Meeting Electrochem. Society, Seattle, USA vol. 90−2, 1990, p. 2.
[54] P.C.S. Hayfield, US Patent No. 4 422 917, 1981.
[55] B. Reichman, I.L. Strebe, WO Patent No. 91 06 985, 1991.
[56] B.T. Tekkana, A.A. Kovacich, US Patent No. 5 106 709, 1992.
[57] T. Inoe, Jap. Patent No. 0 322 355, 1991.
[58] L.T. Lam, O. Lim, H. Ozgun, D.A.J. Rand, J. Power Sources 48 (1994) 83.
[59] G.L. Wei, J.R. Wang, J. Power Sources 52 (1994) 81.
[60] J.L. Weininger, C.R. Morlock, J. Electrochem. Soc. 122 (1975) 1161.
[61] E. Hojo, J. Yamashita, K. Kishimoto, N. Nakashima, Y. Kasai, Yuasa-Jiho 72 (1992) 23 (in Japanese).
[62] A. Tokunaga, M. Tsubota, K. Yonezu, in: Proc. Fall Meeting of the Electrochemical Society, Honolulu, USA vol. 87−2, 1987, p. 187. Abs. 129.
[63] M. Matsumoto, S. Ito, Jap. Patent No. 61/455 565 A2, 1986.
[64] P. Mirebean, G. Chedeville, E. Genies, French patent No. 2 553 581, 1985.
[65] P. Mirebean, French patent No. 2 519 191, 1983.
[66] B. Mahato, W. Delany, US Patent No. 4 656 706, 1987.
[67] K.R. Bullock, B.K. Mahato, W.J. Wruck, J. Electrochem. Soc. 138 (1991) 3545.
[68] W.H. Kao, S.L. Haberichter, P. Patel, J. Electrochem. Soc. 141 (1994) 3300.
[69] K. Nagasawa, Y. Kato, Y. Bando, T. Takada, J. Phys. Soc. Jpn. 29 (1970) 241.
[70] M. Marezio, D. Tranqui, S. Lakkis, C. Schlenker, Phys. Rev. B 16 (1977) 2811.
[71] K. Uesmatsu, N. Mitzutami, M. Kato, J. Mat. Sci. 22 (1987) 915.
[72] S. Wang, B. Xia, G. Yin, P. Shi, J. Power Sources 55 (1995) 47.
[73] H. Bode, Lead-Acid Batteries, Translated, in: R.J. Brodd, K.V. Kordesch (Eds.), Wiley, New York, 1977, p. 13.
[74] H. Metzendorf, J. Power Sources 7 (1982) 281.
[75] P.W. Appel, D.B. Edwards, J. Power Sources 55 (1995) 81.
[76] J.A. Wertz, T.J. Clough, in: Proc. 13th Annual Battery Conference on Applications and Advances, Long Beach, CA, USA, 1998, p. 311.
[77] J.A. Wertz, T.J. Clough, in: Proc. 14th Annual Battery Conference on Applications and Advances, Long Beach, CA, USA, 1999, p. 189.
[78] J.A. Wertz, T.J. Clough, in: Proc. 15th Annual Battery Conference on Applications and Advances, Long Beach, CA, USA, 2000, p. 77.
[79] H. Dietz, J. Garche, K. Wiesener, J. Power Sources 14 (1985) 305.
[80] H. Dietz, J. Garche, K. Wienseer, J. Appl. Electrochem. 17 (1987) 473.
[81] A. Tokunaga, M. Tsubota, K. Yonezu, K. Ando, J. Electrochem. Soc. 134 (1987) 525.

306

[82] A. Tokunaga, M. Tsubota, K. Yonezu, J. Electrochem. Soc. 136 (1989) 33.
[83] S.V. Baker, P.T. Moseley, A.D. Turner, J. Power Sources 27 (1989) 127.
[84] D. Pavlov, A. Dakhouche, T. Rogachev, J. Power Sources 30 (1990) 117.
[85] D. Pavlov, J. Power Sources 33 (1991) 221.
[86] L.T. Lam, N.P. Haigh, D.A.J. Rand, J. Power Sources 88 (2000) 11.
[87] L.T. Lam, H. Ceylan, N.P. Haigh, J.E. Manders, J. Power Sources 107 (2002) 155.
[88] C.S. Ramanathan, J. Power Sources 35 (1991) 83.
[89] T. Rogachev, D. Pavlov, J. Power Sources 64 (1997) 51.
[90] Y. Kamenev, N.I. Chunz, A.V. Kiselevich, B.N. Leonov, Elektrokhimicheskaya energetika 7 (2007) 188 (in Russian).
[91] E. Voss, J. Power Sources 24 (1988) 171.
[92] E. Meissner, J. Power Sources 67 (1997) 135.
[93] K.R. Bullock, D.H. McClelland, J. Electrochem. Soc. 124 (1977) 1478.
[94] K.R. Bullock, J. Electrochem. Soc. 126 (1979) 360.
[95] K.R. Bullock, J. Electrochem. Soc. 126 (1979) 1848.
[96] J.P. Carr, N.A. Hampson, J. Electroanal. Chem. 28 (1970) 65.
[97] S. Tudor, A. Weisstuch, S.H. Davang, Electrochem. Technol. 3 (1965) 90.
[98] S. Tudor, A. Weisstuch, S.H. Davang, Electrochem. Technol. 5 (1967) 21.
[99] G.W. Mao, A. Sabatino, US Patent No. 3 988 165, 1976.
[100] J.S. Chen, J. Power Sources 90 (2000) 125.

扩 展 读 物

[1] P.T. Moseley, R.F. Nelson, A.F. Hollenkamp, J. Power Sources 157 (2006) 3.
[2] A.F. Hollenkamp, W.G.A. Baldsing, S. Lau, O.V. Lim, R.H. Newnham, D.A.J. Rand, et al., ALABC Project N1.2, Final Report 2002, Advanced Lead-Acid Battery Consortium, Research Triangle Park, NC, USA, 2002.
[3] P.T. Moseley, J. Power Sources 191 (2009) 134.
[4] L.T. Lam, C.G. Phyland, D.A.J. Rand, D.G. Vella, L.H. Vu, ALABC Project N3.1, Final Report 2002, Advanced Lead-Acid Battery Consortium, Research Triangle Park, NC, USA, 2002.
[5] M. Fernandez, J. Valenciano, F. Trinidad, N. Munos, J. Power Sources 195 (2010) 4458.

第8章 极板固化

8.1 概述

出于两方面的原因，人们研究极板固化过程。实践方面，目的是提高电池极板性能；纯粹理论方面，目的是揭示与极板固化相关的反应机理[1-15]。根据相关研究结论，固化反应的本质可以汇总如下。

固化期间，铅膏颗粒互连在一起，形成了坚固的不间断多孔物质（骨架），反过来，该多孔物质又与板栅紧密结合在一起（见图8.1）。

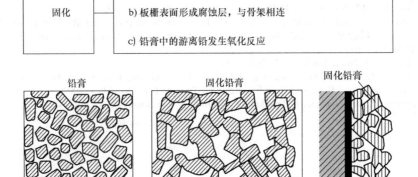

图 8.1　极板固化期间的基本反应

极板固化过程中发生了以下基本反应：

1）形成固化铅膏的基本骨架（强硬的多孔物质）。铅膏中的小晶体颗粒发生溶解，大晶体颗粒长大。铅膏颗粒间的薄液膜中含有的水挥发，这样，3BS或4BS晶体得以与PbO颗粒互连，形成一个坚固的骨架。

2）如果固化温度高于80℃，则3BS铅膏固化之后转化为4BS铅膏。

3）残余游离铅发生氧化反应，这些游离铅来自于铅粉，它们在合膏期间未被氧化。

4）板栅合金发生氧化反应，并在板栅表面形成腐蚀层（CL），该腐蚀层与固化铅膏紧密结合在一起。

极板固化过程受两类参数影响：

- 内部参数，也就是铅膏特性：包括物相组成、铅膏密度和铅膏的含水量。
- 外部参数，也就是周围介质特性：包括环境温度、空气相对湿度以及空气流速；极板固化过程有赖于周围环境。

以上参数决定了铅膏含水量（水分）。而铅膏含水量又决定上述基本固化反应的反应速率。根据铅膏含水量（水分）的不断变化，固化过程可以分为两个阶段：①铅膏水分高于 5% 的固化阶段，②铅膏水分低于 5% 的干燥阶段。正极板化成通过交代反应进行。在某种程度上，固化铅膏的基体得以保持，并且形成 PbO_2 活性物质的结构。因而，正极铅膏制备期间和正极板固化期间发生的反应对电池性能具有强烈的影响。在化成期间，负极板形成了新结构的负极活性物质，所以负极板固化对电池性能影响较弱。

8.2 基本原理

8.2.1 固化铅膏形成强硬的多孔物质（骨架）

8.2.1.1 固化期间铅膏物相组成和结晶度的变化

极板固化期间，发生再结晶反应，铅膏中的小晶体颗粒（大部分为多孔颗粒）溶解，大晶体继续生长。根据 Ostwald-Freundlich 方程，为使反应继续进行，铅膏含水量应为 6%~11%。固化期间，为使铅膏保持适当的含水量，固化间的空气相对湿度应保持在 100%。研究人员采用 X-ray 衍射分析法对铅膏中的晶体物相变化进行了分析。

图 8.2a 展示了 3BS 铅膏在固化（40℃，100% RH，48h）前后的 X-ray 衍射图[16]。

固化的结果是，3BS（$2\theta = 27.18°$）特征峰的面积增加了 2.43 倍，而 α-PbO（$2\theta = 31.90°$）特征峰的面积增加了 2.44 倍。这些研究结果证明，在极板固化期间 3BS 和 α-PbO 的结晶度增加了。图 8.2a 中的 X-ray 衍射图证实了固化铅膏含有水白铅矿，化学式为 $Pb_{10}(CO_3)_6O(OH)_6^{\ominus}$。它是由铅膏中的 $Pb(OH)_2$ 在固化期间与空气中的 CO_2 相互反应而形成的。

图 8.2b 展示了 3BS 铅膏在 90℃、100% RH 的条件下固化 4h 之后的 X-ray 衍射图。这种固化条件下，只有一部分 3BS 转化为 4BS。固化铅膏中这两种晶相的比

$\ominus$ 原书为 $Pb_9(CO_3)_6(OH)_6$，有误。——译者注

例是 3BS/4BS = 0.83。

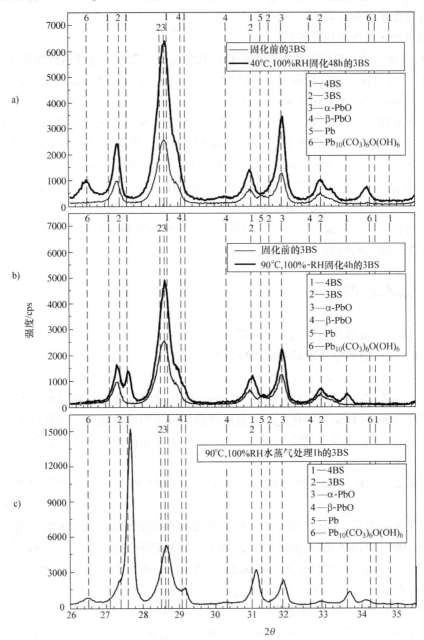

图 8.2　3BS 铅膏固化期间物相组成的变化情况[16]

a）40℃固化 48h　b）90℃固化 4h　c）90℃固化 1h，接下来用水蒸气处理 1h

图 8.2c 展示了铅膏在 90℃的温度下固化 1h，然后采用水蒸气处理 4h 之后的

X-ray 衍射图。很显然，这种固化铅膏中含有 4BS 晶相。所以，固化室内引入的水蒸气促进了 3BS 颗粒转化为 4BS 颗粒。采用这种技术固化的铅膏中也生成了少量的 $Pb_9(CO_3)_6(OH)_6$。

图 8.3 展示了固化之前，以及在 90℃的温度下固化 4h 之后的 4BS 铅膏 X-ray 衍射图[16]。

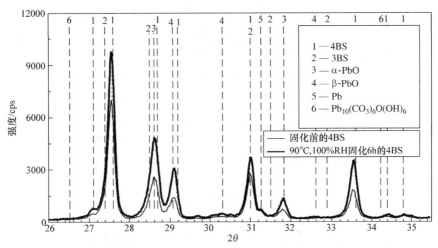

图 8.3 固化前以及 90℃固化 4h 后的 4BS 铅膏的 X-ray 衍射图[16]

从图中可以看出，在固化过程中 4BS 特征衍射线强度增加了大约 1.38 倍。由于固化期间没有向铅膏中引入 H_2SO_4，所以固化期间并没有生成新的 4BS 晶体。所观察到的 4BS 特征衍射线强度增加是由于 4BS 颗粒的晶体区与无定形区之间的比例发生变化。研究人员已经证实 4BS 颗粒包括晶体区和无定形区[17]。因为铅膏中的 Pb 在固化过程中发生氧化反应，所以固化铅膏中 α-PbO 的特征衍射线强度增加，是固化前的 1.83 倍。

8.2.1.2 固化铅膏物相组成随着合膏用 H_2SO_4/LO 比例的变化关系

图 8.4 展示了铅膏在 30℃和 80℃固化之后的物相组成与铅膏 H_2SO_4/LO 比例之间的相互关系[5]。

由于 3BS 无定形区发生结晶，铅膏内 3BS 晶体相的数量略微增加。在 (H_2SO_4/LO) > 8%、80℃条件下制备的铅膏中，少量的 $PbO \cdot PbSO_4$ 转化为 $3PbO \cdot PbSO_4 \cdot H_2O$。

8.2.1.3 3BS 和 4BS 铅膏固化后的结构和晶体形态

图 8.5 中的微观图片展示了 3BS 铅膏（见图 8.5a、b）和 4BS 铅膏（见图 8.5c、d）固化之后的结构和晶体形态。其中，3BS 铅膏以 50℃、100% RH 固化 24h，然后以 40℃、10% RH 干燥 24h。4BS 铅膏以 90℃、100% RH 固化 2h，然后用水蒸气处理 2h，最后以 60℃、40% RH 干燥 12h，再以 30℃、10% RH 继续干燥 12h。

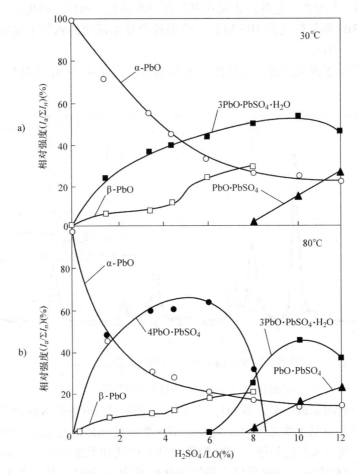

图 8.4　30℃（图 a）和 80℃（图 b）固化的铅膏物相组成随 H_2SO_4/LO 比值的变化[5]

3BS 颗粒长度为 1 ~ 2μm，并且相互紧密连接在一起。数个颗粒组成一个凝聚体。4BS 颗粒长度为 15 ~ 20μm，直径为 4 ~ 5μm。从图中可以看出 4BS 颗粒较大，颗粒之间存在一些小颗粒（这可能是 PbO）。4BS 颗粒之间的接触非常好。

8.2.1.4　3BS 铅膏转化为 4BS 铅膏的过程

合膏温度和极板固化温度决定了固化铅膏的组成，可以分为两种：

1）3BS 颗粒构成的铅膏。如果铅膏的制备和固化温度均为 30 ~ 60℃，则最终可获得 3BS 铅膏。

2）4BS 颗粒构成的铅膏。如果铅膏制备温度为 80 ~ 95℃，则铅膏含有 4BS 晶体。这种极板在固化过程中发生的主要反应是大尺寸 4BS 晶体生长和小尺寸 4BS 晶体溶解。如果固化温度为 80 ~ 95℃，则这些反应在固化 6 ~ 8h 之内就已经开始。在 50℃下制备的铅膏含有 3BS 晶体。但是如果这种铅膏以 80 ~ 95℃、100% RH 固

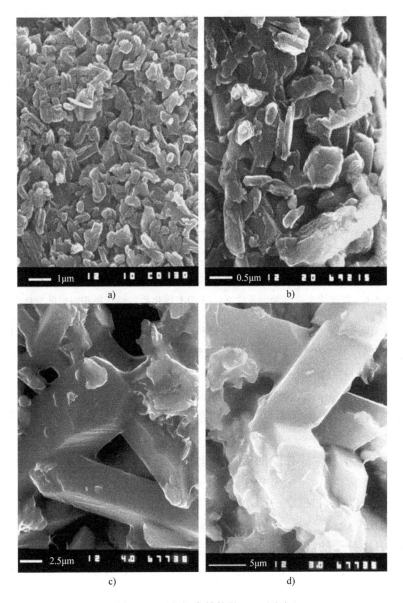

图 8.5 固化铅膏结构的 SEM 图片

a)、b) 3BS 铅膏 c)、d) 4BS 铅膏

化 24h，或者固化室内充满水蒸气，以 95℃ 固化 2 ~ 3h，则这样 3BS 可能转化为 4BS。4BS 成核速度是这两种固化工艺的基本问题。为了保证 4BS 晶核在铅膏内均 匀分布，以及 4BS 晶体尺寸大致相同，4BS 成核速度应该足够快。合膏时将一定数 量的 4BS 颗粒（晶种）与铅粉一起添加，这样可使铅膏 4BS 颗粒的尺寸和分布

均匀。

图8.6表明以93℃固化8h，同时向固化室内连续通入水蒸气，铅膏物相组成随着固化时间的变化情况[6]。

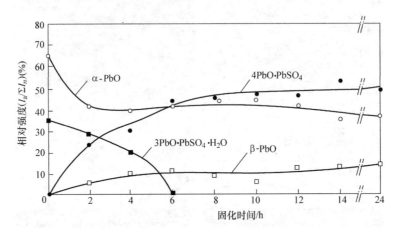

图8.6　在连续水蒸气处理条件下，以93℃固化后的铅膏物相组成的变化[6]

从图中可以看出，固化开始时，铅膏初始物相含有3BS、α-PbO和Pb。固化前6h内，3BS晶体转化为4BS晶体。然后4BS晶体不断生长，直到固化10h为止。由于生成4BS和β-PbO，α-PbO数量不断下降。

图8.7展示了3BS铅膏在90℃、水蒸气处理2h的固化过程中，4BS晶体形成初期的微观图片[16]。图中右侧图片可以看出，4BS晶体是通过许多3BS颗粒合并而生成的。

以上图片表明了生成4BS的反应机理[16]。首先，PbO和3BS颗粒发生水化。

$$PbO + H_2O \rightarrow Pb(OH)_2 \tag{8.1}$$

$$3PbO \cdot PbSO_4 \cdot H_2O + xH_2O \rightarrow 3Pb(OH)_2 \cdot PbSO_4 \cdot yH_2O \tag{8.2}$$

相邻的水合颗粒形成一种水合络合物，也形成水合$Pb(OH)_2$。在该络合物中发生$Pb(OH)_2$分子的自组织反应，生成一种水合4BS络合物。

$$[3Pb(OH)_2 \cdot PbSO_4 \cdot yH_2O + Pb(OH)_2 + mH_2O] \longrightarrow [4Pb(OH)_2 \cdot PbSO_4 \cdot nH_2O + xH_2O] \tag{8.3}$$

在该水合4BS络合物中，通过脱水反应形成4BS晶格：

$$[4Pb(OH)_2 \cdot PbSO_4 \cdot nH_2O + H_2O] \longrightarrow 4PbO \cdot PbSO_4 \cdot kH_2O + yH_2O \tag{8.4}$$

这一固化阶段的铅膏密度为6.5g/cm³，该值低于4BS的密度（8.15g/cm³）[7]。这是因为生成了水合4BS物相。

以上反应需要水蒸气和高温（高于90℃）。为了加速3BS转化为4BS的过程，固化室内应充满水蒸气。

图 8.7　在水蒸气处理条件下，以 90℃ 固化 2h 后，3BS 铅膏（3BS→4BS）的结构和晶体形貌

8.2.1.5　固化条件对 4BS 颗粒尺寸的影响

固化期间生成的四碱式硫酸铅颗粒直径为 $5 \sim 10\mu m$，长为 $30 \sim 100\mu m$。这么大的颗粒难以化成，特别是直径大的颗粒。4BS 颗粒表面生成了一个 PbO_2 外壳（厚度为 $1.5\mu m$）。因而这会阻碍 PbO_2 在 4BS 颗粒内部生成[18]。Torcheux 等人提出了一个模型，指出为了使整个极板的铅膏都能化成完全，4BS 颗粒直径不应超过 $5 \sim 6\mu m$[19]。已经证实 4BS 颗粒尺寸取决于极板固化条件和铅膏添加剂数量[20]。固化温度影响 4BS 颗粒的长度。当 $T < 95℃$，4BS 颗粒长度小于 $70\mu m$。固化之前的铅膏物相组成对固化后铅膏中的 4BS 颗粒尺寸具有重大意义。因为所有 4BS 颗粒都是由 3BS、$\alpha\text{-}PbO$ 和 $\beta\text{-}PbO$ 生成的。因此，3BS 颗粒尺寸也是重要的。铅膏中添加 2.5% 的 PVP 聚合物使 4BS 颗粒直径减小至 $7\mu m$ 以下，有利于 4BS 的生长速度及随后在化成工序中 PbO_2 形成的反应速度[20]。

8.2.1.6　固化铅膏的孔体积、BET 表面积和固相密度

在固化期间，铅膏逐渐形成多孔体系。在随后的极板化成阶段，该多孔体系决定了活性物质的孔体系。而活性物质的孔体系是决定电池容量和功率的第二要素（除 Pb 和 PbO_2 的结构之外）。

极板固化期间，发生了再结晶反应和化学转化反应，因此铅膏中的孔分布情况发生了变化。图 8.8 展示了 80℃ 下制备的 4BS 铅膏以及这种铅膏经 93℃ 固化 24h 之后的孔体积分布情况，以孔半径表示。

随着固化时间的延长，铅膏中小直径的孔消失，固化铅膏中只含有半径为 $0.6 \sim 4\mu m$ 的孔。这表明 4BS 晶体的生长是以小晶体的消失（或其数量锐减）为代价的，铅膏中的 4BS 晶体形成了大孔。

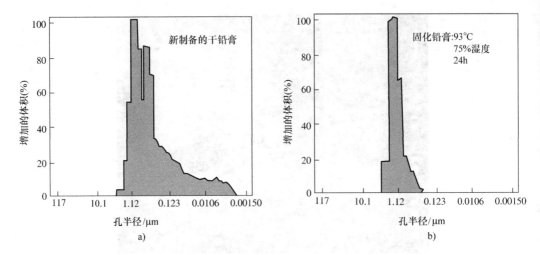

图 8.8　a）80℃下制备的 4BS 铅膏的孔半径分布情况

b）相同铅膏经过 93℃ 固化 24h 之后的孔半径分布情况

图 8.9 展示了以 H_2SO_4/LO 为 6% 条件制备的铅膏分别在 30℃和 80℃下固化的铅膏的孔分布图。该图证明了孔尺寸的分布半径范围非常狭窄[5]。

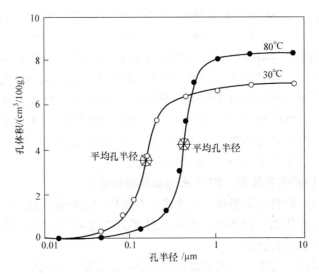

图 8.9　以 H_2SO_4/LO 为 6% 条件制备的铅膏在 30℃和

80℃下固化后的铅膏孔半径示意图[5]

铅膏孔半径和铅膏组成之间的关系如图 8.10 所示，图中曲线上的插入点作为孔的平均半径[5]。

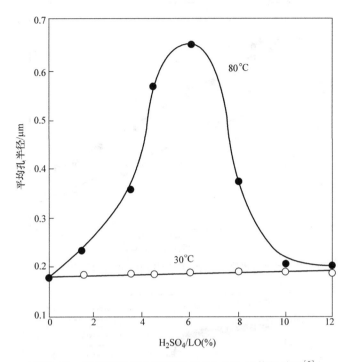

图 8.10　铅膏的平均孔半径和 H_2SO_4/LO 比值的关系[5]

对于30℃下制备的铅膏，其平均孔半径并不依赖固化铅膏的物相组成。这是因为 $3PbO \cdot PbSO_4 \cdot H_2O$、$\alpha\text{-}PbO$ 和 $PbO \cdot PbSO_4$ 晶体的尺寸几乎相同。如果固化铅膏由 $4PbO \cdot PbSO_4$ 晶体组成（80℃），则铅膏平均孔尺寸随铅膏组分的变化而变化。当 H_2SO_4/LO 质量比为6%时，则固化铅膏中的 $4PbO \cdot PbSO_4$ 数量和平均孔半径都达到最大。4BS晶体尺寸比3BS晶体尺寸更大，所以含有 $4PbO \cdot PbSO_4$ 的铅膏比含有 $3PbO \cdot PbSO_4 \cdot H_2O$ 的铅膏具有更大的孔体积和平均孔径。构成多孔物质的颗粒尺寸决定了铅膏孔尺寸。

研究人员已经证实，3BS铅膏和4BS铅膏的比孔容（cm^3/g）和铅膏密度之间存在线性关系（见图8.11）[8]。该图进一步证明了每克 $4PbO \cdot PbSO_4$ 固化铅膏比每克 $3PbO \cdot PbSO_4 \cdot H_2O$ 固化铅膏具有更大的孔体积。

研究人员研究了固化后的3BS铅膏和4BS铅膏，以及3BS铅膏经固化过程转化而成的4BS铅膏和孔体系的情况[16]。图8.12a为4BS固化铅膏，图8.12b为3BS铅膏以及3BS转化而成的4BS铅膏[16]。

根据以上参数化的数据可以推导出以下结论：

1）对于4BS铅膏，以90℃固化24h的4BS铅膏的孔体积较大。所有4BS固化铅膏的孔体积几乎相同。

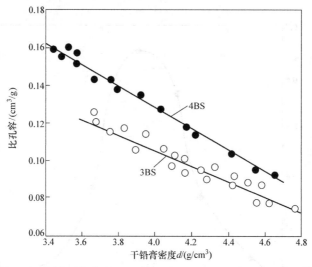

图 8.11　固化后铅膏的比孔容与 3BS 和 4BS 铅膏密度的关系[8]

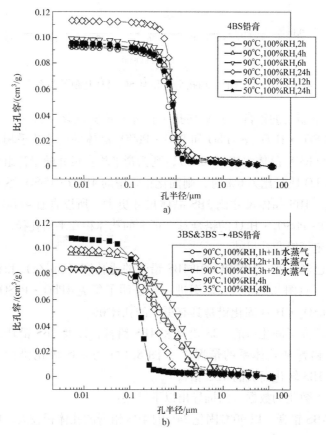

图 8.12　不同固化条件制备的 3BS 和 4BS 铅膏的孔体积分布情况[16]

2）35℃固化48h的3BS铅膏的孔相对较小，但其总的孔体积最大。对于经历了3BS→4BS两步转化的铅膏，其总孔体积 vs 孔半径的曲线突出两个插入点，这表明生成了具有更大平均孔径的两组孔。这分别与大尺寸和小尺寸的4BS晶体生成有关。

所得参数化的数据汇总于表 8.1 中[16]。

表 8.1　固化铅膏的孔体积、平均孔半径、BET 表面积和固相密度，以及比容量为 80Ah/kg PAM 时的放电电流密度[16]

铅膏分组	电池序号	物相组成	固化条件	孔体积/（cm^3/g）	平均半径/μm	BET 表面积/（m^2/g）	固相密度/（g/cm^3）	80Ah/kg PAM 条件下电流密度 I/（A/kg）
I	B13	4BS	12h，50℃	0.096	0.84	0.331	8.35	17.77
	B14	4BS	24h，50℃	0.093	0.83	0.363	8.02	20.50
II	B10	4BS	2h，90℃	0.093	0.68	0.263	8.29	20.50
	B11	4BS	4h，90℃	0.095	0.86	0.341	8.40	22.00
	B12	4BS	6h，90℃	0.099	0.89	0.363	8.09	28.70
	B04	4BS	24h，90℃	0.113	0.82	0.363	7.85	25.20
III	B05	3BS→4BS	4h，90℃	0.099	0.35	1.080	8.08	55.47
	B15	3BS→4BS	1/1h 水蒸气，90℃	0.084	0.65	0.850	6.47	36.05
	B06	3BS→4BS	2/1h 水蒸气，90℃	0.096	0.53	0.590	6.59	39.86
	B07	3BS→4BS	3/2h 水蒸气，90℃	0.083	1.25	0.280	6.46	43.23
IV	B08	3BS	48h，40℃	0.110	0.17	1.620	7.97	—
		3BS	[8.9]	—	—	—	6.50	
		4BS	[8.7]	—	—	—	8.15	

第 I 组固化铅膏的孔体积约为 $0.096 \pm 0.03 cm^3/g$。平均孔径不依赖组 I 铅膏的固化时间，然而其 BET 表面积稍有增加。第 II 组固化铅膏（90℃固化的4BS铅膏）的平均孔径和 BET 表面积随固化时间增加而增加。3BS铅膏的平均孔径最小、BET 表面积最大并且总孔体积最大。第 III 组固化铅膏经历了两个阶段固化（第一阶段无水蒸气，第二阶段有水蒸气），其平均孔径为 $0.65 \sim 1.25 \mu m$，其 BET 表面积随着固化时间的延长而降低。

所有铅膏均含有一定量的 PbO，其密度为 $9.3 g/cm^3$，也含有游离铅（$d = 11.3 g/cm^3$）。所有固相铅膏的密度应该大于纯 3BS 物相（$d = 6.5 g/cm^3$）和纯 4BS 物相（$d = 8.15 g/cm^3$）的密度。

根据所含固相物质的密度，固化铅膏可分为两组：一组铅膏的固相密度为 $7.9 g/cm^3$，另一组铅膏的固相密度约为 $6.5 g/cm^3$。后者在固化期间参照 3BS 铅膏的处理方法进行了水蒸气处理。尽管 3BS 铅膏已经转化为 4BS 铅膏，然而其固相密度仍然接近纯3BS物相。

3BS固化铅膏比纯3BS物相具有更高的固相密度。如果铅膏中含有大量PbO和Pb，则铅膏固相密度高。除了以90℃固化4h之外，第Ⅲ组（见表8.1）铅膏中的相同3BS铅膏采用水蒸气处理，按两阶段固化，固化后的铅膏密度约为6.5g/cm³。铅膏中不含引起晶体密度减小的其他物质。铅膏固相密度减小，表明3BS晶体通过与水结合而转化为4BS晶体。

8.2.2 铅膏中剩余游离铅的氧化

8.2.2.1 游离铅氧化速率随铅膏含水量的变化关系

图8.13表明了极板固化期间铅膏中的游离铅和含水量的关系[1]。铅氧化反应和铅膏含水量是相互关联的，这两个反应的速率在固化期间会发生变化。水是铅氧化反应的催化剂，而铅氧化反应所释放的热量又引起铅膏中的水蒸发。

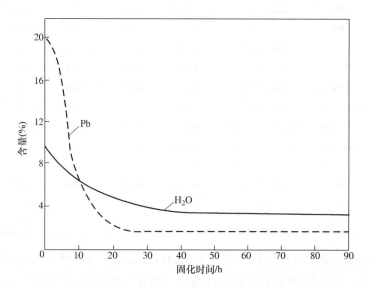

图8.13　铅膏中的金属铅和含水量与固化时间的关系[1]

图8.14表明了铅膏中残余游离铅氧化速率和含水量之间的关系[2]。

当铅膏含水量为7%~8.5%时，游离铅的氧化速率最高。固化过程中，铅膏只能在短时间内保持这一含水量。如果铅膏初始含水量为9.5%~10%，则铅氧化反应的时间可能延长，或者铅氧化反应速率达到最大值。开始固化时，由于含水量降低，铅氧化反应速率开始升高，但是增速很慢。当含水量达到7.75%时，铅氧化速率达到最大值。

在电池生产实践中，为了解决经过隧道式快速干燥线之后铅膏的含水量问题，采用了带有独立湿度和温度控制的固化间。固化间的温度和湿度被连续监控，铅膏中的含水量随着设定的固化间湿度的变化而变化。

8.2.2.2 铅氧化速率随着空气湿度和温度的变化情况

通过以25℃、不同湿度条件固化的铅膏中未氧化的游离铅含量,证实了铅氧化速率与空气湿度之间的关系。试验结果如图8.15所示[14]。

在55%~86%的相对湿度范围内,铅氧化速率最高。因此,为了促进铅膏中剩余游离铅的氧化,当铅膏完成再结晶反应之后,固化间相对湿度应该降低到该湿度范围内。图8.15中的数据也表明,固化最初的6h内,在55%~86%的空气湿度条件下,铅氧化反应进行得最快。所以极板固化过程方案应该设置一个6h的阶段,在该阶段内,固化室相对湿度保持在55%~86%。

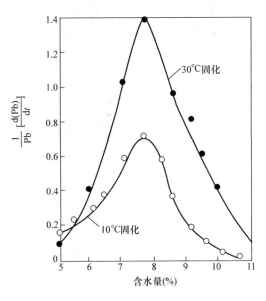

图8.14 铅膏中残余游离铅氧化速率与铅膏含水量的关系[2]

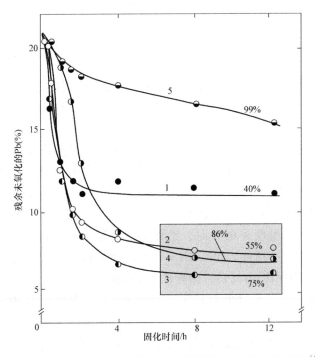

图8.15 极板中残余未氧化的铅的含量随固化时间的变化情况[14]
(在25℃,不同相对湿度的固化间中)

321

温度是影响铅氧化速率的第二个参数。图8.16展示了在不同相对湿度和温度下固化1h之后，铅膏中的未氧化铅的含量[14]。最初铅膏含有21%的铅。

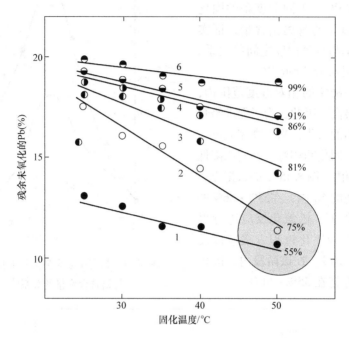

图8.16　固化1h之后，铅膏中残余未氧化的铅含量随固化间相对湿度和温度的变化[14]

随着固化间温度上升，铅氧化速率增加，这与相对湿度（RH）无关。尽管如此，当RH>81%时，铅氧化速率增加得不明显，而当RH=55%～75%时，铅膏中剩余游离铅的含量从21%缩小到11%～12%。

铅膏在固化之前的含水量也影响铅的氧化速率。固化期间，铅膏孔中的水蒸发，铅膏孔打开，氧气通过微孔进入铅膏内部，将金属铅氧化。铅膏水分的蒸发速率取决于固化间的相对湿度。图8.17表明了在25℃、不同相对湿度的固化条件下，铅膏含水量随着固化时间的变化关系[14]。

固化间空气相对湿度为99%时，铅膏中的水分几乎不会蒸发。随着RH降至86%以下，水蒸发速率增加。如果RH=40%，固化4h之后铅膏孔完全敞开。如果RH=86%，则大约固化8h之后，铅膏孔才完全敞开。

如果铅膏的初始含水量小于15%，则当固化间相对湿度为40%～75%时，水会通过铅膏孔快速蒸发。

图8.15表明，在该湿度条件下，固化初期2h内的Pb氧化速率最高。在此期间，RH为40%～55%时，铅膏中的水蒸发最剧烈（见图8.17中曲线1、2的斜率最大）。这表明，为了保证铅氧化速率最高和铅氧化时间最短，应使铅膏含水量保

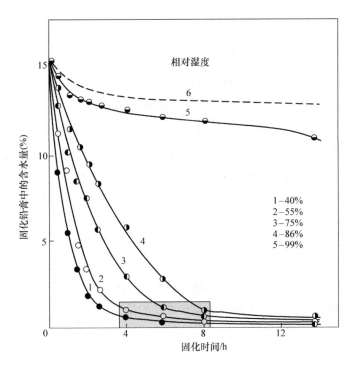

图 8.17 25℃，在不同相对湿度的固化间，铅膏含水量随固化时间的变化情况[14]

持在最佳值，该值取决于水的蒸发速度，以及固化间的湿度和温度。

8.2.2.3 铅氧化反应的机理和水的作用

极板固化期间的铅氧化反应通过两个反应机理进行：一个化学机理和一个电化学机理。电化学机理涉及生成局部微量元素的共轭反应。

8.2.2.4 通过化学反应的铅氧化机理

Boden 通过同位素交换试验研究了 Pb 氧化反应的机理以及水的作用[21]。使用氘氧化物代替水。在 D_2O 存在时，Pb 氧化反应速率几乎减小了一半。这表明水参与了铅氧化反应。D-O 键比 H-O 键结合力更强。使用 H_2O^{18} 和 H_2O^{16} 进行了同位素置换试验。已经证明，由 Pb 氧化生成的 PbO 中，有一半 PbO 含有 O^{18} 同位素。基于这些结果，研究人员提出 H_2O 参与了 Pb 的氧化，其反应机理如下：

$$Pb + \frac{1}{2}O_2^{16} + H_2O^{18} \rightarrow Pb\begin{matrix} O^{16}-H \\ \\ O^{18}-H \end{matrix} \tag{8.5}$$

中间产物氢氧化铅存在时间短，很快便发生脱水反应。假设 O^{16}-H 和 O^{18}-H 键能相等，这样生成的 PbO 中含有等量的 O^{18} 和 O^{16}，其反应如下：

323

$$\text{Pb}\begin{matrix} \text{O}^{16}\text{—H} \\ \\ \text{O}^{18}\text{—H} \end{matrix} \rightarrow \text{PbO}^{16} + \text{H}_2\text{O}^{18} \tag{8.6}$$

$$\text{Pb}\begin{matrix} \text{O}^{16}\text{—H} \\ \\ \text{O}^{18}\text{—H} \end{matrix} \rightarrow \text{PbO}^{18} + \text{H}_2\text{O}^{16} \tag{8.7}$$

因此，铅氧化反应经过了一个水直接参与的过程，反应过程中形成了中间产物（水合物），然后该中间产物发生脱水反应，而不是通过 Pb 与空气中的 O_2 之间直接反应生成 PbO。由于水直接参与了 Pb 与 O_2 的氧化反应，因而水的数量影响铅氧化反应速率。H_2O 与 Pb 的分子量之比是 $18/207 \approx 8.7\%$。当 H_2O/Pb 的比例为该值时，Pb 氧化速率最高。这表明一个水分子与一个 Pb 原子反应。这一比例证实了水直接参与 Pb 的氧化反应。

然而上述机理并不完整。该机理没有解释 O_2 分子的氧原子之间的键是如何断开的。该键的键能非常大。这是一个非常重要的反应。在气体扩散氧电极中，该键通过一个中间产物 H_2O_2 分裂[22]。

$$\text{O}_2 + 2\text{H}^+ + 2\text{e}^- \xrightarrow{k_1} \text{H}_2\text{O}_2 \tag{8.8}$$

$$\text{H}_2\text{O}_2 + 2\text{H}^+ + 2\text{e}^- \xrightarrow{k_2} 2\text{H}_2\text{O} \tag{8.9}$$

已经证实，H_2O_2 在 Pt 电极上还原成 H_2O 的速率是 O_2 还原成 H_2O_2 速率的两倍。因此，H_2O_2 不会在溶液中积聚。

可以假设在极板固化期间，O_2 分子的氧键通过类似机理分裂，电子来源于铅的氧化反应，并且形成了中间产物过氧化铅。

$$\text{Pb} + \text{O}_2 \rightarrow \text{Pb}\begin{matrix} \text{O} \\ | \\ \text{O} \end{matrix} \tag{8.10}$$

过氧化铅是一种强氧化剂，存在时间短。它与铅原子和水发生反应，形成 Pb(OH)_2。

$$\text{Pb}\begin{matrix} \text{O} \\ | \\ \text{O} \end{matrix} + \text{Pb} + 2\text{H}_2\text{O} \longrightarrow 2\text{Pb(OH)}_2 \tag{8.11}$$

这个反应改变了金属铅的表面结构，使其转化为氢氧化铅结构。水很可能加快了上述反应。Pb(OH)_2 释放出水，释放出的水继续参与其他有关过氧化物的反应 [见式 (8.11)]。因此，作为铅氧化反应的催化剂，水发挥了重要作用。水分子中的氧有助于形成氢氧化铅，这与 Boden 的同位素试验结果相吻合。

8.2.2.5 铅膏通过电化学微电池反应的铅氧化机理

Hung 等人提出了这种反应机理[14]。这些专家们研究了金属铅粉末在小瓶内的氧化反应过程，小瓶内的空气略微潮湿，并含有氧气。尽管小瓶内氧气并不充足，铅也被氧化了，并生成了氢气。他们认为，在铅颗粒的表面形成了微电池，反应如下：

$$阳极反应:Pb \longrightarrow Pb^{2+} + 2e^- \tag{8.12}$$

$$阴极反应:2H_2O + 2e^- \longrightarrow H_2 + 2OH^- \tag{8.13}$$

$$化学反应:Pb^{2+} + 2OH^- \longrightarrow Pb(OH)_2 \tag{8.14}$$

反应式（8.12）和式（8.13）是一对共轭反应，两者的反应速率相同，反应速率较慢的那个反应限制了两者的反应速率。通过称量小瓶中未发生反应的铅的数量，来测定这些反应的速率。然而，在氧气存在的条件下，阴极可能发生第二个共轭反应：

$$\frac{1}{2}O_2 + 2e^- + H_2O \longrightarrow 2OH^- \tag{8.15}$$

反应式（8.12）和反应式（8.15）形成该微电池的电动势，根据热力学数据，可计算出该电动势为 $U = 1.01V$ 和 $pH = 10$ [14]。该 pH 值条件下，也可能形成碱式硫酸铅。反应式（8.13）和式（8.15）都消耗水。如果铅膏含水量降至 5% 以下（见图 8.13），则反应式（8.13）和式（8.15）会受到强烈抑制，这样实际上铅氧化反应并未进行。

除了反应式（8.13）和式（8.15）消耗水，蒸发过程也消耗水。这会使铅膏含水量快速下降到临界水平，则铅氧化反应停止。固化间保持较高相对湿度（即 55%~75%），可以减缓水的蒸发。这样，铅膏含水量可以在较长时间内维持在 5% 的临界值以上，铅氧化反应得以快速进行。

铅氧化反应的热效应导致温度上升，也会加速铅膏中的水蒸发（见图 8.13）。

铅表面微电池中所发生的电化学共轭反应也受到铅表面溶液 pH 值的影响。随着溶液 pH 值上升，氢析出过电势增加 [见反应式（8.13）]，共轭反应速率变慢。这样，铅颗粒表面形成的 $Pb(OH)_2$ 和 PbO 薄层通过微电池电化学机理抑制了铅的氧化反应。

8.2.3 极板固化期间 PbSnCa 板栅的腐蚀过程以及腐蚀层的形成过程

8.2.3.1 极板固化期间 Sn 和 Ca 的偏析及其对板栅腐蚀的影响

现在来了解一下在极板固化期间板栅/铅膏界面发生了什么变化。首先会发现在固化期间板栅合金结构发生了改变。然后，我们针对固化期间形成的板栅/铅膏腐蚀层的结构和性质进行讨论。以 PbCaSnBiAg 合金板栅为例开展现象学方面的研究，试验板栅由 WIRTZ Manufacturing 公司生产，采用了该公司的连铸（C-Grid）或连轧（R-Grid）技术，极板采用 3BS 或 4BS 铅膏[16]。

图 8.18 展示了板栅表面在固化前后的微观结构，以及固化反应期间板栅晶间层的形成过程。

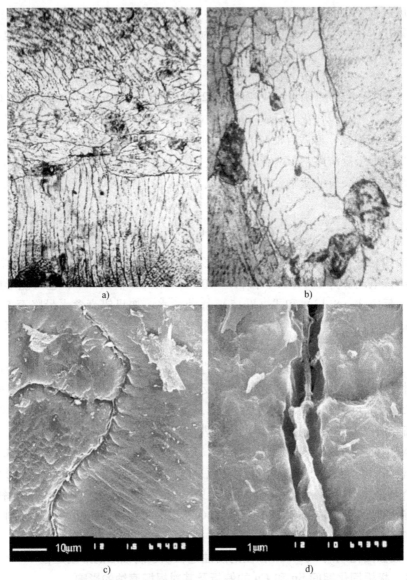

图 8.18　a）、b）固化前后 PbSnCaAg 合金的微观结构

c）、d）晶粒界面的 SEM 图片，可看到此处形成了薄的晶间层，可能是 $(Pb_{(1-x)}Sn_x)_3Ca$ [16]

图 8.18a 突出显示了固化之前板栅表面的微观结构。可清晰地看到边界平滑的大尺寸晶粒朝向冷却过程中热量散发的方向。较暗的部分可认为是晶粒结构缺陷，Sn 偏析到此处，最可能的是形成了一种金属间化合物，$(Pb_{(1-x)}Sn_x)_3Ca$ 和 α-固

溶体[3,24,25]。

图 8.18b 显示了固化之后板栅筋条表面的微观结构。根据文献 [23] 相关内容，板栅合金在固化期间发生了偏析，导致沿着晶界形成了一个含有 $(Pb_{(1-x)}Sn_x)_3Ca$ 和 α- 固溶体的薄层。另外，在亚晶界处形成了 Sn_3Ca、Sn- Ag 和 Sn- Pb 化合物[23,24]。Sn 和 Ca 占据了晶粒和亚晶粒的体积。Ag 能够减缓这种高 Sn 合金的偏析[25]。

图 8.18c 和图 8.18d 突显了晶粒界面以及晶间层的形成过程[16]。在大多数晶界处，晶间层形成了单独的物相。该物相含钙高，有较强的氧亲和力，容易被氧化。因此，在板栅制造之后的空气存储期间，特别是在极板固化期间，板栅晶间层都发生了较高速率的腐蚀反应。

板栅合金内部的 Sn 和 Ca 向板栅表面偏析。通过采用 X- ray 光电子光谱分析（XPS）板栅表面层（厚 10nm）的元素组成，采用原子吸收光谱分析（AAS）板栅内部的元素组成，研究人员已经对此开展了相关研究[16]。

表 8.2 列出了在板栅表面层（XPS）和板栅内部合金（AAS）的 Sn/Pb 比值和 Ca/Pb 比值，以及板栅表面和板栅内部的 Sn 含量和 Ca 含量[16]。

表 8.2 C（连铸）和 R（连轧）板栅的表面和内部合金的 Sn/Pb 比值与 Ca/Pb 比值[16]

板栅类型	Sn/Pb		Sn_{surf}/Sn_{bulk}	Ca/Pb		Ca_{surf}/Ca_{bulk}
	内部	表面		内部	表面	
C 板栅	0.0189	0.0330	1.75	0.0031	0.158	51.2
R 板栅	0.0182	0.0628	3.45	0.0036	0.208	58.4

从表 8.2 得出以下结论：

- 对于 R 板栅，其表面层（约 10nm）的 Sn 含量和 Ca 含量比板栅内部的 Sn 含量和 Ca 含量分别高出 3.5 倍和 58 倍。对于 C 板栅，其表面层的 Sn 含量和 Ca 含量分别为板栅内部的 1.7 倍和 51 倍。在固化之前，板栅放置在空气中，在此期间，Ca 被氧化形成 CaO 和/或 $CaCO_3$，同时生成 SnO 和 PbO。

- 对于板栅表面的 Sn 偏析和 Ca 偏析，尤其是 Ca 偏析，R 板栅比 C 板栅更加严重。碱式碳酸铅的形成，也证明了 PbSnCa 板栅表面的氧化物富 Sn[23]。

图 8.19 展示了 3BS 极板在 40℃下固化 48h 之后，连铸板栅表面的微观图片。图中是晶间层被含有葡萄糖和 NaOH 的溶液溶解去除之后的图片。

以上图片表明晶间层受腐蚀影响最强烈。图中的金属晶粒清晰可辨。金属越接近晶粒晶界，氧化速度越快。这就是金属表面"高低不平的"的原因。将板栅制造和涂板合并成一个工艺过程，可以减轻晶间腐蚀的危害。电池行业已经开发并应用了这种极板生产技术，不仅提高了生产速度，而且由于板栅表面覆盖了铅膏之后，晶间腐蚀也受到了抑制。

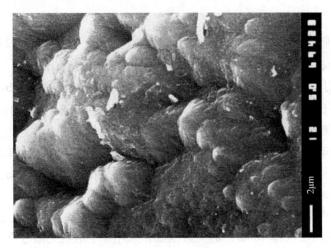

图 8.19　固化后使用葡萄糖和 NaOH 溶液将腐蚀层溶解掉之后，PbSnCaBiAg
合金板栅表面的 SEM 显微图片[16]

8.2.3.2　PbSnCa 板栅腐蚀层以及板栅与铅膏的界面

8.2.3.2.1　腐蚀层结构

图 8.20 中的微观图片显示了 PbSnCaBiAg 连铸板栅表面形成的腐蚀层。这些板栅填涂 4BS 铅膏（见图 8.20a）或 3BS 铅膏（见图 8.20b）之后，在 50℃ 下固化了 24h[16]。

图 8.20 证明了腐蚀层包括两个次级层：覆盖在板栅金属表面的一个致密的薄腐蚀层（CL_1），以及另一个次级层（称为 CL_2）（图 8.20 下部）。该 CL_1 由铅氧化形成的 PbO 组成。部分 CL_2 发生水化，并含有紧紧包裹在一起的晶粒。这是因为进入腐蚀层内部的水与 PbO 发生水化反应形成了 $Pb(OH)_2$。

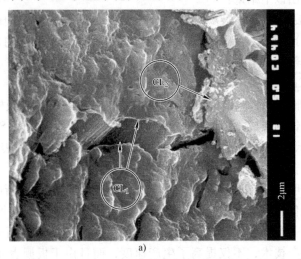

a)

图 8.20　PbSnCaBiAg 连铸板栅表面形成的腐蚀层

a）板栅填涂了 4BS 铅膏

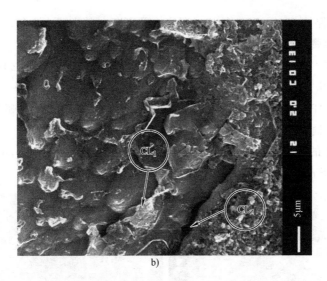

b)

图 8.20 PbSnCaBiAg 连铸板栅表面形成的腐蚀层（续）

b）板栅填涂了 3BS 铅膏，并在 50℃固化 24h[16]

8.2.3.2.2 极板固化期间板栅腐蚀的氧空穴机理

极板固化期间，板栅表面形成腐蚀层。开始时腐蚀层很薄，而随着固化时间延长，氧扩散穿越腐蚀层继续氧化板栅基体，腐蚀层逐渐变厚。研究人员已经证实，Pb 热氧化为 PbO 的活化能约为 $1eV^{[26]}$。这是一个比较低的数值，表明 O^{2-} 离子通过氧空穴（O_n^{2-}）机理穿过腐蚀层[27]。Pb 在 PbO 电势区氧化为 PbO 的反应也是通过类似的反应机理实现的[28]。固化期间铅板栅发生的化学氧化反应也是可以解释为氧空穴（O_n^{2-}）机理。该反应机理可采用以下反应式表示：

- 金属/PbO 腐蚀层界面发生 Pb 氧化反应，形成氧空穴（O_n^{2-}）和电子：

$$Pb \longrightarrow PbO_n^{2+} + 2e^- \tag{8.16}$$

- 氧空穴和电子通过腐蚀层（CL）移向 CL/铅膏界面，与孔中的 H_2O 和 O_2 发生反应生成 PbO，或者更可能是生成了 $Pb(OH)_2$：

$$PbO_n^{2+} + 2e^- + H_2O \longrightarrow PbO + H_2 \tag{8.17}$$

$$PbO_n^{2+} + 2e^- + \frac{1}{2}O_2 \longrightarrow PbO \tag{8.18}$$

$$PbO + H_2O \longrightarrow Pb(OH)_2 \tag{8.19}$$

$$PbO_n^{2+} + 2e^- + \frac{1}{2}O_2 + H_2O \longrightarrow Pb(OH)_2 \tag{8.20}$$

以上这些是固态反应，反应速率很慢。已知在 30~40℃时，固化和干燥过程将持续 48~72h。应考虑在此期间由于腐蚀层的形成和生长而造成的水损耗。因

329

此，固化间应保持40%~70%的相对湿度，并不断向其中通入空气。

8.2.3.2.3　铅膏晶体与 CL₂ 腐蚀层的键联

三碱式硫酸铅和四碱式硫酸铅（$3PbO \cdot PbSO_4 \cdot H_2O$ 和 $4PbO \cdot PbSO_4 \cdot xH_2O$）都含有水，发生部分水化（4BS 化学式中的 x 是一个变量，其值介于 0.18 和 0.16 之间，也就是 4BS 是表层水化）[17]。可推断铅膏中的 3BS 或 4BS 颗粒和腐蚀层中的 3BS 或 4BS 颗粒之间通过其水合层的相互作用而形成键联。

图 8.21 中的 SEM 图片展示了极板以 50℃ 固化 24h 之后的 4BS 晶体和 CL₂ 层之间的键联。4BS 晶体"焊接"在与 CL₂ 表面接触的部位。

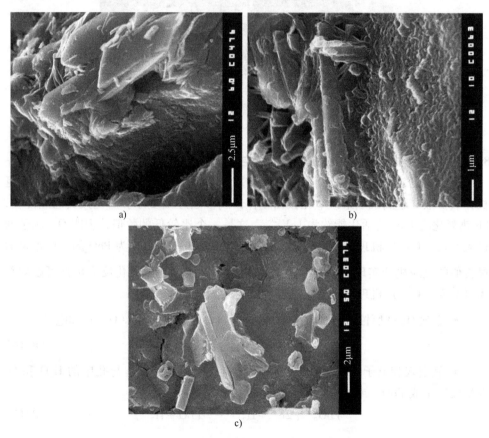

图 8.21　以 50℃ 固化 24h 的极板（图 a）和以 90℃ 固化 4h 的极板
（图 b 和 c）的 4BS 颗粒与 CL₂ 层的连接情况[16]

在高温条件下，4BS 晶体吸收水之后形成一种软的氢氧化物，该氢氧化物与 CL₂ 层表面的 $Pb(OH)_2$ 相互作用。这样，形成了一种连续的键联（见图 8.21）。有可能，从 CL₂ 层溶解的 $Pb(OH)_2$ 使界面处铅膏孔隙中的溶液保持了较高的碱性，因而加快了 4BS 晶体的水化反应。

图 8.22 展示了 3BS 晶体和极板 CL_2 层之间的键联。该极板采用连铸板栅，在 45℃ 下固化了 48h。许多 3BS 颗粒部分嵌入了 CL_2 表面层[16]。

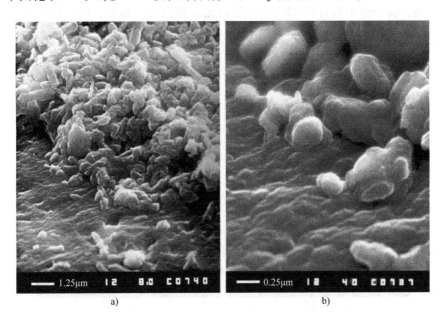

a)   b)

图 8.22　a) 40℃ 固化 48h 之后极板中的 3BS 颗粒与 CL_2 的连接情况

b) 固化铅膏中显示连接情况的不同放大倍率的 SEM 图片[16]

8.2.3.2.4　碳氢化合物在铅膏｜腐蚀层界面的形成过程

图 8.23 展示了 3BS 极板在 90℃ 固化 3h，然后再以水蒸气处理 2h 之后所形成的铅膏｜CL_2 层界面。CO_2 与水蒸气一起通入固化间。这些条件下形成的晶体形状是典型的水白铅矿和白铅矿晶体的形状。通过清除固化间内水蒸气的工艺处理方法，3BS 转化为 4BS，这显然会引入空气中的 CO_2，在铅膏｜CL_2 层界面的某些部位形成碳氢化合物。

图 8.23a 阐明了 $(Pb_{1-x}Sn_x)_3Ca$ 层的氧化步骤以及碳氢化合物的生成过程。该图显示了 $(Pb_{1-x}Sn_x)_3Ca$ 层发生氧化反应的初期形态。反应可能生成了氢氧化铅和氢氧化钙。在一些部位，可以观察到该反应的更高级阶段，一些氧化物发生了结晶。有些部位可以看到非常明显的晶体。这些晶体看起来与水白铅矿 $Pb_3(CO_3)_6(OH)_6$ 形状非常相似。

8.2.3.2.5　铅膏｜CL_2 层界面气泡的形成

图 8.24 展示了铅膏在 90℃ 下固化 2h 之后的 SEM 图片。图中可以清晰地看出固化极板中的 4BS 晶体，也能看到一些裸露的板栅表面。这些板栅裸露部位周围紧密地聚集着 4BS 晶体。板栅部位裸露最可能是由于该处产生了气泡。气泡挤压

周围的4BS颗粒，这样4BS颗粒包围在气泡周围。极板加热至90℃时会产生气泡。板栅金属的比热容比铅膏的比热容小，因此板栅温度首先上升。板栅表面的水蒸发形成气泡，将铅膏中最近的4BS晶体从板栅表面挤开。结果，CL│铅膏界面也形成了空洞，并且这些空洞在随后的化成工序中不会消失。

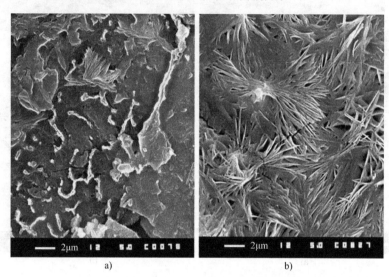

图8.23　a）晶间层水化物和碳氢化合物形成初期阶段
b）铅膏│CL_2层界面形成的砷铜铅矿和水白铅矿的微观结构[16]

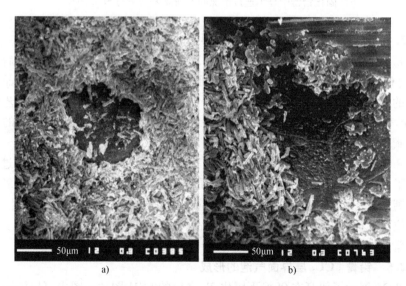

图8.24　4BS极板在90℃条件下固化2h之后裸露板栅表面的图片，板栅受热时水形成气泡，排挤4BS晶体，使其脱离板栅表面
a）带有空洞的板栅│铅膏界面的宏观结构　b）带有铅晶界的空洞近照

8.2.4 极板干燥期间的反应

8.2.4.1 干燥期间铅膏水分降低

即使 3BS 和 4BS 完成再结晶，固化极板中残余的游离铅氧化，以及板栅表面形成腐蚀层之后，极板结构的机械强度仍然很弱。许多铅膏颗粒通过其水合层或颗粒之间的薄液膜相互黏接在一起（互锁）。为了提高极板强度和硬度，极板应该进行干燥，以使铅膏含水量降低到 0.1% ~ 0.2% 的水平。随着铅膏含水量不断降低，极板孔体积和孔半径分布随之变化，如图 8.25 所示[29]。

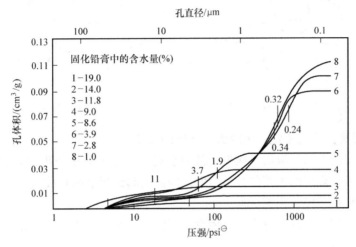

图 8.25 不同固化阶段取出的试样铅膏的孔总体积和孔尺寸分布[29]

当铅膏含水量为 11.8% 时，半径大约为 $11\mu m$ 的孔内的水分已经蒸发。当铅膏含水量为 8.6% 时，直径 $d > 1.5\mu m$ 的孔敞开，空气能够进入。当铅膏含水量为 3.9% 时，直径 $d > 0.24\mu m$ 的孔敞开。固化之后的铅膏干燥过程中，半径最大的孔中的水分最先蒸发，然后是半径稍小的孔中的水蒸发。这种现象表明水从铅膏中蒸发的方式与水浸湿铅粉的过程正好相反。

图 8.26 展示了在不同干燥阶段，正、负极铅膏颗粒丨液体体系的示意图。

极板干燥分为两个阶段：第一阶段，毛细孔中充满的水与铅膏颗粒的结合力最弱，因此最先蒸发。形成了空的大孔。当进一步干燥时，颗粒之间的薄液层含有的水也开始蒸发，极板开始收缩。在这一阶段，最后铅膏中仅存的液相物质是环形、楔形的液体（见图 8.26c）。它们通过表面张力附着在铅膏颗粒上。第二阶段，这些楔形液体也开始蒸发，结果楔形液体所含的氢氧化铅沉淀在颗粒之间，铅膏颗粒相互连接成一个连续的多孔物质（见图 8.26d）。

⊖ 1psi = 6.895kPa。——译者注

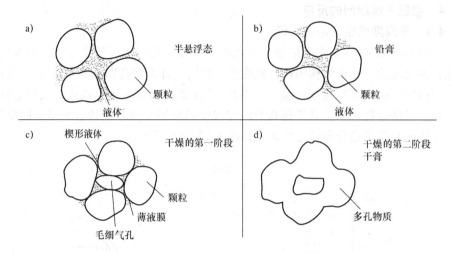

图8.26 在不同干燥阶段，铅膏颗粒│液体体系示意图

8.2.4.2 铅膏固化与干燥：依赖大气环境的反应

极板表层的含水量取决于极板上部的水蒸气或大气压力。随着进入极板的空气不断减少，极板表层的水蒸气开始蒸发，因而引起铅膏毛细孔敞开。为了保持整个极板的水分平衡，极板内部的水开始向极板表面扩散（见图8.27a）。这样，极板内部最大的毛细孔中的水分也得以挥发。因此，图8.26c和8.26d所示的水蒸发过程发生在极板各个部位。

有时，极板表层的水蒸发速率比水从极板内部毛细孔向极板表面的扩散速率快得多。在这种情况下，极板表层的孔比极板内部的孔缩小得快。这样，极板内部形成了内压，引起极板开裂。鉴于极板内部毛细孔中的水需要穿过整个极板才能到达极板表面，受水迁移速度限制，应该缓慢地逐渐降低固化间内的空气湿度，以避免极板开裂。

电池生产过程中，涂膏后的极板在位于涂板机之后的铅膏干燥机内进行干燥，然后叠放在一起（见图8.27b）。叠放的极板码放在极板架上，极板架码满之后送入固化间进行固化。极板叠放减少了极板表面与周围空气的接触面积。这种方式一定程度上阻碍了铅膏与空气中的水和氧气交换。极板固化和干燥是最耗时的电池极板生产工艺过程，其原因也正在于此。

极板固化和干燥的过程控制中，应该抽检码放在极板架中间的一叠极板的中间位置的极板，因为此处的空气和水的交换最慢（见图8.27）。

8.2.4.3 铅膏的黏附力与内聚力

铅膏颗粒间的黏接是一种内聚力，铅膏与板栅之间的黏接是一种黏附力。图8.28展示了内聚力和黏附力随着铅膏含水量的变化关系[2]。

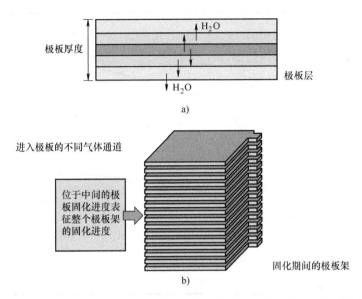

图 8.27　a）水从极板内部向表面移动的示意图，水从极板表面蒸发而敞开铅膏毛细孔
b）固化期间的极板架

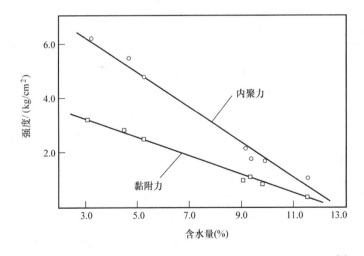

图 8.28　固化铅膏的黏附力和内聚力随铅膏含水量的变化情况[2]

随着铅膏含水量降低，这两种黏接力都呈直线增大。黏接力大小与板栅表面形成的腐蚀层有关。界限清晰的腐蚀层（厚度为 2 ~ 3μm）提高了固化铅膏与板栅之间的结合力，保证板栅/活性物质之间具有可靠的接触。

固化期间极板内聚力和黏附力的变化情况如图 8.29 所示。

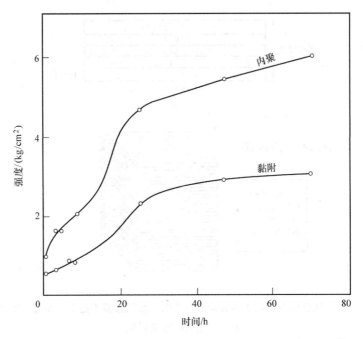

图8.29　极板在固化和干燥期间的黏附力和内聚力的变化情况[2]

固化初期的8h内，铅膏发生再结晶反应，内聚力轻微增加（达到2kg/cm²）。然后，毛细孔中的水和颗粒间薄液膜含有的水开始蒸发，铅膏颗粒互锁形成一个多孔物质。铅膏内聚力从2kg/cm²增加到4.8kg/cm²。然后，楔形孔中的水开始挥发，多孔物质发生硬化。这样，铅膏内聚力从4.8kg/cm²增加到6kg/cm²。

黏附力的变化与腐蚀层的形成有关。正如图8.29所示，干燥8h之后，铅膏中的孔敞开，氧气可以进入铅膏内部。干燥10～24h期间，铅膏中的水分足以满足铅氧化反应的需要，并且空气中的氧气可以达到板栅表面而形成腐蚀层，所以，铅膏的内聚力和黏附力在这段时间增加最快。

图中可以发现两个有意义的结论，值得专门提出：

1）黏附力小于内聚力，意味着板栅/铅膏之间的连接可能限制极板容量。

2）黏附力和内聚力不断增大，不过在铅膏干燥期间的增速变缓。如能加快，则可以缩短固化时间。

8.3　极板固化技术

8.3.1　空气固化

在电池实际生产期间，极板码放在极板架上之后，并不能保证立即送入固化间中。一些小电池厂甚至没有固化间。填涂好的极板不加控制地在空气中放置。在极板快速干燥（涂板之后）期间，极板已经发生了固化反应。这种工艺就是所谓的空气固化。使用隧道式快速干燥机对极板进行干燥期间，极板中的水加速挥发，极板含水量下降。这样，铅氧化反应得以加快，释放出更多的热量。极板固化完成之前，铅膏中的含水量就已经降至5%以下，固化反应被迫停止。在极板架不同位置码放的极板，其固化进度不同。因此，空气固化会引起电池性能较差。

为了减少在空气中放置期间极板水分的挥发，极板架码满极板之后应使用塑料（PE）布罩住。这样，形成了一个小的封闭空间，局部空气湿度快速达到饱和，可以防止极板进一步失水，或防止极板失水速率快速减慢。在夏天，生产场地的湿度相对高，可预先向极板架上的极板喷洒一些水，然后再使用塑料布将整个极板架罩起来。这样，各叠极板和每叠极板内部各片极板的固化反应更为均匀一致。

表 8.3 说明了 3 种不同的空气固化方法对正极板理化参数和容量的影响[30]。

表 8.3　空气固化方法对固化之后和化成之后的正极板理化参数和容量的影响[30]

固 化 方 法	固化后铅膏			化成后的极板			容量 /（Ah/kg）
	游离 Pb（%）	孔率（%）	$PbSO_4$（%）	PbO_2（%）	BET 表面 /（m^2/g）		
空气固化 2 天	6.7	43	13.7	85.4	4.8		50
55℃，80% RH 固化 1 天，十燥 1 天	4.7	51	8.1	89.9	5.0		77
PE 膜罩住极板 55℃固化 1 天 空气干燥 1 天	2.0	63	1.4	97.3	6.2		96

第一种固化方法，水从铅膏中挥发得最快，固化反应很早就停止了。活性物质的化成程度低，因而正极板容量低（见表 8.3）。第二种固化方法，随着温度升至55℃，相对温度为80%，水挥发速率减慢，极板固化反应进行得更快。因此，与第一种方法相比，采用第二种方法固化的极板性能有所提高。然而，如果极板在55℃下置于在封闭塑料罩中以 100% 的相对湿度进行空气固化24h，极板固化反应进行得最透彻，这种正极板也会生成最完善的活性物质，因而容量最高（见表 8.3）。所以固化反应的关键参数是周围空气的相对湿度，以及铅膏含水量。

8.3.2　固化间内的固化过程

带有独立温度和湿度控制的固化间可以提供最佳的极板固化条件。这种条件下，针对每种特定类型和尺寸的极板采用最佳的固化工艺是非常重要的。可将固化过程分为固化和干燥两个阶段，并分别设置固化间的温度和相对湿度。

在国际铅锌组织（ILZRO）推动的先进铅酸蓄电池联合会 ALABC 项目提供的

资金支持下，我们的团队研究了固化条件对4BS极板和经过90℃固化由3BS转化成4BS的极板性能的影响。各铅膏采用相同的干燥条件：60℃、60% RH干燥4h，然后温度不变、以40% RH继续干燥4h，最后以10% RH干燥12h。试验极板采用PbCaSn连铸板栅。表8.1汇总了固化后铅膏的孔体积、平均孔径、BET表面积和固相密度，以及比容量达到80Ah/kg PAM时的电流密度[16]。

使用表8.1列出的极板组装成12V/34Ah的电池，并按照42%的正极活性物质利用率进行测试。除了测定20h初始放电容量（所有电池均达标），也测定了这些极板的Peukert关系。图8.30展示了以不同电流密度放电所释放的比容量表示的Peukert关系。

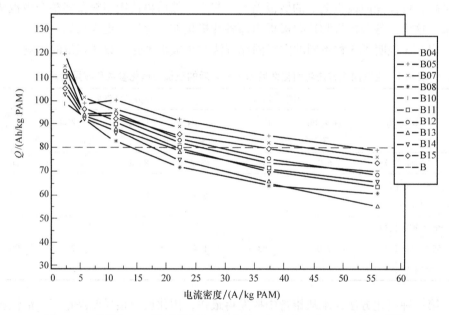

图8.30　采用表8.1所列固化方法生产的正极板电池的Peukert关系[16]

该图表明，根据采用的极板固化工艺不同，不同类型极板的Peukert曲线不同。Peukert关系假定所有电池均释放出80Ah/kg PAM的比能量。根据不同极板类型的电池以不同电流密度 I_d 放电所确定电池的比能量。根据80Ah/kg PAM的比能量计算得出放电电流密度 I_d，以 I_d 测试各种电池的实际比能量。表8.1中列出了实测的 I_d 结果，可以用来评估电池的功率输出性能。

然后以1小时率放电电流对各电池进行循环测试。当电池实测容量降低为额定20小时率容量的80%时，循环结束。图8.31比较了不同类型电池的循环次数（电池循环寿命）和比能量为80Ah/kg PAM时的放电电流密度。

图8.31中的数据证明了下列结论：

• 采用 3BS 经 90℃ 固化而转化为 4BS 的极板生产的电池具有很强的功率输出性能。然而这种电池的循环寿命大约比 4BS 极板生产的电池寿命短 30%。

• 采用以 50℃ 和 90℃ 固化的 4BS 极板生产的电池循环寿命长，但是输出功率较低。

以上研究结果证明正极板固化方案影响电池性能参数。

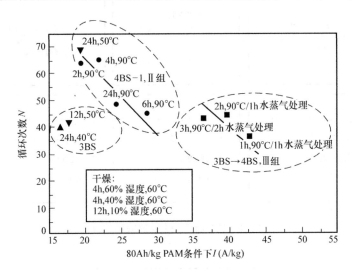

图 8.31　固化方案对电池寿命和功率的影响

8.3.2.1　3BS 铅膏和 4BS 铅膏的固化工艺

应考虑极板尺寸和板栅合金，针对每种铅膏（3BS 或 4BS）的极板设计固化工艺。板栅合金决定了板栅腐蚀速率。如果采用 Pb-Sb 合金，由于这类合金的腐蚀速率相对较高，则第二阶段固化时间（板栅腐蚀）可以缩短。PbSnCa 板栅的腐蚀速率较低，所以此类合金极板的腐蚀阶段应该延长。固化制度应该考虑极板厚度，以及极板在固化间的码放方式（堆叠在托盘上还是相互间隔挂在极板架上）。固化反应也取决于固化间容积和装入极板数量之间的比例。

图 8.32 展示了 3BS 铅膏 SLI 极板的固化方案。图 8.33 展示了 4BS 铅膏 SLI 极板的固化方案。图中也给出了 3 个固化阶段的不同固化条件。这些典型固化方案可作为极板固化方案设计的参考案例。

固化完成后，极板应该具有以下特性：

• 含水量 <0.2%；

• 正极板 Pb 含量 <1%；

• 负极板 Pb 含量 <5%。

固化后的极板应该没有裂纹，并且具有足够的硬度，保证极板从 0.8m 高度落下后，铅膏不脱落且不开裂。

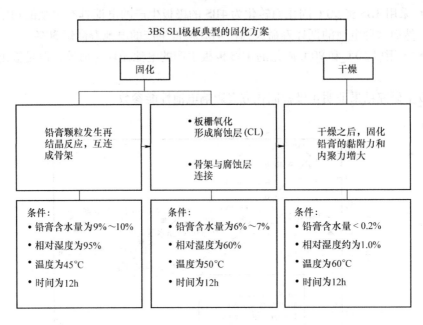

图 8.32　3BS 铅膏 SLI 极板的固化方案

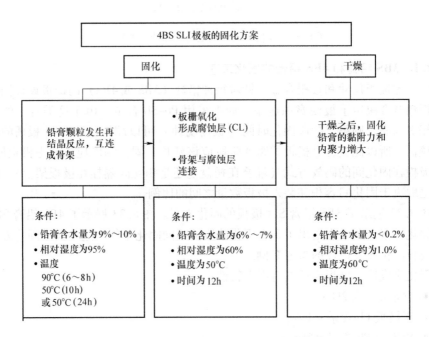

图 8.33　4BS 铅膏 SLI 极板的固化方案

340

8.3.2.2 极板固化设备

通常电池生产厂商采用批量固化系统，即每班生产的极板都在一个大型固化间中固化（批量固化）。极板涂膏之后进行部分干燥，然后堆叠码放在极板架上。叉车将极板架送入固化间内，水平放置或竖直放置在一起。极板架周围应留有足够空间，保证空气可以自由流通。通常，固化间中部的极板比外围的极板温度更高。这会导致极板固化和干燥不均。为了避免出现这种情况，极板架之间应该留出一些空间，使空气可以自由流通。

空气自由流通的重要性正如温度和湿度对于固化间各部位的极板均匀固化的重要性一样。极板装入不均衡，也会造成固化间内气流分布变得复杂。最佳的空气流通是空气从位于固化间一侧的入口进入，从横向和纵向通过整个固化间，然后在对面的出口排出。在这种情况下，空气几乎均匀通过堆叠在极板架上的极板。固化间内空气的均匀分布也取决于空气的流量。对于大型固化间，典型的空气流速是 $220 \sim 280 \mathrm{m}^3$/班产量[13]。固化间顶部均安装风扇。湿度和温度控制系统通常安装在空气回复通道中。使用水雾或水汽可以增加固化间的相对湿度[13]。压缩空气将 Pb 的氧化反应所需的氧气和水雾引入到固化间。如果固化间温度降至预设值，在随后的干燥期间，应该打开加热系统。固化间的温度和湿度应该能够独立控制。固化程序（算法）设计也应考虑到固化极板的数量、类型以及码放方式。

8.3.2.3 加速极板固化的方法

极板固化是电池极板制造过程中最耗时的工序之一。为使固化过程与其他自动化工艺过程速度相匹配，人们尝试寻找能够加快固化过程的方法。Glascock[31] 分析了固化过程，他指出固化和干燥过程持续时间长的原因是大型极板架上的极板堆叠方式和码放方式（批量固化）。

为了加快固化反应，提出了各种方法，例如：

- 极板不穿过隧道式快速干燥机。极板竖直挂在极板架上，极板之间有小间隔。这样所有极板都能够接触到自由流通的空气，可以大幅缩短固化和干燥过程。
- 固化期间，极板架之间保持一定的间距。为了节约生产场地，美国公司 Ceneral Thermal, Inc.（连续固化系统）和德国的 Muenstermann 公司将极板架竖直堆放在固化间中。

极板固化和干燥期间，应对下列工艺参数进行连续控制：

- 固化间的空气相对湿度。
- 固化间的空气温度。Pb 氧化成 PbO 是放热反应，释放的热量使极板温度高于固化间的空气温度。该温度差值取决于铅膏中游离铅的数量。
- 固化间不同部位的空气流速、相对湿度和氧气含量。

通过对固化过程和干燥过程中的上述变量进行试验，研究人员已经将 SLI 薄极板的固化和干燥的总时间缩短为 12h[31]，将较厚极板的固化和干燥的总时间缩短为24h。

参 考 文 献

[1] J.R. Pierson, in: D.H. Collins (Ed.), Power Sources 2, Pergamon Press, London, UK, 1970, p. 103.

[2] M.E.D. Humphreys, R. Taylor, S.C. Barnes, in: D.H. Collins (Ed.), Power Sources 2, Pergamon Press, London, UK, 1970, p. 55.

[3] C.S. Lakshmi, J.E. Manders, D.M. Rice, J. Power Sources 73 (1998) 23.

[4] S. Fouache, A. Charbol, J. Power Sources 78 (1999) 12.

[5] D. Pavlov, G. Papazov, J. Appl. Electrochem. 6 (1976) 339.

[6] D. Pavlov, N. Kapkov, J. Electrochem. Soc. 137 (1990) 21.

[7] H.W. Billhard, J. Electrochem. Soc. 117 (1970) 690.

[8] C.W. Fleischman, W.J. Schloter, J. Electrochem. Soc. 123 (1976) 969.

[9] J. Burbank, J. Electrochem. Soc. 113 (1966) 10.

[10] R. De Marco, A. Rochliadi, J. Jones, J. Appl. Electrochem. 31 (2001) 953.

[11] B.A. Thompson, R.L. Strong, J. Phys. Chem. 67 (1963) 594.

[12] N. Yamasaki, J.-J. Ke, J. Power Sources 36 (1991) 95.

[13] E.S. Napoleon, J. Power Sources 19 (1987) 169.

[14] N.D. Hung, J. Garche, K. Wiesener, J. Power Sources 17 (1986) 331.

[15] D.A.J. Rand, R.J. Hill, M. McDonagh, J. Power Sources 31 (1990) 203.

[16] D. Pavlov, M. Dimitrov, T. Rogachev, L. Bogdanova, J. Power Sources 114 (2003) 137.

[17] D. Pavlov, S. Ruevski, J. Power Sources 95 (2001) 191.

[18] S. Grugeon-Dewaele, J.B. Leuche, J.M. Tarascon, A. Delahaye, L. Torcheux, J.P. Vaurijoux, F. Henn, A. de Guibert, J. Power Sources 64 (1997) 71.

[19] L. Torcheux, J.P. Vaurijoux, A. de Guibert, in: Proceedings of LABAT'96 Conference, Varna, Bulgaria, 1996, p. 153.

[20] S. Laruelle, S. Grugeon-Dewaele, L. Torcheux, A. Delahaye-Vidal, J. Power Sources 77 (1999) 83.

[21] D.P. Boden, in: D.H. Collins (Ed.), Power Sources 2, Pergamon Press, London, UK, 1970, p. 66.

[22] J.P. Hoare, The Electrochemistry of Oxygen, John Wiley & Sons, New York, 1968, p. 124.

[23] L. Bouirden, J.P. Hilger, J. Hertz, J. Power Sources 33 (1991) 27.

[24] R.D. Prengaman, J. Power Sources 95 (2001) 224.

[25] Ph Steyer, J. Steinmetz, J.P. Hilger, J. Electrochem. Soc. 154 (1998) 3183.

[26] R. Lindner, H.N. Terem, Arkiv From Kemi 7 31 (1954) 273.

[27] R.A. Thompson, R.L. Strong, J. Phys. Chem. 67 (1963) 594.

[28] D. Pavlov, Electrochim. Acta 23 (1978) 845.

[29] H. Bode, in: R.J. Brodd, K. Kordesch (Eds.), Lead-Acid Batteries, John Wiley, New York, USA, 1977, p. 243. Electrochem. Soc.

[30] A. Sahari, L. Zerroual, J. Power Sources 32 (1990) 407.

[31] B. Glascock, Batteries Int. (April 1998) p.43.

第4部分 极板化成

第9章 固化极板在化成之前的浸酸

9.1 铅酸蓄电池极板化成期间的相关工艺流程

固化之后，正极板和负极板成分是相同的，均含有二价铅化合物（3BS、4BS、PbO 和未氧化的铅），这种极板直接组装成电池并不能产生电动势。化成过程是为了将固化铅膏转化为具有电化学活性的多孔材料：正极板为 PbO_2，负极板为 Pb。这些活性物质与板栅保持机械接触和电化学接触。铅酸蓄电池的化成工艺主要分为两种工艺方法。

图 9.1 展示了两种化成工艺：槽化成和电池（电池内）化成的相关工序。

1) 槽化成用于生产干荷电电池和 VRLAB。在槽化成过程中，每个化成槽中摆放 50~200 单片或双片的正、负固化极板，极性相同的极板彼此相连。化成槽内有相对密度为 1.06 或 1.10 的 H_2SO_4 溶液，电解液用量为每 kg 干膏使用 2.5~3L。极板浸入电解液中 1~2h 之后，接通电源，开始化成。监控化成温度，使其保持在 25~50℃。对于传统化成技术，不同阶段化成电流不同，在 0.7~2.5mA/cm^2 之间变化。动力型电池极板化成时间为 48~72h，SLI 电池极板为 18~30h。通入极板的电量是理论容量的 1.7~2.3 倍。化成结束后，取出极板，水洗以除去极板中残留的 H_2SO_4。在适当条件下对极板进行干燥。负极板在无氧环境下或在真空中干燥，然后，正、负极板中间放入隔板，组装成干荷电电池。这项技术用于生产出售前存储 6 个月以上的电池。

2) 电池内化成技术主要用于生产 6 个月内即投入使用的 SLI 电池。富液式电池或 VRLAB 都可以使用这种化成技术。在电池内化成工艺中，固化好的正、负极板，连同置于极板中间的隔板组成"极群组"，然后装入蓄电池槽中。

对于使用吸附式玻璃丝棉（AGM）隔板的 VRLAB，应对极群组施加一定压力，然后使用塑料带扎紧，塞入蓄电池槽中（动力型或固定型电池）。如果电池体

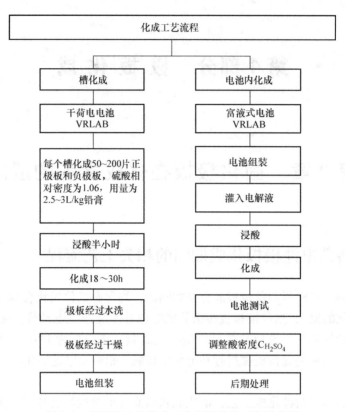

图 9.1　铅酸蓄电池化成工艺所涉及的工序示意图

积小，而且电池槽被设计成可以维持所需压力，则极群组在装槽之前不必扎紧。下一个工序是向电池槽中灌入电解液。对于 AGM 隔板或胶体电解液的 VRLAB，该过程是相当复杂的。浸酸 1～2h 之后，接通电源，开始化成。然后对电池进行测试，再充电，调整电解液密度，如果有必要的话，对电池进行一些后期处理之后，电池即可出售使用。

　　本章将讨论浸酸期间发生的反应。这是化成工艺过程的第一个阶段，在此期间，极板发生硫酸盐化反应和水化反应，这对后续化成过程产生影响。

9.2　浸酸和化成期间的 H_2SO_4 电解液

9.2.1　浸酸和化成期间 H_2SO_4 溶液的浓度

　　在浸酸和化成工艺中，H_2SO_4 溶液的数量和浓度具有重要影响，所以这里首先针对不同化成工艺的这些技术参数进行讨论（见图 9.2）。

344

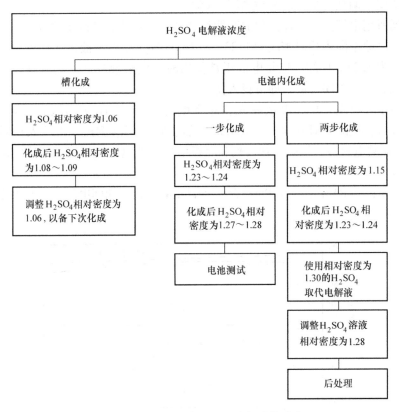

图 9.2　化成过程中 H_2SO_4 电解液的浓度

　　槽化成使用的硫酸浓度通常介于相对密度 1.05 和 1.08 之间，最常用的硫酸相对密度为 1.06。那么，最合适的硫酸浓度的标准是什么？

　　由于 H_2SO_4 与铅膏中的铅氧化物和碱式硫酸铅发生反应，H_2SO_4 浓度下降。可接受的 H_2SO_4 浓度下限为相对密度 1.025，所以确定选择化成槽内的极板片数时，应考虑上述参数。通常，1kg 干膏使用 2.5 ~ 3L 相对密度为 1.06 的电解液。

　　第二个重要的工艺参数是化成槽内的温度，温度不能超过 50℃，也不能低于 15℃。浸酸和化成期间的最佳温度范围是 25 ~ 50℃。

　　在化成期间，铅膏制备所用的 H_2SO_4 从极板中释放出来，结果化成后时，电解液的相对密度增加到 1.08 ~ 1.09。因此，有必要在下一批极板化成之前调整 H_2SO_4 溶液浓度。从化成槽取出极板时会随之带出部分电解液，因此，为了保持化成槽中电解液液面高度，有必要向化成槽中补加适量水。补加的水稀释了 H_2SO_4，使硫酸浓度降低。化成槽内硫酸浓度的实际下降情况取决于化成期间极板中释放的 H_2SO_4 数量与补加水量的平衡。总之，在下一批极板浸入化成槽之前，化成槽中的电解液浓度应调整为最初的相对密度 1.06。

根据所用电解液，电池内化成有两种选择：一步化成和两步化成。在一步化成工艺中，电池中灌入相对密度为 1.23 ~ 1.24 的 H_2SO_4 电解液，在化成后，增加到相对密度为 1.27 ~ 1.28。这是电池正常使用时的电解液浓度。然后对电池进行检测，完成后处理工序之后，即可投入使用。

在两步化成工艺中，电池灌入相对密度为 1.15 的 H_2SO_4 溶液，然后开始化成。化成后，硫酸相对密度上升至 1.23。然后将电解液倒出，再灌入相对密度为 1.300 的硫酸电解液。该硫酸被极板和隔板中残存的电解液稀释，其浓度最终达到相对密度为 1.28 ~ 1.27。

图 9.3 说明 PAM 中的 α-PbO_2 含量随着浸酸和化成期间电解液相对密度的变化而变化的情况[1]。

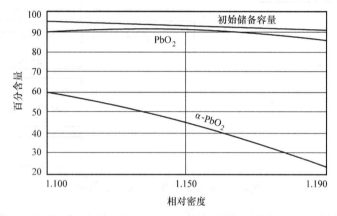

图 9.3　PAM 中的 α-PbO_2 含量和电池初容量随浸酸和化成期间
所用电解液相对密度的变化情况[1]

图中表明，如果浸酸和化成期间使用相对密度为 1.14 ~ 1.15 的电解液，则 PAM 中 α-PbO_2 的含量为 45% ~ 60%。对于高容量和长循环寿命的电池，化成之后正极板中的 β-PbO_2/α-PbO_2 的比例应稍高于 1:1。图 9.3 也表明，如果浸酸和化成使用相对密度低于 1.15 的 H_2SO_4 溶液，则电池初容量高于 90%。在该浓度条件下，电池化成效率高。然而，如果使用这种电解液密度进行化成，应使用两步化成工艺，但这种工艺的成本高，工艺流程不够顺畅。所以，选择化成工艺实际上是电池成本和性能之间的取舍。

对于 VRLAB 优先选用槽化成工艺，而不是采用电池内化成工艺（见图 9.4）。电池内化成不适用于尺寸较高的对于 VRLAB，也不适用于长寿命和高容量电池，或单格高度与内部极板间距（也就是隔板厚度）比值大于 100 的电池[2]。

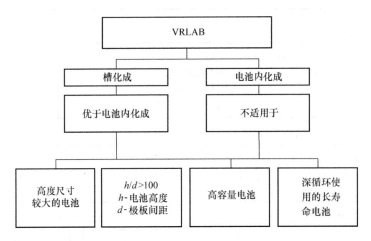

图9.4 VRLAB的优选化成方法

9.2.2 用于富液式电池和 VRLAB 的电池内化成的灌酸工艺

由于极群组受压，VRLAB 灌酸过程相当复杂，这主要有两个方面的原因。首先，灌酸引发了一些化学反应，放出的热量导致电池温度快速升高。在浸酸期间，电池的温度可能超过 60℃，应该避免出现这种情况。

电池内化成的第二个关键过程是固化工序，极板部分碳化生成的碳酸铅与 H_2SO_4 反应，释放出 CO_2。这种析气强烈，灌酸时应予以考虑。

灌酸效率取决于以下参数：

1）AGM 隔板和极板的孔系统。极板和 AGM 隔板均为多孔结构。硫酸溶液很难穿过这些孔。这取决于 AGM 隔板和极板的孔半径分布情况以及孔壁的亲水性。

2）极群组设计尺寸。极板高度（h_p）与隔板厚度（d_{AGM}）之比是非常重要的设计参数[2]。对于 $h_p/d_{AGM} < 50$ 的情况，极群组容易充满电解液。如果该比值介于 50 到 100，则灌酸有些困难。如果比值介于 100～200 之间，则灌酸变得非常困难。在比值超过 200 的情况下，极群组的一些部位可能接触不到 H_2SO_4 溶液，因而可能形成"干膏"。

3）固化极板物相组成。硫酸盐化反应释放出热量，引起极群组温度上升。如果极群组各部位的酸浓度不同，则极板各部位的温度也不同。在某些部位，可能形成水蒸气。极群组不同部位、极群之间以及周围环境经过一段时间（0.5～1.0h）的热交换之后，极群各个部位的温度变得相同。通常，为了减缓上述硫酸盐化反应，向电池中灌入温度为 0～10℃ 的冷酸。为了保持电池温度低于 50℃，电池应浸于冷水中。水的热容高，因此电池与水之间具有很高的热交换效率。

图 9.5 列出了应用最广的灌酸工艺。

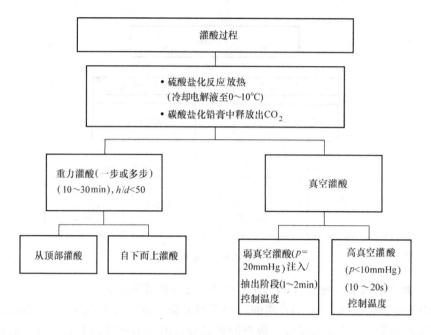

图 9.5 灌酸工艺

第一种灌酸方法是重力灌酸（从电池顶部灌酸或自下而上灌酸），该工艺包括多个步骤，相对较慢，要花 15~30min。适于单格高度与极板间距小于 50 的 VRLAB。第二种灌酸方法是"真空灌酸"。该工艺有两种方式。第一是"弱真空灌酸法"，采用的真空度为 20mmHg，并采用注入/吸出工艺。这种方法可在 1~2min 内完成灌酸。第二种是"高真空灌酸法"，采用的真空度小于 10mmHg。这两种真空灌酸法均能够保证所有铅膏立即与硫酸接触，发生硫酸盐化反应，释放出大量热量。因此，需要对灌酸过程进行热控制。

灌酸时，当 VRLAB 的极群组上面恰好充满一层电解液时，应停止灌酸，并抽出多余的电解液。此时极群组上表面形成了一个类似镜面的电解液层，该电解液层只被隔板上沿分隔开。这样 AGM 隔板达到了 100% 饱和度的状态。循环初期，氧循环效率低，引起水损耗。当电解液饱和度降至 96% 以下时，氧循环效率提高，因而水损耗降低。当电解液中大量水已经分解，如果有可能，应向电池中添加水以补偿水损耗。

9.3 3BS 固化极板浸酸期间的反应

9.3.1 浸酸期间铅膏的化学组成和物相组成以及 H_2SO_4 浓度的变化情况

当 H_2SO_4 溶液灌入装有固化极板的蓄电池槽（电池内化成）或化成槽中之后，H_2SO_4 开始与固化极板发生反应，导致极板两表面生成了新的固态物相。

研究人员对 3BS 固化极板浸入 3 种相对密度不同的 H_2SO_4 溶液之后所发生的化学反应进行了研究[3]。在各个试验中，1.425g 固化铅膏（正膏和负膏）与 1cm³ 电解液反应。3BS 极板分别浸入相对密度为 1.05、1.15 和 1.25 的 H_2SO_4 溶液中，然后对铅膏化学成分及物相组成进行了研究。图 9.6 展示了电解液相对密度的变化情况。可以发现，在浸酸最初的第一个小时内，铅膏硫酸盐化速度最快。

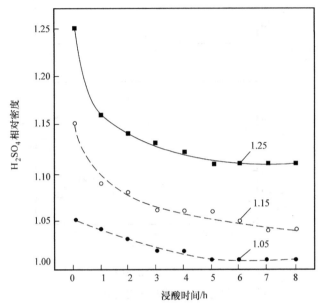

图 9.6　在相对密度分别为 1.05、1.15 和 1.25 的 H_2SO_4 溶液中浸泡时，
电池内电解液的浓度的变化[3]

浸酸期间，正极铅膏中的 PbO 和 H_2SO_4 含量变化情况如图 9.7 所示。负极板的变化情况也与此类似。对于浸酸相对密度分别为 1.05、1.15 和 1.25 的情况，浸渍 8h 之后，正极板中的 $PbSO_4$ 含量分别增加至 22%、47% 和 60%。

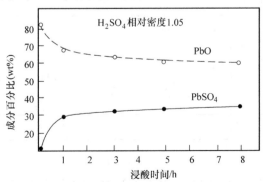

图 9.7　固化后的正极板浸入相对密度分别为 1.05、1.15 或 1.25 的 H_2SO_4
浸酸期间铅膏的化学成分的变化情况[3]

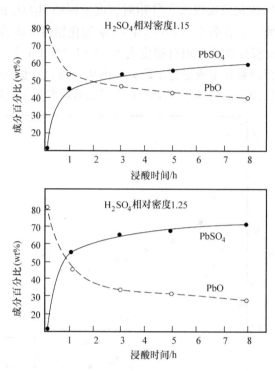

图 9.7　固化后的正极板浸入相对密度分别为 1.05、1.15 或 1.25 的 H_2SO_4

浸酸期间铅膏的化学成分的变化情况[3]（续）

固化铅膏含有 α-PbO（正方晶系）、β-PbO（斜方晶系）和 3BS。浸酸期间，极板中生成了 $PbO \cdot PbSO_4$（1BS）和 $PbSO_4$。这些物相的 X-ray 衍射线强度变化情况如图 9.8 所示。在浸酸最初的 15min 内，α-PbO 和 3BS 含量快速增加。β-PbO 和 H_2SO_4 之间的反应受到严重抑制。与 β-PbO 不同的是，α-PbO 与 H_2SO_4 之间的反应则持续稳定地进行。

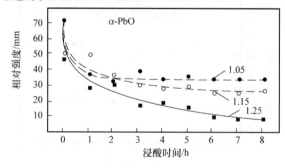

图 9.8　在相对密度分别为 1.05、1.15 或 1.25 的 H_2SO_4 溶液中浸泡期间，铅膏中不同物相的 X-ray 衍射线相对强度的变化情况（浸酸期间形成了 $PbSO_4$、1BS 和 3BS）[3]

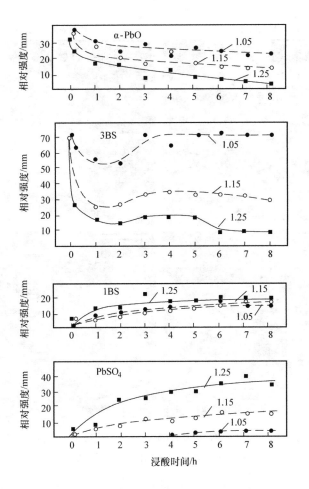

图 9.8　在相对密度分别为 1.05、1.15 或 1.25 的 H_2SO_4 溶液
中浸泡期间，铅膏中不同物相的 X-ray 衍射线相对强度的
变化情况（浸酸期间形成了 $PbSO_4$、1BS 和 3BS）[3] （续）

　　如果采用相对密度为 1.05 的硫酸溶液，则浸酸初期形成的硫酸盐化产物主要
是 1BS 和 3BS，浸酸 4h 之后生成少量的 $PbSO_4$。最先形成的是 1BS，浸酸 1-2h 之
后生成 3BS。H_2SO_4 浓度越高，则铅膏中形成的 $PbSO_4$ 晶体越大。

　　图 9.9 展示了在相对密度为 1.05 的 H_2SO_4 溶液中浸酸 1h 和 3h 之后，铅膏内
部晶体的 SEM 图片[3]。图中展示了极板表面和极板内部的铅膏结构。

　　浸酸 1h 内，极板表面铅膏生成了典型的针状 1BS 晶体。而极板内部铅膏中
的 1BS 晶体尺寸小得多。浸酸 3h 之后，同时发现具有 3BS 特征的少量纺锤形
晶体。

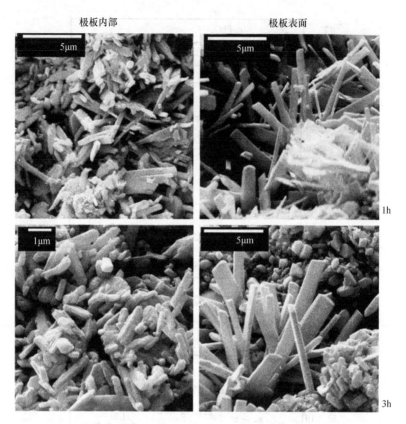

图 9.9　浸于相对密度为 1.05 的 H_2SO_4 溶液中的极板表面及
其内部的铅膏结构和晶体形态的 SEM 图片

　　浸于相对密度为 1.25 的 H_2SO_4 溶液中的铅膏微观图片如图 9.10 所示[3]。针状
1BS 晶体只在最初的 1h 内出现在极板表面。浸酸 3h 之后，这些晶体转化为结构清
晰的 $PbSO_4$ 晶体。极板内部出现了形状不同的无定形物相，这些物质后来再结晶，
变成形状良好的 $PbSO_4$ 晶体。

　　图 9.6 和图 9.7 中的数据表明，尽管铅膏中仍含有 PbO 和 H_2SO_4，但在浸酸
1h 之后，两者反应速率变得很慢。浸酸期间发生了一系列化学反应，使铅膏中的
碱式硫酸铅和 PbO 发生了硫酸盐化反应，其相关反应式如下：

$$4PbO + SO_4^{2-} + 2H^+ = 3PbO \cdot PbSO_4 \cdot H_2O \quad pH = 14.6 + 0.5\ln a_{SO_4^{2-}} \quad (9.1)$$

$$3PbO \cdot PbSO_4 \cdot H_2O + SO_4^{2-} + 2H^+ = 2(PbO \cdot PbSO_4) + 2H_2O$$

$$pH = 9.6 + 0.5\ln a_{SO_4^{2-}} \quad (9.2)$$

$$PbO \cdot PbSO_4 + SO_4^{2-} + 2H^+ = 2PbSO_4 + 2H_2O \quad pH = 8.4 + 0.5\ln a_{SO_4^{2-}} \quad (9.3)$$

$$4PbO \cdot PbSO_4 + 4SO_4^{2-} + 8H^+ = 5PbSO_4 + 4H_2O \quad pH = 13.4 + 0.5\ln a_{SO_4^{2-}} \quad (9.4)$$

图 9.10　浸于相对密度为 1.25 的 H_2SO_4 溶液中的极板表面及其
内部的铅膏结构和晶体形态的 SEM 图片

以上反应发生在极板两表面，结果使极板表面的 $PbSO_4$ 含量增加，并逐渐向极板中心生长。固化铅膏为黄色（碱式硫酸铅和 PbO），而硫酸盐化的部位为灰色。这种颜色差异可以较容易地确定硫酸盐化部位向极板内部的增长情况。硫酸盐化部位向固化铅膏的移动速率取决于以下参数：

$$V_{sul} = f(C_{H_2SO_4}, T, C_{paste}, d, l, H_2SO_4/PbO)$$

式中，T 为温度；C_{paste} 为铅膏物相组成；d 为固化铅膏密度；l 为极板厚度；H_2SO_4/PbO 为硫酸与氧化物的比值，此处的 PbO 代表自由态 PbO 和键合态 PbO 总和。

9.3.2　浸酸期间沿着极板厚度形成不同次级层的局部反应

图 9.6 ~ 图 9.8 表明浸酸第 1 小时内的硫酸盐化反应速率最快。然后硫酸盐化反应速率下降，甚至在高浓度 H_2SO_4 溶液中浸渍 8h 之后，虽然仍存在没有发生反应的 H_2SO_4，但是极板中仍有大量 α-PbO、β-PbO 和 3BS 未发生反应。在浸酸 1h

内，极板所形成的结构阻碍了 PbO、3BS 与 H_2SO_4 的接触，以及 H_2SO_4 在极板内部的移动。

图 9.11 展示了 3BS 极板在相对密度为 1.06 的 H_2SO_4 溶液中浸渍 4h 之后，极板横截面的微观图片。从图中可分辨出 3 个颜色不同的铅膏层或区域[4]：

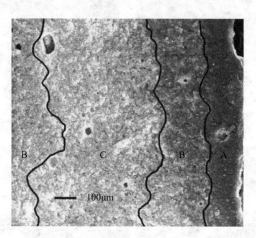

图 9.11　浸酸后含有不同密度和不同化学组成的极板层
A—主要成分为 $PbSO_4$ 的层　B—中间层　C—未反应铅膏的中心层[4]

A——外部层：深灰色，接近极板表面，与电解液接触；

B——中间层：灰色，带有亮点；

C——中心层：铅灰色，带有许多相对较大的亮点；位于极板横截面的中心位置。

浸酸极板的横截面为上图所描述的层状结构，这一定是因为极板上不同厚度的区域发生了不同的化学反应，生成了不同的产物。采用 SEM 技术，以较高的放大倍率对这些极板厚度进行分析，可以测定这些区域的反应产物的成分。

9.3.2.1　A——外部层[4]

图 9.12 展示了位于极板表面附近、能够接触到电解液的外部层 A 的 SEM 图片，试样极板在相对密度为 1.10 的 H_2SO_4 溶液中浸渍了 4h。该层由 $PbSO_4$ 晶体和未反应的铅膏颗粒组成。这些 $PbSO_4$ 晶体的尺寸不同。大晶体具有清晰的

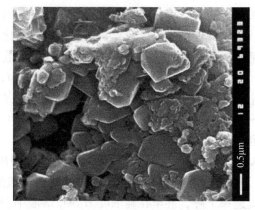

图 9.12　外部层 A 结构和 $PbSO_4$ 晶体形貌

晶界、边界和顶点。这种形状完好的晶体可能是因为发生了再结晶反应。延长浸酸时间加快了 $PbSO_4$ 再结晶反应，并形成了尺寸为 $1 \sim 1.5 \mu m$ 的 $PbSO_4$ 晶体。这种尺寸的晶体不会阻碍 PAM 的化成反应。

9.3.2.2　B——中间层[4]

在浸入固化铅膏的孔的过程中，H_2SO_4 溶液与 PbO 和 3BS 反应生成 $PbSO_4$ 和 1BS（见图 9.8），同时也生成了 H_2O ［见式（9.1）~ 式（9.4）］。这样，部分 H_2SO_4 被消耗，铅膏孔内的 H_2SO_4 浓度下降。

以上这些反应表明，铅膏发生硫酸盐化反应，生成水。这进一步稀释了 A 层和 B 层孔内的 H_2SO_4 溶液。因此，极板内部溶液的 pH 值升高。甚至在极板内部可能形成 pH 中性区。这会引发 PbO 和 3BS 的水化反应，结果生成了 $Pb(OH)_2$、$3Pb(OH)_2 \cdot PbSO_4 \cdot H_2O$ 和 $Pb(OH)_2 \cdot PbSO_4$。

图 9.13 展示了浸酸之后 B 层铅膏的 SEM 微观结构及其颗粒的晶体形貌。水化反应完成之后，$3Pb(OH)_2 \cdot PbSO_4 \cdot H_2O$ 与 $Pb(OH)_2$ 发生反应，结果，各种颗粒之间的边界可能完全或者部分消失（见图 9.13）。

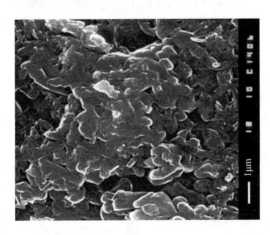

图 9.13　含有水化和晶体颗粒的中间层 B 层的微观结构

因此，除了晶体区，铅膏颗粒和团粒中也生成了氢氧化铅和水合硫酸铅。部分水合化合物有可能比碱式硫酸铅晶体更大，因此，铅膏总体积变小，平均孔径变小，小孔消失，大孔半径变小。从图 9.13 中可以观察到这些现象。

图 9.14 展示的是铅膏中间层发生硫酸盐化反应后的 SEM 图片。从图中可观察到大孔内壁发生硫酸盐化，形成了 $PbSO_4$ 晶体薄层，它阻碍 H_2SO_4 进入 3BS 和团粒内部，因而防止硫酸盐化反应进一步进行。浸酸 1h 之后，B 层铅膏和 C 层铅膏的硫酸盐化反应速率降低，H_2SO_4 浓度（见图 9.6）、铅膏化学组成和物相组成的变化情况体现了这一点。

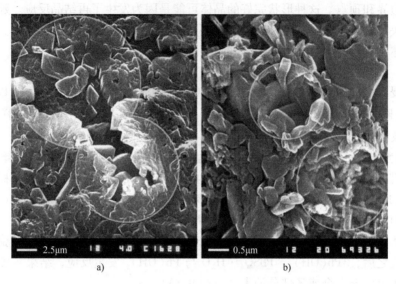

a)   b)

图9.14　B 层中的氢氧化铅、水合硫酸铅的硫酸盐化

a）水合硫酸铅凝聚体的大孔表面生成的 $PbSO_4$ 晶体（圆圈部分）；

b）图中右下角可见小尺寸的1BS 晶体

　　极板的一些部位生成了细针形颗粒，它们看起来与 1BS 晶体非常相似。图9.14 列出了中间层的这种结构。1BS 在一定 pH 区间内形成，该 pH 区间介于形成 $PbSO_4$ 和 3BS 的 pH 值之间。形成针状颗粒的 B 层铅膏孔内溶液 pH 值可能与 1BS 的 pH 值一致。

9.3.2.3　C——中间层（区）[4]

　　图9.15 展示了 C 层铅膏的结构和晶体形态的 SEM 图片，这些铅膏在相对密度为 1.06 的 H_2SO_4 溶液中浸渍了 2h。大多数 3BS 颗粒没有参与水化反应或硫酸盐化反应。不过，某些部位的颗粒开始相互连接，并形成了最初的水化层团粒。有些团粒含有两个颗粒，尺寸达到 $1 \sim 2.5\mu m$。

　　三碱式硫酸铅（$3PbO \cdot PbSO_4 \cdot H_2O$）含有水。采用导数热重（DTG）分析技术对铅膏成分进行了分析，分析过程中，铅膏中的水会挥发，铅膏试样减重。

图9.15　在相对密度为 1.06 的 H_2SO_4 溶液中浸渍 2h 之后，固化极板中心部位铅膏的结构及晶体形貌

根据图 9.16，可得出以下结论：

- 固化之后，3BS 铅膏的 DTG 曲线具有一个高的低温区（200～300℃）和一个小的高温区（300～400℃）特征峰。在之前的温度区间内，可清晰地发现两个峰值：240℃ 和 270℃。这些特征峰意味着铅膏中的 3BS 颗粒所含水的结合方式不同。

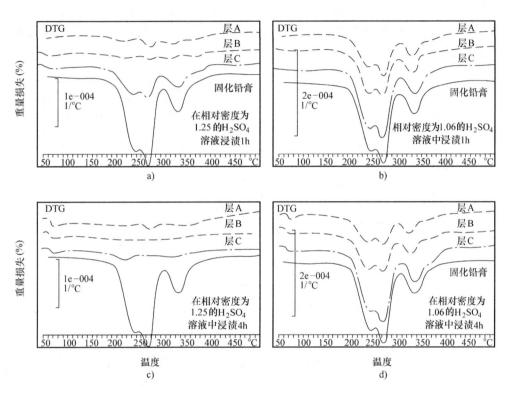

图 9.16　极板外部层（A）、中间层（B）和中心层（C）
在相对密度为 1.25（图 a、c）和 1.06（图 b、d）的 H_2SO_4 溶液中浸渍
1h 和 4h 之后的 DTG 曲线[4]

- 在相对密度为 1.25 的 H_2SO_4 溶液中浸渍 1h，A 层和 B 层 DTG 曲线中的 3BS 吸热峰大幅降低，C 层含有大量 3BS。仅仅浸渍 4h 后，C 层的 3BS 含量就下降到可以忽略的数量。

- 在相对密度为 1.06 的 H_2SO_4 溶液中浸渍 4h 后，3BS 特征峰仍然存在，只是强度减弱。

浸渍不同时间之后，分别对 3 个铅膏层的样品进行加热，其重量损失情况如图 9.17 所示[4]。如果在相对密度为 1.06 的 H_2SO_4 溶液中浸渍，则 A 层和 B 层重量损失轻微下降。浸渍 4h 后，极板中心 C 层的重量损失甚至大于固化铅膏的重量损失。这表明浸酸期间，铅膏中心层发生了水化反应。其中的 PbO 和 3PbO·PbSO$_4$·H$_2$O 晶相可能发生了水化反应。

对在相对密度为 1.25 的 H$_2$SO$_4$ 溶液中浸渍的 3 种铅膏试样进行加热，其重量损失如图 9.17b 所示。浸渍 4h 后，3 个试样的重量损失几乎相同（0.4%）。尽管 H$_2$SO$_4$ 浓度仍然很高，但仍然没有发生 PbO 的硫酸盐化反应，或者其反应速度非常慢。图 9.17 表明这 3 个铅膏层中含有水，只是含量很少。铅膏中的铅氧化物和碱式硫酸铅在浸酸期间发生了水化反应，一些水化颗粒被隔离，不能直接接触 H$_2$SO$_4$ 溶液。

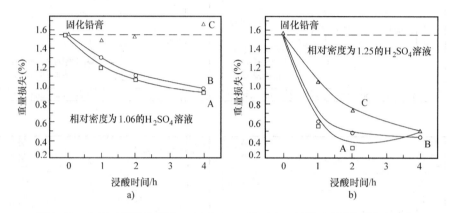

图 9.17　在相对密度分别为 1.06 和 1.25 的 H$_2$SO$_4$ 溶液中浸渍不同时间后，采用 TGA 技术测定的极板（A~C）3 个层的重量损失情况[4]

图 9.17 表明，如果浸酸浓度较高（比如相对密度为 1.25），则硫酸盐化反应可大幅改变固化铅膏的结构。浸酸期间形成的铅膏结构决定了极板化成之后 PAM 和 NAM 的结构，而且后续工序对活性物质结构影响较小。反之，如果浸酸浓度低（比如相对密度为 1.06~1.10），则浸酸之后的工艺流程会强烈影响 PAM 结构，因为后续化成期间涉及大量 3BS 和 PbO 颗粒和团粒的反应，因而影响了 PAM 和 NAM 的结构。

在相对密度为 1.25 的 H$_2$SO$_4$ 溶液中浸酸期间，3BS 铅膏的 BET 表面积和孔率的变化情况如图 9.18 所示[4]。浸酸 4h 后，铅膏 BET 表面积下降了 35%，而铅膏总孔体积下降了将近 60%，铅膏平均孔径从 0.20μm 下降到 0.07μm。由于 PbSO$_4$ 的摩尔体积比铅膏中的其他化合物，特别是比 PbO 更大，因此硫酸盐化会降低铅膏的总孔体积。

已经证实，3BS 铅膏的密度影响浸酸过程。因此，密度为 3.89g/cm^3 的铅膏在浸酸期间反应所消耗的 H$_2$SO$_4$ 数量大于密度为 4.39g/cm^3 的铅膏所反应的 H$_2$SO$_4$ 数量[5]。

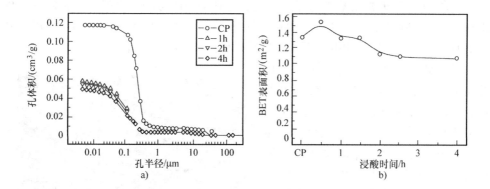

图 9.18　a）固化并在相对密度为 1.25 的 H_2SO_4 溶液中浸渍 1h、2h 和 4h 后，
立刻测出的铅膏孔体积分布情况（以半径表示）

b）固化后在相对密度 1.25 的 H_2SO_4 溶液中浸渍 1h、2h 和 4h 后，
立即测出的铅膏 BET 表面积的变化情况[4]

9.3.3　浸酸期间固化铅膏｜腐蚀层｜板栅界面处的结构变化[4]

如果固化铅膏并未完全覆盖腐蚀层（CL），则 H_2SO_4 与裸露的 CL 反应形成 $PbSO_4$。图 9.19 阐明了这种情形，图中展示了在相对密度为 1.10 的硫酸溶液中浸渍 1h 后，板栅表面形成的 CL 横截面和正面视图的剖面图。

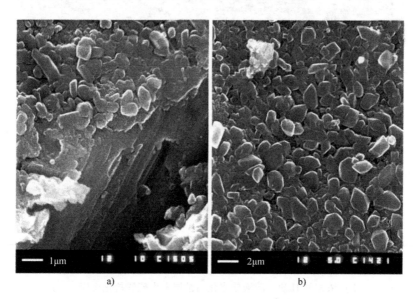

图 9.19　在相对密度为 1.06 的 H_2SO_4 溶液中浸渍 1h 后板栅表面形成的腐蚀层[4]

a）拉伸板栅，使 CL 横截面更清晰　b）腐蚀层表面形成 $PbSO_4$ 晶体

　　其余 CL（临近板栅基体的部位）没有受到浸酸的影响，也就是，它们没有与 H_2SO_4 发生反应（见图 9.19a）。更可能的是，CL 表面形成了一层 $PbSO_4$ 薄层，隔离了 H_2SO_4 溶液。图 9.19b 证明 CL 表面覆盖了一层 $PbSO_4$ 晶体层。

　　浸酸期间，因为极板中间的板栅形成了腐蚀层，H_2SO_4 溶液被高度稀释。稀释之后的 H_2SO_4 溶液参与了腐蚀层和临近固化铅膏的水化反应，也参与了表面含有 $PbSO_4$ 的水化铅膏团粒所发生的进一步硫酸盐化反应。图 9.20 展示的结构显示，部分腐蚀层和临近铅膏发生了水化反应与硫酸盐化反应。

　　图 9.21 展示了采用 PbSnCa 合金板栅 CL 的 SEM 图片。腐蚀层在固化期间变得更薄，这样暴露了板栅金属的微观结构。

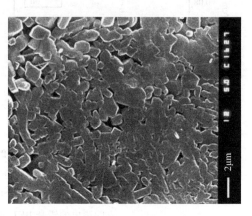

图 9.20　部分水化和硫酸盐化的腐蚀层

a)　　　　　　　　　　　　　b)

图 9.21　a）H_2SO_4 与金属晶粒上的薄腐蚀层和 $(Pb_{1-n}Sn_n)_3Ca$ 的晶间层发生反应，$PbSO_4$ 晶体在晶间层硫酸盐化期间生长速率加快

b）浓缩的 H_2SO_4 溶液使水化腐蚀层发生硫酸盐化反应[4]

　　这些图片表明，晶间层中形成的 Sn 和 Ca 偏析在金属晶界处，它们的活性更

高，晶界处形成了 $PbSO_4$ 晶体。该层含有 $(Pb_{1-x}Sn_x)_3Ca$。Ca 与 H_2SO_4 反应形成 $CaSO_4$。这些 $CaSO_4$ 成为晶间层 $PbSO_4$ 晶体生长的晶核（见图 9.21a）。CL 表面也形成了 $PbSO_4$，覆盖在金属表面，不过这些 $PbSO_4$ 晶体尺寸小得多（见图 9.21a）。

图 9.21b 展示了这样一种结构，沿着 H_2SO_4 流向 CL 的方向，腐蚀层的氧化铅发生连续的硫酸盐化反应。该 H_2SO_4 流与铅膏发生反应，形成了由细长 $PbSO_4$ 颗粒组成的链状结构。这些 $PbSO_4$ 颗粒长度可能达到 $4 \sim 5\mu m$，厚度为 $0.3 \sim 1.5\mu m$。当一种反应物的离子数量明显多于另一种反应物的离子数量时，会形成这种 $PbSO_4$ 颗粒[6]。这种 $PbSO_4$ 颗粒的晶界为圆形，缺少典型的晶体形式和界限。

9.3.4　3BS 铅膏浸酸期间所发生反应的机理

G. Liptay 和 Sors[7] 将定量铅粉与不同数量的 H_2SO_4 混合，H_2SO_4 数量是不断增加的。他们连续测定铅膏物相组成，直到 $H_2SO_4/PbO = 1$ 时为止。合膏结束时以及完成合膏 2h 之后分别测定铅膏物相组成。根据文献 [7] 中的数据，绘制了铅膏物相组成随着 H_2SO_4/PbO 比值（3% ~ 100%）变化而变化的关系曲线（见图 9.22）。

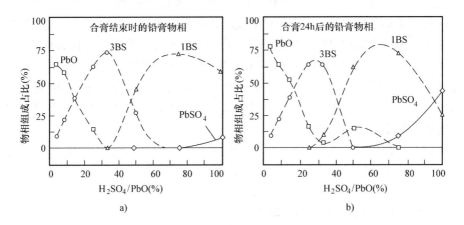

图 9.22　以不同 H_2SO_4/PbO 比例制备的铅膏的物相组成。横坐标表示 H_2SO_4 与 PbO 百分比 100 代表 $H_2SO_4 : PbO = 0.25 : 1.0$。图中曲线采用了本章参考文献 [7] 中的数据。

a) 铅膏制备后立即检测　b) 混合 24h 之后检测

图 9.22 表明，随着 H_2SO_4/PbO 比值增大，发生了反应式（9.1）~ 式（9.3）。当 $H_2SO_4/PbO = 33\%$ 时，生成的 3BS 最多，而当 $H_2SO_4/PbO = 75\%$ 时，主要生成 1BS。甚至当 $H_2SO_4/PbO = 100\%$ 时，铅膏也没有完全转化为 $PbSO_4$。以上就是合膏期间发生的反应。

固化铅膏是由 PbO 和 3BS 组成的多孔物质。浸酸时，H_2SO_4 浸入孔中。铅膏孔中的 H_2SO_4 与 PbO 表面部位、3BS 颗粒发生硫酸盐化反应。这些反应与图 9.22

中阐明的反应类似。PbO、3BS 和 1BS 发生硫酸盐化反应，部分 H_2SO_4 反应生成了水。这样铅膏中部的 H_2SO_4/PbO 比值下降。SEM 图片（见图 9.12～图 9.15 以及图 9.19～图 9.21）表明，极板各个部位铅膏的硫酸盐化反应速率不同于铅膏｜板栅界面的硫酸盐化反应速率，所以极板不同部位的铅膏生成了不同的物相。

图 9.16 和图 9.17 中的 TGA 曲线表明，铅膏浸酸期间发生了一些水化反应。有可能，PbO、3BS 和 1BS 首先发生水化反应，所生成的水化产物发生硫酸盐化反应，也就是，发生下列反应：

$$3PbO \cdot PbSO_4 \cdot H_2O + 3H_2O \longrightarrow 3Pb(OH)_2 \cdot PbSO_4 \cdot H_2O \qquad (9.5)$$

$$3Pb(OH)_2 \cdot PbSO_4 \cdot H_2O + H_2SO_4 \longrightarrow 2(Pb(OH)_2 \cdot PbSO_4) + 3H_2O \qquad (9.6)$$

部分 $Pb(OH)_2 \cdot PbSO_4$ 发生脱水反应，采用 X-ray 衍射分析技术可以从反应产物中探测到 1BS。

$$Pb(OH)_2 \cdot PbSO_4 \longrightarrow PbO \cdot PbSO_4 + H_2O \qquad (9.7)$$

另一部分 $Pb(OH)_2 \cdot PbSO_4$ 进一步发生硫酸盐化反应：

$$Pb(OH)_2 \cdot PbSO_4 + H_2SO_4 \longrightarrow 2PbSO_4 + H_2O \qquad (9.8)$$

虽然浸入相对密度为 1.06 的 H_2SO_4 溶液中，A 层铅膏和 B 层铅膏仍然含有大量 $PbSO_4$，这表明 $Pb(OH)_2 \cdot PbSO_4$ 的硫酸盐化反应速度比其脱水反应速度更快。

氧化铅和碱式硫酸铅的水化和硫酸盐化的反应速度取决于铅膏孔的孔径。如果平均孔径小于某一临界值，则孔中只有很少的 H_2SO_4 扩散，这种情况下，水化反应比硫酸盐化反应更快。这样，生成了微小体积的氢氧化物和碱式硫酸铅（见图 9.20）。反之，如果孔径大，则更多的 H_2SO_4 进入铅膏内部，大幅加快了各种水合物的硫酸盐化反应（见图 9.14）。

通过对比合膏之后以及静置 24h 之后的铅膏物相组成（见图 9.22），可发现铅膏中发生了一些再结晶反应，结果，$PbSO_4$ 晶体含量从 8% 增加到 42%。浸酸阶段也发生了这种再结晶反应。

9.3.5 浸酸对电池循环寿命的影响[4]

样品电池进行了 3 次 20 小时率容量测试。所有电池实测容量均超过了按照 50% 的 PbO_2 利用率计算得出的额定容量。图 9.23 展示了采用连铸 PbSnCa 板栅和 3BS 铅膏生产的电池容量与循环寿命的关系。如果浸酸时间超过 1h，则浸酸与化成所用 H_2SO_4 浓度和浸酸时间对电池循环寿命的影响更加强烈。采用相对密度为 1.06 的 H_2SO_4 溶液浸酸的电池比采用相对密度为 1.25 的 H_2SO_4 溶液浸酸的电池具有更长的循环寿命。因为在浸酸前 1h 内，已经完成了基本反应，所以浸酸时间对电池寿命的影响较弱。在浸酸期间，在极板厚度方向形成了 3 个不同区域。

为什么浸酸过程对正极板性能具有这样的影响呢？

图 9.11 中包括硫酸盐化的极板表面图片，以及在极板厚度方向形成的不同

化学组成的 3 个铅膏层的图片。化成过程中，因为 $PbSO_4$ 晶体氧化，铅膏孔内的溶液浓度变成酸性，形成了 $\beta\text{-}PbO_2$。在极板放电过程中，$\beta\text{-}PbO_2$ 数量快速减少，因而严重影响了电池容量[8-11]。然而，$\beta\text{-}PbO_2$ 结构的机械性能差而且不稳定，不能长时间承受充放电期间的机械和应力化学负载。因此，铅膏只含有 $\beta\text{-}PbO_2$ 的正极板循环寿命短。

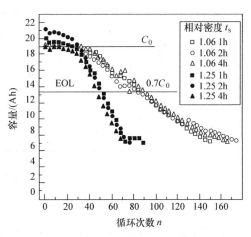

图 9.23　在相对密度分别为 1.06 和 1.25 的 H_2SO_4 溶液中浸渍并化成后的电池的容量和充放电循环次数的关系[4]

另一方面，因为大量 $\alpha\text{-}PbO_2$ 不参加放电反应，$\alpha\text{-}PbO_2$ 还原成 $PbSO_4$ 的反应速率低，其放电容量更低。一些研究人员认为 $PbSO_4$ 晶体快速覆盖了 $\alpha\text{-}PbO_2$ 颗粒表面[8-12]。这些 $\alpha\text{-}PbO_2$ 组成 PAM 骨架结构，起到传导电流的作用，并且，充电过程中 PbO_2 沉淀在这些部位，也就是说，$\alpha\text{-}PbO_2$ 主要构成了 PAM 骨架，为 PAM 提供机械支撑并向极板各个部位传导电流。

浸酸期间，一部分固化铅膏发生硫酸盐化反应。通过浸酸工序，可控制 $\alpha\text{-}PbO_2$ 和 $\beta\text{-}PbO_2$ 晶型的比例。如果极板长时间浸渍在高浓度的 H_2SO_4 溶液中，则 3 层固化铅膏全部发生硫酸盐化，后续化成反应的主要产物是 $\beta\text{-}PbO_2$，也就是极板（电池）容量高，而循环寿命短。如果采用更低浓度的 H_2SO_4 溶液（比如相对密度为 1.06）浸渍 1~2h，则发生水化反应的主要是极板表面 A 层和部分 B 层。极板 C 层的固化铅膏部分发生水化反应，主要由 PbO 和 3BS（4BS）组成。C 层铅膏，以及部分 B 层铅膏，在极板化成过程中主要生成了 $\alpha\text{-}PbO_2$。正如前面提到的，鉴于不存在其他限制电池寿命的不可逆反应，$\alpha\text{-}PbO_2$ 晶型形成 PAM 骨架，并保证较长的循环寿命。图 9.23 中的容量曲线也佐证了上述情况。因此，浸酸工艺流程对电池正极板的性能参数具有特殊作用。

9.4　4BS 固化铅膏的浸酸

9.4.1　3BS 铅膏和 4BS 铅膏在 H_2SO_4 溶液中的硫酸盐化速率

10g 3BS 或 4BS 铅膏浸入相对密度为 1.23 的 H_2SO_4 溶液中，反应生成的 $PbSO_4$ 数量随浸酸时间延长而变化，如图 9.24 所示[13]。这两种铅膏的试验条件相同。

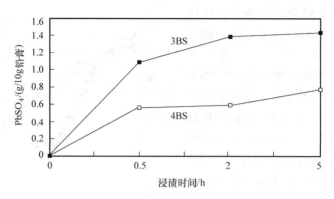

图 9.24　3BS 和 4BS 铅膏浸酸期间形成的 PbSO$_4$ 数量随浸酸时间的变化情况[13]

　　由于 4BS 铅膏的表面积较小，晶体尺寸更大，4BS 与 H$_2$SO$_4$ 溶液的反应速度比 3BS 铅膏慢得多。因此，3BS 铅膏和 4BS 铅膏应采用不同的浸酸时间和浸酸温度，以生成足够多的 PbSO$_4$。相反地，3BS 铅膏应在较低温度下浸酸，并且浸酸时间也应该缩短。图 9.24 中的两个曲线（3BS 和 4BS）轮廓相似，表明了 4BS 铅膏浸酸期间发生的反应与上述 3BS 铅膏的情形（见 9.3.2 节）类似，形成了沿着极板厚度方向分布的 3 个不同铅膏层。然而，4BS 晶体比 3BS 晶体大得多。因此，应特别考虑 4BS 颗粒的硫酸盐化反应。

9.4.2　浸酸期间 4BS 晶体的硫酸盐化反应

　　四碱式硫酸铅晶体尺寸大（长度为 10 ~ 100μm，直径为 1 ~ 10μm）。许多科学家对 4BS 晶体的硫酸盐化反应进行了研究，这些研究结果详见文献 [9，14-17]。根据浸酸后 4BS 晶体横截面的物相，推断了 4BS 铅膏在浸酸期间发生的反应（见图 9.25）。

图 9.25　表面覆盖了一层 PbSO$_4$ 的折断的 4BS 晶体的横截面图像[15]

　　4BS 铅膏经过相对密度为 1.23 的 H$_2$SO$_4$ 溶液浸渍之后，可看出 4BS 晶体表面分为两个层[13,16]：

　　1）尺寸为 1.5 ~ 2.0μm 的 PbSO$_4$ 晶体表面层。这里称该层为"PbSO$_4$（s）层"

（s 表示表面）。

2）内层颗粒及晶体（节点）尺寸不超过 0.2μm[14,16]。这里称该层为"i 层"（i 表示内部）。

PbSO$_4$(s) 层通过溶解/再结晶的反应机理形成。当 4BS 晶体与 H$_2$SO$_4$ 溶液接触时，4BS 晶体表面形成了一个 PbSO$_4$ 薄层。来自该薄层的 PbSO$_4$"分子"发生溶解，并沉淀在之前 PbO 表面所形成的 PbSO$_4$ 晶核之上。这样，随着浸酸时间的延长，晶核生长成大晶体。这些反应发生在溶液/晶体的界面处，所形成的 PbSO$_4$ 晶体具有清晰明显的边界。如果 PbSO$_4$ 晶体之间的空隙很小，则形成的 PbSO$_4$ 晶体尺寸可能与薄膜厚度相同。这样，PbSO$_4$ 薄层将 H$_2$SO$_4$ 溶液与 4BS 晶体表面隔离。该薄层的孔尺寸将决定能够到达 4BS 表面离子流的组成。

PbSO$_4$ 薄层形成之后，开始形成 i 层。最初，PbSO$_4$ 晶体之间的孔足够大，尽管反应速率低，H$_2$SO$_4$ 流仍可达到 4BS 晶体表面，使其硫酸盐化。随着浸酸时间的延长，PbSO$_4$ 晶体之间的孔隙消失，H$_2$SO$_4$ 通过 PbSO$_4$ 层的扩散受到严重抑制。铅膏孔中的水可以存在溶解的 4BS 离子。随后，孔溶液的 pH 值上升，达到形成碱式硫酸铅（1BS、3BS）的 pH 范围。所以，可认为 i 层是 PbSO$_4$ 和少量碱式硫酸铅的混合物。

随着浸酸时间的延长，不同温度下形成的 i 层的变化情况如图 9.26 所示[13]。

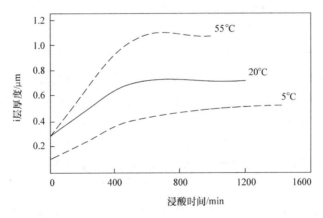

图 9.26　在 3 个不同温度下浸酸期间 4BS 晶体上的 i 层的厚度变化情况[13]

图 9.26 中的曲线显示，4BS 铅膏浸酸过程经过了两个阶段。第一阶段，包括 s 层的形成和生长过程，直到达到临界厚度。第二阶段，H$_2$O、H$^+$ 离子、OH$^-$ 离子和 SO$_4^{2-}$ 离子以非常低的速度扩散穿过 PbSO$_4$ 薄层。该阶段取决于浸酸温度。在较高温度下，离子流扩散速度较高，因此，形成了一个较厚的 i 层。

4BS 固化铅膏的硫酸盐化程度也取决于 4BS 晶体尺寸[13]。如果这些晶体的直径大于 3~4μm，且部分铅膏仍被 PbSO$_4$ 薄层隔开而不能接触 H$_2$SO$_4$，因而没有受到浸酸的影响。这会影响后续 PbO$_2$ 的形成速度。因此，浸酸工序发生的反应不仅

取决于浸酸条件，而且取决于固化铅膏的 4BS 晶体尺寸。而 4BS 晶体尺寸取决于
4BS 晶体制备方法，即取决于浸酸之前的 4BS 铅膏制备流程。

　　研究人员已经证实，4BS 铅膏制备期间，首先被氧化的是 i 层，然后是 $PbSO_4(s)$
层[15,16]。在低于 $PbSO_4$ 氧化电势的电势下，氧化铅和碱式硫酸铅，以及它们的水
化形式，发生氧化反应。这间接证明了 i 层中含有铅氧化物和碱式硫酸铅。i 层随
着浸酸时间的延长而增长，可推断出浸酸时间影响化成反应效率。表 9.1 表明，经
过不同浸酸时间之后，对 4BS 极板以 C/20 电流充入 250% 的电量，其铅膏物相组
成见表 9.1[13]。采用 X-ray 衍射（XRD）和化学（chem）分析法分别测定了 PAM
的组成。表中给出了两种方法的分析结果。

表 9.1　4BS 极板浸酸不同时间，然后充 250% 的 C/20 电量化成之后的物相组成[13]

条件	分析方法	物相组成（%）		
		β-PbO_2	$PbSO_4$	4BS
未浸酸		51.3	43.3	5.4
浸酸 0.5h	XRD	52.1	27.7	20.2
	Chem.	52.3	34.5	13.2
浸酸 2h	XRD	63.2	27.7	8.1
	Chem.	68.8	13.8	16.9
浸酸 4h	XRD	64.0	8.8	27.1
	Chem.	68.8	21.3	9.9

　　随着浸酸时间的延长，生成的 β-PbO_2 也随之增多。根据图 9.26，浸酸前 4h 是 s
层的生长阶段。很有可能，s 层厚度增加，所以极板中 β-PbO_2 的含量增加。化学分
析数据显示，PAM 中的 PbO_2 含量更高，这是因为化学分析数据不但表征 PbO_2 的晶
体部分，而且也包括了文献中已经证实的无定形（水化）PbO_2[18,19]。

9.4.3　4BS 铅膏的宏观结构和微观结构在浸酸期间的变化情况

　　该项研究所用极板采用的制备技术为：H_2SO_4/LO 质量比 =6%，4BS 铅膏，铅
膏密度为 4.32g/cm^3，在 90℃ 或 50℃ 下固化极板，然后在相对密度为 1.10 或 1.25
的 H_2SO_4 溶液中浸酸[4,20]。

　　4BS 极板浸酸之后的 SEM 检测结果（放大倍率小）显示，沿着极板厚度方向
并没有像 3BS 极板那样清晰的铅膏层。为了了解铅膏结构的变化情况，分别从极
板表面和极板内部对铅膏取样，然后采用扫描电子显微镜进行检测[20]。

　　图 9.27 展示了临近极板表面的铅膏层的 SEM 图片。4BS 晶体仍存在，不过它们
表面覆盖了一薄层小颗粒（见图 9.27a）。4BS 晶体表面的某些部位形成了形状规则
的大尺寸 $PbSO_4$ 晶体（见图 9.27b）。有可能，这些大尺寸 $PbSO_4$ 晶体是由小尺寸
$PbSO_4$ 颗粒再结晶而形成的。这些 $PbSO_4$ 晶体缩小了极板表面微孔的横截面[20]。

图 9.27 a) 4BS 极板表面的铅膏浸酸后的宏观和微观结构

b) 4BS 晶体表面可以分辨出的 $PbSO_4(s)$ 和 i 层[20]

在相对密度为 1.25 的 H_2SO_4 溶液中浸渍 2h 后，距离极板表面 250μm 的 4BS 铅膏发生了结构变化（见图 9.28）。这些 4BS 晶体表面发生水化反应，然后部分 4BS 晶体发生了硫酸盐化反应，如图 9.28 所示。在某一个 pH 值以下，4BS 晶体与水反应生成了小颗粒的羟基硫酸盐（见图 9.28b）。该产物可能与邻近 4BS 晶体水化层结合在一起（见图 9.28a）。这样，铅膏中形成了一个连续水化的多孔结构，然后这种结构又被硫酸盐化。

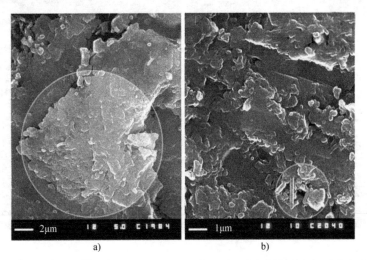

图 9.28 浸酸后极板中心层的水化 4BS 晶体图像，显示出这里开始发生硫酸
盐化反应，并且生成了 $PbSO_4$ 晶体（图 a 圈示部分）和

$PbO \cdot PbSO_4$ （1BS）晶体（图 b 圈示部分）[20]

H₂SO₄ 渗透进入铅膏水化区的孔中，开始生成 PbSO₄。图 9.29 中的高倍率 SEM 图片阐释了这些现象。图中显示了这些氢氧化物转化为形状清晰的晶体。H^+ 和 SO_4^{2-} 离子进入羟基硫酸盐晶体层，反应生成的 PbSO₄ 晶体在晶体层内逐渐生长。该反应释放出水，形成 PbSO₄ 晶体。这些现象与 3BS 极板水化区在浸酸期间发生的硫酸盐化反应类似。

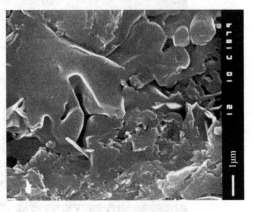

图 9.29　首先水化的硫酸盐化的 4BS 晶体，试样取自中心的极板层[20]

9.4.4　4BS 极板浸酸后形成的铅膏｜CL 界面结构

在相对密度为 1.25 的 H₂SO₄ 溶液中浸渍 1h 后，4BS 极板腐蚀层如图 9.30 所示[20]。4BS 极板腐蚀层中发生的硫酸盐化反应类似于 3BS 极板的情形。腐蚀层中的 Pb(OH)₂ 与 H₂SO₄ 发生反应，结果形成了一层形状完好的 PbSO₄ 晶体。这些晶体距离很近，以至于晶体之间的孔可能只有一个薄层的厚度。这阻碍了 H₂SO₄ 与腐蚀层中的 Pb(OH)₂ 接触，因而强烈抑制了 Pb(OH)₂ 的硫酸盐化反应。

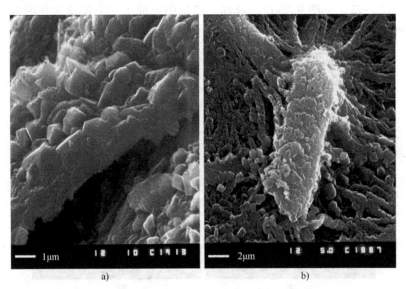

a)　　　　　　　　　　b)

图 9.30　在相对密度为 1.25 的 H₂SO₄ 溶液中浸渍 1h 后腐蚀层的结构[20]

a）拉伸板栅使腐蚀层开裂，这样可以检查横截面

b）硫酸盐化的腐蚀层和一个水化并硫酸盐化的 4BS 晶体

图 9.30b 展示了铅膏中未被 H_2SO_4 严重影响的 4BS 晶体与腐蚀层接触的部位。4BS 晶体发生了水化反应，所生成的水化颗粒与腐蚀层中的氢氧化物相连，然后，在低浓度的 H_2SO_4 作用下，其表面发生了部分硫酸盐化反应，生成了小尺寸的 $PbSO_4$ 晶体。

9.4.5　浸酸之后 4BS 铅膏的孔大小和 BET 表面积

图 9.31 展示了在相对密度为 1.25 的 H_2SO_4 溶液经过不同时间浸渍之后的 4BS 铅膏微观图片[20]。

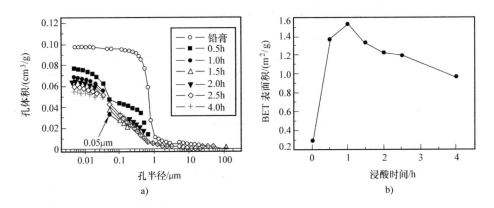

图 9-31　a）在相对密度 1.25 的硫酸溶液中浸渍不同时间之后，4BS 极板的孔体积与孔半径的关系　b）4BS 铅膏的 BET 表面积随浸渍时间的变化[20]

在前 30min 的浸酸期间，铅膏孔系统就发生了很大改变。总的铅膏孔体积下降，形成小半径（$0.05\mu m$）的孔。大晶体组成的固化铅膏形成了半径约为 $0.8\mu m$ 的中等尺寸孔。极板浸酸期间，4BS 晶体表面发生硫酸盐化反应，减小了孔横截面积，但其平均孔径仍然是 $0.3 \sim 0.4\mu m$。极板内部半径经历了水化反应。由于 4BS 晶体分解，水化部位引起孔系统发生剧烈变化，形成了一个新的孔体系，平均孔半径小于 $0.05\mu m$。在后续浸酸期间，已经硫酸盐化的铅膏中 4BS 晶体的硫酸盐化程度增加，范围扩大，因此降低了铅膏的孔体积。图 9.31b 清晰地阐明了这些现象。浸酸期间，铅膏的 BET 表面积增加。然后，铅膏水化区孔内壁的硫酸盐化反应减少了铅膏的 BET 表面积。

9.4.6　90℃固化的铅膏浸酸之后的差示扫描量热分析（DSC）情况

图 9.32 展示了 4BS 铅膏（90℃固化）的差示扫描量热分析曲线，试样铅膏在相对密度为 1.05 或 1.25 的 H_2SO_4 溶液中的浸渍时间分别为 0h、1h、3h 和 4h[20]。

固化铅膏试样加热时，出现 3 个放热峰。水从铅膏的不同结构中释放出来，形成了这些特征峰。330℃时的尖峰与铅膏中的金属铅熔化有关。如果铅膏浸于相对密度为 1.05 的 H_2SO_4 溶液中，则 C 峰消失，而放热峰 A 的能量增加，也就是，A 峰相应的铅膏水化反应加剧。而 B 峰高度缓慢下降。

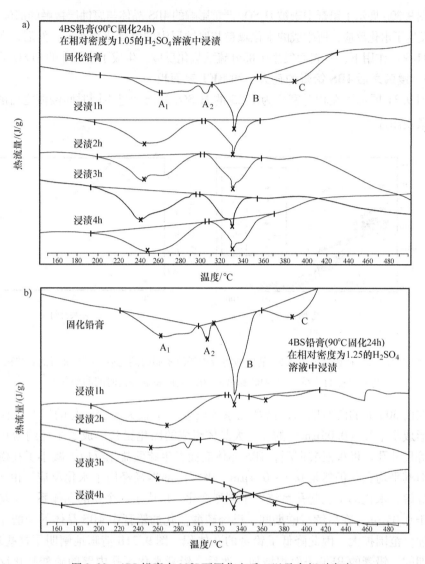

图 9.32　4BS 铅膏在 90℃ 下固化之后，以及在相对密度

为 1.05（图 a）和 1.25（图 b）的 H₂SO₄ 溶液中浸渍 1h、2h、3h、4h 后的 DSC 曲线[20]

图 9.33 定量表明，采用 DSC 测定的脱水反应的热效应，其数值随着铅膏在两种电解液中浸渍时间的推移而发生变化。图中也给出了这些脱水反应发生时的温度范围[20]。

铅膏在相对密度为 1.05 的 H₂SO₄ 溶液中浸酸期间，如果前 1h 内，1BS 铅膏发生了严重的水化反应，则在随后 3h 内，水化反应进一步缓慢增强。如果极板浸入相对密度为 1.25 的 H₂SO₄ 溶液中，则变化趋势相反。在该浓度的硫酸溶液中浸渍 1h 之后，因为极板内部铅膏发生了硫酸盐化反应，对应的（A + B）放热峰下降。

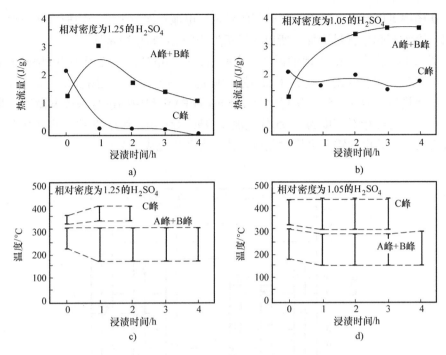

图 9.33　90℃固化的 4BS 铅膏脱水反应的热效应（图 a、b）和温度范围内（图 c、d）
随浸渍时间的变化情况，如图 9.32 所示的 DSC 曲线的确定[20]

9.5　浸酸过程对电池性能的影响

　　研究人员研究了正极板浸酸时间对电池初容量的影响[13]。电池充电量为其理论容量的 250%。这些电池的第一次 20 小时率容量测试结果如图 9.34 所示。

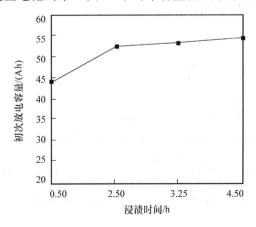

图 9.34　电池首次放电容量随化成前浸酸时间的变化情况[13]

从图中可以看出，随着浸酸时间的延长，电池首次放电容量增加，这非常符合逻辑。因为 $PbSO_4$ 含量增加，所以正极板生成的 $\alpha\text{-}PbO_2$ 数量增加。

图 9.35 展示了 SLI 电池的循环寿命曲线，这些电池的正极板采用 PbSnCa 板栅和 4BS 铅膏，并在相对密度为 1.25 或 1.06 的 H_2SO_4 溶液中浸酸 1h、2h 或 4h[4]。所有电池均为富液式电池。试样电池按 50% 的 PAM 利用率进行深放电循环。测试结果表明，浸酸相对密度为 1.05 的电池比浸酸相对密度为 1.25 的电池具有更长的循环寿命。这些电池需要采用槽化成工艺或者两步化成工艺。

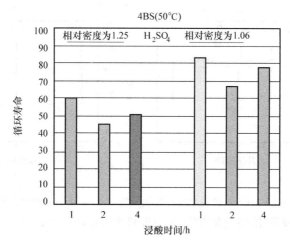

图 9.35　SLI 电池循环寿命随浸酸时间的变化情况（这些电池正极板使用 4BS 铅膏，在相对密度为 1.06 或 1.25 的 H_2SO_4 溶液中浸渍 1h、2h、4h）[4]

上述循环测试结果证明，4BS 铅膏浸酸不仅影响电池初期性能参数，而且也影响其循环寿命。因此，在铅酸蓄电池生产过程中，应将浸酸作为一个单独的工艺过程进行控制。

参 考 文 献

[1] N.R. Eisenhut, E.M. Kseniak, J. Power Sources 33 (1991) 77.

[2] R. Nelson, in: Lecture Course on VRLAB, LABAT'99 Conference, Sofia, Bulgaria, June 1999.

[3] D. Pavlov, S. Ruevski, T. Rogachev, J. Power Sources 46 (1993) 337.

[4] M. Dimitrov, D. Pavlov, T. Rogachev, M. Matrakova, L. Bogdanova, J. Power Sources 140 (2003) 168.

[5] I. Drier, F. Saez, P. Scharf, R. Wagner, J. Power Sources 85 (2000) 117.

[6] D. Pavlov, I. Pashmakova, J. Appl. Electrochem. 17 (1987) 1075.

[7] G. Liptay, L. Sors, Thermochim. Acta 14 (1976) 279.

[8] D. Berndt, E. Voss, in: D.H. Collins (Ed.), Batteries − 2, Pergamon Press, Oxford, 1965, p. 17.

[9] I.J. Astakhov, I.G. Kiseleva, B.N. Kabanov, Dokl. Akad. Nauk USSR 126, 1959, p. 1041.

[10] R.I. Angstadt, C.J. Venuto, P. Ruetschi, J. Electrochem. Soc. 109 (1962) 177.

[11] E. Voss, F. Freundlich, in: D.H. Collins (Ed.), Batteries, Pergamon Press, London, 1963, p. 73.

[12] H.B. Mark, J. Electrochem. Soc. 109 (1962) 634.

[13] S. Grugeon-Dewaele, J.B. Leriche, J.M. Tarascon, H. Delahaye-Vidal, L. Torcheux, J.P. Vaurijoux, F. Henn, A. de Guibert, J. Power Sources 64 (1997) 71.

[14] L. Torcheux, J.P. Vaurijoux, A. de Guibert, J. Power Sources 64 (1997) 81.

[15] S. Grugeon-Dewaele, S. Laruelle, L. Torcheux, J.M. Tarascon, H. Delahaye-Vidal, J. Electrochem. Soc. 145 (1998) 3358.

[16] L.T. Lam, A.M. Vecchio-Sadus, H. Ozgun, D.A.J. Rand, J. Power Sources 38 (1992) 87.

[17] L.T. Lam, H. Ozgun, L.M.D. Craswick, D.A.J. Rand, J. Power Sources 42 (1993) 55.

[18] D. Pavlov, I. Balkanov, T. Halachev, P. Rachev, J. Electrochem. Soc. 136 (1989) 3189.

[19] D. Pavlov, J. Electrochem. Soc. 139 (1992) 1830.

[20] D. Pavlov, M. Dimitrov, T. Rogachev, L. Bogdanova, J. Power Sources 114 (2003) 137.

第10章 铅酸蓄电池正极板化成

10.1 化成期间电极体系的平衡电势

正极板化成期间发生了一系列电化学反应，如下列化学式所示。其中，E_h 表示温度为 298.15K 时各反应的平衡电势。本书第 2 章也列出了这些反应式，为便于读者查阅，此处再次列出。

$$PbO_2 + SO_4^{2-} + 4H^+ + 2e^- = PbSO_4 + 2H_2O$$
$$E_h = 1.685 - 0.118pH + 0.029\ln a_{SO_4^{2-}} \tag{10.1}$$

$$PbO_2 + HSO_4^- + 3H^+ + 2e^- = PbSO_4 + 2H_2O$$
$$E_h = 1.628 - 0.088pH + 0.029\ln a_{HSO_4^-} \tag{10.2}$$

$$2PbO_2 + SO_4^{2-} + 4e^- + 6H^+ = PbO \cdot PbSO_4 + 3H_2O$$
$$E_h = 1.468 - 0.088pH + 0.015\ln a_{SO_4^{2-}} \tag{10.3}$$

$$4PbO_2 + SO_4^{2-} + 8e^- + 10H^+ = 3PbO \cdot PbSO_4 \cdot H_2O + 4H_2O$$
$$E_h = 1.325 - 0.074pH + 0.007\ln a_{SO_4^{2-}} \tag{10.4}$$

$$3PbO_2 + 4e^- + 4H^+ = Pb_3O_4 + 2H_2O \quad E_h = 1.122 - 0.059pH \tag{10.5}$$

$$PbO_2 + 2e^- + 2H^+ = PbO + H_2O \quad E_h = 1.107 - 0.059pH \tag{10.6}$$

$$O_2 + 4H^+ + 4e^- = 2H_2O \quad E_h = 1.228 - 0.059pH + 0.015\ln PbO_2 \tag{10.7}$$

所有反应平衡电势均以标准氢电极电势为参照。广泛用于铅酸蓄电池研究的是 $Hg \mid Hg_2SO_4$ 电极。这种电极电势比 pH $= 0$ 时的标准氢电极电势正 0.620V[1]。

以上反应涉及多种二价铅化合物，其中包括 PbO 和 $PbSO_4$。因此，浸酸之后的固化铅膏含有 $PbSO_4$、1BS、3BS 和 Pb_3O_4，在氧化过程中，铅膏中的 PbO 最先被氧化，然后碱式硫酸铅被氧化。随着初始化合物数量下降，正极板电势升高，当正极板电势高于 $PbO_2 \mid PbSO_4$ 平衡电势时，$PbSO_4$ 开始被氧化。所以，取决于铅膏物相组成，铅膏浸酸之后的化成期间出现不同的电势区。电势—时间曲线中的不同电势区或不同铅膏物相的平稳状态取决于氧化还原反应动力学。因为单纯的动力学原因，铅膏中的一些物相可能没有在电势曲线中显示出相应的平稳区。这是固化铅膏化成期间的常见现象，由于动力学方面的困难，不同碱式硫酸铅电极的平稳状态发生了融合。

10.2　3BS 固化铅膏形成 PAM 的化成过程

10.2.1　H$_2$SO$_4$ 浓度对 3BS 铅膏形成 PAM 的化成过程的影响[2,3]

使用 4.5% 的 H$_2$SO$_4$/LO 质量比合膏，并不断添加水，调整铅膏密度为 4.0g/cm^3。极板化成电解液使用相对密度为 1.15 或 1.05 的 H$_2$SO$_4$ 溶液，在化成之前浸酸 10min。浸酸期间一小部分涂膏的极板发生硫酸盐化反应。然后使用 5mA/cm^2 的电流密度化成。

化成过程中，正极板的物相组成和化学成分发生了变化，同时极板开路电压和充电电势也发生了变化。采用 X-ray 衍射分析方法检测铅膏的物相组成，采用常规方法分析铅膏的化成成分，使用 Hg｜Hg$_2$SO$_4$ 参比电极测量电极电势。

采用相对密度为 1.05 或 1.15 的 H$_2$SO$_4$ 电解液化成期间，铅膏和活性物质的物相组成和化学成分的变化情况如图 10.1 所示。前 6h 化成期间，常见的 d = 0.312nm 特征衍射线代表 α-PbO 和 α-PbO$_2$，而化成 6h 之后，该特征衍射线只代表 α-PbO$_2$ 物相。

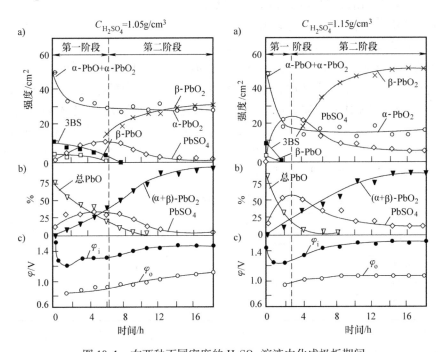

图 10.1　在两种不同密度的 H$_2$SO$_4$ 溶液中化成极板期间

a) 物相组成　b) 化学成分　c) 开路电势（φ_o）负载电势（φ_i）的变化情况[2]

根据铅膏和活性物质的物相组成和化学成分，可将化成过程分为以下两个阶段：

1）第一阶段。PbO 和碱式硫酸铅被氧化，生成 $\alpha\text{-}PbO_2$ 和少量 $\beta\text{-}PbO_2$。在这一阶段，浸入铅膏孔中的溶液 pH 为中性到微碱性。铅膏与 H_2SO_4 反应生成 $PbSO_4$（第一阶段结束时，在相对密度为 1.05 的 H_2SO_4 溶液中化成的铅膏中 $PbSO_4$ 含量达到 25% 左右，而在对密度为 1.25 的 H_2SO_4 溶液中化成的铅膏中 $PbSO_4$ 含量达到 52% 左右）；在负载或开路状态下，正极板电势低。

2）第二阶段。浸酸和化成第一阶段形成的 $PbSO_4$ 被氧化成 $\beta\text{-}PbO_2$。铅膏孔内的溶液 pH 值为强酸性。负载电压及开路电压升高。

图 10.1 表明，短时间浸酸，使用低浓度的 H_2SO_4 溶液化成（相对密度为 1.05），铅膏中生成了等量的 $\alpha\text{-}PbO_2$ 和 $\beta\text{-}PbO_2$。而采用相对密度为 1.15 的电解液化成时，铅膏中包括 71.6% 的 $\beta\text{-}PbO_2$ 和 28.4% 的 $\alpha\text{-}PbO_2$。第一阶段化成的持续时间取决于化成电解液的 H_2SO_4 浓度：$C_{H_2SO_4}=1.05$ 相对密度时，对应的第一阶段化成时间为 6h，而 $C_{H_2SO_4}=1.15$ 相对密度时，则第一阶段化成时间为 3h。

以上内容说明，增加化成所用 H_2SO_4 溶液浓度会引发以下情况：

1）化成第一阶段时间缩短；

2）化成第一阶段形成的 $PbSO_4$ 数量增加；

3）PAM 中的 $\beta\text{-}PbO_2$ 含量增加。

10.2.2 化成期间铅膏孔体系的变化情况

固化铅膏含有几种铅化合物，这些化合物转化为 PbO_2 的反应期间，铅膏的体积会发生变化，具体变化情况汇总于表 10.1 中[4]。表中数据表明，PbO 氧化为 PbO_2 使得铅膏固相体积增加了 4%～7%。相反地，碱式硫酸铅氧化成 PbO_2 引起固相体积缩小了 15%～34% Pb 原子。因此，如果极板只含有碱式硫酸铅，则极板在化成之后可能开裂。为了减轻极板开裂，铅膏应含有适当比例的 PbO 和碱式硫酸铅。总的铅膏体积将取决于铅膏物相组成。

表 10.1 PbO_2 化成期间的材料体积变化情况[4]

化合物	每摩尔化合物 转化为 PbO_2 的摩尔数	$\Delta V^{①}/cm^3$	$\Delta V^{①}/Pb$ 原子 （%）
$PbSO_4$	1	−23.12	−48.12
$\beta\text{-}PbO$	1	1.69	7.18
$\alpha\text{-}PbO$	1	0.96	4.02
Pb_3O_4	3	−0.72	−2.81
$PbO \cdot PbSO_4$	2	−12.66	−33.77
$3PbO \cdot PbSO_4 \cdot H_2O$	4	−13.00	−34.00
$4PbO \cdot PbSO_4$	5	−4.51	−15.38

① ΔV 是指化合物中的每克铅原子转化为 $\beta\text{-}PbO_2$ 发生的体积变化。

图 10.2 展示了化成期间铅膏孔率的变化情况[5]。该 3BS 铅膏的制备条件为：H_2SO_4/LO 质量比为 6%，合膏温度为 30℃。极板化成电流密度为 2mA/cm^2。图中汇总了极板表面孔和极板内部孔的尺寸分布情况，并列出未化成极板的情况以进行对比。

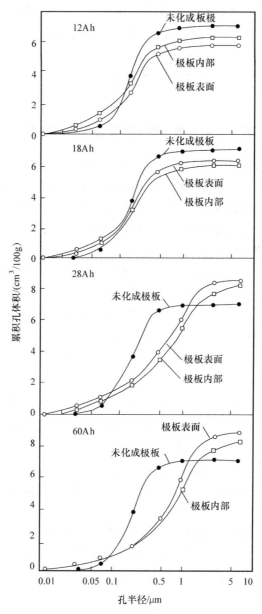

图 10.2　化成期间 3BS 铅膏和活性物质的总孔体积，和以半径表示的孔尺寸分布情况[5]

极板内部的固化铅膏发生水化反应，而极板表面的固化铅膏发生硫酸盐化反应，所以极板表面的孔体积更小。化成第一阶段（12Ah，18Ah），实际上极板平均孔径不变（从曲线上的插入点可以看出）：细孔数量增加，而大孔数量减少。孔总体积减少，表明这一阶段的硫酸盐化和水化反应对孔体积具有主导作用。在化成第二阶段（28Ah，60Ah），$PbSO_4$ 氧化成 PbO_2，孔的平均孔径从 0.15μm 增大到0.8 ~ 1.0μm，同时活性物质的孔体积从 0.065cm³/g PAM 增大到 0.085cm³/g PAM。

以上结果表明，PAM 的孔体系取决于铅膏物相组成，以及浸酸阶段和化成阶段的硫酸盐化反应。

10.2.3 铅酸蓄电池正极板化成期间的化学反应和电化学反应

根据极板化成期间的物相组成和化学成分，绘制了两个化成阶段相关反应的示意图（见图 10.3）[5]。化成第一阶段，碱式硫酸铅氧化形成 PbO_2，带有化学计量系数的通用反应方程式如图 10.3 所示。参数 θ 为参与电化学反应式（B）的 Pb^{2+} 离子数量，Pb^{2+} 离子参与反应式（C）形成 PbO_2；（$1-\theta$）代表剩余的 Pb^{2+} 离子，它们参与反应生成 $PbSO_4$［反应式（D）］。

系数 m 代表碱式硫酸铅中的 PbO "分子"。如果铅膏仅由 PbO 组成，则 $m = \infty$。PbO 和 $PbSO_4$ 对应的 m 值分别为 1 和 0。

如果铅膏只含有 $PbSO_4$，则 $m = 0$，对应的反应系数是 0 和 1。对于 3BS 铅膏，则 $m = 3$。电化学和化学反应在已化成的 PbO_2 和未化成的铅膏之间的反应层中进行。

从图 10.3 中的反应可以看出，为了保持反应持续进行，在反应层和外部溶液之间需要 H^+ 离子和 SO_4^{2-} 离子，以及 H_2O（以 N_{H^+}、$N_{SO_4^{2-}}$ 和 N_{H_2O} 表示）的交换。我们认为水交换非常快，并不限制反应层中的反应。取决于铅膏物相组成、电流密度、电解液 pH 值等，H^+ 离子流和 SO_4^{2-} 离子流可能进入或离开反应层[6]。极板化成反应将向 H^+ 和 SO_4^{2-} 离子流移动速度最高的方向推进。

因为固化铅膏和化成反应产物的颜色不同，所以可以很容易地了解整个极板的化成反应进度。

板栅是固化极板中唯一的电子导体。铅膏是具有高阻抗的半导体。而 PbO_2 则具有电子导电能力。因此，化成反应从板栅筋条开始，此处形成的 PbO_2 物相向其他部位生长。极板化成期间，反应层不断向未化成的铅膏推进，化成后的 PAM 增加。

铅的氧化物和碱式硫酸铅为白色或黄色，而 PbO_2 为深褐色或黑色。在化成第一阶段，这种颜色差异使得很容易区分极板中的已化成部分和未化成部分。当化成用

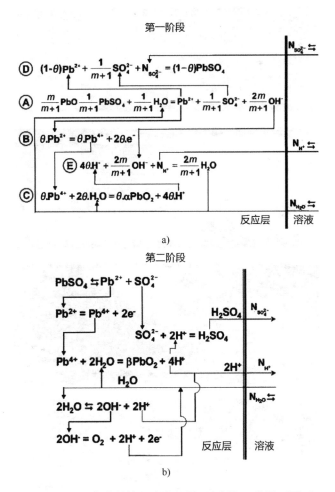

图 10.3　PAM 化成的第一阶段（图 a）和第二阶段（图 b）
所发生的各种反应示意图[5]

H_2SO_4 溶液相对密度为 1.15 时，不同化成阶段的极板横截面图片如 10.4 所示[2]。

　　PbO_2 在板栅筋条处生长，为清晰的深褐色。白色物相的分析结果表明，该部位含有 PbO_2 和 $PbSO_4$ 晶体。化成期间，$PbO_2 + PbSO_4$ 区首先在极板内部生长。白色的 $PbSO_4$ 晶体区，在浸酸和化成第一阶段形成于极板两表面，并向极板中心生长。相邻板栅筋条的两个 $PbO_2 + PbSO_4$ 区彼此不断接近，直到完全相连。然后 $PbSO_4$ 氧化成 β-PbO_2。在化成第二阶段，极板电势很高（见图 10.1），这样，在化成第一阶段，极板内部形成的 $PbSO_4$ 也被氧化成 PbO_2。化成第一阶段 $PbO_2 + PbSO_4$ 区的生长方向取决于 H^+ 离子和 SO_4^{2-} 离子迁移所必须克服的动力学阻碍，也取决于水在反应层和外部电解液之间的转移速度，以及铅膏物相组成和化成电流密度[6]。

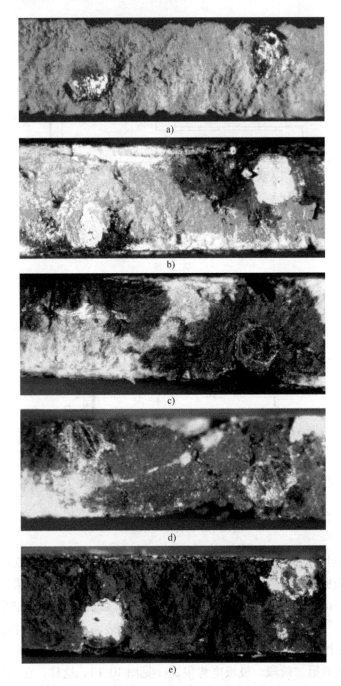

图 10.4　以相对密度为 1. 15 的 H_2SO_4 溶液化成期间，不同化成阶段的板栅筋条
之间的极板横截面微观图像[2]（彩图见封二）

a）未化成极板　b）~ d）深色部分是 PbO_2 区，白色部位是未化成的固化铅膏　e）完全化成的极板

区域反应的速率慢，所以极板化成时间长。为了加快极板化成反应速率，重要的是找到规避区域反应的方法。为了加快极板化成反应，需要向正极铅膏中添加一些导电性的添加剂[7,8]。这些添加剂提高了固化铅膏的导电能力，电流沿着导电的添加剂构成的网络传导到极板各个部位，因此极板化成反应非常均匀。这些添加剂在 H_2SO_4 中应该可以稳定存在。据报道，目前化成时间已经降低到 8h。

文献中提到的作为催化剂的导电性添加剂，包括：

1）碳、各向异性石墨和石墨。

2）导电纤维，比如粉末或纤维状的聚苯胺、聚吡咯、聚对苯、聚乙炔。正极铅膏添加这些高分子材料时，添加量最大不超过百分之几。当今，数据表明，电池行业没有广泛使用这些添加剂。

3）镀有 SnO_2 的玻璃纤维。这种添加剂用于电池正极板，目的是缩短化成时间。

4）铅酸钡是相对稳定的导电性陶瓷材料，具有钙钛矿结构。该材料添加到 PAM 中明显提高了化成效率[9,10]。

5）许多主要的电池生产商使用二氧化铅或红丹（25% ~ 50%）。红丹中加入 H_2SO_4，发生了下列反应：

$$Pb_3O_4 + 2H_2SO_4 \rightarrow 2PbSO_4 + \beta\text{-}PbO_2 + 2H_2O \tag{10.8}$$

如果生成的 β-PbO_2 数量足够多，则可能规避区域反应，因为区域反应引起化成速率性。然而，这种情况只有当铅粉中的 Pb 数量较少时才能出现。如果铅粉中的 Pb 数量较多，则发生下列反应：

$$Pb + PbO_2 + 2H_2SO_4 \rightarrow 2PbSO_4 + 2H_2O \tag{10.9}$$

这样反而消除了 Pb_3O_4 作为添加剂抑制区域反应的作用。

10.2.4　H_2SO_4/LO 比例对 3BS 铅膏化成反应的影响[5]

图 10.5 阐释了以不同 H_2SO_4/LO 比例（H_2SO_4/LO = 0%、4%、8% 或 12%）制备的铅膏物相组成在化成期间的变化情况。当铅膏中的 3BS、1BS 和 PbO 物相完全反应时，极板中的 $PbSO_4$ 最多，标志着化成第一阶段完成。假设 $d = 0.312nm$ 和 $d = 0.279nm$（尽管对于 α-PbO 和 $PbSO_4$ 也是如此）是 α-PbO_2 和 β-PbO_2 的特征衍射线。在化成结束时，α-PbO 和 $PbSO_4$ 氧化为 PbO_2，以上特征衍射线强度只代表 α-PbO_2 和 β-PbO_2 的含量。因此，可以测量出铅膏中的 α-PbO_2 与 β-PbO_2 的比例，随着 H_2SO_4/LO 比值增大，α-PbO_2 和 β-PbO_2 的比值变小。

图 10.6 阐明了铅膏物相组成对 PbO_2 + $PbSO_4$ 区生长方向的影响[5]。图中为部分化成极板的横截面，这些极板所用铅膏的含酸量分别为 0%、2%、4%、6%、8%、10% 或 12%。极板容量为 12Ah，化成 8h 后，对其进行检测。

所有极板的化成反应都是从板栅筋条处开始进行，反应区的推进情况取决于

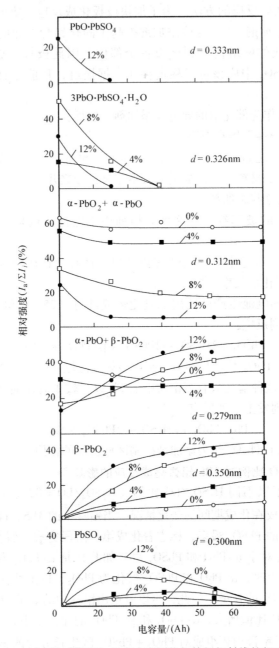

图 10.5　极板化成期间，铅膏中不同物相特征衍射线的相对强度
（试验铅膏采用的 H_2SO_4/LO 质量比分别为 0%、4%、8% 或 12%）[5]

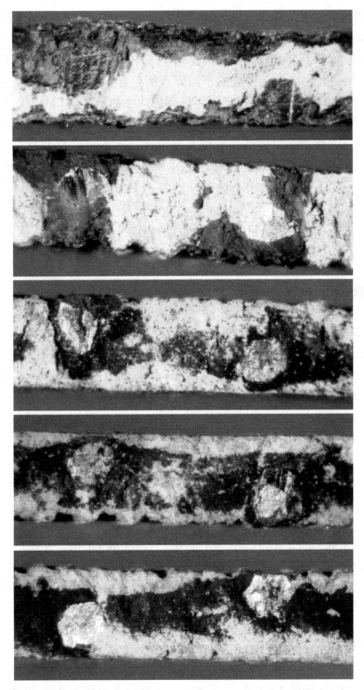

图 10.6　部分化成的极板中的 $PbO_2 + PbSO_4$ 部位，铅膏采用不同的硫酸和 acid/oxide 比例制备（wt%）（极板厚度是 1.8mm）[5]（彩图见封二）

铅膏中的 H_2SO_4 含量。如果合膏时使用水（即 0% 的 H_2SO_4），则化成反应区开始于极板表面，然后扩大至极板内部。对于含酸量超过 8% 的铅膏，反应区的生长方向相反。而对于 H_2SO_4 含量为 2%~6% 的铅膏，其反应区的推进过程可能因铅膏酸水比例和化成电流密度的不同而有所差异[6]。取决于化成期间 PbO_2 + $PbSO_4$ 部位的生长方向，极板横截面不同部位活性物质（α-PbO_2 或 β-PbO_2）的物相组成不同。在低的 H_2SO_4/LO 比例下，N_{H^+} 离子流和 $N_{SO_4^{2-}}$ 离子流将进入反应层。如果 PbO_2 + $PbSO_4$ 部位沿着极板表面生长，由于反应层与外部电解液之间的间距最短，则最便于离子流移动。在 H_2SO_4/LO > 8% 时，N_{H^+} 离子流和 $N_{SO_4^{2-}}$ 离子流将向相反的方向移动，也就是从铅膏与 PbO_2 + $PbSO_4$ 区之间的反应层移出。如果这些离子渗入铅膏中，由于它们与铅膏发生反应，则它们移出反应层的速度最快，结果形成了一个很高的硫酸浓度梯度。这正是图 10.6 所显示的那样，PbO_2 + $PbSO_4$ 向极板内部生长。

10.3 4BS 固化铅膏形成 PAM 的化成过程

4BS 晶体的长度为 $10~100\mu m$，直径为 $2~15\mu m$。这种 4BS 铅膏制成的极板在化成期间的物相组成和化学成分的变化情况如图 10.7 所示[11]。

固化铅膏最初由 $4PbO \cdot PbSO_4$、α-PbO 和 β-PbO 组成。基于图 10.7 中的数据，可推断出以下结论。

1）极板发生电化学反应的产物是 β-PbO_2。化学分析和 XRD 数据表明，铅膏氧化生成 PbO_2 的速率相当高，直到 PbO_2 含量达到 70wt% 之后，氧化反应速率才开始下降。

2）化成反应开始时，采用 XRD 分析技术几乎不可能测定出 α-PbO_2。这是因为 α-PbO_2 的特征衍射线与其他铅氧化物的特征衍射线相吻合。然而，化成 30h 后，$3.12Å$ 的特征线相当明显，因此，可判定该特征线代表 α-PbO_2。

3）极板化成期间，H_2SO_4 与 PbO 和 4BS 反应生成 $PbSO_4$。化成 6h 后，铅膏中 $PbSO_4$ 的含量达到最大值，然后其数量慢慢减少。化成 20h 后，晶面间距为 $3.00Å$ 和 $3.33Å$，出现了宽峰，噪点信号稍有不同。这表明 $PbSO_4$ 物相很可能以非常细小的晶体形式存在。

4）化成期间 4BS 含量逐渐减少，20h 之后，$3.23Å$ 特征线变得非常宽。但与噪点信号略有不同。

将一小块 PAM 浸入 H_2O_2 + HNO_3 的混合物中，就可以很容易地检测出未反应的 4BS 晶体。PAM 中的 PbO_2 溶于溶液中，其核心部位仍由 4BS 和 $PbSO_4$ 物相组成，XRD 数据也确认了这种情况。极板中心部位的电子扫描显微图像如图 10.8 所示[11]。图中采用圆圈标示出了颗粒内部未反应的残余 4BS。

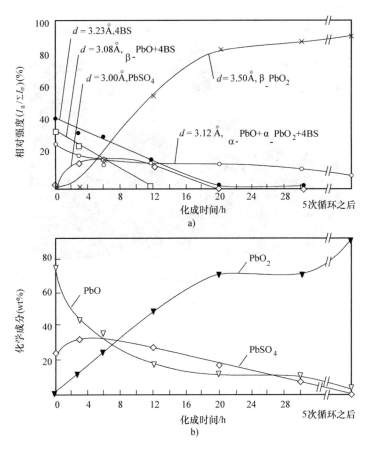

图 10.7   活性物质化成期间 4BS 铅膏物相（图 a）和化学成分（图 b）的变化情况
（化成 30h 后，完成 70% 化成）[11]

第 9 章介绍浸酸时提到，在浸酸工序，铅膏中的 4BS 晶体只是表面（厚度为 1~2μm）发生硫酸盐化。然后不再进一步硫酸盐化。如果 4BS 晶体直径不变（大约 10μm），则其长度尺寸并不影响化成效率[12]。4BS 晶体直径严重影响化成效率[12,13]。

浸酸条件决定了 4BS 晶体表面 PbSO₄ 层的厚度，进而影响 4BS 晶体的化成过程。图 10.9 展示了部分硫酸盐化的 4BS 晶体的化成过程[13]。

首先，4BS 晶体表面的 PbSO₄ 层氧化为 PbO₂（见图 10.9b）。PbO₂ 的形成过程经历了多个化学反应和电化学反应，并生成 H₂SO₄，H₂SO₄ 与部分 4BS 晶体反应，生成更多的 PbSO₄，剩余未反应的 H₂SO₄ 从 4BS 晶体向外部迁移。然后，晶体内部形成了一个 4BS + PbSO₄ 层（见图 10.9c）。采用 80℃ 的醋酸铵溶液处理，可以很容易地将大尺寸 4BS 晶体内部未氧化的部位溶解掉。二价铅化合物溶解之后，PAM 中只剩下 PbO₂。图 10.10 展示了化成 6h 后，生成的 PAM 经过醋酸铵溶液处理之后的电子显微图片。

图 10.8　化成 30h 后，PbO₂ 颗粒内部未成化部分的 SEM 图片，使用 H₂O₂ + HNO₃
将 PbO₂ 溶解掉，X-ray 衍射分析表明存在 PbSO₄ 晶体[11]

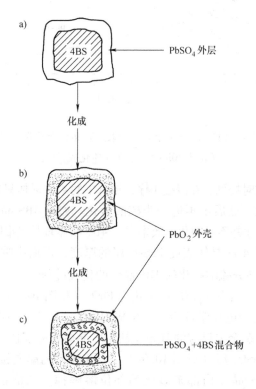

图 10.9　浸酸一段时间后，4BS 晶体转化为 PbO₂ 的示意图[13]

图 10. 10　经过 6h 化成之后，采用醋酸铵处理之后，PbO_2 凝聚体的电子
显微镜图像。凝聚体内部已经溶解[11]

　　PAM 表面层由小尺寸的团粒构成，团粒之间有微孔。化成期间，H_2O 和 H^+ 离子必须通过微孔才能进入 4BS 晶体内部。同时，SO_4^{2-} 离子经过微孔离开团粒。这些离子的流动必须克服迁移过程中受到的阻碍。图 10.7 中的数据表明，化成 30h 后，仍有 4BS 晶体未完全化成。4BS 晶体化成效率低的原因是离子迁移困难。只有经过 5 ~ 10 次深充放循环之后，凝聚体内部才能被化成。

10.4 采用4BS铅膏的正极板化成期间的结晶机理

一种固体材料通过电化学反应转化成另一种固体材料，如果只涉及化学成分（物质转移）的输入与输出，而固体材料的外部晶格未发生变化，这种反应被称为"交代反应"。Burbank等人探究了4BS固化铅膏转化为PbO_2活性物质的交代反应机理[4]。图10.11展示了铅膏中的4BS晶体以及PAM中的PbO_2凝聚体的SEM图片。

图10.11　a）固化形成的4BS铅膏 b）由4BS固化铅膏化成而成的PAM的SEM图片

4BS晶体矩阵转化为PbO_2颗粒凝聚体，保持了初始形状。PbO_2凝聚体相互连接成一个类似初始固化铅膏结构的骨架。该骨架强度取决于枝条长度和厚度，以及其连接强度。对于由4BS铅膏转化而成的PAM，铅膏中的4BS晶体尺寸以及固化形成4BS晶体的连接情况，早已决定了骨架尺寸。因此，4BS铅膏形成稳定的PAM骨架，采用4BS铅膏的正极板的电池使用寿命长。

4BS铅膏化成期间，H_2SO_4与4BS晶体表面快速发生反应，在4BS晶体表面形成了一个多孔的$PbSO_4$层。在随后的化成期间，由于极板电势超过了$PbO_2 | PbSO_4$电极的平衡电势，该$PbSO_4$层被氧化。4BS晶体矩阵内形成了厚的PbO_2层。这样，铅膏结构通过交代反应转化成PAM结构。然而，如果4BS氧化反应通过溶解机制

进行，则 Pb^{2+} 离子进入溶液中，也就是氧化反应发生在 PbO_2 表面的某些部位，这样的话，PAM 不会"记住"固化铅膏的初始结构。

3BS 铅膏骨架由凝聚体枝条、3BS 和 PbO 颗粒组成的团粒构成。凝聚体大小取决于其中 3BS 颗粒尺寸（长为 $2\sim4\mu m$，直径为 $0.2\sim1.0\mu m$），以及颗粒之间的接触面积和接触强度。如果 3BS 和 PbO 团粒长度小于 $8\sim10\mu m$，宽度小于 $3\sim4\mu m$，则它们在浸酸期间与 H_2SO_4 反应，形成的 $PbSO_4$ 晶体形状将占主导。由于没有发生交代反应，所以 3BS 骨架晶格未被复制。然而，如果团粒和凝聚体长度大于 $15\sim20\mu m$，直径大于 $8\sim10\mu m$，则表明硫酸盐化反应会"包裹"其外部形态，化成反应将通过交代反应进行。

可推断 3BS 铅膏生成的 PAM 由以上两种类型的凝聚体构成。然而，根据 3BS 正极板的初容量和循环寿命判断，在较高密度的 3BS 固化铅膏中，第二类凝聚体更多。固化铅膏向 PAM 结构的转化取决于铅膏凝聚体表面形成的 $PbSO_4$ 层，以及其厚度和连续性。

10.5　化成形成的板栅、腐蚀层、活性物质之间的界面结构[14]

正如本书第 7 章所论述的那样，固化之后，铅膏∣腐蚀层界面由氢氧化铅组成。浸板过程中，部分 $Pb(OH)_2$ 发生硫酸盐化反应。研究腐蚀层的结构很有意义。为了检测其结构，对极板充入 1Ah 电量后，除去铅膏，只检测被铅膏覆盖的板栅表面。由于板栅表面沉淀了 PbO_2，因而此处为黑色。采用醋酸铵溶液将部分板栅表面的二价化合物溶解后，使用扫描电子显微镜（SEM）对该腐蚀层进行检测。

图 10.12 展示了板栅腐蚀层的 SEM 图片[14]。腐蚀层的结构不均匀，这可能是因为腐蚀层中的 SnO_2（所用板栅为 PbSnCa 合金）已经溶解或部分腐蚀层仍未发生氧化，在使用醋酸铵处理期间，腐蚀层中的二价化合物发生溶解。腐蚀层的这种形貌意味着腐蚀层的氧化过程没有发生溶解，即腐蚀层经固相反应发生氧化。

腐蚀层水化之后容易氧化形成氢氧化铅。氢氧化铅具有离子导电性，它与铅膏中的 $PbSO_4$ 和碱式硫酸铅颗粒接触。在化成期间，这些颗粒应该被氧化成 PbO_2。$PbSO_4$ 的氧化过程通过两个反应机理进行：不溶解机理和溶于孔溶液的溶解机理。

对于不溶解机理，腐蚀层上的 $PbSO_4$ 晶体的氧化过程，没有破坏 $PbSO_4$ 的晶体结构。这种反应如图 10.13a 所示。$PbSO_4$ 晶体的晶格结构转化成 PbO_2 凝聚体。在化成工序中，$PbSO_4$ 并不总是完全被氧化，而是在后续的电池循环期间进一步氧化。

第二个硫酸铅晶体的氧化反应是通过晶体溶解机理进行的，这与正极板充电期间的氧化反应机理类似。首先，水化腐蚀层氧化成 PbO_2，这样生成的 $PbSO_4$ 晶体发生溶解，溶解形成的 Pb^{2+} 离子扩散到 $PbSO_4$ 晶体周围的溶液中，Pb^{2+} 离子在 $PbSO_4$ 晶体附近腐蚀层的 PbO_2 表面发生氧化反应，这样，$PbSO_4$ 晶体周围形成了一层氧化生成的 PbO_2 颗粒。图 10.13b 中的微观照片中可清晰地看到这些 PbO_2 颗粒。

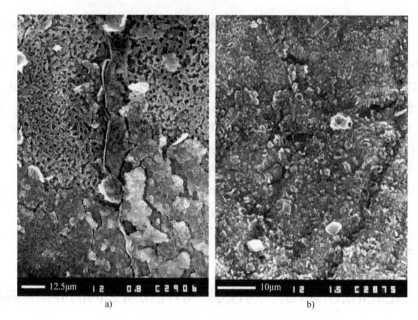

图 10.12　腐蚀层的已化成部分的 SEM 图片

a）腐蚀层中的晶间层　b）已经溶解的腐蚀层晶间层（黑线部位）

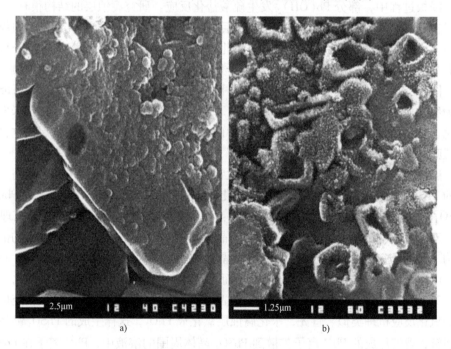

图 10.13　界面处的 $PbSO_4$ 晶体发生部分溶解

a）$PbSO_4$ 晶体表面发生反应而溶解，其余部分未溶解

b）$PbSO_4$ 晶体溶解之后，Pb^{2+} 离子发生氧化反应

现在来研究一下连接在腐蚀层的 4BS 晶体的化成过程。图 10.14a 展示了该腐蚀层界面。图中的 4BS 图片显示了醋酸铵处理前后的 4BS｜CL 界面结构。这些 4BS 通过水化反应（见图 10.14a）与腐蚀层紧密相连。腐蚀层受到氧化之后，这些 4BS 晶体中的水化层开始发生固态氧化反应。采用醋酸铵对腐蚀层处理，使二价铅化合物完全溶解。这样，可以看到被氧化的 4BS 晶体的水化部分。图 10.14b 中给出了相关图片。很明显，图中正是 4BS 晶体的晶格结构。

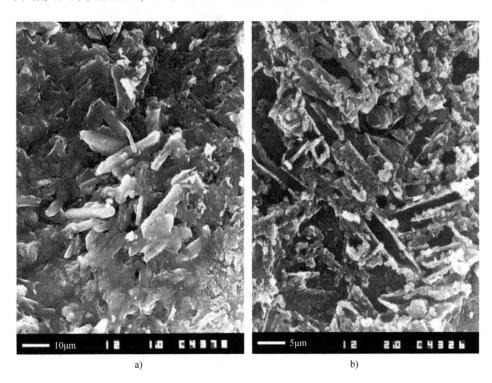

图 10.14　与腐蚀层相连的那些 4BS 晶体被化成之后的图片

a）醋酸铵处理之前　b）醋酸铵处理之后

10.6　H_2SO_4/LO 比值对 PAM 中的 $\beta\text{-}PbO_2/\alpha\text{-}PbO_2$ 比值和极板容量的影响

采用下列方法研究了 H_2SO_4/LO 比值对正极板容量的影响。在 30℃（3BS）或 80℃（4BS）下，使用 0～12% 的 H_2SO_4/LO 比值制备铅膏[15]。极板化成使用相对密度为 1.05 的 H_2SO_4 溶液，这样在浸酸和化成期间，只有一小部分铅膏发生硫酸盐化反应。将这些极板制成 14Ah 的电池（每单格含有一片正极板和两片负极板），然后化成，测试 PAM 中的 β-PbO$_2$/α-PbO$_2$ 比值，以及在 0.7A 和 42A 两种放电电流下的电池容量。这些研究结果汇总于图 10.15 中[15]。

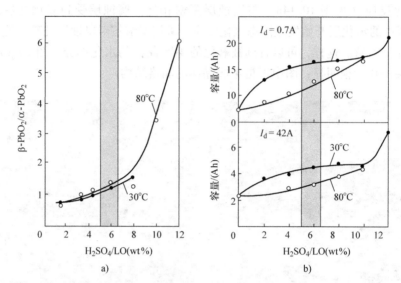

图 10.15　a）实测 PAM 中的 β-PbO$_2$/α-PbO$_2$ 比值

b）容量随铅膏中 H$_2$SO$_4$/LO 比值的变化情况[15]

根据图 10.15 中的数据可以得出以下结论。

1）随着 H$_2$SO$_4$/LO 比值增大，3BS 铅膏和 4BS 铅膏化成得到的 PAM 中的 β-PbO$_2$/α-PbO$_2$ 比值增大。在 H$_2$SO$_4$/LO 比值小于 8% 的条件下，随着 H$_2$SO$_4$/LO 比值增大，β-PbO$_2$/α-PbO$_2$ 比值稍微增大，而当 H$_2$SO$_4$/LO 比值从 8% 增大到 12% 时，由于铅膏中生成了 1BS，则化成之后 PAM 中的 β-PbO$_2$/α-PbO$_2$ 比值快速增加。

2）随着 PAM 中 β-PbO$_2$ 含量增加，正极板容量增加，但这两者之间并没有必然的关系。容量增加取决于铅膏中碱式硫酸铅的类型：与 4BS 生产的极板相比，3BS 铅膏制成的极板实测容量更高。如果 PAM 由高 1BS 含量的铅膏（H$_2$SO$_4$/LO = 12%）制成，则极板容量增加得最明显。

3）放电电流影响电池容量与 H$_2$SO$_4$/LO 比值之间的相互关系。在大电流放电（$I = 3C_{20}$A）时，β-PbO$_2$/α-PbO$_2$ 比值对容量的影响大幅降低。PAM 的孔体系也可能影响这种相互关系。

β-PbO$_2$ 和 α-PbO$_2$ 在极板横截面的分布情况取决于反应层孔内的溶液 pH 值。已证实，极板外层主要含有 β-PbO$_2$，而极板中心部位则主要含有 α-PbO$_2$[16-21]。这种物相分布极大地取决于极板中发生的局部反应。

10.7　正极活性物质结构

10.7.1　PAM 的微观和宏观结构

前面概述了极板化成期间发生的各种反应，那么，这些反应形成了哪种活性物质结构呢？

这里采用扫描电子显微镜和气孔测量技术，对化成之后和循环之后的正极活性物质结构进行了研究，然后提出了一个结构模型[22-25]。图 10.16 展示了 PAM 采用高倍率放大的 SEM 图片。

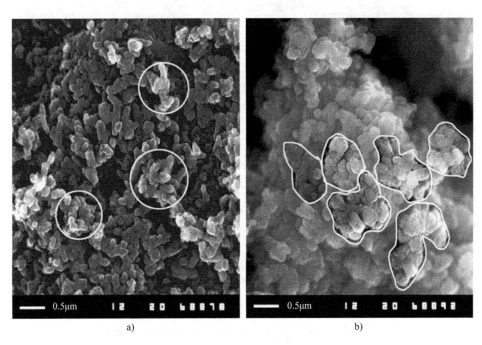

图 10.16　PAM 的 SEM 图片

a) PbO_2 颗粒　b) PbO_2 团粒

10.7.1.1　PAM 的微观结构

PbO_2 颗粒是构建 PAM 结构的最小元素（见图 10.16a）。PbO_2 颗粒之间以不同方式连接。当一定数量（10~20）的 PbO_2 颗粒连接如此紧密，以至于很难分辨颗粒边界时，这就形成了团粒。许多团粒和颗粒相互连接成带有微孔的凝聚体或枝晶（见图 10.16b）。颗粒、团粒和微孔形成了 PAM 的微观结构。凝聚体是多微孔的，这样，溶液中的离子可以进入其中。凝聚体表面有很多微孔，这些微孔表面积很大，电化学反应和化学反应在此进行。然而，在某些 PAM 结构中，凝聚体表面的微孔较少。PAM 形成了一个微孔较少的表面层，这样减缓了凝聚体中的电化学和化学反应，或者使这些反应仅局限在某些部位。结果，成流反应过程中，PAM 利用率受到限制。所以，PAM 凝聚体表面孔率影响正极板容量。

10.7.1.2　PAM 的宏观结构

大量凝聚体相互连接，形成骨架或多孔物质，它们通过一个界面与极板板栅相连。图 10.17 展示了骨架与活性物质的微观图片。骨架枝条（凝聚体）之间形成大孔，H^+ 和 SO_4^{2-} 离子以及水沿着这些枝条移动。这些大孔的半径不同，硫酸与水可能通过不同通道进入极板中心。

图 10.17　凝聚体之间形成大孔的 PAM 骨架的 SEM 图片
a) 和 b) 放大了不同倍率

图 10.18 展现了 PAM 结构的微观模型和宏观模型。其微观层的结构尺寸达到 $800 \sim 1000nm$，而其宏观层的结构尺寸大于 1000nm。PAM 形成的宏观结构类型取决于固化铅膏的晶体尺寸。3BS、4BS、PbO 和 $PbSO_4$ 晶体和颗粒转化成凝聚体或团粒，构成了 PAM 的宏观结构。应该指出，3BS 晶体、4BS 晶体和 PbO 颗粒的尺寸各不相同。随后，形成了不同类型的宏观结构。它们可能形成更高级的骨架枝条（如 4BS 铅膏化成，图 10.11）或多孔物质（见图 10.17b）。在充放电循环期间，PAM 密度可能增大或减小，其结构变化情况取决于循环模式。探究 PAM 宏观结构对正极板孔率和容量的影响是非常有意义的。

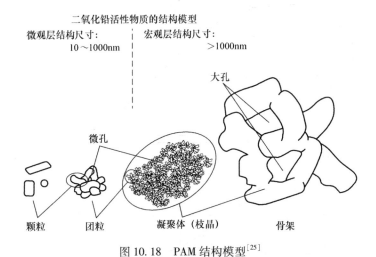

图 10.18　PAM 结构模型[25]

10.7.2　PAM 结构中的传输孔和反应孔及其对极板容量的影响[23]

图 10.19a 和 10.19b 分别列出了活性物质的孔体积和孔表面积对孔半径的依赖关系，试样极板由铅锑板栅和 3BS 铅膏制成。孔半径为 1μm 时，随着孔半径变小，孔体积开始增大，而当孔半径减小为 0.1μm 时，孔的表面积开始增加。对于半径为 0.1μm 的孔，其比孔容为 0.065cm³/g，该值约为 PAM 总比孔容的 62%。该尺寸大小的孔表面积仅占到 PAM 总表面积的 6%。这些研究结果表明，PAM 宏观结构主要含有半径大于 0.1μm 的孔（大孔），这些孔是外部溶液和极板内部凝聚体之间进行离子流交换与水流交换的主要传输系统。半径小于 0.1μm 的孔位于凝聚体内部，位于二氧化铅颗粒与凝聚体之间。电化学放电反应发生在这些小的反应孔表面[23]。

PAM 孔体积和表面积分布与 PAM 孔半径之间的关系如图 10.20 所示，这些 PAM 由不同物相组成和不同密度的铅膏生成[23]。为了对比，图中也给出了化学制成的 PbO₂ 的相关曲线。对于由碱式硫酸铅化成生成的 PAM，其孔体积逐渐生长，半径变化范围较大（0.05～1.2μm）。而化学方法制备的 PbO₂，在很窄的半径范围内其孔体积即达到了最大值。对于碱式硫酸铅生成的 PAM，在孔半径小于 0.5～1μm 时，其表面积急速增大。对于化学方法制备的 PbO₂，在孔半径小于 0.01μm 时，其表面积开始快速上升。两种 PAM 的孔体积和表面积强烈取决于铅膏物相组成和密度。这些试验表明，通过初始铅膏的物相组成和密度，可以控制 PAM 孔率。

图 10.20 中以箭头标示了微孔和大孔的界限。PAM 表面积主要取决于微孔的表面积。而大孔表面积的影响可忽略。根据孔半径区分大孔和微孔，大于该孔半径时，PAM 表面积开始快速增大（见图 10.20b）。对于不同铅膏制得的 PAM，微孔周围的团粒和颗粒尺寸不同，所以大孔/微孔的界限也各不相同，为 0.05～0.2μm 不等（见图 10.20b）。文献中，经常假设微孔半径的临界值小于 0.1μm。

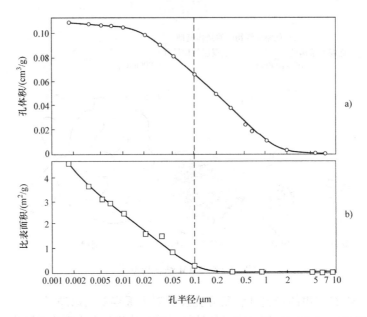

图 10.19　3BS 铅膏制成的 PAM 的孔体积（图 a）和孔比表面积（图 b）的分布情况
假设大孔（传输孔）和微孔的临界值是半径约为 0.1μm[23]

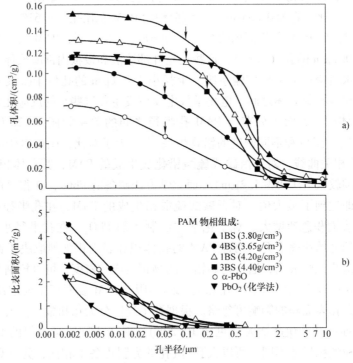

图 10.20　不同物相的铅膏化成 PAM 的孔体积（图 a）和孔表面积（图 b）的
分布情况（图中箭头标示微孔和大孔的区分边界）[23]

　　图 10.21 展示了正极板容量和正极活性物质孔体积之间的关系。可以看出极板容量随着孔体积的增加而增加。另外，正极板容量也取决于极板制造所用的初始活性物质。如果正极活性物质的前身是 α- PbO，则极板容量低。而使用 3BS 和 4BS 制造的极板，其容量明显提高。所以，电池工业生产正极板所用的标准工艺主要是基于 3BS 和 4BS 铅膏。

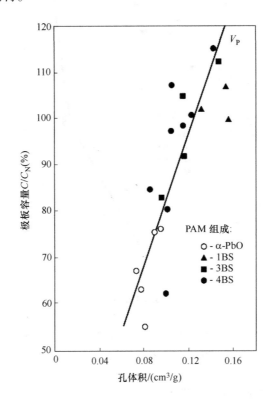

图 10.21　不同铅膏物相组成的 PAM，其总孔体积
(V_p) 和正极板容量之间的关系[23]

　　图 10.22 展示了电池容量（第 5 次循环）随着 PAM 的 BET 表面积的变化而变化的情况，这些电池的极板采用了铅锑合金板栅，使用不同物相组成和不同密度的铅膏制成[23]。PAM 的 BET 表面积增加，极板容量增大，这是一般趋势。不过，一些极板的 BET 表面积相对较小，但其容量较高。可见，PAM 的 BET 表面积并不是决定极板容量的唯一参数。

　　以上的孔率、BET 表面积和容量检测均在第 5 次循环进行，此时化成反应已经确定了 PAM 结构。如果继续进行循环，则 PAM 结构将发生变化，那样的话，电池容量可能受以上一个或多个参数限制。

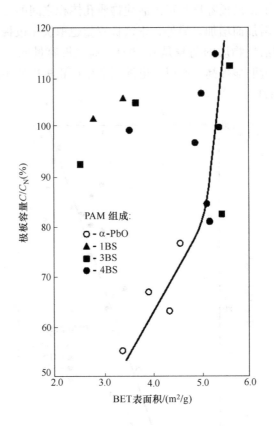

图 10.22　极板容量随不同物相组成的铅膏化成的
PAM 的 BET 表面积的变化情况[23]

10.7.3　PbO_2 颗粒的凝胶 - 晶体结构

从团粒中相互交联的 PbO_2 颗粒的电子显微照片中，可以分辨出下列几种类型的颗粒（见图 10.23）[25]。

* 圆形或椭圆形，好像从液态制得（见图 10.23a、b），PbO_2 颗粒合并成小团粒（见图 10.23a），或合并成彼此接触完好的单个颗粒（见图 10.23b）。

* PbO_2 晶体颗粒，尺寸相对小，但彼此接触，它是具有形状完好的晶面、晶轴和晶界的大晶体（见图 10.23c）。其中一些晶体部分形成了棱形面。充电期间，部分未溶解的 $PbSO_4$ 晶体转化为 PbO_2，发生交代反应，形成了这种结构。有一些小颗粒的结构不同（见图 10.23d）。这些颗粒之间的接触面积不那么大。

* 针状颗粒，它们可能共用一个根基（见图 10.23e），或者单个针状颗粒，它们之间可能相互接触（见图 10.23f）。

图 10.23　化成和循环期间生成的不同形状 PbO₂ 颗粒的 SEM 图片[25]

a)、b) 圆形 PbO₂ 颗粒合并成团粒　c)、d) PbO₂ 晶体状的颗粒　e)、f) 针形 PbO₂ 颗粒

图 10.24 展示了采用透射电子显微镜拍出的 PbO₂ 图片。这些图片表明，二氧化铅颗粒的不同部位成分不同。

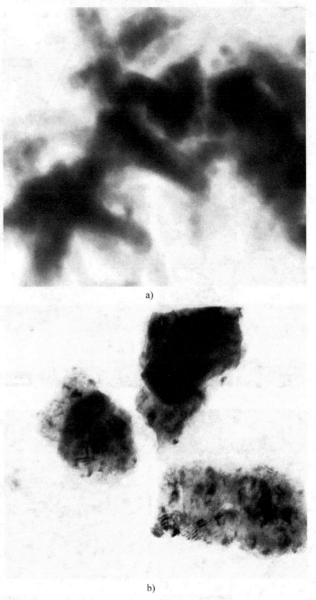

a)

b)

图 10.24　PbO₂ 颗粒的透射电子显微图片 （这些颗粒的成分不均匀）

a）含有水化表层的 PbO₂ 颗粒　b）内部含有晶核 （黑点）的 PbO₂ 颗粒

图 10.25 展示了已化成 PAM 颗粒的透射电子显微图片和物相组成 （微电子衍射分析技术测定）的图表[26]。电子衍射分析技术表明，PAM 颗粒中心主要含有

β-PbO$_2$。与之对照的是，PAM 颗粒的上部和最下部是无定形结构，这些部位的电子通透性更高。在无定形区底部附近，也探测到一个 PbSO$_4$ 晶核。

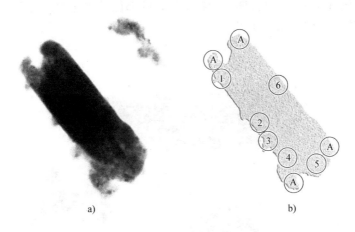

a)

b)

部位号	晶面间距(d)/Å	物相
1	3.51 3.33	β-PbO$_2$ PbSO$_4$
2	2.81	β-PbO$_2$
3	3.33;3.00;1.64	PbSO$_4$
4	3.50;1.75;1.86;2.23	β-PbO$_2$
5	2.80;1.09	β-PbO$_2$
6	3.50;2.22	β-PbO$_2$
A	无定形结构	

c)

图 10.25　一个 PbO$_2$ 颗粒的透射电子显微图片以及通过电子衍射分析测得的

不同结构分区的分布情况[26]

a）PbO$_2$ 颗粒　b）经电子衍射分析而标示的 PbO$_2$ 表面不同部位　c）不同部位特性汇总表

采用 XRD 分析技术，研究人员已经证明，PAM 中的 PbO$_2$ 晶体平均尺寸为 25~60nm[27-32]。图 10.23 和图 10.24 中的微观图像显示，一些 PbO$_2$ 颗粒尺寸超过了 200nm。这意味着 PbO$_2$ 颗粒中含有 XRD 技术能够测量到的几个晶体和 XRD 技术不能探测的无定形区。

很有可能，无定形区是高度水化的。为了证实这一结论，研究人员将 PbO$_2$ 颗粒在扫描电子显微镜中加热。图 10.26 中展示了 PbO$_2$ 颗粒在加热前后的照片[32]。小的 PbO$_2$ 颗粒只含有一个无定形区；大的 PbO$_2$ 颗粒则含有几个无定形区（见

图 10.26a）。在 100℃下加热 20min 之后，长的 PbO_2 颗粒发生了沸腾，水从颗粒内部蒸发。该物质的几个部位发生浓缩，主要围绕颗粒的晶体区（见图 10.26b）。也出现了空白区（空的）。这证明，颗粒中较轻的部位是水化的，具有一种无定形特性。这些区被认为是"凝胶区"。

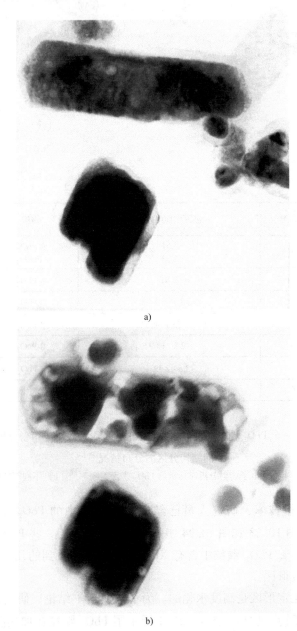

a)

b)

图 10.26 PbO_2 颗粒内部微观图片加热前（图 a）和加热后（图 b）所得的透射电子显微图片

　　X-ray 光电子能谱分析结果已经证实，3BS 铅膏化成后的 PAM 中含有 4% 的 OH^- 基团，而 4BS 铅膏化成形成的 PAM 中含有 31% 的 OH^- 基团[26]。水热重分析结果显示，在 260 ~ 450℃ 的温度范围内，PAM 的水蒸发量为 $0.00323cm^3/g$ PAM[33,34]。

　　当晶体区尺寸大幅超过凝胶区时，可识别出 PbO_2 颗粒的晶体特性（见图 10.23c、d）。如果颗粒表面形成相对较厚的凝胶区，则 PbO_2 颗粒为圆形（见图 10.23a、b）。然而，当 PbO_2 颗粒完全水化（通常是小颗粒的情况，见图 10.23b、c），其形状为水滴状或蛋状。已经发现，凝胶区和晶体区之间存在一种平衡，该平衡取决于温度、溶液中的离子类型和所用合金添加剂[32]。在 2.9.2 节，已经论述了溶液中的离子对凝胶区/晶体区平衡的影响。

10.7.4　PbO_2 活性物质凝胶区发生的电化学反应

　　Kassner 认为高化合价铅氧化物（PbO_2）构成了线性高分子链，使电子在 PbO_2 晶体中具有很高的移动性[35]。我们认为 PbO_2 颗粒的凝胶区含有线性水化链，H^+ 离子和电子可以沿着这些水化链轻易地移动[36]。这些链具有电子导电性和离子导电性，满足了 PbO_2 放电反应和 O_2 析出反应的必要条件。电子和质子克服了电势低引起的迁移困难，沿着高分子链移动，保持了凝胶区的电中性，因而加快了以上的化成反应。2.10.3 节已对氧析出反应进行了论述。

　　如果对正极板施加一个比 $PbO_2|PbSO_4$ 电极平衡电势更负的电势，则电流流经极板。电子沿着高分子链进入水化区，将 Pb^{4+} 离子还原为 Pb^{2+} 离子。负电荷 O^{2-} 离子进入水化区。该电荷被从溶液扩散和迁移进入颗粒凝胶区的 H^+ 离子中和而呈电中性，形成 H_2O 和 $Pb(OH)_2$。水稀释了凝胶区，H_2SO_4 渗入并与氢氧化铅反应生成 $PbSO_4$ 和水。$PbSO_4$ 分子在溶液中扩散，并影响了 $PbSO_4$ 晶体的生长。

　　以上反应可用下列方程式表示，它们代表了电池正极板发生的放电反应。

$$PbO_2 + H_2O \Longleftrightarrow PbO(OH)_2 \tag{10.10}$$

$$PbO(OH)_2 + 2e^- + 2H^+ \longrightarrow Pb(OH)_2 + H_2O \qquad (10.11)$$

$$Pb(OH)_2 + H_2SO_4 \longrightarrow PbSO_4 + 2H_2O \qquad (10.12)$$

放电反应涉及电子和质子［见式（10.11）］。当这两类带电颗粒同时到达 PbO_2 颗粒凝胶区的某一点时，发生放电反应。如果 PAM 的电子导电能力强，而质子导电能力弱，则极板容量低。如果 PAM 的质子导电能力强，而电子导电能力弱，则极板容量也低。相对地，如果 PAM 是一个具有高电子导电能力和高质子导电能力的凝胶-晶体体系，则极板容量高[32,36]。

并非所有 PbO_2 颗粒结构都具有足够的电子和质子导电性。因此，上述反应只发生在 PAM 的某些颗粒中。发生反应的颗粒具有特定结构的活性中心，并通过高分子链与晶区的溶液彼此相连。

研究人员研究了水化反应对 PbO_2 电化学活性的影响[33]。将极板容量测试之后的已充电 PAM 试样研磨成粉末，然后以 $4.0g/cm^3$ 的密度灌入管式电极中。所用 PAM 试样以 3BS 和 4BS，以及化学反应生成的 PbO_2（Merck）铅膏制成。其他管式电极填入相同 PAM，但是加热至 260℃。这些管式电极的容量测试结果如表 10.2 所示。

表 10.2　水化反应对 PAM 容量的影响[33]

PAM 成分	涂膏式极板的 PAM 容量 /(Ah/g PAM)	管式灌粉电极的 PAM 容量/(Ah/g PAM)	
		直接从极板取样的 PAM	加热至 260℃的 PAM
$3PbO \cdot PbSO_4 \cdot H_2O$	0.1177	0.0231	0.00156
$4PbO \cdot PbSO_4$	0.0896	0.0175	0.00146
化学反应生成的 PbO_2		0.0013	

管式电极的容量较低，是因为团粒之间以及 PAM 和脊骨之间的接触电阻很大。采用小电流放电，证实了加热引起的 PbO_2 颗粒脱水反应使电极容量快速降低。所以 PbO_2 颗粒中的水化层决定了其电化学活性。这可能意味着 PbO_2 的电化学反应在水化层中进行。

化学制备的 PbO_2 不含有水化区[36]，因此其容量非常低，并在加热之后降为零。可推断 PbO_2 的水化程度决定了它的电化学活性。

10.8　板栅合金添加剂对 PbO_2 黏合剂电化学活性的影响

铅酸蓄电池正板栅由铅-锑合金改为铅-钙合金之后，电池循环寿命通常大幅缩短。

显然，锑影响了 PbO_2 的电化学行为。一种假设就是锑影响 $PbO_2 \cdot PbO(OH)_2$ 颗粒的水化反应。通过测量不同锑含量 Pb-Sb 合金氧化形成的阳极 PbO_2 层中的水含量，证实了这一假设。所得研究结果如图 10.27 所示[34]。

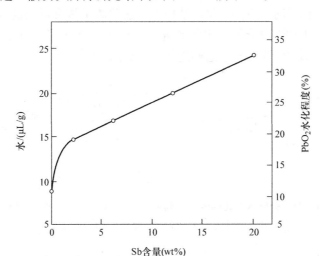

图 10.27　阳极层含水量（以 μL/g 表示）随板栅合金锑含量的变化情况
该阳极层是以 +1.50V 恒电势极化平板式电极而生成的[34]

锑含量越高，则氧化形成的腐蚀层水化程度越高，即由于 Sb 离子进入 PbO_2 颗粒结构中，二氧化铅颗粒凝胶区的体积增加。这些结果表明锑提高了 PbO_2 层的无定形化程度，阳极层的 XRD 分析结果也证实了这一点[34]。

研究人员测定了对一些商品铅和锑的氧化物中的含水量进行了测定，测试结果列于表 10.3 中[34]。

表 10.3　铅和锑氧化物的含水量[34]

物质	含水量/(μL/g)
$\alpha\text{-}PbO_2$	1.7
化学反应生成 $\beta\text{-}PbO_2$	1.9
电化学反应生成的 $\beta\text{-}PbO_2$	5.9
Sb_2O_3	5.4
Sb_2O_5	46.6

从表中可以发现，化学反应生成的 PbO_2 比电化学反应生成的 PbO_2 含水少。这与这些氧化物结构的 TEM 数据高度一致[35,36]。TEM 结论表明，化学反应生成的 PbO_2 含有形状完好的晶体，不含凝胶区，电化学活性低。锑氧化物是高度水化的，尤其是 Sb_2O_5。所以，Sb 离子的引入，提高了 PbO_2 颗粒和团粒的水化程度。基于这一推论，铅锑氧化物可以采用下列通用方程式表示：

$$Pb_{(1-y)} \cdot Sb_x O_{(2-x)} \cdot Pb_{(1-n)} O(OH)_2 \cdot Sb_n(OH)_3$$

之前提到，Sb 离子会进入 PbO_2 结构中。这些离子最有可能进入 PbO_2 颗粒的凝胶区，这有利于增强高分子链之间的链接。Sb 离子改善了高分子网络中的线性链之间的连接。图 10.28 展示了这些连接的示意图[37]。

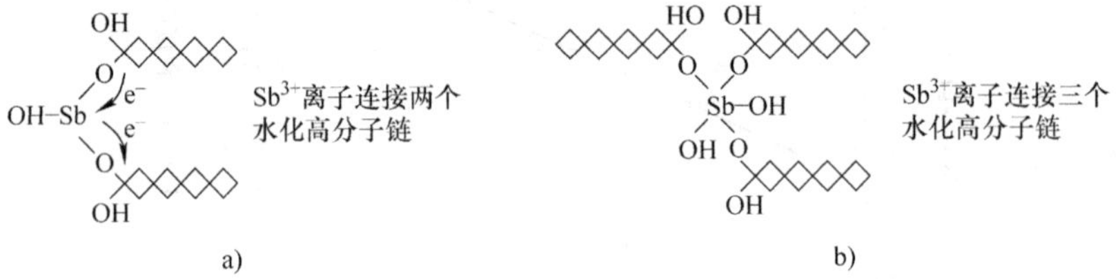

图 10.28　凝胶区水化高分子链间通过 Sb^{3+} （图 a） 和 Sb^{5+} （图 b）
连接成一个具有电子和质子导电能力的完整体系[37]

锑离子具有高亲水性 （见表 10.3）。另一方面，PbO_2 颗粒和团粒的高分子链是水化的。所以，锑离子可以紧密连接成水化高分子链，形成高分子网络。因此，称这些掺杂剂为"黏合剂"是恰当的。黏合剂支撑高分子链，并防止高分子网络随着 PAM 密度的下降而解体。如果不含黏合剂，则只有凝胶区高密度的高分子链形成的高分子网络才显示出高的导电性。随着 PAM 密度降低，这些高分子链快速解体，凝胶区的导电性突然下降。极板循环期间可能发生这种情况。当凝胶区的黏合剂浓度低时，也出现这种现象。CL/PAM 界面附近区域对这种变化最敏感。幸好，板栅合金氧化形成的黏合剂离子使该凝胶区再次饱和。

以上讨论内容可汇总如下：锑提高了 PbO_2 颗粒凝胶区的电子导电能力。锑的亲水性保持了凝胶区在 PbO_2 颗粒中的比例，并提高了其质子导电性。锡、铋或其他金属离子也显示出类似特性 （见图 4.23）。

为了证实 Sb 的行为机理，将纯 Pb 板栅制成的极板中的二氧化铅 （PAM） 试样磨成粉末，分别与少量 Sb_2O_3 或 Sb_2O_5 混合。然后将以上两种混合物 （PbO_2 + Sb_2O_3 或 PbO_2 + Sb_2O_5） 分别灌入管式电极中。第三类电极灌入研磨的 PAM 粉末，不添加锑氧化物。这 3 类电极灌入的粉末密度相同，均为 $4.10g/cm^3$。每种粉末制成两个电极，对这些电极进行充放电循环，使灌入的粉末转化为活性物质。图 10.29 展示了 3 种电极的实测比容量/循环次数曲线[38]。

在前几个循环期间，Sb_2O_3 和 Sb_2O_5 使电极容量突然上升。这些锑氧化物与板栅合金中添加的锑具有类似效应。Sb_2O_5 比 Sb_2O_3 影响更大。因此，Sb 化合价也影响 PAM 结构。表 10.3 中的数据表明，Sb_2O_5 比 Sb_2O_3 水化程度更高。有可能，与 Sb_2O_3 相比，Sb_2O_5 的水化程度更高，更有益处。

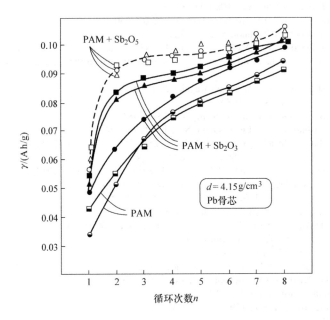

图 10.29　以含有 50mg Sb_2O_3 或 Sb_2O_5，或不含添加剂的 PAM 制备的
管式粉末电极的比容量随其循环次数的变化[38]

以上数据表明，在化成反应中，合金成分具有重要影响，它决定了与腐蚀层接触的 PAM 层的导电能力。该 PAM 层含有电化学反应形成的凝胶区。

参 考 文 献

[1] P. Ruetschi, R.T. Angstadt, J. Electrochem. Soc. 111 (1964) 1323.
[2] D. Pavlov, G. Papazov, V. Iliev, J. Electrochem. Soc. 119 (1972) 8.
[3] D. Pavlov, in: B.D. McNicol, D.A.J. Rand (Eds.), Power Sources for Electric Vehicles, Elsevier, Amsterdam, 1984, p. 328.
[4] J. Burbank, J. Electrochem. Soc. 113 (1966) 10.
[5] D. Pavlov, G. Papazov, J. Electrochem. Soc. 127 (1980) 2104.
[6] G. Papazov, J. Power Sources 18 (1986) 337.
[7] P.T. Moseley, J. Power Sources 64 (1997) 47.
[8] K.R. Bullock, T.C. Dayton, in: D.A.J. Rand, P.T. Moseley, J. Garche, C.D. Parker (Eds.), Valve-Regulated Lead-Acid Batteries, Elsevier, Amsterdam, 2004, p. 109.
[9] K.R. Bullock, W.H. Kao, US Patent 5,045,170, September 1991.
[10] W.H. Kao, K.R. Bullock, J. Electrochem. Soc. 139 (1992) 41, 4L.
[11] D. Pavlov, E. Bashtavelova, J. Power Sources 31 (1990) 243.
[12] S. Grugeon-Devaelle, S. Laruelle, L. Torcheux, J.-M. Tarascon, A. Delahaye-Vidal, J. Electrochem. Soc. 145 (1998) 3358.
[13] L.T. Lam, H. Ozgun, L.M.D. Craswick, D.A.J. Rand, J. Power Sources 42 (1993) 55.
[14] M. Dimitrov, D. Pavlov, T. Rogachev, M. Matrakova, L. Bogdanova, J. Power Sources 140 (2005) 168.
[15] D. Pavlov, G. Papazov, Electrochemical power sources, in: Proc. First Symposium EPS, Praha, 1975, p. 49.

[16] V.H. Dodson, J. Electrochem. Soc. 108 (1961) 401.

[17] A.C. Simon, E.L. Jones, J. Electrochem. Soc. 109 (1962) 760.

[18] J.R. Pierson, Electrochem. Technol. 5 (1967) 323.

[19] J. Armstrong, I. Dugdale, W.J. McCusker, in: D.H. Collins (Ed.), Power Sources 1966, Research and Development in Non-mechanical Electric Power Sources, Pergamon Press Ltd., Oxford, 1967, pp. 163—177.

[20] S. Ikari, S. Yoshizawa, S. Okada, Denki Kagaku 27 (1959) 487.

[21] B. Culpin, J. Power Sources 25 (1989) 305.

[22] D. Pavlov, E. Bashtavelova, J. Electrochem. Soc. 131 (1984) 1468.

[23] D. Pavlov, E. Bashtavelova, J. Electrochem. Soc. 133 (1986) 241.

[24] D. Pavlov, E. Bashtavelova, D. Simonson, P. Ekdunge, J. Power Sources 30 (1990) 77.

[25] M. Dimitrov, D. Pavlov, J. Power Sources 93 (2001) 234.

[26] D. Pavlov, I. Balkanov, T. Halachev, P. Rachev, J. Electrochem. Soc. 136 (1989) 3189.

[27] A.C. Simon, S.M. Caulder, J. Electrochem. Soc. 118 (1971) 659.

[28] I. Kim, S.H. Oh, H.Y. Kang, J. Power Sources 13 (1984) 99.

[29] T.G. Chang, J. Electrochem. Soc. 131 (1984) 1755.

[30] A. Santoro, P. D'Antonio, S.M. Caulder, J. Electrochem. Soc. 130 (1983) 1451.

[31] K. Kordesch, Chem. Ing. Tech. 38 (1966) 638.

[32] D. Pavlov, I. Balkanov, J. Electrochem. Soc. 139 (1992) 1830.

[33] D. Pavlov, E. Bashtavelova, V. Manev, A. Nasalevska, J. Power Sources 19 (1987) 15.

[34] B. Monahov, D. Pavlov, J. Electrochem. Soc. 141 (1994) 2316.

[35] G. Kassner, Arch. Pharm. 228 (1890) 177.

[36] D. Pavlov, J. Electrochem. Soc. 139 (1992) 3075.

[37] D. Pavlov, J. Power Sources 46 (1993) 171.

[38] D. Pavlov, A. Dakhouche, T. Rogachev, J. Power Sources 42 (1993) 71.

扩 展 读 物

[1] P. Faber, Electrochim. Acta. 26 (1981) 1435.

第11章 铅酸蓄电池负极板化成

11.1 化成期间电化学反应的平衡电势

固化负极铅膏中含有 3BS、PbO、残余 Pb，以及添加剂，包括膨胀剂、碳等。其中的铅化合物通过电化学反应还原为 Pb。根据 298.15K 温度下这些还原反应的平衡电势（E_h），我们可以判断出这些反应的顺序[1]。各平衡电势以标准氢电极为参照。

$$PbO + 2e^- + 2H^+ = Pb + H_2O \quad E_h = 0.248 - 0.059pH \tag{11.1}$$

$$3PbO \cdot PbSO_4 \cdot H_2O + 8e^- + 8H^+ = 4Pb + H_2SO_4 + 4H_2O$$
$$E_h = 0.030 - 0.044pH - 0.007\ln a_{SO_4^{2-}} \tag{11.2}$$

$$PbO \cdot PbSO_4 + 4e^- + 4H^+ = 2Pb + H_2O + H_2SO_4$$
$$E_h = -0.113 - 0.029pH - 0.015\ln a_{SO_4^{2-}} \tag{11.3}$$

$$PbSO_4 + 2e^- + 2H^+ = Pb + H_2SO_4 \quad E_h = -0.356 - 0.029\ln a_{SO_4^{2-}} \tag{11.4}$$

$$PbSO_4 + 2e^- + 2H^+ = Pb + HSO_4^- + H^+$$
$$E_h = -0.302 - 0.029pH - 0.029\ln a_{HSO_4^-} \tag{11.5}$$

$$2H^+ + 2e^- = H_2 \quad E_h = -0.059pH - 0.029\ln P_{H_2} \tag{11.6}$$

P_{H_2} 是电池中的氢气压。化学中通常假设各温度下的标准氢电极电势均等于 0V。因此，化学方程式（11.6）中没有数值项。通过对比式（11.1）~式（11.6）的 6 个化学方程式的 E_h 数值大小，可推断出，PbO 和 3BS 还原之后，水开始分解，并引起氢气析出。然而，由于受到动力学限制，实际情况并非如此。铅是氢气析出过电势最高的金属之一。因此，碱式硫酸铅（BS）和 $PbSO_4$ 首先还原成 Pb，然后，随着电势升高，同时发生氢析出反应。

以上反应次序表明，负极板化成将分为两个阶段。$PbO|Pb$ 和 $3BS|Pb$ 的平衡电势与 $PbSO_4|Pb$ 平衡电势之间存在 300mV 的差值，这表明在化成第一阶段，3BS 和 PbO 被还原，之后，电势上升超过 300mV 之后，开始进行化成第二阶段，$PbSO_4$ 在这一阶段被还原。

根据电化学反应方程式（11.1）~式（11.6），可得出另外两个更有意义的结论。第一是关于极板不同部位电化学还原反应速率的结论。所有电化学反应均涉及 H^+ 离子流。H^+ 离子流通过溶液传导电荷。由于极板表面与溶液直接接触，所以极板表面的 H⁺ 离子流更加密集。因此，在化成反应期间，铅首先形成于极板表面，然后在极板内部生成。

第二，PbO 和 BS 发生还原反应生成水。水稀释了极板孔中的溶液，并因此使孔内溶液保持高 pH 值。这种情况发生在化成第一阶段。当 $PbSO_4$ 开始还原时，生成 H_2SO_4，因此孔内溶液 pH 值大幅降低，达到了 H_2SO_4 高浓度区。显然，这两种不同的 pH 区间会影响活性物质铅的结构。

11.2　负极板化成期间的反应

图 11.1 展示了化成期间负极板（12Ah）物相组成的变化情况，化成用相对密度为 1.05 的 H_2SO_4 溶液，浸酸 10min，化成电流密度为 $5mA/cm^{2[2]}$。XRD 数据表明，化成反应可分为两个阶段。在化成第一阶段（约 6h），PbO 和 3BS 数量下降，而 Pb 和 $PbSO_4$ 数量增加。这表明 PbO 和 3BS 部分还原成 Pb，部分与 H_2SO_4 反应生成 $PbSO_4$。在化成第二阶段，$PbSO_4$ 的 XRD 线表明 $PbSO_4$ 数量减少，而 Pb 含量增加。

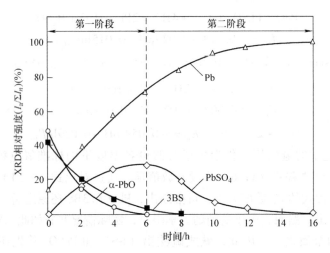

图 11.1　化成期间负极铅膏和活性物质的物相组成变化[2]

基于 XRD 数据，研究人员提出了一个通用示意图，表示化成第一阶段发生的电化学反应和化学反应，包括氧化铅和所有碱式硫酸铅（见图 11.2[2]）。该示意图只表示化成第一阶段反应的化学计量系数，而不表示所发生的基本反应。系数 m 代表碱式硫酸铅中的 "PbO 分子"。如果铅膏只含有 PbO，则 m 等于无穷大。PbO 和 $PbSO_4$ 对应的 m 系数值分别为 1 和 0。如果铅膏含有 $3PbO \cdot PbSO_4 \cdot H_2O$，则 $m = 3$。

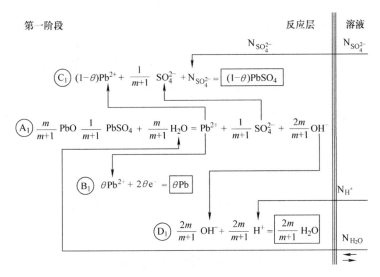

图 11.2　碱式硫酸铅铅膏形成 NAM 的化成反应
第一阶段所发生的电化学和化学反应[2]

第一阶段的反应涉及碱式硫酸铅发生的水化反应和溶解反应，形成 Pb^{2+}、SO_4^{2-} 和 OH^- 离子。部分 Pb^{2+} 离子（我们以 θ 标记）还原成 Pb。剩余的那部分 $(1-\theta)$ 与 SO_4^{2-} 离子一起，参与反应形成 $PbSO_4$。OH^- 离子被来自外部溶液的 H^+ 离子中和，形成水分子。这样，在负极板化成第一阶段，生成了 Pb、$PbSO_4$ 和水。

为了保持基本电中性，反应层 [位于铅膏与生成的（$Pb + PbSO_4$）区之间] 必须与外部电解液交换 H^+ 离子和 SO_4^{2-} 离子，只有这样，以上反应才能进行。

图 11.3 展示了化成第二阶段发生的反应示意图。这些反应不仅生成了 Pb，而且也生成了 H_2SO_4。极板内部的 H_2SO_4 将向外部溶液扩散。

对比这两个反应示意图，明显发现在两个化成阶段，铅晶体在不同 pH 值下均生长。这样，在化成第一阶段，反应层的溶液 pH 值为中性或弱碱性。在这种 pH 值条件下，铅膏孔溶液中发生以下反应：

$$Pb^{2+} + 2H_2O \rightarrow HPbO_2^- + 3H^+ \qquad \lg(a_{HPbO_2^-}/a_{Pb^{2+}}) = 28.0 + 3pH \qquad (11.7)$$

然后溶液 pH 值升高到 9.5 以上，孔溶液中形成了 $HPbO_2^-$ 离子。然后，这些离子发生还原反应生成 Pb。我们将化成第一阶段形成的铅结构称为"初生结构"。在化成第二阶段，形成 H_2SO_4。Pb 在 H_2SO_4 溶液中形成 Pb^{2+} 离子。Pb 晶体生长于酸性溶液中。我们称这种铅结构为"次生结构"。可推断出，初生结构和次生结构的铅晶体形态必定不同。

411

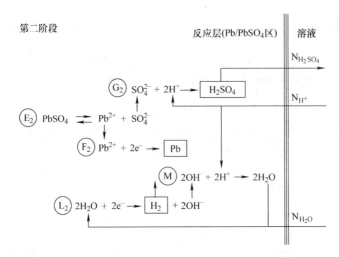

图 11.3　NAM 化成过程第二阶段发生的反应[2]

11.3　区域反应

极板横截面的化成反应是怎样的呢？图 11.4 展示了化成之前以及化成不同阶段的极板横截面图像[3]。从图中可以看出，化成反应首先开始于板栅表面，此处形成的褐色区域沿着极板两表面扩张。根据 X-ray 数据和化学分析结果，该区域由 Pb 和 PbSO$_4$ 组成。整个极板表面被覆盖之后，（Pb + PbSO$_4$）区向极板内部生长，直到整个极板横截面完全化成。

根据图 11.2 中的示意图，位于（Pb + PbSO$_4$）区和未化成铅膏之间的反应层与外部电解液进行 H$^+$ 离子、SO$_4^{2-}$ 离子和 H$_2$O 的交换。电化学反应 Pb^{2+} + 2e$^-$ → Pb 降低了反应层的正电荷浓度。而反应层中的 OH$^-$ 离子和 SO$_4^{2-}$ 离子所带电荷不变。为了保持反应层内溶液的电中性，H$^+$ 离子必须从外部溶液迁移至反应层，而 SO$_4^{2-}$ 离子则反向移动。反应层内的电化学反应受控于这些离子流的移动速度。由于 H$^+$ 离子比 SO$_4^{2-}$ 离子移动能力强很多，所以保持反应层的电中性的是 H$^+$ 离子。由于极板表面层距离外部溶液的距离最近，H$^+$ 离子遇到的运动阻碍最小。所以，（Pb + PbSO$_4$）区将首先在极板表面生长，当（Pb + PbSO$_4$）区完全覆盖极板表面后，（Pb + PbSO$_4$）区才开始向极板内部生长[4]。图 11.4 阐明了这些区域反应。

那么，化成第二阶段是极板中的 PbO 和 3BS 完全反应后才开始进行，还是在更早时期就开始进行呢？为了弄清楚这些问题，研究人员使用 Hitachi XMA-5 电子显微镜测定了化成期间极板中硫酸铅的含量（包括独立的硫酸及碱式硫酸铅中含有的硫酸铅）的变化情况。测试结果如图 11.5 所示[3]。

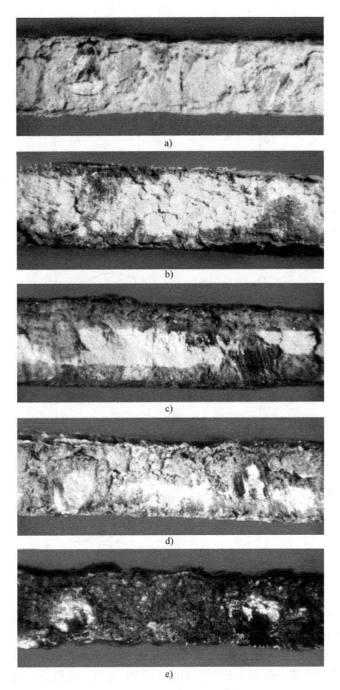

图 11.4　化成期间负极板横截面的图像[3]（彩图见封三）

a）化成之前　b）~ d）不同化成阶段深色区是（Pb + PbSO$_4$）区

e）完全化成的极板（试样极板厚度是 1.8mm）

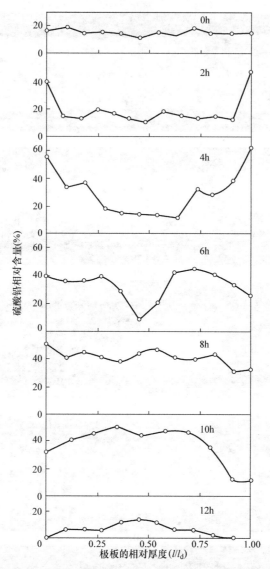

图 11.5　化成期间，极板横截面所含 $PbSO_4$ 层的分布变化情况[3,4]

图中横坐标数值表示极板中的某点到极板表面的距离 l 与极板总厚 l_d 之间的比值，也就是相对极板厚度。化成 2h 后，$PbSO_4$ 在极板横截面的分布情况表明硫酸盐化反应发生在极板表层。化成前 4h 内，只是极板表面形成了大量 $PbSO_4$。化成 6h 后，尽管极板内部仍存在未反应的 PbO 和 3BS 物相，极板表层的 $PbSO_4$ 含量开始减少，也就是发生了 $PbSO_4 \rightarrow Pb$ 的反应。这表明在极板中形成了两个反应层：第一个反应层在极板内部，PbO 和 3BS 发生电化学反应还原成 Pb（第一阶段），第二个反应层临近极板表面，$PbSO_4$ 发生电化学反应还原成 Pb[4]。随着化成时间的延长，由于 3BS 和 PbO 被消耗殆尽，第一个反应层消失。第二个反应层向极板内部推进。现代研究表明，这种现象是因为 H^+ 离子和 SO_4^{2-} 离子在极板内部的运动过程（扩散和迁移）受到阻碍造成的[4]。

11.4　负极活性物质的结构

11.4.1　化成的两个阶段对 NAM 结构的影响

研究人员采用 SEM 技术，分析了在化成第一阶段负极板（Pb + PbSO₄）区的晶体形貌[2]。图 11.6 展示了（Pb + PbSO₄）区晶体结构的一张 SEM 图片。其中碱式硫酸铅晶体具有很奇特的形貌特征。部分负极板在沸腾的饱和醋酸溶液中浸渍了 30min，二价化合物发生溶解，因而只含有铅物相。

铅的这种网络（骨架）结构（见图 11.7）由形状不规则的颗粒连接而成。单个骨架枝条的长度和宽度分别为 3 ~ 10μm 和 2 ~ 5μm。对比图 11.6 和图 11.7 的内容，

图 11.6　在负极板上化成第一阶段位于（Pb + PbSO₄）区的晶体 SEM 图片[2]

可以很明显地发现，在（Pb + PbSO₄）区，Pb 颗粒形成的网络被 PbSO₄ 晶体覆盖。

图 11.7　化成第二阶段生成的铅骨架 SEM 图片[2]

（Pb + PbSO₄）区的 PbSO₄ 晶体已经溶解

　　图 11.8 展示了极板完全化成之后形成的铅结构。在化成第二阶段，$PbSO_4$ 形成小的、枝状铅晶体。这些铅晶体在铅骨架表面生长。因此，可认为负极活性物质由彼此相连的原生铅晶体骨架组成，原生铅晶体骨架与板栅相连，其表面由小的、次生铅晶体组成。那么，在负极板使用期间，这两类铅结构分别起到什么作用呢？图 11.9 展示了完全充电极板中的铅晶体图片，采用 $5mA/cm^2$ 的电流密度对试验极板进行了 10 次充放电循环。对比图 11.8 和图 11.9，表明充放电循环后铅晶体的总体形貌不同于化成之后铅晶体的总体形貌。这是因为化成期间和循环期间所用的 H_2SO_4 浓度不同。

图 11.8　完全化成的负极板中的铅晶体的 SEM 图片，
化成采用了相对密度 1.05 的 H_2SO_4 溶液[2]

图 11.9　经过 10 次充放电循环后，已充电的负极板中的铅晶体的 SEM 图片，
图中小尺寸的铅晶体形成了表面积大且容量高的能量区，
这些铅晶体在相对密度 1.28 的 H_2SO_4 溶液中经过充放电循环而生成[2]

　　图11.10展示了活性物质放电后的结构。图中显示，该结构被 $PbSO_4$ 晶体（1~4μm）紧密包裹。深放电期间铅骨架的变化过程很有趣。使用醋酸铵溶液将活性物质中的 $PbSO_4$ 溶解后，对骨架形貌进行观测。图11.11展示了这种铅次生结构的电子显微图片。对照图11.7和图11.11可发现，在化成第一阶段生成的铅结构在充放电循环期间只受到轻微影响。因此，实际上，化成第一阶段形成的骨架在后续充放电循环期间并没有发生变化。

图11.10　极板完全放电后的晶体形貌[2]

（图中形状完好的晶体是 $PbSO_4$ 晶体）

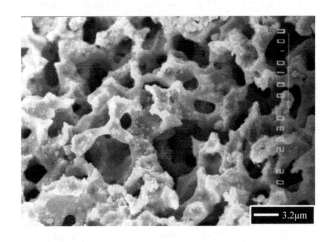

图11.11　$PbSO_4$ 晶体溶解后，已经放电的负极板骨架的 SEM 图片[2]

（图中可见，循环之后铅骨架结构并未发生变化）

　　铅骨架有两个作用：它既是极板各部位活性物质的集流体，又为参与成流反应的铅晶体提供机械支撑。基于这种情况，可推断负极板容量主要取决于次生铅晶体，我们称之为"能量结构"。为了证明该推断，采用化学分析测定了负极板化成第一阶段和第二阶段生成活性物质中铅的含量。将分析得到的数值与极板放电期间发生氧化的铅的数量进行了比较。表 11.1 中汇总了相关数据，以所释放的电量表示。表中数据表明，整个次生铅结构以及 15% 的铅骨架结构，都在放电期间参与了成流反应。

表 11.1　化成第二阶段生成的铅的数量与极板放电期间发生氧化的铅的数量

化成阶段	化成期间每片极板生成的铅		放电容量
	G	Ah	/Ah
阶段 1	46	11.9	
阶段 2	45	11.6	13.5
总量	91	23.5	

涂板时，极板各部位的铅膏是均匀的。而在化成过程中，电化学反应分为两个阶段。由于铅膏中各种二价铅化合物的平衡电势不同，所以反应期间生成了不同产物。初生结构和次生结构共同引起极板微观结构不均匀[2]。电池使用期间（充放电循环），这两种结构起到的作用不同。可以认为，这两种结构的相对比例决定了负极板的容量、功率和循环寿命。保持这两种结构的最佳比例，可使负极板性能保持稳定。

上述铅活性物质（NAM）的结构表明骨架结构和能量结构的比例决定了负极板性能。如果骨架结构远多于能量结构，则该 NAM 的活性表面积小，因而极板容量低。相反，如果能量结构比骨架结构多，则电池在小电流放电时容量高，但输出功率低。这是因为铅骨架由横截面小的枝条构成，其电阻高。更可能的是，由于部分 NAM 电阻非常高，导致这些 NAM 不参与成流反应。

NAM 的骨架结构和能量结构之间的比例取决于什么呢？铅膏中的 PbO 和碱式硫酸铅的还原反应形成了骨架结构。因此，铅膏物相组成（H_2SO_4/LO 比例）起主要作用。在浸酸和化成期间，铅膏物相组成发生变化。其具体变化情况取决于两工序所用 H_2SO_4 溶液的浓度。所以，为了保证负极板具有最佳的容量、功率和循环寿命，选择极板生产工艺时，应保证在化成第一阶段形成 48% ~ 55% 的骨架结构。

一方面，在每次充放电循环期间，负极板经历了次生铅结构的形成和解体过程。另一方面，在整个电池循环寿命期间，负极板骨架结构缓慢变化。可以说，化成第一阶段生成的初生结构是负极板生产工艺的"存储器"[2]。

11.4.2　化成期间负极板孔结构的演变

一种铅化合物结构转化为另一种铅化合物或者还原为 Pb，其摩尔体积的变化情况见表 11.2[3]。铅化合物发生硫酸盐化反应时，其摩尔体积增大，而铅化合物通过电化学反应还原成铅时，其摩尔体积减小。化成期间，负极板表层（○）和内部（×）不同半径的孔体积分布发生变化，具体如图 11.12 所示[2]。化成之前，孔半径为 0.1 ~ 0.3μm；化成后，孔半径为 0.6 ~ 4μm。通过测试结果，可以清晰地分辨出化成的两个阶段。在化成第一阶段（前 6h），极板表面的孔体积稍微减小。这表明生成 $PbSO_4$ 的化学反应速率高于生成 Pb 的反应速率。化成 8h 后，由于铅膏中的 3BS 和 PbO 物相已经完全反应，硫酸盐化反应快速减慢或停止，所以在极板表层和极板内部，Pb 的生成反应都占主导。化成 10h、12h、14h 后，铅膏的总孔体积和平均孔径不断增加（见图 11.12）。

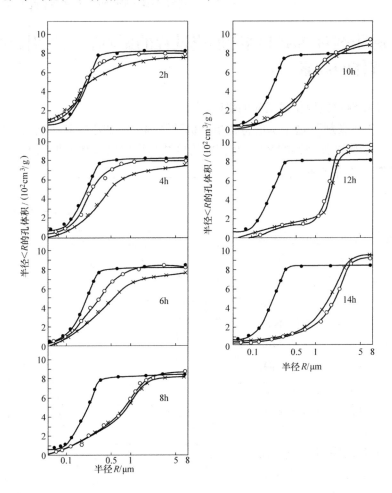

图 11.12　化成期间 NAM 的孔体积与孔尺寸分布变化情况[3]

（●）—未化成极板　（○）—极板表层　（×）—极板内部

表 11.2　铅化成期间的体积变化[3]

反应		相对体积变化 vs 初始产物（%）
初始产物	最终产物	
PbO	Pb	-23
	$3PbO \cdot PbSO_4 \cdot H_2O$	+60
	$PbSO_4$	+100
$3PbO \cdot PbSO_4 \cdot H_2O$	Pb	-52
	$PbSO_4$	+23
$PbSO_4$	Pb	-60

以上结果表明，NAM 的孔体系取决于极板不同制造阶段的铅膏硫酸盐化程度。

11.5　膨胀剂对 NAM 结构形成过程的影响，以及引起膨胀剂解体的因素

11.5.1　膨胀剂对极板化成反应的影响

本章，"膨胀剂"这个术语将特指有机膨胀剂，例如添加到负极活性物质的木素磺酸盐。膨胀剂强烈影响充电期间 Pb 的再结晶反应以及放电期间 $PbSO_4$ 的再结晶反应[4-16]。膨胀剂也直接抑制 β-PbO 和 4BS 晶体的形成反应[14,17]。

有机膨胀剂是如何影响 NAM 的骨架结构和次生 NAM 结构呢？为了解释这个问题，研究人员对添加膨胀剂（木素磺酸盐）的负极板和不添加膨胀剂的负极板在化成期间的电势（相对于 Hg｜Hg_2SO_4 电极）及其 $PbSO_4$ 含量的变化情况进行了研究，所得结果如图 11.13 所示[14]。含有膨胀剂的极板在 10h 内完成化成，而不含膨胀剂的极板则需要化成 12h。对于含有膨胀剂的极板，其析氢过电势比不含膨胀剂的极板析氢过电势负 160mV。

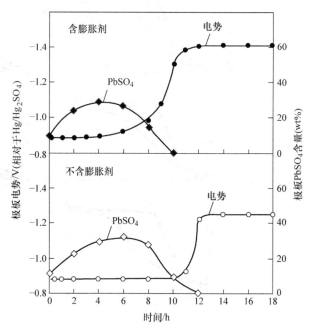

图 11.13　含膨胀剂和不含膨胀剂的 NAM 在化成期间的极板电势和 $PbSO_4$ 含量的变化情况[14]

在化成第一阶段和第二阶段，极板电势对化成电流密度的依赖关系如图 11.14 所示[14]。化成第一阶段，对于不含膨胀剂的极板，其 PbO 和 3BS 还原反应电势更低。在化成第二阶段，$PbSO_4$ 还原成 Pb 的反应也出现了类似情况。这表明膨胀剂抑制了化成过程中的电化学反应[14]。

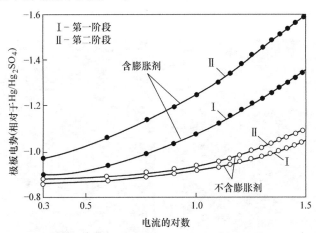

图 11.14　含膨胀剂和不含膨胀剂的负极板在化成第 2 小时（第一阶段）
和第 7 小时（第二阶段）的极化曲线[14]

图 11.15 展示了负极板 NAM 骨架中的 Pb 晶体形貌，包括含有膨胀剂和不含膨胀剂的极板。对于含有膨胀剂的极板，其骨架表面更加粗糙。不同的膨胀剂形成不同的 NAM 骨架，NAM 骨架可能是极板制造工艺的 "存储器"[14]。

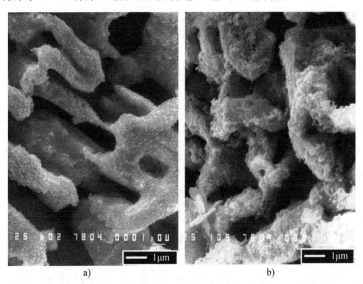

图 11.15　化成第一阶段形成的 NAM 骨架结构的 SEM 图片[14]

a）不含膨胀剂　b）含膨胀剂

图 11.16 展示了含有膨胀剂和不含膨胀剂的极板完全化成后的次生铅结构。在不含膨胀剂的 NAM 中，次生铅结构覆盖在骨架表面，形成了一个光滑的薄层。而对于含有膨胀剂的极板活性物质，覆盖在骨架表面的次生铅结构则由单个 Pb 晶体组成。因此，在负极板化成期间，有机膨胀剂规范了化成期间生成两类铅活性物质结构的反应过程。

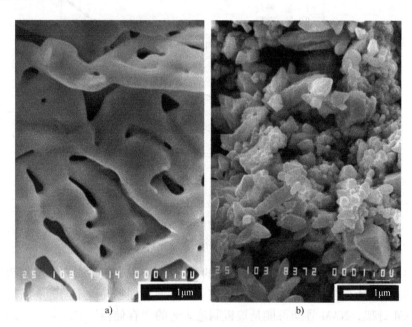

图 11.16   化成第二阶段形成的次生铅结构的晶体形貌[14]

a) 不含膨胀剂   b) 含膨胀剂

有机膨胀剂有助于形成活性物质的能量结构。该能量结构由小尺寸 Pb 晶体构成，形成的 NAM 表面积大，极板容量高（见图 11.16b）。膨胀剂决定了 NAM 能量结构的表面积，所以负极板容量取决于所用膨胀剂的性质及其稳定性。

汽车用电池使用最广泛的膨胀剂是 Borregaard LignoTech（挪威）公司生产的 Vanisperse A（VS-A）。相比之下，工业电池和备用电池生产商使用多种添加剂。对于循环应用工况，联合使用 Indulin 和 VS-A 的电池比单独使用其一的电池循环寿命更长[18]。对于特定类型的电池，选择一种恰当的添加剂对电池的综合性能是非常重要的。

11.5.2   循环期间限制电池寿命的 NAM 结构变化情况

自然地，NAM 结构的哪些变化会引起负极板容量下降呢？为了回答这个问题，现将化成后和循环测试结束后的 NAM 骨架结构以及能量结构进行对比。图 11.17 中的 SEM 图片显示了循环前后 NAM 能量结构的颗粒形态，测试极板分别

循环前 循环后

图 11.17　DIN 循环寿命测试期间 NAM 能量结构的变化情况

a)、c)、e) 极板化成后 NAM 的能量结构

b)、d)、f) 循环后的 NAM 结构

采用了3种最有效的膨胀剂[18]。可看出膨胀剂类型决定了活性物质能量结构的颗粒大小。另外，极板循环期间，能量结构中的 Pb 颗粒几乎消失，而骨架结构明显长大。这样，NAM 活性表面积减小，引起极板容量下降。

可推断，膨胀剂有助于构建 NAM 能量结构，生成小尺寸的 Pb 晶体，具有大表面积。如果膨胀剂分子中含有不同结构和数量的基团，则 NAM 能量结构中会形成形态不同的颗粒。极板循环期间，能量结构的稳定性将取决于所用膨胀剂的稳定性。反之，膨胀剂的稳定性，受电池使用温度以及电解液所含离子和化合物类型影响。这些离子和化合物可能与膨胀剂发生化学反应，使膨胀剂的成分、结构和特性发生改变。

图 11.18 展示了 60℃ 循环寿命结束时，电池负极板的能量结构和骨架结构。这些极板联合使用了（Ln + Vs）膨胀剂。

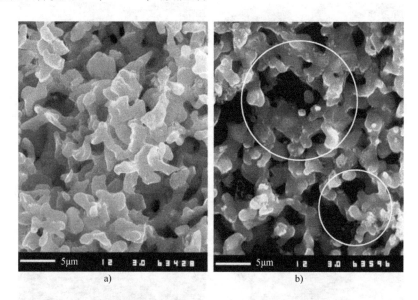

图 11.18　60℃ 循环后 NAM 的 SEM 图片放大 3000 倍[18]

a）骨架结构　b）能量结构

从图中可以看出，这两类结构已经没有区别。通过对比图 11.18 中的两幅微观图片，可以发现，骨架结构（也是整个 NAM 结构）由彼此相连的细枝条组成，已经形成了一种高孔率物质。在高温条件下，膨胀剂已经发生解体，结果，NAM 骨架转化成为类似能量结构的细小 Pb 颗粒。寿命结束后的 NAM 非常软，体积高度膨胀。这些结果说明，为了保证负极板高容量，负极活性物质不但应该具有大的表面积，而且其骨架结构也应由电阻小的粗枝条构成。

参 考 文 献

[1] S.C. Barnes, R.T. Mathieson, in: D.H. Collins (Ed.), Batteries 2, Pergamon Press, Oxford, 1965, p. 41.

[2] D. Pavlov, V. Iliev, J. Power Sources 7 (1981/82) 153.

[3] D. Pavlov, V. Iliev, G. Papazov, E. Bashtavelova, J. Electrochem. Soc. 121 (1974) 854.

[4] D. Pavlov, J. Electroanal. Chem. 72 (1976) 319.

[5] J. Burbank, J. Electrochem. Soc. 113 (1966) 10.

[6] A.C. Simon, S.M. Caulder, P.J. Gurlusky, J.R. Pierson, Electrochim. Acta 19 (1974) 739.

[7] J. Burbank, A.C. Simon, E. Willihnganz, in: P. Delahay, C.W. Tobias (Eds.), Advances Electrochemical Engineering, vol. 8, Wiley Interscience, New York, 1971, p. 229.

[8] A.C. Zachlin, J. Electrochem. Soc. 98 (1951) 321.

[9] E. Willihnganz, Trans. Electrochem. Soc. 92 (1947) 148.

[10] E.G. Yampol'skaya, M.I. Ershova, I.I. Astakhov, B.N. Kabanov, Elektrokhim. 2 (1966) 1211 and 8 (1972) 1209.

[11] B.K. Mahato, J. Electrochem. Soc. 127 (1980) 1679.

[12] T.F. Sharpe, Electrochim. Acta 1 (1969) 635.

[13] G.I. Aidman, J. Power Sources 59 (1996) 25.

[14] V. Iliev, D. Pavlov, J. Appl. Electrochem. 15 (1985) 39.

[15] D. Pavlov, S. Gancheva, P. Andreev, J. Power Sources 46 (1993) 349.

[16] D. Pavlov, in: B.D. McNicol, D.A.J. Rand (Eds.), Power Sources for Electric Vehicles, Elsevier, Amsterdam, 1984, p. 273.

[17] D. Pavlov, V. Iliev, Elektrokhim 11 (1975) 1627.

[18] G. Papazov, D. Pavlov, B. Monahov, J. Power Sources 113 (2003) 335.

第 12 章 化 成 技 术

12.1 简介

12.1.1 化成期间的温度、H$_2$SO$_4$浓度和开路电压的变化情况

槽化成和电池内化成期间的温度变化情况如图 12.1 所示。

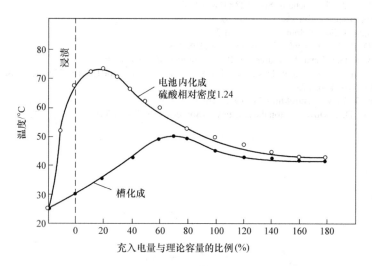

图 12.1 电池极板浸酸和化成期间的温度变化

注：根据文献 H. Bode，in：R. J. Brodd，K. Kordesch（Eds.），Lead- Acid Batteries，
John Wiley，Electrochem. Soc.，New York，USA，1977，pp. 251. 中的数据制图。

当极板浸于电解液中后，PbO、碱式硫酸铅与 H$_2$SO$_4$ 发生化学反应。由于这些反应是放热的，化成槽或电池内的温度上升。这两种化成方法的温升不同。

对于电池内化成，电池热容小，H$_2$SO$_4$ 浓度高（相对密度为 1.15 或 1.23），大部分铅膏发生硫酸盐化反应，产生了许多热量。这导致电池温度快速上升，甚至可能超过 60℃。化成期间的电化学反应是吸热反应，放热的化学反应产生的焦耳热被吸热的电化学反应抵消。因此，温度达到最大值之后，电池或化成槽中的温度开始下降。但是，电池温度最高有可能达到 60℃ 以上。电池温度大幅上升是不希望发生的，为了避免出现这种情况，可将电池浸于冷水中进行化成，可加快电池与水浴槽的热量交换，防止电池温度升高至 50℃ 以上。

426

对于槽化成，由于化成槽热容大，H_2SO_4 溶液浓度低（相对密度为 1.06），所以只有小部分铅膏发生硫酸盐化，在化成反应期间产生的热量较少（放热速率更低）。因此，当极板表面铅膏中的 PbO 和碱式硫酸铅与大多数 H_2SO_4 溶液反应完成后，此时化成槽中的温度最高。

化成期间，电化学反应生成的 Pb 和 PbO_2 是吸热的，有利于反应体系的总体热量平衡。

工业实践表明，最佳的化成温度是 $35 \sim 50℃$。

H_2SO_4 浓度和电池电压在极板化成期间的变化情况如图 12.2 所示[1]。从图中曲线可判断出，化成过程分为两个阶段。第一阶段，硫酸盐化反应占主导，结果外部电解液中的 H_2SO_4 浓度降低，电池温度升高（见图 12.1）。因为铅膏中的 Pb 或（PbO_2）、PbO 和碱式硫酸盐所形成的电极体系的平衡电势低，所以该阶段的电池电压降低（见第 2 章）。

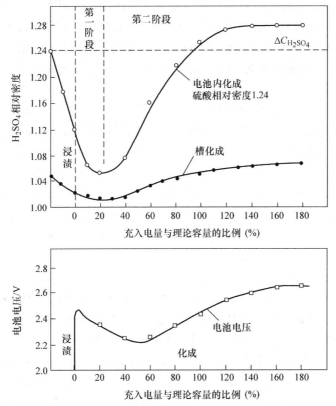

图 12.2　电池极板化成期间的 H_2SO_4 浓度和电池电压的变化情况

注：根据文献 H. Bode, in：R. J. Brodd, K. Kordesch（Eds.），Lead-Acid Batteries, John Wiley, Electrochem. Soc., New York, USA, 1977, pp. 251. 中的数据制图。

在化成第二阶段，极板释放出的 H_2SO_4 扩散到外部电解液中。外部电解液浓度升高。这表明，负极板中的 $PbSO_4$ 还原成 Pb，而正极板中的 $PbSO_4$ 氧化成 PbO_2。$PbSO_4$ 的氧化和还原反应在高电势下进行，因而在第二阶段电池电压升高。这样，在生成 Pb 和 PbO_2 的过程中，铅膏制备所用硫酸从极板中释放出来，化成末期，H_2SO_4 电解液浓度高于初始浓度。铅膏制备所用 H_2SO_4 数量越多，化成末期电解液浓度升高越多。所以，如果采用槽化成工艺，需要频繁调整化成电解液浓度。

12.1.2 化成工艺参数

化成工艺的关键参数如下：

1）化成电流。化成电流决定电化学反应速率以及正、负极板所发生的电化学反应速率。化成电流方式决定了极板各种结构要素（如腐蚀层、临近 PAM 层、正、负活性物质）的不同形成阶段。充电方式应适当，使极板性能最佳，同时也缩短了化成时间，并使水分解数量降至最少（即保证化成效率高）。最大可接受电流密度受限于电流密度。通常使用 $2 \sim 10mA/cm^2$ 极板表面积的电流密度进行化成，而快速化成所用电流密度为 $10 \sim 15mA/cm^2$。近期，电池行业提出了新的化成技术，可将化成过程缩短至 $6 \sim 8h$。这些化成新技术包含化成电流密度达到 $40 \sim 50mA/cm^2$ 的阶段。

2）温度。化成温度不应超过 50℃。设计充电方式时应考虑到该温度限制。如果化成期间的温度低于 60℃，则 PAM 中含有明显的 $\alpha\text{-}PbO_2$，电池初容量较低，而活性物质更坚固稳定，电池循环寿命长。第二阶段的化成效率低，延长了化成总时间。如果化成温度高于 60℃，则 PAM 中的 $\beta\text{-}PbO_2$ 数量大幅高于 $\alpha\text{-}PbO_2$ 数量，电池初容量较高，但 PAM 很快发生脱落，因此电池容量下降。由于膨胀剂在高温下分解，高温也降低了负极板容量，此外，温度高于 60℃ 时，水分解电压降低，因此化成反应速率下降。而且，高温加速了正极板板栅的腐蚀。

3）电池电压。因为氢气和氧气析出会增大能耗并对环境有害，所以电池电压应控制在较低水平。化成温度、板栅合金类型、H_2SO_4 浓度以及铅膏物相组成均限制了电池电压。通常可接受的化成电压上限为 $2.60 \sim 2.65V$ 每单格电池。

4）通过极板的电量。理论上，1kg PbO 转化为 Pb 或 PbO_2 需要 241Ah 的电量。实际生产中，化成 1kg PbO 需要 $1.5 \sim 2.2$ 倍的理论电量（即 $360 \sim 530Ah/kg$ PbO）。由于负极板中含有一些未氧化的 Pb，所以其所需电量可能降低至 330Ah/kg。极板厚度、固化铅膏物相组成、铅膏各物相的颗粒尺寸，以及化成电流和电压决定了化成所需电量。

5）H_2SO_4 浓度。H_2SO_4 浓度影响极板浸酸和化成期间的硫酸盐化反应，并因此影响活性物质结构和物相组成。前面两章已经详细讨论了 H_2SO_4 浓度对 PAM 和

NAM 的影响。

以上每种参数都对活性物质结构，以及活性物质|板栅的界面结构产生影响。因此，这些化成参数将影响电池性能。制定化成方案应考虑正、负两类极板发生的反应，以确保形成合适的活性物质结构，从而保证电池具有高性能。

现在针对板栅|铅膏界面形成期间以及活性物质的形成过程，对以上参数进行概述。

12.2　活性物质结构对极板容量的影响

人们做了大量尝试，将化学反应生成的 PbO_2 或 Pb 粉末压填到板栅上，生产正、负极板。这些研究已经得出结论，这种极板电化学活性低、容量低。这是因为化学反应生成的活性物质与板栅的接触差，铅粉的氧化反应等。

化学反应生成的活性物质与电化学生成的活性物质有哪些不同呢？化学反应生成的活性物质结构均匀，由相同形貌和结构的颗粒相互连接而成。而电化学反应生成的活性物质，由骨架结构和能量结构组成，含有形貌结构不同，甚至物相组成（α-PbO_2 和 β-PbO_2）不同，表面积和活性不同的颗粒。正极板就是这样的。这些结构分别由不同初始材料构成。该骨架结构遍布整个极板，对能量结构起到机械支撑作用，骨架结构成为极板的导电网络，电流通过这一网络输入/输出各个部位。以上结构是在化成期间形成的。因此，极板化成工艺对电池性能非常重要。本章后续篇幅将对活性物质形成的不同阶段进行讨论。

12.3　铅酸蓄电池化成初始阶段

12.3.1　腐蚀层化成初期的反应

通常，铅酸蓄电池串联起来进行化成。开始化成和接通电源之前，必须检查"接线的连续性"。借助欧姆表（内阻仪）测量各路电阻。阻值应在某一定值内。高于定值的电阻表明连接存在断路，必须找出断路的部位并修复。否则，这一路电池会从化成电路中断开，不会化成，而且会造成极板严重的硫酸盐化。另外，如果有一条电路与电路系统隔离，则与其并联的其他电路的化成电流增大，这也是不希望发生的。

我们看看在化成反应初期发生了什么。

板栅|铅膏界面由固化工序形成的腐蚀层组成，在浸酸阶段，腐蚀层发生部分硫酸盐化和水化。另外，浸酸使得极板表面的 $PbSO_4$ 增加，而极板内部则含有水化 PbO 和碱式硫酸铅层。

此时铅膏中的唯一导电体是板栅。因此，接通化成电流时，首先被化成的是板栅腐蚀层，然后是靠近腐蚀层的铅膏。

电池生产过程中使用多种化成方案。最简单的一种是采用恒流化成，例如采用0.3C A 的电流进行化成。图12.3 展示了恒流化成前几个小时电池电压的变化情况。

化成开始时，由于腐蚀层由 PbO 和 Pb(OH)$_2$ 组成，所以电池的电阻大。该界面电阻取决于正、负板栅腐蚀层硫酸盐化的程度。浸酸时间较长的电池导致腐蚀层严重硫酸盐化，正、负极板均具有大电阻。当电流流经这种极板时，界面层会产生大量的焦耳热。为使电流流经电池，电池应高度极化。取决于化成电流，单格电池电压可能达到 2.7 ~ 2.9V。该电压值超过了水分解电压，因而正、负极板开始强烈析气。当腐蚀层和临近铅膏层氧化完成之后，电池电压不再升高，达到最大值

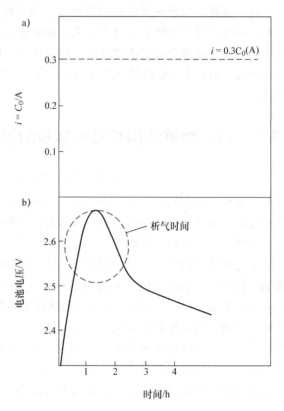

图 12.3　使用 0.3C 的电流化成的电池的电压在化成第一阶段的变化情况

后开始降低，同时正极板中的（PbO$_2$ + PbSO$_4$）区以及负极板的（Pb + PbSO$_4$）区的体积增大。

以上电池电压升高和界面处的强烈析气引起严重问题。从板栅表面产生的气泡对铅膏中连接板栅表面的骨架枝条形成很大压力，可能使其开裂。结果，铅膏和板栅之间可能形成孔洞。界面处生成的局部热量也促进了这种孔洞的形成。

图12.4 中的 SEM 图片展示的腐蚀层 | PAM 界面含有孔洞和气道（孔），化成产生的气体沿着这些孔洞析出[2]。这些孔洞和气道在 PAM 和 NAM 完成化成之后仍然存在，因此 PAM | CL（NAM | Grid）的接触面积变小。结果，在充放电期间，通过界面的电流密度以及正、负极板的极化增加。厚度大于2mm 的极板的界面层中形成大量孔洞。所以，在化成第一阶段避免析气是非常重要的。为了避免这种情况发生，应缩短浸酸时间，使用中等 H$_2$SO$_4$ 浓度的电解液，并限制化成第一阶段的电池电压，最大不超过 2.55V。

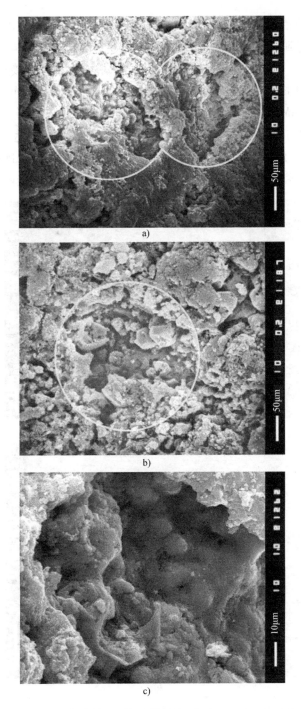

图 12.4　带有气道和孔洞的腐蚀层 | PAM界面，气体沿此处从气道中离开极板[2]

a)、b) 不同界面部位的孔洞和气道（孔）的图片　c) 孔洞近景

431

　　与腐蚀层接触的二氧化铅活性物质层起到一种连接作用，充电期间，它汇集全部 PAM 电流并传到至腐蚀层，而在放电期间，它从腐蚀层汇集电流并使其在整个 PAM 体积内分布。正因为如此，该层被称为"活性物质连接层"（AMCL）[3]。图 12.5 中的 SEM 图片展示了金属（板栅）表面、腐蚀层、AMCL 之间的界面结构[2]。腐蚀层和 AMCL 具有不同结构，它们之间的连接非常脆弱。而且，它们之间存在孔（见图 12.5b）。放电期间，H_2SO_4 溶液通过这些大孔到达 AMCL，并与之反应形成 $PbSO_4$。生成的 $PbSO_4$ 晶体减少了 AMCL 骨架结构中的 PbO_2 枝条横截面，因此，界面电阻增加，并且极板极化也增大。正极板容量经常受限于以上反应。

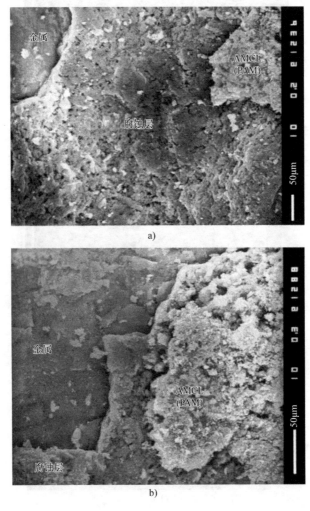

图 12.5　板栅∣腐蚀层∣AMCL∣PAM 界面[2]

a)、b）界面不同部位的图片

12.3.2 化成初始阶段的电流和电压

为了避免化成开始时的气体析出，化成电流应逐渐增大，分为 4 ~ 5 个阶段递增，每个阶段 15 ~ 20min，这样板栅筋条附近生成足够大的（$PbO_2 + PbSO_4$）区和（$Pb + PbSO_4$）区。这样，正极铅膏发生氧化反应和负极铅膏发生还原反应的表面积大幅增大，不会达到伴有析气的水分解电压。化成阶段的电流可能包括：$I_1 = 0.02C$ A，$I_2 = 0.04C$ A，$I_3 = 0.08C$ A，$I_4 = 0.15C$ A 和 $I_5 = 0.3C$ A[4]。

例如，图 12.6 展示的化成方案，化成电流在化成期间分多阶段递增。图中也给出了不同化成阶段电池电压的变化情况，以及通过电池电量的变化情况。对于 50Ah 电池，为了形成完整的板栅｜腐蚀层界面，在化成初期应充入 5 ~ 8Ah 的电量[4]。

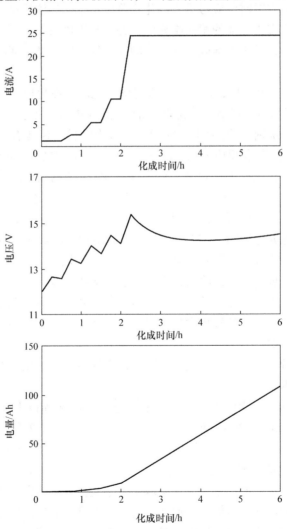

图 12.6　50Ah 电池化成初期充入的电压、电流和电量的变化情况[4]

12.4 固化铅膏正极活性物质和负极活性物质的化成

12.4.1 铅酸蓄电池化成及充电之间的区别

正极板（负极板）的板栅│腐蚀层│固化铅膏界面形成 PbO_2（Pb）之后，两类极铅膏开始形成活性物质 PbO_2（PAM）和 Pb（NAM）。正如第10章和第11章之前讨论的，PAM 和 NAM 分为两个阶段形成。在化成第一阶段，PbO 和碱式硫酸铅发生电化学反应，形成 PbO_2 和 Pb。在化成第二阶段，只有 $PbSO_4$ 发生电化学反应，生成 PAM 和 NAM。这两个化成阶段发生的反应形成了 PAM 和 NAM 中的不同部分。在设计化成方案时，应考虑不同化成阶段发生的具体反应。

文献中化成通常指电池的第一次充电，并且基于该假设，充电方式自然转化为化成方案。然而，这并不太准确。化成期间发生的反应与充电期间发生的反应有很大不同。

第一，在电池充电初期，建议采用大电流充电。但在化成初期，不建议采用大电流充电。由于板栅表面积小，化成开始时应使用小电流。在这一化成阶段，正、负板栅表面腐蚀层分别转化为 Pb 和 PbO_2。腐蚀层由不具有导电性的 PbO 和 $Pb(OH)_2$ 组成。只有转化反应增加，Pb 和 PbO_2 数量增加之后，才能提高化成电流。

第二，在负极板化成第一阶段，NAM 形成 Pb 骨架结构，而对于正极板，正板栅周围形成 $\alpha\text{-}PbO_2$ 骨架，然后向极板内部生长，直到固化铅膏中所有 PbO 和 BS 完全反应为止。之后，极板内部的 $PbSO_4$ 发生氧化反应，生成 $\alpha\text{-}PbO_2$，也促进骨架生长。而在电池充电期间，PAM 和 NAM 骨架结构已经形成，骨架上也开始生成 PAM 和 NAM 的能量结构。能量结构形成于强酸介质中。

第三，在负极板化成第二阶段，$PbSO_4$ 还原成 Pb 晶体，该 Pb 晶体形态不同于化成第一阶段形成的 Pb 物相形态。在正极板中，$PbSO_4$ 氧化为 $\beta\text{-}PbO_2$。化成期间，在酸性介质中的正、负极板发生这些反应，并且，只有这些反应才与电池充电期间发生的反应类似。

根据以上分析，可推断出电池充电期间使用的电流和电压方案不能用于化成。

12.4.2 化成方案

Ritchie 称，如果采用微小电流对铅酸蓄电池充电两周以上，则化成可能接近其理论容量，241Ah/kg PbO。然而，电池生产商不能负担这么长的化成时间。一般尽量在 15~30h，甚至更短时间内完成化成。这样，每 kg 干膏的充电量增加了 1.7~2.5 倍。新化成方案就是为了大幅降低这些多余的能量消耗。

正、负极板发生的电化学反应速率取决于电流密度。增大化成电流伴随着反应热效应和释放出的焦耳热增加。这使得电池温度上升。电池温度是一个重要的工艺参数，应保持一定限值，以保证电池具有高性能。化成电流、电池电压和温度随时间的变化情况是化成过程中的基本依赖关系，应予以监控。

在槽化成中，化成槽装满电解液，热容很大，所以需要产生大量热才能使温度上升（见图 12.1）。然而，电池内化成的情况则不同。电池的电解液体积少，因此热容小。为了加快电池与周围环境之间的热交换以及缩短浸酸时间，应采取冷水浴对电池进行降温。这样，水浴热容大，即水可以吸收大量热，热交换加快，避免了温度大幅上升。采用这种方式，可以缩短接通化成电流之前的开路静置时间。在化成过程中，需要连续监控水浴温度。

化成方案设计应包括以下几个内容：

- 电池或化成槽内的电解液温度应保持在 30 ~ 50℃。
- 电池电压应设置一个上限值，以避免过度析气。
- 判定化成电流方案时，应根据电解液温度和气体析出速率，考虑不同化成阶段发生的具体反应。
- 负极板比正极板化成更快。所以应该根据正极板化成状态监控化成进度。

12.4.2.1　恒流化成方案

这是最简单的化成程序，即，整个化成期间采用恒流充电，而不考虑电解液温度和电池电压。图 12.7 表明了 12V/20Ah 的 VRLAB 在化成期间的电压、温度和析气速率的变化情况[5]。采用 2.2A 的恒定电流化成 36h，即充入 80Ah 的电流（理论容量的两倍）。化成前 24h，充入电池的电量为理论容量的 1.2 倍。然后电池电压快速升高，温度快速上升，同时析气速率也快速增大。这引起正极板强烈析氧，负极板强烈析氢。析出的气体将 PAM 和 NAM 孔内的溶液挤出，PAM 和 NAM 与电解液的接触表面下降，引起电阻增大。电池极化增加，气体析出增加。化成效率降低。而且，H_2SO_4 酸雾与析出的气体吸附在一起，排出电池并扩散至周围环境中，会造成人身健康及环境危害。

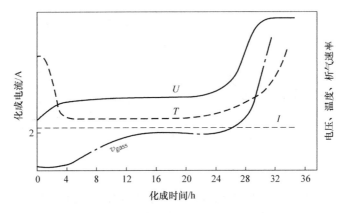

图 12.7　12V/20Ah 电池以恒流 2.2A 化成
期间的电压、温度和析气速率的变化情况[5]

化成前6h，正、负极板中的PbO和碱式硫酸铅发生反应，气体析出速率低，化成效率高。在该阶段，单格（电池）电压缓慢增大，温度上升到一定值后保持不变。腐蚀层形成后，如果电解液温度低于50℃，则可以增大电流，进行恒流充电，并保证电池温度不超过50℃。

12.4.2.2 多阶段电流化成方案

Chen等人提出的槽化成工艺包括多个电流增大和减小的阶段[7]。该工艺（见图12.8）在能量消耗和电池性能方面是最佳的，但化成时间很长。

研究人员开发了各种技术，控制化成过程的温度[8,9]。电池浸于冷水（冷却剂）浴中，监控电解液温度和水温。根据电池温度和电池电压调整化成电流。图12.9中的化成电流方案含有多阶段程序化的电流。图中也给出了电池电压、温度以及冷却液温度[5]。化成时间为50h。当电池温度下降至设定的温度上限时，开始通电。该方法不对电池电压进行控制，所以电池电压可能上升

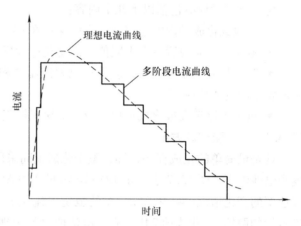

图12.8 槽化成多阶段电流化成方案[7]

至很高，引起剧烈析气，这会明显降低化成效率。

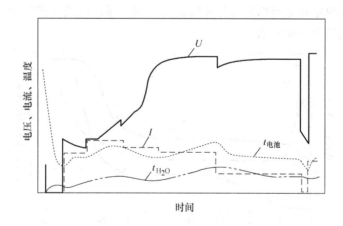

图12.9 化成期间的化成电流、电池电压、电池温度
和不流动的冷却液温度的变化情况[5]

一些化成技术可以根据电池温度和电压对化成电流进行自动控制。图 12.10 展示了基于该技术的化成方案[8]。

该技术对电池电压连续控制。当电压达到设定的电压上限值时，化成电流自动减小。使用传感器测量电池温度。如果温度上升到温度上限时，化成电流自动变小。作为一般规律，工作温度和电压限值均低于设定的化成工艺限值。电池各个部位的电解液温度不均。为了防止电池某些部位温度高于技术要求的温度上限值，应该在达到工艺限值之前减小化成电流。

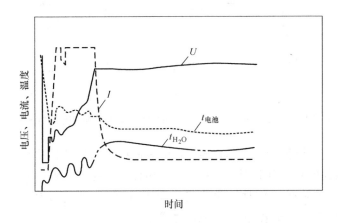

图 12.10　化成期间的化成电流、电池电压、电池温度
和流动冷却液温度的变化情况[5]

12.4.3　活性物质连接层（AMCL）的化成

如果将电池极板结构描绘成具有大树冠的树，则极板板栅起到树干的作用。树干分成一些粗枝干，这些粗枝干进一步变化成较细的树枝，然后长出树叶和树芽。对于电池极板，AMCL 起到粗枝干的作用，树冠在其上生长。AMCL 骨架应由粗枝干构成，以保证极板电阻低。否则，如果使用大电流化成，则极板 AMCL 会出现严重极化。

为使 AMCL 形成大量粗骨架枝条，Pb 或 PbO_2 应该以较高的电化学反应速率生成，即腐蚀层化成结束后，应增大化成电流。Ruevski 提出了 12V/60Ah 电池的这种化成电流方案，如图 12.11 所示[6]。

该化成方案的化成电流分 4 个阶段逐渐增加，以形成腐蚀层，然后，采用 $I = 0.3C_{20}$ A 的电流对固化铅膏化成，该化成阶段需要 7h。在这 7h 内，形成了 AMCL，以及 PAM 和 NAM 的骨架结构。开始化成时电流密度高，因而 PAM 和 NAM 物相的成核及生长速率高。结果，AMCL 中生成了粗枝条。随着 PAM 和 NAM 中生成了越来越多的（$PbO_2 + PbSO_4$）区和（$Pb + PbSO_4$）区，这种导电区域也越来越多。电化学反应发生在这些导电区域。因此电流密度降低。不过，在 AMCL 形成初期，

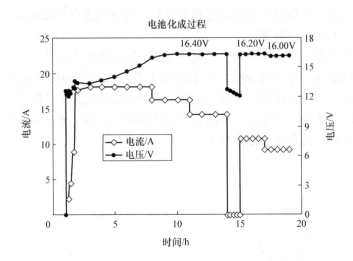

图 12.11　12V/60Ah 电池化成期间的电流和电压的变化情况[6]

电流密度高，由于铅板栅上面具有导电性的表面积小，所以形成了许多 Pb 和 PbO_2 晶核。只有腐蚀层和 AMCL 形成之后，化成电流才可能增大到 $0.3C_{20}$ A。

当电池电压为 16.4V 时，化成电流减小 10%。到达最高电压时，充入的电量几乎等于电池理论容量。电池电解液温度保持在 45℃ 左右。为保持该电池电压，电流降低 12%，然后静置 1h。静置之前充入电池的电量为理论容量的 1.8 倍。静置之后，再有两次电流减小的阶段，在此期间电池电压保持在 16V 以下。整个化成过程充入的电量为电池理论容量的 2.15 倍。化成总时间为 19h。

12.4.4　化成方案中的静置和放电阶段

经过几个小时的极化之后，固化铅膏中的 PbO 和碱式硫酸铅反应完毕，开始进入化成第二阶段。如果采用恒流化成，则正、负极板电势开始升高，同时也会发生其他化学反应，以保持电流恒定。这些反应涉及 $PbSO_4$ 和水。

在正极板，发生反应：

$$PbSO_4 + 2H_2O \longrightarrow PbO_2 + H_2SO_4 + 2H^+ + 2e^- \tag{12.1}$$

$$2H_2O \longrightarrow O_2 + 4H^+ + 4e^- \tag{12.2}$$

在负极板，发生反应：

$$PbSO_4 + 2H^+ + 2e^- \longrightarrow Pb + H_2SO_4 \tag{12.3}$$

$$2H^+ + 2e^- \longrightarrow H_2 \tag{12.4}$$

图 12.7 中的数据表明，电池电压升高和强烈析气标志着化成开始进入第二阶段。在相当长的时间内，随着 $PbSO_4$ 生成 Pb 和 PbO_2，水也发生分解。在此期间，极板孔中生成的 H_2SO_4 扩散至外部溶液，因而提高了电解液浓度。水进入正极板

孔中，补充电化学反应式（12.2）所消耗的水。氢气和氧气形成气泡，分别从负极板和正极板中析出。这种反应一直持续到充入电量与电池理论相等。实际上，此时电池只化成了 70%，因为在此期间，部分电流用于水分解反应。

随着极板孔内 H_2SO_4 浓度上升，$PbSO_4$ 溶解度下降，这抑制了电化学反应。化成 24h 之后，从图 12.7 中可清晰地看到这种情况。析出的气体（H_2 和 O_2）改变了 H_2O、H_2SO_4 和 H^+ 离子在极板孔中的运动动力学。首先，在极板内部，H_2 和 O_2 气体充满了相当一部分孔体积。然后，H_2SO_4 和 H_2O 通过的孔横截面变小，发生电化学反应的表面积也缩小。Pb 和 PbO_2 化成反应速率明显减慢。

另外，极板表面的 H_2O 和 H^+ 离子流量最大，此处的水分解反应速率最高。这使极板内部持续受到气体压力。为了加速 Pb 和 PbO_2 的化成反应，气体应从极板孔析出。这可通过下述两种方法实现：

1）断开化成电路，使气体从极板析出（见图 12.12）。电解液进入极板孔，将气体挤出。该过程较为缓慢，需要 1～2h。为了降低水分解速率，开路静置之后，充电电流应递减（见图 12.11），电池电压保持在 16V 以下。如果析气仍然强烈，则应再次静置 1～2 次。

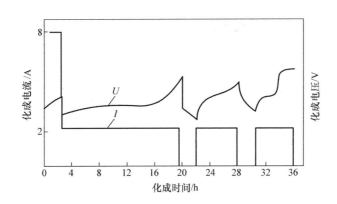

图 12.12　设置了两个开路静置阶段的化成方案的电流和电压变化情况

图 12.13 展示了一只 40Ah 的电池在化成期间的化成电流、电池电压和电量的变化情况。化成第一阶段进行了两次静置[10]。如果静置后电池电压超过 16.0V，则应该降低化成电流，使电池最大电压低于 16.0V。

静置的第二个作用是降低电池温度。在开路静置阶段，电池中不产生热量，电池与冷水浴中的水之间的热交换较为剧烈，引起电池温度降低。

2）通过放电脉冲疏散极板中形成的气体。采用这种方法，负极板析出的氢气氧化为成 H^+ 离子，正极板中的氧气还原成 H_2O。这样，疏通了孔道，电解液能将孔充满。图 12.14 展示的化成方案采用了放电脉冲，以疏散气体。

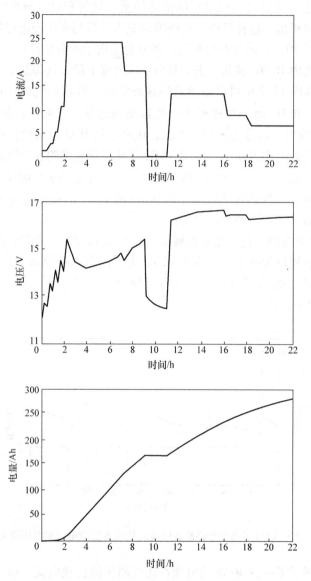

图 12.13　铅酸蓄电池化成期间的电流、电压和电量的变化情况[10]

　　放电脉冲持续时间和电流大小取决于化成电流和极板厚度。放电脉冲也使电池轻微放电。

　　如果正极板使用 4BS 铅膏，则化成末期设定为放电，然后再充电。放电目的是揭开未化成的那部分 4BS 晶体，使其在随后的再充电期间化成，形成更多的 4BS 晶体。这个预先进行的充放电循环过程明显增加了电池的初容量。

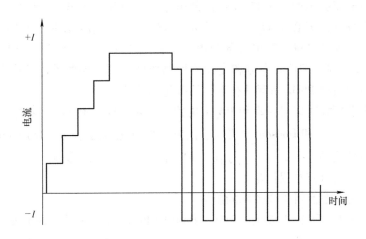

图 12.14　在化成第二阶段进行脉冲放电以使气体逸出的化成电流方案

12.5　PbO$_2$ 晶型对正极板容量的影响以及影响 α- PbO$_2$/β- PbO$_2$ 比例的化成参数

12.5.1　α- PbO$_2$ 和 β- PbO$_2$ 的电化学活性

Dodson[11] 测定了只含有 α- PbO$_2$ 以及只含有 β- PbO$_2$ 的正极活性物质（435g）容量随着放电电流的变化情况，所得结果如图 12.15 所示。

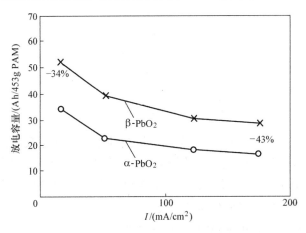

图 12.15　使用 α- PbO$_2$ 或 β- PbO$_2$ 的正极板容量
随放电电流密度的变化情况[11]

采用小电流放电时，α-PbO_2 放出的电量比 β-PbO_2 放出的电量少34%。如果采用大电流放电，则 β-PbO_2 放出的电量多43%。这些结果表明，如果活性物质含有两种晶型，则 β-PbO_2 放出大部分电量，而 α-PbO_2 只放出小部分电量。因此，α-PbO_2 晶型起到骨架传导电流和支撑活性物质的作用。铅酸蓄电池寿命长的原因之一正是因为两种 PbO_2 晶型具有不同的电化学活性。

12.5.2　化成参数对化成效率和 PAM 中的 α-PbO_2 与 β-PbO_2 比值的影响

Ikari 等人[12-14]和 Dodson[15]研究了化成参数对化成效率（已化成 PbO_2 的百分含量）和活性物质中的 α-PbO_2 与 β-PbO_2 晶型含量之比的影响。

现在对一些研究结果讨论如下：

12.5.2.1　铅膏密度对化成效率的影响

图 12.16 展示了正极板化成期间，PAM 中 PbO_2 含量（以百分比表示）随着铅膏密度的变化情况。化成条件为 $7.2mA/cm^2$，化成所用 H_2SO_4 溶液的相对密度为 1.135，化成温度为 60℃[15]。

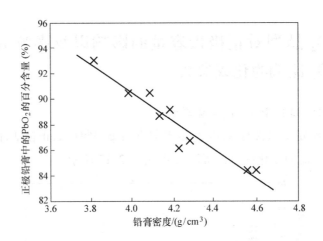

图 12.16　化成效率（PAM 中 PbO_2 的百分含量）
随铅膏初始密度的变化情况[15]

随着铅膏密度的增加，PAM 化成效率呈线性下降。化成反应过程取决于铅膏的孔体系、平均孔径以及固化铅膏的枝条粗细。铅膏的孔体系和平均孔径决定了极板内部离子流和 H_2O 流的运动动力学，而铅膏枝条粗细则决定了哪部分铅膏枝条能够接触到 H_2O 和 H^+ 离子并发生氧化反应。

湿法化学分析所得到的 PAM 物相组成表明，活性物质中的 PbO_2 含量总是少于 95%。发现 PbO_2 中含有一定数量的低化合价的 Pb^{3+} 离子和 Pb^{2+} 离子。这样形成了非化学计量的 $PbO_{(2-x)}$。文献中给出了不同的 x 值。表 12.1 列出了以不同温度化成而形成的 PAM 的 x 值[16]。

表 12.1　PAM 中 PbO$_2$ 的化学计量系数[16]

温度/℃	PbO$_x$
20	PbO$_{1.90}$
40	PbO$_{1.96}$
55	PbO$_{1.94}$
70	PbO$_{1.96}$

图 12.17 展示了不同密度的固化铅膏所生成的 PAM 中的 α-PbO$_2$ 含量。化成电流密度为 7.2mA/cm^2，所用 H$_2$SO$_4$ 相对密度分别为 1.10、1.15 和 1.25[15]。根据图中数据可得出以下结论：随着铅膏密度增加，PAM 中的 α-PbO$_2$ 含量增加。PAM 中的 α-PbO$_2$ 含量也取决于化成所用 H$_2$SO$_4$ 溶液的浓度。随着 H$_2$SO$_4$ 浓度增大，PAM 中形成的 α-PbO$_2$ 减少。

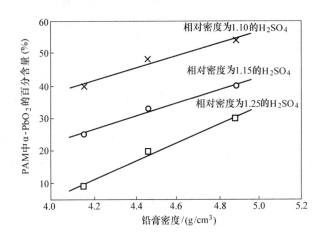

图 12.17　在 3 种相对密度的 H$_2$SO$_4$ 溶液中，以 $I \approx 7.2\mathrm{mA/cm}^2$
化成 PAM 中的 α-PbO$_2$ 含量受铅膏密度影响情况[15]

12.5.2.2　化成电流密度对 α-PbO$_2$/β-PbO$_2$ 比值的影响

图 12.18 展示了 PAM 中的 α-PbO$_2$/β-PbO$_2$ 比值与极板化成电流密度之间的关系。这些极板由两种不同密度的铅膏制成，在 3 种相对密度的 H$_2$SO$_4$ 溶液中化成，化成温度为 43℃[15]。

该图阐明了 3 种参数之间的相互关系：I，d_{paste} 和 $C_{\mathrm{H_2SO_4}}$。当 $d_{\mathrm{paste}} = 4.70\mathrm{g/cm}^3$ 时，PAM 中的 α-PbO$_2$/β-PbO$_2$ 比值为 1~2，即 α-PbO$_2$ 占主导。随着化成电流增

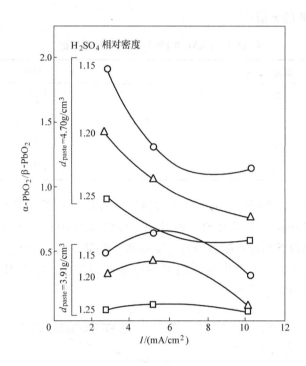

图 12.18　两种不同密度的铅膏在 3 种相对密度的 H_2SO_4 溶液中

化成生成的 PAM 中的 $\alpha\text{-}PbO_2/\beta\text{-}PbO_2$ 比值随化成电流的变化情况[15]

大，生成更多 H^+ 离子，铅膏孔中的 H^+ 离子浓度升高，孔溶液的 pH 值下降，开始形成 $\beta\text{-}PbO_2$。当电解液浓度升高时，如相对密度从 1.15 增加到 1.25，相同的低密度铅膏形成的 PAM 中的 $\alpha\text{-}PbO_2/\beta\text{-}PbO_2$ 比值也有这种影响（见图 12.18）。充电电流密度对 PAM 的 $\alpha\text{-}PbO_2/\beta\text{-}PbO_2$ 比值也有以上类似作用。如果电流密度增大，则 $\alpha\text{-}PbO_2/\beta\text{-}PbO_2$ 比值与化成电流的关系曲线移向 $\alpha\text{-}PbO_2/\beta\text{-}PbO_2$ 比值更低的方向。

图 12.18 也提供了密度为 3.91g/cm³ 的铅膏化成得到的 PAM 数据。这种铅膏孔率高，这样 H_2SO_4 溶液可以浸入极板深处。铅膏硫酸盐化反应速率高，形成大量 $PbSO_4$，然后这些 $PbSO_4$ 转化为 $\beta\text{-}PbO_2$。因此，如果以相对密度为 1.25 的 H_2SO_4 溶液化成，则 $\alpha\text{-}PbO_2/\beta\text{-}PbO_2$ 比值介于 0.03 ~ 0.05。

化成电流是如何影响 $\alpha\text{-}PbO_2/\beta\text{-}PbO_2$ 比值的呢？以小电流密度（如 2.5mA/cm²）化成时，铅膏孔中产生少量 H^+ 离子，这不会使 PbO 化成为 $\beta\text{-}PbO_2$。然而，化成时间更长。继续化成过程中，PbO 发生硫酸盐化，生成大量 $PbSO_4$，这些 $PbSO_4$ 将氧化成为 $\beta\text{-}PbO_2$。如果加快化成反应速率（即更高的 I），则化成时间缩短，形成

较少的 $PbSO_4$。这样，$\alpha\text{-}PbO_2/\beta\text{-}PbO_2$ 比值增大。该比值持续增大，直到固化铅膏中的 H^+ 离子达到一定浓度，使 PbO 转化为 $\beta\text{-}PbO_2$。图 12.18 显示该临界值约为 $5mA/cm^2$。随着电流密度进一步增加，$\alpha\text{-}PbO_2/\beta\text{-}PbO_2$ 比值取决于 I，即所生成 H^+ 离子的数量。

作为规律，$\alpha\text{-}PbO_2$ 或 $\beta\text{-}PbO_2$ 的化成与化成前期条件有关，$PbSO_4$ 生成 $\beta\text{-}PbO_2$，而 PbO 生成 $\alpha\text{-}PbO_2$。这两种晶种的形成取决于发生电化学反应的 H^+ 离子浓度。所以，如果孔溶液中生成的 H^+ 离子浓度很高，以至于达到了 $\beta\text{-}PbO_2$ 开始化成时的 pH 值，那么 PbO 也可能通过下列反应生成 $\beta\text{-}PbO_2$。

$$PbO + H_2O \rightarrow PbO_2 + 2H^+ + 2e^- \tag{12.5}$$

以上讨论表明，化成电流密度、固化铅膏密度和化成电解液的 H_2SO_4 浓度之间的复杂关系决定了 PAM 中的 $\alpha\text{-}PbO_2/\beta\text{-}PbO_2$ 比值。

12.5.2.3 温度对化成效率和 $\alpha\text{-}PbO_2/\beta\text{-}PbO_2$ 比值的影响

图 12.19 展示了 3 种不同铅膏密度的极板化成效率（PAM 中的 PbO_2 百分含量）随着不同温度的变化关系。化成电流密度为 $I = 2.6mA/cm^2$，化成 H_2SO_4 溶液的相对密度为 1.15。

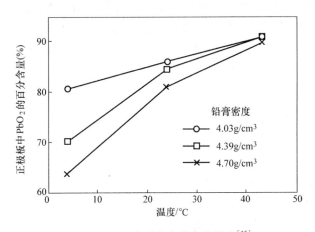

图 12.19　温度对化成效率的影响[15]

低温条件下，化成效率低，化成反应严重依赖于固化铅膏密度。随着温度升高，化成效率也升高，铅膏密度的影响程度减弱。电池实际生产所接受的化成温度范围是 $30 \sim 50℃$。有些电池制造商将化成温度提高到 $60℃$。化成温度介于 $40 \sim 50℃$ 时，化成效率高，固化铅膏密度的影响很小。

图 12.20 展示了 3 种不同密度的铅膏生成的 PAM 中的 $\alpha\text{-}PbO_2/\beta\text{-}PbO_2$ 比值对化成温度的依赖关系。化成电流密度为 $2.6mA/cm^2$，H_2SO_4 电解液相对密度为 1.15。

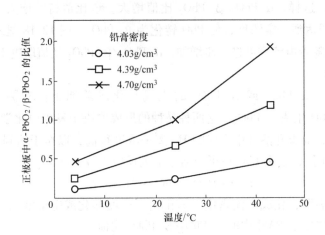

图 12.20 3 种不同密度的铅膏化成生成的 PAM 中的 $\alpha\text{-}PbO_2/\beta\text{-}PbO_2$ 比值随化成温度的变化情况[15]

随着温度升高，$\alpha\text{-}PbO_2/\beta\text{-}PbO_2$ 比值也增大。这表明在生成 $\alpha\text{-}PbO_2$ 晶体的过程中，动力学困难已经增大。这种动力学困难可能与 $\alpha\text{-}PbO_2$ 晶核的生成、H^+ 离子和 H_2O 分子的扩散等因素有关。温度较高（高于 60℃）时，温度的这些影响似乎消失了。铅膏密度越大，进入极板孔与铅膏反应生成 $PbSO_4$ 的 H_2SO_4 数量越少。这样，$\alpha\text{-}PbO_2/\beta\text{-}PbO_2$ 比值增大。

12.6 化成结束的标准

通过以下几个基本标准，判断化成反应已经结束。

1）电解液密度两个小时不变。

2）气体析出速率两个小时不变。

3）用指甲划负极板，出现金属痕迹。

4）正极板为黑色至深褐色，强硬，不起皮。

5）最可靠的判定标准是化学分析——如果正极板 PbO_2 含量达到 88% ~ 90%，负极板 Pb 含量达到 92% ~ 94%，则极板已经完全化成；实际上，正极活性物质中含有非化学计量系数的铅氧化物，分子式为 $PbO_{1.88}$ ~ $PbO_{1.96}$，这表明部分 PAM 所含有铅氧化物较低。

为了深入掌握 PAM 性质，则必须测量 $\alpha\text{-}PbO_2/\beta\text{-}PbO_2$ 比值，检测孔率，以及正、负极活性物质的孔体积分布。当然，设计各类电池化成方案时，所有这些数值都应该测量。

12.7 集流体表面形态对板栅│正极活性物质界面的 $PbSO_4$ 晶体形成过程的影响

已经证实，采用冲孔网栅的管式正极板或采用平面筋条拉网板栅的正极板在循环期间容量出现快速衰减（PCL-1 效应）[17]。这种容量损失是因为接触集流体的正极活性物质中生成了 $PbSO_4$ 团粒（见图 12.21）。化成期间，这些 $PbSO_4$ 晶体未被氧化成 PbO_2。因此，即使 PAM 状态良好，这种极板的容量和功率也较低。

图 12.21   a）贴近集流体光滑表面的 $PbSO_4$ 晶体层

b）该 $PbSO_4$ 晶体层的近照[17]

这种现象是怎样发生的呢？光滑的金属表面加快临近板栅│PAM 界面的 PAM 放电反应速率，结果，该部位形成了一层片状结构的晶体（见图 12.21）。这些晶体"侵蚀"并打断了 PAM 界面处的骨架枝条，使其数量减少，PAM 与集流体之间的接触受损。骨架枝条被打断后，H_2SO_4 移动受阻，电池充电期间，这些 $PbSO_4$ 晶体不会氧化成 PbO_2。

图 12.22 展示了光滑金属表面与极板 PAM 界面的模型。将轧制的 Pb‑Sn‑Ca 或 Pb‑Ca 板栅或网栅变得粗糙，可避免形成片状结构的 $PbSO_4$ 晶体层。

多种工艺可使板栅变得粗糙，比如：

1）对板栅或网栅集流体进行机械加工。

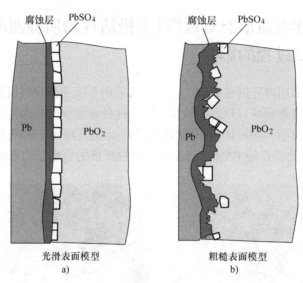

图 12.22　集流体表面轮廓的模型，PbSO$_4$ 晶体分别形成于
光滑表面（图 a）和粗糙表面（图 b）

2）化成之前对电池进行反向极化 30 ~ 45min[17]。经该工艺处理后，Pb 不规则地沉淀在正板栅表面，这样使板栅变粗糙（见图 12.22b）。

反向极化处理后，变换电流方向，开始正式化成。化成前采用反向极化处理的电池测试结果如图 12.23 所示，其容量曲线与采用具有粗糙表面的铸造板栅类似。

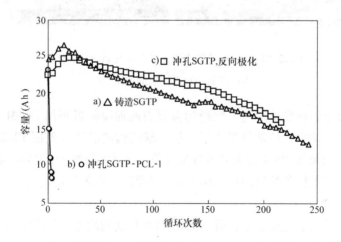

图 12.23　SGTP 的容量随循环次数的变化曲线[17]
a）表面光滑的铸造网栅　b）表面光滑的冲孔网栅（PCL-1 效应）
c）化成之前经反向电流极化处理而获得粗糙表面的冲孔网栅

12.8 缩短化成时间的方法

12.8.1 通过电解液循环方法加快化成过程

该方法适用于单格容量高的电池，以及工业型、重负荷型、卡车及汽车电用池的电池内化成。目前，意大利的 OMI-NBE 公司[18] 和德国的 Inbatec 公司[19] 的几个安装系统已经在电池行业应用。

这种化成工艺受到两个主要的工艺参数限制：热效应和析气。化成期间的热效应可用下列化学方程式表示：

$$Q_{cell} = Q_{el.r.} + Q_{ch.r.} + Q_{Joule} \tag{12.6}$$

其中，$Q_{el.r.}$ 代表正、负极板发生电化学反应的热效应；$Q_{ch.r.}$ 代表电池中化学反应的热效应；Q_{Joule} 为焦耳热。$Q_{ch.r.}$ 取决于铅膏中 PbO 和碱式硫酸铅的含量，以及 H_2SO_4 浓度。随着电流密度的增大，产生的焦耳热增加，释放的热量或电化学反应吸收的热量也增加。如果化成电流密度进一步增大，则电池释放的热量使温度上升，有可能超过 50℃ 的工艺上限。显然应该避免出现这种情况。为防止温度过高或失控，应加快电池与周围环境的热交换。加快热交换的一个可行方法是将电池内的电解液抽出，同时加入相同浓度的冷却 H_2SO_4 溶液。这样，化成电流密度可能大幅增大至上限值，该值取决于电解液再循环速率及电池电压。

为了避免循环过程中损失电解液，电池—H_2SO_4—电解液循环体系应该是密封的。电解液中吸附的气体应通过废气过滤器消除酸雾，然后再排放到大气中。这种方法中，电解液循环体系有 3 个功能：第一，加快化成反应，缩短化成工艺时间；第二，消除化成对人身和环境的危害；第三，通过外部电解液吸收化成反应释放的热量，从而防止电池内的电解液上升。

12.8.2 电解液再循环工艺用于加速化成的概念框图

采用罐车将浓缩的 H_2SO_4 溶液送至化成车间附近的存储罐内，浓 H_2SO_4 稀释之后，用于电池化成。电池化成采用稀释电解液，如相对密度为 1.10。化成末期，使用电池正常运行所用的相对密度为 1.28 的 H_2SO_4 溶液替代化成用电解液，然后电池才能出售。

储酸罐（存储相对密度为 1.10 和 1.28 的电解液）位于化成区，其容积和数量取决于化成电池的数量。使用去矿物水（去离子水）将储酸罐内的浓硫酸稀释至相对密度为 1.10 或 1.28。硫酸稀释过程中，会产生大量热，导致这两种硫酸溶液的温度上升。所以在两种硫酸溶液分别注入各自的存储罐之前，要经过一个酸冷却系统。图 12.24 展示了电解液再循环化成工艺设备的概念框图。图中包括相对密度为 1.10 的储酸罐（T_1）和相对密度为 1.28 的储酸罐（T_2）。

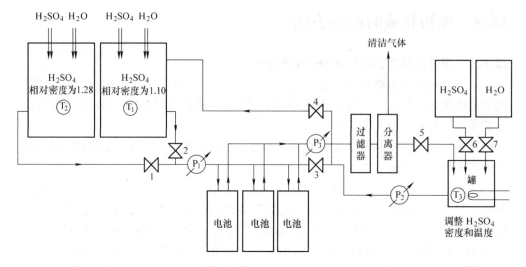

图 12.24　电池化成时采用电解液再循环设备的概念框图

首先，打开罐 1 的阀门 2，阀门 1、3、4 保持关闭状态。使用泵将化成电解液泵入待化成的电池内。当所有电池灌满电解液后，关闭阀门 2。然后打开阀门 3 和阀门 5。接通电源，开始化成。从电池中抽出电解液后，经过一个过滤器除去铅膏和/或活性物质颗粒。然后硫酸通过一个分离器（废气洗涤器）以除去（真空条件下）其中含有的气体（O_2 和 H_2）。这样提纯的、不含气体的溶液再泵入另一个小罐（T_3）内，调整电解液浓度和温度至设定值，通过加入 H_2O 或 H_2SO_4，必要时在加入之前进行冷却。在此期间，阀门 3 是打开的，可以保持电解液在电池—过滤器—气体分离器—电解液调整罐组成的封闭系统内循环。当正极板化成程度达到 85% ~ 88% 之后，打开阀门 1（T_2）和阀门 4（T_1），关闭阀门 3，化成电解液替换为 T_2 中相对密度为 1.28 的 H_2SO_4 溶液。工作电解液（相对密度为 1.28）开始取代化成电解液（相对密度为 1.10）。化成用电解液从电池中抽出，经过分离器、气体过滤器、酸调整罐 T_3 之后，输送至存储有相对密度为 1.10 的 H_2SO_4 溶液的 T_1 中，而不再进入电池。电解液循环阶段连续进行，直到电池中的电解液浓度达到相对密度为 1.28 为止。继续进行化成，直到 PAM 中 PbO_2 含量达到 90% ~ 93% 为止。这是化成反应完成的标准。如果有必要，测量并调整电解液液面高度。本批电池化成完成之后，再分别连接输入管和输出管，化成下一批电池。在化成下一批电池之前，必须向 T_1 中添加 H_2O 或 H_2SO_4，将酸浓度调整到相对密度为 1.10。

电解液再循环系统是一个相对复杂的水动力设备，含有大量管道、水管、阀门、泵等部件。然而，通过使用这种装置，取决于化成电池的容量，化成时间可缩短至 6～10h。另外，该系统大幅改善了化成车间的卫生条件。另一方面，需要专人负责将管道连接到各个单格电池，这是相当费力的劳动。所以，对于高容量电池采用传统（常规）化成工艺耗时太长，采用电解液循环化成工艺是合理的。这种化成方法节约时间，但水动力系统和化成本身的能耗增加了。

该循环系统较为复杂，完全由计算机进行自动化控制，可对本章所描述的不同化成阶段发生的反应采取相应控制。这样，保证了化成反应高效进行，电池性能足够好。

这项技术仍然处于初级阶段，它缩短了铅酸蓄电池生产中最耗时的化成工艺流程，所以一定具有发展前景。

12.9 化成后缺陷电池的识别

12.9.1 缺陷电池的识别方法

电池化成后进行清洗和干燥，清洁端柱，最后经过在线检测，才可以发运。

失效检测方法应该是高度可靠的，比如，可以准确剔除失效电池，避免流入市场；也不会把好电池误判而丢弃。检测方法应该足够快速以便于整合在生产线上，而不会限制生产速度。而且，测试方法应该低成本而不会产生额外生产成本。

图 12.25 显示了一个典型在线检测的流程图，识别并剔除缺陷电池，避免流入市场。

缺陷电池测试包括两种测试方法：

1）开路电压（OCV）测试法。OCV 用来识别化成之后的 H_2SO_4 浓度。实测 OCV 应该达到可接受的额定值，如介于 12.720～12.960V。不过，不同种类的电池所要求的 OCV 可能是不同的，因此，应该根据具体的电池类型、化成条件、材料、生产工艺，确定更为准确的 OCV 公差。

2）瞬时大电流放电过程中的电压变化（ΔV）。该测试可以识别电池的装配缺陷，包括极板和/或单格电池连接缺陷、反极等等。测试中的大电流放电应该是瞬时的，测试后的电池通过再充电恢复电量。应该易于操作并与生产线速度保持一致。

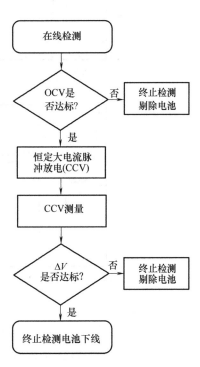

图 12.25 用于识别缺陷电池的典型在线检测工艺流程[20]

12.9.2 电池瞬时大电流放电期间的电压变化（ΔV）的确定

Digatron Industrie Elektronik 公司的 T. Schroer 和来自 Accumulatorenwerke HOP-PECKE 公司的 G. Niehern 提出了这种在线电池评估的测试方法[20]。该测试采用持续时间约 5s 的大电流脉冲放电，放电电流密度为 $0.65 \sim 0.70 \mathrm{A/cm^2}$ 正极板表面，检测记 5s 放电脉冲内电池压降 ΔV。根据实际应用经验，好电池的 ΔV 最高不超过 50mV，而 ΔV 达到 100mV 以上的缺陷电池会被剔除。

图 12.26 展示了好电池和缺陷电池在 5s 大电流脉冲放电过程中的电压变化情况。

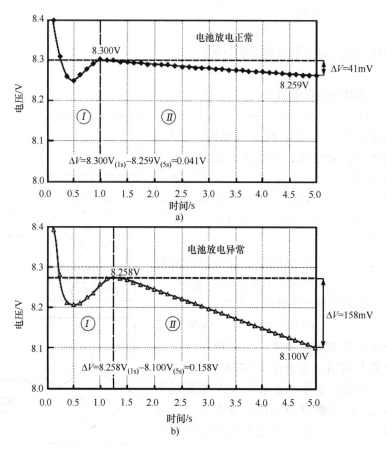

图 12.26　大电流放电电压与放电时间的关系[20]
a）正常（参照）电池　b）一个单格反极的缺陷电池

图 12.26 中的放电曲线可以分为两个阶段。在放电开始的第一阶段（介于 1 ~ 1.2s 之间），电池电压下降，出现最小值，然后电压出现回升。在这段时间内（大约 1s），铅在负极板处被氧化，二氧化铅在正极处被还原，并且活性物质孔中的

H_2SO_4 溶液快速耗尽，生成了 $PbSO_4$，导致电阻增大。随后，来自外部溶液的硫酸扩散到两个电极的活性物质的孔隙中，这样活性物质孔内的酸浓度变大，电池的电压出现回升。

在第二阶段，电化学反应和化学反应都变快，活性物质孔内生成 $PbSO_4$ 晶体。因此，电池电压逐渐下降。在这段时间（约4s）内，$PbSO_4$ 覆盖在一小部分活性物质表面，而孔内的硫酸浓度降低，电池电压也随之下降。根据工艺控制的准确程度，电池电压下降速率不同。因此，如果板制造工艺不良、电池组装缺陷或焊接不良，则在随后的4s放电过程中电压下降得更快。而如果工艺控制良好，则在随后的4s放电过程中电压下降较小。

根据上述瞬时大电流放电期间的电池电压变化，可以认为，电压降 ΔV 可以作为评估电池质量和性能的一个标准。

可接受（良好）电池的最大 ΔV 值取决于电池类型和电池设计、电池温度和极板技术以及化成结束到瞬时大电流放电测试之间的工艺。因此，良好（正常）电池的可接受 ΔV 值是一个范围。这个 ΔV 范围是通过实际测量 30 个电池的电压降 ΔV 而确定的。受测电池包括正常电池和缺陷电池。首先计算平均开路电压（OCV）值，然后计算大电流脉冲放电期间在第二阶段开始时的平均电压，最后计算 HRD 脉冲之后的平均电池电压偏差 ΔV_m。这样可以确定良好电池的电压正偏差和负偏差。通过这种方式，可确定能够进入市场的良好电池的 ΔV 公差范围。

使用 ΔV 标准进行电池评估的大电流脉冲放电参数应该针对不同电池类型进行具体设计，并且区别于其他电池类型的测试参数。这种 ΔV 测试的目标是在无需测试后再充电的前提下，准确区分缺陷电池和良好电池。

通过拆卸分析 ΔV 检测剔除缺陷电池，可以确定每个电池的具体失效模式，也可以确定 ΔV 检测技术所使用的两种故障检测方法的检出比例。

采用 ΔV 标准的大电流脉冲放电测试已成为电池工厂生产线不可分割的一部分，显著提高了产品的质量和可靠性。目前，采用 ΔV 检测技术的自动化设备（工作站）已经商品化，并且配备了专用计算机和软件包。

参 考 文 献

[1] H. Bode, Electrochem. Soc., in: R.J. Brodd, K. Kordesch (Eds.), Lead-Acid Batteries, John Wiley, New York, USA, 1977, p. 251.
[2] M. Dimitrov, M. Stoycheva, L. Bogdanova, D. Pavlov, ALABC Project No. P-001.4, Final Report, 2003.
[3] D. Pavlov, J. Power Sources 53 (1995) 9.
[4] S. Ruevski, G. Papazov, D. Pavlov, Annual Report, CLEPS-BAS, 1998.
[5] M.J. Weighall, J. Power Sources 116 (2003) 219.
[6] S. Ruevski, Annual Report, CLEPS-BAS, 1992.
[7] H. Chen, Y. Wei, Y. Luo, S.H. Duan, J. Power Sources 59 (1996) 59.
[8] Ch Ressel, Batteries Intl. 3 (1990) 24.
[9] R. Kiessling, J. Power Sources 33 (1991) 275.

[10] G. Papazov, D. Pavlov, Annual Report, IEES-BAS, 2006.
[11] V.H. Dodson, J. Electrochem. Soc. 108 (1961) 406.
[12] S. Ikari, S. Yoshizawa, S. Okada, Jpn. J. Electrochem. Soc. 27 (1959) E186–E189.
[13] S. Ikari, S. Yoshizawa, S. Okada, Jpn. J. Electrochem. Soc. 27 (1959) E223–E227.
[14] S. Ikari, S. Yoshizawa, S. Okada, Jpn. J. Electrochem. Soc. 27 (1959) E247–E250.
[15] V.H. Dodson, J. Electrochem. Soc. 108 (1961) 401.
[16] R.H. Greenburg, F.B. Finan, B. Agruss, J. Electrochem. Soc. 98 (1951) 474.
[17] G. Papazov, D. Pavlov, B. Monahov, Scottsdale, AZ, USA, in: Proc. Vol. II, 4th ALABC Members & Contractors Conference, April 1999, p. 425.
[18] www.OMI-NBE.com.
[19] www.inbatec.de.
[20] T. Schroer, G. Niehren, J. Power Sources 95 (2001) 271.

第 5 部分   电池存储和 VRLAB

第 13 章   化成后以及电池存储期间的反应

13.1   化成后的极板状态

铅酸蓄电池的化成过程是其首次充电。然后经过不同工序，以保持化成过程中充入的电量。铅酸蓄电池按两种不同状态生产并提供给电池经销商：①湿荷电，电池含有电解液并且充好电，也就是可以随时投入使用；②干荷电，电池不含电解质。这两种电池的制造技术和生产成本不同，电池经过一定时间的存储之后，电池容量不会显著下降或者完全丧失其初始放电特性。

极板化成之后，需要经过多种工艺处理，才能用于生产电池。根据具体生产技术的不同，这些工艺处理可能包括出板、水洗、浸泡、干燥、存储等，最后组装成电池。由于自放电和钝化反应，这些工艺处理都有可能引起极板的容量和能量损失。在随后的存储期间，这些自放电和钝化反应的影响程度取决于电池状态。在化成后的处理阶段，干荷电电池的能量损失最多，而湿荷电电池的能量损失较少。但是在电池存储期间的情况相反，干荷电电池的能量损失少，湿荷电电池的能量损失多。

1）湿荷电电池。这种电池的生产技术最简单，不过其存储期也最短（3~8 个月）。极板装配成电池后，灌入硫酸溶液进行化成（电池内化成）。这种电池采用的化成工艺主要分为以下两种：

① 两步化成工艺。向电池各个单格内灌入相对密度为 1.10~1.15 的 H_2SO_4 溶液作为化成电解液，极板在电池单格内进行化成。电池完成化成之后，进行大电流放电 20s，然后再充电，之后将化成电解液替换成相对密度为 1.30~1.32 的更高浓度的电解液。这些灌入的高浓度电解液稀释了极板和隔板内残存的化成电解液。这样，电池内的电解液的相对密度最终达到了 1.28。

② 一步化成工艺。首先将极板组装成电池，然后灌入相对密度为 1.23~1.24

455

的硫酸溶液。进行充电，正、负极铅膏中的碱式硫酸铅和 $PbSO_4$ 转化为活性物质，生成 H_2SO_4，化成用酸达到电池使用时的额定浓度。电池化成后以大电流放电 20s，监控放电电压的稳定性。然后再对电池充电 $0.5 \sim 1h$。如有必要，化成完成后测量并调整酸浓度至符合要求。这种生产方法成本最低，不过电池循环寿命稍短一些。这些电池应在 $20 \sim 25℃$ 温度下存储。

电池板栅合金不同，则电池存储期不同，采用 Pb-Sb 板栅的电池存储期为 $2 \sim 3$ 个月，采用 Pb-Ca-Sn 板栅的电池存储期为 $6 \sim 8$ 个月。

2）干荷电电池。首先采用槽化成工艺进行极板化成，然后在适当的条件下干燥极板，最后组装成单格（电池）。干荷电电池受存储温度的影响最小，存储时间最长（超过 2 年）。这些电池灌入相对密度为 $1.26 \sim 1.28$ 的电解液，浸酸一段时间（动力型电池为 $1 \sim 2h$，起动型电池为 20min）之后，即可使用。如果存储时间超过了规定时间，则使用前应该对电池进行充电。

铅酸蓄电池是一个不稳定的体系。电池存储相关问题主要包括：①识别存储期内发生反应的本质，以及②降低这些反应的速率，并因此延长安全储存的时间。

铅酸蓄电池的存储期，也就是从电池生产完成之后到电池开始使用之前的这段时间，应根据电池类型、生产商和使用者的距离、电池生产时间和车辆售出时间等因素确定。这些因素决定了湿荷电电池和干荷电电池的存储时间。电池存储期和最佳存储条件取决于电池的具体化学特性以及不同生产者为优化电池性能而使用的不同添加剂。可以了解一些通用的存储维护规范，不过最好遵守生产商提供的使用说明和建议。

本章下一节将主要论述干荷电电池各生产工序的能量损失问题。

13.2　干荷电电池

13.2.1　正极板在干燥期间发生的反应——热钝化

在干荷电电池生产过程中，电池生产商遇到了一个相当奇怪的现象，即随着极板干燥温度的升高，电池电压突然下降。根据正极板放电情况，极板干燥温度分为 3 个区间[1,2]。

1）$25 \sim 80℃$——低温区。在该温度区间干燥的极板，其电池能量得以保存，具有平均放电电压和放电时间。

2）$80 \sim 220℃$——热钝化区。在该温度区间干燥的极板，其电池放电电压大幅下降，而放电时间未受影响。描述这种现象的专业术语是"热钝化"。热钝化极板的容量保持不变，但电池的能量和功率特性下降了[1,2]。

3）高于 250℃——热分解区。取决于正极活性物质中 PbO_2 的晶型和随后干燥期间的热处理条件，氧气从氧化物中析出，引起铅氧化物的化学计量系数变小。在该温度区间内，极板出现严重钝化，并且容量下降。

热钝化的程度可以通过测量钝化正极板放电电压与未钝化正极板放电电压之间的差值进行评估。在高于 80℃ 的温度下，Pb 与 PbO_2 腐蚀层发生固态反应，在板栅 | PAM 界面形成一层非化学计量的 PbO_n（$n < 1.5$），结果极板出现了热钝化。

该非化学计量的铅氧化物是一种高阻抗的半导体，其阻值取决于 n 值。正是这一层氧化物导致正极板在充放电期间出现严重极化。

图 13.1 展示了在 75℃、110℃、130℃ 和 220℃ 下干燥的正极板放电曲线[1]。为了对比，图中也绘出了未经干燥的极板放电曲线（标记为 25℃）。所有极板的放电时间相等，即极板释放出的电量相等。$\Delta\varphi_{cp}$ 是热钝化（以放电 30s 计算）。充电和放电期间的热钝化不同。因此，放电时考虑阴极（$\Delta\varphi_{cp}$），充电时考虑阳极（$\Delta\varphi_{ap}$）。

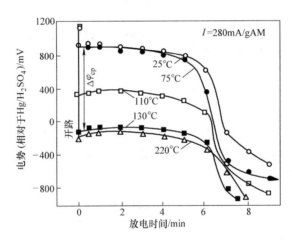

图 13.1　在相对密度为 1.28 的 H_2SO_4 溶液中，以 280mA/g AM 的电流密度
进行放电期间，以不同温度干燥的极板的电势变化情况

研究人员以不同温度对极板进行干燥，然后使用这种极板组装成干荷电电池，电池实测内阻随着干燥温度的变化情况如图 13.2 所示[3,4]。图中，曲线 A 为彻底水洗极板的电阻与干燥温度的关系曲线，曲线 B 为未经水洗的极板电阻与干燥温度的关系曲线。图中曲线表明干燥过程中应该限制干燥窑的温度，保证极板表面温度不超过 80℃。

本书第 2 章的图 2.21 表明，当非化学计量系数 $n \leq 1.4$ 时，铅氧化物 PbO_n 的电阻很大。因此，活性物质与板栅之间形成了一个高阻抗的界面层。然而，该层并不影响化成之后正极活性物质所含二氧化铅的数量。因而，钝化极板和未钝化极板

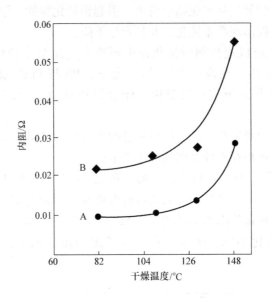

图 13.2　干荷电电池内阻随极板干燥温度的变化情况

A—以彻底水洗极板生产的电池　B—以简单冲洗掉酸后的极板生产的电池

的放电时间相同（见图 13.1）。只是正极板内阻发生了变化，引起放电电压降低，导致最终输出能量减少。

　　既然腐蚀层成分导致热钝化，由于板栅合金添加剂氧化形成掺杂剂，那么板栅合金成分影响腐蚀层铅氧化物的半导体性质。合金离子将影响腐蚀层氧化物的电学特性（见表 13.1）[5,6]。

表 13.1　阴极热钝化数据

板栅合金成分	极板干燥温度/℃	干燥时间/min	阴极热钝化/mV	参考文献
Pb	130，175	60	160，280	[5，6]
Pb-6%Sb	130	60	1050	[6]
Pb-5%Sb-0.3%As-0.4%Cu-0.01%Ag	130	60	760	[6]
Pb-0.07%Ca-0.3%Sb	130	60	160	[6]
Pb-2.5%Sb	175	60	970	[5]
Pb-5%Sb-0.1%As	175	60	1040	[5]
Pb-2.7%Sb-0.2%As-0.5%Cu-0.2%Sn-0.002%S	175	60	470	[5]

　　研究人员调研了 H_2SO_4 与腐蚀层之间的反应对热钝化的影响。图 13.3 阐明了

极板在相对密度为 1.28 的 H_2SO_4 中的阴极热钝化和浸酸时间对开路电压的关系[1]。

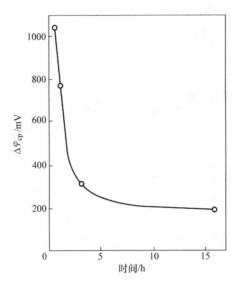

图 13.3　极板在相对密度为 1.28 的 H_2SO_4 溶液中发生的阴极热钝化
与浸酸时间的关系（该极板使用 Pb-6wt% Sb 合金的铸造板栅）[1]

在 H_2SO_4 溶液中静置时，极板发生去钝化反应。如果向热钝化正极板组装的电池中灌入相对密度为 1.28 的 H_2SO_4 溶液，并在开路状态下静置 24h 后，则电池可以恢复在极板高温干燥期间损失的能量和功率，只是尚不能完全恢复。腐蚀层中的铅氧化物可能与 H_2SO_4 发生反应，非化学计量的铅氧化物转化为化合价更高的氧化物（导体）和化合价更低的氧化物，形成 $PbSO_4$。化合价较高的非化学计量晶型可能占主导，因而提高了腐蚀层的电导率，这样在一定程度上降低了热钝化。

充电之后，热钝化效应完全消失。

以 18mA/g 活性物质（AM）的电流密度充电时，热钝化极板和非钝化极板的电势曲线如图 13.4 所示[1]。随着充电量的增加，阳极热钝化减轻。在阳极极化期间，氧气析出并进入腐蚀层，因而使腐蚀层发生氧化。这增大了铅氧化物 PbO_n 的化学计量系数，降低了腐蚀层电阻，并因此也减弱了热钝化的程度。

循环期间，热钝化逐渐减弱，经过 15 ~ 20 次循环之后完全消失（见图 13.5）[1]。化成期间形成的铅氧化物腐蚀层非常薄，随后的干燥工序必定使其变得更薄，因而极板出现热钝化。充放电循环期间，腐蚀层不断生长。图 13.5 表明，循环期间，随着腐蚀层厚度增加，热钝化程度减弱。

尽管热钝化是可逆的，但它明显降低了第一次循环期间的能量输出。因此，在

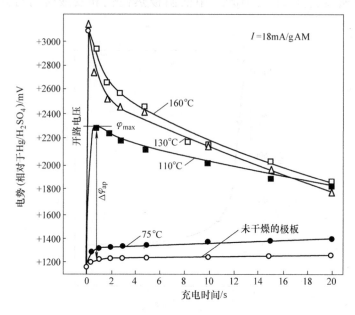

图 13.4 以 18mA/g AM 的电流密度进行充电，
热钝化和未钝化极板的电势与充电时间之间的关系[1]

含氧的空气中，干燥时应控制极板温度不
超过 80℃，以避免出现热钝化。通常，极
板干燥时应使用能控制极板温度和极板流
速的低温干燥设备，或隧道式干燥窑。

13.2.2 负极板化成后的干燥方法

这里再次讨论干荷电电池生产期间发
生的反应。相关工艺阶段包括极板水洗，
去除化成电解液，然后采用与正极板干燥
方式截然不同的方法进行干燥。前面提到，
为了避免能量和容量损失，正极板应该在
氧气环境下干燥。相反地，负极板则采用
不含氧气的干燥气氛进行干燥。下面讨论
几种这样的干燥方法。

13.2.2.1 真空干燥

负极板水洗后置于负压的干燥间中，
干燥间设置了加热器。加热器使极板温度

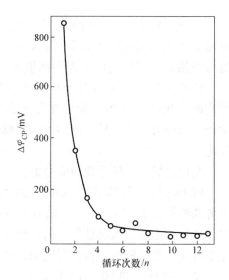

图 13.5 阴极热钝化与充放电循环次数
之间的关系（试样极板使用
Pb-6wt% Sb 的铸造板栅[1]）

升高至水的沸点以上。负压干燥间的冷凝器单元可以将水蒸气液化后排出。极板装

入负压干燥间之后，打开真空泵，达到一定的真空度之后，再打开加热器。极板干燥需要相当长的时间（20 ~ 24h），当不再产生冷凝水时，停止加热并打开冷却系统。当干燥间湿度达到室温时，关闭真空泵。该干燥方法效果好，但是效率低，成本高。

13.2.2.2　惰性气体干燥

这种方法有多种方式。其中之一是采用设置了几个温度区间的隧道式干燥炉。极板化成并水洗去除硫酸，然后彼此间隔地挂在传送带上。传送带首先经过一个水封区（将惰性气体密封住），然后进入一个含有惰性气体（氮气、二氧化碳或氩气）温度为 160 ~ 180℃ 的第一加热区。极板中的水分大部分在此蒸发。为了防止膨胀剂分解，极板温度不应超过 70 ~ 80℃。如果干燥炉内温度进一步升高，则极板在该温度区间的停留时间应缩短。然后极板移向第二加热区（部位），该区温度较低，极板中剩余的水在此蒸发。然后极板向最后两个区移动，极板温度降至室温。通过冷凝系统，混合气体中的水蒸气冷凝成水，这样就将水和惰性气体分离。冷却系统装在隧道式干燥炉末端的第三区和第四区，可以将极板冷却至室温。应监控整个封闭干燥体系的氧气含量，保证其含量不超过 1%。

另一个无氧干燥的方法是通过燃烧反应除去空气中的氧气（坩埚方法）。该工艺将极板等间距摆放在架子上，然后送至带有气体燃烧体系（燃烧器）的干燥间中。燃烧反应消耗了空气中的氧气，生成 CO_2 和其他废气。这些气体连同空气中的氮气一起被加热到非常高的温度，吹到干燥间中，形成了围绕极板循环的热气流，使极板中的水分蒸发。然后，该惰性气体和极板上蒸发的水蒸气通过一个热交换器，水蒸气液化。采用传感器测量干燥间的氧气含量，对燃烧过程进行控制，保持氧气含量不大于 1%。该干燥方法相对快速，而且效率高。

13.2.2.3　过热蒸汽的接触干燥

这种方法有两种：低压干燥和高压干燥。该方法主要是小电池工厂或车间使用。过热蒸汽干燥系统含有一个静板（铰链）和一个动板，静板堆叠置于两压板之间。压板被加热至很高的温度，紧贴着极板。这样，在干燥期间，极板中的水蒸发并围绕在极板周围，将极板与空气隔离。当极板中的水不再继续蒸发时，继续加热 2 ~ 3min，使极板完全干燥。该干燥单元安装在预先设定转速的转盘上。这种接触干燥工艺相当费力。而且，为了防止极板干燥之后再次变湿，向铅膏中加入一些水分抑制剂（防潮剂），它们覆盖在待干燥极板表面，因此可防止极板干燥之后再次吸水变潮。为了避免人身健康方面的危害，应该谨慎选择防潮剂。这种干燥方法的应用范围有限。

13.2.2.4　负极板采用铅氧化抑制剂（防氧化剂）处理的干燥方法

极板化成之后进行水洗除去 H_2SO_4，然后置于含有适当氧化抑制剂的溶液中浸渍约 1h。最后在高温条件下干燥极板。由于工艺简单，成本可接受，该干燥方法在电池行业应用非常广泛。需要监控的主要工艺参数是干燥温度（60~180℃）、热气流速（2~6m/s）和干燥时间。

通过分析，PbO在极板厚度方向的分布结果表明，如果使用α-萘酚酸作为防氧化剂，且热气流速高（>2m/s），则氧化反应主要发生在极板表面。当干燥温度高于130℃时，则负极板中的有机添加剂（膨胀剂和抑制剂）发生解体。因此，应根据热气流速确定负极板高温干燥时间，并且，如果使用更高温度的热气流，则应缩短干燥时间[11]。

13.2.3 负极板在化成工序和干燥工序之间的反应

极板化成之后，从化成槽取出到浸入水洗槽之前的这段时间，以及水洗之后到后续干燥之前的这段时间，发生了一些反应。在前一段时间，活性物质孔内充满了稀释的 H_2SO_4 溶液。而在后一段时间内，极板孔充满了水。因此，海绵状铅发生两种不同类型的氧化反应。不过，两种反应都是放热的，极板温度会升高。

Iliev等人[7,8]研究了在水洗去除 H_2SO_4 之前和之后的时间内，化成极板与空气的反应情况。他们将水洗的SLI电池极板和未经水洗的SLI电池极板分别在空气中暴露不同时间。测得的这些极板被空气氧化的反应动力学曲线如图13.6所示。从图中可以看出，当极板温度和含水量达到一个明显的临界值时，极板发生剧烈氧化或"燃烧"。这与极板固化期间出现的反应非常相似。经过这一阶段的快速氧化之后，极板活性物质中的海绵状铅占50%~60%，氧化铅和硫酸铅含量不超过40%~50%。这种成分的负极活性物质容量非常低，常常不能释放出容量。

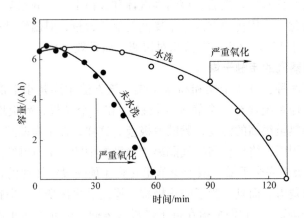

图13.6 已水洗和未水洗的SLI极板的放电容量及其在25℃
的空气环境中的放置时间的关系[7]

在活性物质发生快速氧化反应之前，暴露在空气中的未水洗的极板和水洗之后的极板的潜伏阶段分别为30min和90min。造成这种时间差异的原因是两类极板发生的化学反应具有不同热效应：

$$已水洗极板:Pb + \frac{1}{2}O_2 = PbO + 52kcal/mol \qquad (13.1)$$

$$未水洗极板:Pb + \frac{1}{2}O_2 + H_2SO_4 = PbSO_4 + H_2O + 93.9kcal/mol \qquad (13.2)$$

反应式（13.2）放热更加剧烈，极板温度和水分可以更早达到临界值，从而发生剧烈的氧化反应。

当采用流动水冲洗化成后的极板时，溶解在水中的氧气也会将海绵状铅氧化。因此，许多电池制造商限制水洗时间不超过 1.5h。在弱酸性介质或水中静置数日，极板保持的电荷仅仅稍微减少。在随后的干燥期间，极板的容量损失可能最多。高温（高于 150℃）干燥时，铅甚至与干燥炉内的微量氧气反应。在高于 35℃的温度下，如果从干燥设备中取出仍然潮湿的极板，也会发生剧烈氧化。

13.2.4　铅氧化反应的抑制剂

为了降低铅氧化反应速率，通常建议生产负极板时使用防氧化剂。添加防氧化剂的目的是抑制极板干燥期间以及电池存储和使用期间的铅氧化。

防氧化剂可通过两种方式添加到负极活性物质中：①合膏期间作为添加剂加入，该方式减慢了负极板固化期间铅的氧化反应，但对后续技术工艺影响较弱。②化成之后，极板水洗，去除极板中的硫酸，然后将极板置于含有抑制剂的溶液中，浸渍一定时间（约 1h），之后立即干燥。生产过程中常用的防氧化剂汇总于表 13.2 中。

表 13.2　干荷电极板使用的铅氧化反应抑制剂（防氧化剂）

加入铅膏的抑制剂	充电极极在干燥前使用的浸渍溶液中添加的抑制剂
硬脂酸（0.8wt%）[4]	硼酸
α-羟萘甲酸 91/0wt%[4]	硼酸和苯酚[4]
含 10wt%~80wt% 松香酸的聚合树脂（0.2wt%）[4]	硼酸和水杨酸[7]
不含添加剂的机油，如 30W 级（1L/t 铅膏）[4]	间苯二酚和焦酚[4,11]
羊毛脂酸[9]	甲酚和山梨糖醇
松香[9]	对甲氧基苯甲醛[12]
氨基酸[10]	邻羟基苯醛[12]

为了防止海绵状铅发生氧化，负极板通常采用防氧化剂处理。例如：极板水洗之后置于含有 1.0wt%~1.5wt% 水杨酸和 10wt%~12wt% 硼酸的溶液中。在这种溶液中大约浸渍 1h 之后，在温度约为 130℃的干燥炉中进行干燥。

铅膏中添加 0.2wt%（相对于铅膏）间氨基酚作为抑制剂，然后进行常规工艺处理。

如果抑制剂添加过多，会引起极板钝化，充电接受能力差，极化增强，因而必须严格控制添加量。如果抑制剂添加量不足，则实际上不会影响铅在空气中的氧化速率。

抑制剂吸附在铅表面，将铅与空气中的氧气隔离。所以，抑制剂成为铅与氧气反应的更高势垒，大幅降低了反应速率。然而，膨胀剂的有机成分也吸附在铅表面，这也会影响防氧化剂的效果，等等。因此，应根据负极膨胀剂的类型和数量选择所用防氧化剂的类型和数量。所选用的这两类添加剂应起到相互增强的效果，而不是相互抑制。只有这样，它们对活性物质性能和结构的益处才能得到充分发挥。

抑制剂具有长期效果：它们不仅抑制极板干燥期间的氧化反应，而且也对干燥后的极板具有保护作用。如果干荷电密封不严，在存储期间，使用防氧化剂的极板具有更强的抗氧化能力。在存储期间和电池使用期间，含有抑制剂电池的自放电只是不含抑制剂电池自放电的 1/5 ～ 1/2。因为膨胀剂阻碍电池在高温下存储期间的自放电反应，所以热带气候国家使用的电池，防氧化剂特别有好处。

13.2.5　干荷电电池生产过程中的质量控制

在干荷电电池生产过程中，应监控极板质量，至少每天测量一次控制参数。只有实测极板参数满足相应标准要求，生产的极板才能组装成电池。应该监控的参数包括以下几个：

1）正、负极板和隔板的含水量。所允许的最大含水量分别为正极板 0.2%，负极板和隔板为 0.05% 以下。

2）正、负极板中的 PbO 含量。负极板的 PbO 含量可以用来衡量所用防氧化剂的效果。

除了监控生产过程中的上述参数之外，每周应至少进行一次电池激活测试。该测试包括以下几个步骤：向电池中灌入电解液，静置 20min，然后以 $3C_{20}$ A 电流起动放电，测记电压为 6V 时的放电时间。同时使用镉参照电极或硫化银参照电极，测试正极板或负极板的电势，以确定哪种极板限制了容量。放电期间，第 8s 的电池电压不应低于 9.5V（对 12V 电池而言）。该测试反映了电池进行 20min 激活，即灌入电解液之后，不预先（激活）充电条件下的起动能力。在工厂或零售商仓库存储超过 3 个月的电池也要进行该项测试。

13.2.6　干荷电电池存储期间的反应

13.2.6.1　正极板中发生的反应

Iliev 和 Pavlov[8] 研究了干荷电电池在 25℃ 下存储两年后，其正极板和负极板的特性。将这些电池拆解之后，正、负极板分别与新的极板组装成电池，然后测定电池的容量和能量特性。灌入相对密度为 1.28 的 H_2SO_4 溶液，静置 30min 后，测量电池的放电特性。为了测定极板的最大性能，对电池进行大电流充电。部分试后电池充电之后再进行放电，以评估存储期间发生反应的可逆性。这些电池也进行了高倍率放电测试。

图 13.7 展示了使用干荷电正极板的样品电池的放电瞬变。存储之后，正极板放电电压大幅衰减，放电时间也变短。以 $I = 0.1C_{20}$ A 电流进行 5min 的恢复性充电，足以使正极板放电电压升高 0.4V，而极板容量没有发生变化。充电 20h 后，

极板放电电压几乎完全恢复，放电容量也大幅提高。

这些现象表明，正极板存储期间发生两类反应：①钝化反应，降低极板放电电压，②自放电反应，减少极板容量。存储后正极板的特性与钝化极板特性类似。电池存储期间，板栅金属铅与腐蚀层中的二氧化铅发生反应，结果形成了非化学计量的铅氧化物 PbO_n（$n < 1.5$）。

$$Pb + PbO_2 \longrightarrow PbO_n (n < 1.5) \tag{13.3}$$

如果，腐蚀层的孔中含有水，则反应生成 $Pb(OH)_2$，同时释放出氧气。

$$PbO_2 + H_2O \longrightarrow Pb(OH)_2 + \frac{1}{2}O_2 \tag{13.4}$$

腐蚀层电阻大幅增大。放电时间变短是因为活性物质中的 PbO_2 含量下降。该反应涉及部分二氧化铅分解为 PbO_n，同时伴随着氧析出。活性物质中的 Pb^{4+} 离子减少，导致正极板容量衰减，如图 13.7 所示。

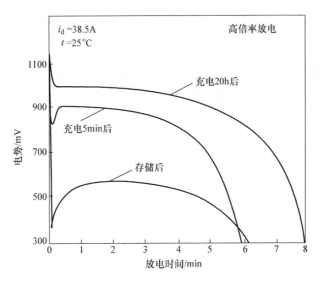

图 13.7　存储两年后，干荷电电池正极板
的放电瞬变情况（以 $3.5C_{20}A$ 放电）[8]

充电时，钝化极板开始发生去钝化反应（见图 13.7）。这涉及腐蚀层中的 PbO_n 氧化为更高化合价的铅氧化物或 PbO_2。这些铅氧化物电导率高，只要进行 5min 激活充电即可将电池电压提高 0.4V。然而，需要充电 20h，才能增加正极板容量。在此期间，非化学计量的 PbO_n 与 H_2SO_4 反应生成 PbO_2 和 $PbSO_4$。充电期间，$PbSO_4$ 发生氧化，正极板恢复了大部分容量（见图 13.7）。

13.2.6.2　负极板中发生的反应

图 13.8 展示了存储两年的干荷电电池负极板的高倍率放电瞬变情况[8]。存储

465

期间，负极板中发生的反应减少了极板容量，但不影响放电电压。

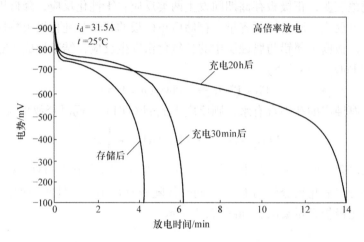

图 13. 8 　存储两年后，干荷电电池负极板的放电瞬变情况

（放电电流为 $3.5C_{20}$ A）[8]

为了确定存储期间的自放电反应是否也伴随着钝化现象，使用存储两年的负极板与新的正极板组装成电池，然后进行充电，充电电量（Q_{ch}）不断增加。试验测得了各电池的放电容量（C_d）和充入极板（存储两年）的电量。图 13.9 展示了这两个电量的比例[8]。

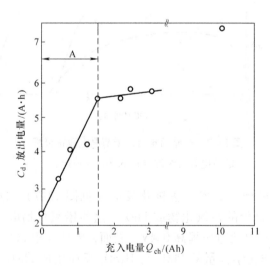

图 13. 9 　存储两年的负极板充入的电量与随后放电期间释放的电量关系[7]

在 "A" 阶段，每充入 1Ah 电量极板容量增加 4Ah。该增量太多，与法拉第定

律矛盾。这可推断为在存储期间，干荷电负极板不仅经历了自放电反应，而且出现了钝化。该钝化现象表现为部分活性物质被排除在放电反应之外，去钝化过程使这部分活性物质参与放电反应。

尽管干荷电电池密封存储，电池中也含有 0.2% ~ 0.5% 的水分。存储期间，氧气从正极板中析出，该反应在湿润的空气中会被加强。这些氧气使 Pb 以一定速率氧化为 PbO。如果极板中的 H_2SO_4 未完全洗掉，则 PbO 会与孔中残留的硫酸反应生成 $PbSO_4$。钝化反应发生在极板的哪个部位呢？负极活性物质包括：①骨架，作为各部位活性物质的集流体，为参与成流反应的铅晶体提供机械支撑，②次生（能量）结构，由连接在骨架结构的单个小铅晶体构成。这些晶体在放电期间发生氧化，充电期间复原。它们的数量决定了极板容量。

研究人员提出了一个钝化反应的模型[8]。存储期间，铅晶体表面以及它们与骨架之间的界面，被正极板析出的氧气氧化。该反应或者降低（损害）了次生铅能量结构与骨架之间的接触，或者完全被生成的 PbO 打断。因此，尽管部分次生铅结构未被氧化，它们在放电反应期间也不会参与成流反应。随着存储时间的延长，更多的次生铅晶体被排除在放电反应之外，极板容量衰减。骨架结构中也有某些横截面小的部位，即骨架枝条的连接强度小，有可能被析出的氧气氧化。因此，尽管仍含有大量未氧化的铅，可能很大部分铅活性物质已经与骨架结构的导电网络隔离。

电池充电期间，位于次生铅晶体和骨架之间的氧化铅和硫酸铅还原成 Pb。放电时被隔离的骨架和铅晶体之间的电接触得以恢复。将部分骨架结构隔离的 $PbSO_4$ 和 PbO 也被还原。这样，骨架构成的导电系统得以复原，所以充电期间极板容量的增加量大于充入电量（见图 13.9）。

隔板。存储期间，干荷电电池的隔板没有受到氧化反应的影响。

13.2.7　总结

干荷电存储期间发生的反应严重依赖极板与隔板的含水量。含水量不超过 0.2% 时，这些反应速率低，但是当含水量为 0.6% ~ 1.0% 时，极板能量损失增大。为了降低含水量，增加干荷电电池的存储时间，有些制造商向各个单格电池内添加硅胶干燥剂。

以上研究表明，为了保证存储周期长，干荷电正极板和负极板应采用不同的生产工艺，并严格控制技术参数。开发干荷电生产技术时，电池板栅主要采用 Pb-Sb 合金生产。采用这种合金板栅的湿荷电电池存储周期仅为 2 ~ 3 个月。如果超过了存储时间，则极板会发生严重的自放电反应和硫酸盐化反应，即使进行激活充电，仍然达不到所要求的性能指标，这种电池必须退返并循环利用。这迫使电池制造商采用干荷电技术，这样，电池零售商可以向用户提供满足标准性能要求和满荷电状态的电池。运输方面，干荷电电池比带液湿荷电电池更加便宜和安全。而且干荷电技术允许电池制造商可以生产和存储大量电池，这样可以快速满足各类电池（不同用途）临时性或季节性的大幅增长需求。

电池板栅使用铅-钙合金之后，并且随着铅粉和铅合金所用原生铅、次生铅纯度的提高，电池存储期间的自放电问题随之得以解决。随后出现了免维护湿荷电电池，这种电池得到了电池零售商和用户的青睐。这种新型湿荷电电池份额不断增加，而干荷电电池产量不断减少。近年来，干荷电电池仅限于生产长期存储的固定型备用电池。

下一节将介绍湿荷电电池存储期间发生的反应。

13.3　湿荷电电池

13.3.1　湿荷电电池存储期间发生的反应

图 13.10 展示了处于 Pb｜PbSO_4 电极电势区的 Pb｜H_2SO_4｜H_2O 平衡电极体系的部分 E/pH 图。当 pH = 1 时，铅电极表面形成了一个由 Pb｜PbSO_4 和 H_2O｜H_2 构成的电化学体系，其电势差为 $\Delta\varphi_{sd} = 257mV$。根据热动力学，该电势差可以使铅氧化为硫酸铅，释放出的电子与 H^+ 离子发生反应，形成氢分子（见第 2 章图 2.8）。该反应可以用下列总反应方程式表示：

$$Pb + H_2SO_4 \longrightarrow PbSO_4 + H_2 \tag{13.5}$$

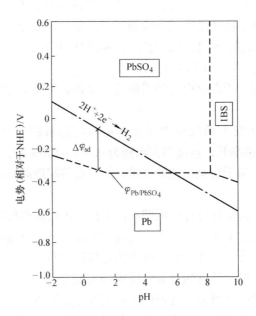

图 13.10　Pb｜PbSO_4 电极电势区的 E/pH 图

形成以上体系（$Pb \mid PbSO_4 \parallel H_2O \mid H_2$）的基元反应，以及相关电化学反应和物理化学反应（例如 Pb^{2+} 离子转移，电子转移，H^+ 离子和 SO_4^{2-} 离子的扩散和吸附，SO_4^{2-} 离子和 Pb^{2+} 离子之间的电化学反应，等等）的反应速率不同，因而最慢的反应决定了以上反应的总速率。已经证实，铅表面的氢气析出反应受到严重抑制，必须使用更高的极化电势（超电势）才能使反应继续进行。这表明上述电极体系［见式（13.5）］是动力学受限的。因此，只有当电势大幅低于 $Pb \mid PbSO_4$ 电极平衡电势时，H_2 才会在 Pb 电极上析出。在没有外部极化的情况下，只有在高于 257mV 的电势差作用下，浸于 H_2SO_4 溶液的 Pb 电极上才发生反应式（13.5），而反应速率很低，几乎可以忽略不计。这实际上是电极的自放电反应。然而，如果铅电极含有杂质（或添加剂）元素，则降低了氢析出反应的过电势，显著加快了自放电反应。

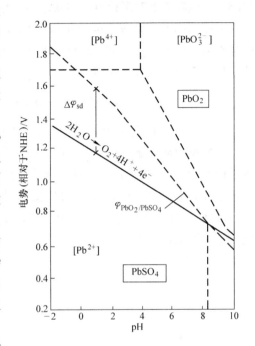

图 13.11　$PbO_2 \mid PbSO_4$ 电极电势区的 E/pH 图

PbO_2 表面也发生类似的情况。在低 pH 值条件下形成 $PbO_2 \mid PbSO_4 \parallel H_2O \mid O_2$ 电极体系（见图 13.11）。

当 pH = 1 时，该体系的电势差为 $\Delta\varphi_{sd} = 472mV$。根据热力学定律，在该电势差下，会发生氧析出并生成 $PbSO_4$，总反应式如下：

$$PbO_2 + H_2O_4 \longrightarrow PbSO_4 + H_2O + \frac{1}{2}O_2 \qquad (13.6)$$

以上总反应所涉及的电化学基元反应、物理化学反应和化学反应均受到强烈抑制，一些反应的速率很低。已经发现在很高的过电势下才能发生氧析出反应。因此，电极表面的 PbO_2 还原成 $PbSO_4$ 的反应速率非常低。氧析出速率决定了 $PbO_2 \mid PbSO_4$ 电极自放电速率。如果 PbO_2 活性物质含有导电杂质，则这会降低氧析出过电势，提高了氧析出反应速率，并因而增大了 $PbO_2 \mid PbSO_4$ 电极的自放电。

因此，电池不含降低氢析出和氧析出过电势的物质，并能够在开路状态或存储期间保持容量是铅酸蓄电池的关键。

以上内容论述了铅酸蓄电池在存储期间和开路状态下发生的反应，电池制造过程所关注的主要问题是采用简单的工艺生产出高质量的产品，即生产成本低。将极板装入电池槽，然后灌入电解液进行化成是最为简单的工艺过程，因而成本低廉。这种电池的极板为湿荷电（充满了电解液）状态，但是在相对较长的存储期间，必须抵抗正极板和负极板的自放电反应。这是湿荷电电池面临的主要问题。

13.3.2　硫酸浓度对湿荷电铅酸蓄电池正极板自放电反应的影响

开路状态下，铅酸蓄电池正极板形成 $Pb \mid PbO_2 \mid PbSO_4 \parallel H_2O \mid O_2$ 电极体系，该体系的稳定电势接近 $Pb \mid PbO_2 \mid PbSO_4$ 电极的平衡电势。该体系发生的电化学反应可用以下电化学方程式表示：

$$阳极反应：H_2O \longrightarrow 2H^+ + 2e^- + \frac{1}{2}O_2 \tag{13.7}$$

$$阴极反应：PbO_2 + H_2SO_4 + 2H^+ + 2e^- \longrightarrow PbSO_4 + 2H_2O \tag{13.8}$$

阴极反应涉及硫酸，所以 H_2SO_4 浓度是影响正极板自放电速率的参数之一。为了研究 H_2SO_4 浓度影响，研究人员将 1.5g 的 β-PbO_2 试样浸于不同浓度的 H_2SO_4 溶液中，测量析出氧气的数量（见图 13.12）[13,14]。随着 H_2SO_4 浓度的增加，PbO_2 表面的自放电反应增加，如果使用浓度大于 $1.14g/cm^3$ 的 H_2SO_4 溶液，则自放电增加最为明显。

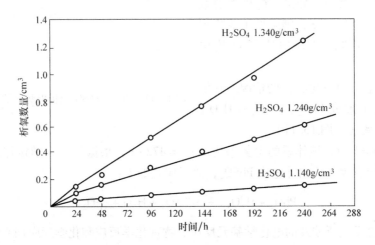

图 13.12　30℃时，将 1.5g 的 β-PbO_2 试样置于不同浓度

H_2SO_4 溶液中，析氧量与静置时间的关系[13]

已经证实，负极板自放电反应析出的氢气可以经以下反应在正极板被氧化[15-18]：

$$PbO_2 + H_2 + H_2SO_4 \longrightarrow PbSO_4 + 2H_2O \tag{13.9}$$

然而，该反应速率很慢。这可能是由于氢气在硫酸溶液中的溶解度低，随着溶液中酸浓度增加，氢气溶解度进一步增加[19]。湿荷电铅酸蓄电池存储期间，氢的氧化反应是正极板发生的一系列复杂自放电反应的一部分。

13.3.3　正板栅合金添加剂对湿荷电电池存储期间的反应及性能参数的影响

板栅合金成分，即合金添加剂的类型和含量是强烈影响正极板自放电的第二个重要参数。铅-锑正极栅腐蚀期间，锑溶解在 PAM 孔中，吸附或进入 PbO_2 活性物质结构中。这些 PbO_2 形成物（活性中心）表面的氧析出反应式（13.7）过电势较低，因而加速了正极板的自放电。铜、镍、钴、银，以及其他合金添加剂也具有类似效果[15,16]。

然而，图 13.13 中的数据清晰地表明了铅-钙合金的不同情况[16]。将采用 Pb-Sb 板栅和 Pb-Ca 板栅的极板在 35℃下开路放置（存储）16 周，然后测量 PbO_2 经反应式（13.8）形成硫酸铅的数量来评估极板放电性能。同时为了了解酸浓度的影响，测试电池使用了不同浓度的电解液。为了对比说明，图中也给出不含板栅和隔板的单纯活性物质的硫酸盐化数据。

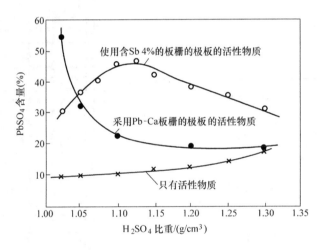

图 13.13　正极板或活性物质在 35℃下存储 16 周后，化学分析测定的
正极活性物质中硫酸铅的含量（以 wt% 表示）[14]

板栅合金成分对自放电反应的影响强烈。当 H_2SO_4 浓度低于 $1.10g/cm^3$ 时，采用 Pb-Ca 板栅的极板自放电速率随着硫酸浓度降低而加快，而采用 Pb-Sb 板栅的极板自放电速率随着硫酸浓度降低而变慢。当 H_2SO_4 浓度为 $1.12g/cm^3$ 时，Pb-Sb 板栅自放电速率最快。在相对密度为 1.28 时，Pb-Ca 板栅极板的自放电速率是 Pb-Sb 板栅自放电速率的一半。不含板栅的活性物质自放电速率最慢。这表明板栅中的合金添加剂转移到二氧化铅活性物质中，促进了正极活性物质发生的自放电反应。

为了减少或消除电池维护需求，促进湿荷电电池的生产和销售，Pb-Ca 合金代

471

替了 Pb-Sb 合金用于板栅后，出现了一个奇怪的现象，由于正极板放电限制，电池循环期间很快丧失容量（见图 13.14）。这种现象被称为"早期容量损失"（PCL）[20]。通过研究该现象的原因，证实了 Sb 除了对铅合金的机械特性和浇铸性能具有正面影响，对自放电反应有负面影响之外，锑也影响正极板所发生的电化学反应和物理化学反应。

为了识别和确定引起极板早期容量损失的反应，开展了以下模型研究工作[21]。使用环氧树脂将一个纯铅小板栅和一个 Pb-4.5wt% Sb 小板栅彼此相连制成一个模型极板（见图 13.15）。每个小板栅都有一个单独的集流体，极板可通过它进行充放电循环。按照 47% 的正极活性物质利用率进行深放电循环试验（达到 100% DOD），也就是强烈加强 PCL 效应。

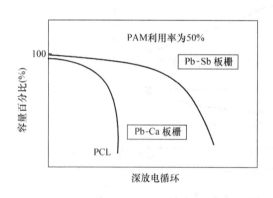

图 13.14　采用 Pb-Ca 和 Pb-Pb 板栅的电池在循环期间的容量变化情况，表明了电池的早期容量损失（PCL）

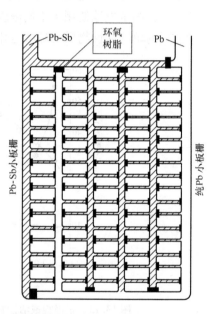

图 13.15　采用纯铅小板栅和 Pb-Sb 小板栅的正板栅设计[21]

图 13.16 展示了采用一片正极板（含有纯铅小板栅和 Pb-4.5wt% Sb 合金小板栅）和两片负极板组装成电池的容量与循环寿命的关系曲线。采用两种方法进行循环：其中一个电池通过纯铅小板栅进行循环，另一个通过 Pb-Sb 小板栅进行循环；一个电池先通过纯铅小板栅循环，然后通过 Pb-Sb 小板栅循环，而另一个电池则先通过 Pb-Sb 小板栅进行 20 次循环之后，再通过纯铅小板栅进行循环。

图 13.16a 展示的结果表明，在前几次循环期间，两电池容量相等。这表明每个小板栅的 PAM 结构都具有足够的枝条，能够向 PAM 各个部位传输电流。通过纯

铅小板栅进行循环的电池寿命仅为 12 次循环。然而，如果使用 Pb-Sb 小板栅循环，则极板的循环次数提高了一倍还多。这表明，当板栅采用纯铅生产时，极板容量由腐蚀层（CL）以及板栅与 PAM 界面的特性决定。当连续放电时，也得出同样的结论（见图 13.16b、c）。

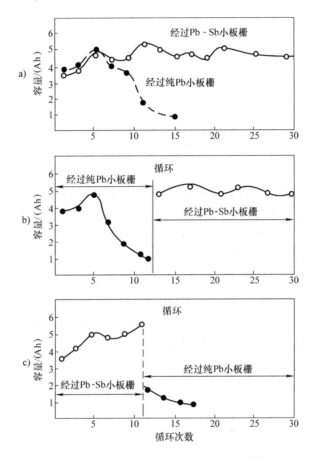

图 13.16　正极板循环期间的容量变化[21]

a）通过纯铅小板栅或 Pb-Sb 小板栅充放电　b）首先通过纯铅小板栅充放电，再通过 Pb-Sb 小板栅充放电　c）先通过 Pb-Sb 小板栅充放电，再通过纯铅小板栅充放电

腐蚀层及其界面的性质受板栅合金添加剂（这里指的是 Sb）的影响较强烈。Sb 对腐蚀层的影响并不限制活性物质的放电过程，所以活性物质释放出全部容量。这种现象被称为"无锑效应"。

最后，两片小板栅的实验结果表明，通过纯铅小板栅放电达到循环寿命末期，活性物质 PbO_2 仍然是"健康的"。如果继续通过 Pb-Sb 小板栅进行循环测试，则相同数量的活性物质 PbO_2 的循环次数更多。

腐蚀层对电池性能具有如此强烈的影响，那么其作用机理是什么呢？

电池使用期间，金属正板栅被析出的氧气和自放电反应氧化。结果，腐蚀层变厚。CL 物相组成由下列反应决定[22,23]：

$$Pb \xrightarrow{V_1} PbO \tag{13.10}$$

$$PbO \xrightarrow{V_2} PbO_n (1.6 < n < 2) \tag{13.11}$$

$$PbO_n \xrightarrow{V_3} PbO_2 \tag{13.12}$$

式中，V_1，V_2 和 V_3 是各个反应的速率。

已证实，通过扫描电子显微镜（SEM）技术观察得出，CL 由不同尺寸和不同性质的团粒和颗粒组成。它们的物相组成取决于以上反应速率之比，即 $V_1 : V_2 : V_3$，因此：

1）当 $V_1 > V_2$ 时，形成了明显的 PbO 层，电极体系为 $Pb | PbO | PbO_n | PbO_2$；由于 PbO 电阻高，所以电极出现钝化。

2）当 $V_1 < V_2$ 时，则形成了 $Pb | PbO_n | PbO_2$ 体系；PbO_n 电阻低，因此电极具有电化学活性；电池正极板就是这样的体系。

已证实，与纯铅电极相比，以 $+0.85V$（相对于 $Hg | Hg_2SO_4$ 电极）的电势在 Pb-Sb 电极上形成的腐蚀层具有更高的导电能力[23,24]。这是因为 Sb 进入了铅氧化物 $Pb_{(1-x)}Sb_xO$、$Pb_{(1-x)}Sb_xO_n$ 和 $Pb_{(1-x)}Sb_xO_2$ 的结构内部[25]。研究人员也发现（见图 4.25），Sb 降低了铅氧化反应的起始电势，加快了 PbO 转化为 PbO_2 的氧化反应。所以，Sb 消除了循环期间的 PCL 效应。

尽管 Sb 具有上述正面作用，但为了保证电池无需维护并且适于在湿荷电状态下存储，电池制造商仍然尝试不使用 Sb 作为添加剂。第一阶段，板栅合金 Sb 含量降至 2.0wt% 以下。这导致正极板充电接受能力差。为了保证充电效率，必须提高充电电压。然而，这样加速了板栅腐蚀反应，板栅 | PAM 界面形成了较厚的 α-PbO 层，导致正极板钝化[26]。Giess 已经证实，向正板栅合金中添加 0.2wt% ~ 0.4wt% Sn 可以防止腐蚀层中形成 α-PbO，Sn 的最大含量不能超过 1.5wt%[27]。这表明 Sn 加速了 α-PbO 氧化为 PbO_2 的反应。

我们的团队与 M. Maya 教授（意大利）的团队合作，研究了 Sn 对 PbO 氧化为 PbO_2 的反应速率的影响[28]。图 13.17 展示了在暗处对 Pb 和 Pb-0.5wt% Sn 电极进行一系列动电位扫描的测试结果。在暗处进行极化的目的是避免 PbO 被光氧化。图中以圆圈表示扫描次数，以箭头表示氧化反应的开始。虚线表示纯铅电极的电势，直线表示 Pb-Sn 电极的电势[28]。图中数据表明，Sn 降低了氧化反应的起始电势，并加速了 PbO 转化为 PbO_2 的氧化反应。

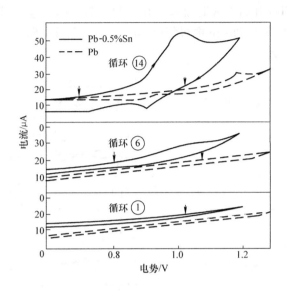

图 13.17   以最高电压不超过 1.3V 时纯 Pb 和 Pb-0.5wt% Sn 电极进行极化期间，
第 1 次、第 6 次、第 14 次循环时的伏安图（扫描速率是 10mV/s）[28]

图 13.18 阐明了氧化反应的起始电势与连续扫描次数之间的关系[28]。Sn 将起始电势降低了约 0.2V。这可能是因为 Sn 离子进入铅氧化物中。

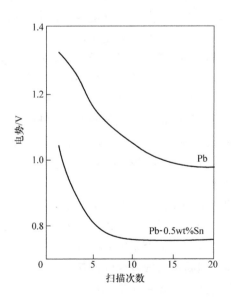

图 13.18   PbO 开始氧化时的电势随 Pb 电极和
Pb-0.5wt% Sn 电极扫描次数的变化关系[28]

该效应是当 PbO 开始生成时就起作用了吗？为了回答这个问题，采用很高的恒定正电势对 Pb 电极和 Pb-Sn 电极氧化 1h。然后，断开电路，测记电压瞬变，实测结果如图 13.19 所示。

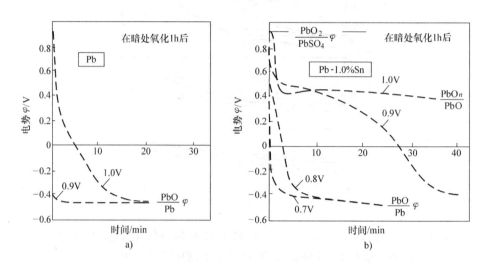

图 13.19　以恒定电势对 Pb 电极和 Pb-1.0wt% Sn 电极氧化 1h
后电极电势的衰减情况[28]

当采用不超过 +0.9V （相对于 $Hg|Hg_2SO_4$ 电极）的电势对 Pb 电极进行氧化时，在断开电路的瞬间，电压降至 $Pb|PbO$ 电极平衡电势的水平。这意味着在不超过以上电势的极化条件下，PbO 未发生氧化反应。

当 Pb-1.0wt% Sn 电极以 +0.8V （相对于 $Hg|Hg_2SO_4$ 电极）的电势进行氧化时，在断开电路时，电压瞬变受到阻碍。以更高电势氧化时，开路状态下电势仍有 +0.5V。该 PbO_2 平台与 1.0V 氧化后电压瞬变后仍为 +0.9V 的情形不同。

研究人员建立了一个半导体机理，以解释 Sn 在 PbO 氧化为 PbO_n 和 PbO_2 的过程中的电催化作用。Sn 取代 Sb，成为蓄电池板栅合金的添加剂。Sn 的加入量比 Sb 少得多，它与 Ca 结合，提高了合金的机械性能。这样，解决了铅-钙板栅的界面问题，为免维护湿荷电电池开辟了道路。

正如本书第 4 章的图 4.41 所表明的那样，如果 Pb-Ca-Sn 正板栅的 Sn 含量不超过 1.8wt%，则板栅腐蚀层不会形成 α-PbO。这就是为什么各类免维护阀控式铅酸蓄电池的正板栅均使用含有 （0.05wt% ~ 1.7wt%）Sn 的合金浇铸。

13.3.4　湿荷电电池存储期间负极板发生的反应

存储期间，湿荷电电池负极板发生下列反应：

$$阳极反应\ Pb \longrightarrow Pb^{2+} + 2e^- \tag{13.13}$$

$$阴极反应\ H_2SO_4 + 2e^- \longrightarrow H_2 + SO_4^{2-} \tag{13.14}$$

$$总的自放电反应 Pb + H_2SO_4 \longrightarrow PbSO_4 + H_2 \tag{13.5}$$

$Pb \mid H_2 \mid H_2SO_4 \parallel PbSO_4 \mid Pb$ 形成了自放电电池，其电动势可以用下列方程式确定：

$$E = E_0 - \frac{0.059}{2}\lg(a_{H^+}^2 \cdot a_{SO_4}^{2-}) \tag{13.E1}$$

式中，E 取决于硫酸浓度。由于氢在纯铅电极上的析出电势非常高，所以阴极反应式（13.14）速率非常缓慢。对自放电反应速率影响最强烈的是氢析出反应，也就是，实际上决定自放电速率的是氢析出反应。

铅酸蓄电池行业使用低锑合金和含有其他添加剂或杂质的 Pb-Ca-Sn 合金。特别是锑明显降低了氢析出反应的过电势，并因而加快了负极板的自放电反应。为了避免出现这种情况，电池制造商使用 Pb-Ca 或 Pb-Ca-Sn 合金生产负板栅。正板栅通常采用低锑铅合金。因此，正、负板栅不同的电池称为"混合式电池"。正板栅腐蚀产生的大部分锑离子保留在 PbO_2 活性物质中，但是经过一定时间后，这些锑离子扩散至负极板，在那里发生还原反应。这加速了自放电反应和充电期间的水分解。为了克服这种效应，电池行业采用了特殊设计的隔板以吸附锑离子，因此负极板上很少有锑离子还原。总之，电池工程师和生产者都尽量避免降低氢析出过电势，并努力减少电池的自放电和水损耗。

加速湿荷电电池负极板自放电过程的第二个反应是铅被正极板自放电析出的氧气氧化。铅活性物质的氧化反应可用下列方程式表示：

$$Pb + \frac{1}{2}O_2 + H_2SO_4 \longrightarrow PbSO_4 + H_2O \tag{13.2}$$

上面的氧气还原和铅氧化反应都很快。因此，氧气从正极板向负极板的扩散过程限制反应速率。自放电过程的这个基元反应受隔板影响。隔板降低了氧气扩散速率，其影响程度取决于隔板的孔体系和化学组成。研究人员将化成极板包裹在不同类型的隔板中，浸于含有 0.1g/L 的 $Sb_2(SO_4)_3$ 和不含 $Sb_2(SO_4)_3$ 的相对密度为 1.25 的硫酸溶液中，研究了电池隔板对负极板自放电反应的影响[16]。所得结果列于图 13.20 中。

经过不同时间之后测量负极板自放电形成的 $PbSO_4$ 数量。图中数据表明：锑明显加速了自放电反应；玻璃纤维隔板和微孔橡胶隔板明显阻碍了负极板自放电反应。在湿荷电电池开路放置期间，自放电反应的产物 $PbSO_4$ 慢慢覆盖在铅活性物质表面，因此，随着时间的推移，自放电反应逐渐变慢。然而，因为生成的硫酸铅会再结晶成 $PbSO_4$ 晶体，所以自放电速率减慢得并不明显。

图 13.21 阐明了存储之后负极板放电性能的变化情况[8]。从图中数据可发现湿荷电电池负极板容量出现衰减，而放电电压几乎不变。

对相同的电池以 150% 的额定容量的电量进行过充电，然后放电，其放电瞬变

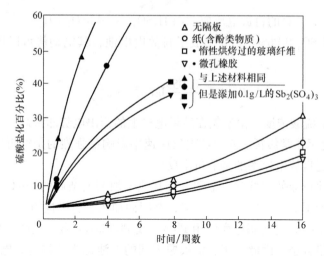

图 13.20 不同隔板对于浸在 35℃ 相对密度为 1.25 的 H_2SO_4 溶液中
的相同负极板自放电的影响

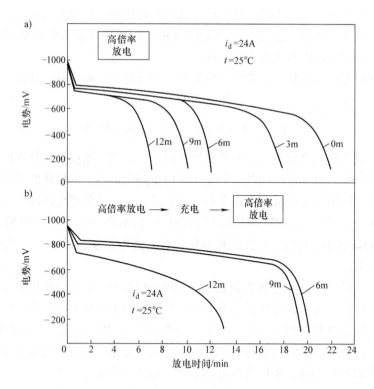

图 13.21 负极板在存储期间的电参数变化

a）存储后极板的放电瞬变情况

b）相同极板经充电 20h 后的放电瞬变情况

情况如图所示。如果存储时间不足 6 个月，则电池充电后，极板容量完全恢复。而存储 1 年的电池没有完全恢复容量。有可能，这种自放电反应已经不可逆地改变了 NAM 结构。

存储 1 年后，活性物质化学成分包括大约 5% 的 PbO 和 10% 的 $PbSO_4$，这些极板的放电曲线出现明显衰减（见图 13.21）。试验结果证明，除了自放电反应，负极板也发生了某些结构变化，导致部分次生铅能量结构不能参与成流反应。活性物质结构的这些改变包括：小 $PbSO_4$ 晶体颗粒结晶长成大 $PbSO_4$ 晶体，它们在 H_2SO_4 溶液中的溶解度低；有机膨胀剂发生分解，铅枝晶长大（增厚），因此阻碍了高表面积次生小铅晶体的生成反应，导致放电期间不能传输大电流。

Iliev 和 Pavlov 证明，电池存储期间 $PbSO_4$ 颗粒沉淀在隔板孔中[8]。图 13.22 展示了一个隔板的电子显微图片，该隔板从存储了 1 年后又进行完全充电的电池中取出。图中可以清晰地看到隔板微孔中，特别是朝向负极板的隔板表面孔中含有硫酸铅晶核。$PbSO_4$ 晶体在隔板中积累是不可逆的，对电池循环寿命和容量具有负面影响。

a) b)

图 13.22 存储 9 个月后，湿荷电电池的隔板 SEM 图片，
a）隔板朝向正极板 b）隔板朝向负极板

为了抑制湿荷电电池的自放电，可向负极板中添加自放电抑制剂，这在某些程度上可以抑制负极板的结构变化。表 13.2 中列出了这些抑制剂。已经证明这种技术是有效的，因而得到了广泛应用。

第二个要求是负板栅采用 Pb-Ca 或 Pb-Ca-Sn 合金铸造，这对 NAM 结构变化的可逆性很重要。在以上条件下，湿荷电电池自放电相当缓慢，可以保证电池的存储期足够长。

影响湿荷电电池自放电的第三个主要因素是存储温度。存储温度不应超过 25 ~ 30℃。

湿荷电电池安全存储的进一步要求是将空气中的氧气与电池完全隔离。空气中的氧气可能经排气阀进入电池，如果使用了不合理或不合适的材料，氧气也可能通过高分子壳体进入电池内，只是速率非常慢。

通过研究正、负极板的生产过程，以及所有电池部件（壳体和阀）相关技术要求，电池制造商已经能够生产并面向市场销售各种用途的湿荷电电池。

参 考 文 献

[1] D. Pavlov, S. Ruevski, J. Electrochem. Soc. 126 (1979) 1100.

[2] D. Pavlov, S. Ruevski, Proc. 28th Meeting ISE, Electrochem. Power Sources, 18 September 1977, Varna, Bulgaria, p. 97.

[3] E.G. Tiegel, LEAD'68 Edited Proceedings 3rd International Conference on Lead, Venice, Italy, Pergamon Press, Oxford, 1969, p. 191.

[4] J.E. Manders, J. Power Sources 19 (1987) 189.

[5] N. Anastasijevic, J. Garche, K. Wiesener, J. Power Sources 7 (1982) 201.

[6] S. Ruevski, D. Pavlov, Annual Report 1979, CLEPS Bulg. Acad. Scis, 1979. Sofia, Bulgaria.

[7] V. Iliev, S. Ruevski, D. Pavlov, Annual Report 1980, CLEPS Bulg. Acad. Scis, 1980. Sofia, Bulgaria.

[8] V. Iliev, D. Pavlov, J. Electrochem. Soc. 129 (1982) 458.

[9] H. Bode, in: R.J. Brodd, K.V. Kordesch (Eds.), Lead-Acid Batteries, John Wiley & Sons, New York, USA, 1977, p. 278.

[10] S. Ruevski, V. Iliev, D. Pavlov, Bulg. Patent No. 52833/1982.

[11] M.A. Dasoyan, I.A. Aguf, Fundamentals of Lead-Acid Battery Design and Manufacturing Technology, Encrgia, Lcningrad, 1978, p. 127 (in Russian).

[12] M. Saakes, P.J. van Duin, A.C.P. Ligtvoet, D. Schmall, J. Power Sources 47 (1994) 149.

[13] P. Ruetschi, J. Sklarchuck, R.T. Angstadt, Electrochim. Acta 8 (1963) 333.

[14] P. Ruetschi, J. Power Sources 2 (1977/78) 3.

[15] R.T. Angstadt, C.J. Venuto, P. Ruetschi, J. Electrochem. Soc. 109 (1962) 177.

[16] P. Ruetschi, R.T. Angstadt, J. Electrochem. Soc. 105 (1958) 555.

[17] K.R. Bullock, D.H. McClelland, J. Electrochem. Soc. 123 (1976) 327.

[18] B.K. Mahato, E.Y. Weissman, E.C. Laird, J. Electrochem. Soc. 121 (1976) 13.

[19] P. Ruetschi, J. Electrochem. Soc. 114 (1967) 301.

[20] A.F. Hollenkamp, J. Power Sources 36 (1991) 567.

[21] M.K. Dimitrov, D. Pavlov, J. Power Sources 46 (1993) 203.

[22] D. Pavlov, J. Power Sources 46 (1993) 171.

[23] T. Laitinen, K. Salmi, G. Sundholm, B. Monahov, D. Pavlov, Electrochim. Acta 36 (1991) 605.

[24] M.P.J. Brennan, B.N. Stirrup, N.A. Hampson, J. Appl. Electrochem. 4 (1974) 49.

[25] D. Pavlov, B. Monahov, G. Sundholm, T. Laitinen, J. Electroanal. Chem. 305 (1991) 57.

[26] D. Pavlov, J. Power Sources 48 (1994) 179.

[27] H. Gicss, in: K.R. Bullock, D. Pavlov (Eds.), Advances in lcad-acid battcrics, vol. 84—14, Proc. Electrochem. Soc. Inc., N.J., USA, 1984, p. 241.

[28] D. Pavlov, B. Monahov, M. Maya, N. Penazzi, J. Electrochem. Soc. 136 (1989) 27.

第 14 章　阀控式铅酸（VRLA）蓄电池

14.1　氢气和氧气发生再化合反应生成水

　　铅酸蓄电池使用 Pb-Ca-Sn 合金板栅，并在负极板中添加析氢抑制剂后，湿荷电技术在电池行业中得到广泛应用。限制充电电压后，这些电池可以认为是免维护的。然而，它们的使用寿命，非常依赖于需要严格遵守的充电条件，特别是最大充电电压的限制。电池工程师和生产者们开始寻求方法，将电池充电和过充电期间析出的 H_2 和 O_2 再化合成水。这样，可以解决水损耗问题。电池失水会引起 H_2SO_4 浓度增大，导致正极板钝化。

　　目前已经开发了 3 种主要技术使氢气和氧气重新化合成水，如下所述：

　　1）氢气和氧气在催化栓内化合；

　　2）氢气和氧气在辅助催化电极上化合；

　　3）阀控式铅酸蓄电池（VRLAB）。

　　本书的第 1 版曾详细讨论了前两种方法。然而，由于这两种方法在电池行业并未实际应用，所以本书第 2 版删掉此部分内容。事实证明，第三种解决电池失水问题的方法，即研发并应用阀控式铅酸蓄电池（VRLAB）已被证明是非常有效的，并且这种技术应用越来越广泛。本章将进一步讨论有关 VRLAB 设计和运行的基本原理以及 VRLAB 在充电和过充情况下所发生的反应。

14.2　阀控式铅酸蓄电池（VRLAB）

14.2.1　VRLAB 设计和使用的一般原理

　　VRLAB 的工作原理可概述如下：

- 正极板发生水分解反应，引起 O_2 析出，并产生 H^+ 离子。
- O_2 和 H^+ 离子通过隔板中的气体通道和液体通道扩散至负极板。
- 到达负极板后，氧气发生还原反应，与 H^+ 离子反应生成水。
- 生成的水通过隔板扩散至正极板，这样正极板电解的水得以补充。

　　以上反应形成了所谓的封闭氧循环（COC）。封闭氧循环明显降低了电池在充电和过充电期间的水损耗，使其无需维护。

　　根据隔板类型和电解液状态，VRLAB 采用的两种基本技术是：

1）采用吸附式玻璃纤维毡（AGM）的电池，这种电池的电解液吸附在 AGM 隔板中。吸附式玻璃纤维含有不超过 85% 的长度为 1~2mm 的玻璃纤维，并含有 15% 的高分子纤维（聚乙烯、聚苯烯等）作为增强材料。玻璃纤维是亲水性的，其作用是吸附电解液，而高分子纤维则提供机械支撑，也具有一定的亲水性，可促进气体通道的形成。

2）采用胶体电解液的电池（胶体电池），这种电池的电解液是不流动的触变胶体，其中含有直径几纳米的 SiO_2 和 Al_2O_3 颗粒。使用富液式电池所用的那种高分子隔板，将正极板和负极板隔离。胶体电池开始使用时，像富液式电池（含有流动的电解液）那样，也会失水。结果胶体发生收缩，内部形成裂纹。这些裂纹形成了氧气通道。正极板析出的氧气到达负极板，这样 COC 开始运行，水损耗停止。各类 VRLAB COC 的运行机制是相同的，与所用隔板类型（AGM 或凝胶隔板相同）无关。

VRLAB 的各个单格都有一个减压阀（而不是富液式电池的排气盖），在极板和隔板组成的电池极群上方，可以保持一定的气体压力。负极板发生氧还原反应，大幅降低了极群内负极板处的氧气压力。这样极群内部形成了一个扩散梯度，引导氧气流向负极板传输。因此，减压阀是 VRLAB 的一个必要部件。

本章，我们主要论述采用 AGM 隔板的 VRLAB。在 20 世纪 70 年代，McClelland 和 Devitt 发明了第一个 VRLAB，这种电池的电解液是不流动的，被固定在带有气体通道的微孔玻璃毡内，电池盖装备了一个安全阀，采用这种方法迫使 COC 在极群内部进行[1]。图 14.1 表明了氧气、H^+ 离子和水在正极板和负极板之间的传输示意图[2]。氧气沿两个路径传输：通过 AGM 隔板畅通的气体通道，以及溶解在

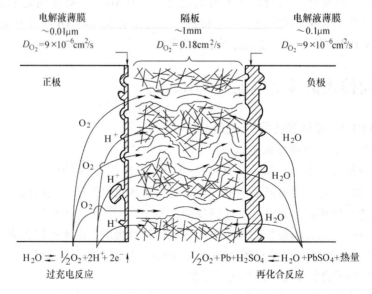

图 14.1　阀控式铅酸蓄电池内部的封闭氧循环示意图[2]

电解液中，沿着充满一定直径的电解液通道传输。氧气在气体通道中的扩散速率更高，比氧气在液体通道中的扩散速率高 6 个数量级。因此，由于溶解在电解液中的氧气很少，因此氧气在电解液中的传输可忽略不计。

14.2.2　VRLAB 在充电期间和 COC 期间发生的反应

图 14.2 为在 70%～95%SOC 状态下，VRLAB 的充电过程和 COC 过程所涉及的电化学反应。为保持电池的电中性，这些反应按照化学计量进行。电池中通过的总电流在这两类反应之间分配，例如：$(1-\theta)I$ 是电池充电电流；θI 是 COC 相关反应的电流。这是具有 COC 的电池在充电期间发生的基本反应。

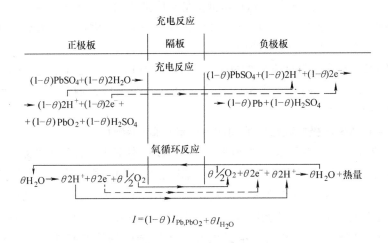

图 14.2　VRLAB 充电期间发生的电化学反应
以及 COC 所涉及的电化学反应示意图

除此之外，电池中也发生一些速率很慢的其他反应，包括：

● 正板栅腐蚀。正极板析出的氧气穿过板栅与活性物质之间的界面，将正板栅的铅合金氧化（见 2.11 节）。该反应的速率取决于板栅合金组成、电池温度、正极板电势和电池工况。

● 负极板板耳和汇流排的腐蚀。富液式电池负极群的部件是湿润的，或者部分浸于电解液中。负极群所覆盖的电解液薄层是导电的，所以这些部件的电势与负极板很接近，这样负极板、板耳和汇流排受到阴极保护[3]。而 VRLAB 的电解液吸附在 AGM 隔板中，负极汇流排和板耳暴露在含有氧气的空气中，这极大地加快了腐蚀反应。铅酸蓄电池的汇流排通常使用 Pb-0.8/2.5wt% Sn 合金铸造。本书 4.6 节论述了 VRLAB 汇流排的腐蚀。汇流排和板耳腐蚀消耗了一部分本来应该参与 COC 的氧气，这也引起一定的水损耗，尽管这是最低限度的水损耗。

● 有机膨胀剂（木素磺酸盐）氧化。如果在高于 40℃ 的温度下，暴露于氧气侵蚀中，则木素磺酸盐的分解速率大幅加快，产生 CO_2 和水。随着极化时间的延长，

气体混合物中的 CO_2 浓度增加。部分混合气体排放到空气中，引起氧气和水损耗。

● 氢析出。理论上，在上述 SOC 范围（70% ~ 95%）内，不会发生氢析出反应，因而不会影响图 14.2 中的反应平衡，然而，实际上并非总是如此。板栅合金或电解液中的一些杂质沉淀在负极板表面，形成了活性中心，降低了氢气析出过电势。因此，这些活性中心开始发生氢析出反应，只是反应速率低。结果，破坏了图 14.2 中的反应平衡，引起（少量的）水损耗。负极板析出的 H_2 在正极板发生氧化反应，只是反应速率低，这样也形成了一个氢循环[4-6]。

● 减轻电解液分层。在富液式电池中，重力作用使得电解液在垂直方向形成了不同的浓度层（电解液分层）。这样电池上部和底部之间形成了电势差[7]。在 VRLAB 中，电解液是不流动的，也允许电池水平放置（安装）。因而大幅减轻了电解液分层的程度。并因此延长了电池使用寿命。

了解 VRLAB 充电期间发生的反应之后，我们可以分辨出值得进一步论述的 4 组区域性的反应。它们是正极板的反应；负极板的反应；通过隔板的转移反应；VRLAB 的热反应。

14.2.3 VRLAB 正极板在放电期间和氧循环期间的特性

图 14.2 中的示意图展示了在 70% ~ 95% SOC 状态下正极板发生的基元反应。揭示这两类反应（充电反应和 COC 反应）并掌握它们之间的相互关系是有意义的。

通过 X-ray 衍射分析并测量正极板相对于 $Hg \mid Hg_2SO_4$ 参比电极的电势，我们团队研究了这些反应[8]。试验电池含有一片正极板和两片负极板，在充放电期间对正极板进行取样，分别对含有电解液和经水冲洗后的活性物质试样（PAM）进行 X-ray 衍射分析，测定二氧化铅结晶度的变化情况。电池充电期间正极板电势和 $\beta\text{-}PbO_2$ 特征衍射线（3.50Å）和 $PbSO_4$ 特征衍射线（3.00Å）强度的变化情况如图 14.3 所示。图中横轴代表充电时间和 SOC。其中，充电时间以充电分钟数表示，SOC 以充入电量和放出电量之比（C_{ch}/C_{disch}）表示。

从图中数据可推导出以下结论：

● $PbSO_4$ 衍射线强度随着时间延长而呈线性减弱，在前 240min 的充电期间内，这两类活性物质测得曲线的斜率相同。本阶段，前期放电期间生成的 $PbSO_4$ 完全氧化。

● PbO_2 衍射线的强度变化情况符合法拉第定律，直到 SOC 达到 65% ~ 75% 为止。在高于该 SOC 条件下，发生显著的析氧反应。在 108% SOC 时，整个极板表面剧烈析出氧气，类似"沸腾"状态。Peters 等人[9]已经证实，在高于 70% ~ 80% SOC 状态下，充电接受能力以相当复杂的方式下降。氧析出反应可以降低 PbO_2 衍射线强度与充电时间的关系曲线的斜率，因为继续析出 PbO_2，曲线应保持上升趋势。然而，图 14.3 中代表 $\beta\text{-}PbO_2$ 强度的曲线却不再上升。这可能意味着，达到 65% ~ 75% SOC 时，继续充电只生成无定形的 PbO_2。然而这几乎是不可能的。更可能的是，

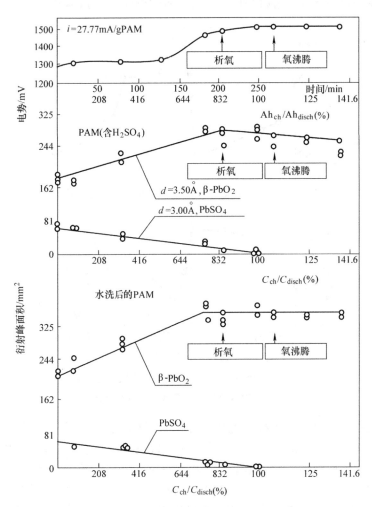

图 14.3　充电期间正极板电势以及 β-PbO$_2$（3.50Å）

和 PbSO$_4$（3.00Å）的特征衍射线强度的变化情况[8]

氧气被新生成的 PbO$_2$ 颗粒和已经生成的 PbO$_2$ 颗粒吸收，破坏了部分 β-PbO$_2$ 晶格。Ruetschi 等人[10]和 Kabanov 等人[11]研究并阐明了 PbO$_2$ 颗粒吸收氧气的过程。

对于含有 H$_2$SO$_4$ 溶液的试样，在 65%~75% SOC 状态下新生成的 PbO$_2$ 颗粒晶体区并未抵消增加的无定形区。电池达到 65%~75% SOC 状态下，氧气进入 PbO$_2$ 颗粒形成无定形区。经过水洗后的活性物质中，两类反应相互抵消，因此其曲线与横坐标轴平行。

O$_2$ 对 PbO$_2$ 颗粒再结晶度的影响。充电后的电池在开路状态下放置 1h 后，以 5A 电流充电 40min，然后断开电路。连续取出活性物质试样，对仍然含有硫酸的活性物质试样进行 X-ray 衍射分析，所得分析结果列于图 14.4 中[8]。

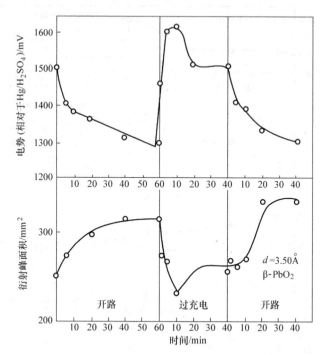

图 14.4　开路状态和过充电期间正极板电势和
β-PbO₂ 衍射线强度（3.50Å）的变化情况[8]

断开电路时，电极（极板）电势下降，而 PbO₂ 的 X-ray 衍射线强度增加。闭合电路时，其强度又下降，而电势升高。由于极板完全放电，电流全部用于氧析出反应。结果，衍射线强度变化是由于断开电路时氧气从 PbO₂ 颗粒中释放出来，而当电路闭合时，氧气又再次进入 PbO₂ 颗粒。随着进入 PbO₂ 颗粒氧气的增加，PbO₂ 颗粒的无定形区不断生长，引起电极极化，也就是活性物质比电阻的增大。

本书 2.10.3 节的参考文献［12］和［13］对氧析出的反应机理进行了更为详细的论述。

14.2.4　AGM 隔板以及正、负极板之间的传输反应

14.2.4.1　AGM 隔板的结构和功能

对于富液式电池，微孔隔板的基本作用是隔离相反极性的极板，避免它们之间发生电接触，并同时保证高的离子导电性，允许离子在极板间自由移动。VRLAB 使用的 AGM 隔板具有以下其他功能：

- 吸收电解液（电池的第三种活性物质），使其不流动。
- 为氧气扩散提供相对大的气体传输孔，并因此促进 COC 的运行。
- 保证高的离子导电性。为离子流提供传输通道，使其能够在两类极板之间

传输，使氧化还原反应快速进行。

● 限制 PAM 体积膨胀，保持极群压力，将正极活性物质在循环期间的脉动影响降低到最小[14]。

图 14.5 展示了 AGM 隔板样品的 SEM 图片。从图中可以看出，AGM 隔板由化学级别的硼硅酸玻璃纤维组成，这些纤维长度为 1 ~ 2mm，粗细各不相同（直径为 0.1 ~ 10μm）。不同纤维的比例决定了隔板不同功能之间的平衡和隔板价格。这些纤维是亲水性的，吸收电解液。隔板中较细纤维（即直径更小的纤维）的表面积更大，形成的孔内径较小，但是价格更高。AGM 隔板也含有 15% ~ 18% 的 PP、PE 等高分子纤维，它们提高了隔板的机械强度，并促进气体通道的形成（因为这些材料具有部分疏水性），也降低了隔板价格。AGM 隔板的生产工艺与造纸工艺类似，使它成为一种各向异性的结构。其结构特征是隔板 x-y 平面的孔径为 2 ~ 4μm，而垂直于 x-y 平面的孔尺寸为 10 ~ 30μm[15]。x-y 平面小孔的作用是使电解液在隔板厚度方向分布，并且当隔板部分充满电解液时，保持其芯吸速率。大孔则形成开放的气体通道。

图 14.5　AGM 隔板样品的 SEM 图片

表 14.1 总结了 AGM 隔板的纤维直径对隔板技术特性的影响[15]。

表 14.1　纤维直径对隔板特性的影响[15]

纤维直径/μm	0.1	0.5	1.0	2.0	5.0	10.0
纤维长度/(m/kg)	4.7×10^{10}	1.9×10^9	4.7×10^8	1.2×10^8	1.9×10^7	4.7×10^6
或（mm^{-3}）	1.1×10^{13}	4.5×10^{11}	1.1×10^{11}	2.8×10^{10}	4.5×10^9	1.1×10^9
表面积/(m^2/kg)	14800	2960	1480	741	296	148
或（m^{2}m^{-3}）	3.5×10^6	7.1×10^5	3.5×10^5	1.8×10^5	7.1×10^4	3.6×10^4
孔尺寸	→		增大	→		
拉伸强度	→		减弱	→		
成本	→		降低	→		

14.2.4.2　气体通过 AGM 隔板的传输

氧气从正极板析出之后，传输至负极板，然后在负极板发生还原反应。整个氧气传输过程经过了以下几个阶段。

首先，氧气在充满电解液的 PAM 孔中形成微小的气泡。然后，这些微小气泡逐渐合并成离散的气泡，这些气泡逐渐取代了朝向隔板的极板孔中的电解液。到达极板表面气泡中的一小部分氧气溶解在电解液中，而大部分气态氧气仍以气泡形式处于极板与隔板的界面处。AGM 隔板是一个非均匀结构，因此氧气在 AGM 表面纤维密度较低（松散结构）的部位或极板和隔板（管式电极/AGM）之间的一些空缺部位聚积。

对极群（活性体）施加压力，可以使玻纤表面与正极板表面的接触更加紧密，促进氧气渗透隔板。其可能的反应机理有两种：

1）极群压力低时，极板｜AGM 隔板界面聚积的气体体积增加。在重力作用下，气流将垂直上升。电解液密度比气体密度高两倍，推动气体向上进入极群上部空间。这样，氧气会离开极群。气体垂直流速取决于通过电池的电流、电解液温度和电池使用状态（如新电池或长期使用的电池）。

2）极群压力高时，隔板紧紧压住极板，气泡进入隔板中。气泡水平移动，尝试扩大隔板中的气体通道。玻纤材料结构的密度不均，气泡进入纤维密度较低的部位。气泡不仅随机移动，也沿着隔板表面平行移动，并且沿着垂直于隔板表面的方向移动。然而，气流主要是穿过 AGM 隔板移向气体压力最小的负极板，压力梯度推动氧气沿着这个方向移动。在压力作用下，气体取代了隔板孔中的电解液，并因此形成了气体通道。当形成连续的气体通道之后，正极板和负极板之间的氧气移动得以加速。

在 VRLAB 所用 AGM 隔板生产过程中，在 10kPa 的标准压力下测量隔板厚度。为了提高极板与隔板的接触，极群（活性体）受到压缩，使隔板厚度大约减少 25%。高度尺寸较高的固定型电池的极群在装入电池槽之前，使用高分子绷带扎紧，从而保持极群压力。

14.2.4.3　AGM 隔板的孔体系

VRLAB 的性能特点很大程度上取决于 AGM 隔板的毛细特征，即保持隔板厚度方向的孔充满电解液并防止电解液干涸引起分层的能力。这些特性受到 AGM 隔板孔结构，尤其是孔分布情况的影响。Culpin 深入研究了 AGM 隔板的结构[16]。它对由细小和粗大的玻璃纤维制成的 AGM 隔板进行芯吸测定。将隔板截成长条后，竖立放置在相对密度为 1.28 的 H_2SO_4 溶液中，隔板下部浸入溶液中，测记电解液芯吸到不同高度的时间。图 14.6 所示为含有 0%、10%、50% 或 100% 细小纤维的 AGM 隔板的芯吸速率（高度/芯吸时间）。

从图中可观察到两者具有明显的线性关系。使用 Washburn 方程并进行进一步

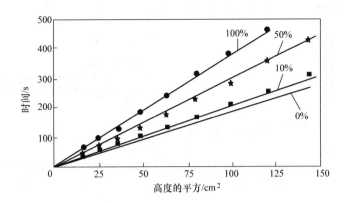

图 14.6 纤维混合成分对隔板芯吸特性的影响，

（图中数值是细纤维所占百分比）[16]

的理论分析，Culpin 得出了 Laplace 方程式如下：

$$P = \frac{2\gamma\cos\theta}{r} \qquad (14.1)$$

式中，P 是毛细管压力；r 是孔径；γ 是内表面张力；θ 是接触角。图 14.7 展示了孔径倒数和 AGM 混合体中的细纤维（直径 < 1μm）的百分含量之间的关系。该相互关系表明两种成分的 AGM 混合体中的毛细管压力和纤维尺寸之间存在一种线性关系。因此，通过改变细小纤维和粗大纤维之间的比例，可以生产出于具有一定孔尺寸结构的 AGM 隔板。

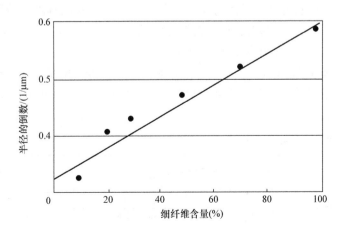

图 14.7 细纤维含量对毛细管压力的影响[16]

图 14.8a 展示了以半径表示的 AGM 隔板样品的孔尺寸分布情况，该隔板使用低压挤出的工艺生产[17]。

489

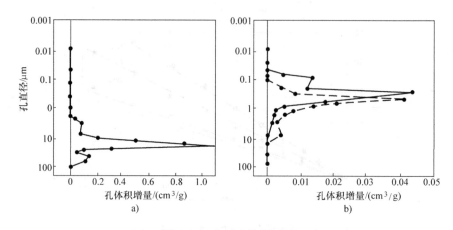

图 14.8   孔尺寸分布情况

a）超细玻璃纤维隔板   b）（----）正极板活性物质和（——）负极活性物质

正如图 14.8a 表明的那样，约有 90% 的孔直径为 $10 \sim 24 \mu m$。这些主要是 z 平面的孔。大约 5% 的大孔直径介于 $30 \sim 100 \mu m$。在 VRLAB 中，AGM 隔板孔体系与两类极板的孔体系紧密接触。图 14.8b 展示了正、负极板活性物质孔尺寸分布情况[17]。对于新的、完全化成的极板，其活性物质 80% 的孔径小于 $1 \mu m$。该值大幅低于 AGM 隔板的中等孔径。极群受压时，AGM 隔板紧贴着极板，因而保证了两表面间的紧密接触。单格电池抽真空之后，灌入的电解液首先被极板孔吸收，然后才被隔板孔吸收。根据技术要求，AGM 隔板应保证 96% 的孔中充满电解液。

极板开始析气时，极板孔中的电解液被挤出，并快速吸附到隔板孔中，这样隔板完全饱和。断开电路时，气体离开极板孔，隔板吸入的电解液被吸回极板孔中。因此，只有 AGM 隔板中的大直径孔仍然是空的，而极板孔又充满了电解液。所以"电解液饱和度"这个参数主要用于 AGM 隔板。

图 14.9 展示了 $225 g/m^2$ 的 AGM 样品的体积孔率随着所用压力（不超过 138kPa）的变化情况。孔率以孔体积与 AGM 隔板总体积之间的比例（百分比）表示[18]。

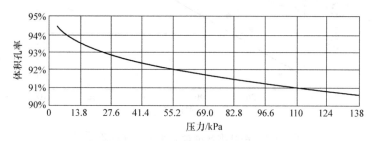

图 14.9   隔板孔率随所受压力的变化情况[18]

在上述压力作用下，AGM 孔率发生很大变化。电池壳的壁厚应该很大，以抵抗这种高压。因此，隔板 x-y 平面的压力对孔率只有轻微影响[18]。

为什么压力对隔板孔率影响如此之小呢？隔板玻纤结构由随机搭接的纤维组成，但这主要是在 AGM 的 x-y 平面，最大的孔处于垂直于 x-y 平面的 z 轴方向。隔板压缩对 z 轴方向的孔的尺寸影响很弱。实际上 Culpin 已经确认这一点[16]。然而，x 向和 y 向的孔尺寸的情况并非如此。在压力作用下，这些孔发生了明显变化。因此，15% 的压缩使得孔直径，减少了 50%[19]。

14.2.4.4 从 AGM 隔板孔中排出电解液的临界气体压力

对于 VRLAB，负极板的氧还原反应是一个扩散控制反应，反应速率取决于 AGM 隔板的电解液饱和度。由于气体｜液体界面的表面张力大，玻纤与气体物相的接触面积应该很小。然而，内径小的孔（即，大表面积的孔）首先充满电解液。随着 AGM 饱和度的提高，较大内径的孔中也充满了电解液。当隔板饱和度为 90% 时，最大的孔充满了电解液，剩余 10% 形成了单个气泡，它们并没有起到 O_2 在隔板中传输的主要作用[17]。随后，氧气通过液体扩散，这种扩散速率低。当隔板饱和度为 60% 时，氧气以气相形式扩散，此时的氧循环速率比 90% 饱和度时的氧循环速率高 3 个数量级。极群压缩后，情况有所不同，极群析出的氧气体积比生成的水的体积大，因此，在隔板孔中形成了这样一种气体压力，当电流通过时，气体压力增大，直到达到临界压力时，气体压力将较大孔中的电解液排出，打通了正、负极板之间的气体通道。如果假设隔板中的孔为圆柱形，H_2SO_4 电解液与气体的接触角等于零，则当隔板表面的气压大于孔内的气压时，气体开始在孔内移动。图 14.10 展示了在表面张力 $\gamma = 75\mathrm{dyn}^{\ominus}/\mathrm{cm}$ 时，从不同直径的孔中排出电解液所需的临界压力[17]。

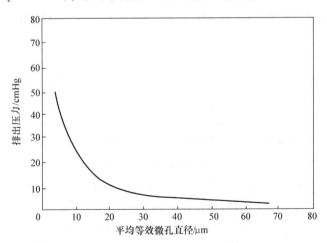

图 14.10 临界排出压力与平均孔直径的关系[17]

⊖ 1dyn(达因) = 10^{-5}N。——译者注

对于电解液饱和度高的 AGM 隔板，为了使气体流过直径为 $20\mu m$ 的孔，需要 9cmHg （1.8psi） 柱的毛细管压力，如果从更小的孔中排出电解液，则需要更高的压力。

综上所述，隔板的电解液饱和度对 VRLAB 的 COC 速率和效率具有重要影响。

14.2.4.5　VRLAB 的 AGM 隔板饱和度和电阻

通常认为，VRLAB 使用期间，多微孔的 AGM 隔板形成了电解液通道和气体通道。带电离子流沿着电解液通道移动。因此，隔板中两类通道的比例对电池电阻及其放电功率具有强烈影响。AGM 隔板中的电解液和气体通道的比例取决于电解液饱和度。测定电池电阻增大时的饱和度是有意义的。图 14.11 展示了 Crouch 和 Reitz 使用 1kHz 阻抗电桥测得的这种关系[18]。测定期间对极群施加了 10kPa 的压力。

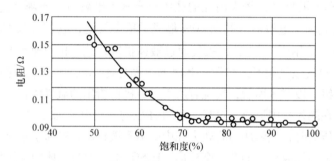

图 14.11　电池内阻随隔板饱和度的变化情况
（H_2SO_4 密度为 1.28g/mL）[18]

图中曲线表明，AGM 隔板饱和度降低，直到 80% 时，电阻仍然不变，并且很低。当饱和度低于 80% 时，电阻快速增大，饱和度为 60% 的隔板电阻比饱和度为 80% 的隔板电阻大 40%。

电阻增大的转变点取决于 AGM 隔板的纤维直径（影响平均孔径和孔表面积）、极群压力和隔板厚度。已确定厚度为 1.5mm，并吸附了相对密度为 1.28 电解液的 AGM 隔板的比电阻为 $20m\Omega \cdot cm$⊖[18]。这是相对较低的阻值。

14.2.4.6　电池电解液饱和度和电池容量及电特性之间的相互关系

VRLAB 在 H_2SO_4 电解液略微不足的条件下运行，结果，深放电时极板孔内的 H_2SO_4 浓度降至很低，因此 H_2SO_4 可能限制容量。为了弥补 H_2SO_4 的不足，许多 VRLAB 制造商使用相对密度高于 1.28 的 H_2SO_4 溶液。然而，H_2SO_4 溶液浓度提高，会引起正极板钝化及容量衰减。因此，不推荐使用高浓度的电解液。

另一方面，饱和度也会影响电池电阻，即放电电流大小对电池容量的影响程度

⊖　原书比电阻单位有误，应为 $m\Omega \cdot cm$。——译者注

增大。

图 14.12 阐明了当以 25A 电流放电时，电池饱和度对电池储备容量的影响[20]。在小电流放电条件下，储备容量是饱和度的线性函数。

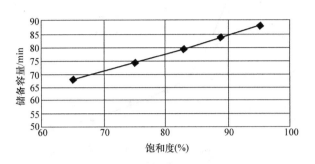

图 14.12　25A 时饱和度对储备容量的影响[20]

图 14.13 展示了电池在 -18℃下以额定冷起动电流放电 30s 时的电压与饱和度的关系[20]。要求电池 30s 电压大于 7.2V。所得结果表明当饱和度不低于 78% 时，可以满足该指标。另一个发现是，在低温下进行大电流放电时，30s 电压对饱和度的影响并不是线性关系。电池的这种特性可能关系到随饱和度而变化的电导率。图 14.13 为给定饱和度时的电导率与 100% 饱和度的电导率之比。图中数据也表明，饱和度高于 78% 时，电池导电能力增强，30s 电压也得以提高。

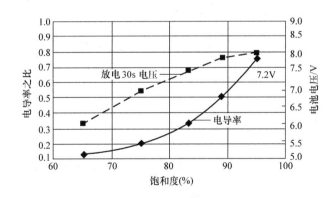

图 14.13　饱和度对高倍率放电容量的影响

注：图中是 12V 电池的测试结果。左侧纵轴所示电导率之比是指实测电导率与饱和度为 100% 的电池电导率之比。放电 30s 电压是指 -18℃以额定冷起动电流放电 30s 时的电池开路电压，要求此值大于 7.2V[20]。

22℃时，以恒压 2.55V 进行极化时，电池电流与饱和度的函数关系如图 14.14 所示[21]。

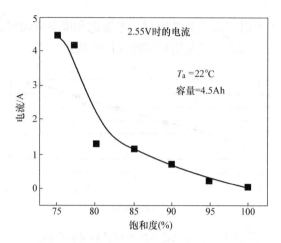

图 14.14　当 $T_a = 22℃$ 时，在不同饱和度条件下，以 2.55V 电压进行充电时的稳态电流[21]

　　在该电压极化状态下，电池饱和度高于 80% 时，饱和度每降低 10% ，则电池电流增大 0.5A[⊖]。当饱和度降至 80% 以下时，电流快速增大，这可能是因为正、负极板之间的隔板形成了新的气体通道，从而促进氧气扩散至负极板，然后在负极板发生电化学还原反应。为了证实该推论，在 22℃ 下，对饱和度为 75%～77% 的 4.5Ah 模型电池进行了伏安测试，所得结果如图 14.15 所示[21]。

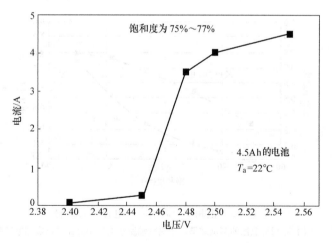

图 14.15　22℃ 时，对饱和度为 75%～77% 的 4.5Ah
电池极化期间，电流与电压之间的关系[21]

⊖　原书为 3.5A，有误，应为 0.5A。——译者注

电压低于 2.45V 时，流经电池的电流相对较小。当电压为 2.48V 时，电流突然增大。显然，这与氧气开始在正极板析出并沿着 75%~77% 饱和度 AGM 隔板的自由气体通道进行扩散有关。除了正、负极板之间的氧气传输速率之外，与该高电流有关的另一个重要参数是 H^+ 离子沿着正、负极板之间的电解液通道的转移（见图 14.2）。

图 14.15 中的实验数据表明，H^+ 离子的扩散并不阻碍氧循环的进行。由于 H^+ 离子活度高，甚至如此少的电解液通道数量（75%）仍可维持氧还原电化学反应的高速进行。

概述了正、负极板之间的氧传输和氢离子传输后，现在来论述负极板发生的氧还原反应。

14.2.5　VRLAB 负极板发生的充电反应和 COC

VRLAB 负极板在充电反应、过充电反应和 COC 反应期间的概况如下。

VRLAB 充电期间，在电池荷电状态达到 70%SOC 之前，负极板只发生充电反应（见图 14.2）：

$$PbSO_4 + 2e^- + 2H^+ \longrightarrow Pb + H_2SO_4 \qquad (14.2)$$

在该 SOC 范围内，$Pb \mid PbSO_4 \mid H_2SO_4$ 体系是电池中唯一运行的电极系统。本书 2.3 节论述了该电极的行为。

当 VRLAB 的 SOC 大于 70% 时，正极板开始发生水分解反应，并伴随着氧气析出，同时发生基本的充电反应：$PbSO_4 \rightarrow PbO_2$。析出的氧气经过 AGM 隔板气体通道，到达负极板后，通过以下两个反应被还原：

$$O_2 + 2H^+ + 2e^- \longrightarrow H_2O_2 \qquad (14.3)$$

$$H_2O_2 + 2H^+ + 2e^- \longrightarrow 2H_2O \qquad (14.4)$$

这样，负极板形成了第二个电化学体系 $O_2 \mid H_2O$（见图 14.2）。该体系将影响极板电势和负极板中发生的充电反应。

当负极板 SOC 达到 92%~95% 时，负极板铅表面开始发生氢析出反应，即形成了第三个电极体系。

$$2H^+ + 2e^- \longrightarrow H_2 \qquad (14.5)$$

本书 2.4 节论述了氢电极在铅表面极化期间的特性。

当极板完全充电后，第一个电极体系停止运行，氧还原反应和氢析出反应开始以不同速率进行。所以在 VRLAB 充电期间，第三个电极体系的运行取决于电池的 SoC。

氢气在正极板的氧化是一个缓慢反应。因此析出的氢气仍然在电池中，并引起极群上方的气体压力增大，减缓了氧反应速率。当气体压力超过一定临界值时，安全阀开启，氢氧混合气体排放至周围大气中，引起电池失水。电池向外排放的混合气体数量取决于充电电压和充电电流。

14.2.5.1 COC 运行期间的热效应

我们研究了部分荷电状态的 VRLAB 在恒压 2.40V 充电期间发生的反应[22]。图 14.16 完整展示了多个测量参数（电流、电池电压、正极板电势、负极板电势、温度和析气速率）的变化情况。极化 1h 后，正极板电势出现一个最大值，而负极板电势则出现一个最小值。

在 A 阶段，电池充电，当正极板电势 φ^+ 达到最大值时，开始发生氧析出反应。随着充入电量不断增加，电池完全充电，并且氧析出速率增大。这首先引起正极活性物质和 AGM 隔板形成气泡，而负极板则开始发生氢析出反应和部分氧还原反应。

极化 2.5h 后，正极板和负极板之间形成畅通的气体通道，COC 变为主要反应。氧循环反应速度加快，因此充电电流开始增大。氧还原产生的热量引起电池温度升高，正极板电势降低，而负极板电势升高。除了氧循环反应，负极板也发生氢析出反应。氧还原反应产生更多的热量，电池温度进一步升高。

正极板析出的氧气并没有在负极板完全还原，而且，氢气从负极板析出，引起电池的气压升高，直到经过 3.5h 极化后，安全阀打开，气体排出，即电池开始析气。电池中的这些反应产生的部分热量随着气流排放到周围大气中。电池温度升高，电池及周边环境形成了温度梯度，热量从电池向周围环境散发。如果通过电池的电流增大，则产生更多的焦耳热，而这是电池中的第二个热源。在更高温度下，氧析出过电势降低，因此氧析出反应加速。然而，到达负极板的氧气流量受到 AGM 隔板氧气通道传输能力的限制。结果，未化合的氧气和氢气排出电池。氧还原速率受到阻碍，电池电流达到最大值。由于焦耳效应产生的热量以及负极板发生的放热反应，电池温度会继续上升。正极板的水分解反应加速，引起正极板内部及其附近的 H_2SO_4 电解液升高，并引起负极板部分钝化。氢析出反应受到阻碍，电流变小，析气速率也下降。电池温度达到最大值，然后开始降低。这降低了氧还原速率，因此反应产生的热量减少。通常电池会达到一个稳定状态，电池中产生的热量等于向周围环境释放的热量，电池温度和电池充电电流保持不变。

图 14.16 表明电池电流和温度之间的相互关系。电池释放的热量使其温度升高，降低了氧析出过电势，并因此加快了氧析出反应。温度升高增大了氧气向负极板传输的速率，并因此也加快了负极板氧还原速率。氧还原反应产生更多的热量，引起电池温度进一步升高。因此，在 I_{CO_2C} 和 T_{max} 之间的阶段（见图 14.16），氧循环的各个相关反应之间存在一种自加速的相互关系，如图 14.17 所示[23]。这种现象被称为"热失控"。

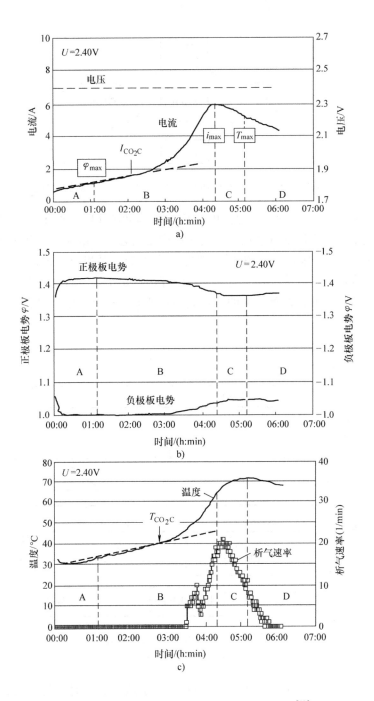

图 14.16　VRLAB 在 2.40V 电压下的极化过程[22]

a）电流和电压　b）正、负极板的电势　c）电池温度和析气速率

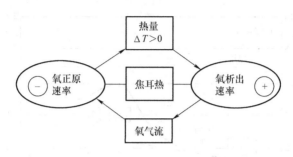

图 14.17　正极和负极反生的正相关（自加速）反应的示意图

　　热效应对于 COC 期间的电池温度变化的影响如图 14.18 所示。图中展示了引起电池温度上升或下降的这些反应。这些反应是动态的。电池开始极化时，引起电池温升的现象（如放热反应，焦耳热效应）占主导，结果电池温度快速升高。然而，温度升高和电流增大加剧了电池与周围环境的热交换，析气速率加快，水蒸发也加快，等等。因此，两类反应的热效应相互抵消，充电一段时间后，电池开始进入稳定状态。

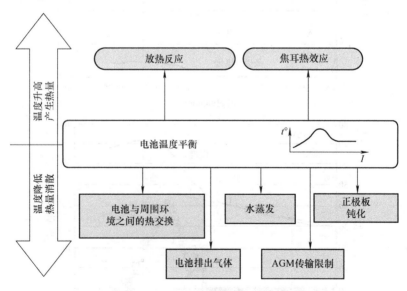

图 14.18　COC 期间引起电池温度变
化的各种现象的基本示意图

　　铅酸蓄电池最大额定工作温度为 $60℃$。高于这一温度时，负极板膨胀剂分解速率和正极板中的板栅腐蚀速率明显加快。电池中的水挥发也加速。因此，关键是 COC 的运行不应引起热失控，电池温升不超过 $60℃$ 的上限值。

通过对电池进行一系列恒电流极化试验，极化电流阶段性增大，研究人员确定了各电流极化期间电池体系的准稳态特性[24]。为了评估电池和周围环境的热交换，周围环境应保持恒温。分别在 3 种环境温度下研究温度和电流的相互关系：19℃、30℃ 和 45℃，所得结果如图 14.19 所示[24]。

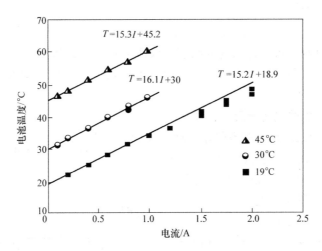

图 14.19　在自由对流条件下，电池温度随准稳态电流的变化关系[24]

图中试验数据表明，电池温度是电流的线性函数。

$$T = T_0 + bI \qquad (14.6)$$

式中，T_0 是 $I = 0$ 时的电池温度（试验环境温度 $T_0 = T_a$）；b 是曲线斜率。3 种温度下的曲线斜率几乎相同：19℃、30℃ 和 45℃ 分别为 $b = 15.2K/A$，$16.1K/A$ 和 $15.3K/A$。3 个试验的 b 值非常接近，表明电池内产生热的反应机理并未发生变化，电流增大直接导致温度上升。

图 14.16 中以 B 标记的阶段内，温度随着充电电流的增大而升高，取决于环境温度、施加的电池电压、AGM 隔板类型（决定了正、负极板之间所能传输的最大氧气流）、电池槽的设计与所用材质（决定了电池的热交换系数）。恰当选择以上参数，可以将 COC 运行期间的温度限制在 60℃ 以下。

14.2.5.2　流经 VRLAB 正、负极板的电流类型

如果忽略了正板栅腐蚀反应，则以上反应并不是 VRLAB 正、负极板发生的全部反应。

在 VRLAB 过充电期间，正极板电化学反应析出的氧气分配为：大部分氧气扩散至负极板被还原，另一部分氧气将正极板氧化，第三部分则排出电池。在任何一个电化学体系中，为了保持电池的电中性，阴极反应速率之和与阳极反应速率之和应该相等。在该条件下，则 VRLAB 中存在这样的电流：

$$\left[i_{O_2} - i_{gc} - i_{O_2out} + i_{H_2CHC} + i_{H_2out}\right]^+ = \left[i_{O_2R} + i_{H_2}\right]^- \qquad (14.7)$$

式中，i_{gc} 是板栅腐蚀反应电流；i_{H_2CHC} 是正极板发生的氢的氧化反应电流；i_{O_2R} 是负极板的氧化还原电流。

可以设定电池极化条件，使氧气或氢气都不会排出电池，即，$i_{O_2out} = 0$，和 $i_{H_2out} = 0$。在这种情况下：

$$\left[i_{O_2} - i_{gc} + i_{H_2CHC}\right]^+ = \left[i_{O_2R} + i_{H_2}\right]^- \qquad (14.8)$$

向负极活性物质添加适当的抑制剂可以抑制氢析出反应。此时，水损耗等于腐蚀反应消耗的氧气数量。由于腐蚀反应速率相当低，所以 VRLAB 使用数年也不必维护。

14.2.5.3 负极板的氧还原反应机理

14.2.5.3.1 O_2 还原反应的电化学机理（见图 14.20）

已经证实，氧在铅表面的还原反应分为两个阶段进行，形成中间产物过氧化氢。该反应机理涉及电化学反应，可以通过下列方程式表示：

$$O_2 + 2H^+ + 2e^- \longrightarrow H_2O_2 \quad (14.3)$$

$$H_2O_2 + 2H^+ + 2e^- \longrightarrow 2H_2O + 383.9kJ/mol \qquad (14.9)$$

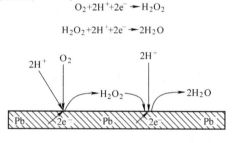

图 14.20　生成中间产物过氧化氢的氧还原反应的电化学反应原理图

在该机理中，铅表面扮演了电子源的角色。该反应是放热的，产生了大量热。以上两个反应的最终产物是水，生成的水扩散到正极板。

14.2.5.3.2 形成中间产物 PbO 的氧还原反应（见图 14.21）

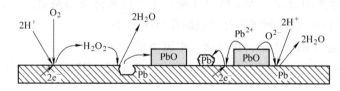

图 14.21　伴随着铅氧化反应并生成中间产物 PbO 的氧还原反应原理图

铅在潮湿空气中很容易被空气中的氧气氧化（化学反应）。铅电极表面带有负电荷，其表面的 SO_4^{2-} 离子浓度可忽略不计，或者铅电极表面根本没有 SO_4^{2-} 离子。

因此，Pb 氧化过程经过了一个化学反应，涉及氧分子的一个原子，而另一个原子则参与电化学还原反应：

$$Pb + O_2 + 2H^+ + 2e^- \longrightarrow PbO + H_2O + 457.6kJ/mol \tag{14.10}$$

由于发生以上反应的电极表面受到高度阴极极化，所以形成的 PbO 经过一个电化学反应还原成 Pb：

$$PbO + 2H^+ + 2e^- \longrightarrow Pb + H_2O \tag{14.11}$$

这样，PbO 成为氧还原化学反应的中间产物，它通过电化学反应还原成 Pb。通过总结这两个反应，可以发现水分解而析出的氧气在负极板经过不同性质的反应又还原成水。

氧气在铅表面的还原反应可能是通过不同化学反应机制进行的。究竟哪一种反应机制占据主导地位取决于负极活性物质孔内的局部条件：包括离子浓度、孔内溶液的 pH 值、温度和气相压力。

这些机制都涉及了一个相同的过程，即氧分子必须到达铅表面，而铅表面是被液体薄膜所覆盖的。Kirchev 等人研究了氧分子通过液体薄膜进行传输所发生的具体过程和液体薄膜的特性[25]。图 14.22 展示了负极活性物质孔横截面的示意图。

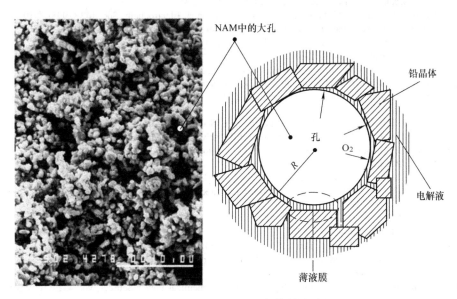

图 14.22　NAM 中一个畅通气体传输孔的
显微图像及 NAM 微孔横截面示意图[25]

孔周围的铅颗粒表面覆盖着一层薄薄的液膜，氧分子必须溶解到液膜内，并且扩散到铅表面，然后在铅表面被还原。溶液中 O_2 的扩散系数受酸浓度的影响，在 $0.5 \times 10^{-5} cm^2/s$ 以内。

Khomskaya 等人已经证实 COC 的最慢阶段是氧气在润湿孔周围铅晶体表面的液体薄膜中的扩散过程[26]。Maja 等人也证实了这一结论[27-29]。Bernardi 和 Carpenter 率先使用数学模型和计算机技术对氧气向负极板的传输和氧气在负极板的还原反应进行了模拟研究[30]，后来 Newman 和 Tiedemann[31]以及 Gu 等人也开展了此类研究[32]。

14.3 总结

本章对采用 COC（VRLAB）技术抑制水分解副反应这一主要技术进行了概述。这种方法减少甚至消除了对电池维护的需求，因而促使免维护电池在当今电池行业的份额得以空前提高。

参 考 文 献

[1] D.H. McClelland, J.L. Devitt, US Patent 3,862,861, 1975.

[2] R.F. Nelson, in: Proceeding of 4th International Lead-Acid Battery Seminar, International Lead Zinc Research organization, Inc., San Francisco, USA, 1990, p. 31.

[3] D. Pavlov, M. Dimitrov, G. Petkova, H. Giess, C. Gnehm, J. Electrochem. Soc. 142 (1995) 2919.

[4] B.K. Maha, E.Y. Weissman, E.C. Laird, J. Electrochem. Soc. 121 (1974) 13.

[5] E.A. Khomskaya, N.F. Gorbacheva, N.Y. Lyzlov, I.A. Aguf, Elektrokhimiya 21 (1985) 156.

[6] M. Maja, N. Penazzi, J. Power Sources 31 (1990) 115.

[7] F. Mattera, D. Desmettre, J.L. Martin, Ph. Malbranche, J. Power Sources 113 (2003) 400.

[8] D. Pavlov, I. Balkanov, T. Halachev, P. Rachev, J. Electrochem. Soc. 136 (1989) 3189.

[9] K. Peters, A.I. Harrison, W.H. Durant, in: D.H. Collins (Ed.), Power Sources 2, Pergamon Press, Oxford, 1968, p. 1.

[10] P. Ruetschi, J. Ockerman, R. Amlie, J. Electrochem. Soc. 107 (1960) 325.

[11] B.N. Kabanov, E.S. Weisberg, I.L. Romanova, E.V. Krivolapova, Electrochem. Acta 9 (1964) 1197.

[12] D. Pavlov, B. Monahov, J. Electrochem. Soc. 143 (1996) 3616.

[13] D. Pavlov, B. Monahov, J. Electrochem. Soc. 145 (1998) 70.

[14] D. Pavlov, E. Bashtavelova, J. Electrochem. Soc. 133 (1986) 241.

[15] M.J. Weighall, in: J. Garche (Ed.), Encyclopedia of Electrochemical Power Sources, vol. 4, Elsevier B.V. 2009, p. 715.

[16] B. Culpin, J. Power Sources 53 (1995) 127.

[17] K. Peters, J. Power Sources 42 (1993) 155.

[18] D.A. Crouch Jr., J.W. Reitz, J. Power Sources 31 (1990) 125.

[19] B. Culpin, J.A. Hayman, in: L.J. Pearce (Ed.), Power Sources 2, International Power Sources Symposium Leatherhead, UK, 1986, p. 45.

[20] B. Culpin, in: J. Garche (Ed.), Encyclopedia of Electrochemical Power Sources, vol. 4, Elsevier B.V., 2009, p. 705.

[21] M. Dimitrov, B. Drenchev, D. Pavlov, Y. Ding, S. Zanardelli, in: Proceedings of 44th Power Sources Symposium, June 2010, p. 83. Las Vegas, USA.

[22] D. Pavlov, B. Monahov, A. Kirchev, D. Valkovska, J. Power Sources 158 (2006) 689.

[23] D. Pavlov, J. Power Sources 64 (1997) 131.

[24] D. Valkovska, M. Dimitrov, T. Todorov, D. Pavlov, J. Power Sources 191 (2009) 119.

[25] A. Kirchev, D. Pavlov, B. Monahov, J. Power Sources 113 (2003) 245.

[26] E.A. Khomskaya, N.F. Gorbacheva, N.B. Tolochkov, Elektrokhimiya 16 (1980) 56.

[27] M. Maja, N. Penazzi, J. Power Sources 25 (1989) 99.

[28] M. Maja, N. Penazzi, J. Power Sources 25 (1989) 229.

[29] S. Bodoardo, M. Maja, N. Penazzi, J. Power Sources 55 (1995) 183.

[30] D.M. Bernardi, M.K. Carpenter, J. Electrochem. Soc. 142 (1995) 2631.

[31] J. Newman, W. Tiedemann, J. Electrochem. Soc. 144 (1997) 3081.

[32] W.B. Gu, G.Q. Wang, C.Y. Wang, J. Power Sources 108 (2002) 174 (Chapter 14). Valve−Regulated Lead-Acid (VRLA) Batteries.

第 15 章　铅-碳电极

15.1　简介

用于混合动力电动汽车（HEV）的电池应符合以下要求：①在再生制动时能够接受高充电电流；②能够在部分荷电状态（例如，50% SoC）下运行；③能够在车辆加速期间进行大电流放电。当在上述条件下运行时，铅酸蓄电池的循环寿命受到负极板硫酸盐化的限制。已经确定，负极板硫酸盐化是导致电池在使用期间不能完全充电的原因，硫酸铅发生再结晶而形成大的硫酸铅晶体，极板表层的这种情况尤为严重。这些晶体的溶解度低，它们吸附在负极板表面，减少了负极活性物质（NAM）的电化学活性表面。铅表面积的减少导致充电期间的电流密度增加，进而引起负极板的电势升高。很快，达到了析氢电池后，负极板在充电的同时，开始产生氢气。析氢反应导致充电效率降低，电池水损耗增加。所以，负极板会损失容量，最终导致电池失效。

铅酸蓄电池为了满足 HEV 工况，面临一些问题需要解决。

几十年来，负极活性物质配方中包含添加剂，例如木素磺酸盐（0.2wt% ~ 0.4wt%）、硫酸钡（0.3wt% ~ 0.8wt%）和碳（0.15wt% ~ 0.25wt%）。业内人士认为碳的加入改善了负极板的导电性。也曾经尝试将碳作为添加剂加入正极活性物质。结果，$\alpha\text{-}PbO_2$：$\beta\text{-}PbO_2$ 的比例发生变化，$\alpha\text{-}PbO_2$ 的含量更多。已经发现，正极活性物质中添加碳纤维可以增加电池容量，但是碳纤维会被氧化掉，其增加容量的作用很快消失。因此，业内已经放弃使用碳作为正极板添加剂。

Nakamura、Shiomi 以及合作者[1,2]已经证明，向负极活性材料中加入更多炭黑可以显著提高其充电接受能力，并防止在模拟高倍率部分荷电状态（HRPSoC）循环测试中出现负极活性物质硫酸盐化的情况。随后，Hollenkamp 等人[3]研究了硫酸铅在含有更多碳的负极板中的形成过程，试验以 2C 速率放电，模拟 HEV 循环工况，进行 3 ~ 4 次循环，发现电池循环寿命得以改善。

除了使用碳作为铅活性材料的添加剂之外，还采用了第二种方法，即将单独的全碳超级电容器集成在电池的负极中（即，使用全碳超级电容器替换部分或全部负极）。这种设计可以提高电池的大电流放电能力。因此，Lam 和合作者们创造了采用常规 PbO_2 正极板和含有半个碳电极和半个常规海绵铅负极的 UltraBattery[4]。UltraBattery 已经引起了电池界的极大关注，并且促进了铅酸蓄电池作为超级电容器

504

的研发工作 。

本章将首先探讨作为负极活性物质的碳，然后探讨组合型铅-碳超级电容器电极在铅酸电池中的应用情况。

15.2 作为负极活性物质添加剂的碳

15.2.1 碳对负极活性物质的作用机理及其对铅酸蓄电池工艺和性能参数的影响

业内已经提出，在 HRPSoC 条件下运行时，碳添加剂的作用及其对在铅酸蓄电池的负极板上的工艺的影响的若干机制如下：

1）碳增强了 NAM 的整体导电性[1,3]；

2）碳限制了 $PbSO_4$ 晶体生长，这有助于后续的充电过程[2,5]；

3）某些碳含有阻碍析氢反应的杂质，从而提高了电荷效率[6]；

4）碳作为电渗泵，在高速充放电时可以促进酸液扩散进入极板内部[7]；

5）高表面积炭黑颗粒在 NAM 中具有超级电容效应[8]。

针对各类碳作为添加剂引入 NAM 的影响的有关研究参见文献 [9]。

现在已经确定，在 HRPSoC 条件下的循环过程中，负极板上的电化学反应不仅在铅表面上进行，也在碳物相的表面上进行。我们称这种机制为"铅-碳电极的电荷的平行电化学机理"[10]。

本章将进一步讨论碳的作用机理及其对电化学反应和 NAM 结构的影响。

15.2.2 碳添加剂在铅酸蓄电池负极活性物质电化学效应中的作用

已经使用 3 种类型的模型电极（ME）对碳添加剂的电化学效应进行了验证，这些模型电极在图 15.1 中做了简要介绍[10]。

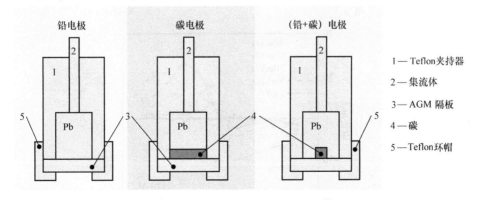

图 15.1　用来验证碳在铅酸蓄电池负极板充放电反应期间的
电化学效应的模型电极和实验装置[10]

　　A 型电极是将一个 Pb 骨芯，插入一个 Teflon 夹持器中，盖上一个可吸附式 AGM 隔板，再用一个 Teflon 帽压紧。该电极用于演示 Pb 在 H_2SO_4 溶液中的极化过程中所发生的反应。

　　B 型电极将覆盖有活性炭（AC）涂层的 Pb 骨芯，插入 Teflon 夹持器中。一片 AGM 隔板放置在活性炭层上。该电极用于研究活性炭在 H_2SO_4 溶液中的极化过程中的所发生的反应。

　　C 型电极与 A 型电极的设计不同之处是其所用 Pb 骨芯的中心有一个小空腔，其中充满了活性炭材料，其他设计与 A 型电极的设计是相同的。该电极用于揭示在铅和活性炭两种物相表面上同时发生的反应。

　　该实验使用经典的 3 个电极浸在硫酸溶液中，一个模型电极（ME）作为工作电极，一个铂（Pt）电极和一个 $Hg\,|\,HgSO_4\,|\,H_2SO_4$ 参比电极。采用伏安法测量法在 0.5~1.3V（相对于 $Hg\,|\,HgSO_4$）的电势区间内以不同速率进行线性扫描。图 15.2 给出了 A、B 和 C 三类模型电极（ME）的伏安图。

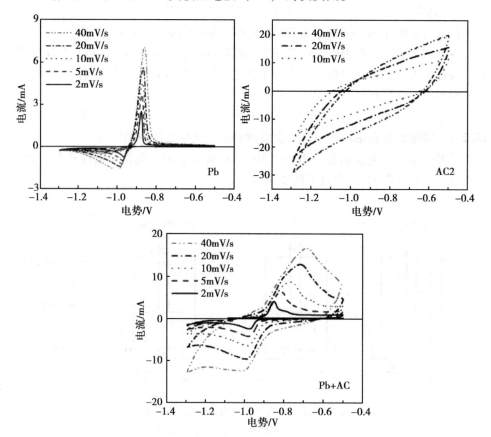

图 15.2　验证碳在铅酸电池负极板所发生电化学反应的实验[10]

A 型电极的伏安曲线反映了 Pb 的阳极氧化、$PbSO_4$ 钝化层的形成以及随后将 $PbSO_4$ 还原成 Pb 的过程。该电极行为是铅氧化反应和硫酸铅还原反应的经典电化学反应。

B 型电极所记录的充放电曲线类似于一个双层电容的曲线。

C 型模模电极的伏安图与 A 型类似，显示了 Pb 氧化为 $PbSO_4$ 的法拉第反应以及 $PbSO_4$ 还原为 Pb 的反应。不过，C 型电极伏安图的阳极波峰和阴极波峰更高且更宽。C 型模模电极的铅和活性炭的表面都与电解液直接接触。碳表面也发生 Pb^{2+} 离子的还原反应和 $PbSO_4$ 还原反应。这就是 C 型电极表面的阳极电流比纯铅电极表面的阳极电流高得多，并且 $PbSO_4$ 钝化层在活性炭表面的形成过程明显受阻的根本原因。阳极和阴极的电势波峰比纯铅电极的宽得多，而这种波峰形状是由法拉第反应决定的。

图 15.3 中的 SEM 图片描绘了在碳表面形成的含有铅核和铅颗粒的碳颗粒。这些 SEM 图片清楚地表明碳颗粒通过其活性表面参与电化学过程。

图 15.3　活性炭物相表面形成的铅核及颗粒[10]

从这些图片可以明显看出，电子转移到 Pb^{2+} 离子的过程通过 Pb｜溶液和碳｜溶液界面。铅核在碳颗粒表面的活性中心形成，并生长成 Pb 枝晶。因此，碳颗粒通过电化学方式结合到 NAM 结构之中。

上述结果表明，在负极铅电极上，铅离子的还原反应通过铅和碳表面的"平行机制"进行[10]。因此，铅电极被转换成炭黑电极。图 15.4 展示了循环期间在铅-碳电极上发生反应的平行机制。

对于向负极活性物质中加入碳并将其转化为低碳电极的铅电极，碳添加剂应具有较高的铅含量。另一个重要的因素是碳颗粒的数量和大小。如果使用纳米尺寸的

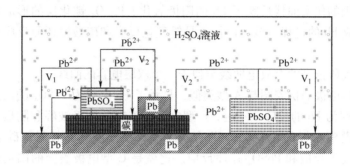

图 15.4　循环期间 Pb-C 电极发生的并行反应[10]

炭黑颗粒，取决于它们在 NAM 中的浓度，它们可以并入 NAM 的主要骨架分支的大部分中，或可以吸附在铅相的表面上。当 NAM 添加 0.2wt% ~0.5wt% 的炭黑时，负极板电性能得以改善。当使用粒径为数十微米量级的活性炭时，碳颗粒被整合到铅骨架中并成为该骨架的整体组成部分。在极板化成期间，铅核会在这些活性炭颗粒的表面上生成，并且会长成新的分支，从而形成铅-碳活性物质。

15.2.3　铅酸蓄电池负极的铅或者碳所主导反应的不同阶段[11]

区分铅酸蓄电池负极中的铅和碳何时处于活跃期是有意义的。研究人员已经使用 TDA Research Inc. (USA) 公司提供的 TDA SO-15A 型活性炭对此进行了研究。这种碳材料的颗粒大小不超过 $44\mu m$，BET 比表面积为 $1615m^2/g$。

为了评估铅-碳体系的独立运行过程，采用 2.0wt% 的 TDA 型碳加入到负极活性物质中，制成了 5Ah 的电池。试样电池以不同时间：5s、30s 或 50s 的充放电脉冲进行 HRPSoC 循环[12]。

图 15.5 对比展示了以上述 3 种脉冲间隔，以 0.5%、3.0% 或 5.0% 放电深度（DoD）进行充放电循环期间的负极板电势与时间的关系曲线（一个微循环）。

对于 5s 脉冲循环（也就是 0.5%DoD），可以假设充双电层充放电循环的电化学反应主要在电极表面进行。既然碳的表面积超过铅的表面积，那么一个微循环的电势变化将由碳表面所接受的电荷决定。这意味着，在以上时间间隔（5s）的循环期间，电极类似一个电容，也就是说，它可以快速地充电和放电。在这种短时脉冲条件下，即使存在电化学反应，此时的电化学反应也不可能成为决定性的因素。

当试样电池以 30s 或 50s 间隔的脉冲电流进行循环时，就有足够时间进行铅氧化成 Pb^{2+} 离子的电化学反应和化学反应，以及进行后续阳极极化过程中发生的 Pb^{2+} 和 SO_4^{2-} 反应生成 $PbSO_4$ 的反应过程。然后，在阴极极化过程中，发生 $PbSO_4$ 还原成 Pb 的反向反应。

如果从现象学考虑上述两个过程，可以得出 NAM 中运行了两个电系统的结论[12,13]：

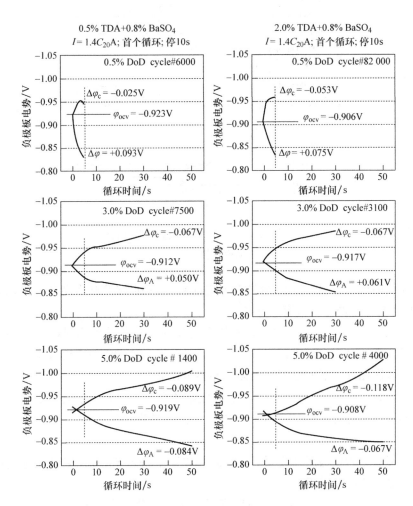

图 15.5　首个循环期间负极板的电势随极化时间的变化情况[12]
（试样负极极活性物质含有 0.5wt% TDA 或 2.0wt% TDA，
以 3 种放电深度进行循环）

1）一种电容系统，包括充放电反应的双电层，主要是碳表面；该系统实现了 5s 短时脉冲充放电循环；

2）一种电化学系统，包括将 Pb 氧化成 PbSO₄ 并随后将其还原成 Pb 的电化学反应和化学反应；该系统可以实现更长时间（30s 或 50s）的脉冲充放电循环。

图 15.6 展示了采用 2wt% TDA 和 4wt% TDA 型碳的电池进行 3 种循环的循环次

数与脉冲间隔（3～50s）的变化关系。

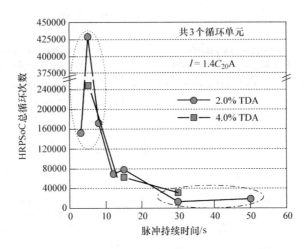

图 15.6　3 个循环单元的总循环次数随脉冲持续时间
的变化情况[12]

　　从曲线中可以看出，以 5s 脉冲充放电时可以达到 430000 次循环。而以 30s 和 50s 脉冲充放电时循环次数突然下降。

　　试验数据清晰地表明这两个电极体系的反应。在开始的 5s 脉冲充放电期间，电容电极体系通过双电层进行充放电反应，是高度可逆的。尽管电极是可逆的，能够进行许多次循环，然而电容电极体系的容量很低。

　　在 30～50s 的脉冲充放电循环时，电化学体系在 Pb│PbSO₄ 电极上运行。该体系涉及的反应是部分可逆的，因此该电化学体系的循环能力弱，不过该体系的容量高。

15.2.4　碳掺杂的负极活性物质│电解液的界面上进行 5s 内的短时大电流脉冲充放电的容性过程

　　充电过程中，铅表面和碳表面形成双电层，包括一个紧密（Helmholtz）层和一个扩散层。图 15.7 展示了带有正电荷和负电荷的电极表面的双电层示意图。

　　双电层扩散区的厚度取决于溶液中的离子浓度：离子浓度越低，扩散层越厚。在图示情况下，硫酸浓度高，因此形成的扩散层薄，所以电极表面发生的反应很难受到影响。

　　在一个微循环内，碳表面和铅表面带有正电荷和负电荷。因此，紧密 Helmholtz 层的离子（H^+ 离子或 SO_4^{2-} 离子）浓度改变。这些反应是很快的，可以通过以下机制来解释：H^+ 离子的移动速率更快，是 SO_4^{2-} 离子移动速率的 6 倍。当碳表面和铅表面带有正电荷时，H^+ 离子被电场力从紧密的 Helmholtz 层中推到外部溶液

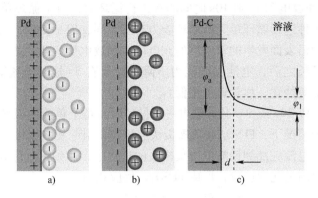

图 15.7　电极表面双电层的电荷与电势分布情况[12]

a）正电极充电时　b）负电极充电时

中。电极表面的正电荷被剩余的 SO_4^{2-} 离子电中和。当碳和铅表面带负电荷时，这些具有高速移动能力的氢离子迅速占据紧密的 Helmholtz 层，将电极表面的电荷中和。由于双电层的电中和过程涉及 H^+ 离子的移动，因此该层的充放电反应得以高速进行。实际上，以 5s 间隔的大电流脉冲循环时也出现了这种现象。

15.2.5　铅酸蓄电池负极的阳极极化和阴极极化所涉及的电化学反应和化学反应

图 15.8 展示了 3 个连续循环单元中的单个循环单元中的循环次数与含有 0.5wt% 的 TDA 型碳的电池 DoD 和开路静置时间的函数关系。

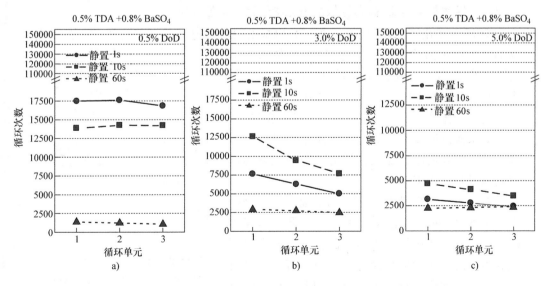

图 15.8　对于负极活性物质含有 0.5%TDA 碳的电池，其每个循环单元的
循环次数随放电深度和静置时间的变化情况[12]

当以 5s 脉冲放电和 1s 或 10s 时间静置进行循环时，每个循环单元的循环能力都较高，虽然 3 种连续循环单元的循环能力有所不同，但是变化不大。在这些条件下，在碳表面和铅表面发生的双电层的充电反应和放电反应几乎是完全可逆的。当开路静置时间延长之后，电池循环能力下降，甚至在 5s 短时电流脉冲放电之后，电极表面发生硫酸盐化，尽管速度很低。

当待测电池以 30s 或 50s 脉冲放电进行循环时，每个单元的微循环次数逐个循环减少。在这种情况下，$PbSO_4$ 在负极板快速积累，引起硫酸盐化。

在阳极脉冲电流施加到铅酸电池负极板的过程中，达到铅氧化电势时，在电极表面发生铅氧化的电化学反应，形成 $PbSO_4$，反应式为

$$Pb \longrightarrow Pb^{2+} + 2e^- \tag{15.1}$$

$$Pb^{2+} + 2HSO_4^- \longrightarrow PbSO_4 + H_2SO_4 \tag{15.2}$$

根据它们的溶解度，硫酸铅晶体维持了溶液中一定的 Pb^{2+} 离子浓度：

$$PbSO_4 \Longleftrightarrow Pb^{2+} + SO_4^{2-} \tag{15.3}$$

经过阳极脉冲之后，极板被阴极极化。电极表面充满负电荷。高于一定的负电势之后，开始发生 Pb^{2+} 的电化学还原反应：

$$Pb^{2+} + 2e^- \longrightarrow Pb \tag{15.4}$$

该反应在铅表面和碳表面反应，但是反应速率不同。因此，铅物相在铅表面和碳表面生成。

上述反应速率最慢的基本反应决定了充放电反应的总反应速率。

15.2.6 铅酸蓄电池铅-碳负极板的电化学体系和容性体系

图 15.9 给出了采用铅-碳（Pb-C）电极的铅酸蓄电池的电路模型[12]。这种电池的负极板包括两个体系：电容（C）体系和电化学（EC）体系。这两个体系对应相同正极板。电容相同和电化学体系同时运行并相互影响。

这两个体系各自的容量所占比例是多少呢？

如果假设通过电池的电流都用于负极板电容体系的充电和放电，那么，5s 脉冲充放电期间通过的电量是 0.0097Ah。

对于一个总容量为 4.5Ah 的电池，在一个微循环的 5s 脉冲内，电容体系对容量贡献率仅为 0.22%。这虽然只是一个粗略的估计，但也表明负极板上的电化学体系主导充放电过程，并且决定极板在长期循环期间的表现。因此，尽管碳电极体系的表面积很大，但铅电极体系和碳电极体

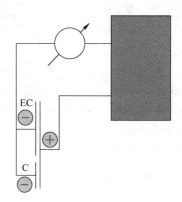

图 15.9 含有容性的（C）和电化学性质的（EC）电极体系的铅酸电池的电路模型[12]

系的容量是不同的。当电流流过电极时，碳电极体系只有表面部分参与，而铅体系则有很大部分参与（30%~40%）。

负极板的铅和碳如何影响电极的整体性能？

添加到负极活性材料中的碳通过几个因素扩大 Pb-C｜H$_2$SO$_4$ 电极的电化学活性比表面。Pb-C 电极被转换成具有高表面积的电容体系，从而降低了电流密度并因此降低了电极在充电时的极化。因此，电极电势上升到析氢电势的时间被推迟，导致水分损失减少。此外，在充电开始时，碳表面接受了大电流的大量电量，因此提高了负极充电接受能力。

铅相在放电过程中被氧化形成硫酸铅，然后在随后的再充电过程中被还原成铅。因此，在负极工作期间，铅体积的 40%~50% 都成为电化学铅体系参与电化学反应。

这两种不同物相构成了低碳电极。由于碳添加剂对负电极的性质影响很大，因此这些电极被称为铅-碳电极。

图 15.4 示意性地显示了在 Pb-C｜H$_2$SO$_4$ 电极上发生的现象。

15.2.7　碳添加剂对负极活性物质和电池性能的结构特性和电化学特性的影响

充放电反应发生在多孔活性物质中。碳颗粒处于负极活性物质结构之中，并对其结构特性产生影响。碳也影响负极活性物质的孔体系。孔体系形成活性表面，电化学反应发生在这些活性表面，也发生在参与电化学反应的硫酸离子流经的传输系统中。因此碳添加剂不仅扩大负极活性物质的电化学活性表面，也对孔体系产生影响，并且也影响离子扩散过程，该过程有可能限制极板内部的充放电反应。

J. Xiang 及其合作者研究了碳的颗粒大小和表面积对铅-碳电极的微观结构和电化学特性的影响[14]。表 15.1 总结了 AC-1 和 AC-2 两类活性炭的微观结构参数。从表中可以发现，AC-2 型碳在颗粒大小、BET 表面积和孔体积等方面比 AC-1 型碳都具有更大的数值。

表 15.1　碳添加剂的特性[14]

物质类型	平均粒径 (D_{50})/μm	BET 表面积 /(m^2/g)	孔体积 /(cm^3/g)	平均孔径 /nm	电导率 /(S·cm)	0.05A/g 下的电容/(F/g)
AC-1	4.0	1156.0	0.615	2.12	0.33	249
AC-2	68.0	2826.0	1.662	2.35	0.34	367
石墨	18.5	7.4	0.042	22.73	82.33	—

针对 NAM 含有这两种活性炭添加剂的电池进行充电接受测试和 HRPSoC 循环寿命测试。图 15.10 显示了碳类型函数的完成的 HRPSoC 循环次数。为了便于比较，图中还给出了 NAM 不添加碳的参比电池的循环寿命。

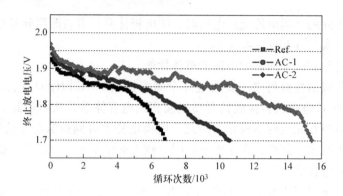

图 15.10　不同电池在简化模拟微混驾驶工况条件下的高倍率
部分荷电状态循环测试的情况[14]

负极活性物质添加 AC-2 型碳的电池寿命是参比电池寿命的两倍，比添加 AC-1
型碳的电池寿命长 35%。由此可以推断，颗粒尺寸为数十微米的活性炭比更小颗
粒的活性炭对电池循环寿命更有益。

评估了这 3 种类型电池在 -20℃时的容量和充电接受能力。NAM 添加 AC-2 型
碳的电池实测容量（以 C_3A 放电时）为 27.82Ah，参比电池的实测容量 23.74Ah。
这些容量数值是 5 个试样电池的平均值。

试样电池的充电接受能力测试方法是在 50% SOC、0℃条件下，以 14.4V 恒压
对电池进行不限流充电。测记 10 min 充电电流（I）并计算 I/I^0 的比值，I^0 是 10
小时率放电电流。图 15.11 展示了每类电池各 5 个试样的实测结果。NAM 中添加
AC-2 型碳的电池展示出其充电接受能力比不添加碳的电池高出 20%。

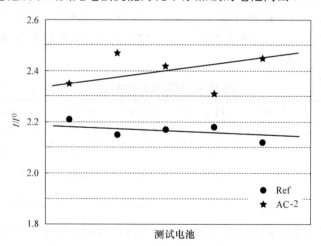

图 15.11　低温条件下 12V 电池的充电接受能力
（分别为 AC-2 型电池和 5 只参比电池）[14]

NAM 添加 AC-2 型碳的电池表现出低温容量和充电接受能力都提高了，其原因在于使用碳添加剂之后，NAM 的孔率增加。实测参比电池的 NAM 孔率为 40.2%，而添加 AC-2 型碳的电池的 NAM 孔率为 56.6%。这些结果表明，AC-2 型碳加入 NAM 之后，NAM 的孔率增加。这使得 H_2SO_4 离子向极板内部的扩散过程得以改善，参与充放电反应的 NAM 内部区域明显增加。

基于对以上试验数据的探讨，可以推断，微小尺寸的活性炭颗粒改变了 NAM 的结构，显著降低了负极板的极化强度，延长了电池在 HRPSoC 工况下的循环寿命和提高了充电接受能力。

参考文献 [15] 也探讨了能够确保电池具有长循环寿命的铅-碳电极特性。

15.2.8 负极活性物质比表面积和 HRPSoC 循环次数之间的关系（电化学反应的可逆性）

图 15.12 展示了 NAM 比表面积和 HRPSoC 循环次数随着 NAM 中添加的活性炭含量的变化关系[12]。

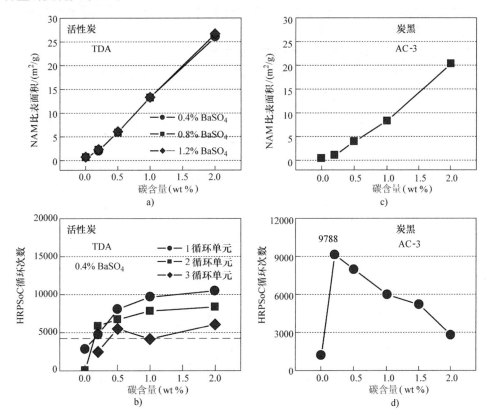

图 15.12 负极活性物质（NAM）的比表面积和 HRPSoC 循环次数与
NAM 中的 TDA 含量或 AC-3 型碳含量之间的相互关系[12]

图 15.12a 和 b 显示了 NAM 中添加更多 TDA 型活性炭，NAM 的比表面积也更大，添加 2.0wt% 的 TDA 型活性炭时，NAM 比表面积达到了 25.2m²/g。随着添加 TDA 型活性炭数量的增加，每个循环单元的 HRPSoC 循环次数（反应充放电过程的可逆性）增加，当添加量达到 1.0wt% 时，循环次数达到最大值。即使随着 TDA 含量的继续增加，NAM 的比表面积也进一步增大，但循环次数不再进一步增加。

图 15.12c 和 d 中的曲线证明 NAM 比表面积随着 AC-3 型炭黑含量的增加而增加，添加 2.0wt% 比例的 AC-3 型炭黑后达到 20m²/g。每单元的循环次数从不含 AC-3 型碳的电池的 900 次突增到添加 AC-3 型碳的电池的 9200 次，但是随着 AC-3 在 NAM 中的含量进一步增大到 2.0wt% 时，循环次数减少到 2700 次。这些试验数据表明，NAM 中添加少量 AC-3 型炭黑（0.2wt%），可以显著提高负极充放电反应的可逆性。碳添加剂含量如果进一步提高，则 NAM 的完整度、微观结构和结构特性受到了损害，对电化学反应的可逆性具有负作用，因此电池的循环能力明显下降。

图 15.12 数据证实了碳在负极板中的作用不仅限于增大 NAM 比表面积的假设。碳添加剂也改变了 Pb-C 电极体系的其他结构参数，例如 NAM 的孔率和平均孔径，因此改变了负极板的综合性能。

15.2.9 碳对铅酸蓄电池负极活性物质孔体系的影响

从添加了 AC-3 型炭黑的电池的实验数据（图 15.12c 和 d）可以明显看出，添加 0.2wt% 的 AC-3 型炭黑时，NAM 的电化学反应可逆性突然增加，但其可逆性随着 AC-3 炭黑含量的进一步增加而逐渐下降。是什么原因导致了循环性能下降？为了找到这个问题的答案，我们对循环后的 NAM 的物相组成进行了分析。

第三次循环结束后，将测试电池充电之后解剖。通过 X-ray 衍射分析表征不同试样电池的 NAM 样品。图 15.13 显示了在 5.0% DoD 循环后（见图 15.13a）含有 0.5wt% TDA 型碳的 NAM 和在 5.0% DoD 循环后含有 0.5wt% 比例 AC-3 型碳的 NAM 所获得的 X-ray 衍射图（见图 15.13b）。

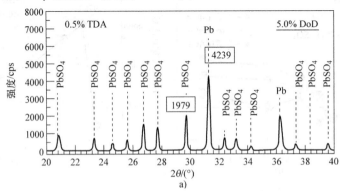

图 15.13　经过 3 个单元的高倍率部分荷电状态循环测试之后，
含有 TDA 或 AC-3 碳的活性物质的物相组成[12]

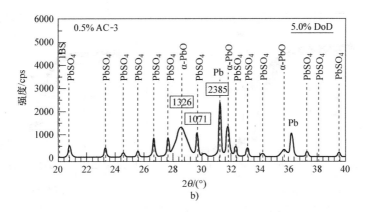

图 15.13　经过 3 个单元的高倍率部分荷电状态循环测试之后，
含有 TDA 或 AC-3 碳的活性物质的物相组成[12]（续）

含有 TDA 型碳的极板出现部分硫酸盐化，这与循环模式无关。

含有 AC-3 的极板除了含有 $PbSO_4$ 物相，还含有大量正方晶型 PbO（α-PbO）。

但是 PbO 物相仅能在碱性介质中生成。那么，问题来了：NAM 孔中的溶液是如何被碱化的？

如果 NAM 中的孔足够大，来自外部溶液的 SO_4^{2-} 和 HSO_4^- 离子将自由进入这些孔并在放电反应时生成 $PbSO_4$（见图 15.14a）。如果 NAM 的孔很小（薄膜大小），则相对较大的 SO_4^{2-} 和 HSO_4^- 离子不能进入孔（见图 15.14b）。

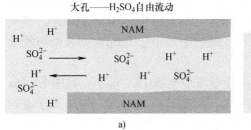
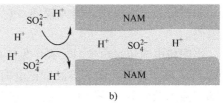

图 15.14　负极活性物质中的两种基本类型的孔
a）大孔　b）小孔

图 15.15 显示了添加不同数量 TDA 型活性炭或 AC-3 型炭黑的 NAM 的累积孔体积随着孔半径的变化关系。图中也给出了实测总孔体积和平均孔径。

NAM 添加碳的种类和数量的不同会反应在 NAM 的孔半径分布上。当以 0.5wt% 比例添加时，TDA 型活性炭使 NAM 中形成大孔（7.25μm 孔半径）。添加 2.0wt% 比例的 TDA 使平均孔半径从 7.25μm 减小至 2.44μm。TDA 型碳添加

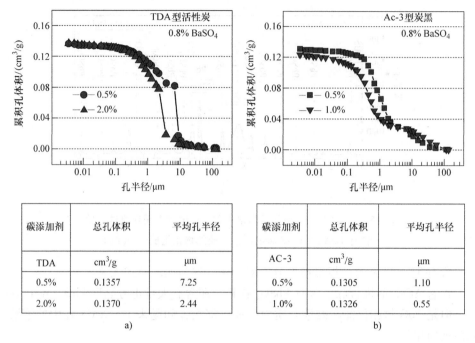

图 15.15　含有 TDA 和 AC-3 碳添加剂的负极
活性物质的参数[11]

剂不会改变 NAM 的总孔体积。相反，仅添加 0.5wt% 的 AC-3 使得 NAM 中形成非常小的孔（1.10μm）。AC-3 添加量进一步增加至 1.0wt% 时，NAM 孔径会进一步减小到 0.55μm，即 NAM 形成一个薄膜尺寸的孔结构。SO_4^{2-} 和 HSO_4^- 离子的尺寸相对较大，所以移动能力较低。它们在通过半径小于 1.0μm 的孔时可能会受到阻碍。

当阳极电流流过电池时，孔中发生电化学反应生成 Pb^{2+} 离子（见图 15.16a）。这些 Pb^{2+} 离子使得孔中的溶液带正电荷。为了抵消这些正电荷，SO_4^{2-} 离子必须从外部溶液扩散到 NAM 孔中。但是，它们进入孔的路径被堵塞，因此孔内的溶液仍然带正电荷。其电中和过程涉及孔溶液中水的解离（见图 15.16b）：

$$H_2O \longrightarrow H^+ + OH^- \tag{15.5}$$

在孔内电场力的作用下，H^+ 离子从孔迁移到外部溶液（见图 15.16b）。剩余的 OH^- 离子使孔内的溶液 pH 值提高为碱性。Pb^{2+} 离子和 OH^- 离子开始发生反应，生成 $Pb(OH)_2$ 和 PbO（见图 15.16c）。

$$Pb^{2+} + 2OH^- \longrightarrow Pb(OH)_2 \longrightarrow \alpha\text{-}PbO + H_2O \tag{15.6}$$

正方晶系 PbO（即 α-PbO）沉淀到孔表面。因此，尽管铅活性物质与 H_2SO_4 溶液接触，但是 SO_4^{2-} 离子的迁移受阻而不能自由移动通过薄膜尺寸的孔，导致孔

阳极极化

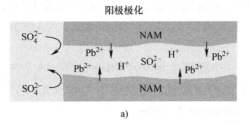

a)

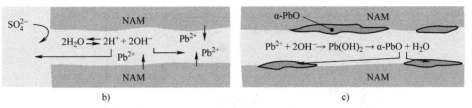

b) c)

图 15.16 引起负极活性物质（NAM）孔内的溶液碱化和生成 PbO 的反应模型示意图

a）Pb 被阳极氧化为 Pb^{2+}，小孔溶液带正电荷 b）H_2O 分解，H^+ 迁出窄孔

c）NAM 中生成 $Pb(OH)_2$ 和 α-PbO

溶液 pH 升高，同时创造了铅酸蓄电池负极板上生成 α-PbO 的条件。这种现象正是 NAM 结构受碳颗粒影响的结果。

Lander[16] 和 Burbank[17] 利用 X-ray 衍射（XRD）分析建立了浸入 H_2SO_4 溶液中的 Pb 电极受到阳极极化而生成 PbO 的过程。我们也研究了这些过程，并提出了上述形成 α-PbO 的机理[18-22]。

15.2.10 碳颗粒大小对采用 NAM 含有炭黑或活性炭的电池在 HRPSoC 工况循环特性的影响

表 15.2 汇总了由制造商提供的两类商品碳材料的基本特性[14]。

表 15.2 不同组的测试样品负极活性物质的 BET 表面积、孔率和孔体积[14]

样品组	BET 表面积 /(m²/g)	孔表面积 /(m²/g)	孔率 (%)	浸入的 Hg 体积 /(cm³/g)	碳的中孔体积 /(cm³/g)	碳的中孔与微孔之比（%）
参照	0.522	0.508	40.2	0.1149	—	—
AC-1	25.408	0.953	51.2	0.1709	0.0123	7.2
AC-2	55.406	0.995	56.6	0.1880	0.0332	17.7

如表 15.2 中的数据所示，试样碳材料的颗粒大小均为纳米级。

首先，测定电池的初始 20 小时率容量，随后进行 Peukert 测试和包含以下微循环的模拟 HRPSoC 循环测试：以 $2C$ 速率充电 60s，静置 10s，然后以 $2C$ 速率持续放电 60s，静置 10s（C 是由 Peukert 关系确定的放电 1h 期间所释放的容量）。在充放电微循环结束时测量电池电压，并且当充电终止电压达到2.83V的上限或者放电终止电压下降到1.83V时停止测试。上述循环步骤组成一个测试单元。

图15.17展示了第一个循环单元内的HRPSoC循环次数随着电池所用碳颗粒大小的变化关系，这些电池的负极板各自使用了Printex（PR）炭黑、活性炭（AC）和$BaSO_4$，但不使用Vanisperse A（VS-A）。

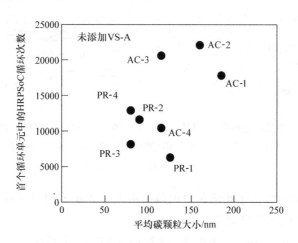

图15.17　首个循环单元中的HRPSoC循环次数与负极板所添加
PR或AC的碳颗粒大小的关系（不添加VS-A）

从图中的数据可以看出，添加颗粒大小范围从85～125nm的PR 1-PR-4或AC-4添加剂的电池循环寿命在6500～12800次之间。添加AC-1、AC-2或AC-3活性炭（平均颗粒大小介于115～185nm之间）的电池可经受13800～22300次循环。这些结果表明，如果铅表面和碳表面没被有机表面活性剂（Vanisperse A）吸附，则各种碳添加剂可以充分发挥其作用。影响充放电过程可逆性的第二个参数是碳添加剂的类型。大小介于150～200nm之间的活性炭对电池循环寿命的影响比Printex炭黑的影响更大。

15.2.11　Vaniseprse A和炭黑对NAM中添加炭黑或电化学活性炭的电池的HRP-SoC工况循环性能的影响[11]

我们比较了含有Vanisperse A的电池首个循环单元的循环次数与Printex炭黑和活性炭（由Cabot Corporation提供）的碳颗粒尺寸之间的对比情况。图15.18给出了试验测得的对应关系。

同时含有VS-A和碳添加剂的电池在首个循环单元内的完成循环次数在7000～11000之间。很可能，结合在界面结构中的VS-A分子在电池循环期间抑制了碳颗粒大小对循环次数的影响，因此VS-A的影响占主导地位。

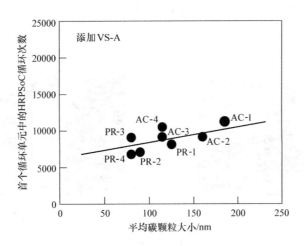

图 15.18　首个循环单元中的 HRPSoC 循环次数与负极板
添加的 PR 和 AC 碳颗粒大小的关系（添加了 VS-A）[11]

15.3　通过联合超级电容器提高铅酸蓄电池负极板的性能

蓄电池具有良好的比容量和能量密度，但其功率特性不足以满足以高充放电速率运行的电动车辆的需求。而超级电容器具有功率密度高、循环稳定性好（循环寿命长）等特点，但其比能量太低。

已经成功进行了一些实验，旨在评估包含电化学电池与超级电容器耦合的混合能量存储单元的好处，目的是实现高比能量和高功率密度。这样，电动汽车的工况需求得以满足，电动汽车得以大量应用，并最终缓解因二氧化碳排放和尘埃颗粒引起的城市空气污染问题。

由于具有使用安全可靠、成本低、容易生产以及完全可以再回收利用等特点，铅酸蓄电池是混合动力电池——超级电容器储能装置的重要候选者。然而，由于铅的原子量高（Pb＝207g），与其他电化学电源相比，铅酸蓄电池的比能量和功率密度相对较低。因此有必要采用新的设计解决方案，寻找更轻的材料，如碳，以取代铅酸蓄电池中的部分铅组分。碳的低原子量（C＝7g）将提高电池比能量，从而确保铅酸蓄电池具有更高的功率密度。因此，混合铅-碳超级电容器电池的开发旨在提高铅酸蓄电池的功率性能，但这会导致其比容量下降。

15.3.1　UltraBattery

作为全球合作伙伴关系的一部分，UltraBattery 由澳大利亚 CSIRO 能源技术公司在其主要发明人 L. T. Lam 博士的领导下开发，然后由日本古河电池公司生产[4]。这种独特的电池设计将标准的海绵铅电极和不对称超级电容器电极结合在一个独立单元中，无需额外的电子控制（见图 15.19）。

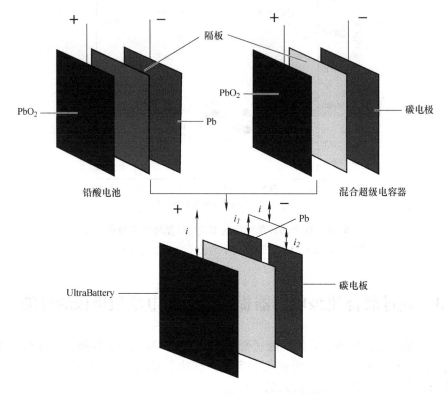

图 15.19 UltraBattery 的构造示意图[4]

UltraBattery 中的负极包括两部分：半个常规海绵铅电极和半个碳超级电容器电极。负极的两个部分对应同一个普通的二氧化铅正极。

在这种设计中，充电和放电期间的总电流在铅电极和碳超级电容器这两个电极组件之间分布。因此，超级电容器充当缓冲器，与铅电极共享充放电的电流，并且因此防止流过电池的高电流引起强烈极化。

铅电极进行铅氧化生成硫酸铅及其还原为铅的电化学反应在进行时也发生水分解与析氢的副反应。电容器电极进行双电层的充电和放电。

Pb-C 负极的铅和碳的伏安曲线差异很大，这使得它们联合运行存在很大困难。为了使负极的两个组分协调工作，碳电容器电极通过引入某些添加剂来改变其性能，使其与铅电极的性能一致。

图 15.20 显示了在含有添加剂或不含添加剂的铅负极和超级电容器电极上进行的析氢反应的伏安曲线[23]。

电容器电极由炭黑、活性炭和黏合剂的混合物制成，包括含有添加剂和不含添

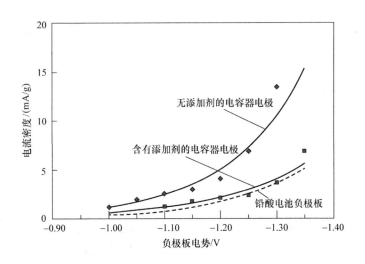

图 15.20　铅酸电池负极板、含有添加剂和不含
添加剂的电容器电极上的析氢速率[23]

加剂的情况。从图 15.20 可以看出，含有添加剂的电容器电极的伏安曲线与铅电极的伏安曲线一致。这使得两个电极可以并联成为一个电极工作，从而减少电池中的水分损失。

　　Axion Power International Inc. 公司试图用碳基超级电容器电极组件[24]替换整个铅负电极。这款 Pb-C 电池已成功通过 100A 充电电流和 30s 充电时间的充电验收测试。电池完成了 40000 次循环测试。

　　然而，当用碳基超级电容器电极代替部分或全部负极时，电池容量显著下降。

　　当电流流过负极超级电容器电极系统时，只有电极表面参与充电过程，而在常规铅电极的电化学体系中，其活性物质的很大部分（30% ~ 45%）参与充电过程，从而确保了高电极容量。

　　因此，这种替代并不是等效的。如果部分铅活性物质被超级电容器取代，则超级电池的容量会降低。

15.3.2　混合铅-碳电极的碳超级电容器组件上发生的反应机理

　　已经确定，在混合 Pb-C 电极的缓慢长期充电过程中，在正方向的电位扫描下观察到记忆效应。此外，电极的比表面积与其比电容之间没有相关性[25,28]。这些实验结果归因于氢插入碳晶格而形成 C_6H 化合物。

　　图 15.21 显示了在浓度为 40.3% 的 H_2SO_4 溶液中，电势 $E = -250mV$ 时，电极的比充电电量 Q 随充电时间的变化关系[26]。

　　充电开始时 Q 值迅速增加（在几秒钟内），然后继续增加，但是增长速度很

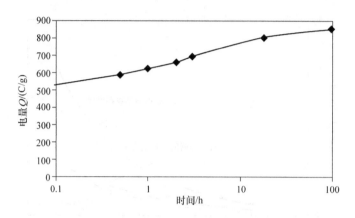

图 15.21　CH900-20 电极在浓度为 40.3% 的硫酸中，以 −250mV 电势
充电期间，比充电量随充电时间的变化关系[26]

慢。快速充电过程很可能是因为氢在活性物质孔的碳｜电解质界面的化学吸附，Q 值的缓慢增加过程与氢插入到碳物相有关，该过程受限于氢的缓慢固相扩散到碳物相内部，并形成 C_xH 化合物进而沉淀成 C_6H 饱和化合物的反应速率。研究人员提出 C_6H 化合物的结构式如图 15.22 所示[26]。

　　C_6H 化合物通过氢和碳原子之间的共价键形成。这导致电子固定下来（无法移动），因此降低了碳的导电能力并增大了电阻。为了避免出现这种情况，应该防止碳电极上的氢反应。这就是为什么串联 6 个单体电池的铅酸蓄电池的充电截止电压限制在 13.80V 以下[26]。

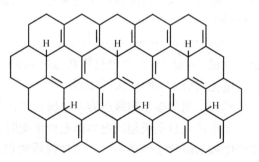

图 15.22　化合物 C_6H 的结构式[26]

15.3.3　电化学电容器

　　电化学电容器是一种装置，其中发生不同的准可逆电化学充电放电过程，并且充电和放电曲线的形状几乎是线性的[27]。电化学电容器可以分为三大类：双电层电容器（EDLC）、法拉第准电容器和混合型电容器。

15.4　铅-碳电极上的氢析出

15.4.1　氢过电压

　　当铅电极浸入含有饱和氢气的 H_2SO_4 溶液中时，在其表面上建立下列平衡：

$$H_2 \longleftrightarrow 2H \longleftrightarrow 2H^+ + 2e^- \tag{15.7}$$

电极电势（φ_p）由该平衡决定。它的数值取决于 H_2SO_4 溶液中 H^+ 离子的活度（α_{H^+}）和溶液上的氢分压（p_{H_2}），可用下式表示：

$$\varphi_p = \varphi_p^0 + RT/F \ln(a_{H^+}/p_{H_2}^{0.5}) \tag{15.E1}$$

式中，φ_p^0 是标准氢电极的平衡电势，假定为零。

当电流沿着阴极方向通过电极时，打破了反应式（15.7）的平衡状态，这样 H^+ 离子继续还原，形成氢分子，即释放出氢气。电极电势在阴极方向上移动。这种电势偏移的大小取决于：电极金属种类、电流密度、溶液成分和温度。

在 $0.001A/cm^2$ 的电流密度下，当铅电极上发生氢在阴极析出时，电极电势移动到相对于氢平衡电极电势的 $-1.35V$。析氢反应的电势比铅发生反应的活化电势更负。

$$Pb^{2+} + 2e^- \longrightarrow Pb \tag{15.4}$$

电极电势偏离平衡电势的数值取决于阻力最大的基本过程，例如通过相界的电子转移（电化学极化）阻力、离子扩散到金属表面（扩散极化）的阻力，金属原子进入电极金属晶格（结晶偏振）的阻力，等等。

极化电极（φ_i）的电势与平衡电极电势（φ_p）之间的差值是电极（η）的过电压。如果电势向阳极方向偏移，则过电压（η_a）为

$$\eta_a = \varphi_i - \varphi_p \tag{15.E2}$$

如果电势向阴极方向偏移，则过电压（η_c）为

$$\eta_c = \varphi_i - \varphi_p \tag{15.E3}$$

电极过电压是电流密度 i_c 的函数，以 Tafel 方程表示为

$$\eta = a + b \lg i_c \tag{15.E4}$$

式中，a 和 b 是常数。常数 a 代表电流密度为 $1A/cm^2$ 时的电极过电压，它的大小取决于金属电极的性质，如表面粗糙度、温度等。常数 a 的大小还取决于电极上所发生反应的可逆性。常数 b 由阻力最高的基本过程的类型决定，它决定了电化学反应的速率。

上述是关于析氢反应的一般性介绍，下面让我们更详细地探讨铅酸电池的铅-碳电极上的析氢演变。

为了提高铅酸蓄电池的电荷效率，应该减少氢的析出。这可以通过增加铅电极上的析氢电势和铅发生硫酸盐化的电势之间的差值实现。

研究人员已经提出采用不同方法增加铅电极上析氢电势和铅硫酸盐化电势之间的差值，其中包括[30]：

1）使用能够增加析氢过电压而不影响铅析出的添加剂；

2）在负极使用添加剂，钝化析氢电化学反应，从而显著降低放电速率；

3）在铅合金中使用添加剂，通过降低电阻来改变最慢的基本反应的反应速

率，从而降低铅反应的过电压。这些添加剂不能影响析氢反应。因此，铅反应电势和氢气反应电势之间的电势差增大，从而提高电荷效率。但是，这种方法的作用不大。

前面的方法1）和方法2）具有实际应用。

铅酸蓄电池的电极经常含有一些在原始铅生产时的残余元素。这些残余元素可以降低负极铅电极上的析氢反应过电压和正极上的析氧反应过电压，从而增加了电池的水分损失。L. Lam等人[31,32]研究了铅中的残余元素对析氢反应的影响，确定了银（Ag）、砷（As）、钴（Co）、铬（Cr）、铜（Cu）、铁（Fe）、锰（Mn）、镍（Ni）、硒（Se）、锑（Sb）和碲（Te）是"有害元素"，因为它们在电池充电和自放电过程中会加速氢和氧的析出反应。另一方面，铋（Bi）、镉（Cd）、锗（Ge）、锡（Sn）和锌（Zn）对电池性能具有积极作用，因为它们减少电池析气并被认为是"有益的元素"。

负极活性物质中添加碳之后，充电反应和析氢反应在碳表面和铅表面同时进行。碳材料生产过程中的残余（和微量）元素的存在也可能降低碳表面上的析氢反应的过电压。因而，析氢速度也可能增加，水损耗也会增加。为了减轻这些影响，需要寻找合适的碳材料和NAM添加剂，以降低铅表面和碳表面的析氢速率。

15.4.2 NAM添加剂减少了铅-碳电极析氢

阀控式铅酸蓄电池（VRLAB）的水损耗取决于析氢速率、正极板栅的腐蚀以及碳颗粒的氧化。

在正极板处产生的氧气扩散到负极板并在那里被还原，因此降低了负极板的电势。因此，氢析出速率降低。

最近进行了广泛的研究，目的是寻找合适的负极活性物质添加剂，以抑制析氢和负极板硫酸盐化。图15.23说明了NAM添加剂氧化镓（Ga_2O_3）或氧化铋（Bi_2O_3）对电池性能的影响[29]。

NAM中含有0.01%的Ga_2O_3的电池（相当于活性炭中2%的Ga_2O_3），其循环寿命比不含Ga_2O_3添加剂的电池的循环寿命长3倍（见图15.23a）。添加Ga_2O_3使得氢析出的过电压增加了120mV，减少了电池在HRPSoC工况下的水损耗，因此延长了循环寿命[33]。

NAM中含有0.02%的Bi_2O_3的电池（相当于活性炭中4%的Bi_2O_3），与不含Bi_2O_3添加剂的电池相比，析氢速率降低，因此电池的循环寿命延长了2.6倍（见图15.23b）[33]。

在NAM中添加氧化铟（In_2O_3）也会提高析氢过电压，从而降低析氢反应速率，并最终延长VRLAB的HRPSoC循环寿命[34]。NAM中含0.02%的In_2O_3的电池的循环寿命至少比不含此添加剂的参比电池的循环寿命延长了4倍。除了NAM中

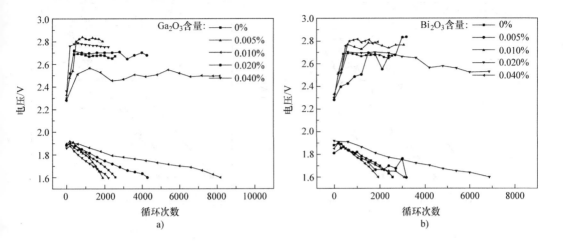

图 15.23 负极活性物质中含有不同数量 Ga_2O_3（图 a）和 Bi_2O_3（图 b）的电池
在充电期间的氢析过电压和 Pb-C 电极放电电压随着
HRPSoC 循环次数的变化情况[33]

的 In_2O_3 添加剂抑制了负极板中硫酸铅聚集并由此抑制了缓慢硫酸盐化之外，还促进了硫酸铅还原为铅的反应，即改善了电池循环中负极反应的可逆性。

NAM 中添加不同的碳添加剂可以不同程度地降低析氢过电压。例如，当添加 0.02% 炭黑（CB）或 0.5% 乙炔黑（AB）或 2.0% 石墨（FG）或 1.5% 膨胀石墨（EG）到负极活性物质中时，氢过电压仅增加 20～30mV。然而，在 NAM 中加入 0.5% 的活性炭（AC）就会使电极极化减小 190mV，因为它显著增加了 NAM 的活性表面[35]。

电解液中加入稀土金属氧化物可以提高负极板的析氢过电压，该负极板添加了 0.2% 炭黑，并浸入到相对密度为 1.28 的 H_2SO_4 溶液中，该溶液中含有 0.025% 的不同种类的添加剂。图 15.24a 显示了在电解液中含有不同添加剂的情况下，NAM 含有 0.2% 炭黑的负极板上的析氢极化曲线。从图中可以看出，不同添加剂对析氢反应的抑制能力为

$$Gd_2O_3 > La_2O_3 > Dy_2O_3 > Nd_2O_3 > Sn_2O_3$$

这些氧化物可溶于 H_2SO_4 溶液中，并且稀土金属离子能够吸附在 NAM 表面，从而阻止 H^+ 离子扩散到表面，也可能阻止电子在相界传递。

聚四氟乙烯（PTFE）添加到负极铅膏中会增加析氢过电压。图 15.24b 显示了添加不同浓度 PTFE 的溶液中的析氢反应极化曲线。如果 NAM 含有 0.5% 的活性炭，当 PTFE 在电解液中的含量为 0.025% 时，添加剂对电极阴极极化的影响最强[35]。

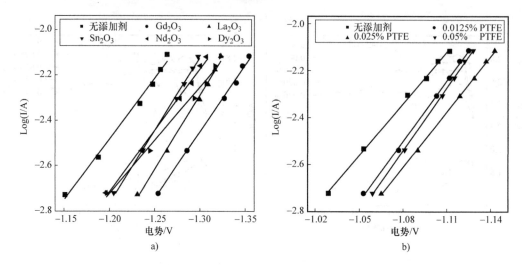

图 15.24　负极板在相对密度为 1.28 的 H_2SO_4 溶液中的析氢极化曲线

负极活性物质中分别含有 0.2% 炭黑 （图 a） 和 0.025% 的

稀土氧化物 0.5% 的活性炭和不同含量的 PTFE[35]

15.5　铅酸蓄电池的铅- 碳电极在 HRPSoC 工况循环期间的硫酸盐化

HEV 和光伏系统中的电池在部分荷电状态下工作。在这种条件下，负极板上发生硫酸铅的再结晶反应。尺寸小的 $PbSO_4$ 颗粒发生溶解并且尺寸大的 $PbSO_4$ 晶体长大。这些再结晶反应导致负极板逐渐硫酸盐化。电池的充电接受能力下降，循环寿命缩短。由于这些缺陷，铅酸蓄电池在 HEV 和 PV 电池市场的份额或多或少地减少。

图 15.25 展示了铅酸蓄电池负极板在充放电期间发生的基本反应。

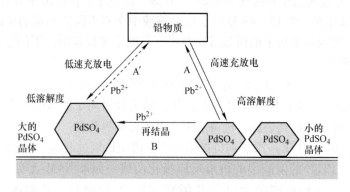

图 15.25　铅酸蓄电池负极在充电和放电过程中发生的基本反应

在放电过程中，铅电极表面会形成小的 $PbSO_4$ 晶体。这些晶体是高度可溶的，并且由于它们的溶解而产生的部分 Pb^{2+} 离子参与随后的充电反应（反应 A）。另一部分 Pb^{2+} 离子有助于大 $PbSO_4$ 晶体的生长（再结晶反应 B）。大的 $PbSO_4$ 晶体溶解度低。因此它们很少参与充电反应（过程 A'）。因此，大的 $PbSO_4$ 晶体会导致逐渐硫酸盐化。电极容量下降。

根据 Ostwald-Freundlich 方程，$PbSO_4$ 晶体的溶解度取决于它们的大小：

$$\ln(C_{Pb^{2+}}/C_{Pb^{2+}}^{\infty}) = K/T \cdot r \qquad (15.E5)$$

式中，$C_{Pb^{2+}}$ 是小 $PbSO_4$ 晶体上的 Pb^{2+} 离子浓度；$C_{Pb^{2+}}^{\infty}$ 是大 $PbSO_4$ 晶体上的 Pb^{2+} 离子浓度；K 是常数；T 是温度；r 是 $PbSO_4$ 晶体的半径。

所以，$PbSO_4$ 晶体越大，它们的溶解度就越低。最小的硫酸铅晶体维持溶液中 Pb^{2+} 离子的浓度。

探究预防或延缓铅酸蓄电池在 HRPSoC 工况条件下负极板硫酸盐化的方法至关重要。通过显著降低 $PbSO_4$ 再结晶能力可以实现这一点。

我们对不同物质进行了筛选试验，以评估它们抑制硫酸铅再结晶反应的潜力，并确定了下列化合物可用作 $PbSO_4$ 再结晶抑制剂，以延缓铅-碳电极的硫酸盐化：分子量为 2000~3000g/mol 的聚天冬氨酸（$[C_4H_4NO_3Na]_x$），这种材料已经商品化，商品名为 Baypure DS-100（后文称之为 DS）；以及苯甲酸苄酯（99%），这种材料是一种羧酸的芳香族酯化合物（也称为 BB）。这两种物质的抑制作用将在本章中进一步讨论。

15.5.1 聚天冬氨酸（DS）对 $PbSO_4$ 再结晶的影响[36]

采用线性扫描伏安法（LSV）测量浸入相对密度为 1.20 硫酸溶液的 Pb 电极，评估 DS 对 $PbSO_4$ 再结晶过程的影响。在 H_2SO_4 溶液中，添加或不添加 DS，并以 5mV/s 的扫描速率在 -0.70V 和 -1.30V（相对于 $Hg|Hg_2SO_4$ 参比电极）之间进行极化。经过 660 次循环后，通过扫描电子显微镜检查电极。图 15.26 显示了在添加或不添加 DS 添加剂的两种溶液中形成的 $PbSO_4$ 晶体的微观结构。

图 15.26 经过 660 次线性扫描伏安法循环之后，平板铅电极上生成的 $PbSO_4$[36] 晶体的形貌
a）H_2SO_4 溶液（空白）　b）（H_2SO_4 +DS）溶液

在纯 H_2SO_4 溶液中，电极表面上形成的 $PbSO_4$ 晶体尺寸较大并且具有明显的壁、边缘和顶点，而在加入 DS 的 H_2SO_4 溶液中生成的 $PbSO_4$ 晶体尺寸小且具有圆形边缘。这些结果表明 DS 限制了 $PbSO_4$ 晶体的生长，并且它们的尺寸仍然很小，即它们的再结晶被 DS 添加剂抑制。

15.5.1.1 电解液中添加 DS 在用线性扫描伏安法检测期间对 Pb｜PbSO₄ 电极上的电化学反应的影响[36]

在采用相对密度为 1.28 的 H_2SO_4 溶液的 3 个电化学电池中，在 5mV/s 的扫描速率下，将平板铅电极设置在 -0.70V 和 -1.1.30V （相对于 $Hg｜Hg_2SO_4$ 参比电极） 之间进行 LSV 循环。首先，将电极循环 660 次，然后将 DS 加入到浓度分别为 0.02g/L 和 0.50g/L 的两个电池溶液中。第三个电池不添加 DS （空白电池）。电极以相同扫描速率继续循环。

图 15.27 说明了不同的 DS 添加量对 3 种待测电化学电池的 Pb｜PbSO₄ 电极放电容量的影响。

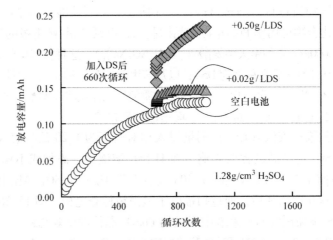

图 15.27　Pb｜PbSO₄ 电极在含有和不含 DS 添加剂的电解液中进行线性扫描伏安法循环期间的放电容量随循环次数的变化情况（扫描速率为 5mV/s）[36]

所得实验结果表明，电解液中加入 DS 后，电极容量增加，特别是添加量为 0.50g/L 时增加最明显。电解液添加 DS 的电池的电极容量随着不断循环而增加，而空白电池的电极容量几乎保持不变。测得的容量增加因为循环（充电和放电）过程中越来越多的 $PbSO_4$ 参与反应。这可能是因为在电解液添加剂 DS 的作用下，硫酸铅晶体的溶解度增加，即在阳极层中形成了小的 $PbSO_4$ 晶体，这引起 Pb｜PbSO₄ 电极上的充放电反应的可逆性提高。

15.5.1.2 NAM 中添加 DS 和不同碳添加剂的电池在 HRPSoC 工况循环期间的情况[36]

图 15.28 说明了 NAM 中添加了不同类型的碳和添加 DS 的电池在 HRPSoC 工况的循环情况。图中给出了每个循环单元达到 4000 次充放电循环的下限之前所完成的循环单元数。左图为添加不同碳添加剂但不添加 DS 的空白电池的实测结果，右图为负极活性物质也添加了 DS 的含碳电池的实验数据。

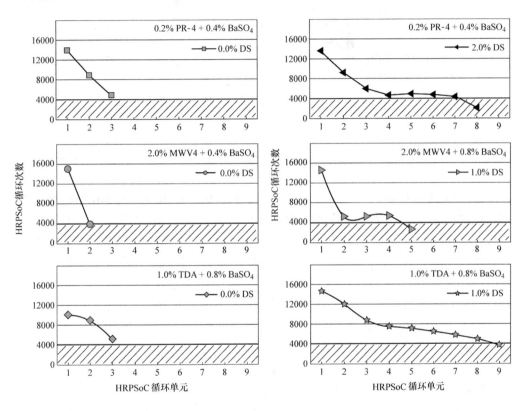

图 15.28 负极活性物质会有不同 DS 和碳添加剂
的试验电池的 HRPSoC 循环结果

从图中的测试数据可以看出，NAM 中添加不同碳添加剂的电池在达到每个循环单元的 4000 次充放电循环的寿命终止标准之前完成了 2～3 个循环单元。但是，当将 DS 添加到负极活性物质中后，根据所使用的碳添加剂的类型，完成的循环单元数增加到 5～9 个循环单元。这些结果表明，加入到 NAM 中的聚天冬氨酸显著改善了 HRPSoC 循环中的充放电反应的可逆性。

图 15.29 总结了 NAM 中添加不同碳添加剂和不同 DS 含量的电池在 HRPSoC 工

况下的循环测试结果。

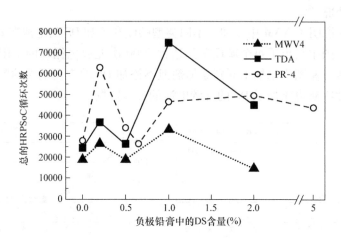

图 15.29　对于含有不同碳添加剂的电池，随 HRPSoC 循环次数不同
负极铅膏中的 DS 含量的变化情况

　　图中的实验数据表明，碳的类型（MWV4、TDA 或 PR-4）对 HRPSoC 循环次数有强烈的影响。添加到负极活性物质的 DS 添加剂对电池的循环性能具有特别影响，这种影响与碳添加剂的作用有关。根据负极活性物质中的 DS 浓度，电池在 HRPSoC 工况下的循环次数出现两个最大值（峰）。其中一个峰在低浓度范围内（大约添加 0.2wt% 的 DS），另一个峰对应 NAM 中添加量约为 1.0wt% 的 DS。NAM 中添加 PR-4 炭黑的电池对应的曲线上出现非常宽的第二个峰。上述曲线表明，DS 添加剂的作用机制浓度高于 0.5wt% 时发生了变化。

　　通常可以得出结论：电池在 HRPSoC 工况循环期间的充放电反应的可逆性受到 NAM 中聚天冬氨酸和碳含量的强烈影响。

15.5.2　苯甲酸苄酯对 PbSO₄ 再结晶的影响[37]

　　事实证明，$PbSO_4$ 再结晶过程的另一种有效抑制剂是 BB（99%）。BB 或其衍生物可以通过下列分子式表示。

$$(R^1)_m \text{—} \bigcirc \text{—} C(=O) \text{—} O \text{—} CH_2 \text{—} \bigcirc \text{—} (R^2)_n$$

式中，R^1 和 R^2 分别表示一个卤素原子，一个烃基含有 1~10 个碳原子，一个烷氧基含有 1~10 个碳原子。

　　图 15.30 显示了在添加或不添加 0.5g/L BB 的硫酸溶液（相对密度为 1.28）中以 -1.3 ~ -0.7V 之间的电势进行 LSV 极化之后，Pb 电极表面生长的 $PbSO_4$ 晶体的 SEM 图片。

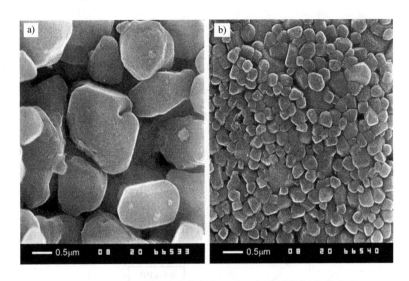

图 15.30　Pb 电极在以下溶液中经过 660 次线性扫描伏安法
循环之后所生成的 PbSO₄ 晶体形貌

a) 空白的 H_2SO_4 溶液　b) 含有 0.5g/L BB 的 H_2SO_4 溶液

BB 抑制 PbSO₄ 再结晶的效果明显，因此 BB 是 PbSO₄ 晶体生长的有效抑制剂。

15.5.2.1　负极板中含有不同含量苯甲酸苄酯的 **4.6Ah** 电池的 **10** 小时放电率初容量测试[37]

以负极活性材料利用率为 50% 确定放电容量，基于计算得到的理论（额定）容量值用于计算在 10 小时放电率下的电流（$I = C/10A$）。所得放电电流值为 0.46A。然后以该电流作为初容量测试放电电流。

图 15.31 给出了在 NAM 中添加或不添加 BB 添加剂的 4.6Ah 电池的初容量测试结果。

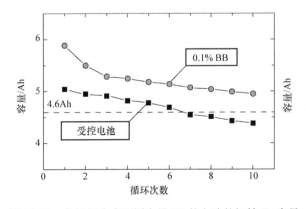

图 15.31　负极板含有不同含量 BB 的电池的初始 C_{10} 容量

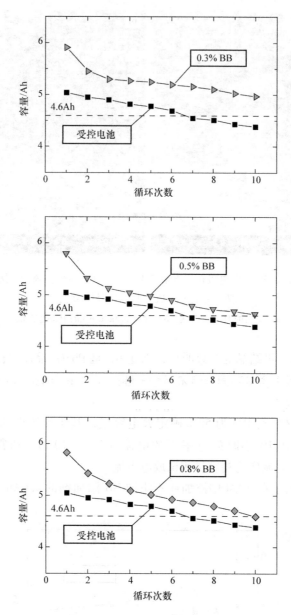

图 15.31　负极板含有不同含量 BB 的电池的初始 C_{10} 容量（续）

在负极板中添加 BB 的所有电池的初容量都高于没有添加剂的参比电池。无论是否添加 BB，这两类电池的容量都随着后续每次循环而缓慢下降。负极活性物质添加 0.3% 的 BB 时，电池初容量性能最高。

15.5.2.2　负极板中含有不同含量苯甲酸苄酯的 4.6Ah 电池的 10 小时放电率条件下 HRPSoC 工况循环测试[37]

HRPSoC 循环测试计划包括以下步骤：以 $I = 4.6A$ 充电 60s，静置 10s，再以 $I = 4.6A$ 充电 60s，静置 10s。当达到 2.83V 的充电电压上限时，或者放电终止电压下降到 1.83V 时停止测试。

图 15.32 给出了在 NAM 中添加不同 BB 含量的 4.6Ah 电池的 HRPSoC 循环测试结果。

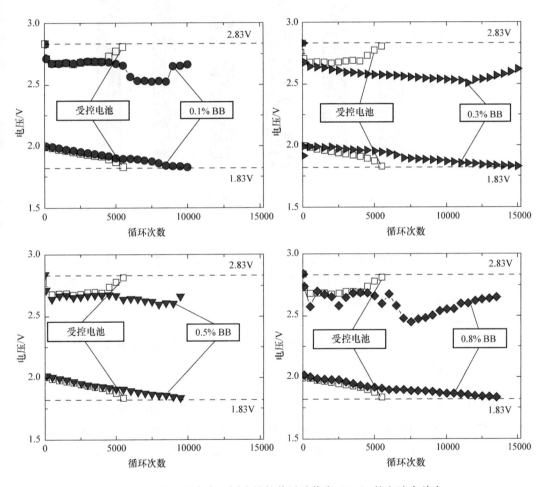

图 15.32　负极板含有不同含量的苯甲酸苄脂（BB）的电池在首个 HRPSoC 循环单元期间的充电终止、放电终止电池电压的变化

从图中数据可以看出，没有添加剂的参比电池可以耐受 5500 次循环，而所有负极活性物质中添加了 BB 添加剂的电池都具有更长的循环寿命。

图 15.33 中的条形图显示了以 4.6A 电流进行 HRPSoC 工况循环测试时，使用或不使用 BB 添加剂的电池所完成的循环总次数。

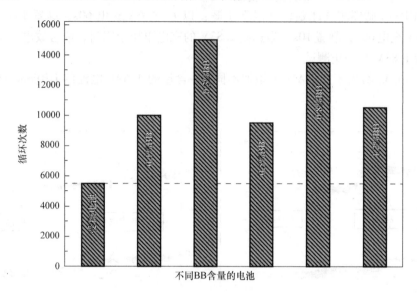

图 15.33　不同 BB 含量的 4.6Ah 电池以 4.6A 在
首个 HRPSoC 循环单元期间的循环次数[37]

当向负极活性物质添加 0.1% BB 时，电池循环次数是没有添加剂的参比电池循环次数的两倍。当 NAM 中的 BB 浓度为 0.3% 时，首个循环单元期间的电池循环寿命是 NAM 中没有 BB 的参比电池循环寿命的 3 倍。随着 BB 含量的进一步增加，电池循环能力下降。

15.5.2.3　电解液中添加苯甲酸苄酯的 42Ah AGM 电池的 C_{20} 初容量和 HRPSoC 工况循环测试

待测电池（42Ah）使用化成之前的市售 SLI 电池的正极板和负极板来生产。每个单体电池包含四片正极板和五片负极板，加入含有不同 BB 的 H_2SO_4 溶液（相对密度为 1.23），BB 添加量为：0.1%，0.3%，0.5% 和 0.8%。采用标准化成方案化成之后，对这些电池进行电化学测试（不能更换电解液），包括容量测量和 HRPSoC 循环测试。

图 15.34 给出了电解液中添加 BB 和没有添加 BB 的 42Ah AGM 电池初始 C_{20} 容量测试结果。

电解液含有 BB 的电池初容量曲线表明，需要几个循环才能发挥 BB 添加剂的有益效果，使得电池容量高于参比电池容量。激活 BB 有益效果所需的时间取决于电解液中的 BB 浓度。

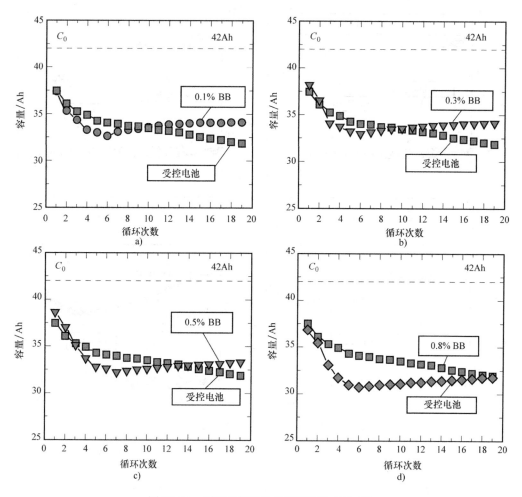

图 15.34 所用电解液中含有不同数量的 BB
的 42Ah AGM 电池的初始 C_{20} 容量

图 15.35 显示了电解液中添加 BB 的 42Ah AGM 电池的模拟 HRPSoC 条件下的循环测试结果。

无论添加浓度是多少，电解液含有 BB 添加剂的测试电池都具有更长的循环寿命。图 15.36 中的条形图总结了使用含有不同 BB 的电解液的 42Ah AGM 电池的 HRPSoC 循环测试结果。

图 15.36 中的数据显示，电池的循环寿命随着电解液中 BB 浓度的增加而增加，而当 BB 添加量为 0.5% 时达到最大循环次数，然后添加量达到 0.8% 的 BB 时浓度开始下降。电解液添加 0.5% 的 BB 的电池完成了超过 16500 次循环，也就是它们的循环寿命在所有测试电池中最长。

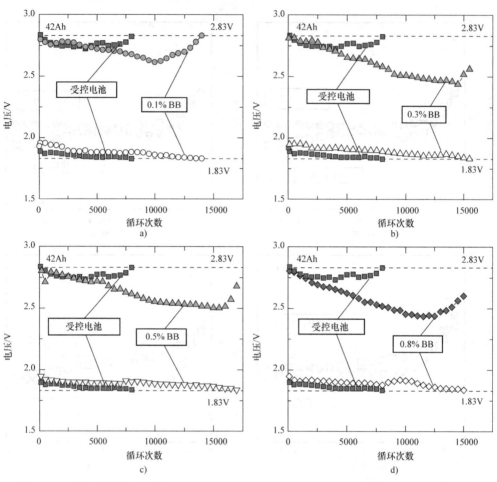

图 15.35　电解液含有不同数量 BB 的 42Ah AGM 电池的首个 HRPSoC 循环单元的循环寿命

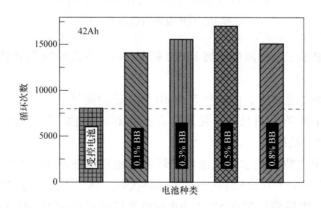

图 15.36　电解液含有不同数量 BB 的 42Ah AGM 电池的 HRPSoC 循环测试结果汇总

基于上述实验结果，可以得出以下结论，为了延长铅-碳电池在 HRPSoC 工况下的循环寿命，添加到负极活性物质中的膨胀剂除了 $BaSO_4$、木质素磺酸盐和碳以外，还应该包括硫酸铅再结晶抑制剂。其功能是限制 $PbSO_4$ 晶体的生长并促进其溶解，这样可以改善充放电反应的可逆性，并最终延长电池在部分荷电状态工况下的循环寿命。

参 考 文 献

[1] K. Nakamura, M. Shiomi, K. Takahashi, M. Tsubota, J. Power Sources 59 (1996) 153−157.
[2] M. Shiomi, T. Funato, K. Nakamura, K. Takahashi, M. Tsubota, J. Power Sources 64 (1997) 147−152.
[3] A.F. Hollenkamp, W.G.A. Baldsing, S. Lau, O.V. Lim, R.H. Newnham, D.A.J. Rand, J.M. Rosalie, D.G. Vella, L.H. Vu, ALABC Project N1.2, Final Report, Advanced Lead-Acid Battery Consortium, Research Triangle Park, NC, USA, 2002.
[4] L.T. Lam, C.G. Phyland, D.A.J. Rand, A.J. Urban, ALABC Project NC.20, CSIRO Energy Technology, Report ET/IR 480 R, 2002.
[5] M. Calábek, K. Micka, P. Krivák, P. Baca, J. Power Sources 158 (2006) 864−867.
[6] L.T. Lam, C.G. Phyland, D.A.J. Rand, D.G. Vella, L.H. Vu, ALABC Project N 3.1, Final Report, Advanced Lead-Acid Battery Consortium, Research Triangle Park, NC, USA, 2002.
[7] P.T. Moseley, R.F. Nelson, A.F. Hollenkamp, J. Power Sources 157 (2006) 3−10.
[8] M. Fernandez, J. Valenciano, F. Trinidad, N. Munos, J. Power Sources 195 (2010) 4458−4469.
[9] D.P. Boden, D.V. Loosemore, M.A. Spence, T.D. Wojcinski, J. Power Sources 195 (2010) 4470−4493.
[10] D. Pavlov, T. Rogachev, P. Nikolov, G. Petkova, J. Power Sources 191 (2009) 58−75.
[11] D. Pavlov, P. Nikolov, T. Rogachev, J. Power Sources 195 (2010) 4444−4457.
[12] D. Pavlov, P. Nikolov, J. Power Sources 242 (2013) 380.
[13] D. Pavlov, P. Nikolov, T. Rogachev, J. Power Sources 196 (2011) 5155−5167.
[14] J. Xiang, P. Ding, H. Zhang, X. Wu, J. Chen, Y. Yang, J. Power sources 241 (2013) 150−158.
[15] R. Zhao, R. Zhang, F. Yi, G. Shi, A. Li, H. Chen, J. Power Sources 286 (2015) 91−102.
[16] J.J. Lander, J. Electrochem. Soc. 98 (1951) 213, 103 (1956) 1.
[17] J. Burbank, J. Electrochem. Soc. 103 (1956) 87, 104 (1957) 639.
[18] D. Pavlov, Berichte der Bunsen-gesellschaft 71 (1967) 398.
[19] D. Pavlov, Electrochim. Acta 13 (1968) 2051.
[20] D. Pavlov, C.N. Poulieff, E. Klaja, N. Iordanov, J. Electrochem. Soc. 116 (1969) 316.
[21] D. Pavlov, N. Iordanov, J. Electrochem. Soc. 117 (1970) 1103.
[22] D. Pavlov, R. Popova, Electrochim. Acta 15 (1970) 1483.
[23] L.T. Lam, R. Louey, J. Power Sources 158 (2006) 1140−1148.
[24] Axion Power International Inc., US Patent 6,466,429 in 2001.
[25] A.Y. Rychagov, Y.M. Volfkovich, Russ. J. Electrochem. 45 (2009) 304−310.
[26] Y.M. Volfkovich, D.A. Bograchev, A.A. Mikhalin, V.S. Bagotsky, J. Solid State Electrochem. 18 (2014) 1351−1363.
[27] B.E. Conway, Electrochemical Supercapacitors, Kluwer Academic/Plenum, New York, 1999.
[28] A.K. Shukla, A. Banerjee, M.K. Ravikumar, A. Jalajakshi, Electrochim. Acta 84 (2012) 165−173.
[29] E. Buiel, Best Magazine, No. 49 (2015) 85.
[30] B. Vulturescu, S. Butterbach, C. Forgez, IEEE J. Emerging Selected Top. Power Electronics 2 (2014) 701−709.
[31] L.T. Lam, J.D. Douglas, R. Pillig, D.A.J. Rand, J. Power Sources 48 (1994) 219.
[32] L.T. Lam, H. Ceylan, N.P. Haigh, T. Lwin, D.A.J. Rand, J. Power Sources 195 (2010) 4494.
[33] L. Zhao, B. Chen, J. Wu, D.L. Wang, J. Power Sources 248 (2014) 1−5.
[34] L. Zhao, B. Chen, D.L. Wang, J. Power Sources 231 (2013) 34−38.
[35] J. Hu, C. Wu, X. Wang, Y. Guo, Int. J. Electrochem. Sci. 11 (2016) 1416−1433.
[36] D. Pavlov, P. Nikolov, J. Electrochem. Soc. 159 (2012) A1215−A1225.
[37] V. Naydenov, D. Pavlov, P. Nikolov, S. Vassilev, Y. Milusheva, T. Shibahara, M. Tozuka, in: Proceedings 15th European Lead Battery Conference, 2016. Malta.

第 6 部分　铅酸蓄电池活性物质的计算

第 16 章　铅酸蓄电池活性物质的计算

16.1　铅酸蓄电池活性物质的理论计算

16.1.1　电量的基本单位和电量与质量当量

电荷的计量单位是库仑（C）。对于电化学电源而言，这是一个非常小的计量单位，所以转而采用安培小时（Ah）作为基本单位。每小时有 3600s，所以，$1Ah = 3600C$。

迈克尔·法拉第确定了，当 96487C 的电量通过电化学电池时，电极上的电化学反应会生成或分解 1g 当量的物质。这个电量的值作为电量的计量单位，称为法拉第常数（F）。1g 当量的某种元素等于其原子量除以电化学反应中改变的化合价位。对于化合物，分子量取代原子量。为了方便起见，1F 的值约定为 $1F \approx 96500C$。

我们将 1F 的电量用 Ah 表示：

$$\alpha = 96500/3600 = 26.80 Ah\ g/eq \tag{16.E1}$$

该计量单位（电荷）是用于计算给定容量的电化学电源所需活性物质的量的基本单位。

我们现在来确定铅酸蓄电池的基本活性物质每 Ah 的电化学当量。

16.1.2　铅酸蓄电池每 Ah 电荷（电量）的电化学当量

16.1.2.1　Pb｜$PbSO_4$ 电极

铅的原子量为 207.21g。每个铅原子有两个电子参与铅酸蓄电池充放电时的电化学反应。Pb 的当量 g_{Pb}^{eq} 为

$$g_{Pb}^{eq} = 207.21/2 = 103.61g$$

我们来确定一下铅元素每 Ah 的电化学当量。我们用 δ^0 来表示每 Ah 某种活性物质的电化学当量（δ_{Pb}^0、$\delta_{PbO_2}^0$ 和 $\delta_{H_2SO_4}^0$）。

$$\delta^0_{Pb} = 103.61/26.8 = 3.866g \ Pb/Ah \qquad (16.E2)$$

当 1Ah 电量通过铅酸蓄电池时，负极分别有 3.866g 铅在充放电过程中被还原或氧化。

16.1.2.2 PbO₂|PbSO₄ 电极

PbO_2 的分子量为 239.21g。$PbO_2|PbSO_4$ 电极充放电过程中，PbO_2 分子有两个电子参与电化学反应，PbO_2 的当量为

$$g^{eq}_{PbO_2} = 239.21/2 = 119.605g$$

PbO_2 每 Ah 的电化学当量为

$$\delta^0_{PbO_2} = 119.605/26.8 = 4.463g \ PbO_2/Ah \qquad (16.E3)$$

当 1Ah 电量通过铅酸蓄电池时，正极 4.463g 的 PbO_2 在放电过程中转化为 $PbSO_4$，并在充电中还原。

16.1.2.3 H₂SO₄ 溶液

硫酸的分子量为 98.08g 并且是二价的，所以，其克当量为

$$g^{eq}_{H_2SO_4} = 98.08/2 = 49.04g$$

铅酸蓄电池中，两电极发生的电化学反应可以表示为以下方程式：

$$Pb + PbO_2 + 2H_2SO_4 = 2PbSO_4 + 2H_2O \qquad (16.1)$$

2g 当量 H_2SO_4 参与上述反应，26.8Ah 电量通过铅酸蓄电池。

硫酸每 Ah 的电化学当量为

$$\delta^0_{H_2SO_4} = (2 \times 49.04)/26.8 = 3.66g \ H_2SO_4/Ah \qquad (16.E4)$$

当 1Ah 电量通过铅酸蓄电池时，3.66g 硫酸在正负极参与反应。

铅酸蓄电池中参与电化学反应的活性物质质量比例为

$$Pb:PbO_2:2H_2SO_4 = 207.19:239.19:2 \times 98.08$$

PbO_2 和 H_2SO_4 与 Pb 的质量比为

$$PbO_2:Pb = 1.154 \qquad H_2SO_4:Pb = 0.947$$

所以，当电流通过铅酸蓄电池时，活性物质（NAM:PAM:H_2SO_4）参与反应的质量比为

$$NAM:PAM:H_2SO_4 = 1:00:1.154:0.947$$

16.1.3 铅酸蓄电池正负极活性物质质量计算

电池内正负极活性物质的总质量（G）等于相应的能量结构质量（G_e）和骨架结构质量（G_s）之和：

$$G = G_e + G_s \qquad (16.E5)$$

所有活性物质的计算均采用 G 值。

在计算给定容量的电池每单格电池所需要的活性物质的量时，我们采用了所谓的活性物质利用率系数（η）。该系数给出了电池正负极活性物质中的能量结构的

比例（按质量计）。

$$\eta = G_e / G \qquad\qquad \eta < 1 \tag{16.E6}$$

计算给定容量（C）的电池每单格电池所需要的正负极活性物质能量结构的量时，可采用正负极电化学当量与电池容量（C）计算：

$$G_e = \delta C \tag{16.E7}$$

如果我们代入 G_e（16.E6），得到以下等式：

$$\eta = \delta C / G \tag{16.E8}$$

给定容量 C 的铅酸蓄电池活性物质的质量可从式（16.E9）得出：

$$G = \delta C / \eta \tag{16.E9}$$

如果知道正负极活性物质的 η 值（活性物质利用率系数），可以计算每单格活性物质的质量如下：

$$\text{正极活性物质 } G^+ = \delta_{PbO_2}^0 C / \eta^+ = 4.463 C / \eta^+ (g) \tag{16.E10}$$

以及

$$\text{负极活性物质 } G^- = \delta_{Pb}^0 C / \eta^- = 3.866 C / \eta^- (g) \tag{16.E11}$$

所以，要想计算给定容量的电池每单格所需要的活性物质的量，需要明确活性物质利用率 η^+ 和 η^-。

16.1.4 以50Ah铅酸蓄电池为例，当正极活性物质利用率为50%，负极活性物质利用率为45%时，正负极活性物质质量计算

基于以上条件，正极活性物质质量等式（16.E10）转化为

$$\text{正极活性物质 } G^+ = (4.463 \times 50) / 0.5 = 446.3(g)$$

负极活性物质质量等式（16.E11）转化为

$$\text{负极活性物质 } G^- = (3.866 \times 50) / 0.45 = 429.44(g)$$

在设计以及生产蓄电池时，会广泛应用每片极板活性物质质量数据。所以我们需要将上述每单格正负极活性物质总质量（G^+ 和 G^-）分别除以正负极板的片数。

相对于正极活性物质，负极板发生电化学反应的活性物质比表面积较低。所以，铅酸蓄电池在设计时，作为规则，负极板的片数比正极板的片数多一片。现在来考虑两种50Ah蓄电池的配置方案：

1）每单格3片正极板，4片负极板；

2）每单格4片正极板，5片负极板；

则配置方案1）中每片正极板的活性物质质量为

$$G_{pl}^+ = 446.3 / 3 = 148.766 \approx 149g \text{ 正极活性物质/片极板}$$

每片负极板的活性物质质量为

$$G_{pl}^- = 429.44 / 4 = 107.36 \approx 107g \text{ 负极活性物质/片极板}$$

第二种配置方案 b 中每片正负极板的活性物质质量分别为

$$G_{pl}^+ = 446.3 / 4 = 111.57 \approx 112g \text{ 正极活性物质/片极板}$$

$$G_{pl}^- = 429.44/5 = 85.88 \approx 86g \text{ 负极活性物质/片极板}$$

选择以上哪种配置方案取决于具体的电池——应用，以及具体的技术与经济参数，比如活性物质利用率、每单格极板数量等。

16.1.5　铅酸蓄电池活性物质其他参数的计算

除活性物质利用率系数以外，在实际操作中，也会应用到另外两种参数：

1）给定活性物质的每 Ah 电化学当量 δ。该系数定义了放电时产生 1Ah 电量所需的正负极活性物质的量

$$\delta = G/C (\text{g/Ah}) \tag{16.E12}$$

δ 值取决于量产时制造正负极活性物质的技术，也取决于电池类型。

2）每 kg 正负极活性物质的比容量（σ）。该值为 δ 的倒数。

$$\sigma = C/G (\text{Ah/kg}) \tag{16.E13}$$

定义了每 kg 正负，极活性物质产生的 Ah 容量。

在设计阶段，需要用到上述某种参数来计算特定类型电池需要的活性物质的量。

正负极中 η、δ 和 σ 的关系示于图 16.1。

在正极活性物质利用率 $\eta_{PAM} = 50\%$ 时，δ_{PbO_2} 为 8.92gPbO$_2$/Ah，σ_{PbO_2} 为 112Ah/kg PAM。负极板的情况为：在负极活性物质利用率 $\eta_{NAM} = 45\%$ 时，δ_{Pb} 为 8.55g Pb/Ah，σ_{Pb} 为 118Ah/kg NAM。

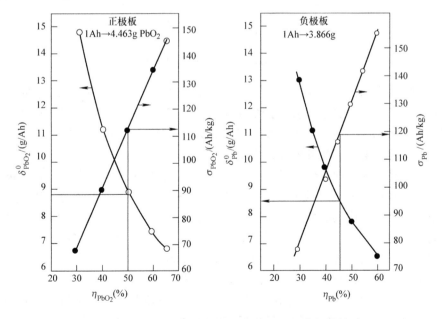

图 16.1　$\eta(\%)$、$\delta^0(\text{g/Ah})$ 和 $\sigma(\text{Ah/kg})$ 之间的关系

16.1.6 铅酸蓄电池的酸量

计算铅酸蓄电池的酸量时，应该能保证电池在放电后仍然存在部分未参与反应的硫酸，以便在后续的充电中传导电流。

已经证实硫酸影响 PbO_2 的电化学活性和 $PbSO_4$ 的溶解度（见第 3 章）。

如第 3 章所述，在 0.5～5.0M 的硫酸浓度范围内 PbO_2 具有电化学活性。所以该浓度就是电池在充放电过程中可以接受的硫酸浓度的变化范围。

$PbO_2 | PbSO_4$ 电极在循环过程中，在不同的硫酸浓度下，部分 PbO_2 与 $PbSO_4$ 颗粒脱落。图 16.2 给出了不同硫酸浓度下测得的 PbO_2 脱落量与 PAM 颗粒的最大脱落量[2]。

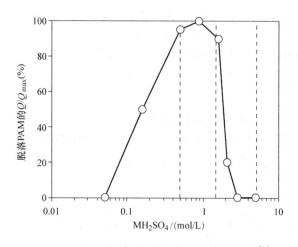

图 16.2　不同硫酸浓度下由 PbO_2 的脱落数量[2]

硫酸浓度在 1.5～0.06M 之间，观察到大量的 PAM 脱落。所以，为保证更长的循环寿命，蓄电池放电过程中的酸浓度不应低于 1.5M，对应相对密度为 1.10。所以电池运行期间，硫酸的浓度范围应为 1.5～5.0M，相对密度为 1.10～1.28。

16.1.7 铅酸蓄电池的酸量与容量的关系

电子穿越电极表面发生电子交换，该电化学过程决定了电池容量。但硫酸并未参与到此反应中。然而，硫酸以其化学量与上述电化学反应的产物（Pb^{2+} 离子）发生反应，参与反应的硫酸的量能够间接地决定放电容量。因此，硫酸参与化学反应，是铅酸电池中的活性物质，并且按照法拉第定律参与充放电反应。当 1Ah 电量通过电池，在两种极板上参与反应的酸量为 3.66g。

在放电过程中，只有电解液中的部分硫酸参与了反应。由于运动阻滞，部分硫酸未参与反应。另一方面，电解液需要保留一定的导电性以便进行将来的充电，即，电解液中需含有一定量的不发生反应的硫酸以保持导电性。所以，只有电池硫酸总量的一部分参与了电化学反应。

表 16.1 展示了不同质量摩尔浓度不同密度（kg/L）硫酸的电化学当量[3]。

表 16.1　每升硫酸溶液的电化学当量

质量分数（wt%）	25℃时密度/（kg/L）	摩尔质量/（mol/kg）	电化学当量/（Ah/L）
6	1.037	0.651	17.0
8	1.050	0.887	22.9
10	1.064	1.133	29.1
12	1.089	1.390	35.4
14	1.092	1.660	41.9
16	1.107	1.942	48.4
18	1.122	2.238	55.1
20	1.137	2.549	62.0
22	1.152	2.875	69.3
24	1.167	3.220	76.5
26	1.183	3.582	84.0
28	1.199	3.965	91.5
30	1.215	4.370	99.5
32	1.231	4.798	107.2
34	1.248	5.252	116.8
36	1.264	5.735	124.0
38	1.281	6.249	133.0
40	1.299	6.797	141.9
42	1.317	7.383	151.0
44	1.335	8.011	160.5
46	1.353	8.685	170.5
48	1.372	9.412	179.8
50	1.391	10.196	189.5

图 16.3 表明了电化学当量的硫酸 $Q^0_{H_2SO_4}$（Ah/L）与电解液浓度（kg/L）的关系[3]。

图 16.3 在电解液密度为 1.05～1.40kg/L 的范围内给出了一条恒定斜率的直线，在酸比重低于 1.08 时略微有些变化。实际操作中铅酸电池电解液密度区间为 1.10RD～1.30RD，即，在线性关系区间内。

硫酸溶液的电化学当量（Q）与溶液浓度的线性关系可以用下列线性分析等式表示：

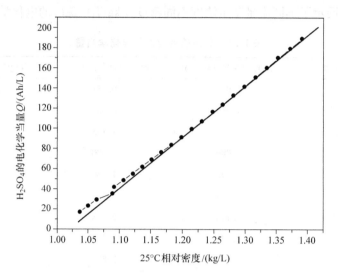

图 16.3　硫酸溶液的电化学当量与溶液密度[3]

$$Q = -459 + 490.5RD(Ah/L) \qquad (16. E14)$$

50Ah 电池的硫酸溶液（1.28RD）体积与质量可以用等式（16. E14）列明的硫酸溶液电化学当量，Q（Ah/L）以及 25℃下硫酸比重 RD（kg/L）之间的关系计算。因此，1.28RD 硫酸溶液的电化学当量为

$$Q_{1.28} = -495 + 490.5 \times 1.28 = 132.8 Ah/L$$

我们假设放电末期硫酸浓度降至 1.10RD，则溶液的电化学当量变为

$$Q_{1.10} = -495 + 490.5 \times 1.10 = 44.5 Ah/L$$

此电池在放电期间，1L 硫酸溶液输出：

$$Q_L = 132.8 - 44.5 = 88.3 Ah$$

上述 88.3Ah 放电电量是根据 1000mL 比重为 1.28 的硫酸计算得出的。放电 50Ah 需要的电解液的量（V_{50}）为

$$V_{50} = (50 \times 1000)/88.3 = 566.2 mL \text{ 比重为 } 1.28 \text{ 的硫酸溶液}$$

每 Ah 的 1.28 比重酸量系数 $\delta_{V_{H_2SO_4}}$ 为

$$\delta_{V_{H_2SO_4}} = 566.2/50 = 11.3 mL \ H_2SO_4/Ah$$

表 16.2 总结了 M. Barak 提出的完全充电的不同种类蓄电池的硫酸浓度范围[4]。

表 16.2　不同用途的蓄电池所用的 H_2SO_4 电解液浓度[4]

电池类型	RD(25℃)	H_2SO_4/(g/L)	Ah/L
1. 起动型电池，SLI	1.27 ~ 1.28	460 ~ 488	125 ~ 131
2. 耐热型电池，SLI	1.24	404	110

（续）

电池类型	RD(25℃)	H_2SO_4/(g/L)	Ah/L
3. 动力型电池，平板式和管式	1.25 ~ 1.28	423 ~ 480	115 ~ 131
4. 动力型电池，普朗特极板	1.21	351	95
平板式极板	1.22	390	102
5. 放电后的电池，取决于放电速率	1.14 ~ 1.08	233 ~ 120	63 ~ 33

16.1.8　各类富液式100Ah起动型电池容量与活性物质利用率的系数

我们研究组成员之一的 Geno Papazov 博士计算了不同类型铅酸蓄电池的活性物质利用率系数。在本章后续将讨论计算结果。

表 16.3 总结了 100Ah SLI 富液式电池（892g 正极活性物质和 804g 负极活性物质，即 PAM: NAM = 1.109）不同放电倍率（放电电流）下的放电容量与每 Ah 正负极活性物质的电化学当量（δ，g/Ah）以及正负极活性物质利用率系数（η, %）。

表 16.3　100Ah SLI 富液式电池的放电容量和活性物质利用率随电流速率的变化情况

放电速率 /h	放电容量 /(Ah)	放电电流 /A	δ_{PAM} /(g/Ah)	η_{PAM} 利用率 (%)	实际 PAM 利用率 (%)	δ_{NAM} /(g/Ah)	η_{NAM} 利用率 (%)	实际 NAM 利用率 (%)
20	100	2.00	8.92	50	52 ~ 48	8.04	48	50 ~ 46
10	88	8.80	10.14	44	46 ~ 42	9.14	42	44 ~ 40
5	75	15.00	11.89	36	38 ~ 34	10.72	36	38 ~ 34
3	67	22.33	13.31	34	36 ~ 32	12.00	32	34 ~ 30
2	60	30.00	14.87	30	32 ~ 28	13.40	29	31 ~ 27
1	50	50.00	17.84	25	27 ~ 23	16.08	24	26 ~ 22
0.5	38	76.00	23.47	19	21 ~ 17	21.16	18	20 ~ 16

从表 16.3 的数据可以看出，正负极活性物质的每 Ah 电化学当量，即活性物质的需求量，随放电电流增大而提高，同时随着放电速率提高，活性物质利用率（η_{PAM} 和 η_{NAM}）降低。

活性物质利用率取决于一系列技术参数（生产细节）。所以，随着合膏所用的硫酸剂量的增加，活性物质利用率升高，同时随着铅膏密度增大，活性物质利用率降低。每道工序的设备的技术参数与工艺公差也对活性物质利用率产生影响。公差越大，活性物质利用率越低。这就是为什么表 16.3 给出了实际活性物质利用率可能会与理论计算的活性物质利用率产生 ±2% 的偏差。

活性物质利用率也因电池种类不同而各异。表 16.3 描述的是富液式电池。阀控密封 AGM 电池的数值要比富液式电池低 2%，阀控密封胶体电池的数值要低3%~4%。

除上述因素，活性物质利用率还取决于正极板的种类，即，是板式还是管式。表16.3给出的是板式富液式电池，如果采用的管式极板，其活性物质利用率将比板式极板低5%~6%。

16.1.9 不同类型铅酸蓄电池活性物质的计算

16.1.9.1 12V/60Ah SLI 富液式电池

SLI富液式电池容量一般采用20h率放电容量。采用式（16.E10）和式（16.E11）计算SLI电池需要的活性物质，采用表16.3中给出的活性物质利用率数据，$\eta_{PAM} = 50\%$，$\eta_{NAM} = 48\%$。

$$G_{PAM} = (446.6 \times C)/\eta_{PAM} = (446.6 \times 60)/50 = 535.92g \text{ PAM/cell}$$

$$G_{NAM} = (386.5 \times C)/\eta_{NAM} = (386.5 \times 60)/48 = 483.13g \text{ NAM/cell}$$

16.1.9.2 12V/180Ah 电信用阀控密封 AGM 蓄电池

电信系统用的电池容量采用5h率放电容量。采用表16.3活性物质利用率数据（$\eta_{PAM} = 36\%$，$\eta_{NAM} = 36\%$），阀控密封AGM蓄电池降低2%（$\eta_{PAM} = 34\%$，$\eta_{NAM} = 34\%$），我们得出

$$G_{PAM} = (446.6 \times C)/\eta_{PAM} = (446.6 \times 180)/34 = 2364g \text{ PAM/cell}$$

$$G_{NAM} = (386.5 \times C)/\eta_{NAM} = (386.5 \times 180)/34 = 2046g \text{ NAM/cell}$$

16.1.9.3 2V/210Ah 管式极板富液式牵引电池

富液式牵引电池的容量采用5h率放电容量。采用表16.3活性物质利用率数据（$\eta_{PAM} = 36\%$，$\eta_{NAM} = 36\%$），由于此类电池采用管式正极板，正极活性物质利用率降低6%，即$\eta_{PAM} = 30\%$，将式（16.E10）和式（16.E11）数值替换，我们得出

$$G_{PAM} = (446.6 \times C)/\eta_{PAM} = (446.6 \times 210)/30 = 3126g \text{ PAM/cell}$$

$$G_{NAM} = (386.5 \times C)/\eta_{NAM} = (386.5 \times 210)/36 = 2255g \text{ NAM/cell}$$

通过上述计算可以证实，高倍率循环使用需要更高容量的电池。这导致电池的极化浓度升高和电解液分层。为实现高容量和长循环寿命，电池活性物质利用率应降低。

16.1.10 不同类型铅酸蓄电池电化学当量与容量当量[1]

表16.4给出了几种基本的铅酸蓄电池：启动，牵引，固定，富液，阀控密封铅酸蓄电池各类型电池比能量，每kg正负极活性物质比容量（σ），每Ah质量系数（δ^0）的参数范围。表格也分别给出了（体积与质量的）比能量[1]。

所有上述参数的值已经过实验验证，而且这些值满足特定电池类型所要求的特定性能参数。某一电池类型的δ值与σ值的变动是因为极板制造技术、电池设计与用途的不同。

表 16.4　不同种类电池的比能量、每 Ah 质量系数（δ^0）和每 kg 活性物质的比容量（σ）[1]

电池种类	比能量		δ^0 和 σ 系数			
			PbO$_2$		Pb	
	Wh/kg	Wh/L	$\delta^0_{PbO_2}$/［g/(Ah)］	σ_{PbO_2}/(Ah/kg)	δ^0_{Pb}/［g/(Ah)］	σ_{Pb}/(Ah/kg)
SLI（20h 率）	30~40	75~100	10~7.7	100~130	8.7~6.5	115~154
动力型电池（5h 率）	25~32	60~100	16.7~11.1	60~90	12.5~10.0	80~100
固定型电池：富液式电池	20~28	35~60	16.7~10.0	60~100	12.5~10.0	80~100
VRLAB（60A·h）	21~30	45~85	15.2~11.4	66~90	12.5~7.2	80~140

16.2　不同铅酸蓄电池生产工艺下活性物质计算示例

16.2.1　铅膏组成计算示例

16.2.1.1　固化后极板中铅膏固相物成分计算

下面来计算用以下材料制成铅膏的固相物成分：

- 含有 80wt% PbO 和 20wt% Pb 的铅粉，即 1kg 铅粉含有 800g PO 和 200g Pb；
- 硫酸与铅粉质量比为 6%，即每 kg 铅粉添加 60g 硫酸；
- 硫酸溶液相对密度为 1.40 或 1.18kg/L；
- 为制取密度 4.10g/cm³ 的铅膏，每 kg 铅粉使用 200mL 溶液（硫酸溶液和水）。

3BS 和 4BS 固化的化学反应为

$$4PbO + H_2SO_4 \longrightarrow 3PbO \cdot PbSO_4 \cdot H_2O(3BS) \qquad (16.2)$$

$$5PbO + H_2SO_4 \longrightarrow 4PbO \cdot PbSO_4 + H_2O(4BS) \qquad (16.3)$$

计算铅膏成分需了解 3BS、4BS、PbO、H$_2$SO$_4$ 和 H$_2$O 的分子量，以及 Pb 的原子量。表 16.5 给出了这些数据[4]。

分 3 个步骤计算 1kg 铅粉所生成铅膏的成分。第一步，确定 60g 硫酸与 1kg 铅粉混合时，生成多少克 3BS。98.08g 硫酸与 PbO 反应生成 990.8g 3BS，所以，60g 硫酸生成：

$$G_{3BS} = (60 \times 990.83)/98.08 = 606.1g \ 3BS/1kg \ LO$$

表 16.5　活性物质成分的分子量与摩尔体积[4]

材　料	分子量/(g/mol)	密度/(kg/L)	摩尔体积/(cm³/mol)
Pb（金属）	207.19	11.341	18.25
PbO（正方晶系）	223.19	9.35	23.9
Pb$_3$O$_4$	685.57	9.1	75.3
α-PbO$_2$	239.19	9.8	24.3

（续）

材　　料	分子量/（g/mol）	密度/（kg/L）	摩尔体积/（cm³/mol）
β-PbO₂	239.19	9.5	25.15
3PbO·PbSO₄·H₂O	990.83	6.5	152
4PbO·PbSO₄	1196.01	8.1	149
PbSO₄	303.25	6.3	48.2
H₂O	18.0154	0.995	18.0
H₂SO₄	98.08		

60g 硫酸与1kg 铅粉混合生成606g 3BS。

第二步是确定铅粉中有多少克 PbO 未参与反应。我们从初始铅粉量中减掉参与生成 3BS 反应的 PbO 的量可以得出结果。从 3BS 生成的化学反应可以看到，4mol PbO 生成1mol 3BS 或者892.8g PbO 生成990.8g 3BS。所以，606g 3BS 由以下等式生成：

$$G_{PbO}^{3BS} = (892.76 \times 606)/990.83 = 546g \; PbO$$

铅粉氧化度为80%。如果我们从800g PbO（包含在铅粉中）减去与硫酸反应的546g PbO，得到未参与反应的254g PbO。

根据以上计算，铅膏中应包含以下含量的固相物：

$$3BS = 606g$$
$$PbO = 254g$$
$$Pb = 200g$$
$$总量 = 1060g$$

1000g 之外的60g 是与 PbO 反应生成 3BS 的硫酸的量。

得到以上铅膏构成的条件是所有硫酸参与反应生成 3BS，未生成其他化合物（比如氢气）。

以上计算中，没有考虑铅膏中转化为固体成分的水的量。

16.2.2　铅膏制备期间 H₂O 与 H₂SO₄ 用量的计算

在制备铅膏的过程中，使用硫酸溶液和水来达到需要的铅膏密度。下一步计算是确定合膏机中加入多少量的硫酸和水才能得到密度为 4.10g/cm³ 或 4.20g/cm³ 的铅膏。

在铅酸蓄电池制造行业，一般用密度 1.18 ~ 1.40g/cm³ 的硫酸溶液制备铅膏。我们根据硫酸浓度的上限与下限进行计算。为计算上述相对密度硫酸溶液的用量，需要知道上述溶液中硫酸的摩尔含量。这些数据在大多数化学参考书中均可查到。我们参考附录 C 的数据进行计算。

我们首先计算4BS 铅膏的制备。采用相对密度为 1.40 的硫酸溶液，酸:铅粉质量比 6%，即每 100kg 铅粉配比 6kg 硫酸。附录 C 数据给出了不同浓度（比重）下硫酸溶液中硫酸含量的质量比。从数据中可以看出，1kg 相对密度为 1.40 的硫酸溶液含 0.505kg 的硫酸。提供 6kg 硫酸所需的上述相对密度的硫酸溶液的量（x）计算如下：

$$x = 6.0/0.505 = 11.9 \text{kg 比重为 1.40 的硫酸溶液}$$

得出的硫酸溶液质量值 11.9kg 可以转化为体积（L）：

$$V_{H_2SO_4} = 11.9/1.4$$
$$= 8.5 \text{L 相对密度为 1.4 硫酸溶液}/100 \text{kg 铅粉}$$

实验证明，若采用相对密度为 1.40 硫酸溶液制备密度 4.10g/cm^3 的铅膏，每 100kg 铅粉总共需要 20L 水与硫酸溶液。

根据上述计算，所需相对密度为 1.40 硫酸溶液的量为 8.5L，余下的液体为水：

$$V_{H_2O} = 20.0 - 8.5 = 11.5 \text{ L } H_2O$$

用 100kg 铅粉制备铅膏时，我们推荐在合膏机中首先加入 11.5L 水和 8.5L 相对密度为 1.40 的硫酸溶液，然后根据需要逐步加入更多的水，直到铅膏密度达到 4.10g/cm^3。

因此，采用相对密度为 1.4 的硫酸溶液制备 4BS 铅膏配方如下：

铅粉：100kg

水：11.5L

硫酸溶液（相对密度为 1.4）：8.5L

为生成 4BS，合膏温度应维持在 85℃ 以上。为保证此温度，额外添加的水需预热至 70~80℃。

如果铅膏中添加其他添加剂，为达到预期的铅膏密度，所需的水的剂量可能略有差别。

在第二个示例中，来计算 3BS 铅膏的制备。采用相对密度为 1.18 的硫酸溶液和硫酸/铅粉质量比 4.5%，即每 100kg 铅粉配比 4.5kg 硫酸。

根据附录 C 的数据，1kg 相对密度为 1.18 的硫酸溶液含 0.2521kg 的硫酸。提供 4.5kg 硫酸所需的上述相对密度的硫酸溶液的量（x）计算如下：

$$x = 4.5/0.2521 = 17.85 \text{kg 相对密度为 1.18 的硫酸溶液}$$

如果转化为体积（L），则：

$$V_{H_2SO_4} = 17.85/1.18 = 15.13 \text{ 相对密度为 1.18 硫酸溶液}$$

制备密度 4.20g/cm^3 的 3BS 铅膏时，每 100kg 铅粉总共需要 20L 水与硫酸溶液。假设需要 20L 水与硫酸溶液，则水的剂量为

$$V_{H_2O} = 20.0 - 15.13 = 4.87 \text{L } H_2O$$

因此，采用相对密度为 1.18 的硫酸溶液制备 3BS 铅膏配方如下：

铅粉：100kg

水：4.85L

硫酸溶液（相对密度为 1.18）：15.13L

合膏温度应维持在 30 ~ 50℃。

根据以上计算原则，可以设计各种配方制备具备各种特性的铅膏（如，铅膏成分、密度、一致性）来满足制造各种不同类型铅酸蓄电池正负极板的技术要求。

16.2.3　固化后已知成分铅膏化成所需电量的计算

铅酸蓄电池固化后极板中的铅膏含有几种混合物，包括：$3PbO \cdot PbSO_4 \cdot H_2O$（三碱式硫酸铅—3BS）、$4PbO \cdot PSO_4$（四碱式硫酸铅—4BS）、氧化铅（PbO）、金属铅（Pb）以及有时存在的硫酸铅（$PbSO_4$）。不同配方的铅膏中包含不同比例的上述全部或几种成分。为计算电量，采用两种参数：电化学当量（δ）和容量当量（σ）。

在本章后续，会提供铅酸蓄电池正极板化成中上述两个参数 δ 和 σ 计算示例。正极板化成所用的时间要长于负极板。

16.2.3.1　PbO 的 δ 和 σ

现在来计算 PbO 的电化学当量（δ）和容量当量（σ）。PbO 的电化学当量由将 PbO 的分子质量（223.19g）除以当量数量（电化学反应中化学价变量），乘以（α）［26.80Ah g/eq，参见式（16.E1）］得出 PbO 的电化学当量。

$$\delta_{PbO} = 223.19/(2 \times \alpha) = 223.19/(2 \times 26.80) = 4.16g \ PbO/Ah$$

当 1Ah 电量通过电池时，4.16g PbO 将生成 PbO_2，1kg PbO 的容量当量（σ）为

$$\sigma_{PbO} = 1000/4.16 = 240.38Ah/kg \ PbO$$

所以，化成过程中 1kg PbO 氧化为 PbO_2，需要 240.38Ah 电量。

16.2.3.2　$3PbO \cdot PbSO_4 \cdot H_2O$（3BS）的 δ 和 σ

3BS 的分子质量为 990.83g/mol。1 个 3BS 分子包含 4 个 Pb^{2+} 离子，可生成 4 个 PbO_2 分子，即 3BS 氧化为 PbO_2 需要 8 个当量。所以，3BS 的电化学当量为

$$\delta_{3BS} = 990.83/(8 \times 26.8) = 990.83/214.4 = 4.62g \ 3BS/Ah$$

3BS 的容量当量为

$$\delta_{3BS} = 1000/4.62 = 216.45Ah/kg \ 3BS$$

16.2.3.3　Pb 的 δ 和 σ

Pb 氧化为 PbO_2 需要双倍的电量。所以，Pb 的电化学当量为

$$\delta_{Pb} = 207.19/(4 \times 26.8) = 1.93g \ Pb/Ah$$

Pb 的容量当量为

$$\delta_{Pb} = 1000/1.93 = 518.13Ah/kg \ Pb$$

所以，1kg Pb 氧化为 PbO_2，需要 518.13Ah 电量。

固化后极板中其他成分的电化学当量和容量当量可采用相同方式计算。表 16.6 总结了化成过程中固化后铅膏中铅氧化物氧化为 PbO_2 得出的 δ^0 和 σ 值。

表 16.6　固化铅膏中的 Pb 化合物的电化学和容量当量

化合物	分子量	电化学当量质量 $\delta^0/(g/Ah)$	容量当量 $\sigma/(Ah/kg)$
PbO_2	239.19	4.46	
PbO	223.19	4.16	240.38
$PbSO_4$	303.25	5.63	177.60
$3PbO \cdot PbSO_4 \cdot H_2O$	990.82	4.62	216.45
$4PbO \cdot PbSO_4$	1196.01	4.46	224.20
Pb	207.19	1.93	518.13

3BS—80%，PbO—15%，Pb—5% 化成所需电量的计算示例：

3BS：$0.80 \times 216.45 = 173.16Ah$

PbO：$0.15 \times 240.38 = 36.05Ah$

Pb：$0.05 \times 518.13 = 25.90Ah$

合计：235.11Ah/kg 固化铅膏

所以，100kg 已固化铅膏中上述混合物氧化为 PbO_2 活性物质所需的电量为

$$Q_t = 235.11 \times 100 = 23511Ah$$

上述数值为 100kg 已固化铅膏化成所需电量的理论计算值，前提为所有输入电量 100% 参与了电化学反应。然而，实际的充电效率往往较低（70%~80%）。另外，充电过程中的电解水反应也消耗了部分电量。正极板化成的充电效率要低于负极板。

正极板的析氧一般在 70%~75% 充电状态时开始。虽然负极板充电已经完成，但化成还要继续，以便完成正极板的化成。所以，以上理论计算值要乘以 1.8~2.2 的系数，得到真实的化成所需的电量 Q_r。这些系数通过实验得出：

$$Q_r = 23511 \times 1.8 = 42319.8Ah$$

$$Q_r = 23511 \times 2.2 = 51724.2Ah$$

所以，化成 100kg 固化铅膏所需电量介于 42319.8Ah 和 51724.2Ah 之间。

16.2.4　化成后正负极板中活性物质含量的计算

通过多年研究蓄电池和我们实验室大量的试验，S. Ruevski 博士确定了正负极板固化铅膏质量与化成后质量的直接关系。化成后 PbO_2 和 Pb 活性物质的重量可以将固化铅膏质量乘以一个常数：负极板为 0.899，正极板为 1.016。则，

$$W_{Pb}^- = 0.899 \times W_{固化铅膏}^-$$

$$W_{PbO_2}^+ = 1.016 \times W_{固化铅膏}^+$$

W_{Pb}^- 和 $W_{PbO_2}^+$ 分别为化成后铅与二氧化铅活性物质的质量。

16.3 电极电势的测量

16.3.1 铅酸蓄电池的开路电压

电池的 EMF 是在开路状态下测得的。开路电压（OCV）取决于酸浓度和电池温度。然而，蓄电池运行过程中，这些参数的值在电池不同的部位是不一样的。充电和放电时会产生电解液浓差和温差。另外，在过充电时，负极板吸收了氢气，正极板吸收了氧气。这些反应改变了正负极板的电势以及电池的 EMF。因此只能在电压稳定一段时间以后测量电池的 EMF。否则，OCV 不仅取决于酸浓度和电池温度，也取决于时间。所以，假定电池电压稳定 1h 不变时，此时测得的才是真正的 EMF 值。已经证实，2h 后可达到稳定的值，甚至更长时间。

16.3.2 参比电极

电池两个电极的电势与参比电极比照测量。这样，铅酸蓄电池变成了有 3 个电极的电池。在测量两个电极的电势时，参比电极不能被极化，即其电势保持恒定。最常用的参比电极为氢电极、镉电极、汞-硫酸亚汞电极和银-硫酸银电极。镉电极广泛用于工业质量控制型的实验室，用来测量批量生产电池的电极电势。因为镉不会生成难溶性的硫酸盐，所以测量过程中电解液吸收的 Cd 离子杂质很少，采用镉参比电极不会影响电池性能。

$Hg \mid Hg_2SO_4$ 参比电极主要用于研究型的实验室，以及需要精确测量铅酸蓄电池电极电势的场合。市面上能够买到用于实验室研究的 $Hg \mid Hg_2SO_4$ 参比电极。

表 16.7 对比列出了不同浓度硫酸溶液中 $Hg \mid Hg_2SO_4$ 参比电极的电势与标准 $H_2 \mid H^+$ 电极的电势[5]。表 16.8 对比给出了相同硫酸溶液中 $Hg \mid Hg_2SO_4$ 参比电极电势与标准 $H_2 \mid H^+$ 电极电势。表中电势是在不同硫酸浓度和不同温度条件下测量得出的[6]。

表 16.7 30℃不同浓度硫酸溶液中的 $Hg \mid Hg_2SO_4$ 电极数据

H₂SO₄ 浓度			Hg │ Hg₂SO₄ 电势/V	
（mol/L）	（mol/kg）	（pH）	参比 H₂│H⁺ 电极（在相同溶液中）	参比 SHE 电极（pH = 0）
0.01	0.01	1.8	0.785	0.679
0.10	0.10	1.03	0.737	0.676
0.50	0.51	0.48	0.696	0.668
1.00	1.04	0.20	0.674	0.662
4.20	5.05	-0.48	0.592	0.620
10.0	17.9	-1.2	0.467	0.538

表 16.8　不同温度下，不同浓度的硫酸溶液中的 Hg│Hg₂SO₄ 参比电极电势与
标准 H₂│H⁺ 电极电势 （单位：V）

温度 /K	0.1003M	0.1745M	0.3877M	0.5530M	0.9776M	1.872M	3.911M	5.767M	7.972M
278.16	0.739	0.725	0.706	0.697	0.681	0.658	0.620	0.595	0.560
288.16	0.738	0.725	0.704	0.695	0.679	0.656	0.617	0.587	0.557
298.16	0.738	0.724	0.702	0.694	0.677	0.653	0.614	0.585	0.555
308.16	0.737	0.723	0.702	0.692	0.674	0.651	0.611	0.582	0.553
318.16	0.737	0.722	0.700	0.690	0.672	0.648	0.608	0.579	0.550
328.16	0.736	0.721	0.698	0.688	0.670	0.645	0.606	0.576	0.548

近期，Ruetschi 在实验室条件下测量铅酸蓄电池电极电势时，采用了 Ag│Ag₂SO₄ 参比电极[7,8]。由于 Ag₂SO₄ 在硫酸中溶解度较高，银会加速两个电极的自放电。在 Ag│Ag₂SO₄ 电极上加装了毛细玻璃纤维塞后，强烈抑制了 Ag⁺ 离子融入电解液，实验室中得以应用 Ag│Ag₂SO₄ 电极进行。图 16.4 展示了 Ruetschi 提出的 Ag│Ag₂SO₄ 参比电极的结构示意图[7]。

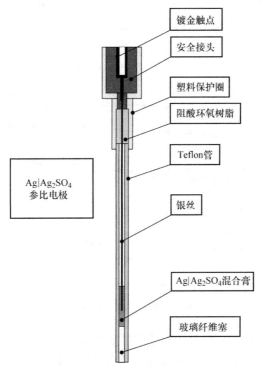

图 16.4　Ag│Ag₂SO₄ 参比电极的结构[7]

16.3.3 Pb｜PbSO₄ 和 PbO₂｜PbSO₄ 电极与上述 4 种参比电极电势计算

图 16.5 和图 16.6 给出了计算得出的 Pb｜PbSO₄ 和 PbO₂｜PbSO₄ 电极与上述 4 种参比电极的电势的对比[7]。两电极与 Ag｜AgSO₄ 参比电极形成的电势比它们与 Hg｜Hg₂SO₄ 参比电极形成的电势低 0.038V。这种差异与硫酸浓度无关。根据热动力学计算的电极电势与实验测量的值非常相近。

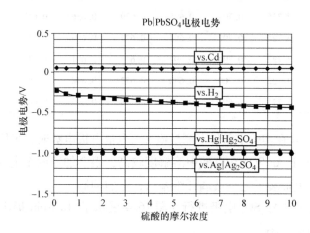

图 16.5　相对于不同参比电极计算得出的 Pb｜PbSO₄
电极电势随硫酸摩尔浓度的变化情况[7]

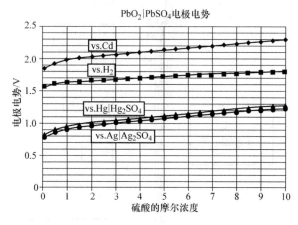

图 16.6　相对于不同参比电极计算得出的 PbO₂｜PbSO₄
电极电势随硫酸摩尔浓度的变化情况[7]

16.3.4　电池电解液与参比电极电解液的扩散电势

为避免电池电解液和参比电极电解液形成扩散电势，两种溶液的硫酸浓度应该相同。如果两者浓度不同，则需要从以下等式计算浓差电势（E_D）：

$$E_D = t + 0.026 \lg(a_1/a_2)$$

扩散电势（E_D）通过测量两个相同材料的参比电极，一个参比电极注入与电池电解液浓度相同的硫酸溶液，另一个参比电极的电解液浓度不变。t_+ 为两个电极之间传输的 H^+ 离子数量，因为 H^+ 离子在所有离子中是最活跃的，所以两种溶液主要交换 H^+ 离子。流动的离子数量 t^+ 取决于酸浓度，该值在 0.75 到 0.82 之间变动[9]。SO_4^{2-} 离子也在不同浓度的溶液之间扩散。它的传输数量 $t_- = 0.25 \sim 0.18$。因此，浓度较高溶液中的参比电极带正电，浓度较低的溶液中的参比电极带负电。

充放电过程中正负极板附近的电解液形成浓度差，也会产生扩散电势[10]。在测量电池 EMF 前，电池需要静置一段时间，使两个极板附近的硫酸浓度相同。静置时间长短取决于电池的设计。

电池上部与底部之间的硫酸溶液（纵向硫酸分层）也会产生扩散电势[11]。当测量电池 EMF 时，这个电势也应当考虑在内，即电池各个高度的硫酸浓度平衡之后才能开始测量。

参 考 文 献

[1] D. Berndt, Maintenance-Free Batteries, Research Studies Press Ltd., John Wiley & Sons, New York, USA, 1993, p. 45.

[2] D. Pavlov, A. Kirchev, M. Stoycheva, B. Monahov, J. Power Sources 137 (2004) 288.

[3] H. Bode, in: R.J. Brodd, K. Kordesch (Eds.), Lead-Acid Batteries, John Wiley & Sons, New York, USA, 1977, pp. 13—43.

[4] M. Barak, Electrochemical Power Sources, Peter Peregrinus Ltd., Stevenage, UK, 1980, p. 158.

[5] P. Ruetschi, R.T. Angstadt, J. Electrochem. Soc. 111 (1964) 1323.

[6] W.H. Beck, K.P. Singh, W.F.K. Wynne-Jones, Trans. Faraday Soc. 55 (1959) 331.

[7] P. Ruetschi, J. Power Sources 113 (2003) 363.

[8] P. Ruetschi, J. Power Sources 116 (2003) 53.

[9] A. Hammouche, E. Karden, I. Walter, R.W. De Donker, J. Power Sources 96 (2001) 106.

[10] D. Pavlov, V. Naidenov, S. Ruevski, V. Mircheva, M. Cherneva, J. Power Sources 113 (2003) 209.

[11] F. Mattera, D. Desmetre, J.L. Martin, Ph. Malbranche, J. Power Sources 113 (2003) 400.

附　录

附录 A　铅化合物的热力学数据

物质	$\Delta H^0/(10^3\,\text{J/mol})$	$\Delta G^0/(10^3\,\text{J/mol})$	$S^0/(10^3\,\text{J/mol})$	$C_\text{p}/(10^3\,\text{J/mol})$
$3PbO \cdot PbSO_4$	-1626.7	-1427.5	340.6	
$PbO \cdot PbSO_4$	-1152.7	-1016.3	217.4	150.2
$2PbO \cdot PbSO_4$	-1358.5	-1202.6	318.6	196.2
$4PbO \cdot PbSO_4$	-1882.1	-1595.3	435.6	287.9
$3PbO \cdot PbSO_4 \cdot H_2O$		-1668.5		
$5PbO \cdot 2H_2O$		-1407.5		
$PbO \cdot 0 \cdot 4H_2O$		-281.5		
$Pb(OH)_2$	-514.63	-420.91	87.86	
$PbSO_4$ rhombic	-919.94	-813.20	148.57	103.21
PbO tet	-218.99	-188.95	66.52	45.82
PbO orthorhomb	-217.32	-187.90	68.70	45.77
H_2O fluid	-285.83	-237.18	69.92	75.29
H_2SO_4 fluid	-813.99	-690.10	156.90	138.91
Pb^{2+} aq.	1.67	-24.39	10.46	
$HPbO_2^-$ aq.		-338.48		

附录 B　电池含铅物相的 X-ray 衍射数据

2θ	层间距 d	I/I_0	h	k	l
31.27	2.858	100.0	1	1	1
36.26	2.475	50.3	0	0	2
52.22	1.750	34.6	0	2	2

α-PbO

2θ	层间距 d	I/I_0	h	k	l
17.64	5.024	2.6	0	0	1
28.62	3.117	100.0	0	1	1
31.83	2.809	31.6	1	1	0
35.72	2.512	11.3	0	0	2
45.63	1.987	15.7	0	2	0
48.59	1.872	25.2	1	1	2
54.76	1.672	30.4	1	2	1

β-PbO

2θ	层间距 d	I/I_0	h	k	l
15.03	5.890	4.9	1	0	0
22.12	4.015	3.2	1	1	0
29.08	3.068	100.0	1	1	1
30.32	2.946	24.9	2	0	0
32.60	2.745	21.6	0	2	0
37.81	2.377	16.7	0	0	2
45.12	2.008	15.0	2	2	0
49.21	1.850	12.3	2	0	2
50.77	1.797	11.7	0	2	2
53.10	1.723	18.9	3	1	1

Pb_3O_4

2θ	层间距 d	I/I_0	h	k	l
14.20	6.232	11.3	1	1	0
24.31	3.658	2.8	0	2	1
26.35	3.380	100.0	1	2	1
27.14	2.283	5.1	0	0	2
28.63	3.115	13.1	2	2	0
30.76	2.904	37.8	1	1	2
32.09	2.787	48.7	1	3	0
34.03	2.632	26.2	0	2	2
36.74	2.444	2.2	2	3	0

（续）

2θ	层间距 d	I/I_0	h	k	l
39.30	2.291	4.2	2	3	1
39.86	2.260	5.6	2	2	2
44.54	2.033	10.1	1	4	1
46.02	1.971	11.1	2	4	0
47.48	1.913	19.0	1	2	3
49.81	1.829	23.7	0	4	2
52.06	1.755	25.5	3	3	2
52.93	1.728	2.3	1	5	0

α- PbO$_2$

2θ	层间距 d	I/I_0	h	k	l
23.25	3.823	21.6	1	1	0
28.47	3.133	100.0	1	1	1
30.03	2.973	8.5	0	2	0
32.74	2.733	17.4	0	0	2
34.30	2.612	19.3	0	2	1
35.97	2.495	11.6	2	0	0
40.55	2.223	8.7	1	1	2
45.02	2.012	7.3	0	2	2
47.53	1.911	6.5	2	2	0
49.43	1.842	15.4	2	0	2
49.43	1.842	12.6	1	3	0
50.55	1.804	17.5	2	2	1

β- PbO$_2$

2θ	层间距 d	I/I_0	h	k	l
25.40	3.504	100.0	1	1	0
31.98	2.796	95.2	0	1	1
36.23	2.477	28.4	0	2	0
49.09	1.854	68.1	1	2	1
52.16	1.752	14.7	2	2	0
54.12	1.693	8.1	0	0	2

PbO · PbSO₄

2θ	层间距 d	I/I_0	h	k	l
13. 90	6. 371	16. 0	0	0	1
14. 29	6. 198	16. 1	2	0	0
14. 96	5. 922	11. 3	2	0	$\bar{1}$
17. 12	5. 179	3. 0	1	1	0
20. 02	4. 435	16. 9	1	1	$\bar{1}$
24. 02	3. 705	11. 7	2	0	1
24. 04	3. 702	5. 4	1	1	1
25. 31	3. 519	10. 6	3	1	$\bar{1}$
26. 65	3. 345	100. 0	3	1	0
28. 01	3. 186	8. 7	0	0	2
30. 13	2. 966	75. 0	1	1	$\bar{2}$
30. 19	2. 960	23. 0	4	0	
31. 17	2. 869	17. 3	3	1	$\bar{2}$
31. 37	2. 852	35. 3	0	2	0
34. 63	2. 590	2. 7	2	2	0
34. 93	2. 569	4. 7	2	2	$\bar{1}$
36. 24	2. 479	14. 7	5	1	$\bar{1}$
36. 94	2. 433	13. 6	2	0	2
37. 42	2. 403	5. 2	4	0	1
38. 32	2. 349	6. 4	2	0	$\bar{3}$
39. 55	2. 279	4. 6	6	0	$\bar{1}$
39. 65	2. 273	5. 8	5	1	0
39. 90	2. 259	14. 7	2	2	1
40. 34	2. 236	6. 6	6	0	$\bar{2}$
41. 52	2. 175	3. 4	3	1	$\bar{3}$
42. 55	2. 125	3. 7	0	2	2
43. 83	2. 066	7. 5	6	0	0
44. 10	2. 054	24. 3	4	2	$\bar{2}$
45. 99	1. 073	5. 4	6	0	$\bar{3}$
47. 56	1. 912	7. 3	5	1	1
49. 23	1. 851	14. 8	2	2	2
49. 26	1. 850	9. 9	1	1	3

（续）

2θ	层间距 d	I/I_0	h	k	l
49.35	1.847	5.4	7	1	$\bar{2}$
49.61	1.838	4.6	4	2	$\bar{1}$
49.67	1.835	2.3	1	3	$\bar{1}$
50.33	1.813	2.2	2	2	3
51.81	1.765	4.4	4	0	$\bar{4}$
51.97	1.760	5.5	6	2	$\bar{2}$
52.71	1.737	4.2	2	0	$\bar{4}$
53.03	1.727	11.5	3	3	0
54.50	1.684	3.9	8	0	$\bar{1}$
54.89	1.673	4.6	6	2	0
55.08	1.667	12.7	1	3	$\bar{2}$
55.61	1.653	5.1	5	1	$\bar{4}$
55.72	1.650	2.4	3	3	$\bar{2}$

$3PbO \cdot PbSO_4 \cdot H_2O$

2θ	层间距 d	I/I_0	h	k	l	h	k	l
9.0	9.826	60	1	0	0			
14.1	6.281	10	0	1	0			
15.4	5.754	20	1	1	0			
18.1	4.901	10	2	0	0	$\bar{1}$	1	0
20.9	4.250	15	2	1	0			
24.1	3.693	2	1	0	2			
24.7	3.604	4	0	0	2			
25.1	3.548	5	$\bar{2}$	1	0			
26.7	3.339	2	2	0	2			
27.0	3.302	2	3	0	1			
27.4	3.255	100	3	0	0			
28.5	3.132	45	3	1	0	$\bar{1}$	0	2
31.0	2.885	10	2	2	0			
31.5	2.840	7	$\bar{1}$	2	0	2	2	1
32.0	2.797	2	3	0	2			
32.9	2.722	5	$\bar{3}$	0	1	3	$\bar{1}$	1

（续）

2θ	层间距 d	I/I_0	h	k	l			
33.2	2.698	10	3	1	0			
36.0	2.495	15	3	2	0			
36.7	2.449	10	4	0	0			
36.8	2.442	5	$\bar{2}$	2	0			
36.9	2.436	2	4	1	0			
38.4	2.344	2	1	1	3			
38.9	2.315	2	4	0	2			
41.8	2.161	4	$\bar{3}$	0	2			
42.0	2.151	3	$\bar{1}$	2	2	2	$\bar{2}$	2
42.1	2.146	2	$\bar{4}$	$\bar{1}$	1			
43.4	2.085	3	3	$\bar{2}$	1	0	3	0
43.6	2.076	15	$\bar{3}$	2	0			
44.0	2.058	5	2	3	0	4	$\bar{1}$	2
44.8	2.023	2	5	0	1			
46.0	1.073	10	5	0	0			

4PbO · PbSO₄

2θ	层间距 d	I/I_0	h	k	l			
10.7	8.286	10	1	1	0			
12.1	7.314	4	0	0	1			
14.3	6.194	4	0	1	1			
15.4	5.754	3	2	0	0			
16.2	5.471	2	$\bar{1}$	1	1			
16.3	5.438	4	1	1	1			
17.1	5.185	2	2	1	0			
20.8	4.271	4	$\bar{1}$	2	1			
26.8	3.327	2	1	1	2			
27.1	3.290	6	1	3	1	$\bar{3}$	1	1
27.6	3.232	100	2	3	0			
28.7	3.110	45	$\bar{2}$	0	2			
29.2	3.058	45	2	0	2			
29.7	3.008	2	$\bar{2}$	1	2	$\bar{1}$	2	2

（续）

2θ	层间距 d	I/I_0	h	k	l			
31.0	2.885	30	4	0	0			
33.6	2.667	45	0	3	2			
34.4	2.607	3	$\bar{1}$	3	2	4	0	2
34.8	2.578	2	$\bar{3}$	3	2	$\bar{3}$	1	2
35.0	2.564	2	3	1	2			
36.6	2.455	2	2	4	1	$\bar{4}$	2	2
46.0	1.973	18	4	4	1	$\bar{4}$	3	2
46.5	1.953	14	0	6	0			
46.7	1.945	20	4	3	2			
49.9	1.828	10	6	1	1			

PbSO$_4$

2θ	层间距 d	I/I_0	h	k	l
16.46	5.386	2.3	1	1	0
20.81	4.269	72.3	1	0	1
20.93	4.244	28.4	0	2	0
23.33	3.813	51.1	1	1	1
24.56	3.625	19.9	1	2	1
25.58	3.482	28.0	2	0	0
26.71	3.338	82.5	0	2	1
27.69	3.222	66.8	2	1	0
29.68	3.010	100.0	1	2	1
32.35	2.767	37.9	2	1	1
33.17	2.701	44.1	0	0	2
34.20	2.622	9.9	1	3	0
37.32	2.409	17.5	2	2	1
39.55	2.279	18.5	0	2	2
40.27	2.240	4.8	3	1	0
41.10	2.196	6.4	2	3	0
41.70	2.166	27.3	1	2	2
42.35	2.134	5.2	2	0	2
43.73	2.070	45.3	2	1	2

（续）

2θ	层间距 d	I/I_0	h	k	l
43.76	2.069	50.1	3	1	1
44.54	2.034	35.1	2	3	1
44.64	2.030	33.6	1	4	0
45.95	1.975	22.3	0	4	1
47.69	1.907	3.7	2	2	2
48.38	1.881	7.1	1	3	2
50.88	1.795	18.7	3	3	0
52.49	1.743	7.5	1	0	3
52.56	1.741	2.1	4	0	0
53.32	1.718	2.6	2	4	1
53.67	1.708	4.2	1	1	3
53.74	1.706	8.5	4	1	0
53.82	1.703	8.2	3	3	1
55.43	1.658	6.9	0	2	3
55.73	1.649	2.6	1	5	0

$2PbCO_3 \cdot Pb(OH)_2$

2θ	层间距 d	I/I_0	h	k	l			
11.3	7.830	5	0	0	3			
19.9	4.462	60	1	0	1			
20.9	4.250	60	0	1	2			
24.7	3.604	90	1	0	4			
27.1	3.290	90	0	1	5			
33.0	2.714	20	1	0	7			
34.2	2.622	100	1	1	0	0	0	9
36.1	2.488	30	0	1	8			
39.9	2.259	10	0	2	1			
40.4	2.233	50	2	0	2			
42.6	2.122	30	0	2	4			
43.1	2.099	20	1	0	10			
44.3	2.045	30	2	0	5			
48.3	1.884	20	0	2	7			
49.1	1.855	30	1	1	9			

附录 C　不同相对密度（比重）的 H₂SO₄ 浓度

20℃相对密度/ (g/cm³)	H₂SO₄ M = 98.08g/mol			20℃相对密度/ (g/cm³)			
	H₂SO₄ 含量				H₂SO₄ 含量		
	每100g溶液中的数量/g	mol/L	g/L		每100g溶液中的数量/g	mol/L	g/L
1.000	0.2609	0.0266	2.608	1.225	30.79	3.846	377.2
1.005	0.9855	0.1010	9.906	1.230	31.40	3.938	386.2
1.010	1.731	0.1783	17.49	1.235	32.01	4.031	395.4
1.015	2.485	0.2595	25.45	1.240	32.61	4.123	404.4
1.020	3.242	0.3372	33.07	1.245	33.22	4.216	413.5
1.025	4.000	0.4180	41.99	1.250	33.82	4.310	422.7
1.030	4.746	0.4983	48.87	1.255	34.42	4.404	431.9
1.035	5.493	0.5796	56.85	1.260	35.01	4.498	441.2
1.040	6.237	0.6613	64.86	1.265	35.60	4.592	450.4
1.045	6.956	0.7411	72.69	1.270	36.19	4.686	459.6
1.050	7.704	0.8250	80.92	1.275	36.78	4.781	468.9
1.055	8.415	0.9054	88.80	1.280	37.36	4.876	478.2
1.060	9.129	0.9856	96.67	1.285	37.95	4.972	487.6
1.065	9.843	1.066	104.6	1.290	38.53	5.068	497.1
1.070	10.56	1.152	113.0	1.295	39.10	5.163	506.4
1.075	11.26	1.235	121.1	1.300	39.68	5.259	515.8
1.080	11.96	1.317	129.2	1.305	40.25	5.356	525.3
1.085	12.66	1.401	137.4	1.310	40.82	5.452	534.7
1.090	13.36	1.484	145.6	1.315	41.39	5.549	544.2
1.095	14.04	1.567	153.7	1.320	41.95	5.646	553.8
1.100	14.73	1.652	162.0	1.325	42.51	5.743	563.3
1.105	15.41	1.735	170.2	1.330	43.07	5.840	572.8
1.110	16.08	1.820	178.5	1.335	43.62	5.938	582.4
1.115	16.76	1.905	186.8	1.340	44.17	6.035	591.9
1.120	17.43	1.990	195.2	1.345	44.72	6.132	601.4
1.125	18.09	2.161	211.9	1.350	45.26	6.229	610.9

（续）

20℃相对密度/ (g/cm^3)	H_2SO_4 含量			20℃相对密度/ (g/cm^3)	H_2SO_4 含量		
	每100g 溶液中 的数量/g	mol/L	g/L		每100g 溶液中 的数量/g	mol/L	g/L
1.130	18.76	2.247	220.4	1.355	45.80	6.327	620.6
1.135	19.42	2.334	228.9	1.360	46.33	6.424	630.1
1.140	20.08	2.420	237.4	1.365	46.86	6.522	639.7
1.145	20.73	2.507	245.9	1.370	47.39	6.620	649.3
1.150	21.38	2.594	254.4	1.375	47.92	6.718	658.9
1.155	22.03	2.681	263.0	1.380	48.45	6.817	668.9
1.160	22.67	2.768	271.6	1.385	48.97	6.915	678.2
1.165	23.31	2.857	280.2	1.390	49.48	7.012	687.7
1.170	23.95	2.945	288.8	1.395	49.99	7.110	697.3
1.175	24.58	3.033	297.5	1.400	50.50	7.208	707.0
1.180	25.21	3.122	306.2	1.405	51.01	7.307	716.7
1.185	25.84	3.211	314.9	1.410	51.52	7.406	726.4
1.190	26.47	3.302	323.9	1.415	52.02	7.505	736.1
1.195	27.10	3.391	332.6	1.420	52.51	7.603	745.7
1.200	27.72	3.481	241.4	1.425	53.01	7.702	755.4
1.205	28.33	3.572	350.3	1.430	53.50	7.801	765.1
1.210	28.95	3.663	359.3	1.435	54.00	7.901	774.9
1.215	29.57	3.754	368.2	1.440	54.49	8.000	784.6
1.220	30.18	2.161	211.9	1.445	54.97	8.099	794.3
1.450	55.45	8.198	804.1	1.675	75.49	12.89	1264
1.455	55.93	8.297	813.8	1.680	75.92	13.00	1275
1.460	56.41	8.397	823.6	1.685	76.34	13.12	1287
1.465	56.89	8.497	833.4	1.690	76.77	13.23	1298
1.470	57.36	8.598	843.3	1.695	77.20	13.34	1308
1.475	57.84	8.699	853.2	1.700	77.63	13.46	1320
1.480	58.31	8.799	863.0	1.705	78.06	13.57	1331
1.485	58.78	8.899	872.8	1.710	78.49	13.69	1343
1.490	59.24	9.000	882.7	1.715	78.93	13.80	1354

表头: H_2SO_4　M = 98.08g/mol

（续）

20℃相对密度/ （g/cm³）	H₂SO₄ 含量			20℃相对密度/ （g/cm³）	H₂SO₄ 含量		
	每100g 溶液中 的数量/g	mol/L	g/L		每100g 溶液中 的数量/g	mol/L	g/L
1.495	59.70	9.100	892.5	1.720	79.37	13.92	1365
1.500	60.17	9.202	902.5	1.725	79.81	14.04	1377
1.505	60.62	5.303	912.4	1.730	80.25	14.16	1389
1.510	61.08	9.404	922.3	1.735	80.70	14.28	1401
1.515	61.54	9.506	932.3	1.740	81.16	14.40	1412
1.520	62.00	9.608	942.4	1.745	81.62	14.52	1424
1.525	62.45	9.711	952.5	1.750	82.09	14.65	1437
1.530	62.91	9.813	962.5	1.755	82.57	14.78	1450
1.535	63.36	9.916	972.6	1.760	83.06	14.90	1461
1.540	63.81	10.02	982.8	1.765	83.57	15.03	1469
1.545	64.26	10.12	992.6	1.770	84.08	15.17	1488
1.550	64.71	10.23	1003	1.775	84.61	15.31	1502
1.555	65.15	10.33	1013	1.780	85.16	15.46	1516
1.560	65.59	10.43	1023	1.785	85.74	15.61	1531
1.565	66.03	10.54	1034	1.790	86.35	15.76	1546
1.570	66.47	10.64	1044	1.795	86.99	15.92	1561
1.575	66.91	10.74	1053	1.800	87.69	16.09	1578
1.580	67.35	10.85	1064	1.805	88.43	16.27	1596
1.585	67.79	10.96	1075	1.810	89.23	16.47	1615
1.590	68.23	11.06	1085	1.815	90.12	16.68	1636
1.595	68.66	11.16	1095	1.820	91.11	16.91	1659
1.600	69.09	11.27	1105	1.821	91.33	16.96	1663
1.605	69.53	11.38	1116	1.822	91.56	17.01	1668
1.610	69.96	11.48	1126	1.823	91.78	17.06	1673
1.615	70.39	11.59	1136	1.824	92.00	17.11	1678
1.620	70.82	11.70	1148	1.825	92.25	17.17	1684
1.625	71.25	11.80	1157	1.826	92.51	17.22	1689
1.630	71.67	11.91	1168	1.827	92.77	17.28	1695

H₂SO₄ M = 98.08g/mol

（续）

H₂SO₄ M = 98.08g/mol							
20℃相对密度/ (g/cm³)	H₂SO₄ 含量			20℃相对密度/ (g/cm³)	H₂SO₄ 含量		
	每100g 溶液中 的数量/g	mol/L	g/L		每100g 溶液中 的数量/g	mol/L	g/L
1.635	72.09	12.02	1179	1.828	93.03	17.34	1701
1.640	72.52	12.13	1190	1.829	93.33	17.40	1707
1.645	72.95	12.24	1200	1.830	93.64	17.47	1713
1.650	73.37	12.34	1210	1.831	94.94	17.54	1720
1.655	73.80	12.45	1221	1.832	94.32	17.62	1728
1.660	74.22	12.56	1232	1.833	94.72	17.70	1736
1.665	74.64	12.67	1243	1.834	95.12	17.79	1745
1.670	75.07	12.78	1253	1.835	95.72	17.91	1757

北京市版权局著作权合同登记号　图字:01-2018-5162

图书在版编目（CIP）数据

铅酸蓄电池科学与技术：原书第 2 版/（保）德切柯·巴普洛夫（Detchko
Pavlov）著；段喜春，苑松译. —北京：机械工业出版社，2021.5
（储能科学与技术丛书）
书名原文：Lead- Acid Batteries：Science and Technology，Second Edition
ISBN 978-7-111-67602-7

Ⅰ.①铅…　Ⅱ.①德…②段…③苑…　Ⅲ.①铅蓄电池–研究　Ⅳ.①TM912.1

中国版本图书馆 CIP 数据核字（2021）第 034869 号

机械工业出版社（北京市百万庄大街 22 号　邮政编码 100037）
策划编辑：朱　林　责任编辑：朱　林
责任校对：李　杉　封面设计：鞠　杨
责任印制：单爱军
北京盛通商印快线网络科技有限公司印刷
2021 年 5 月第 1 版第 1 次印刷
169mm×239mm·37 印张·740 千字
0001—1500 册
标准书号：ISBN 978-7-111-67602-7
定价：249.00 元

电话服务　　　　　　　　网络服务
客服电话：010-88361066　机 工 官 网：www.cmpbook.com
　　　　　010-88379833　机 工 官 博：weibo.com/cmp1952
　　　　　010-68326294　金 书 网：www.golden-book.com
封底无防伪标均为盗版　机工教育服务网：www.cmpedu.com